HANS-JOACHIM GEHRKE

Historische Landeskunde und Geographie

Ausgewählte Schriften IV

Herausgegeben von
Christian Mann und Kai Trampedach

Franz Steiner Verlag

Bibliografische Information der Deutschen Nationalbibliothek:
Die Deutsche Nationalbibliothek verzeichnet diese Publikation in der Deutschen
Nationalbibliografie; detaillierte bibliografische Daten sind im Internet über
dnb.d-nb.de abrufbar.

INHALTSVERZEICHNIS

LOKALE UND REGIONALE TOPOGRAPHIE

VORWORT

Eine Sammlung der wichtigsten Aufsätze Hans-Joachim Gehrkes bedarf keiner umständlichen Rechtfertigung. Zahlreiche Auszeichnungen zeugen von der Anerkennung, die Hans-Joachim Gehrke in der wissenschaftlichen Welt erfahren hat. Seinem Fach, der Alten Geschichte, hat er durch seine Forschungen zu Staatsentstehung und Bürgerkrieg im archaischen und klassischen Griechenland, zum „dritten Griechenland" jenseits von Athen und Sparta oder zur „intentionalen Geschichte", um nur einige wichtige Stichwörter zu nennen, neue Wege gewiesen und wichtige Impulse gegeben. Mit dem „Raum" als historischem Gegenstand hat er sich lange vor dem „spatial turn" beschäftigt, und den Hellenismus hat er erforscht, als das noch nicht *en vogue* war. Seine Bedeutung kommt auch darin zum Ausdruck, daß seine Forschungen intensiv rezipiert wurden.

Während seiner langen Karriere als Hochschullehrer verfügte Hans-Joachim Gehrke über die besonders ausgeprägte Gabe, Studenten für sein Fach, die Alte Geschichte, und darüber hinaus für die Wissenschaft überhaupt zu begeistern. Er vermittelte durch die Kraft seiner Persönlichkeit, daß die Wissenschaft selbst ein Lebensentwurf ist, der, um mit Max Weber zu sprechen, eine rückhaltlose Hingabe an eine selbstgewählte überpersönliche Sache verlangt. Wer ihn nicht selbst in Seminaren und Vorlesungen oder auf Exkursionen erlebt hat, kann durch die Lektüre seiner Aufsätze, die sich durch große gedankliche Klarheit und einen offenen, diskursiven, jeglicher Dogmatik abgeneigten Stil auszeichnen, die Gründe seines Lehrerfolges leicht nachempfinden. Die Aufsätze zeigen außerdem, daß er viele Register beherrscht: die Detailforschung, in die er sich zuweilen mit enormer Intensität vertiefte, ohne sich je darin zu verlieren; den thesenartig zugespitzten Forschungsüberblick; den Essay, der ohne großen Apparat eine übergeordnete historische Fragestellung verfolgt und ein breiteres geisteswissenschaftliches Publikum anspricht. Es charakterisiert die Persönlichkeit Hans-Joachim Gehrkes, daß er sich zu seinen Forschungen immer wieder anregen ließ: von seinen Lehrern ebenso wie von seinen Schülern und besonders von Kollegen (was sich in seiner Mitarbeit in vielfältigen Verbundprojekten manifestierte), aber auch von zeitgenössischen politischen Ereignissen. Trotz dieser Offenheit bleibt seine „Handschrift" unverkennbar: Ob es sich in seinen Aufsätzen vornehmlich um Politik, Philosophie, Geographie oder Geschichtsschreibung handelt – stets verfolgt er dabei ein genuin historisches, häufig auch über das antike Griechenland hinausweisendes Anliegen.

Daher hoffen wir auf allgemeine Zustimmung, wenn wir seine Ausgewählten Schriften, von denen einige an entlegenen Orten publiziert wurden, hier in gesammelter Form leichter zugänglich machen. Dadurch wird überdies, so glauben wir, die Entwicklung mancher Gedanken im Werk von Hans-Joachim Gehrke besser sicht- und nachvollziehbar. Bei der Auswahl und Aufteilung der Aufsätze haben wir uns in enger Absprache mit dem Autor bemüht, große Überschneidungen zu vermeiden. Außerdem wurden kleinere Beiträge und Rezensionen weggelassen. Wir legen die Ausgewählten Schriften von Hans-Joachim Gehrke in vier thematisch gegliederten Bänden vor, von denen die ersten drei 2019, 2021 und 2022 erschienen sind:

Band I: Politik und politisches Denken
Band II: Hellenismus
Band III: Historiographie, intentionale Geschichte und kollektive Identitäten
Band IV: Historische Landeskunde und Geographie

Alle Aufsätze sind neu gesetzt. Die Seitenzahlen der Erstpublikation wurden in eckigen Klammern jeweils in den Text eingefügt. Das ursprüngliche Erscheinungsbild haben wir prinzipiell beibehalten, insbesondere die teils sehr unterschiedlichen Konventionen der Darstellung und des Zitierens. Die Abkürzungen folgen, nach Erscheinungsort variierend, den gängigen Verzeichnissen. Druckfehler haben wir stillschweigend korrigiert. Jeder Band enthält ein Nachwort, in dem der Autor seine Artikel in einen gedanklichen und organisatorischen Kontext einordnet, von seinem heutigen Standpunkt aus bewertet und wichtige seither erschienene Forschungsliteratur nachträgt. Außerdem enthält der Anhang des ersten Bandes zusätzlich einen wissenschaftlichen Lebenslauf, ein Publikationsverzeichnis sowie eine Liste der Dissertationen und Habilitationen, die Hans-Joachim Gehrke im Laufe seines akademischen Lebens betreut hat. Ein um Nachträge ergänztes Publikationsverzeichnis findet sich am Ende dieses Bandes.

Der vorliegende vierte und letzte Band umfaßt Studien zur Historischen Landeskunde und Geographie, gegliedert in die Themenblöcke „Grundsätzliches", „Wissenschaftsgeschichte" und „Lokale und regionale Fallstudien". Bereits kurz nach der Habilitation legte Hans-Joachim Gehrke eine Monographie zum „Dritten Griechenland" jenseits von Athen und Sparta vor, in der er ausführlich auf die Landeskunde einging. Wie es dazu kam, schildert er im Nachwort dieses Bandes. Zahlreiche Forschungen auf diesem Themenfeld schlossen sich an, wobei Hans-Joachim Gehrke – typisch für seine Arbeitsweise – einen ganzheitlichen Ansatz wählte: Die Schriften antiker Geographen fanden ebenso sein Interesse wie historische Reiseberichte, und nicht zuletzt hat er eigene Feldforschungen durchgeführt, stets im Austausch mit landeskundlichen Experten aus der Alten Geschichte, mit Geographen und Archäologen. Wer einmal mit ihm nach Griechenland oder in andere Länder des Mittelmeerraums gereist ist, weiß um seine intensive und weit über die Antike hinausgehende Auseinandersetzung mit den wechselseitigen Einflüssen von Mensch und Naturraum.

Abschließend ist herzlicher Dank abzustatten: dem Autor für die Bereitstellung der Texte und seine Hilfe beim Redigieren, dem Verlag in Gestalt der verantwortlichen Lektorin Katharina Stüdemann für die reibungslose Zusammenarbeit, Verena Böckle und Simon Wagner für das Scannen der Originalbeiträge und die mühevolle Korrekturarbeit, Verena Böckle außerdem auch für den Satz.

Mannheim und Heidelberg, im März 2023   Christian Mann
                                                         Kai Trampedach

GRUNDSÄTZLICHES

Erschienen in: Frankfurter Althistorische Studien 12. Symposion für Alfred Heuß, hrsg. von J. Bleicken, Kallmünz 1986, 41–50.

DIE GRIECHISCHE STAATENWELT IM BLICKWINKEL EINER HISTORISCHEN LANDESKUNDE

Vielleicht das größte Problem im Umgang – insbesondere im historiographischen Umgang – mit der Geschichte des antiken Griechenland ist die schier unübersehbare Vielfalt von dessen Polis-Staaten. Der Historiker kann sich nicht darauf zurückziehen oder konzentrieren – wie etwa im Fall Roms –, die Entwicklung einer mehr oder weniger klar umgrenzten sozio-politischen Einheit zu eruieren und nachzuzeichnen. Vielmehr ist er mit einer letztlich geradezu unbegrenzten Menge von solchen Einheiten konfrontiert, die zudem nicht selten auch noch ihrerseits – durch interne Kriege – gespalten sind. Die griechische Geschichte bildet in diesem Sinne, also mit dem Schwerpunkt auf der politisch-sozialen Organisation, ein latentes – und oft auch reales – Chaos, welches nur die sich allmählich entwickelnden, oft aber wieder abrupt abbrechenden Linien stärker sichtbar werden läßt.

Die Vielköpfigkeit, dieser Polyzentrismus, erschwert es bis hin zum Unmöglichen, eine regelrechte und integrale, also gerade diesen Wesenszug angemessen berücksichtigende ‚Griechische Geschichte‘ zu erarbeiten. Man kann die Geschichte von Athen und Sparta schreiben – oder meinethalben die beider, denn der Konflikt zwischen diesen und deren Wechselbeziehung hat die griechische Geschichte sehr nachhaltig, und gerade auf deren anerkanntem Höhepunkt, bei und nach der Abwehr der Perser, bestimmt. Aber so wenig die Geschichte der USA und der Sowjet-Union – oder beider – von uns als ‚Weltgeschichte‘ empfunden würde, so wenig geht in jenem Komplex die griechische Geschichte auf, gerade in ihrer spezifischen Eigenart. Und dabei ist noch nicht einmal in Rechnung gestellt, daß beide genannten Staaten jeder auf seine Weise sogar Ausnahmefälle sind, also nicht den typischen griechischen Staat – sofern wir mit diesem überhaupt rechnen – darstellen.

Andererseits ergibt sich die griechische Geschichte dem Historiker auch nicht komplett und angemessen aus einer bloßen Summierung von Polisgeschichten. Dies wäre ja ein lediglich additives und nicht wirklich historiographisch durchgreifendes Verfahren, also als solches dem Gegenstand ebenfalls nicht adäquat. Denn über die Individualität der Einzelstaaten und innerstaatlichen Gruppierungen hinaus gibt es wesentliche – teils ab ovo vorhandene, teils historisch gewachsene – strukturelle Gemeinsamkeiten, [42] nicht nur auf dem vielbeschworenen kulturellen Gebiet, sondern auch in den Bereichen des Wirtschaftslebens, der sozialen Strukturen und der politischen Realität.

Das Ganze ist freilich nicht allein eine Frage der Perspektive, sondern auch und vor allem eine der Quellen. Wir kommen einfach in vielen Bereichen außerhalb Athens und Spartas über ein non liquet oft nicht hinaus. Dennoch aber, so scheint mir, läßt sich mehr erreichen als in einem erst jüngst veröffentlichten Handbuch über ‚Die griechische Polis‘, in dem wir sehr viel über Athen und Sparta erfahren, die anderen Staaten aber lediglich als „Sonderfälle" auf wenigen Seiten und in extrem begrenzter Zahl kennenlernen – womit die Dinge dann, zumindest in der Logik, auf den Kopf gestellt werden, insofern die Ausnahme als Regel erscheint.

Bemüht man sich dagegen um eine breitere – und die m. E. einzig angebrachte – Perspektive, so ist man darauf verwiesen, die quellenmäßige Grundlage nicht nur ‚auszureizen‘, sondern auch nach Kräften zu erweitern bzw. die uns anderweitig gegebenen Möglichkeiten der Verbreiterung unserer Wissensbasis intensiv zu nutzen. Hier kommt nun das ins Spiel, was ich als historische Landeskunde bezeichnet habe. Es geht, genauer gesagt, um den Versuch, ausgehend von unseren literarischen Quellen die in allen Regionen des antiken Griechenland gemachten Studien zu Landesnatur, Bodenqualität und Bodennutzung, Verkehrswegen zu Lande und zu Wasser, Siedlungsverbreitung und -geschichte usw. zu sammeln und durch eigene Beobachtungen zu ergänzen. Gerade wenn man ins Auge faßt, welche wesentlichen Ergebnisse landeskundliche Forschungen in anderen Bereichen der Geschichte erbracht haben, und andererseits beobachtet, wie wenig für den Bereich der Antike, verglichen mit jenen Forschungen, erst erreicht ist, müßte man schon auf Grund dieses Sachverhaltes und unabhängig von der gerade skizzierten Perspektive Anstrengungen in Richtung auf eine umfassende Landeskunde auch in diesem Bereich machen.

Von großer Bedeutung ist dabei generell, daß einem bei solcher Ausrichtung zwei wesentliche Faktoren zugute kommen. Zum einen hat man nicht beim Nullpunkt zu beginnen, sondern kann sich auf eine Fülle von soliden Untersuchungen als Vorarbeiten stützen. Zum anderen hat gerade in den letzten Jahren die altertumswissenschaftliche Forschung nicht nur die hier vorgestellte Position gegenüber der griechischen Geschichte stärker akzentuiert, sondern auch auf verschiedenen Ebenen, mit verschiedenen Methoden und für verschiedene Regionen bereits in der hier angedeuteten oder einer vergleichbaren Richtung einiges erarbeitet.

Zum ersten Punkt: Grundlagenforschung zur Landeskunde ist in erheblichem Umfang bereits im 19. Jahrhundert geleistet worden. Insbesondere nach der Befreiung Süd- und Mittelgriechenlands von der türkischen Herrschaft sorgten zahlreiche Reisende für eine Fülle von teilweise ausgezeichneten Informationen. Diese harren zum Teil immer noch einer systematischen Auswertung: Man rekurriert nämlich sehr häufig immer wieder auf die [43] Klassiker wie Leake, Curtius u. ä.[1], die in den Standardwerken immer wieder – oft in regelrechten ‚Zitatennestern‘ – tradiert werden. Weitgehend unbekannt ist demgegenüber etwa eine Person wie der königlich sächsische Berg-Commissair Karl Gustav Fiedler, der – übrigens in offiziellem Auftrag – als Direktor der Königlich Griechischen Gebirgsuntersuchung Ende der dreißiger Jahre des letzten Jahrhunderts Griechenland systematisch durchreiste, um sich über Möglichkeiten der Melioration des Landes gutachtlich zu äußern, und der höchst detaillierte Beobachtungen machte, welche vielleicht weniger den

---

1   Leake, W. M., Travels in the Morea, 3 Bde., London 1830; ders., Travels in Northern Greece, 4 Bde., London 1835; Curtius, E., Peloponnesos, 2 Bde., Gotha 1851/2.

Epigraphiker und Archäologen, wohl aber den Wirtschaftshistoriker interessieren können[2].

Wie weit man generell kommen kann, wenn man sich mit solcher Reiseliteratur umfassend, intensiv und aus erster Hand befaßt, hat ja kein Geringerer als Louis Robert in zahlreichen opera und opuscula weit über das rein Epigraphische hinaus unter Beweis gestellt. Louis Robert war es im übrigen auch, der die hier mit implizierte Verbindung von Geographie und Philologie, oder, wie er sich viel schöner ausgedrückt hat, die Kombination von „Erde und Papier" (la terre et le papier) auch programmatisch vertreten hat[3].

Über solche Berichte hinaus haben wir aber vor allem auch eine Fülle von überwiegend historisch und archäologisch bedingten topographischen Arbeiten, die sich auch in einer Reihe bedeutender – übrigens heute noch nicht überholter und auch jetzt noch für Survey-Arbeit unmittelbar nutzbringender und hilfreicher – Kartenwerke niedergeschlagen haben. Ich nenne hier nur, exempli gratia, die Namen Kiepert, Milchhöfer und Curt Wachsmuth[4]. Auf Grund dieser Sachlage wundert es uns auch gar nicht, wenn bereits vor dem Ersten Weltkrieg der Gedanke auftauchte und sich zu einem konkreten Plan verfestigte, „unter einer gemeinschaftlichen Leitung alle Landschaften Griechenlands von Spezialforschern bearbeiten zu lassen. Er hätte auf dem Zusammenwirken von Gelehrten verschiedener Nationen beruht, wurde aber durch den Weltkrieg vereitelt" – so Friedrich Stählin in seiner – übrigens in mancher Hinsicht exemplarischen – landeskundlichen Arbeit über Thessalien, die er selbst in Rücksicht auf das geplante Gesamtwerk als Torso bezeichnet[5].

In der Tat fehlt eine solche Landeskunde noch heute – was schon eher zu Verwunderung Anlaß geben könnte. Jedenfalls kann das große, ein überaus [44] bedeutendes Lebenswerk abrundende Opus des Geographen Alfred Philippson eine solche auch nicht ersetzen – bei allen Verdiensten, die es hat, und trotz der Bemühungen von Ernst Kirsten um dessen historische Dimensionen: Zu sehr steht im Geographischen das Geologisch-Erdgeschichtliche im Vordergrund, zu wenig wird im Historischen von einer angemessenen Chronologie des archäologischen Fundbestandes ausgegangen[6].

Insgesamt gesehen bleibt jedoch die bisher geleistete Detailarbeit, auch für schon relativ große Räume, imposant. Aus dem 20. Jahrhundert seien neben dem schon genannten Kirsten[7] vor allem zwei Gelehrte hervorgehoben: Ernst Meyer[8],

2   Fiedler, K. G., Reise durch alle Teile des Königreichs Griechenland, 2 Bde., Leipzig 1840/41.
3   Robert, L., Actes du VIIIe Congrès de l'Association G. Budé, Avril 1968, Paris 1970, 67–86 = Opera Minora Selecta IV 383–403.
4   Kiepert, H. u. R., Formae Orbis Antiqui, Berlin 1893ff.; Milchhöfer, A., in: E. Curtius/A. Kaupert, Karten von Attika, Berlin 1880ff.; Wachsmuth, C., Die Stadt Athen im Altertum, 2 Bde., Leipzig 1874, 1890.
5   Stählin, F., Das hellenische Thessalien, Stuttgart 1924, S. VIII.
6   Philippson, A. / Kirsten E., Die griechischen Landschaften, 4 Bde., Frankfurt/Main 1950ff.
7   Bes. Kirsten, E., Die griechische Polis als historisch-geographisches Problem des Mittelmeerraumes, Bonn 1956.
8   Meyer, E., Peloponnesische Wanderungen. Reisen und Forschungen zur antiken und mittelalterlichen Topographie von Arkadien und Achaia, Zürich / Leipzig 1939; ders., Neue peloponnesische Wanderungen, Bern 1957.

der schon die Lektüre eines topographischen Artikels im „Kleinen Pauly" zu einem Genuß gemacht hat, und W. Kendrick Pritchett[9], der exemplarisch verdeutlicht hat, wie topographische Autopsie nicht nur die Rekonstruktion von Schlachten erst ermöglicht. Schon von daher wird man sagen können, daß die Zeit für eine historisch-topographische Synopse nicht nur reif, sondern geradezu überreif ist.

Dieser Eindruck verstärkt sich noch, wenn man sich dem zweiten Punkt zuwendet. Es wird nämlich in den letzten Jahren auf verschiedenen Gebieten und in verschiedenen Disziplinen, insbesondere in der prähistorischen und der klassischen Archäologie, der Alten Geschichte und der Siedlungsgeographie teilweise intensiv mit ähnlichen Fragestellungen und in ähnlicher Richtung gearbeitet. Dazu nur die folgenden Bemerkungen:

Selbstredend wird nicht nur der landeskundlich interessierte Historiker die Fortschritte der Grabungsarchäologie in den letzten Jahrzehnten aufmerksam registrieren, die sein Bild gegenüber dem, das seine Vorgänger im 19. Jahrhundert noch haben konnten, beträchtlich erweiterten. Besonders günstig für seine Fragestellung ist aber darüber hinaus zum einen die wachsende Exploration gerade in den Regionen Griechenlands und der Türkei, die noch bis vor kurzem weiße Flecken auf der archäologischen Landkarte waren (z. B. in den bisher weitgehend vernachlässigten Gebieten von Epirus, Westgriechenland insgesamt, Nordägäis, Kleinasien). Zum anderen kommt ihm die Orientierung vieler Grabungen primär auf Siedlungs- statt auf Kunstgeschichte (um es einmal etwas zu simplifizieren) besonders entgegen. So haben etwa die Grabungen in Korinth ganz neue Aufschlüsse auch über die Phase der eigentlichen Stadtwerdung geliefert[10]. Andererseits bereichern die [45] neueren amerikanischen Grabungen in Porto Cheli, dem historisch ganz unbedeutenden Halieis in der südlichen Argolis, und die damit zusammenhängenden prähistorischen, geographischen und anthropologischen Forschungen unser Bild über die kleineren Poleis der klassischen Zeit in erheblichem Umfang[11].

Sind wir damit im Wesentlichen noch auf punktuelle Informationen beschränkt, so sind die in den letzten Jahren ebenfalls stark intensivierten Oberflächenprospektionen in Form von sogenannten Surveys oft von fast noch größerem Wert. Es ist nur auf den ersten Blick kurios zu beobachten, daß hierbei für die mykenische Zivilisation erheblich mehr geleistet worden ist als für die späteren Epochen der griechischen Geschichte[12]: Die Möglichkeiten der prähistorischen Forschung verwiesen viel eher und nachdrücklicher auf den geographischen Hintergrund. Aber es ist keineswegs zu verkennen, daß die Surveyarbeit auch für die Zeit danach jetzt ganz wesentliche Impulse erhalten und Fortschritte erzielt hat. So haben etwa James

---

9   Pritchett, W. K., Studies in Ancient Greek Topography, 4 Bde., Berkeley / Los Angeles 1965ff.

10   Hierzu s. Roebuck, C., Some Aspects of Urbanization in Corinth, Hesperia 41, 1972, 96ff.

11   S. z. B. Boyd, T. D. / Rudolph, W. W., Excavations at Porto Cheli and Vicinity, Preliminary Report IV: The Lower Town of Halieis, 1970–1977, Hesperia 47, 1978, 333ff.; weiteres s. u. Anm. 16.

12   Bes. wichtig: Sackett, L. H. / Hankey, V. / Howell, R. J. / Jacobsen, T. W. / Popham, M. R., Prehistoric Euboea: Contributions toward a survey, BSA 61, 1966, 33ff.; Hope Simpson, R. / Dickinson, O. T. P. K., A Gazetteer of Aegean Civilisation in the Bronze Age I (Studies in Mediterranean Archeology 52), Göteborg 1979.

Wisemans[13] Arbeiten über die Korinthia u. a. gezeigt, welche Möglichkeiten es auch in Polisstaaten an sich für ‚partikularistische‘ Tendenzen gab. Und die Arbeiten Hans Lauters[14] und seiner Schule in Attika haben nicht nur in einige Epochen und Zusammenhänge der athenischen Geschichte Licht gebracht und die topographische Einzelforschung gefördert, sondern auch durch ihre siedlungs- und wirtschaftshistorische Komponente neue Bereiche eröffnet[15]. Andere Projekte stellen insbesondere den Zusammenhang von Vegetationsgeschichte, natürlicher Umwelt und Siedlungsentwicklung in den Vordergrund[16]. [46]

In der Alten Geschichte (in engerem Sinne) verrät sich eine mit der hier vertretenen Richtung verwandte Tendenz vor allem in der in letzter Zeit wieder wachsenden Zahl von sog. Polisgeschichten. Prima facie könnte man vermuten, daß eine gewisse Tradition in der Vergabe von Dissertationsthemen, wie sie im 19. Jahrhundert vor allem von deutschen Universitäten begründet wurde, sich jüngst in den nordamerikanischen Bereich fortgesetzt hat. Für manche Bereiche (so besonders Theben bzw. Boiotien)[17] konstatieren selbst sehr interessierte und auf Kooperation ausgerichtete Forscher wie Paul Roesch schon jetzt eine gewisse ‚Schwemme‘[18]. Immerhin stellen manche solcher Untersuchungen, in z. T. abgewandelter Form gedruckt, wesentliche Beiträge dar. Das gilt in meinen Augen besonders für Bucklers Buch über die Zeit der thebanischen Hegemonie (s. o.) und, für andere Bereiche, Figueiras Arbeit über Aigina[19], teilweise auch für die Untersuchung über das pontische Herakleia aus der Feder von Burstein[20]. Für diese gilt auch, daß sie den

13   Wiseman, J., The Land of the Ancient Corinthians (Studies in Mediterranean Archeology 50), Göteborg 1978.

14   U. a. Lauter, H., Zwei Horns-Inschriften bei Vari, AA 1982, 299ff.

15   In dieser Hinsicht ist jetzt lehrreich die Analyse der Binnenstruktur einer Deme durch H. Lohmann, Atene (Ἀτήνη), eine attische Landgemeinde klassischer Zeit, hellenika 1983, 98–117.

16   Zum ‚Early History of Agriculture Project‘ s. E. S. Higgs (Hrsg.), Palaeoeconomy (British Academy Major-Research Project ‚The early history of agriculture‘, Bd. II), Cambridge 1975 (mit einer Bibliographie auf S. 233f.); zur Argolis vgl. bes. die Beiträge von M. H. Jameson, H. A. Forbes / H. A. Koster, N. Gavrielidis in: M. Dirnen / E. Friedl (Hrsg.), Regional Variation in Modern Greece and Cyprus: Toward a Perspective on the Ethnography of Greece (Annals of the New York Academy of Sciences 268), New York 1976 sowie J. L. Bintliff, Natural Environment and Human Settlement in Prehistoric Greece (BAR Supplementary Series 28), 2 Bde, Oxford 1977; zur Cambridge-Bradford-Expedition in Boiotien s. O. Rackham, Observations on the Historical Ecology of Boetia, BSA 78, 1983, 291–351, s. bes. 291: „The main purpose of the Expedition is archaeological survey, but it includes also studies of modern Boetian agriculture and society. The botanical study was intended to gather information on wild vegetation as part of the environment of, and the resources available to human activities.“

17   Buck, R. J., A History of Boeotia, Edmonton / Alberta 1979; Buckler, J., The Theban Hegemony, 371–362 B. C. (Harvard Historical Studies 98), Cambridge/Mass. / London 1980; Demand, N. H., Thebes in the Fifth Century, London u. a. 1982; Dull, C. J., A Study of the Leadership of the Boeotian League from the Invasion of the Boiotoi to the King's Peace, Diss. University of Wisconsin 1975.

18   Roesch, P., in: La Béotie antique (Colloque International du C. N. R. S., Lyon/ St. Étienne 16–20 Mai 1983), St. Étienne 1983, 51.

19   Figueira, T. J., Aegina. Society and Politics, New York 1981.

20   Burstein, S. M., Outpost of Hellenism. The Emergence of Heraclea on the Black Sea (Univ. Calif. Publications in Classical Studies 14), Berkeley 1976.

landeskundlichen Grundlagen besondere Aufmerksamkeit schenken und somit demonstrieren, welchen Gewinn derartige Beobachtungen für die allgemeinhistorische Rekonstruktion bringen können.

Gemeinsam ist diesen und vielen anderen vergleichbaren Einzeluntersuchungen, von denen übrigens auch einige von primär archäologischer Provenienz sind (in Fortsetzung gewissermaßen der alten Serie der Baltimore-Universität aus den zwanziger und dreißiger Jahren des 20. Jahrhunderts), das auch in diesem Vortrag artikulierte Unbehagen an einer um Athen und Sparta zentrierten und damit auch letztlich in ihrem Blickwinkel eingeengten griechischen Geschichte: Man sieht das Spezifikum griechischer Geschichte in der Polisindividualität – was als solches indes noch nicht besonders originell ist. Aber man zieht daraus die Konsequenzen, indem man sich – oft sogar mit einem wenigstens programmatisch vertretenen Verzicht auf Analogien (Legon) – auf die Behandlung eines Stadtstaates konzentriert. So sind in der letzten Zeit neben ältere ‚Klassiker‘ wie Fougères noch heute fast vorbildliche Beschreibung Mantineias und Edouard Wills ‚Korinthia[47]ka‘[21] wichtige Arbeiten über Megara (Ronald P. Legon), Argos (Tomlinson, Kelly, Hendriks), Kos (Susan Sherwin-White)[22] getreten – um nur einige zu nennen. Dieser Sachverhalt verlangt nicht allein nach kritischer Auseinandersetzung en detail, sondern legt auch den Gedanken an eine Synopse nahe.

Eine solche ist nun sogar bereits von geographischer, genauer gesagt siedlungsgeographischer bzw. ökistischer Seite aus in Angriff genommen worden. Das Projekt des leider unlängst verstorbenen griechischen Gelehrten Doxiadis wandte sich auf breiter, ja breitester Grundlage und mit einem bis ins letzte durchgegliederten, auch auf moderne Methoden der Datenverarbeitung zugeschnittenen Programm gerade dem griechischen Stadtstaat zu. Zahlreiche Bände der geplanten Serie Ἀρχαῖες Ἑλληνικὲς Πόλεις (‚Ancient Greek Cities‘) sind bereits in provisorischer Form erschienen[23]. Sie geben zum Teil außerordentlich wichtige neue Informationen über bisher wenig explorierte Gebiete (z. B. Kassopeia in Epirus nebst Umgebung, Bd. IV von Dakaris) und sind darüber hinaus nicht unwichtig auf Grund ihrer oftmals geradezu exzessiven Zahl von Karten und Plänen sowie durch die bequeme Bereitstellung statistischen Materials. Leider stehen jedoch sehr oft moderne Daten unvermittelt neben archäologischen Befunden und topographischen Rekonstruktionen sowie historischen Erörterungen. Vor allem aber sind zumindest letztere nicht

---

21 Fougères, G., Mantinée et l'Arcadie orientale (BEFAR 78), Paris 1898; Will, E., Korinthiaka. Recherches sur l'histoire et la civilisation de Corinthe des origines aux guerres médiques, Paris 1955.

22 Legon, R. P., Megara. The Political History of a Greek City-State to 336 B. C., Ithaca / London 1981; Tomlinson, R. A., Argos and the Argolid. From the End of the Bronze Age to the Roman Occupation, London 1972; Kelly, T., A History of Argos to 500 B. C. (Minnesota Monographs in the Humanities 9), Minneapolis 1976; Hendriks, I. H. M., De interpolitieke en internationale betrekkingen van Argos in de vijfde eeuw v. Chr., gezien tegen de achtergrond van de intrapolitieke ontwikkelingen, Groningen 1982; Sherwin-White, S. M., Ancient Cos. An Historical Study from the Dorian Settlement to the Imperial Period (Hypomnemata 51), Göttingen 1978.

23 The Center for Ecistic Studies (Hrsg.) Ἀρχαῖες Ἑλληνικὲς Πόλεις – Ancient Greek Cities, Athen 1970ff.

selten geradezu dilettantisch und gehen oft nicht über das Referat der jeweiligen RE-Artikel hinaus bzw. bleiben hinter diesen sogar zurück.

So verschieden die hier berührten Punkte, d. h. insbesondere Forschungsschwerpunkte, auch im Einzelnen sein mögen, so klar ergibt sich doch aus dem skizzierten Sachverhalt, daß die Landeskunde auf der Tagesordnung steht und nicht nur das: Umfassende, von übergeordneten Fragestellungen wie der eingangs skizzierten Perspektive geleitete Zusammenfassungen scheinen nicht unmöglich. Und dabei erhellt ebenso deutlich aus dem Gesagten, daß ein solches bzw. ein vergleichbares Unternehmen mindestens die genannten Fächer, also Archäologie, Geographie und Geschichte, umfassen muß, also interdisziplinär zu sein hat. [48]

Unter diesen Voraussetzungen soll hier abschließend eingegrenzt werden, welche Aufgaben sich bei einem derartigen Unternehmen speziell für den Althistoriker ergeben und welche möglichen wissenschaftlichen Fortschritte für ihn dabei erreichbar sein könnten. In welchen Fragen mithin, über die eingangs angedeuteten perspektivischen Gewinne hinaus, kann uns ein so gearteter landeskundlicher Ansatz weiterhelfen?

Lassen Sie mich nur die wichtigsten Punkte gleichsam exemplarisch herausstellen: Da ist zunächst das Problem der Kontinuität bzw. Diskontinuität von mykenischer Zeit und „Dark Ages". Und dabei geht es nicht lediglich um die Fragen: Große Wanderung oder nicht, Katastrophe oder relativ ruhiger Übergang, klarer Umbruch oder allmähliches Einsickern, sondern überhaupt um das Suchen von Möglichkeiten oder auch Unmöglichkeiten für das Weiterleben von Traditionen unter der Voraussetzung der Siedlungsentwicklungen (z. B. Zusammenhang Korinth und – anderswo situierte – mykenische Plätze, ähnlich, allerdings mit zeitlicher Verschiebung, Zusammenhang zwischen Lefkandi und den euboiischen Metropolen, ferner z. B. Ptolis und Mantineia). Daran schließen sich Überlegungen über die frühe Phase der Polisentwicklung an: Daß die neue Siedlungseinheit für die Staatenbildung wichtiger war als mögliche ältere Stammeszugehörigkeiten, ist für weite Teile zumindest des griechischen Mutterlandes und in Kleinasien kaum strittig. Aber wie hat man sich den Prozeß des Zusammenwachsens vorzustellen? Geht nicht ziemlich oft die Polis über ihren natürlichen Rahmen auffällig hinaus (Chalkis, Eretria, Orchomenos in Arkadien, Korinth, Argos) oder auch nicht (Phleius, Tegea, Sikyon, Megara)? Was ist konkret bei einem Synoikismos vorgegangen, und wie verhält sich unter diesem Gesichtspunkt das, was wir Bundes- und Stadtstaat nennen, zueinander? Wie haben wir uns die Siedlungskomplexe vorzustellen, die vor dem Synoikismos zwar *komedón* besiedelt waren, dennoch aber offensichtlich eine politische Einheit bildeten, ohne sich als Stammesstaat verstehen zu lassen (z. B. Elis, Tegea, Mantineia, Heraia mit den *systémata démon* bei Strabon und überhaupt die „tribal communities" in Arkadien)[24]? Wie hoch ist der Anteil von Rückwirkungen im Zuge der griechischen Kolonisation einzuschätzen? Diese und ähnliche Fragen stellen sich gerade angesichts neuer Erkenntnisse zur frühen Siedlungsgeschichte besonders in Korinth und seinem Territorium oder in dem

---

24   Vgl. hierzu: J. Roy, Tribalism in Southwestern Arcadia in the Classical Period, AAnt Hung 20, 1972, 43–51.

Komplex Chalkis – Lefkandi – Eretria auf Euboia, der zur Zeit noch schwer zu durchschauen ist[25].

Besonders erfolgversprechend scheint mir auch der Versuch zu sein, den geographisch-naturräumlichen Voraussetzungen des Wirtschaftslebens[26], der [49] Bevölkerungsentwicklung und der Sozialgeschichte generell nachzugehen. Allgemein ist wohl die Frage nach dem Verhältnis von Stadt und Land eines der zentralen Probleme der Alten Geschichte. Viele konkrete Fragen schließen sich an, z. B.: Wie groß war etwa der Anteil des ackerbaufähigen gegenüber dem nicht ackerbaufähigen Land in dem Territorium einer Polis in der Antike? Wie lassen sich die Bodenqualitäten und die klimatischen Zustände in der Vergangenheit ermitteln und einschätzen[27]? Für den Anbau welcher Produkte waren sie besonders geeignet? Lassen sich aus solchen Ermittlungen klare Maßstäbe für die Schätzung von Bevölkerungszahlen und die Rekonstruktion sozialer Strukturen (oder wenigstens Zustände) entwickeln? Lassen sich neue bzw. überhaupt nähere Erkenntnisse über die Gestaltung eines ländlichen Territoriums im Verhältnis zur Stadt gewinnen? Können Bodenfunde Aufschluß über soziale Differenzierungen geben? Gerade bei solchen Fragen zeigt sich, wie bei dieser Schwerpunktsetzung die verschiedenen Fächer ineinandergreifen: Vor allem die genaue Rekonstruktion antiker Grenzen auf der Basis topographischer Forschungen an Hand literarischer, epigraphischer und archäologischer Zeugnisse muß dabei mit Beobachtungen von geographisch-geologischer sowie sozial- und wirtschaftsstatistischer Seite aus heutiger Zeit konfrontiert werden. Und solche Analysen müssen sich auch auf die Binnenstruktur der Stadtstaaten erstrecken. Diese und ähnliche Fragen mögen in mancher Hinsicht geradezu utopisch erscheinen, insofern die Möglichkeiten ihrer Beantwortung skeptisch beurteilt werden. Indes gibt es bereits heute Einzeluntersuchungen, in denen nicht nur solche und ähnliche Fragen gestellt, sondern bereits einige auch methodisch richtungweisende Schritte zu deren Beantwortung getan werden. Da wären insbesondere die auf genauer Kenntnis der antiken Überlieferung, der älteren Reiseberichte der Neuzeit und der archäologischen Forschung sowie auf eigenen intensiven Surveys beruhenden Untersuchungen von Stephen und Hilary Hodkinson (Universität

---

25   Popham, M. R. / Sackett, L. H. / Themelis, P. G., Lefkandi 1., The Iron Age (BSA Suppl. 11), London 1979, 1980.

26   Vgl. auch den Hinweis von M. H. Jameson, CJ 73, 1977, 126f. A. 18 zur griechischen Agrargeschichte im engeren Sinne: „One must be keenly aware of the lack of such work as White's for the Greek world (and in view of the nature of the Greek evidence we are not likely to get one), and of the need for archaelogical research for the cultural as well as material problems of agriculture".

27   In diesem Bereich gibt es wichtige neue Forschungen geographischer Provenienz, s. etwa C. Vita-Finzi, The Mediterranean Valleys. Geological Changes in Historical Times, Cambridge 1969; neuerdings, z. T. korrigierend, L. Hempel, Jungquartäre Formungsprozesse in Südgriechenland und auf Kreta (Forschungsbericht des Landes Nordrhein-Westfalen Nr. 3114: Fachgruppe Physik, Chemie, Biologie), Opladen 1982; ders., Klimaveränderungen im Mittelmeerraum – Ansätze und Ergebnisse geowissenschaftlicher Forschungen, Universitas 38, 1983, 873ff.; ders., Geoökodynamik im Mittelmeerraum während des Jungquartärs. Beobachtungen zur Frage „Mensch und/oder Klima?" in Südgriechenland und auf Kreta, Geoökodynamik 5, 1984, 99ff.

Cambridge) in der ostarkadischen Binnenebene zu nennen[28]. Diese haben unser Bild über die wirtschaftlichen Zustände, die sozialen Strukturen und die urbanistische wie politische Entwicklung [50] von Mantineia wesentlich bereichert. Allein die methodisch saubere Begründung in der demographischen Rekonstruktion lohnte die Mühe der Verfasser und stellt auch andere vergleichbare neuere Untersuchungen als – gelinde gesagt – grobschlächtig dar[29].

Aber das ist nur ein räumlich und thematisch begrenzter Gesichtspunkt. Das definitive (oder ein wesentliches) Ergebnis solcher interdisziplinär vorangetriebener historisch-landeskundlicher Forschung, wie sie hier angeregt wird, könnte insgesamt, auf lange Sicht und im Idealfall, in der Erstellung neuerer, besser fundierter und sozusagen integrierter Polis- bzw. Regionalgeschichten und – darauf aufbauend – etwa einer typologisch organisierten ‚Griechischen Geschichte‘ bestehen. Will man bescheidener sein, so wird man wenigstens ein klares Bild der naturräumlichen Voraussetzungen und der topographischen Grundlagen der griechischen Geschichte (und wenn auch nur im Rahmen eines historischen Atlas) erwarten. In jedem Falle aber kommt man dem spezifischen Wesen der griechischen Geschichte, der dialektischen Einheit von Identität und Vielgesichtigkeit, wesentlich näher und leistet damit einen in dem eingangs angedeuteten Sinne angemessenen Beitrag. Und das dürfte nicht der geringste Gewinn derartiger Forschungen sein!

28 Hodkinson, St. u. H., Mantineia and the Mantinike: Settlement and Society in a Greek Polis, BSA 76, 1978, 239ff.
29 Ruschenbusch, E., Untersuchungen zu Staat und Politik in Griechenland vom 7.–4. Jh. v. Chr., Bamberg 1978, 3ff.; ders., Tribut und Bürgerzahl im Ersten Athenischen Seebund, ZPE 53, 1983, 125–143; aber auch N. J. Pounds, The Urbanization of the Classical World, Annals of the Association of American Geographers 59, 1969, 135ff., bes. 140ff.

Erschienen in: Ambiente e paesaggio nella Magna Grecia. Atti del XLII Convegno di Studi sulla Magna Grecia, Taranto 2003, 9–32.

dis manibus
Friedrich Sauerwein

QUADRI AMBIENTALI E PAESAGGI UMANI NELLA GRECIA ANTICA

Im Zuge der intensiven Forschungen der jüngeren Zeit zu den regionalen Strukturen der antiken Welt ist ein wenig in Vergessenheit geraten, daß diese bereits eine sehr lange Tradition haben. Sie in Erinnerung zu rufen ist nicht nur von wissenschaftsgeschichtlichem Interesse. Es ist besonders wichtig angesichts der Grundfrage solcher Forschungen, die auch hier im Zentrum stehen soll: Ich meine die Frage nach dem Verhältnis von Mensch und Raum, zwischen Kultur und Natur, eine Frage, die angesichts der rapiden Fortschritte in den Naturwissenschaften, besonders in den sogenannten life sciences heute auch generell lebhaft diskutiert wird. Gerade in dieser Hinsicht ist der Rückblick auf unsere Tradition besonders hilfreich und erhellend. Ich will deshalb damit beginnen.

I.

Ausgehen müssen wir von der Fundierung der Klassischen Geographie durch Alexander von Humboldt (1769–1859) und Carl Ritter (1779–1859).[1] Schon in der historischen und geographischen Perspektive der Aufklärung war der Sinn für den Zusammenhang zwischen geographischen Rahmenbedingungen und menschlicher Kulturentwicklung hoch entwickelt. Man betonte – übrigens noch ganz im Sinne antiker Vorstellungen, wie sie sich etwa im *corpus Hippocraticum* niedergeschlagen hatten – vor allem den Einfluß klimatischer Umstände auf die sozialen, politischen und kulturellen Ordnungen und Phänomene.

Mit Humboldt und Ritter dagegen wurde die Frage des Verhältnisses zwischen Mensch und Raum neu gestellt und viel grundsätzlicher angegangen, sowohl von der theoretischen Konzeptualisierung als auch von der empirischen Forschung her. Beide betonten entschieden, in durchaus ganzheitlichem Sinne, den genuinen Zusammenhang von räumlichem Ambiente und menschlicher Zivilisation, genauer gesagt, die vielfältigen Wechselbeziehungen zwischen diesen Faktoren. Humboldt bemühte sich um ein geschlossenes System der Natur, das er in seiner berühmten Kosmos-Vorlesung formulierte. Dieses System bestand vornehmlich in dem Nachweis von Regelhaftigkeiten, die aus genauen naturwissenschaftlichen und empirischen Beobachtungen durch Ordnen und Abstrahieren erschlossen waren. In diesem Rahmen bildeten Mensch und Raum, Kultur und Natur, Geschichte und Land eine Einheit, die gerade in den Wechselbeziehungen zum Ausdruck kam.

Carl Ritter, der viel stärker theologisch und pädagogisch orientiert war, ging in dieser Hinsicht noch weiter. Bei ihm wurde der Zusammenhang ein organischer: Gott ist in der Welt wirksam und Aufgabe des Menschen ist es, sich selbst und damit auch die Erde als seinen Lebensraum zu erkennen. Als Geschöpf Gottes ist er mit dieser unlösbar verbunden. Aus der vielfältigen Relation bei Humboldt wird so eine natürlich-organische Verbindung. Lebenssituationen auf der Erde prägen menschliche Verhaltensweisen, damit auch etwa soziale Lebensformen, der Mensch ist geradezu „Repräsentant seiner natürlichen Heimat". In Ritters Auffassung der griechischen Geographie führte dies zu sehr spezifischen Schlußfolgerungen. Nach ihr „besteht (Griechenland) aus einer großen Menge von räumlichen Individualitäten, von Gaubildungen für sich, durch Land und Meer von anderen gesonderten selbständigen Systemen größerer und kleinerer Art." Diese Landschaftsindividualitäten bildeten nach Ritter also „natürliche Gaue und Provinzen", und deren „Isolierung ... bedingte ursprünglich die getrennte Zahl ihrer politischen Einheiten, die Naturbegrenzungen wurden die Grundlagen der politischen Grenzen."[2]

Humboldts und Ritters Positionen hatten eine starke Wirkung, auch im Bereich der Altertumswissenschaften. Der Gedanke des natürlichen Zusammenhanges von Mensch und Raum beherrschte bereits die ersten großen Versuche historisch-geographischer Synopsen. Der französische Geowissenschaftler Émile Le Puillon de Boblaye (1792–1843), ein bedeutender Pionier der Erforschung der griechischen Landschaften, ging von dieser Grundlage aus, als er die von ihm und seinen Mitarbeitern im Rahmen der französischen „Expédition de Morée" (1829) gewonnenen Daten und Beobachtungen im Zusammenhang auswertete.[3]
Der bedeutende und in der 2. Hälfte des 19. Jahrhunderts in Deutschland höchst einflußreiche Altertumswissenschaftler Ernst Curtius (1814–1896), der mit Humboldt in engem persönlichem Kontakt stand und in Griechenland mit Ritter gereist war, baute auf diesem Fundament weiter und schuf bereits um die Jahrhundertmitte (1851/52) mit seinem großen Peloponnes-Werk eine erste Synthese. Er verband dabei den Gedanken der ambientalen Prägung des Menschen mit der humanistisch-klassizistischen Vorstellung von Harmonie, die er in der griechischen Kultur verwirklicht sah. Für ihn gab es eine menschliche Nutzung von Naturräumen und dazu passende Organisationsformen, die im Einklang mit der Natur standen, und er verwendete in diesem Zusammenhang einen Begriff aus der politischen Sprache der griechischen Archaik, indem er eine derartige Harmonie von Mensch und Raum auch „Eunomia" nannte.[4]

Daneben, aber mit den Konzepten von Humboldt und Ritter durchaus im Zusammenhang stehend, entwickelte sich vor allem in Mittel-, West- und Nordeuropa im 19. Jahrhundert die Disziplin der Historischen Landeskunde. Schon auf Grund der nördlich der Alpen und der Pyrenäen gegebenen Fundsituation sah sich die Archäologie in besonderem Maße auf die Geographie, Geologie und Bodenkunde verwiesen. So bildete die Historische Landeskunde eine Forschungsrichtung, in der Geschichte, Geographie und Archäologie, interdisziplinär und integrativ zugleich, miteinander kooperierten. Noch bis in das 20. Jahrhundert hinein existierten vergleichbare Orientierungen auch in den klassischen Altertumswissenschaften, wo sie allerdings zunehmend randständig wurden.[5]

Etwa gleichzeitig verstärkte sich der bereits bei Ritter deutlich angelegte Determinismus, besonders in der Anthropogeographie Friedrich Ratzels.[6] Der Mensch und seine kulturellen wie sozialen Lebensformen bildeten hier geradezu eine Resultante seiner physischen Lebenssituation; die naturräumlichen, insbesondere klimatischen Bedingungen bestimmten deren Charakter und Entwicklung. Die moderne Verwissenschaftlichung im Sinne eines naturwissenschaftlich-nomothetischen Verständnisses beherrschte die Szene. Dies ist noch spürbar bei dem ‚Klassiker‘ der Geographie Griechenlands, bei Alfred Philippson,[7] und hat über ihn auf die historisch-geographische Forschung zur Antike noch bis in die 2. Hälfte des 20. Jahrhunderts gewirkt, besonders bei Ernst Kirsten.[8]

In der Zwischenzeit jedoch hatte es bereits eine massive Neuorientierung gegeben: Sie war stark von der Soziologie Émile Durckheims geprägt sowie entschieden historisch-anthropologisch bedingt und führte zunächst in Frankreich, mit seiner auch institutionell bedingten Verbindung von Geschichte und Geographie, zu einem echten Paradigmenwechsel. Entscheidend dafür war die Wirksamkeit und Wirkung der historiographischen Tradition um die Zeitschrift „Annales“,[9] innerhalb derer vor allem Lucien Febvre eine neue Orientierung der historischen Geographie als geographischer Historie – so könnte man sagen – begründete.[10] Auch hier richtete sich der Blick des Historikers auf den Raum und insbesondere auf das Verhältnis zwischen Mensch und Raum. Nur dachte man hier gleichsam umgekehrt, vom Menschen her. Man betonte nicht die Prägung des Menschen durch den Raum, sondern sah den Menschen auch und gerade als den Gestalter von Räumen, wie er aus Land Landschaft machte. Es ging nicht um eine szientifische Kausalität im Sinne einer Einbahnstraße, sondern um ein komplexes Wechselspiel, in der die menschliche Zivilisation und Gesellschaft Eigengewicht und Eigenwert hatten. Auch diese neue Richtung fand einen Klassiker, Fernand Braudel mit seinem großen Werk über das Mittelmeergebiet zur Zeit Philipps II.[11] Er operierte mit unterschiedlichen Frequenzen und Konjunkturen historischer Entwicklungen. Dabei waren Räume und Raumgestaltungen den Prozessen der „longue durée“ zuzurechnen, während sich etwa ökonomische oder gar politische Entwicklungen mit anderem Tempo vollzogen – schon dies demonstrierte die Problematik des schlichten Determinismus.

Gerade die „Annales“-Tradition und die Arbeiten der ihr nahestehenden Forscher hatten eine beträchtliche Wirkung, auch auf internationaler Ebene und in vielen Disziplinen, nicht zuletzt in denen, um die es hier geht, Geschichte, Geographie, schließlich auch Archäologie. Gerade die Neudefinition des Spannungsverhältnisses von Mensch und Raum ist bis heute von grundsätzlicher Bedeutung. Wie hilfreich diese war und wie weit man mit dieser kommt, hat aus meiner Sicht vor allem Lucio Gambi gezeigt. Ich erwähne dies hier nicht, um meinem Gastgeberland Reverenz zu erweisen, sondern weil ich durch die Lektüre seiner Arbeiten, vor allem seines Buches „Una geografia per la storia“, sehr viel gelernt habe.[12]

Damit kann ich zugleich meinen eigenen Zugang bezeichnen und das theoretische Konzept, dem ich mich verpflichtet fühle. Wenn ich die angesprochene

Beziehung von Mensch und Raum ins Auge fasse, dann geht es mir primär darum, wie der Mensch bzw. die verschiedenen menschlichen Gruppen und Gesellschaften den Raum ‚bewertet', gestaltet und geformt haben – natürlich nicht in völliger Freiheit und im Sinne einer weitgehenden Verfügbarkeit, sondern mit dem Blick auf die verschiedenen Potentiale der Raumnutzung. Die Natur erscheint als Möglichkeit (oder auch als hinderndes Element), nicht als bestimmender Faktor. In diesem Sinne verstehe ich die hier behandelte Wechselbeziehung, genauer und mit Lucio Gambis Worten gesagt[13] (loc.cit 49), sehe ich im Ambiente eine „scena ... che ha significato nella storia umana in quanto l'uomo le da particolari valori e ne trae, in forma di risorse e di stimoli (vari a seconda delle condizioni economiche e delle strutture sociali) energia per la sua vita."

Für mein Vorhaben wirkt es sich positiv aus, daß in den einschlägigen Fächern gerade in letzter Zeit – auch in der hier vertretenen Richtung – intensiv gearbeitet wurde. Die Historische Landeskunde, die seit den 20er Jahren des letzten Jahrhunderts in den Altertumswissenschaften stark an Bedeutung verloren hatte, ist mittlerweile ein besonders innovativer Schwerpunkt geworden.[14]

In der historisch-philologischen Forschung hat nicht zuletzt die antike Geographie und damit im Zusammenhang das antike Raumverständnis viel Beachtung gefunden. Dazu kommen zahlreiche topographische oder regional orientierte Untersuchungen, bis hin zur Epigraphik und Numismatik. Louis Robert hat in diesem Rahmen schon vor Jahrzehnten die Verbindung von „terre et papier" postuliert.[15]

In den Geowissenschaften finden zunehmend rezente Formierungsprozesse in der Geologie und Geomorphologie Beachtung. Dank neuerer Arbeitstechniken und naturwissenschaftlicher Fortschritte lassen sich ganz ungeahnte Ergebnisse gewinnen und haben sich neue Disziplinen entwickelt, die das Spektrum der historischen Landeskunde erweitern, etwa die Palynologie, Archäobotanik und -zoologie, die es erlauben, sogenannte Palaeoenvironments zu erschließen.

Schließlich hat in der Archäologie, vor allem in Verbindung mit der massiv ausgebauten Surveyforschung, der ländliche Raum, das Gebiet „beyond the Acropolis", zunehmend Beachtung gefunden. Man kann heute bereits, vor allem im angelsächsischen Bereich, von landscape archaeology sprechen.[16]

Auf der Grundlage solcher sehr ertragreicher Arbeiten und mit der hier gegebenen wissenschaftsgeschichtlich-konzeptionellen Orientierung möchte ich nun den derzeitigen Stand unserer Kenntnis zu bilanzieren versuchen.

II.

1. Ich gehe aus von den naturräumlichen Voraussetzungen, die ich, wie oben skizziert, als Potential für die „Inwertsetzung" (valutazione) durch den Menschen sehe. Dabei konzentriere ich mich primär auf das sogenannte griechische Mutterland als das Kerngebiet der griechischen Geschichte, also auf den südlichen Teil der Balkanhalbinsel, die Ägäis und die Küstenzone des westlichen Kleinasien. Dies ist nicht nur meiner eigenen Kompetenz geschuldet, sondern aus meiner Sicht auch legitim. Zwar hat sich der Lebensraum der Griechen mit der

Kolonisation beträchtlich erweitert, doch läßt sich deutlich beobachten, daß die Griechen auch in der Expansion solche Regionen bevorzugten, die ihrem ursprünglichen Ambiente entsprachen oder nahekamen.

Drei Bereiche sind für die Beurteilung der Potentiale besonders wichtig, das Klima, das Landschaftsrelief und die Bodenqualitäten.[17]

a) Das Klima im antiken Griechenland unterscheidet sich nicht grundsätzlich von der aktuellen Situation. Es handelt sich um ein semi-arides Klima, das grob in drei Phasen zerfällt, eine Regenzeit im Winterhalbjahr, eine kurze Blüte- bzw. Reifezeit in den Monaten April und Mai sowie die sommerliche Trockenzeit von Juni bis September. Auch innerhalb des oben bezeichneten Raumes gab und gibt es wenige Unterschiede. Die wichtigsten Differenzen sind bedingt durch die Höhenlage, vor allem aber durch die Lage zu der gerade in der Regenzeit vorherrschenden Windrichtung von Westen. Bedingt durch die hohen, vorwiegend in Nord-Süd-Richtung laufenden Bergketten der südlichen Balkanhalbinsel, lassen sich Luv und Lee ziemlich klar unterscheiden: Auf der Westseite finden sich deutlich höhere Niederschlagsmengen als an der Ostseite und in der westlichen und mittleren Ägäis; in deren östlichem Teil und in Westkleinasien nehmen diese wieder leicht zu. Die Voraussetzungen unterscheiden sich jedoch lediglich graduell, nicht qualitativ. Wo es entsprechende Böden gibt, ist in der Regel Regenfeldbau ohne künstliche Bewässerung möglich.

b) Das geomorphologische Relief und die orographische Beschaffenheit zeigen ebenfalls weitgehend übereinstimmende Charakteristika. Es gibt verhältnismäßig wenig erdgeschichtlich ältere Massen mit Bodenschätzen. Sie konzentrieren sich vor allem auf die Ägäis und ihre westlichen Randgebiete. Es handelt sich bei dem dortigen Archipel im wesentlichen um die Gipfelflur älterer und mittlerweile abgesunkener Gebirge.
Das Relief selbst ist ganz wesentlich geprägt durch den Prozess der alpiden Faltung im Tertiär. In dessen Verlauf haben sich zum Teil sehr hohe, vor allem aber steile und schroffe Kalkgebirge herausgebildet. In deren Umfeld kam es zu Erosions- und Sedimentationsprozessen. Hier haben sich – überwiegend parallel zu den Kalkmassen – Gebirgszonen und außerdem auch Tafelländer vornehmlich aus Sandstein (Flysch und – mit Philippsons Begriff – Neogen) herausgebildet.
Diese geologischen Grundlagen bilden in Verbindung mit dem Klimaregime die Voraussetzung für eine hohe geomorphologische Dynamik. Die Niederschläge treten häufig als Starkregenfälle auf. Wegen der Steilheit des Reliefs führt das zu teilweise dramatischen Erosionsprozessen. Gesteine und kleinere Partikel, aber auch frisch gebildeter und ungeschützter Boden werden herabgespült. Dadurch verstärkt sich die Steilheit in den Höhenlagen. Dies betrifft besonders die Zonen der älteren Sedimentation mit ihrem weicheren Sandstein, die zum Teil sehr stark zerfurcht sind. Das Gegenstück der Erosion sind Ablagerungen und jüngere Sedimentationen, vor

allem in Talregionen und Beckenebenen sowie in sogenannten Küstenhöfen, an den Meeresufern, sofern die Wassertiefe nicht zu groß ist. Eine besondere Variante ist die Morphologie des Kalks, der auf Grund der chemischen Zusammensetzung von Wasser nur punktuell aufgelöst wird. Es kommt zur Verkarstung, z.T. in großem Stil, und damit bilden sich durch Einbrüche zum Teil recht große binnenländische Becken, die sogenannten Poljen, z.B. die Kopais-Ebene in Boiotien.

c) Dies alles ist wiederum wichtig für die Bodenbildung und damit für die entscheidende Lebensgrundlage einer im wesentlichen agrarisch geprägten Kultur. Die Edukte, d.h. die Gesteinsformationen, die den Ausgangspunkt der Böden bilden, bieten recht unterschiedliche Voraussetzungen. Die wenigen Reste der älteren Masse und die gerade in deren Randzonen vorkommenden vulkanischen Gesteine bringen unter bestimmten Voraussetzungen, aber in der Regel nur in sehr geringem Umfang, fruchtbare Böden hervor. Der Kalk, der reichlich zur Verfügung steht, ist in diesem Sinne nur von begrenztem Wert. Auf Grund seiner Verwitterungsprozesse bildet er nur relativ ärmliche Bodenformationen (*terra rossa*), die zudem in besonderem Maße der Erosion ausgesetzt sind.

Flysch und Neogen, also die Sandsteine, können demgegenüber, je nach ihrer Zusammensetzung, recht ertragreiche Böden hervorbringen, die allerdings durch Erosionsprozesse generell gefährdet sind und leicht ausgelaugt, sozusagen skelettiert werden können. Da die hier zusammengefaßten Gesteine neben den Kalkformationen mit Abstand die größte Masse bilden, sind hier gute Voraussetzungen gegeben.

Die nachtertiären bis rezenten Sedimente sind besonders fein und fruchtbar. Sie sind allerdings auf Grund ihrer lehmigen Zusammensetzung und ihre Kompaktheit, zumal nach den trockenen Sommermonaten, sehr schwer zu bearbeiten.

2.

a) Damit habe ich schon die Konsequenzen dieser physischen Voraussetzungen für die Nutzung durch den Menschen berührt, also das Potential für die Inwertsetzung. Die von vornherein räumlich begrenzten Bereiche der älteren und vulkanischen Formationen erlauben eine zum Teil sehr intensive agrarische Nutzung, sofern die Voraussetzungen (besonders reiche Bewässerung) gegeben sind. Dies trifft nur auf relativ wenige Gebiete zu. Andererseits handelt es sich hier um die nahezu einzigen Gebiete, in denen sich in Griechenland Bodenschätze finden, nämlich Edelmetalle (im Bereich des attischen Laurion) und bestimmte metamorphe Gesteine, besonders Marmor.

Die weit ausgedehnten Kalkzonen bilden, abgesehen von den eingestreuten Beckenebenen, eine ausgesprochene Ungunstregion. Insbesondere in den höheren und schrofferen Gebirgszügen fehlt nicht selten die natürliche Vegetationsdecke, sie sind geradezu Gesteinswüsten. Wo allerdings höhere Niederschläge fallen und das Relief nicht allzu sehr ausgeprägt ist, können sich Wälder bilden. Besonders charakteristisch sind, vor allem auf der

Westseite Griechenlands, lichte Eichenwälder, während im Osten eher Macchien vorherrschen. Dieser natürliche Schutz ist allerdings prekär, da die Vegetationsdecken auf dem kärglichen Boden in oft steilen Hanglagen extrem erosionsgefährdet sind. Insgesamt ist die Situation hier sehr instabil. Die Nutzung muß sich häufig auf Formen einer aneignenden Wirtschaftsweise, auf Jagd und Holzgewinnung, daneben auf Weidewirtschaft beschränken. In dem instabilen System kann dies allerdings die Erosionsprozesse fördern.

Die Flysch- und Neogengebiete bieten demgegenüber wesentlich bessere Voraussetzungen. Die häufig mergeligen und tonigen Böden tragen in der Regel eine dichte natürliche Vegetation. Besonders dort, wo das Relief flach ist, und in den Tafelländern tritt auch im Falle stärkerer menschlicher Eingriffe durch Rodung nicht sehr schnell Erosion ein. Für agrikulturelle Nutzung herrschen hier gute, zum Teil sehr gute Voraussetzungen. Daneben gibt es, vor allem in höheren oder entlegenen Zonen, Möglichkeiten der Wildbeuterei, der Holzgewinnung und der Weidewirtschaft.

Die prinzipiell besten Ackerböden liefern die jüngeren Ablagerungen, also das Alluvialland der Beckenebenen, Poljen und Küstenhöfe, vor allem dort, wo die Sedimente auf Abspülungen aus den Flysch- und Neogengebieten zurückgehen. Hier finden wir die reichsten und schon in der Antike deshalb berühmten Anbaugebiete, die Lelantische Ebene auf Euboia, den Küstenstreifen zwischen Sikyon und Korinth, die untere Pamisos-Ebene in Messenien, die Küstenzonen an den Mündungen der großen kleinasiatischen Flüsse oder das Acheloos-Becken in Akarnanien. Diese ausgeprägte Gunstregion ist allerdings nicht frei von Problemen. Die Alluvionsprozesse sind rezent, vieles, was heute bestes Ackerland bildet, existierte in der Antike noch gar nicht. Häufig waren die Gebiete noch stark versumpft oder von Versumpfung und Überschwemmung bedroht. Das gilt besonders für die Beckenebenen in Thessalien und in Ost-Akadien sowie die boiotische Kopais. Zudem waren die Böden hier nach der Trockenzeit unter vormodernen Bedingungen nur schwer zu bearbeiten. Das bezeugt, im Hinblick auf die spartanische Eurotas-Ebene, bereits Euripides: Dort sei das Land πολὺ μὲν ἄροτον, ἐκπονεῖν δ'οὐ ῥᾴδιον.[18] So traten neben den genannten hohen Gunstregionen als die wichtigsten Zonen für agrikulturelle Nutzung die Gebiete mit neogenen Edukten hervor, etwa das obere Messenien, die Hangzonen im spartanischen Gebiet, die nördliche Abdachung der Peloponnes, vor allem im östlichen Achaia, und besonders das östliche Boiotien um Theben und die Tafelländer auf Euboia.

Entscheidend ist nun allerdings, wie die Menschen mit diesen Potentialen umgegangen sind.[19] Wir haben hier vom Stand der wirtschaftlichen Entwicklung und von den elementaren Formen der sozialen Organisation auszugehen. Entscheidend war dabei die Agrikultur und die im wesentlichen bäuerliche Lebensweise. Schon deswegen übrigens machte sich der Mangel an Bodenschätzen wenig bemerkbar. Die große Masse der Bevölkerung des antiken Griechenland lebte ausschließlich oder überwiegend von der

Landwirtschaft. Diese war im Regenfeldbau ohne künstliche Bewässerung möglich, die Bauern waren von daher eigenständig und nicht, wie etwa in Mesopotamien oder besonders in Ägypten, von größeren Organisationsformen abhängig. Die Keimzelle der sozialen Organisation war der Oikos des selbständig wirtschaftenden Gespannbauern, der in der Regel in eine Siedlungs- oder Dorfgemeinschaft eingebunden war. Hesiods „Werke und Tage" geben ein plastisches Bild dieser Lebenswelt. Auch als sich – vor allem im Prozeß der Polisbildung – die soziopolitischen Orgnisationsformen veränderten, blieben diese Grundstukturen im wesentlichen erhalten. Die meisten griechischen Poleis waren Ackerbürgerstädte, und auch in größeren Poleis wie Athen gab es neben dem urbanen Zentrum ein Landgebiet mit zahlreichen Dörfern und Einzelgehöften.

Die vorwiegende Wirtschaftsweise selbst war die der Subsistenzwirtschaft, d.h. nach Möglichkeit wurde das produziert, was für den Eigenverbrauch nötig war. Zwar entwickelten sich bestimmte Schwerpunkte, etwa im Wein- und Olivenanbau, doch gab es keine echten Monokulturen mit ausgeprägter Marktorientierung, ebenso fehlte weitgehend eine strikte Trennung von Ackerbau und Viehzucht. Für eine solche Wirtschafts- und Lebensweise bot das griechische Land partiell gute Voraussetzungen, allerdings eben auch begrenzt, so daß es bei allzu großem Bevölkerungswachstum zu Problemen kommen konnte und nach griechischem Selbstverständnis das Mutterland insgesamt eher als ärmlich galt: πενίη – Armut – sei die σύντροφος, sagen wir modern: der ständige Begleiter in Griechenland, heißt es bei Herodot.[20] Gerade hier aber zeigt sich nun auch ein deutliches Bemühen um die Verbesserung der Potentiale. Besonders charakteristisch war zunächst der Umgang mit dem Wasser. Die größten Probleme bereitete hier – was angesichts des semiariden Klimas überrascht – der Überschuß an Wasser in manchen Gebieten, und zwar, wie wir gesehen haben, gerade in denen mit besonders ergiebigen Böden, insbesondere in den Beckenebenen. Hier kam es nicht selten zu Überschwemmungen, die selbst in den Sommermonaten kaum austrockneten oder Sümpfe zurückließen, etwa in der Kopais, in Teilen Ostarkadiens und Südboiotiens und besonders in dem ausgedehnten Thessalien. Gerade dort aber hatte es bereits in mykenischer Zeit, getragen von der weit entwickelten Palastorganisation, Maßnahmen der Entwässerung und Melioration gegeben, durch Kanalisierung und Eindeichung.[21] Diese haben übrigens einen Reflex im griechischen Mythos gefunden und werden oft mit Herakles als dem kulturbringenden Heros verbunden.
Andererseits zeigt sich gerade hier sehr anschaulich, wie stark eine derartige Inwertsetzung von der jeweiligen soziopolitischen Organisation, also – vereinfacht gesagt – vom Menschen abhängig war. Das Kopais-Becken etwa war in der mykenischen Zeit partiell trockengelegt, und damit war viel Ackerland neu gewonnen, das zugleich kontrolliert bewässert werden konnte. Mit dem Zusammenbruch der Palastkultur verschwand dieses System. In der Zeit Alexanders des Großen hat man unter Leitung des

Ingenieurs Krates von Chalkis erneut und offenbar in noch größerem Stil versucht, den Kopais-See trockenzulegen. Mit diesem Unternehmen sind einige noch heute sichtbare eindrucksvolle technische Anlagen zu verbinden.[22] Es konnte allerdings, wie Strabon[23] vermerkt, nicht zu Ende geführt werden, weil interne Konflikte zwischen den boiotischen Poleis das verhinderten. So dauerte es bis in das 20. Jahrhundert, bis das Becken bonifiziert und zu einem der ertragreichsten Anbaugebiete Griechenlands gemacht wurde – und das lag weniger an den technischen, als an den ökonomischen und politischen Voraussetzungen.

Die Arbeit am Land bzw. an der Landschaft lief aber nicht überall so spektakulär ab. Sehr häufig bestand sie in der zunehmenden Erschließung weiterer Anbauflächen in schwer zugänglichen Gebieten. Solche Binnenkolonisation war häufig, bei wachsendem Bevölkerungsdruck, eine Alternative zur Auswanderung. In der Regel bestand sie in der Rodung von Hanggebieten und in der Anlage von Terrassen, die oft recht kleine Anbauflächen schufen. Solche Terrassen sind noch heute in vielen Regionen Griechenlands zu sehen. Normalerweise läßt sich ihr Alter nicht mehr genau bestimmen. In Südattika, im Bereich des Demos Atene, hat aber unlängst Hans Lehmann beeindruckende Spuren von Terrassierungen aus klassischer Zeit nachgewiesen.[24] Sie waren verbunden mit Anlage von Kanälen zur Ableitung von Regenwasser. Die Terrassen waren leicht gegen den Hang geneigt, so daß eine Bewässerung möglich war, die den Ertrag der dortigen Olivenkulturen vergrößerte. Es hat dort also, in einer später nur dürftig bewachsenen Gegend, eine geradezu gartenartige intensive landwirtschaftliche Nutzung gegeben. Ähnliches dürfen wir auch für andere Regionen Griechenlands annehmen, wo in heute kargen Gebieten durch Bodenfunde Ackerbau nachgewiesen ist (was Veränderungen auf lokaler Ebene, also in kleineren und ökologisch sensiblen Räumen nicht ausschließt).

b) Mit dem Blick auf derartige menschliche Eingriffe in das natürliche Ambiente stellt sich die Frage nach möglichen negativen Folgen solcher Maßnahmen für die Umwelt. So hat der Geograph Helmut Brückner massive Ablagerungen in der Küstenzone von Metapont als Resultat von Erosionsprozessen gedeutet, die durch großangelegte binnenländische Rodungsmaßnahmen während der Landnahme durch griechische Siedler im Zuge der Kolonisation verursacht worden seien.[25] Und im adriatischen Narona zeigen paläobotanische Untersuchungen einen deutlichen Rückgang der Eichenwälder zugunsten einer Macchien-Vegetation etwa seit der Zeit der Einrichtung der römischen *colonia* (27 v.Chr.),[26] die naturgemäß mit einer geplanten und intensiven Kultivierung des Landes einherging. Dennoch muß nach dem derzeitigen Kenntnisstand offenbleiben, ob die zum Teil massiven Veränderungen angesichts der Möglichkeiten und Dimensionen antiker bzw. vormoderner Landschaft wirklich überall anthropogen sind oder sein können.

Andere Beobachtungen führen sogar zu gegenteiligen Schlußfolgerungen, so daß man möglicherweise räumlich zu differenzieren hat. In der Regel ging man bei der Anlage der Terrassen sehr behutsam vor. Es kam ja gerade darauf an, möglichst viel Erde und Boden an den Hängen zu halten und Abspülungen zu verhindern. Mit anderen Worten: es ging um Melioration und um die Pflege der Landschaft – im Sinne der Erweiterung der Lebensgrundlagen. So traten offenbar dramatische Veränderungen erst auf, als diese Pflege durch den Menschen nachließ oder ganz aufhörte. Dann konnten die Terrassen vor allem durch Starkregenfälle und Sturzbäche zerstört und der Boden herausgespült werden. Auch dies hat Hans Lehmann in Südattika festgestellt, wo sich nach Auflassung der Hangterrassen um 300 v.Chr. im Zuge von auch politisch-militärisch bedingten Bevölkerungsverschiebungen aus einer blühenden Gartenlandschaft eine trostlose Phrygana-Steppe entwickelte, die nur noch Weidewirtschaft erlaubte. Hier war gerade das Ende der Nutzung durch den Menschen die Ursache für eine kleinräumige ökologische Katastrophe. Ähnliches kann man noch heute in vielen Gebieten Griechenlands beobachten, in denen die mühsame und kleinteilige, heutzutage ökonomisch unattraktive Terrassenwirtschaft eingestellt wurde. Demgegenüber war in der Antike und in vormoderner Zeit die menschliche Nutzung eher ein Faktor der Stabilisierung in Zonen, die von den physischen Voraussetzungen her weniger stabil waren. Man könnte auch von einem Gleichgewicht sprechen, ohne Curtius' „Eunomia" oder Harmonie zu bemühen. Die Wirtschaftsform entsprach aber ganz eindeutig dem, was wir heute in der Ökologie als „nachhaltig" („sustainable") bezeichnen.

c)　Ob hinter solchen Praktiken des nachhaltigen Wirtschaftens mehr steckte als bloße agrarische Tradition, die innerhalb der Generationen weitergegeben wurde, ist eine reizvolle Frage. Immerhin hat man dem Verlauf von küstennahen Alluvionsprozessen bereits in der griechischen *historie* Aufmerksamkeit geschenkt. Dies demonstrieren Herodots[27] Bemerkungen zur Herausbildung des Nildeltas, die er mit vergleichbaren Vorgängen im westlichen Kleinasien und an der Acheloos-Mündung parallelisiert. Thukydides[28] hat ihn dann im Hinblick auf den Acheloos leicht korrigiert.[29] Und Platon hat später, in einer bekannten Passage des ‚Kritias'[30], ein geographisch stimmiges, auf Beobachtungen beruhendes und diese gleichsam zeitlich hochrechnendes Szenarium von Erosionsprozessen in Attika konstruiert.

Es ist allerdings mehr als fraglich, ob derartiges Intellektuellen-Wissen die Verhaltensweisen griechischer Bauern jemals in irgendeiner Weise beeinflußt hat. Sucht man nach möglichen Reflexionen oder nach bewußten und deutenden Bewertungen der menschlichen Eingriffe in das natürliche Ambiente und ihrer Konsequenzen, die im gedanklichen Horizont der bäuerlichen Bevölkerung eventuell wirksam waren, muß man sich dem Felde der religiösen Vorstellungen und Praktiken zuwenden.

Hier kann man sofort und unschwer feststellen, daß das konkret-agrarische Handeln sich nicht nur in einem physischen Ambiente, sondern auch in der Welt des Numinosen vollzog. Schon die Erde selbst galt als Gottheit, als nährende Mutter, und dies allein signalisiert, daß Eingriffe in ihr Milieu durch religiöse Scheu begrenzt oder gesteuert sein konnten. Zu den bedeutendsten und in ganz spezifischen Kultpraktiken wie etwa den Mysterien verehrten Göttern gehörten gerade die zentralen Vegetationsgottheiten, Demeter und Dionysos, die mit der Produktion wichtigster Grundnahrungsmittel, Getreide und Wein, verbunden waren. Viele andere Götter und numinose Wesen kamen hinzu, auch solche etwa, die wie Artemis mit der Wildheit und Unberührtheit der Natur und entsprechender Räume assoziiert waren. Ferner gingen gerade die entscheidenden Phasen der agrarischen Produktion, Aussaat und Ernte, mit dem Vollzug verschiedenster Rituale einher. Außerdem wurde das Territorium der politischen Gemeinschaft durch Anlage von Heiligtümern markiert und gegliedert. Wie François de Polignac gezeigt hat, spielte dies im Zusammenhang der Polisgenese, gerade auch im Sinne einer Grenzziehung, eine wichtige Rolle.[31]

Man darf aber wohl annehmen, daß auch Zonen der Kultivierung und nicht bearbeitete, der Jagd und Wildbeuterei oder allenfalls der Weidewirtschaft vorbehaltene Gebiete als solche sakral markiert waren. Bei einem Survey in den 90er Jahren im Territorium von Stratos in Akarnanien stießen wir auf die Relikte und Ruinen zweier nicht unbedeutender ländlicher Heiligtümer. Eines davon lag inmitten der fruchtbaren Ebene, die das Hauptanbaugebiet der Polis bildete. Alles spricht dafür, daß es sich um ein Heiligtum der Demeter handelte. Das andere fanden wir ziemlich exponiert direkt am südlichen Ende eines langgestreckten Kalkrückens, der keine Ressourcen für agrarische Nutzung bietet, sondern eher als Bereich der unberührten Natur erscheint. Man kann es, derzeit noch vermutungsweise, mit der Göttin Artemis in Verbindung bringen, der wir gerne einen dort gefundenen Bronzearm zuweisen würden.

Dies muß teilweise noch hypothetisch bleiben, und generell habe ich den Eindruck, daß nach den intensiven Forschungen in antiken Landschaften auch Untersuchungen zum Zusammenhang von agrikultureller Nutzung und religiöser Wahrnehmung verstärkt werden sollten. So bleibt meine Gesamteinschätzung hier noch vorläufig. Man wird aber wohl sagen können, daß sich das Verhältnis von Mensch und Raum, von agrarischer Nutzung und physischem Ambiente im griechischen Bewußtsein als ein Spannungsverhältnis darstellte: Einerseits herrschte ein hoher Respekt vor massiven Eingriffen in das Reich der Mutter Erde, übrigens auch im Hinblick auf die Anlage von Minen und Bergwerken. Andererseits gab es einen klaren Blick für die Potentiale, die bestimmte Räume und geographische Konstellationen boten. Dies illustrieren höchst plastisch schon die Bemerkungen in der Odyssee[32] zum Land der Kyklopen. Es erscheint dort als ein Gebiet, dessen ausgezeichneten Möglichkeiten für Ackerbau und Schifffahrt ungenutzt bleiben. Das wird durchaus als ein Manko eingeschätzt, ja die Wildheit und Barbarei sowie die generelle Unzivilisiertheit der Kyklopen, auch in sozialer und politischer Hinsicht, wird gerade auch hiermit bezeichnet. In diesem Zusammenhang hat man daran zu denken, daß Demeter nicht nur mit dem Ackerbau verbunden war, sondern auch mit der kultivierten und zivilisierten

Lebensweise, mit Recht und Ordnung schlechthin. Ganz deutlich wird, wie sehr die Griechen die Agrikultur als Teil der Kultur schlechthin verstanden haben. Barbaren werden häufig als gesetzlose ‚Nicht-Ackerbauer', als Nomaden imaginiert – man denke etwa an die Skythen.

Was sich auch sonst beobachten läßt, zeigt sich auch auf diesem Spannungsfeld von Mensch und Natur: Das Religiöse und Numinöse war allgegenwärtig und respektiert. Es hatte aber nicht so viel Eigengewicht, daß es die ökonomischen, sozialen und politischen Aktivitäten wesentlich prägte und steuerte. Eher ließen sich die Griechen von ihren diesbezüglichen Aktivitäten leiten und gestalteten religiöse Vorstellungen in diesem Sinne. Aber ganz geheuer war ihnen dies wiederum auch nicht: ein schwer verständliches und – mit den Worten Hendrik Versnels – „inkonsistentes" Spannungsverhältnis.[33]

d)　Zum Abschluß möchte ich mich einem besonderen Aspekt zuwenden, und gerade hier in Tarent tue ich dies besonders gern. Ich meine das Meer als paessagio umano.[34] Schon der Ruf der 10 000 Söldner in den anatolischen Bergen – θάλαττα, θάλαττα – mag die Bedeutung des Meeres und des Maritimen für die griechische Kultur signalisieren. Über das Verhältnis von Mensch und Raum bei den Griechen zu sprechen und ihr Verhältnis zum Meer auszulassen wäre ein großes Versäumnis. Vielmehr noch: dies liefert sogar die Pointe.

Wie schon gesagt, lebten die Griechen überwiegend von der Landwirtschaft, und deshalb haben wir uns auf diese konzentriert. Die Griechen waren – auch hier ist Hesiod instruktiv – zu einem guten Teil ‚Landratten'. Das Meer war ihnen durchaus unheimlich, es erregte Angst und Schrecken. Geographisch gesehen, war es – auch in griechischer Optik – zunächst eine ausgeprägte Ungunst-Region, zumal angesichts der begrenzten Möglichkeiten der Schifffahrt und ihrer Gefährdung in den Wintermonaten oder angesichts der reliefbedingten häufigen Fallwinde. Wenn nun gerade diese Ungunst-Region in gewisser Weise und für nicht wenige Menschen ein griechisches Lebensmilieu wurde, so ist dies für die Kraft und die Bedeutung des Faktors Mensch im Wechselfeld von Mensch und Raum bei den Griechen besonders charakteristisch.

Die Nutzung des Meeres konzentrierte sich in Griechenland, wie eine wichtige Partie in der ‚Politik' des Aristoteles[35] plastisch zeigt, auf vier Bereiche (ich gebe sie hier in anderer Reihenfolge):

–　Der Fischfang gehört zunächst zu den ganz elementaren Formen der aneignenden Lebensweise bei Bevölkerungen, die an den Ufern von Gewässern leben. Gerade im küstenreichen Griechenland war er immer eine wichtige Quelle der Nahrungsgewinnung. In der Regel wurde er in kleinem Stil und auf begrenzten Raum betrieben. Das Verhältnis von menschlicher Organisation und räumlicher Struktur ist von daher wenig komplex. Partiell gab es allerdings Formen des Fischfangs, die besonders ertragreich waren, zugleich aber gewisse soziale Kooperation voraussetzten, nämlich den Fang von Thunfischen. Wenn Aristoteles an der genannten Stelle exemplarisch von Tarent und Byzantion spricht, hat er offenbar gerade dies im Auge. Schon hier hatte die maritime Komponente eine größere Bedeutung, und dies kann auch die Erklärung für die Weihung des großen Bronzestieres durch Korkyra illustrieren, die Pausanias[36] liefert und die zugleich auf die religiöse Einbettung – Bezug zu Poseidon und Apollon – verweist.

– Der Fähr- und Transportverkehr (das πορθμευτικόν bei Aristoteles) war ebenfalls eher von begrenzter räumlicher Reichweite, ist aber bereits für Griechenland ziemlich charakteristisch. Denn er war gerade mit den Spezifika der griechischen Landesnatur auf das engste verbunden, nämlich mit dem Reichtum an Inseln und Meerengen und der Existenz längerer schmalerer Buchten und Kanäle. Die auf gute Kenntnis von Wind- und Strömungsverhältnisse gestützte Spezialisierung auf derartige Tätigkeiten setzt allerdings einen bestimmten Entwicklungsstand von Wirtschaft und Kommunikation voraus und kann dann auch räumlich weitere Dimensionen erreichen: Das bei Aristoteles gegebene Beispiel (Tenedos) scheint auch den Verkehr im Bereich des Hellespont miteinzubeziehen.
Noch wichtiger ist, daß sich die Situation eines relativ kurzen Gegenüber auch im politischen Sinne verfestigt hatte: Viele Inseln hatten eine Peraia auf dem gegenüberliegenden Festland, und umgekehrt konnten vorgelagerte Inseln zum Territorium von Küstenstädten gehören. Das mußte den Fährverkehr intensivieren und zu einem wichtigen Zweig des Erwerbs machen. Vor allem aber gewinnt hierdurch das unheimliche und abweisende Meer einen betont verbindenden Charakter – nicht von ganz allein, sondern auf Grund einer durch menschliche Gemeinschaften in einem bestimmten Stadium ökonomischer Entwicklung und soziopolitischer Organisation bestimmten Inwertsetzung.

– Dies gilt noch mehr für den Seehandel (dem man, wenigstens für die frühen Stadien, auch den Seeraub zuzurechnen hat). Auch hier wird die Ungunst-Region Meer allmählich erschlossen und damit partiell umbewertet, und auch dies wurde durch die griechische Landesnatur begünstigt. Sie erlaubte das Fahren auf Sicht und auf kürzere Distanz, also das Springen von Landeplatz zu Landeplatz, von Hafen zu Hafen. Im Laufe der Entwicklung und mit der Intensivierung wirtschaftlicher Kontakte, etwa durch die ökonomisch und sozial bedingte Suche nach Metallen und Luxusgütern, ließen sich aber die Kleinräume addieren zu langen Linien der Verbindungen. Richtige Seewege und deren genaue, durch Erfahrungswissen tradierte Kenntnis bildeten sich heraus. So wurden schon in der Zeit der Großen Kolonisation die Küsten des Mittelmeeres, des Marmarameeres und der Meerengen sowie des Schwarzen Meeres erschlossen und zu einem bedeutenden Teil auch besiedelt. Die räumliche Komponente der griechischen Kultur, ihre Konzentration auf Küstenzonen, erhielt hier ihre charakteristische Ausprägung (auch wenn sich die Küstenorte keineswegs auf bloße Handelstätigkeit beschränkten, sondern häufig Siedlungskolonien darstellten). Jetzt konnte man mit dem platonischen Sokrates die Griechen wie Frösche um einen Teich sitzen sehen.[37]

Bezeichnenderweise hat die weiträumige Erschließung der Seeverbindungen, der *periploi*, auch das Ordnungsschema der griechischen Geographie geprägt.[38] Zugleich bildeten sich – schon wegen des notwendigen nautischen Know-how – maritime Zentren heraus, in denen der Seehandel einen überdurchschnittlich großen Wirtschaftsfaktor darstellte. Aristoteles nennt beispielhaft Aigina und Chios, wir könnten ohne weiteres Phokaia und seine Kolonie Massalia, Milet und Samos, später auch Rhodos – und natürlich Tarent hinzufügen.

– Nun hat der Seehandel auch eine betont militärische Komponente. Am Anfang bereits von Seeraub nicht geschieden, war er mit fortschreitender Intensivierung und Verfestigung stark auf den Schutz vor Seeraub (durch andere) angewiesen. Mit zunehmender Machtkonzentration, so bereits in der Zeit der Älteren Tyrannis, wurde auch die Konkurrenz auf See intensiver, die vereinzelte Gewalttätigkeit einzelner Piratenschiffe steigerte sich zum Seekrieg, für die Flotten aus speziellen Schiffen gebaut, Ruderer trainiert und Taktiken entwickelt wurden. So wird auch maritime Macht- bzw. Großmacht-Politik ein wichtiger Faktor griechischer Raumgestaltung. Aristoteles hat bezeichnenderweise Athen und seinen Seebund im Auge, und dieser zeigte ja etwa in der Organisation der Tributeinziehung mit der Einrichtung von Bezirken eine deutliche, machtpolitisch motivierte Raumgestaltung.

Aber schon vorher finden wir sehr charakteristische Beispiele. Man kann noch heute klar nachvollziehen, wie die Kypseliden von Korinth durch die geschickte Anlage von Kolonien und Stützpunkten gerade an neuralgischen Punkten den Seeweg von Griechenland nach Italien zu kontrollieren suchten (worin ihnen dann das ‚republikanische' Korinth folgte). Ich würde nicht zögern, hierin – natürlich in kleinerem Maße – einen Vorläufer der Politik der Serenissima von Venedig zu sehen. Überhaupt verband sich die Vorstellung einer Thalassokratie – das Wort spricht für sich selbst –, wie sie erstmals bei Thukydides voll ausgeprägt ist, zunächst mit der Seepolitik von Tyrannen; man denke nur an Polykrates von Samos. Für die spätere Zeit hat man vor allem Rhodos hervorzuheben, dessen Unabhängigkeit und Weltgeltung bis in die Zeit der römischen Herrschaft hinein vor allem auf seiner Bedeutung für den Handel und auf der Qualität seiner Flotte beruhte. Die Beispiele zeigen allerdings auch, daß das maritime Element nicht das ausschließliche war: Immer ging es auch um die Gewinnung von Land, auch konkret von Siedlungsland, in den westgriechischen Kolonien von Korinth nicht anders als in der rhodischen Peraia.

Generell zeigt sich also – schon in geometrischer und archaischer Zeit – eine wachsende Verbindung und Vernetzung maritimer Kleinräume bis hin zu weiträumiger Kommunikation, Dominanz und Organisation. Das Meer wurde weithin ein Element der Verbindung, teilweise viel mehr als das stark zergliederte und schwer zu durch- querende Land. Und das wirkte sich desto mehr aus, je größere Bedeutung Handel und Güteraustausch erhielten. Eine ausgeprägte Ungunst-Region verwandelte sich auf diese Weise partiell in eine Gunst-Region, auch wenn das Meer immer unheimlich blieb, nicht zuletzt den Seefahrern selbst. Dies begründete wiederum die besondere Bedeutung von Kulten, besonders des Poseidon, dessen wichtigste Heiligtümer deshalb u.a. gerade neuralgische Punkte der Seefahrt in Griechenland markierten, etwa Tainaron, Sunion und Geraistos.

Gerade diese fortbestehende Angst vor dem Meer zeigte, wie wenig es von sich aus den Menschen determiniert. Es erhält seine Bedeutung erst, indem es der Mensch erschließt und aufwertet. Daß die Griechen dies taten und damit einen klaren Blick für die Potentiale des Meeres, vor allem aber für die Notwendigkeit gestalterischer Aktivitäten von menschlicher Seite hatten, zeigt wiederum bereits die Odyssee: Die Kyklopen hatten auch für ihr maritimes Potential keinen Sinn. Im Gegensatz dazu hatten die Phäaken ihr Lebensmilieu so gestaltet, daß sie die perfekten Seefahrer wurden – lediglich durch Zorn und Rachsucht Poseidons gefährdet.

So finden wir, um das Ganze zusammenzufassen, im antiken Griechenland eine deutliche Gestaltung von Räumen und zugleich ein Bewußtsein dafür. Die Eingriffe waren in der Regel kleinräumig und unscheinbar und führten schon deshalb kaum zu ökologischen Katastrophen. Vielmehr liefern sie Beispiele für nachhaltigen Umgang mit physischen Ressourcen. In bestimmten ländlichen Regionen – am Beispiel des Wasserbaus – und vor allem im Umgang mit dem Meer werden viel größere Dimensionen sichtbar. Auch Ungunst-Regionen wurden durch menschliche Aktivitäten um- und aufgewertet, unter Voraussetzungen, die im Handeln und in den Organisationsformen des Menschen liegen. Dafür, daß es sich bei solchen Aufwertungen um kulturelle Tätigkeiten, ja zivilisatorische Leistungen handelte, hatten die Griechen schon früh ein klares Bewußtsein. Sie sahen sogar in dieser Tätigkeit ein spezifisches Merkmal menschlicher Natur. Und sie wußten zugleich, daß dieses Menschenwerk, wie jedes andere, auch seine bedenklichen, ja unheimlichen Seiten hatte.

Davon singt der Chor in Sophokles' ‚Antigone'[39] (Zitat 332–352, Übersetzung F. Hölderlin):

„Ungeheuer ist viel. Doch nichts | ungeheuerer als der Mensch.| Denn der, über die Nacht | des Meers, wenn gegen den Winter wehet | der Südwind, fähret er aus | in geflügelten sausenden Häusern. |Und der Himmlischen erhabene Erde, | die unverderbliche, unermüdete, | reibet er auf; mit dem strebenden Pfluge | von Jahr zu Jahr | treibt sein Verkehr er mit dem Rossegeschlecht, | und leichtträumender Vögel Welt | bestrickt er und jagt sie | und wilder Tiere Zug | und des Pontos salzbelebte Natur | mit gesponnenen Netzen, | der kundige Mann. Und fängt mit Künsten das Wild, | das auf Bergen übernachtet und schweift. Und dem rauhmähnigen Rosse wirft er um | den Nacken das Joch, und dem Berge | bewandelnden unbezähmten Stier."

Das ist groß und eindrucksvoll – aber eben auch *deinón*.

BIBLIOGRAPHIE

1   Hierzu ausführlicher und mit weiteren Hinweisen s. H.-J. Gehrke, Die wissenschaftliche Entdeckung des Landes Hellas, in: Geographia Antiqua 1, 1992, 15–36 [hier: 151–180]; 2, 1993, 3–11 [hier: 181–193].

2   C. Ritter, Europa. Vorlesungen an der Universität zu Berlin gehalten von Carl Ritter. Hrsg. von H. A. Daniel, Berlin 1863, 277. 286.

3   Gehrke a. O. (Anm. 1) 34ff.

4   Gehrke a. O. (Anm. 1) 6ff.

5   Vgl. H.-J. Gehrke, Historische Landeskunde. Zielsetzung, Geschichte, Forschungsstand, in: A.H. Borbein/T. Hölscher/P. Zanker (Hrsg.), Klassische Archäologie. Eine Einführung, Berlin ²2009, 39–51, bes. 39ff.

6   F. Ratzel, Anthropogeographie, 2 Bde., hrsg. von E. Friedrich, ³1909. ²1912; Kleine Schriften II, München – Berlin 1906.

7   S. vor allem A. Philippson, Die griechischen Landschaften, 4 Bde., Frankfurt 1950–1959, ferner ders., Das Mittelmeergebiet. Seine geographische und kulturelle Eigenart, Leipzig 1904. Das imposante Lebenswerk Philippsons, zugleich auch sein Schicksal als Opfer des nationalsozialistischen Rassenwahns wird jetzt deutlich faßbar in der Veröffentlichung seiner in Theresienstadt verfaßten Erinnerungen: A. Philippson, Wie ich zum Geographen wurde. Aufgezeichnet im Konzentrationslager Theresienstadt zwischen 1942 und 1945, hrsg. von H. Böhm und A. Mehmel, Bonn 1996 (dort auch S. 788ff. ein Verzeichnis seiner Schriften).

8   Ernst Kirsten hatte bereits die postume Vervollständigung von Philippsons „Griechischen Landschaften" besorgt, zu denen er jeweils auch historisch-geographische Erörterungen hinzugefügt hatte; s. ferner vor allem E. Kirsten, Die griechische Polis als historisch-geographisches Problem des Mittelmeerraumes, Bonn 1956.

9   Zur sog. Annales-Schule s. vor allem G.G. Iggers, New Directions in European Historiography, Middletown 1975; L. Allegra/A. Torre, La nascita della storia sociale in Francia. Dalla Comune alle „Annales", Torino 1977; L. Raphael, Historikerkontroversen im Spannungsfeld zwischen Berufshabitus, Fächerkonkurrenz und sozialen Deutungsmustern. Lamprecht-Streit und französischer Methodenstreit der Jahrhundertwende in vergleichender Perspektive, in: Historische Zeitschrift 251, 1990, 325–363 und jetzt, knapp, aber plastisch, U. Daniel, Kompendium der Kulturgeschichte, Frankfurt/Main ³2002, 221ff.

10 S. bes. L. Febvre, La terre e l'évolution humaine, introduction géographique à l'histoire, Paris 1922; ders., Le Rhin, problémes d'histoire et d'économie, Paris 1935; ders., Frontiére; Le mot et la notion, in: Pour une histoire à part entiére, Paris 1962, 11–24.

11 F. Braudel, Civiltà e imperi del Mediterraneo nell'età di Filippo II, Torino 1952 (orig. 1949).

12 L. Gambi, Una geografia per la storia, Torino 1973.

13 ibid. 49.

14 Vgl. den Überblick bei Gehrke a. O. (Anm. 5) 41ff.

15 L. Robert in: Actes du VIIIᵉ Congrès de l'Association Guillaume Budé, Avril 1968, 1970, 67ff.

16 Hierzu s. jetzt vor allem F. Lang, Klassische Archäologie. Eine Einführung in Methode, Theorie und Praxis, Tübingen – Basel 2002, bes. 251ff.

17 Die folgenden geographisch-geologischen Hinweise beruhen vor allem auf: I. Mariolopulos, Τὸ Κλῖμα τῆς Ἑλλάδος, Athen 1938; Philippson a. O. (Anm. 7); ders., Das Klima Griechenlands, Bonn 1948; D. Kastanis, Bodenbildende Bedingungen und Verbreitung der Hauptbodentypen in Griechenland, Diss. Gießen 1965; C. Vita-Finzi, The Mediterranean Valleys, Cambridge 1969; F. Sauerwein, Griechenland. Land, Volk, Wirtschaft in Stichworten, Wien 1976; ders., Spannungsfeld Ägäis, Frankfurt/Main u.a. 1980; J. Bintliff, Natural Environment and Human Settlement in Prehistoric Greece, 2 Bde., Oxford 1977; L. Hempel, Jungquartäre Formungsprozesse in Südgriechenland und auf Kreta, Opladen 1982; V. Jacobshagen, Geologie von Griechenland, Stuttgart 1986; C. Lienau, Griechenland, Darmstadt 1989; H.-G. Wagner, Mittelmeerraum, Darmstadt 2001, 203ff.

18   Strab. 8,5,6.
19   Im folgenden s. vor allem: L. Fels, Landgewinnung in Griechenland, Gotha 1944; S. Bakhuizen, Social Ecology of the Ancient World, in: L'Antiquite Classique 44, 1975, 211–218; E.S. Higgs (Hrsg.), Palaeooeconomy, Cambridge 1975; Bintliff a.O. (Anm. 17); C. Renfrew/M. Wagstaff (Hrsg.), An Island Polity. The archaeology of exploitation in Melos, Cambridge 1982; H.-J. Gehrke, Jenseits von Athen und Sparta, München 1986; T.H. van Andel – C. Runnels, Beyond the Acropolis: A Rural Greek Past, Stanford 1987; G. Traina, Paludi e bonifiche del mondo antico, 1988; R. Sallares, The Ecology of the Ancient Greek World, London 1991; S. Alcock, Graecia capta. The landscapes of Roman Greece, Cambridge 1993; M.H. Jameson u.a., A Greek Countryside. The Southern Argolid from Prehistory to the Present Day, Stanford 1994; G. Shipley – J. Salmon (Hrsg.), Human Landscape in Classical Antiquity, London – New York 1996; P. Brun, Les archipels égéens dans l'antiquité grecque (Vᵉ–IIᵉ siècles av. notre ère), Paris 1996; weiteres bei Gehrke a. O. (Anm. 5) 50f.
20   Herod. 7, 102.
21   Hierzu s. vor allem J. Knauss u.a., Die Wasserbauten der Minyer in der Kopais – die älteste Flußregulierung Europas, München 1984; ders., Die Melioration des Kopaisbeckens durch die Minyer, ebd. 1987; ders., Späthelladische Wasserbauten. Erkundungen zu wasserwirtschaftlichen Infrastrukturen der mykenischen Welt, ebd. 2001.
22   S. Lauffer, Topographische Untersuchungen im Kopaisgebiet 1970, Archaiologikon Deltion, Chronika 26, 1974, 239–245; Knauss a. O. (Anm. 21) 1984, 151ff.; 1987, 135ff.
23   Strab. 9,2,18.
24   H. Lohmann, Atene. Forschungen zur Siedlungs- und Wirtschaftsstruktur des klassischen Attika, 2 Bde., Köln u.a. 1993.
25   H. Brückner, Marine Terrassen in Süditalien. Eine quartärmorphologische Studie über das Küstentiefland von Metapont, Düsseldorf 1980. Zum neueren Stand s. aber jetzt den Beitrag von J. Carter, Il paesaggio antico nella Campania meridionale, in: Ambiente e paesaggio nella Magna Grecia. Atti del XLII Convegno di Studi sulla Magna Grecia, Taranto 2003, 473–509.
26   A. Brande, Ecologia Mediterranea, 15,1–2, 1989, 45ff.
27   Herod. 2,10.
28   Thuk. 2, 102,3ff.
29   Vgl. S. Hornblower, A. Commentary on Thucydides. Vol. 1: Books 1–111, Oxford 1991, 377 (mit Hinweis auf Sieveking).
30   Plat. Krit. 111 a–d, zur Interpretation s. B. Wagner-Hasel, Entwaldung in der Antike? Der Mythos vom Goldenen Zeitalter, in: Journal für Geschichte 1988, 4,13ff.
31   F. de Polignac, Cults, Territory, and the Origins of the Greek City-State, Chicago 1995.
32   Hom. Od. 9,105ff.
33   H. Versnel, Ter Linus. Isis, Dionysos, Hermes. Three Studies in Henotheism (Inconsistencies in Greek and Roman Religion 1), Leiden u.a. 1990, 1ff.
34   Hierzu grundlegend F. Prontera, Il mediterraneo come quadro della storia greca und vgl. ferner P. Horden / N. Purcell, The Corrupting Sea. A Study of Mediterranean History, Oxford 2000; E. Chrysos u.a. (Hrsg.), Griechenland und das Meer, Mannheim/Möhnesee 1999; F. Prontera (Hrsg.), La Magna Grecia eil mare. Studi di storia marittima, Taranto 1996; P. Brun, a. O. (Anm. 19).
35   Aristot. pol. 4,4,1291b 20ff., vgl. hierzu meine näheren Hinweise in: Aristoteles, Politik, Buch IV–VI. übersetzt und eingeleitet von E. Schütrumpf. Erläutert von E. Schütrumpf und H.-J. Gehrke, Berlin 1996, 279ff. Für Tarent ist jetzt hinzuzufügen F. Trotta, La pesca nel mare di Magna Grecia e Sicilia, in: Prontera, La Magna Grecia … 227–250, 234ff.
36   Paus. 10,9,3f.
37   Plat. Phaid. 109 a–b.

38 P. Ianni, La mappa e il periplo. Cartografia antica e spazio odologico, Roma 1984; F. Prontera, Periploi: Sulla tradizione della geografia nautica presso i Greci, in: L'uomo e il mare nella civiltà occidentale: da Ulisse a Cristoforo Colombo. Atti del convegno Genova, 1–4 giugno 1992, Genova 1993, 27–44.

39 Soph. Ant. 332–352.

Erschienen in: *Hans-Joachim Gehrke / Monika Fludernik (Hrsg.), Grenzgänger zwischen Kulturen (Identitäten und Alteritäten 1), Würzburg: Ergon, 1999, 27–33.*

ARTIFIZIELLE UND NATÜRLICHE GRENZEN IN DER PERSPEKTIVE DER GESCHICHTSWISSENSCHAFT

Ausgangspunkt meiner kurzen Skizze ist die Beziehung von Mensch und Raum, soweit sie für das Spannungsverhältnis von Identität und Alterität wesentlich ist. Zu denken wäre dabei etwa an die Vorstellung von Heimat, mit der ein sozusagen identitätsrelevanter Raum bezeichnet wäre; oder an die unterschiedliche Kommunikation und Interaktion innerhalb oder außerhalb eines solchen Raumes.[1] Die unterschiedliche Gewichtung des „Wir-Landes" und des anderen, weiter entfernten, fremden usw. führt auf die Frage der Grenzen zwischen den als eigenen und den als fremd wahrgenommenen Räumen. Indem ich auf Wahrnehmungen abhebe, verstehe ich Grenzen, im Sinne der Gesamtkonzeption unseres SFB, primär als soziale Konstrukte; und damit ist eine zentrale Frage angesprochen, mit der die Grenze in den Blickwinkel unseres gemeinsamen Projektes gerät, die Frage nach der Bedeutung der jeweiligen Grenzvorstellungen für das Selbstverständnis einer Gruppe, Gemeinschaft, Gesellschaft o. ä.

Was hat, vor diesem Hintergrund, der Historiker zu sagen? Gestatten Sie mir, als Historiker, und Althistoriker zudem, daß ich diese Frage wissenschaftsgeschichtlich angehe, beginnend mit der antiken Sicht, die die Basis für die späteren und insbesondere auch die neuzeitlichen Grenzvorstellungen gebildet hat. Drei Aspekte sind für den antiken Umgang mit dem Phänomen Grenze charakteristisch:

a) Grenzziehung als Praxis: Hier geht es um Grenzen als Linien, die sehr genau markiert zu sein hatten. Grenzen wurden aus religiösen Gründen gezogen, um einen besonderen sakralen, geweihten, nicht zu befleckenden Raum zu terminieren, in dem besondere Regeln und Verhaltensweisen galten (*temenos*) bzw. der besonderen Kultzwecken diente. So bezeichnet beispielsweise das lateinische *templum* nicht nur den Tempel oder seinen Bezirk als solchen, sondern auch die Limitierung auf Erden und im Himmel, die für die Vogelschau wichtig war. Generell unterschieden die Römer zwischen einem Bereich des Inneren, des Zuhauses, der Heimat (*domi*), und dem Draußen, dem die Konnotation des Feindlichen und Bedrohlichen zugeschrieben war (*militiae*).

Ferner machte man in Konfliktfällen, sowohl zwischen einzelnen Familien als auch zwischen politischen Einheiten, von strikten Grenzziehungen [28] Gebrauch. Was wem gehörte, mußte zweifelsfrei sein. Entsprechend unzweideutig hatte die Markierung zu sein. Sie orientierte sich deshalb nach Möglichkeit an Punkten, die in der Landschaft klar erkennbar waren (Graten von Bergen, Bach- oder

---

1 Riescher (1988): 39–72.

Flußläufen), also an natürlichen Gegebenheiten, aber ebenso gut an Straßen und Wegen. Und nicht selten wurden Grenzen auch künstlich (durch Linien und Inschriften) markiert. Darüber hinaus war die genaue Fixierung von Grenzen auch Gegenstand der Landvermessung zur Verteilung neuen Siedlungslandes an Kolonisten. Für unsere Thematik ist hier festzuhalten, daß sehr häufig bzw. in wachsendem Maße der Raum des Wir klar bezeichnet und als Raum des Friedens bzw. des friedlich auszutragenden Konfliktes definiert war. Dies deckt sich ziemlich genau mit Beobachtungen aus ethnologisch-anthropologischer Sicht, die Räume der Geborgenheit von solchen des Bedrohlichen jenseits der Grenzen, zwischen Endo- und Exosphäre scheiden können. Grenze hat hier durchaus magischen Charakter.[2]

b) Grenze als Raum: Diese Grenze war allerdings sehr oft gar nicht als Linie fixiert, insbesondere dann nicht, wenn es zwischen Gemeinschaften gar keine unmittelbaren Berührungen gab (Aspekt der „Lichtungen"). Hier herrschte dann die Vorstellung von einem marginalen Bereich (*eschatia*), einer *frontier*, die Merkmale des Anderen, Unheimlichen trug. Zunehmend wurde diese Vorstellung aufgeladen mit dem Konzept von Zivilisation und Kultur vs. Wildheit und Undurchdringlichkeit, in der Natur wie in der Gesellschaft: In wüsten Räumen lebten nur Barbaren, und diese Räume waren nicht Grenzräume zwischen zwar Anderen, doch prinzipiell Gleichen oder Ähnlichen, Nachbarn, die befreundet oder verfeindet sein konnten, sondern Grenzen zu den ganz Anderen, die eigentlich nur in diesen *margines* lebten, also buchstäblich marginalisiert waren, und zugleich Feinde schlechthin, so feindlich wie die Natur.[3] In der römischen Außenpolitik ist diese Vorstellung letztlich geradezu Programm geworden: Im Zentrum des Reiches herrschten Ruhe und Frieden, an den Grenzen dagegen standen waffenstarrende Heere, die nicht allein die Kultur gegen die Barbaren verteidigten, sondern auch erweiterten, durch Kultivierung des Landes, aber auch durch Kriegszüge zum Zwecke der *propagatio imperii*.

c) Grenze als wissenschaftliches Konzept: Seit dem 6. Jahrhundert v. Chr. hat sich in Griechenland eine wissenschaftliche (sc. philosophische) Erdkunde entwickelt, die auf astronomischen Beobachtungen und geometrischen Konstruktionen beruhte, dementsprechend stark schematisch und kartographisch verfuhr und von den alltäglichen Vorstellungen weit entfernt war.[4] Für die geometrische Konstruk[29]tion waren Punkte und Linien unentbehrlich. Diese entnahm man Berichten und Beschreibungen, die man gedanklich begradigte. So wurden genau markierte oder markierbare Linien wichtig, auch als Grenzlinien zur Trennung von Stämmen und Stadtterritorien, und dabei griff man auf natürliche wie artifizielle Linien zurück. In diesem Rahmen hat sich die Vorstellung entwickelt, daß natürliche Grenzen, z.B. Flüsse, die besseren, weil stabileren sind. Sie reduzieren nämlich wegen ihrer Eindeutigkeit das Konfliktpotential. Dieses Konzept findet sich

---

2   Müller (1987): 28–36, 51–54.
3   Borca (1996).
4   Gehrke (1998).

deutlich ausgeprägt bei dem antiken Geographen Strabon. Es hat deshalb seit der Renaissance eine erhebliche Wirkung entfaltet.

Auf die Entwicklung im einzelnen kann ich hier nicht eingehen. Es sei hier nur darauf hingewiesen, daß bereits in der Geographie und Geschichtswissenschaft der Aufklärung der Zusammenhang von Lebensraum und Charakter deutlich betont wurde und daß in der klassischen Geographie, bei Alexander von Humboldt und Carl Ritter, auf im einzelnen unterschiedliche, aber insgesamt doch recht ähnliche Weise der Gedanke einer organischen Verbindung von Mensch und Raum, von Gesellschaft und Naturambiente dominierte.[5] Der Grundgedanke der natürlichen Grenzen erhielt damit eine neue Dimension, so etwa wenn Ritter den politischen Individualismus der griechischen Poliswelt auf die extreme naturräumliche Zerklüftung der griechischen Landschaft zurückführte[6] – ein übrigens nicht nur seinerzeit höchst populärer Gedanke.

Eine extreme Ausformung erhielt dieses Konzept am Ende des letzten Jahrhunderts durch den Anthropogeographen Friedrich Ratzel, von Hause aus Zoologe und zugleich ein schrankenloser Bewunderer Strabons. Angesichts einer wachsenden Tendenz zur Szientifizierung der Geographie, wie sie besonders in der Physiogeographie Ferdinand von Richthofens zum Ausdruck kam, ging es Ratzel um die stärkere Einbeziehung des Menschen und der Geschichte. Aber diese verwirklichte sich letztlich auf ganz naturwissenschaftliche Weise, in einer Übersteigerung, wenn man so will Substanzialisierung der organischen Elemente der klassischen Geographie. Der Mensch ist Teil des Geschehens, eines naturwissenschaftlichen Geschehens, dessen Gesetze sich ergründen und formulieren lassen, übrigens, wie auch sonst, in markanter Anlehnung an Darwin. Eine solche Gesetzmäßigkeit im Sinne eines Naturgesetzes (und damit auch ganz deterministisch) ist für Ratzel, daß der Kampf ums Dasein unter Menschen vor allem ein Kampf um Raum ist. „Der Mensch ist ruhelos; er strebt nach möglichster Ausbreitung überall, wo ihn nicht natürliche Schranken starker Art einengen, und jede anthropologische Auffassung, welche nicht dieser Ruhelosigkeit seines Wesens Rechnung trägt, steht auf falscher Grundlage."[7] Es ist den sozialen Gruppen gleichsam ein natürlicher Raum als „Lebensraum" gege[30]ben, den sie nach Möglichkeit zu erweitern trachten. Dieser hat jedoch natürliche Grenzen, welche sich durch Einfachheit und Kürze auszeichnen. Sie zu erreichen streben die Völker. Dies gibt ihrem Kampf um einen „Lebensraum" Ziel und Richtung. Gleichsam nur in Parenthese sei kurz darauf hingewiesen, daß auch der Begründer der *frontier*-These in der amerikanischen Geschichtswissenschaft, Frederick Jackson Turner, mit seiner Betonung der Pioniererfahrung in der Auseinandersetzung mit der Wildnis in der *frontier* dem „Umweltdeterminismus"[8] stark verhaftet ist.

Kann man dies alles noch als eine Analyse historischer Vorgänge aus deterministischer Sicht bezeichnen, so geht die sogenannte Geopolitik noch einen Schritt

---

5   Gehrke (1992): 15–23.
6   Ritter (1863): 277, 286.
7   Ratzel (1906): 38.
8   Waechter (1996): 17.

weiter: Ausgehend von einem ganz organisch-biologischen Staatsverständnis (Johann Rudolf Kjellén, 1864–1922), macht sie aus der Analyse ein Programm, versteht sie sich als anwendungsorientierte Wissenschaft mit der Aufgabe – so einer ihrer führenden Vertreter, Karl Haushofer –, „Wissenschaft der Erdkunde, der Geschichte unter raumpolitischen Gesichtspunkten, der Staats- und Gesellschaftswissenschaft so griffbereit zu legen, daß den Werksleuten am politischen Wissen alle unnötigen Umwege erspart bleiben bis an das Sprungbrett vom Wissen zum Können, von der erlernbaren Wissenschaft zur Kunst des politischen Handelns, in die nur ein Sprung, ein Wagen führt, aber sicher besser als vom Nichtwissen".[9] Entsprechend aufgeladen sind auch Haushofers Grenzdefinitionen. Er spricht von Angriffsgrenzen, Lauergrenzen, Gleichgewichtsgrenzen, Schutzgrenzen, Zersetzungsgrenzen.

Solche und ähnliche Vorstellungen, die vor allem in den 20er Jahren entwickelt wurden, fanden starke Beachtung in der deutschen Geschichtswissenschaft und haben ihre Wirkung auf die politisch Handelnden durchaus nicht verfehlt. Auch wenn der Einfluß Karl Haushofers und seines Sohnes Albrecht auf die nationalsozialistische Lebensraum-Ideologie nicht überschätzt werden sollte, blieb doch seine Geopolitik nach 1945 verpönt – was freilich an der Rezeption der deterministischen Positionen der Anthropogeographie Ratzel'scher Prägung in den Geo- und Geschichtswissenschaften zunächst wenig änderte. Dabei war bereits ebenfalls in den 20er Jahren in Frankreich eine strikte Gegenposition zu Ratzel formuliert worden, und zwar durch den Historiker Lucien Febvre.[10] Da dieser, vor allem gemeinsam mit Marc Bloch, um die Zeitschrift „Annales" eine regelrechte Schule begründet hat, die insbesondere seit den 60er Jahren auch international große Wirkung entfaltete, ist seine Konzeption für den derzeitigen Umgang der Geschichtswissenschaften mit dem Phänomen der Grenze nach wie vor besonders signifikant. [31]

Entsprechend der generellen Umorientierung des Verhältnisses von Mensch und Raum, die für Febvre und die Annales-Schule konstitutiv geworden ist, wird die Grenze gleichsam nicht im Raum gesucht, sondern in den Köpfen der Menschen, die sie setzen. Sie ist weniger ein natürliches als ein soziales und historisches Phänomen. In mehreren Studien, und insbesondere in Auseinandersetzung mit der Geschichte des Rheins als Grenzfluß, hat Febvre gezeigt, daß es einen engen Zusammenhang zwischen der Ziehung und der Vorstellung von Grenzen und der jeweiligen politischen Organisation gibt. Dies arbeitet er insbesondere an der Bedeutung der Grenzen für den modernen Staat seit dem Absolutismus heraus. Erst mit dem Nationalstaat moderner Prägung gewinnt die Grenze die Bedeutung, die sie für uns geläufigerweise hat, als ein wesentliches Merkmal des Staates überhaupt, dessen Mißachtung strikteste Sanktionen nach sich zieht. Letztlich wird, so Febvre selbst,[11] „die Linie der Grenzen ... zu einer Art Graben zwischen deutlich geschiedenen Nationalitäten. Obendrein wird sie zu einer moralischen Grenze."

---

9   Haushofer (1935): 444.
10   Febvre (1922).
11   Febvre (1988): 33.

Gerade an diesem Punkt steht die Kritik des Konzepts der natürlichen Grenzen. Dieses stellt Febvre schon deswegen in Frage, weil auch die schönsten natürlichen Grenzen letztendlich konventionell sind, Produkte des Völkerrechts: Das Meer bzw. die Küstenlinie allein gibt wenig her, man denke an die verschiedenen Seemeilenzonen oder die Frage des Kontinentalschelfs. Und bei Flüssen fragt sich, ob man auf ein Ufer, die Mitte, die Fahrrinne, bestimmte Arme rekurriert. Aber gerade im Zusammenhang mit dem modernen Nationalismus gewinnt das ‚Natürliche' an den Grenzen eine besondere Wucht, als Programm: Febvre zitiert aus Dantons Rede vom 31. Januar 1793 über die Grenzen der französischen Republik: „Ihre Grenzen hat die Natur gesteckt; wir brauchen nur den vier Seiten des Horizonts zu folgen, vom Rhein her, vom Ozean her, von den Alpen her."[12] Hierin ist nicht allein die Vorstellung der natürlichen Grenzen schlechthin problematisch, sondern der in ihr steckende, implizite Rückbezug: Danton spricht eigentlich weniger von den Grenzen Frankreichs als von denen Galliens, wie sie die Römer (genauer: Caesar) definiert und gezogen haben, auch nach dem, was sie – im Banne der eingangs dargestellten Verfahren und Konzepte – für natürlich hielten. Zu anderen Zeiten und mit dem Rückgriff auf andere historische Erinnerungen konnten andere Grenzen als natürliche Grenzen Frankreichs erscheinen, wie Febvre am Beispiel der Diskussion im 15. und 16. Jahrhundert mit dem Rückgriff auf den Vertrag von Verdun (vier Ströme als Grenze: Rhône, Saône, Maas und Schelde) aufzeigt. M. a. W., die natürlichen Grenzen sind ein Mythos. Sie stehen in engem Zusammenhang mit dem, was eine Gemeinschaft als ihre Geschichte ansieht, sie gehören zu ihrer intentionalen Geschichte, ihrer [32] *mémoire collective.* Wirksam sind sie nicht zuletzt auch, weil sie so einfach und griffig sind und sich in klare politisch-militärische Ziele umsetzen lassen, geeignet, Massen zu mobilisieren. Und liegt das nicht womöglich daran, daß sie an die gleichsam magischen, anthropologisch beobachteten Vorstellungen von heimeligem Innen- und unheimlichem Außenraum, von hiesiger Zivilisation und dortiger Wildheit anknüpfen können?

Spätestens hier zeigt sich die große Brauchbarkeit dieses historisch-anthropologischen Konzeptes für die Arbeit in unserem SFB. Wir bemerken generell, daß Grenzen auch in diesem Sinne letztlich soziale Konstrukte sind, die in engster Verbindung mit dem Selbst- und Geschichtsverständnis einer Gesellschaft stehen, also mit ihrer Identität zu tun haben. Sie können jedoch, ungeachtet dessen, als natürliche Grenzen angesehen werden und damit eine besondere Kraft gerade für die Identitätsstiftung erhalten. Es geschieht mit ihnen also genau das, was Berger und Luckmann als „Verdinglichung" bezeichnen.[13] Etwas Gemachtes, Gesetztes, Artifizielles wird nicht mehr als solches, sondern als Natürliches, Gegebenes, Unverfügbares imaginiert und gewinnt damit entscheidend an Gewicht. Wir bewegen uns also hier in unserem allgemeinen konzeptionellen Rahmen. Das dürfte den Austausch zwischen den Teilprojekten fördern, in denen die Frage der Grenzen, die Rolle von Geschichtsmythen oder das Verhältnis von Artefakt und Natur in Bezug auf Identität und Alterität im Vordergrund stehen. Auch die Art, wie Grenzen gezogen

12   Febvre (1988): 34.
13   Berger/Luckmann (1980): 95f.

werden, als Zonen oder strikte Linien und Gräben, ist Ausdruck für das Verhältnis gegenüber Fremdem, im Spannungsfeld zwischen Nebeneinander und Ausschluß.

BIBLIOGRAPHIE

Berger, Peter L. und Luckmann, Thomas. 1980. *Die gesellschaftliche Konstruktion der Wirklichkeit. Eine Theorie der Wissenssoziologie.* Frankfurt/Main (Taschenbuchausgabe).

Borca, Federico. 1996. „*Gnara vincentibus, iniqua nesciis palus*: il soldato e l'acquitrino." *Geographia Antiqua* 5: 63–73.

Febvre, Lucien. 1922. *La terre et l'évolution humaine, introduction géographique à l'histoire.* Paris.

Febvre, Lucien. 1988. *Das Gewissen des Historikers.* Berlin.

Gehrke, Hans-Joachim. 1992. „Die wissenschaftliche Entdeckung des Landes Hellas, Teil I und II." *Geographia Antiqua* 1: 15–36. [hier: 151–180]

Gehrke, Hans-Joachim. 1998. „Die Geburt der Erdkunde aus dem Geiste der Geometrie. Überlegungen zur Entstehung und zur Frühgeschichte der wissenschaftlichen [33] Geographie bei den Griechen." *Gattungen wissenschaftlicher Literatur in der Antike.* Hg. Wolfgang Kullmann, Jochen Althoff und Markus Asper. ScriptOralia 95. Tübingen. 163–192. [hier: 44–72]

Haushofer, Karl. 1935. „Pflicht und Anspruch der Geopolitik als Wissenschaft." *Zeitschrift für Geopolitik.*

Müller, Klaus E. 1987. *Das magische Universum der Identität. Elementarformen sozialen Verhaltens. Ein ethnologischer Grundriß.* Frankfurt/Main, New York.

Ratzel, Friedrich. 1906. *Kleine Schriften*, Bd. II. München, Berlin.

Riescher, Gisela. 1988. *Gemeinde als Heimat. Die politisch-anthropologische Dimension lokaler Politik.* München.

Ritter, Carl. 1863. *Europa. Vorlesungen an der Universität zu Berlin gehalten von C. R.* Hg. H. A. Daniel. Berlin.

Waechter, Matthias. 1996. *Die Erfindung des amerikanischen Westens. Die Geschichte der Frontier-Debatte.* Rombach Historiae 9. Freiburg.

Für wichtige Hinweise danke ich Christian Hänger.

Erschienen in: Wolfgang Kullmann / Jochen Althoff / Markus Asper (Hrsg.), Gattungen wissenschaftlicher Literatur in der Antike (ScripOralia 95), Tübingen: Gunter Narr, 1998, 163–192.

DIE GEBURT DER ERDKUNDE AUS DEM GEISTE DER GEOMETRIE. ÜBERLEGUNGEN ZUR ENTSTEHUNG UND ZUR FRÜHGESCHICHTE DER WISSENSCHAFTLICHEN GEOGRAPHIE BEI DEN GRIECHEN[1]

In meinem Beitrag möchte ich versuchen zu zeigen,[2] wie die Geographie als Wissenschaft (im antiken Sinne) entstanden ist, in welcher Form sie sich präsentierte und wie sie sich generell zur Realität bzw. zu herkömmlichen Modi der Raumwahrnehmungen verhielt. Daß ich mich auf die frühe Zeit konzentriere, ist vor allem deswegen legitim, weil die späte Gattungsgeschichte in den wesentlichen Grundzügen besonders durch Christian van Paassen und Francesco Prontera dargestellt wurde.[3]

Mein Ausgangspunkt ist die Differenzierung zwischen praktisch-alltäglicher Raumorientierung und wissenschaftlicher Geographie, wie sie schon Strabon in seinem zweiten Proömium[4] markant betont hat. Diese Unterscheidung läßt sich dank neuerer Untersuchungen zu Raumvorstellungen, die sich auf Erkenntnisse und Beobachtungen vor allem philosophischer, psychologischer und ethnologischer Provenienz stützen,[5] noch präziser beschreiben: Die natürliche bzw. all[164]tägliche

---

1   Zum Zusammenhang von Astronomie und Geometrie entsprechend formuliert: W. Burkert, Weisheit und Wissenschaft. Studien zu Pythagoras, Philolaos und Platon, Nürnberg 1962, 278.

2   Vgl. auch, zur Konkretisierung der Aufgabenstellung, F. Prontera (Hrsg.), Strabone. Contributi allo studio della personalità e dell'opera I, Perugia 1984, 219 Anm. 65: „Forse il problema centrale da risolvere è tentare di ricostruire le strutture mentali di una società che comincia a conoscere le prime ‚carte', ma è ancora legata, in larga misura, ad una percezione geografica che ignora l'uso di una rappresentazione astratta e assoluta dello spazio." Als ein Beitrag in diesem Rahmen versteht sich auch die vorliegende Abhandlung, die ohne die enge und freundschaftliche Zusammenarbeit mit Francesco Prontera, insbesondere im Rahmen des Programma trilaterale von Freiburg, Münster und Perugia, gar nicht möglich gewesen wäre.

3   Ch. van Paassen, The Classical Tradition of Geography, Groningen 1957; Prontera (wie Anm. 2).

4   Strab. 2,5,1f.

5   Hierfür sind grundlegend die Arbeiten von A. B. Podosinov, K semantike predlogov i narecij s prostranstvennym szaceniem v anticnoj geograficeskoj literature, in: XIV mezdunarodnaja Konferencija socialisticeskich stran ‚Ejrene'. Tezisy dokladov. Erevan 1976, 336–338; ders., Kartograficiskij printsip v strukture geograficeskich opisanij drevnosti (postanovka problemy), in: Metodika izucenija drevnejsich istocnikov po istorij narodov CCCP, Moskva 1978; ders., Iz istorii anticnykh geograficeskich predstavlenij, VDI 1979, Nr. 147, 147–166 und P. Janni, La mappa eil periplo. Cartografia antica e spazio odologico, Roma 1984 („a provocative pioneer study", R. J. A. Talbert, Rez. Dilke 1985, JRS 77, 1987, 211); vgl. neuerdings auch K.

Raumorientierung des Menschen ist offensichtlich linear und im Prinzip eindimensional. Maßgebend sind markante Punkte („landmarks") und bestimmte Strecken („routes"). Diese werden mit Hilfe der markanten Punkte memoriert, in Bezug auf ihre Richtung und die zu ihrer Absolvierung nötige Zeit strukturiert. Dabei kommt es häufig zu bestimmten Qualifizierungen und Einschätzungen von räumlichen Gegebenheiten. Die Raumvorstellungen sind, m. a. W., „gerichtet", bewertet und relational. Man nennt sie, zusammenfassend, hodologisch. Mathematisch könnte man auch von Topologie und von Vektoren sprechen.[6] Dabei können teilweise höchst

Brodersen, Terra Cognita. Studien zur römischen Raumerfassung, Hildesheim u. a. 1995. Grundlegend von philosophischer Seite sind die symbolphilosophischen Überlegungen des Neukantianers Ernst Cassirer (E. Cassirer, Philosophie der symbolischen Formen, 3 Teile, Darmstadt ²1953/54 [ND 1994] III 189ff.), vgl. ferner bes. O. F. Bollnow, Mensch und Raum, Stuttgart ⁴1976. Besonders wichtig – gerade auch im Hinblick auf die mathematischen Aspekte von Topologie und Vektoren – sind die Arbeiten des Gestaltpsychologen Kurt Lewin (K. Lewin, Kriegslandschaft, Zeitschrift für angewandte Psychologie 12, 1917, 440–447; ders., Der Richtungsbegriff in der Psychologie. Der spezielle und allgemeine Hodologische Raum, Psychologische Forschung 19, 1934, 249–299; ders., Principles of Topological Psychology, New York – London 1936 [dt.: Grundzüge der topologischen Psychologie, Bern – Stuttgart 1969]), für die Bedeutung der Raumvorstellungen in der Entwicklungspsychologie bieten Jean Piagets Forschungen den Ausgangspunkt (J. Piaget, The Child's Conception of the World, New York 1929; ders./B. Inhelder, La représentation de l'espace chez l'enfant, Paris 1948 [dt.: Die Entwicklung des räumlichen Denkens beim Kinde, Stuttgart 1971]). Daran schließen sich verschiedene Arbeiten zur Theorie der kognitiven Raumerfassung an (resümiert in R. M. Downs/D. Stea [Hrsg.], Image and Environment. Cognitive Mapping and Spatial Behavior, Chicago 1973 und bei A. W. Siegel/S. H. White, The Development of Spatial Representations of Largescale Environments, in: H. W. Reese [Hrsg.], Advances in Child Development and Behavior, Bd. 10, New York u. a. 1975, 9–55; vgl. auch R. M. Downs/D. Stea, Maps in Minds. Reflections in Cognitive Mapping, New York u. a. 1977 [dt.: Kognitive Karten: Die Welt in unseren Köpfen, New York 1982]), die z. T. auch auf andere (ethologische) Konzepte zurückgehen (C. C. Trowbridge, On Fundamental Methods of Orientation and ‚Imaginary Maps', Science [N.S.] 18, 1913, 888–897; E. C. Tolman, Cognitive Maps in Rats and Men, Psychological Review 55, 1948, 189–208 [jetzt auch in Downs/Stea a. O. 27–50]) und sich mit Forschungen russischer Gelehrter berühren (N. Schemjakin, Die Theorie der Raumwahrnehmung in den Arbeiten von J. Setschenow, Neue Welt 1.14, 1946, 46–71; B. G. Ananjew, Psychologie der sinnlichen Erkenntnis, Berlin 1963, bes. 151–182), vgl. den Überblick bei Brodersen (a. O.) 45ff. und besonders Janni (a. O.) 80ff. In der Ethnologie ist fundamental die Studie von B. F. Adler, Karty pervobytnych narodov, St. Petersburg 1910 (vgl. H. de Hutorowicz, Maps of primitive peoples [Übersetzung, gekürzt, von Adler 1910], Bulletin of the American Geographical Society 43, 1911, 669–679), neuere Beobachtungen bei J. Goody [Hrsg.], Literalität in traditionalen Gesellschaften, Frankfurt 1981, bes. 341 [engl. Original Cambridge 1968] und R. Vollmar, Indianische Karten Nordamerikas. Beiträge zur historischen Kartographie vom 16. bis zum 19. Jahrhundert, Berlin 1981, bes. 10ff.).

6   Die Begriffe (einschließlich des „gerichteten" und „ausgezeichneten" [d.h. privilegierten, günstigen] Raumes) sowie die mathematischen Analogien stammen wesentlich von Lewin (wie Anm. 5); zum relationalen Charakter vgl. auch P. Bratzel, Zentrale Orte im Relativ-Raum, Karlsruher Manuskripte zur Mathematischen und Theoretischen Wirtschafts- und Sozialgeschichte 13, 1975; zum strategischen Raum bzw. zu den militärischen Aspekten vgl. bereits Lewin (wie Anm. 5) und – für die Antike – M. Rambaud, L'espace dans le récit césarien, in: Littérature gréco-romaine et géographie historique. Mélanges offerts à Roger Dion, Paris 1974, 111–129.

zuverlässige und präzise memorierte [165] Raumkenntnisse zusammenkommen und vermittelt werden, wie z. B. die Analyse von Raumbildern nordamerikanischer Indianer demonstriert.[7] Dank einer gedanklichen „Vernetzung" der linearen Schemata ist auch eine gewisse Komplexität möglich.

Strikt davon zu scheiden ist das Raumbild der modernen, maßstabsgerechten Karte, die zweidimensional ist, also mit der Fläche statt der Linie operiert. Sie erlaubt die genaue Fixierung der Punkte in einem Koordinationsnetz auf der Basis der Geodäsie. Dank hoch entwickelter Erziehungssysteme ist die daraus resultierende Raumvorstellung, die auf erheblichen wissenschaftlichen Anstrengungen beruht und Ergebnis extremer Abstraktion ist, in der modernen Zivilisation stark verbreitet, sozusagen in vielen Köpfen verankert worden.

In den erwähnten neueren Arbeiten, insbesondere in dem bahnbrechenden Werk Pietro Jannis über Karte und Periplus, ist deutlich herausgearbeitet worden, daß das antike Periplus- und Itinerar-Verfahren genau dem hodologisch-topologischen Schema entspricht. Daß die Periploi[8], auf die ich mich hier beschränken will, ursprünglich auf konkrete Informationen von Reisenden, Seefahrern und sonstigen Kundigen zurückgehen, hat man schon immer mit Recht angenommen. Diese Informationen stammten also aus der Praxis, und dementsprechend spiegelte das Prinzip der Anordnung die praktische Orientierung und damit auch die gängige innere Raumordnung wider.

Dieses Schema können wir in der griechischen Literatur von Anfang an greifen: Im Ξ der *Ilias* nimmt Hera auf dem Weg vom Olymp nach Lemnos nicht die Luftlinie – obwohl sie doch „die Erde nicht mit den Füßen berührte" (οὐδὲ χθόνα μάρπτε ποδοῖιν, Ξ 228). Vielmehr bemühte sie sich – gut hodologisch – über Pierien, die Emathia und thrakische Gebirge bis zum Athos und von dort per Schiff nach Lemnos.[9] Bekanntlich genügt auch die Anordnung des Schiffskatalogs denselben Grundsätzen lokaler Orientierung.[10] Weitere Beispiele [166] liefert die *Odyssee*.[11]

---

7   Vollmar (wie Anm. 5); zu „kognitiven" bzw. „mentalen" Karten vgl. neben der o. a. (Anm. 5) Literatur auch S. Kaplan, Cognitive Maps in Perception and Thought, in: Downs/Stea (wie Anm. 5), 53–78, und die Verweise bei Talbert (wie Anm. 5), 212.

8   Zu diesen s. bes. F. Gisinger, RE s.v. Periplus, 1937; R. Güngerich, Die Küstenbeschreibung in der griechischen Literatur, Münster 1950; A. Peretti, II periplo di Scillace. Studio sul prima portolano del Mediterraneo, Pisa 1979; Janni (wie Anm. 5), 95ff.; E. Olshausen, Einführung in die historische Geographie der Alten Welt, Darmstadt 1991, 81ff.; F. Prontera, Periploi: Sulla tradizione della geografia nautica presso i Greci, in: L'uomo e il mare nella civiltà occidentale: da Ulisse a Cristoforo Colombo. Atti del Convegno Genova, 1–4 giugno 1992, Genova 1993, 27–44.

9   Peretti (wie Anm. 8), 15 mit Janni (wie Anm. 5), 121.

10   F. Gisinger, RE Suppl. IV s.v. Geographie, 1924, 536 und jetzt bes. W. Kullmann, ‚Oral Tradition / Oral History' und die Frühgriechische Epik, in: J. von Ungern-Sternberg/H. Reinau (Hrsg.), Vergangenheit in mündlicher Überlieferung (Colloquium Rauricum 1), Stuttgart 1988, 19ff.; jetzt in: W. Kullmann, Homerische Motive. Beiträge zur Entstehung, Eigenart und Wirkung von Ilias und Odyssee, hrsg. von R. J. Müller, Stuttgart 1992, 163ff.

11   Gisinger (wie Anm. 10), 36; Janni (wie Anm. 5), 120f.

Nebenbei gesagt scheint das entsprechende Orientierungsprinzip im Zeit-Raum die Abstammung, also sozusagen auch ein lineares Prinzip, gewesen zu sein, die sich ebenfalls zu einem eindimensionalen System kombinieren ließ, in diesem Falle zu einem genealogischen: Die Theogonie Hesiods und der daran später anknüpfende Frauenkatalog zeigen das sehr deutlich – und zugleich ergibt sich, über ἔθνη, die in ihren Eponymen präsentiert sind, eine Beziehung zum Raum: Magnes beispielsweise und Makedon wohnen in der Gegend von Pierien und um den Olymp herum.[12] Für die Einschätzung von Hekataios ist dies nicht unwichtig und sei deshalb ausdrücklich erwähnt.

Nun hat Wolfgang Kullmann einleuchtend gezeigt, daß der Schiffskatalog auf bereits schriftlich vorliegendem Material beruht und selbst in einen literalen Kontext gehört.[13] Das alltäglich-praktische Schema wird hier bereits literarisch transportiert, man arbeitet mit ihm, man stellt es in Rechnung. Dabei aber ändert sich das hodologische Prinzip grundsätzlich überhaupt nicht. Es bildet das Rückgrat der Disposition. Anders gesagt: Der Vorgang der Verschriftung von ursprünglich mündlich tradierten, topologisch geordneten Informationen etwa von Seefahrern hat nicht zu einer strukturellen Veränderung geführt. Das Prinzip der Raumordnung ist dasselbe geblieben, es hat den Vorgang der Literalisierung sozusagen unbeschadet überstanden. Dies hat man zu beachten, wenn man nach den Ursprüngen der griechischen Geographie fragt. Denn bekanntlich stand für Strabon (und keineswegs für ihn allein) Homer ganz am Anfang der Erdkunde, und er galt ihm als große Autorität auch *in geographicis*. Diese Auffassung ist sicherlich auch dadurch begünstigt worden, daß sich das räumliche Ordnungsprinzip auch in der wissenschaftlichen Geographie vom Periplus-Schema nie vollständig entfernte. So viel sei schon jetzt festgehalten.

In seiner Einschätzung Homers als des ersten Geographen werden wir Strabon freilich kaum folgen. Wir können jedoch aus seinen eigenen Kriterien, die er in dem schon erwähnten zweiten Proömium entwickelte, den Beginn einer wissenschaftlichen Geographie im antiken Sinne durchaus anders und genau fixieren und von hier aus die Frage nach der Relation der wissenschaftlichen zu der alltäglichen Raumwahrnehmung präziser stellen und beurteilen. Gerade wenn es ihm um das Prinzip seiner Tätigkeit gehe, so heißt es bei Strabon[14], müsse der Geograph sich auf die Vertreter der Geometrie verlassen, diese auf die Astronomen, die wiederum auf die Physiker. Basis der wissenschaftlichen Geographie sind also Geometrie, Astronomie und Physik, wobei [167] man unter dem Stichwort Physik an die Naturphilosophie zu denken hat, wie sie von den Vorsokratikern begründet worden war und gerade von den Stoikern als ein grundlegender Bestandteil der Philosophie

---

12 fr. 7 M.-W.; hierzu s. M. L. West, The Hesiodic Catalogue of Women. Its Nature, Structure, and Origins, Oxford 1985, 52ff. und generell Gisinger (wie Anm. 10), 536ff.

13 Kullmann, Oral Tradition (wie Anm. 10), 19 lff. (= Homerische Motive [wie Anm. 10], 163ff.); W. Kullmann, Festgehaltene Kenntnisse im Schiffskatalog und im Troerkatalog der Ilias, in: ders./J. Althoff (Hrsg.), Vermittlung und Tradierung von Wissen in der griechischen Kultur (ScriptOralia 61), Tübingen 1993, 130ff.

14 Strab. 2,5,2.

angesehen wurde.[15] Den hohen Stellenwert dieser Disziplinen, insbesondere der Astronomie und der Geometrie, hat Strabon selbst nicht zuletzt schon in den einleitenden Büchern, besonders in der Auseinandersetzung mit bzw. zwischen Eratosthenes und Hipparchos, klar herausgearbeitet.[16]

Doch man kann noch weiter zurückgehen:[17] Ein ganz ähnlicher Zusammenhang wird bereits bei Aristophanes greifbar, und dies mit allen Merkmalen des Geläufigen, nämlich in den *Wolken*.[18] Im Phrontisterion des Sokrates, der ja auch und gerade als Naturphilosoph gekennzeichnet ist, also als Physiker im hier gemeinten Sinne, befinden sich zwei Statuen oder anderweitige Darstellungen von Astronomia und Geometria. Im Kontext geht es dann u. a. um eine γῆς περίοδος, hier sicher einer Karte (206ff.); wenig später ist Sokrates gerade astronomisch tätig (225ff.). Kurz zuvor war von seiner Beschäftigung mit Geometrie die Rede gewesen (177ff.), wo Thales geradezu als *der* „Geometer" erschien.[19] Die Geometrie dient der Vermessung der „gesamten" Erde.[20] Gerade darum ging es auch der griechischen Geographie schlechthin: Es ging nicht um das Detail, sondern im Grundsatz um das Ganze, die Erde bzw. deren bewohnten Teil, die Oikumene.[21]

Gerade in diesem Bezug also stand die Geometrie. Und genau von diesem Punkt aus haben wir nach den Ursprüngen der Erdkunde zu suchen: Man wird den hier genannten Thales kaum zum ersten Geographen machen. Aber die [168] bedeutende Rolle seines Schülers Anaximander in diesem Rahmen ist in der antiken wissenschaftsgeschichtlichen Tradition deutlich bezeugt. Dies wird auch noch zu würdigen sein. Aber Thales darf nicht völlig außer acht gelassen werden. Interessanterweise sind gerade die drei ‚strabonischen' Disziplinen in den *Florida* des Apuleius spezifisch mit seinem Namen verbunden: Er war *geometriae penes Graios*

---

15 Das zeigt bes. die Nähe von Strabon a. O. und 1,1,1 (wo Geographie als philosophische Tätigkeit erscheint) zu Aët. *plac.* I prooem. 2, p. 273,1ff. Diels (SVF II 35).

16 Vgl. hierzu auch G. Aujac, Les représentations de l'espace géographique ou cosmologique dans L'Antiquité, in: Pallas 28, Annales publiées trimestriellement par l'Université de Toulouse Le Mirail N.S. 17, 1981, 9ff.; zum antiken Begriff γεωγραφία und zur Terminologie überhaupt s. bes. Gisinger (wie Anm. 10), 522ff., vgl. jetzt etwa A. Stückelberger, Einführung in die antiken Naturwissenschaften, Darmstadt 1988, 41 und s. u. S. 174ff. [hier: S. 54ff.] (zu Karte und Periegese).

17 Zum Zusammenhang innerhalb der alten φυσιολογία s. Burkert (wie Anm. 1), 403.

18 Aristoph. *nub.* 200ff., ein Schlüsseldokument zur frühen Kartographie, vgl. Burkert (wie Anm. 1), 393.

19 So übrigens auch in den *Vögeln* (995ff.; zur Interpretation vgl. u. S. 187 [hier: S. 66]).

20 Γῆν ἀναμετρῆσαι und zwar σύμπασαν (203f.). P. Janni, Rez. Dilke 1985, Gnomon 59, 1987, 233 will die Diskussion der Geometrie (201ff.) von der der Karte (206ff.) trennen, und A. Szabó, Das geozentrische Weltbild. Astronomie, Geographie und Mathematik der Griechen, München 1992, 129f. denkt bei Γῆν ἀναμετρῆσαι an Erdgrößenmessungen im astronomischen Kontext. Doch lehrt der Vergleich mit den *Vögeln*, daß Geometrie auch als geographisch relevant gedacht wurde. Und generell läßt sich die Stelle wohl kaum so weit auseinanderdifferenzieren.

21 Besonders betont jetzt bei Prontera, Periploi (wie Anm. 8), 845f. Die antike Geographie hatte immer diesen generellen Zuschnitt; sie wird unterschieden von der regionalen Beschreibung, der Chorographie (zu Ptolemaios' entsprechender Differenzierung vgl. Szabó [wie Anm. 20], 46f.); zu den Fragen von Größenordnungen und Maßstäblichkeit s. u. S. 175 [hier: S. 55].

primus repertor et naturae certissimus explorator et astrorum peritissimus contemplator.[22] Bei Aussagen über Thales wird man auf Grund der bekannten Problematik der Überlieferungslage hypothetisch bleiben müssen. Einige Zuschreibungen an ihn haben jedoch durchaus eine gewisse Plausibilität, wie gerade in dem durch die Aristophanes-Zitate markierten Bild exemplarisch zum Ausdruck kommt. Daß einzelne Elemente seiner Lehre durch seine Schüler tradiert wurden, kann ohne Bedenken angenommen werden.

Im Bereich der Physik ist die Überlieferung ziemlich klar: Generell gilt Thales als erster φυσικὸς φιλόσοφος.[23] Dabei bildete bekanntlich die Qualifizierung des Wassers als ἀρχή die wesentliche Aussage.[24] Entsprechend dachte Thales sich wohl die Erde auf dem Wasser schwimmend, vergleichbar orientalischen und/oder ägyptischen Vorstellungen.[25] In der Astronomie scheint ihm vieles zu Unrecht zugeschrieben worden zu sein, was sich plausibler bei anderen ionischen Philosophen, besonders bei Anaximander, ansetzen läßt, und zwar vor allem, was mit den Wendekreisen und der Äquinoktialbeobachtung zusammenhing.[26] Dies knüpfte wohl an die berühmte Voraussage der Sonnenfinsternis vom 28. Mai 585 an, die gut bezeugt ist.[27] Auch die den Phöniziern zu verdankende Nutzung des Sternbildes des kleinen Bären als Orientierungsmittel darf man wohl mit ihm verbinden[28] sowie ein generelles Bemühen um Korrektheit, besonders im Sinne korrekter Vermessung, gerade in bezug auf [169] Zeit. Das hatte durchaus viel mit Astronomie zu tun[29] und mag ebenfalls erklären, warum Thales mit dieser nicht weniger in Verbindung gebracht wurde als mit der Geometrie.[30]

Gerade in der Geometrie war Thales' Wirken, das wohl nicht zu Unrecht auf starke Einflüsse aus Ägypten – daneben ist auch an Babylon zu denken – zurückgeführt wurde,[31] nicht nur generell besonders bedeutsam, sondern auch für die Entwicklung bzw. Entstehung der Geographie. Vier grundlegende geometrische Sätze

---

22   Apul. *flor.* 18 p. 37,10ff. H. = VS 11 A 19, vgl. G. S. Kirk/J. E. Raven, The Presocratic Philosophers, Cambridge 1966, 97 („Thales was chiefly known for his prowess as a practical astronomer, geometer, and sage in general").

23   VS 11 A 1,23; A 2; A 7.

24   VS 11 A 1,27; A 3; A 11–13; A 22; A 23.

25   VS 11 A 14 (Ägypten), zu den Vorbildern s. etwa W. Kubitschek, RE s. v. Karten, 1919, 2024f.; Kirk/Raven (wie Anm. 22), 77. 90f.

26   VS 11 A 1, 23f.; A 2; A 3; B 1; B 4: Hier steht vieles im Widerspruch zu seiner Erdvorstellung, vgl. Kirk/Raven (wie Anm. 22), 81f. Die erwähnten Schriften haben als apokryph zu gelten.

27   Bei Xenophanes (VS 21 B 19), Heraklit (VS 22 B 38), Herodot (1,74) und Demokrit (VS 68 B 115a), weiteres bei VS 11 A 1,23 (aus Eudemos' Περὶ τῶν ἀστρολογουμένων ἱστορία); A 2; A 3; A 5; A 17; A 1,23 zeigt klar den Zusammenhang von Sonnenfinsternis und τροπαί, also die Grundlage für die Zuschreibungen. – Eher skeptisch gegenüber der Tradition ist O. Wenskus, Astronomische Zeitangaben von Homer bis Theophrast (Hermes Einzelschriften H. 55), Stuttgart 1990, 59f.

28   VS 11 A 1,23; A 3, vgl. Thales' angeblich phönizische Herkunft A 1,22; A 2–4.

29   Die Einteilung des Jahres in Monate und Tage (365 Tage, 12 Monate à 30 Tage) zeigt Orientierung am ägyptischen Jahr: A 1, 24. 27.

30   VS 11 A 1, 34. 39; A 9; A 13; so soll er auch: περὶ μετεώρων geschrieben haben (A 2).

31   VS 11 A 1,25. 27; A 11; A 21, vgl. o. Anm. 25.

lassen sich gut mit Thales verbinden.[32] Aus den antiken Nachrichten ergibt sich, daß es im wesentlichen um Proportionalität und Kongruenz ging, um eine genaue Vermessung und insbesondere um den Winkel, den Thales geradezu entdeckt zu haben scheint. Abgesehen von den Sätzen selbst sind die Einzelheiten und insbesondere die Frage der Anwendung (bes. die Entfernungsmessung des Schiffes auf See) unklar: Man hat angenommen, daß Thales die Proportionalität im Maßstab schon von den Ägyptern übernommen habe und die Kongruenz (insbesondere den 2. Kongruenzsatz) zur „Rechtfertigung des Verfahrens",[33] also als gedanklichen Beweis verwendete. Anders gesagt, die Kongruenz könnte die Basis für die Richtigkeit der analog-proportionalen Operation (Vermessung der Pyramide, Entfernungsbestimmung des Schiffes bzw. eines unzugänglichen Punktes) gebildet haben. Man kann sich den Vorgang etwa so rekonstruieren, daß generell Meß- und Rechenoperationen oder bestimmte Beobachtungen, die anderswo bereits bekannt waren und die jemand wie Thales in Ägypten und Babylon bzw. von Ägyptern oder Babyloniern lernen konnte, in neue Kontexte übertragen wurden. Sie wurden verwendet zur Lösung ganz anderer, auch selbstgestellter und nicht unmittelbar praktischer Aufgaben. Ein bestimmtes Wissen und bestimmte Fertigkeiten gewannen gleichsam an Eigenwert. Sich damit zu beschäftigen, sich damit um ihrer selbst willen zu beschäftigen, war eher ein Spiel, Spiel des Gedankens, Sache eines [170] freien und vornehmen Mannes wie etwa das Spiel mit den Muskeln im Gymnasium, Sache eines Mannes, der die Ressourcen und Mittel für ein Leben der Muße, der σχολή hatte. Es war nicht Tätigkeit einer Verwaltungs- und Priesterelite, die Dämme, Kanäle und Monumente zu konstruieren hatte und dafür ausgebildet wurde. Schon diese eher wissenssoziologischen Überlegungen zeigen einen spezifischen Charakter der griechischen Wissenschaft.

Über diese generellen Beobachtungen hinaus hat aber – wie schon verschiedentlich gezeigt wurde – die Mathematik auch ganz konkret mit den skizzierten gedanklichen Operationen geometrischer Natur einen neuen Charakter erhalten. Mit ihnen war gleichsam die Tür zur euklidischen Geometrie aufgestoßen worden.[34]

---

32   Die Zuweisungen gehen auf Eudemos' Mathematikgeschichte bzw. auf den Kommentar des Proklos zu Euklids Elementen zurück (V 11 A 20); zur Interpretation s. bes. B. L. van Waerden, Erwachende Wissenschaft. Ägyptische, babylonische und griechische Mathematik, Basel – Stuttgart 1956, 143f.; Burkert (wie Anm. 1), 392. 403 Anm. 100; K. von Fritz, Schriften zur griechischen Logik I: Logik und Erkenntnistheorie, Stuttgart – Bad Cannstatt 1978, 33; H. Gericke, Mathematik in Antike und Orient, Wiesbaden ²1993, 76ff. Nach A. Szabó/E. Maula, Enklima – Ἔγκλιμα. Untersuchungen zur Frühgeschichte der griechischen Astronomie, Geographie und der Sehnentafeln (Akademie Athen. Forschungsinstitut für Griechische Philosophie), Athen 1982, 61 setzt Anaximanders Weltmodell die Kenntnis des Satzes von der Identität der Scheitelwinkel voraus.

33   Gericke (wie Anm. 32), 77, eine andere Erklärung (nach dem Gromatiker M. Iunius Nipsus) ebd.; genauer dazu B. Gladigow, Thales und der διαβήτης, Hermes 96, 1968, 264ff.; zum Beweisverfahren mittels ἐφαρμόζειν s. von Fritz, Logik (wie Anm. 32), 33ff., vgl. auch A. Szabó, Δείκνυμι. als mathematischer Terminus für ,beweisen', Maia 10, 1958, 106ff.

34   Zur Bedeutung des Thales für die Geometrie s. bes. van der Waerden (wie Anm. 32), 143ff.; Burkert (wie Anm. 1), 393f.; von Fritz, Logik (wie Anm. 32), 29. 32ff.; E. Lanzillotta, Nota di

Gerade in diesem Rahmen ergeben sich aber auch wesentliche Konsequenzen für die spätere Entwicklung der Erdkunde. Besonders wichtig war, daß man mit Hilfe der Proportionalität und einiger als sicher angesehener und demonstrativ bewiesener Sätze über das unmittelbar Greif- und Meßbare hinauskam. Es ließ sich auch das messen, und zwar exakt messen, was gar nicht mehr zugänglich war – wie das als Beispiel erwähnte Schiff auf dem offenen Meer.

Dies alles muß aber hypothetisch bleiben. Was Thales im einzelnen gedacht und konstruiert hat, läßt sich nicht mehr nachweisen. Erst recht sind wir im unklaren darüber, wieweit hier schon von Geographie auf der Grundlage einer Verbindung von Naturphilosophie, Astronomie und Geometrie gesprochen werden kann. Man wird allerdings bei Berücksichtigung der späteren Entwicklung zugeben, daß einige der für die klassische Erdkunde spezifischen Denk- und Rechenoperationen bereits bei Thales vorlagen bzw. von ihm konzipiert wurden (ob mit dem Blick auf die Erde oder nicht) und daß es sich dabei in erster Linie um geometrische Operationen handelte.

Klar wirksam und damit für uns sichtbar werden die Zusammenhänge im Falle Anaximanders, der allgemein und sicher zu Recht als Thales' Schüler und gleichsam Nachfolger gilt.[35] Mit ihm erreicht die Entwicklung, gerade auch im Blick auf die Geographie, noch einmal eine andere Qualität, genauer gesagt: Mit Anaximander hat die griechische Geographie, wie sie für uns in Strabons Werk greifbar ist, ihren Anfang genommen. Dies läßt sich heute, vor allem dank der grundlegenden Arbeiten von Kurt von Fritz, Walter Burkert und Arpad Szabó besonders gut beschreiben und gegenüber der älteren Forschung präzisieren.[36] [171]

Im Falle Anaximanders ist die Quellenlage von vornherein günstiger als bei Thales. Das hängt mit zwei wesentlichen Neuerungen im medialen Bereich zusammen, die man mit ihm in Verbindung bringen kann. Er hat seine Erkenntnisse schriftlich niedergelegt, in dem ersten in Prosa verfaßten Buch.[37] Aus diesem ist zwar nur ein Satz mehr oder weniger wörtlich bekannt, der berühmte Satz über das ἄπειρον. Aber generell hatte er doch sozusagen bessere Traditionschancen als Thales, und quellenkritisch gesehen herrscht damit für uns eine günstigere Situation.

Darüber hinaus soll er als erster eine bildliche Darstellung der Erde bzw. der Oikumene hergestellt haben.[38] Er hat also die Kartographie begründet, und gerade deshalb wurde ihm unter den Gründervätern der Geographie schon in der Antike ein bedeutender Platz, gleich nach dem Meister Homer, reserviert.[39] Mit dieser Karte haben sich spätere Gelehrte auseinandergesetzt, und so ist auch von dieser

<hr>

cartografia greca, in: P. Janni/E. Lanzillotta, Γεωγραφία. Atti del 2° Convegno Maceratese su Geografia e Cartografia antica, Roma 1982, 98f.; Gericke (wie Anm. 32), 76ff.

35   VS 12 A 2; A 4; A 6; A 9–11; A 17; Strab. 14,1,7.

36   Burkert (wie Anm. 1), 283ff. 395f. 416; von Fritz, Logik (wie Anm. 32); Szabó/Maula, Enklima (wie Anm. 32), 33ff.; Szabó, geozentrisches Weltbild (wie Anm. 20), 60ff. Eine gute Zusammenfassung bei Ch. Jacob, Géographie et ethnographie en Grèce ancienne, Paris 1991, 36f.

37   VS 12 A 7; A 9–16; B 1, vgl. u. Anm. 41.

38   VS 12 A 1,2; A 6 (Agathem. 1,1 und Strab. 1 ,1,11, auf Eratosthenes zurückgehend), näheres s.u. S. 174ff. [hier: S. 54ff.]).

39   S. bes. Strab. 1,1,1.

Seite her unsere Überlieferungslage nicht ganz ungünstig. Viel wichtiger aber ist, was diese mediale Innovation für die Entwicklung der Raumvorstellungen bedeutete, also für die uns hier interessierende Thematik.

Betrachten wir aber zunächst bei Anaximander die Leistungen und Erkenntnisse auf den Gebieten, die im Sinne der strabonischen Definition die Grundlage der Geographie bilden: Wenn dort die Physik die eigentliche Basis ist in dem Sinne, daß sie nichts mehr voraussetzt[40], dann trifft eine solche Aussage gerade auf Anaximander zu. In der erwähnten Schrift ging es περὶ φύσεως, was in der Antike als Titel des Werkes angesehen wurde[41] und zwar gerade um die ἀρχὴ τῶν ὄντων.[42] Unsere besondere Aufmerksamkeit verdient dabei die Dynamik, die mit der ἀρχή dem ἄπειρον, verbunden ist; denn sie führt zu einer Theorie der Kosmogonie, der Entstehung und Veränderung des Universums. Konkret geht es um die Anakyklosis.[43] Werden und Vergehen des κόσμος – die Verwendung dieses Wortes für das Universum dürfte von Anaximander stammen – lassen sich als zyklischer Vorgang verstehen. Mit dieser Struktur von Sein und Kosmos läßt sich das regelmäßige Geschehen im Kosmos, der Umlauf der Gestirne, verbinden, der genau kreisförmig ist und in des[172]sen exaktem Zentrum sich die Erde befindet, fixiert wegen des überall gleichen Abstandes, also wegen ihrer perfekten Zentralität im System der Kreise.[44]

Daß gerade in der Astronomie die entscheidende wissenschaftsgeschichtliche Leistung Anaximanders liegt, hat vor allem Arpad Szabó[45] konkretisiert. Er hat überzeugend dargelegt, daß bei der Annahme wie bei der Konstruktion der perfekten Kreisgestalt des Universums der Gnomon, der Maßstab zur genauen Ermittlung der Schattenlänge, eine entscheidende Rolle spielte und daß auf dem damals erreichten – also gleichsam thaletischen – Niveau der Geometrie (u. a. spielt der Satz von der Identität der Scheitelwinkel eine Rolle) die notwendigen Fixierungen und Konstruktionen möglich waren: Mit Hilfe des Gnomon ließen sich die

40 Physik ist eine ἀρετή, ἀρεταί sind aber ἀνυπόθετοι (sie kommen ohne Setzungen, ὑποθέσεις, also ohne Axiome aus, anders als etwa die Mathematik, vgl. bes. Plat. *rep.* 6,510 C ff.) und haben in sich selbst τάς τε ἀρχὰς καὶ περὶ τούτων ἁπάντων πίστεις (Strab. 2,5,2).

41 VS 12 A 2; A 7; bei Aristot. *phys.* III 4.203 b 6ff. (VS 12 A 15) wird er unter die φυσιόλογοι gerechnet, Cic. div. 1,50,112 (= VS 12 A 5a) nennt ihn *physicus.*

42 VS 12 B 1, ferner A 1,1; A 9–16, wohl vor allem auf Theophrast beruhend (vgl. fr. I 226 A Fortenbaugh et al.).

43 VS 12 A 10; A 11; A 14; A 17; A 18, vgl. von Fritz, Logik (wie Anm. 32), 27. 39.

44 Besonders deutlich in dem κατὰ πασῶν αἱρέσεων ἔλεγχος des Hippolytos (1,6,2f. = VS 12 A 11,2f.): οὗτος (sc. ὁ Ἀναξίμανδρος) μὲν οὖν ἀρχὴν καὶ στοιχεῖον εἴρηκεν τῶν ὄντων τὸ ἄπειρον, πρῶτος τοὔνομα καλέσας τῆς ἀρχῆς. πρὸς δὲ τούτῳ κίνησιν ἀΐδιον εἶναι, ἐν ᾗ συμβαίνει γίνεσθαι τοὺς οὐρανούς. τὴν δὲ γῆν εἶναι μετέωρον ὑπὸ μηδενὸς κρατουμένην, μένουσαν δὲ διὰ τὴν ὁμοίαν πάντων ἀπόστασιν; vgl. VS 12 A 1,1 und generell dazu bes. Burkert (wie Anm. 1), 287f. 395 und Szabó, geozentrisches Weltbild (wie Anm. 20), 64 mit dem erhellenden Hinweis auf Plat. *Phaid.* 108 Eff., wo Anaximander nicht genannt ist, aber offenkundig zugrunde liegt.

45 Szabó/Maula (wie Anm. 32), 35ff.; Szabó, geozentrisches Weltbild (wie Anm. 20), 58ff. Zu Anaximanders Astronomie und der Stellung der Erde in diesem Rahmen s. ferner H. Berger, Geschichte der wissenschaftlichen Erdkunde der Griechen, Leipzig ²1903, 27. 32; Burkert (wie Anm. 1), 283ff.

Schattenstände nach Maximum und Minimum genau festlegen. Mittels Geometrie und der Annahme eines Kreislaufs konnte man aber gedanklich-konstruktiv den jeweiligen Stand der Sonne selbst auf einer Kreisbahn modellhaft festlegen und von daher den schwer zu beobachtenden Schattenstand bei Tag- und Nachtgleiche bestimmen und wiederum seine Äquivalente auf dem gedachten Sonnenkreislauf gewinnen. Damit waren die Wendekreise (τροπαί) entdeckt und genau fixiert, desgleichen aber auch die Neigung der Ekliptik, alles Leistungen, die in den Quellen dem Anaximander zugeschrieben wurden.[46] Möglicherweise hat er sogar bereits ein Modell des [173] Universums in Gestalt eines einfachen Himmelsglobus (σφαῖρα) erstellt.[47]

Analog zum Kreislauf der Sonne gab es eine Sphäre der Fixsterne und des Mondes. Deren Größe und Entfernung von der Erde wurden nach Grundsätzen der Proportionalität (λόγος) in eine rechnerische Beziehung gebracht: Die Sonne ist gleich groß wie die Erde. Klein erscheint sie nur, weil sie entsprechend weit von der Erde entfernt ist. Ihr Kreis ist das 27- bzw. 28-fache der Erdgröße. Analog geringer sind die Kreisumfänge des Mondes und der Fixsterne, die Anaximander nächst der Erde ansetzt.[48] Daß die Erde in der Mitte steht, verdankt sie offensichtlich ausschließlich ihrer vollkommenen Zentralität – also der Logik der Geometrie![49]

Dies alles ging weit über das konkret Faßbare hinaus und stellte – trotz mancher Entlehnung aus ‚mythischen‘ Weltbildern[50] – etwas völlig Neues dar. Neu war die

46 VS 12 A 1,1; A 2; A 4 zum Gnomon und seiner Bedeutung (vgl. auch A 27; zum Verständnis von A 4 s. bes. Szabó, geozentrisches Weltbild [wie Anm. 20], 95): Der Gnomon war hier weniger eine Sonnenuhr als ein Instrument zur genauen Bestimmung von Wendekreisen und Meridianen; aber selbstverständlich hat sich Anaximander in diesem Zusammenhang auch mit der Zeit beschäftigt, die ja in seiner Ontologie von hoher Bedeutung ist (VS 12 B 1, s. auch A 20; zum Zusammenhang von πόλος und Zeitmessung s. Szabó [a.O.], 138ff.); – VS 12 A 2; A 10; A 11; A 18; A 19; A 26: Kreislauf, Größe, Entfernung und Qualität der Himmelskörper; – VS 12 A 5; A 22: Neigung des Zodiakus, zum Verständnis generell s. Burkert (wie Anm. 1), 285 Anm. 42; zur Ekliptik Szabó/Maula (wie Anm. 32), 53ff. 121ff. 125; Szabó (a. O.), 97ff. Entscheidend – und über die wirklichen Beobachtungen und die orientalischen Berechnungen (dazu vgl. etwa W. Papke, Die Keilschriftserie MUL. APIN. Dokument wissenschaftlicher Astronomie im 3. Jahrtausend, Diss. Tübingen 1978, 10ff.; H. Hunger/D. Pingrea [Hrsg.], MUL. APIN. An Astronomical Compendium in Cuneiform [Archiv für Orientforschung, Bh. 24], Berlin 1989 – hier wird übrigens deutlich, wie viel weiter die *Stern*beobachtung bei den Babyloniern war) hinausgehend – war die genaue Bestimmung der Tag- und Nachtgleichen (vgl. auch Wenskus [wie Anm. 27], 60), damit aber auch von Osten und Westen und der vier Jahreszeiten, die ja als solche abstrakt sind und dem ‚klimatischen‘ Kalender nicht entsprechen (zu diesem H.-J. Gehrke, Jenseits von Athen und Sparta. Das Dritte Griechenland und seine Staatenwelt, München 1986, 14f. mit weiteren Hinweisen), s. vor allem Szabó/Maula (a. O.), 35ff.; Szabó (a. O.), 57f. 10ff.
47 VS 12 A 1,2; A 2, zu diesem Himmelsglobus vgl. Stückelberger, Einführung (wie Anm. 16), 29. Oder ist dabei an einen πόλος im Sinne eines Himmelsgewölbes zu denken, an das Gerät, das später σκάφη hieß (zu diesem Szabó, geozentrisches Weltbild [wie Anm. 20], 70f. 138ff.)?
48 VS 12 A 11; A 21; A 22 mit Burkert (wie Anm. 1), 288.
49 S. o. Anm. 44; der „Weltenbau gehorcht der mathematischen Logik“, Burkert (wie Anm. 1), 395.
50 S. bes. Burkert (wie Anm. 1), 288f., vgl. Berger (wie Anm. 45), 34ff.; Gisinger, Geographie (wie Anm. 10), 533f. 536. 539 (zu Thales).

Vorstellung des Kreises, also gerade das Geometrische. Noch radikaler als Thales mit seiner analogen Maßstäblichkeit, also Proportionalität, ist Anaximander hier vom konkret Greif- und Sichtbaren, dem Schatten der Sonne, zum nicht direkt Ermittelbaren, aber zugleich Wesentlichen, dem Stand der Sonne übergegangen. Mit dem kleinen Gnomon ließ sich die Welt konstruieren, welche Ordnung (κόσμος) war – ein Universum aus der Meßlatte. Mit vollem Recht spricht Walter Burkert von der Geburt der Astronomie aus dem Geist der Geometrie.[51]

Nun hat Anaximander aber auch – gerade in Zusammenhang mit seiner ‚physisch‘ begründeten Vorstellung der Dynamik von Werden und Vergehen – Prozesse deduziert bzw. auf Grund von Beobachtungen postuliert.[52] Diese betreffen nicht nur das erwähnte kosmische Geschehen, sondern auch terrestrische [174] Vorgänge. Damit sind wir bei der Geographie und sehen diese von vornherein mit der Physik verbunden:

Nicht nur das Universum, auch die Erde hat eine Vergangenheit und eine Zukunft. Aus Beobachtungen läßt sich eine Entwicklung konstruieren, indem man, ausgehend von dem Merk- und Spürbaren, längere Vorgänge gleichsam extrapoliert – ähnlich dem Verfahren der Geometrie: Bestimmte Beobachtungen legen nahe, daß die Lebewesen ursprünglich im Wasser existierten. Das Wasser auf der Erde muß also zurückgegangen sein. Solches geschieht durch Verdunstung. Zusammenhänge gibt es zwischen den Winden bzw. den Luftbewegungen und der Verdunstung, dies lehrt die Beobachtung des Klimas. À la longue haben sich daraus Prozesse von erheblicher Tragweite ergeben und werden weitere Konsequenzen haben.[53] Mit der Verdunstung und der daraus resultierenden Sprödigkeit der Erde – das Aufbrechen eines ausgetrockneten Schwemmbodens lieferte das sichtbare ‚Vorbild‘ – ließen sich auch Erdbeben erklären.[54] Da das Maß der Verdunstung mit dem Stand der Sonne aufs engste verbunden ist, gibt es auch einen Zusammenhang zwischen den klimatischen Bedingungen und den τροπαί, den Wendekreisen der Sonne.[55] Eine der wichtigsten astronomischen Entdeckungen Anaximanders steht also mit der Erdkunde in genuiner Verbindung. Auch hier zeigt sich, daß die elementaren Grundlagendisziplinen schon bei Anaximander in logischem Zusammenhang stehen.

51 S. o. Anm. 1. Zur Abstraktionsleistung s. bes. Szabó/Maula (wie Anm. 32), 51ff.; es handelte sich um ein „geometrisches Weltbild" (Szabó, geozentrisches Weltbild [wie Anm. 20], 69, vgl. 63); ferner Gisinger, Geographie (wie Anm. 10), 542ff. („mit einer im Abendlande bahnbrechenden Gestaltungskraft"); Burkert (wie Anm. 1), 289 („kühn wird der Gedanke auf kosmische Größenordnungen angewandt, wo jede Verifizierung ausgeschlossen ist"). 395. 416; W. Röd, Die Philosophie der Antike 1. Von Thales bis Demokrit, München 1976, 38.

52 Das unterstreicht bes. von Fritz, Logik (wie Anm. 32), 27. 33. 38f.

53 Zur Entwicklung s. bes. von Fritz, Logik (wie Anm. 32), 39; zu den klimatischen Beobachtungen und den daraus resultierenden Schlußfolgerungen s. VS 12 A 11; A 23; A 24; dazu Berger (wie Anm. 45), 40. 118ff. bes. 119. 127.

54 VS 12 A 5a; A 28.

55 VS 12 A 27.

Dies hat man sich auch bei der Würdigung seiner wichtigsten geographischen Leistung, der Konstruktion der Erdkarte,[56] vor Augen zu halten. Über die Gestalt der Karte läßt sich wenig Genaues direkt aussagen, außer daß Hekataios in Bezug auf sie Präzisierungen vornahm,[57] und daß es „viele" solcher bzw. ähnlicher Karten gab,[58] deren Bild wir uns aus den Hekataios-Fragmenten, den Angaben Herodots und Partien des Corpus Hippocraticum einigermaßen gut vorstellen können.[59] Das wird uns noch zu interessieren haben, aber auf Anaximander dürfen wir die dabei ermittelten Bilder nicht ohne weiteres übertragen. Folgendes aber läßt sich – gerade auf Grund der eben vorgestellten Beobach[175]tungen zur Astronomie und Geometrie – für die Karte Anaximanders indirekt erschließen.

Die Karte dürfte – vergleichbar dem Universum – stark konstruiert gewesen sein, auf geometrischer Basis: Da die Erde von Anaximander zylinderförmig gedacht war, wobei die Höhe ein Drittel des Durchmessers betrug[60] – Anaximander selber hat wohl von einem Säulenstumpf bzw. einer Säulentrommel gesprochen[61] –, war ihre Oberfläche, also das karthographisch Erfaßte, kreisrund (wie sich auch aus Herodots Angabe[62] über die ionischen Karten ergibt). Der Mittelpunkt dieses Kreises dürfte – und hier zeigt sich, wie auch sonst, daß dieses Weltbild aus religiös-mythischen Vorstellungen hervorging – in Delphi gewesen sein, im Nabel der Welt.[63] Dieser Ort und manche anderen Regionen waren bekannt. Entscheidend aber ist, daß Anaximander mit der Konstruktion des Kreises auch solche Teile der Erde integrierte, die gar nicht sichtbar oder zugänglich waren – eine genaue Parallele zu seinem Verfahren bei der Konstruktion des Kosmos.

Auch sonst dürfen wir eine strikte Orientierung an geometrischen Prinzipien annehmen, an Ähnlichkeit, Kongruenz und Proportionalität: Ganz offensichtlich war diese Erde stark auf berechenbare bzw. konstruierbare Figuren reduziert, wie sie für die ionische Kartographie direkt bezeugt sind.[64] Dank des Gnomon ist bekanntlich auch die Bestimmung des Meridians, also die exakte Ermittlung der Nord-Süd-Richtung, möglich. Es ist schwer vorstellbar, daß Anaximander bei der

---

56   VS 12 A 1,2; A 2; A 6; zu den Begriffen γῆς περίοδος bzw. πίναξ und περιήγησις (γῆς) s. Gisinger, Geographie (wie Anm. 10), 522f.; Janni (wie Anm. 5), 24; Brodersen (wie Anm. 5), 71f. 75. 78ff.; zur Karte vgl. generell bes. Berger (wie Anm. 45), 36ff.; Gisinger, Geographie (wie Anm. 10), 542. 547ff.; G. Aujac, The Foundation of Theoretical Cartography in Archaic and Classical Greece, in: J. B. Harley/O. Woodward (Hrsg.), The History of Cartography I, London 1987, 132ff.; Olshausen (wie Anm. 25), 91ff.

57   VS 12 A 6 = FGrHist 1 T 12a, vgl. 12b und F 36, generell s. u. S. 177 [hier: S. 57].

58   Herod. 4,36.

59   S. u. S. 179ff. [hier: S. 59ff.].

60   VS 12 A 10; A 11, vgl. γῆς καὶ θαλάσσης περίμετρος A 1,2.

61   VS 12 A 11; A 25; B 5: λίθῳ κίονι τὴν γῆν προσφερῆ; zur Gestalt zurückhaltend bzw. modifizierend Szabó/Maula (wie Anm. 32), 62f.; Szabó, geozentrisches Weltbild (wie Anm. 20), 65f.: die Oikumene auf dem Zylindermantel (nach G. V. Schiaparelli); das würde dem astronomischen Weltbild besser entsprechen, aber Schwierigkeiten mit dem kreisrunden Charakter der Oikumene ergeben, der uns gut bezeugt ist.

62   S. o. Anm. 58.

63   63 Hekataios FGrHist 1 F 36; Gisinger, Geographie (wie Anm. 10), 548.

64   S. bes. Burkert (wie Anm. 1), 395f.; zu den späteren Karten s. u. S. 179ff. [hier: S. 59ff.].

Konstruktion der Karte hiervon keinen Gebrauch gemacht hätte. Generell darf man ihm die genaue Fixierung der Himmelsrichtungen zuschreiben,[65] wie sie ebenfalls für die ionische Kartographie im allgemeinen belegt ist.

Wie schon angedeutet wurde, hat Anaximander in vielem durchaus an ältere Ansichten, die wir traditionell sog. mythischem Weltverständnis zuschreiben, angeknüpft: Der Neuner-Schritt in den Abständen der Sphären der Himmelskörper ist womöglich von Hesiod beeinflußt (dem man im übrigen auch eine Ἀστϱονομία zugeschrieben hat[66]), die Reihenfolge der Sphären durch irani[176]sche Vorbilder.[67] Bei der Erdkarte mag zunächst die Vorstellung eines umfließenden Stromes Okeanos Pate gestanden haben oder die eines die bewohnte Erde umgebenden Weltmeeres. Für den damit verbundenen kreisrunden Umfang der Erde gab es offensichtlich Vorbilder in orientalischen Konzepten.[68]

65 Gisinger, Geographie (wie Anm. 10), 549.
66 Sie galt allerdings schon in der Antike als apokryph: Plin. *nat. hist.* 18,25,213; Athen. II, 491c; aber andererseits finden sich bei Hesiod immer wieder astronomische Angaben, s. etwa Gisinger, Geographie (wie Anm. 10), 537; Szabó, geozentrisches Weltbild (wie Anm. 20), 55ff. und generell Wenskus (wie Anm. 27).
67 Burkert (wie Anm. 1), 288f. Auch die wichtigen Instrumente wie πόλος und γνώμων waren aus dem Orient übernommen (Herod. 6,13), wohl vor allem im Hinblick auf die Zeitberechnung (ebd.) – aber jetzt wurden sie (bzw. jedenfalls der Gnomon) in einer ganz anderen Weise gebraucht, s. o. Anm. 46. 47.
68 Zu der spätbabylonischen Weltkarte BM 92687 aus dem späten 8. oder dem 7. Jh. s. jetzt W. Horowitz, The Babylonian Map of the World, Iraq 50, 1988, 147ff. Sie zeigt ein okeanos-artiges Weltmeer (marratu), verrät aber gerade ein besonderes Interesse an Regionen (nagu), die über dieses hinausreichen bzw. Inseln sind, jedenfalls den Kreis sprengen. Damit ist durchaus ein Interesse am Exotischen und Fernen, vor allem aber auch am Historisch-Mythischen verbunden (letzteres betonten bes. Janni, La mappa [wie Anm. 5], 57; O. A. W. Dilke, Greek and Roman Maps, London 1925, 13. Für den Einfluß solcher Darstellungen auf die Griechen s. B. Meißner, Babylonische und griechische Landkarten, Klio 19, 1925, 97ff.) – aber das Mythische wäre dann, genau wie in der Astronomie, zurückgeblieben. Die Vorstellung des Nabels als Mittelpunkt der Erde (in diesem Falle Jerusalem, Hesekiel 38,12) wie generell die kreisrunde Form der Erde findet sich auch in Israel, s. G. Hölscher, Drei Erdkarten. Ein Beitrag zur Erdkenntnis des hebräischen Altertums, SB Heidelberg, Ph.-hist. Kl., Jg. 1944/48, 3. Abh., Heidelberg 1949, 11ff.; zur möglichen kartographischen Umsetzung der älteren Zeit s. ebd. 35ff. (freilich auf der Annahme einer Karte beruhend, die als solche nicht überliefert ist). Im übrigen ist die Vorstellung des Erd- bzw. Weltkreises keineswegs spezifisch: Sie findet sich beispielsweise auch bei nordamerikanischen Indianern (s. W. Müller, Die Religionen der Waldindianer Nordamerikas, Berlin 1956, 219; Vollmar [wie Anm. 5], 33) und hängt wohl zusammen mit dem Rundblick bei der Beobachtung des Horizonts, s. W. Müller, Glauben und Denken der Sioux. Zur Gestalt archaischer Weltbilder, Berlin 1970, 207. Manche Karten ähneln den für den Orient überlieferten bzw. anzunehmenden Karten in geradezu frappierender Weise: Bei den Ojibway gab es eine Zeichnung des Weltkreises ‚aki‘ auf Birkenrinde (Vollmar [a. O.], 146 nach Müller a. O.); sie hat vier Himmelsrichtungen und ‚Zwischenrichtungen‘, die genau abgemessen sind; man vgl. ferner das Weltbild der Yurok (Nordkalifornien), s. Th. T. Waterman, Yurok Geography, Univ. of California Publications in American Archeology and Ethnology 16,5, 1920; Vollmar (a. O.), 136. – Die Vorstellung des Erdkreises lag also per se nahe; der spezifische Charakter der griechischen Karten liegt zum einen in der Konstruktion einer von göttlich-mythischen Sphären getrennten Welt, zum anderen in der konkreten Ausgestaltung des Karteninneren (dazu s. u.).

Aber bei Anaximander kam diese Erde in einen ganz anderen Kontext: Sie schwamm nicht mehr wie eine Barke auf dem Wasser, sondern war in einem berechenbaren Universum zentriert, mit dem sie in unauflöslicher Verbindung stand. Der Himmel war ihr ferngerückt und damit die Welt mythischen Geschehens. Die Sonne bewegte sich nicht auf verborgenem Wege unter der Erde, auf dem Weltmeer oder wie auch immer vom Ort des Unterganges zu dem des Aufganges zurück. Sie vollendete „ihre vorgeschriebene Reise" in der Vollendung des Kreises, dessen Gestalt sich durch Schattenmessungen geometrisch bestimmen ließ. An ihrem Stand ließen sich zugleich die Himmelsrichtungen der Erde präzisieren. [177]

Anaximander hatte mit der Erdkarte etwas prinzipiell Neues geschaffen. Dieses Produkt war freilich weit von der Empirie entfernt. Denn wir haben mit einem sehr klar konturierten geometrischen Gebilde zu rechnen. Es stellt eine erstrangige Abstraktionsleistung dar.[69] Die äußere Wirklichkeit freilich bildete es höchst ungenau ab. Aber auf die kam es ja bei diesem Spiel der Gedanken auch weniger an. Wer die Struktur des Universums in den geometrischen Figuren erkannt hatte, konnte in einer entsprechenden Darstellung der Welt das eigentlich Exakte ermitteln. Es ist in dieser Hinsicht bezeichnend, daß – im Gefolge Anaximanders – Parmenides sehr schnell zur Vorstellung der Erde als einer Kugel kam.[70] Dies war im Grunde ungeheuerlich, es stand – und steht – in extremer Distanz zu normalem Verständnis. Es lag aber eigentlich sehr nahe, wenn man sich das Universum als Kugel und die Erde als Zentrum dachte – eigentlich war es gerade von den Voraussetzungen Anaximanders her zwingend. Und so konnte – später – die Geometrie der Himmelskugel, mit der Übertragung vom Konkaven aufs Konvexe, genau auf die der Erde übertragen werden.[71] Zu diesem klassischen Weltbild, das bis hin zur Gradeinteilung noch unsere geographische Ordnung prägt, war es also dem Prinzip nach von Anaximander aus nur noch ein kleiner Schritt: Er lag ganz nahe, gerade wenn man in seinem Sinne dachte.

Aber im Verhältnis zu ὄψις und ἱστορίη zu dem was man sehen und erkunden konnte, was konkret faßbar war, herrschten große Widersprüche. Man hat den Eindruck, daß selbst Schüler Anaximanders damit Schwierigkeiten hatten: Anaximenes etwa traute der Logik der Geometrie weniger und ließ die Erde wieder schwimmen, wenn auch auf Luft.[72] Gerade an dem Widerspruch zwischen Theorie und Wirklichkeit hat wahrscheinlich auch Hekataios angesetzt, der dritte in der Reihe der Gründerväter der Geographie bei Strabon.[73] Ganz offenkundig ging es ihm darum, dem empirischen Befund in der Konstruktion der Welt mehr Platz einzuräumen. Gerade so ist es wohl zu verstehen, wenn es heißt, Hekataios habe im Hinblick

69 Vgl. hierzu auch o. Anm. 49. 51; zur entsprechenden Abstraktionsleistung im Kartographischen generell s. Aujac, l'Espace géographique (wie Anm. 16), 3f.; Brodersen (wie Anm. 5), 30. 44 (mit weiterer Literatur) sowie u. S. 188 [hier: S. 67].

70 S. bes. Burkert (wie Anm. 1), 283. 402f.

71 Szabó, geozentrisches Weltbild (wie Anm. 20), 61.

72 Gisinger (wie Anm. 10), 544.

73 Strab. 1,1,1. Am deutlichsten ist Hekataios' diesbezügliche Leistung beschrieben bei K. von Fritz, Die Griechische Geschichtsschreibung. Band 1. Von den Anfängen bis Thukydides, Berlin 1967, 51ff.; von Fritz, Logik (wie Anm. 32), 39ff., dem ich weitgehend folge.

auf die Karte des Anaximander Präzisierungen vorgenommen, die Bewunderung erregten.[74] [178]

Da Hekataios als πολυπλανὴς ἀνήρ bezeichnet wird,[75] muß dies – mag er nun wirklich viel gereist sein oder mag das aus seinen Angaben herausgelesen sein[76] – auf die stärkere Berücksichtigung empirischer Befunde und Beobachtungen gehen. Er hat also versucht, das geometrische Konstrukt mit den Ergebnissen von ὄψις und ἱστορίη zu versöhnen. Zu diesem Zweck hat er nicht nur die Karte selbst verbessert, sondern ihr vor allem einen erläuternden Text beigegeben, eine περιήγησις γῆς in zwei Büchern gemäß der Kontinent-Einteilung (Europa-Asien).[77] Ob die Karte überhaupt beschriftet war, ist fraglich. Auf keinen Fall können die zahlreichen Orte, Plätze, Stämme, Poleis usw., die in der Periegese genannt waren, auf der Karte verzeichnet gewesen sein. Wir haben auch sonst klare Hinweise darauf, daß die ionischen Karten erläuterungsbedürftig waren.[78] Hekataios hat also im wesentlichen schriftlich fixiert, was man ansonsten mündlich erläuterte. Auch hier ist – wie bei der Literalisierung des Periplus-Schemas – noch keine strukturelle Veränderung eingetreten: Die Beschreibungen folgten nämlich zum großen Teil, wie die Erläuterungen des Aristagoras gegenüber Kleomenes in Sparta lehren, den räumlichen Darstellungen in Form des Periplus bzw. der lokalen Reihenfolge.[79] Insofern waren

74 VS 12 A 6; Hekat. FGrHist 1 T 11.12 (wohl aus Eratosthenes, s. bes. Jacoby, Kommentar zur Stelle). Ob Hekataios überhaupt eine Karte verfertigte bzw. verfertigen ließ, ist strittig: Jacoby votiert knapp, aber mit guten Gründen dafür, Prontera, Strabone (wie Anm. 2), 233ff. ist skeptisch (vorsichtig äußert sich O. A. W. Dilke, Greek and Roman Maps. London 1985, 24): In der Tat beziehen sich die antiken Angaben nicht unbedingt auf eine Karte. Doch zeigen die Fragmente und alles, was wir über die Geographie des Hekataios ermitteln können, daß hinter seiner Beschreibung (der Perigese) auf jeden Fall kartographisches Denken steckte (so auch Prontera a. O.). Vor allem aber: Woher sollen die „vielen" Karten Herodots (4,36) stammen (dafür, daß es sich um eine Mehrzahl handelte, sprechen auch die Erörterungen des Eratosthenes, Berger [wie Anm. 45], 109 Anm. 3), wenn nicht einmal Hekataios, gegen den dieser doch vornehmlich polemisiert (s. u. S. 188ff. [hier: S. 67ff.]) eine Karte erarbeitet bzw. konstruiert hatte. – Zur Zielsetzung des Hekataios vgl. auch Gisinger, Geographie (wie Anm. 10), 550; von Fritz, Logik (wie Anm. 32), 39; Jacob (wie Anm. 36), 38.
75 VS 12 A 6; Hekat. FGrHist 1 T 12a.
76 So F. Jacoby, Die Fragmente der griechischen Historiker (FGrHist). Erster Teil. Genealogie und Mythographie, a: Kommentar-Nachträge, Nr. 1–63, Leiden ²1957 zu T 12a.
77 Gisinger, Geographie (wie Anm. 10), 550; Jacoby (wie Anm. 76), 328f.
78 Aristoph. *nub.* 206ff. mit Lanzillotta, Nota di Cartografia Greca (wie Anm. 34), 96f.; Herod. 5,49 mit von Fritz, Griechische Geschichtsschreibung (wie Anm. 73), 56. Brodersens Einwände dagegen ([wie Anm. 5], 79; generell vgl. auch Jacob [wie Anm. 36], 43ff.) sind nicht stichhaltig, da in jedem Falle Kypros aus der sequentiellen Aufzählung herausfällt. Im übrigen geht es bei der Beschreibung hier konkret nur um den Weg selbst. Über die Qualität und den Charakter der Karte insgesamt gibt diese Stelle also nicht umfassend Auskunft. Entscheidend ist die Rekonstruktion des Kartenbildes, wie es sich aus den Hekataios-Fragmenten selbst ergibt, s.u. S. 180ff. [hier: S. 60ff.].
79 Vgl. o. Anm. 78. Es gibt in den wörtlich zitierten Hekataios-Passagen zahlreiche Präpositionen, die dieses sequentiell-hodologische Vorgehen zeigen: μετά: FGrHist 1 F 43. 48. 73. 88. 106. 113a. 148. 166. 265. 266. 275; ἐς/μέχρι: F 207. 222. 299; ἐπί: F 217; ἐκ – ἐς: 335; ἀπὸ – μέχρι: F 289. F 299; παρά: F 234. 255. 299; περί: 291; κατά: F 141; ὑπέρ: F 73. 169; ferner begegnen das charakteristische ἔχονται (F 207) sowie die Angaben von Tagereisen (F 332), s. bes. Jacoby

auch hier keine Änderungen nötig. Im übrigen gibt es eine bezeichnende Paral-
[179]lele zwischen dem Sprachgebrauch der mündlichen Präsentation und Formulierungen bei Hekataios: Von einem Ort, der auf der Karte nicht markiert ist, aber
in einer Region zu denken ist, heißt es ἔνεστιν. So lokalisiert der Sokrates-Schüler
dem Strepsiades dessen Demos Kikynnos mit den Demengenossen.[80] Gerade aber
eine analoge Bezeichnung (mit ἐν ...) begegnet in Hekataios' Periegese sehr häufig.[81]

Schon angesichts der Fülle, die aus der Erforschung der Realität durch eigene
Reisen und/oder durch die gezielte Sammlung von Informationen, besonders von
Reisenden, zusammenkam, hat man von einer bedeutsamen Leistung zu sprechen.
Noch der dürftige Zustand der Fragmente, mit den reichlichen Zitaten bei Stephanos von Byzanz, läßt das erkennen. Mit einem Schlage war die Welt gefüllt mit real
existierenden Völkern und Städten, Bergen und Flüssen, Vorgebirgen und Buchten,
Inseln und Halbinseln. Dies alles aufzunehmen war zweifelsfrei ein bedeutsames
Unterfangen. Aber gedanklich war es nicht übertrieben anspruchsvoll. Die Beschreibung nach dem Periplus-Schema – mündlich oder schriftlich – war als solche
nicht originell. Konzeptionell schwierig wurde es erst, wenn man das reiche Material nicht lediglich nach diesem Schema sortierte, sondern mit der Karte verband,
mit einer Karte, die anderen Prinzipien folgte. Die Welt zu füllen war *eine* Sache.
Doch wohin sollten die Plätze gesetzt werden? Wie sollte diese Welt aussehen?
Welches Bild der Erde vermittelte die Karte (mit ihrer ausführlichen Legende)?[82]

Auf Grund der uns zur Verfügung stehenden Quellen zur Rekonstruktion der
frühen, sog. ionischen Karten läßt sich kaum noch scheiden, was auf Hekataios zurückgeht und was späteren, namentlich nicht genannten Kartographen und Geographen zuzuschreiben ist. Übermäßig zahlreich werden sie nicht gewesen sein, und
wenn Herodot von „vielen" spricht, so dürfte er doch primär Hekataios im Auge
gehabt haben.[83] Es ist gut denkbar, daß die Karte des Hekataios nach ihm noch
weiter präzisiert wurde. Aber am Prinzip hat das nichts mehr geändert, hier lag die
entscheidende Innovation bei ihm. Wir werden also das Bild der ionischen Erdkarte
in groben Zügen zu ermitteln suchen, wie sie Herodot vorgelegen hat, und stützen

(wie Anm. 76), 330; von Fritz (wie Anm. 73), 167, 52ff. (mit wichtigen Modifizierungen, s.
u.); Janni (wie Anm. 5), 44f. 122 mit Anm. 119, der (wie Brodersen o. Anm. 78) den hodologischen Charakter dieser Karte zu stark betont – mit erheblichen Konsequenzen für die Charakterisierung der gesamten antiken Kartographie, vgl. u. Anm. 114.

80 Aristoph. *nub.* 210f.

81 Hekat. FGrHist I F 67. 80. 88. 113a. 116. 141. 146. 159. 163. 229. 282. 287. 293. 299. 305.

82 Daneben gab es in der Periegese Angaben zu Sitten von Stämmen, geographischen und bota-
nischen Details (FGrHist I F 154. 284. 291. 292. 323. 358). Es handelte sich also nicht allein
um eine kartographische Legende. Das ist für die Gattungsgeschichte nicht unwichtig.

83 Herod. 4,36, dazu, in diesem Sinne, von Fritz, Griechische Geschichtsschreibung (wie Anm.
73), 57 und vor allem (wegen des γελοῖον) K. Nickau, Mythos und Logos bei Herodot, in:
Memoria Rerum Veterum, Festschrift C. J. Classen, hrsg. von W. Ax, Stuttgart 1970, 85f.

uns dabei im wesentlichen auf die Analysen von Hugo Berger, Felix Jacoby und Kurt von Fritz[84]. [180]

Auf der Gesamtebene bildete die Erde die genaue Figur eines Kreises, wie mit dem Zirkel gezogen.[85] Diese war in Gestalt zweier Halbkreise in eine Nord- und eine Südhälfte geteilt, wobei die Grenze durch das Mittelmeer verlief und sich über Propontis und Pontos bis zur Maiotis verlängerte. Der Erdteil Europa kam in den Norden, Asien in den Süden zu liegen.[86] In diesem Bereich sind allerdings Schwierigkeiten auf Grund des radikalen Schematismus bald entdeckt worden. So ergab sich in der Verlängerung des Mittelmeeres ein Knick in Richtung Maiotis bzw. zum Fluß Phasis. Aber auch diese Abweichung definierte man offenkundig mittels Himmelsbeobachtung; auf Grund der Wahrnehmung der unterschiedlichen Sonnenauf- und -untergänge mit den Extrempunkten an den Solstitien hatte man NO bzw. SO und NW bzw. SW bestimmt. Damit konnte Asien ein Stück in die nördliche Halbkugel hineinreichen, aber die Grenzlinie zu Europa war dennoch geometrisch eindeutig.[87] Die Halbkreise waren wiederum ganz genau in zwei Quadranten geteilt, und zwar durch die Flüsse Istros und Nil, deren Mündungen einander gegenüber auf demselben Meridian lagen, besser, liegen mußten.[88] Der Nil stand mit dem Okeanos in Verbindung, womit sich in der südlichen Hälfte eine Differenzierung in Asien und Libyen ermöglichen ließ, die zunehmend an Bedeutung gewann.[89]

Auf Grund von empirischen Kenntnissen wurden auch im Gesamtbild wichtige Beschränkungen angebracht: Der Erdkreis fiel nicht mit der bewohnten Erde zusammen. Die Oikumene war vielmehr umgeben von unbewohnten bzw. allenfalls von Fabelwesen bevölkerten Gebieten (Wüste, Randgebirge), hinter denen erst der kreisrunde Okeanos als Weltmeer kam.[90] Dieser war nicht nur durch Flüsse (Nil) und die Meerenge von Gibraltar mit dem Mittelmeer verbunden, sondern hatte auch markante Einbuchtungen, das Kaspische Meer und das Rote Meer.[91] [181]

---

84 Berger (wie Anm. 45), 81ff.; Jacoby (wie Anm. 76), 328ff. 341. 346. 349f. 352ff.; von Fritz, Griechische Geschichtsschreibung (wie Anm. 73), 55ff. Eine schöne Skizze des geometrischen Schemas („frame") gibt J. O. Thomsen, History of Ancient Geography, Cambridge 1948, 97.

85 85 Herod. 4,36; Aristot. *meteor.* II 5.362 b 13. Ob Delphi dabei noch im Mittelpunkt lag (FGrHist [wie Anm. 76], 1 F 36a; Berger [wie Anm. 45], 110f.), ist sehr fraglich, denn dies stimmt nicht mit der Nord-Süd-Teilung in Europa-Asien zusammen.

86 Berger (wie Anm. 45), 81; Gisinger, Geographie (wie Anm. 10), 562; von Fritz, Griechische Geschichtsschreibung (wie Anm. 73), 58f. (mit einer Zweiteilung Asiens).

87 Wie das im einzelnen gelöst wurde, ist ein viel diskutiertes Problem, das hier nicht näher behandelt werden kann und muß, vgl. etwa Berger (wie Anm. 45), 82f. 103. 108f.; Gisinger, Geographie (wie Anm. 10), 553. 564; Jacoby (wie Anm. 76), 352f.; von Fritz, Griechische Geschichtsschreibung (wie Anm. 73), II 44ff. (Anm. 57).

88 Jacoby (wie Anm. 76), 329; von Fritz, Griechische Geschichtsschreibung (wie Anm. 73), 58f. Auch hier mag man – jedenfalls vom Prinzip her – an orientalische Vorbilder denken: kibrat erbetti wird auf der o.a. Karte (Anm. 68) erwähnt (rev. 26); zum Einfluß s. bes. Meißner (wie Anm. 68), 99.

89 Gisinger, Geographie (wie Anm. 10), 562; von Fritz, Griechische Geschichtsschreibung (wie Anm. 73), 58f.

90 Jacoby (wie Anm. 76), 329 (s. bes. FGrHist [wie Anm. 76], F 193. 194. 327. 328).

91 Vgl. von Fritz, Griechische Geschichtsschreibung (wie Anm. 73), 64.

Auf der mittleren und unteren Ebene, also im Bereich der Erdteile und der Quadranten, genauer gesagt, der bewohnten Teile in diesen, herrschte ebenfalls die Disposition nach einfachen geometrischen Figuren vor: Die einzelnen Regionen waren nach Abschnitten gegliedert, in der Regel Rechtecken oder Quadraten, auch kombiniert. Am deutlichsten ist das noch in der Einteilung des Skythenlandes bei Herodot erkennbar:[92] Es handelte sich um ein Quadrat von 20 x 20 Tagesreisen bzw. ca. 4.000 x 4.000 Stadien. Die Südgrenze war die Schwarzmeerküste, ihr Verlauf wird durch den Borysthenes (Dnjepr) in zwei Hälften à 10 Tagesreisen von bzw. zu den Grenzen Skythiens im Westen (Donaumündung) und Osten (Maiotis-Hafen) geteilt.[93] Die Binnengliederung erfolgte durch das System der Ströme, die alle in Nord-Süd-Richtung flossen und so parallele Streifen bildeten. In diesen waren die verschiedenen Stämme und Völker hintereinander bzw. nebeneinander angeordnet.[94]

Ähnliche Schemata lassen sich auch für Libyen erschließen: Es gab drei parallel zur Küste verlaufende Zonen, von denen jedenfalls die südliche in Abschnitte, wohl Quadrate, von 10 Tagesreisen Länge gegliedert war. Letztere orientierten sich an markanten Punkten, nämlich Oasen.[95] Für Thrakien, Griechenland und Asien scheint Entsprechendes zu gelten.[96]

Darüber hinaus waren generell bestimmte markante geographische Formationen wie die ihnen entsprechenden Figuren erfaßt worden, z. B. Halbinseln als Dreiecke, wie in dem bekannten Vergleich Attikas mit der Krim bei Herodot deutlich wird.[97] Überhaupt wurden Formen gerne analog konstruiert, das weniger Bekannte nach Art des Bekannten dargestellt. So waren sich Tyrrhenisches Meer und Adria ganz ähnlich.[98] Andererseits wurden, auf der unteren Ebene, also in Kleinräumen, auch der Alltagswelt entstammende Formen benutzt, die auf Grund ihrer wahrnehmbaren Gestalt bereits entsprechende Namen hatten: Natürlich war Sizilien ein Dreieck, der Nil bildete ein Delta usw.[99] Hier werden [182] markante Eigenschaften

<hr>

92   Herod. 4,168ff.; Berger (wie Anm. 45), 107f.; Gisinger, Geographie (wie Anm. 10), 562; Jacoby (wie Anm. 76), 329; von Fritz, Griechische Geschichtsschreibung (wie Anm. 73), 60ff.; Janni, La mappa (wie Anm. 5), 16; Lanzillotta (wie Anm. 34), 99ff.

93   Herod. 4,101.

94   Herod. 4,17ff. 77ff. mit Jacoby (wie Anm. 76) 349ff.

95   Herod. 2,32. 4,168ff. mit Berger (wie Anm. 45), 107f.; Gisinger, Geographie (wie Anm. 10), 562; Jacoby (wie Anm. 76), 329; von Fritz, Griechische Geschichtsschreibung (wie Anm. 73), 60. 62.

96   Jacoby (wie Anm. 76), 346 zu Thrakien, zu Griechenland ders. 341 (man denke auch an die – weiterentwickelte – Schematisierung bei Strab. 8,1,3. 9,1,1f. 9,3,1); Gisinger, Geographie (wie Anm. 10), 562; Jacoby (wie Anm. 76), 354f.; von Fritz, Griechische Geschichtsschreibung (wie Anm. 73), 60. – Generell vgl. Janni, La mappa (wie Anm. 5), 16.

97   Herod. 4,99; Berger (wie Anm. 45), 104; Gisinger, Geographie (wie Anm. 10), 562.

98   Berger (wie Anm. 45), 106; Gisinger, Geographie (wie Anm. 10), 562.

99   Zum Delta vgl. Berger (wie Anm. 45), 85; Sizilien als Trinakria Thuk. 6,2,2; Diod. 5,2,2; Dion. Hai. 1,22,2; Plin. *nat. hist.* 3,86, zum Namen vgl. K. G. Sallmann, Die Geographie des älteren Plinius in ihrem Verhältnis zu Varro. Versuch einer Quellenanalyse, Berlin – New York 1971, 80 Anm. 83. – Der Bezug auf eine figürlich schematisierte und als Körper vorgestellte Welt in der Schrift Περὶ ἑβδομάδων durch W. H. Roscher (s. Kubitschek [wie Anm. 25], 2047f.) bleibt

gleichsam geometrisiert, vereinfacht und damit dem großen Schema angepaßt – ein Verfahren, das partiell auch in modernen geographischen Beschreibungen durchaus üblich ist. Man war sich hier selbstverständlich über die Vereinfachung im klaren. Das gilt sicherlich auch für die Konstruktion insgesamt. Daß die Welt nicht aus Geraden und Rechtecken bestand, war ja offenkundig. Aber man nahm sich markante Punkte und Linien, die es grosso modo und wegen der im hodologischen Schema steckenden Tendenz zur Linearität erlaubten, als geometrische Punkte und Linien benutzt zu werden, und begradigte diese dann gedanklich, mehr oder weniger gewaltsam, aber bewußt.[100] Gerade das war für die angestrebte Verbindung von theoretischer Konstruktion und empirischem Befund höchst angebracht.

Daß dabei Probleme auftauchen mußten, ist evident: Gerade das eben beschriebene Verfahren, die Zuweisung real existierender geographischer Gegebenheiten in das geometrische Schema, führte zu extremen Verformungen: Die Einteilung des Kreises in Halbkreise war eine klare geometrische Konstruktion. Die Zuweisung von Europa in die Nord-, von Asien in die Südhälfte war ziemlich gewaltsam. Die Erde wurde hier auf das Prokrustesbett der Geometrie gelegt. Und so mußten sich denn Donau- und Nilmündung auf demselben Meridian gegenüber liegen und die Flüsse ganz oder ziemlich gerade von Norden nach Süden fließen – im Bedarfsfalle aber auch von Westen nach Osten! Hier lagen Ansätze zur Kritik, die aber wesentlich auch der Präzisierung diente, der verbesserten Anpassung an die realen Gegebenheiten bzw. der verbesserten zeichnerisch-konstruktiven Repräsentation der empirisch bekannten Gegebenheiten. Hier hat sich schon Hekataios gegenüber Anaximander hervorgetan, andere haben das Schema verfeinert. Dies konnte z. B. dadurch geschehen, daß man komplexere geometrische Figuren benutzte oder sie in kleinere Einheiten zerlegte.

Entscheidend war aber, daß es eine permanente Verbindung, ein ständiges feedback zwischen dem geometrischen und dem empirischen Raum gab: In dem hodologischen Schema spielen die markanten Punkte, die „landmarks" – wie schon erwähnt – eine große Rolle. Im Periplus-Schema waren dies vor allem Vorgebirge und Buchten, Flußmündungen, Meer- und Landengen. Solche markanten Punkte wurden nun aber auch Fixpunkte in dem geometrischen Sy[183]stem, Ausgangs- und Endpunkte[101] für Vermessungen und Konstruktionen: Man denke an die Bedeutung der gerade erwähnten Mündung des Borysthenes! Aber eine derartige Nutzung von „landmarks" setzte eine Auswahl voraus, d. h. sie setzte das gesamte geometrische Raumbild voraus. Erst von diesem aus ergab sich, welche der markanten

hypothetisch. Aber ist sie wirklich nur eine „idee fixe" (Janni, La mappa [wie Anm. 5], 40 Anm. 55)? – Viele Bezeichnungen von Orten, Gebirgen usw. nach der Form müssen hier unbeachtet bleiben. Sie sind im überschaubaren bzw. kleinmaßstäblichen Bereich angesiedelt; mit ihnen zu operieren, bedeutet auch keine Abstraktionsleistung (vgl. auch u. S. 184f. [hier: S. 63f.] zur Maßstäblichkeit).

100 Vgl. etwa das ὡς Herod. 4,101; generell zum approximativen Charakter s. bes. J. L. Myres, On the Maps used by Herodotus, Geographical Journal 6, 1896, 607f.; von Fritz, Griechische Geschichtsschreibung (wie Anm. 73), 61.

101 Vgl. Sunion als γουνός bei Herod. 4,99, zum Verfahren generell s. Prontera, Periploi (wie Anm. 8), 28f. 34f.

Punkte auch eine geometrische Relevanz hatten. Demgegenüber trat die praktische Relevanz (ob etwa dieses Vorgebirge schwer passierbar war oder jene Flußmündung guten Ankergrund bot) vollständig zurück.

Von der Auswahl der Punkte her gab es auch die Gelegenheit, Schema und Realität näher in Deckung zu bringen, z. B. die Trennlinie zwischen Asien und Europa im nordöstlichen Bereich besser zu definieren. In der Tätigkeit des Präzisierens, wie sie von Hekataios inauguriert wurde, gingen also die Verfeinerung der Geometrie und die verbesserte Auswahlmöglichkeit von Meßpunkten dank verbesserter empirischer Kenntnisse Hand in Hand.

In ganz ähnlichem Sinne wurden auch die hodologischen Entfernungsangaben benutzt, nicht zum Zwecke der Kalkulation von Zeit im Hinblick auf konkrete Reisen, sondern im Rahmen der Geometrie, wo sie unerläßlich waren. Sie mußten jetzt längenmäßig fixiert werden. Man mußte sie zueinander in Beziehung setzen und einen Umrechnungskurs finden: Anläßlich der schematischen Beschreibung Skythiens überliefert Herodot als Entfernungsangaben Tagesreisen und setzt Tagesreisen zu Schiff und zu Lande gleich an, indem er sie auf dieselbe effektive Länge berechnet – wobei er sich selbstverständlich über den approximativen Charakter dieser Operation im klaren war. Die generelle Problematik ist offenkundig: Die hodologischen Angaben waren in der Regel Zeitangaben, überliefert sind Tagesreisen,[102] und nach diesen rechnete man für den praktischen Gebrauch. Das war in diesem Rahmen nicht nur unproblematisch, sondern auch sinnvoller als das Arbeiten mit pauschalen Längenmaßen, womöglich in Luftlinie. Gerade aber in Relation zur Luftlinie konnten sich dabei ganz erhebliche Unterschiede ergeben. Und im Grunde war ein Umrechnungskurs in jedem konkreten Fall einzeln zu gewinnen. Daß man dies wußte und um die Ermittlung einer eindeutigen Entfernungsangabe rang, zeigen die Überlegungen zum Verhältnis von Meeresstrecke und Schiffslänge.[103] Aber weit kam man nicht. Dabei war doch gerade die möglichst genaue Ermittlung der Geraden, also der Luftlinie, für eine exakte geometrische Repräsentation unerläßlich. Auf Grund der Schwierigkeiten mit der Übertragung der hodologischen auf die geometrische Distanz klaffte hier eine besondere Lücke zwischen der Karte und der Wirklichkeit. Diese Lücke nahm man oft gar nicht angemessen [184] wahr, weil das hodologische Verfahren zur Geradlinigkeit bzw. zur Begradigung neigte. Wir können die Schwierigkeiten jedoch unmittelbar erfahren, wenn wir versuchen, Herodots Angaben über das Skythenland angemessen und maßstabsgerecht zu skizzieren. Beides aber, die Figuralisierung und die Numeralisierung von empirisch ermittelten räumlichen Gegebenheiten, also damit auch von Periplus-Angaben, war notwendig für die Präzisierung der Karte des Anaximander, die Hekataios in Angriff genommen hatte. Seine entscheidende Leistung lag gerade hierin, nämlich in der Verbindung der traditionellen (hodologisch-topologischen) Raumsicht mit der abstrakten (geometrischen) des Anaximander. Mit anderen

---

102 S. z. B. Tagereisen an Land Herod. 1,72; Berger (wie Anm. 45), 103 (Kleinasien); Herod. 3,26. 4,181ff.; Berger (a. O.), 107f. (Oasen in der Wüste); Herod. 5,49; Berger (a. O.), 108 (Königsstraße in Kleinasien).
103 Vgl. Herod. 4,86; Berger (wie Anm. 45), 114 mit Anm. 1.

Worten, die eindimensionale, topologische Information wurde in ein Figurenschema integriert[104], das meß- und konstruierbar sein mußte, wenigstens approximativ, mit einfachen und beherrschbaren Figuren, mit entsprechenden Winkeln und Entfernungen, eben mit Figuralisierung und Numeralisierung.

An sich ist die Schematisierung topologischer Angaben als solche gar kein Problem, im Gegenteil. Die hodologische Erfahrung und Beschreibung tendiert ja, wie schon erwähnt, zur Begradigung von Linien. Generell denke man an die modernen Metropläne.[105] Aber wenn sie in ein Figurenensemble eingebunden werden[106] und wenn oft vage Zeiten in konkrete Entfernungsangaben umgemünzt werden müssen, wird es problematisch. Anders gesagt: Es ist etwa so, als müßte man Vektorrechnung mit Methoden der euklidischen Geometrie betreiben. Von dem Prokrustesbett war bereits die Rede, und Walter Burkert spricht sehr plastisch von Vergewaltigung.[107] Die geographischen Fehler, die sich aus dieser Umsetzung ergaben, lassen sich leicht registrieren und wurden übrigens von Anfang an vermerkt. Je größer der Maßstab und je geringer die Kenntnis, desto leichter war das Konstruieren. Bei genauerer Kenntnis und Berücksichtigung kleinerer Räume wurde es wesentlich schwieriger.[108] Aber gerade dieser Aufgabe hat man sich gestellt, an ihr hat man sich, in ständiger lebhafter Auseinandersetzung mit den Vorgängern,[109] abgearbeitet. Hekataios hatte mit dem Weg begonnen, im Sinne einer μέθοδος. Gerade wenn man auf [185] diesem Weg fortschritt, konnte man ihn korrigieren und verbessern, mit der von ihm gefundenen Methode.

Abgesehen davon, daß die Schematisierung durch Verfeinerung der geometrischen Konfiguration und der angemesseneren Verwendung von Meßpunkten weiter präzisierbar war, bot dieses Verfahren generell aber auch einen weiteren großen Vorteil: Man hatte Ordnungsprinzipien auch da, wo das Periplus-Schema versagte, z. B. bei der Anordnung von Stämmen im Binnenland, in Groß- und Kleinräumen. Auch hier ließ sich eine Reihenfolge ermitteln, insbesondere durch die Himmelsrichtung (weiter östlich, weiter nördlich etc.), und zwar nicht nur in einer Richtung,[110] sondern bezogen auf die Fläche. Dieses Schema blieb nicht nur relational, sondern ließ sich fest verankern, also sozusagen absolut lokalisieren bzw. in

---

104 S. schon Myres (wie Anm. 100), 607f. (zu Skythien) und bes. deutlich von Fritz, Griechische Geschichtsschreibung (wie Anm. 73), 54ff.

105 Vgl. Janni, La mappa (wie Anm. 5), 138ff. mit interessanten Hinweisen.

106 Man denke an die Karte von Dura Europos, die einzige im antiken Original erhaltene Karte, in der das Periplus-Schema als Kreis offenbar das Schwarze Meer markiert, s. neuerdings Stückelberger, Einführung (wie Anm. 16), 71f.

107 Burkert (wie Anm. 1), 396; von Fritz, Griechische Geschichtsschreibung (wie Anm. 73), 64 spricht von „Gewaltsamkeiten".

108 Zur Differenz von Groß- und Kleinmaßstäblichkeit s. Aujac, représentations (wie Anm. 16), 4, vgl. auch u. Anm. 130.

109 Zu diesem Diskurs s. bes. Burkert (wie Anm. 1), 402f.; von Fritz, Griechische Geschichtsschreibung (wie Anm. 73), 36; vgl. Gisinger, Geographie (wie Anm. 10), 567ff. (mit konkreten Beispielen).

110 Hekat. FGrHist (wie Anm. 76), 1 F 100. 108. 144. 163. 203. 204. 207. 292; zur enormen Bedeutung der Einbeziehung der Himmelsrichtungen s. von Fritz, Griechische Geschichtsschreibung (wie Anm. 73), 52ff.

Relation zu der festen Gegebenheit der astronomisch genau bestimmbaren Himmelsrichtungen. Hieraus wird die bleibende Bedeutung der Astronomie auch für die empirische Geographie deutlich. Entscheidend war, daß sich das Prinzip der Lokalisierung durch Himmelsrichtungen mit dem Periplus-Schema verbinden ließ. Damit war auch dieses gleichsam in einem Netz eingehängt, in dem alle Punkte durch ihre wechselseitigen Bezüge und durch die Verankerung im Schema der exakten Himmelsrichtung fixiert waren.

Hekataios F 163 zeigt diese Verbindung sehr schön: Die Polis Cherronesos liegt auf dem gleichnamigen Isthmus; das ist ein klarer Bestandteil des Periplus. Ferner liegen die Cherronesier südlich des Stammes der Apsinthier: Diese sind durch Periplus und Himmelsrichtung bestimmt.[111] Ähnlich ist F 217 zu interpretieren: Der Fluß Odrysses wird hier – auf regionaler Ebene – wie eine geometrische Strecke behandelt: Er fließt aus dem Daskylitis-See in den Rhyndakos, durch die Mygdonische Ebene, und zwar in Ost-West-Richtung. An ihm leben die Alazonen und liegt deren Stadt Alazia. Der Rhyndakos, das ist im Fragment nicht mehr erhalten, aber leicht gedanklich zu ergänzen, mündet zwischen Kyzikos und Kios in die Propontis und war garantiert in den Periplus aufgenommen.[112] Damit waren die Alazonen, die in der Homerphilologie schon damals offenbar ein ζήτημα΄ darstellten,[113] hinreichend genau lokalisiert. Letztendlich entstand durch die Vernetzung aller dieser Angaben und die entsprechende gedankliche (und in der Periegese beschriebene) Anfüllung die Karte. Auf Wunsch war jede Angabe auf der Karte demonstrierbar, die erläuternde Beschreibung erlaubte weitere Präzisierungen. Dieses System war nicht mehr rein relational, sondern im Grunde bereits ein Äquivalent eines auf Koordinaten [186] beruhenden Lokalisierungsverfahrens. Ohne Astronomie war dies nicht möglich, aber eben auch nicht ohne Geometrie[114] – man denke an die Bedeutung von Entfernung und Winkel in der modernen Geodäsie.

Diese spezifische Leistung läßt sich auch auf andere Weise charakterisieren: Große Erdkarten finden sich auch sonst, in anderen Kulturkreisen, wo sie jeweils originär sind.[115] Sie sind rein äußerlich – besonders in dem kreisrunden Schema – der ionischen Karte nicht unähnlich. Doch sagen sie mehr über das Weltbild aus als über die Geographie: Sie beziehen die mythisch-sakrale Sphäre mit ein. Daneben

---

111 Entsprechend auch Hekat. FGrHist (wie Anm. 76), 1 F 204. 207.

112 Vgl. Skylax 94. – Die Richtung des Odrysses ist vermutlich irrig – aber das Prinzip ist hier entscheidend.

113 Vgl. Jacoby (wie Anm. 76), z. St.

114 Zur Bedeutung s. Myres (wie Anm. 100), 607f.; von Fritz, Griechische Geschichtsschreibung (wie Anm. 73), 62ff.; (wie Anm. 32), 62ff. Wegen der Kombination mit den hodologischen Itinerarien und Periploi ist das immer noch vom modernen Kartenverständnis mit seinen Koordinaten zu unterscheiden (vgl. u. Anm. 125 auch noch für das weiter elaborierte Modell des Eudoxos). Dennoch aber sollte man die Bedeutung dieser Sichtweise nicht so akzentuieren wie Janni, La mappa (wie Anm. 5), 77f.: Wenn es hier „privilegierte" Strecken und Punkte gab, dann lag das an den Möglichkeiten der Recherche, nicht an einer grundsätzlichen Bewertung. Und diese war von der geometrischen Brauchbarkeit abhängig, nicht vom praktisch-itinerarischen Nutzen. Dabei war die Geometrie allerdings auch vom empirischen ‚Angebot' der Itinerare abhängig.

115 S.o. S. 175f. [hier: S. 55f.] mit Anm. 68.

gab es jeweils zum Teil sehr präzise Itinerare. Bei Hekataios und seinen Nachfolgern aber war beides im Prinzip verbunden. Damit trat an die Stelle von „gerichteten" oder sonst wie qualifizierten Räumen eine weitgehend objektivierte Raumgestalt, die nicht mehr nach der Gunst für dieses oder jenes fragte, sondern sich an den exakten und beweisbaren Sätzen der Geometrie orientierte und markante Punkte im Raum nach ganz anderen Kriterien, nämlich nach ihrer Brauchbarkeit für die geometrische Konstruktion, bewertete und auswählte. Mindestens die Chance war gegeben, daß sich eine exakte Karte mit absoluter statt mit relativer Raumorientierung entwickelte. In der Tat wurden auf diesem Weg schon in der Antike wesentliche, ja gedanklich entscheidende Schritte getan. Zunächst war dies freilich mit großen Verlusten erkauft: Die Präzisierung, zu der es Itinerare und hodologische Beschreibungen im Hinblick auf ihren Zweck gebracht hatten bzw. bringen konnten, ging zunächst verloren, desgleichen auch gerade das, was die Periploi und ähnliche Beschreibungen so wertvoll machte, die Angaben über den positiven oder negativen Charakter bestimmter Plätze und Strecken, die Bewertung nach Gunst und Ungunst. Für die Praxis waren die Karten wertlos. Eine Kluft zwischen der wissenschaftlichen Konstruktion und der Realität hatte sich aufgetan.

Das illustriert sehr schön die Anekdote von dem Auftritt des Milesiers Aristagoras mit seiner Karte in Sparta, die Herodot überliefert:[116] Wir haben eine Karte ganz von dem eben rekonstruierten Typus. Sie spricht nicht für sich, sondern bedarf per se der Erläuterung. Diese zeigt – ganz wie die Periegese des Hekataios –, daß eine Fülle recht guter Informationen vorlag, die sich leicht [187] nach dem hodologischen Schema verbinden ließen,[117] aber nicht völlig auf dieses reduziert waren. Auch auf dieser Karte waren also beide Prinzipien kombiniert. Aber vor der entscheidenden Frage des Kleomenes nach der im Sinne der Topologie effektiven Entfernung (in Zeitangaben) versagte das System. Solches war nicht angemessen darstellbar. Die Karte war einem am Praktischen interessierten Politiker und Militär nicht vermittelbar. Der ganz topologisch orientierten Tabula Peutingeriana wäre es gewiß nicht so schlecht ergangen!

Die grundsätzliche Diskrepanz zwischen der Realität und dem Alltagsdenken, also zwischen der topologisch orientierten und bewertenden Sichtweise einerseits und der – als solche durchaus bekannten und als charakteristisch angesehenen – wissenschaftlichen Karto- und Geographie andererseits wird auch im Komödienspott des Aristophanes deutlich:[118] Bei der Frage nach dem Nutzen (χρήσιμον) der Geometrie im Rahmen des Landvermessens (γῆν ἀναμετρεῖσθαι) denkt

---

116 S.o. S. 178 [hier: S. 58] mit Anm. 78.
117 Brodersen (wie Anm. 5), 79f.
118 Aristoph. *nub.* 200ff. (zur Stelle vgl. auch o. S. 167 [hier: S. 47] mit Anm. 18. 20); zur Diskrepanz zwischen der Kartographie und der „mentalità semplice e primitiva di Strepsiade" s. bes. Lanzillotta [wie Anm. 34], 97. Auch in der in mancher Hinsicht vergleichbaren Stelle in den Vögeln mit Meton (995ff.) wird im Zusammenhang mit den Meßverfahren und ihren geometrisch-mathematischen Implikationen (Quadratur des Kreises) mit der Absurdität gespielt, so schon die Scholien und s. jetzt Burkert (wie Anm. 1), 393; Lanzillotta (wie Anm. 34), 98; Szabó, geozentrisches Weltbild (wie Anm. 20), 146; etwas ernster nimmt dies Gladigow, Thales (wie Anm. 33), 272ff.

Strepsiades, der attische Bauer, ganz konkret an die Vermessung von Kleruchenland, also an politisch motivierte Landverteilung. Der Schüler des Sokrates meint natürlich – im Sinne der Geographie – die ganze Erde. Das hält nun Strepsiades für politisch besonders populär und nützlich: Er denkt an die Weltherrschaft. Und die Erläuterung der Erdkarte, die der Schüler danach liefert, versteht er falsch, indem er die sprachlichen Erläuterungen, *termini technici* der Geographensprache, wörtlich nimmt (παρατέταται „ausgestreckt" als „unterworfen") und indem er dem unmittelbaren optischen Eindruck folgt: Die Nähe Spartas zu Athen soll beseitigt werden!

So wird es wohl generell gewesen sein: Für den normalen, nicht philosophisch-wissenschaftlich gebildeten Griechen muß diese Kartographie im günstigsten Falle Spielerei[119] gewesen sein, müßige Tätigkeit einer die Muße pflegenden Elite, einer „leisure class" – was sie denn, wissenssoziologisch gesehen, ja auch war.[120] Nicht selten wird man sie als Quatsch angesehen und über solche Dinge gelacht haben – wie umgekehrt die Intellektuellen – man denke an den Eingangssatz von Hekataios' Geschichtswerk[121] – sich über die Leute aus dem [188] Volk lustig machten. Auch Herodot nennt die Karten bzw. ihre Hersteller lächerlich[122] und polemisiert immer wieder gegen sie und das mit ihnen verbundene Erdbild. Aber – und das ist signifikant – auch er selbst kam über diese Konzeption gar nicht hinaus. Prinzipiell war auch er dem ionischen Weltbild und der Geometrie durchaus verpflichtet. Im Grunde beteiligte er sich an dem Prozeß des Präzisierens – freilich ohne sich um die geometrische Darstellbarkeit zu kümmern. Seine Einteilung Libyens und Skythiens konnte geradezu zur Rekonstruktion der hekataiischen verwendet werden. Auch wenn er sich über die Kartographie lustig machte, bewegte er sich auf dem von Anaximander und Hekataios gebahnten Weg. Er legte keinen Wert auf die kartographisch-geometrische Fixierung, aber er hatte eine Karte im Kopf.[123] Sein Bild der Welt war nicht mehr topologisch, sondern geometrisch.

Diese Beobachtung angesichts der ersten massiven Kritik am Kartographischen seitens eines Intellektuellen ist höchst signifikant, weil sie sich im Grunde verlängern läßt. Die Diskrepanz zwischen dem Konstrukt und der Realität hat nie dazu geführt, daß das Bild grundsätzlich aufgegeben wurde. Es überstand nicht nur die Widersprüche zur Wirklichkeit, sondern auch die Fortschritte der Theorie, insbesondere die spekulativ-ontologisch bedingte Postulierung der Kugelgestalt der Erde

---

119 Vgl. Janni, La mappa (wie Anm. 5), 28.
120 S.o. und vgl. Berger (wie Anm. 45), 102 (die Karte Anaximanders als „Prachtstück", wie es „ein vornehmer Mann sich erzeugen konnte"); zu Ptolemaios als „luxury of the selected few" vgl. den Hinweis bei Janni, La mappa (wie Anm. 5), 20; zum prinzipiellen wissenssoziologischen Hintergrund s. P. L. Berger/Th. Luckmann, Die gesellschaftliche Konstruktion der Wirklichkeit. Eine Theorie der Wissenssoziologie, Frankfurt/Main 1969, 86.
121 FGrHist (wie Anm. 76), 1 F 1.
122 Herod. 4,36.
123 Myres (wie Anm. 100); Berger (wie Anm. 45), 167ff.; O. Thomsen, History of Ancient Geography, Cambridge 1948, 98; von Fritz, Griechische Geschichtsschreibung (wie Anm. 73), 60ff.; Lanzillotta (wie Anm. 34), 99ff.; Prontera, Periploi (wie Anm. 8), 28f.; vgl. auch die Skizze bei Jacob (wie Anm. 36), 50.

durch Parmenides[124] und die daran anknüpfende, die Astronomie noch deutlicher und eigentlich erst richtig konsequent auf die Erde übertragende Vorstellung. Die Kartographie der Erdkugel als Kartographie der Oikumene, wie sie erstmals von Eudoxos realisiert wurde und über Eratosthenes und Hipparchos zu Ptolemaios führte, blieb in dem Rahmen der Geometrie. Die Fortschritte kamen aus der Verbesserung der Berechnung der Punkte der Oikumene durch astronomische Beobachtungen und Angaben von Reisenden. Das Prinzip und die Instrumentarien, insbesondere der Gnomon, änderten sich im Grundsatz nicht. Nur in einem Punkt gelang ein wesentlicher Schritt über das alte Modell hinaus: Die realen geographischen Gegebenheiten wurden nicht mehr als geometrische Figuren genommen, sondern die Berechnungen zielten auf ein System von Koordinaten, im Sinne von Breiten- und Längengraden. Dabei existierten immer noch traditionell privilegierte Punkte, aber insgesamt gab es eine Orientierung, die den Formen der Erde nicht direkt Gewalt antat. Hierin lag offenbar die Leistung des Eudoxos.[125] Unabhängig davon bestand das Problem der Umrechnung hodologischer Angaben (Tagesreisen) weiter, und generell blieb es dabei, daß die oft sehr genauen und empirisch recherchierten [189] Informationen topologischer Natur im Gesamtbild verankert wurden und ihm letztlich dienlich waren – viel genauer zum Teil als bei Hekataios, aber prinzipiell gar nicht anders.

Eine gewisse Spannung zwischen der Betonung der geometrisch-mathematischen, mithin auch astronomischen, und der eher deskriptiven, an Periplus und Itinerar orientierten Richtung der Geographie blieb bestehen, vergleichbar gleichsam der Diskrepanz zwischen Hekataios und Herodot. Sie vertiefte sich noch, einerseits auf Grund der gerade erwähnten Differenzierung zwischen geometrischem Konstrukt und konkret-faßbarem Raum, andererseits wegen der Verbesserung der Kenntnisse wie der Intensivierung der Erforschungen durch Feldzüge und Reisen, zum Teil spezieller Fernerkundungen, besonders im Hellenismus. Entlang dieser Spannung kann man deshalb die Gattung der geographischen Fachschriftstellerei durchaus unterscheiden in eine eher mathematische und eine eher deskriptive Geographie.[126] Aber das sollte man nicht überspitzen bzw. übermäßig akzentuieren:[127] Diese Diskrepanz war nicht die Diskrepanz zwischen theoretischer und angewandter bzw. zwischen theoretischer und praktischer Geographie. Auch die empirischen, aus Expeditionen, Periploi und Itineraren gewonnenen Informationen werden

124 S.o. S. 177 [hier: S. 57] mit Anm. 70.
125 Zu diesem s. bes. von Fritz, Griechische Geschichtsschreibung (wie Anm. 67), 65. 69; ders. Logik (wie Anm. 32), 42; freilich blieb der Bezug zu den Gegebenheiten immer gewahrt, von Fritz (a.O.), 69; Janni, La mappa (wie Anm. 5), 68. 77. 89f.
126 Prontera, Strabone (wie Anm. 2). Aber damit hängt sicherlich nicht die Trennung von wissenschaftlicher und praktischer Geographie (so bes. Berger [wie Anm. 45], 89f. 250ff.; Gisinger, Geographie [wie Anm. 10], 524. 567; ders. Periplus [wie Anm. 8], 843) zusammen. Und schon gar nicht diente Anaximander dem „practical map making" (so Dilke [wie Anm. 68], 23).
127 Wie Janni, La mappa (wie Anm. 5), 20f. in Bezug auf Strabon.

immer auf das Schema bezogen. Überall war die Karte im Kopf, wie besonders Francesco Prontera mit vielen Beispielen deutlich gemacht hat.[128]

Die wahre Diskrepanz lag zwischen der fachwissenschaftlichen Sichtweise und der praktisch-alltäglichen Orientierung. Deren jeweilige Raumvorstellungen lagen Welten auseinander. Schon Ernst Cassirer hat diesen Unterschied auf prinzipieller Ebene deutlich markiert.[129] Dies gibt den Beobachtungen zur Anti[190]ke ein besonderes Relief: Auf der einen Seite stand der Diskurs der Fachleute, dessen Entstehung wir hier nachgezeichnet haben. Er basierte auf den hochabstrakten Raumvorstellungen von Astronomie und Geometrie und war zweidimensional. Er war wesentlich vom genauen Bild geprägt. Die Informationen, die das geometrische Gerüst bildeten, kamen z. T. aus oralen Zusammenhängen, aus dem Erfahrungswissen von Seeleuten, Händlern, Militärs. Diese wurden aber verschriftet, primär zunächst zur permanenten Erläuterung der Karte, letztendlich auch als literarisches Genos, das der konkreten Kartenbeilage entbehren konnte, aber innerlich vom Kartenbild geprägt war. Auch die periplus-artige Beschreibung konnte ihre Transformation durch das Kartenbild und dessen Erläuterung in der Periegese, ihre Umbewertung durch die Geometrie nicht verleugnen – seit Hekataios. Bildlichkeit und Schriftlichkeit waren konstitutiv, wobei nicht der bloße Übergang von der Mündlichkeit zur Schriftlichkeit, sondern der Rückgriff auf das abstrakte Bild die entscheidende Veränderung bedingte – auch in der literarischen Tradition. Beide gemeinsam waren aber auch entscheidend dafür, daß die Ergebnisse weitergereicht werden konnten, so daß sich ein epochenübergreifender Diskurs entfaltete, der über die Jahrhunderte hinweg nach den Regeln von Freundschaft bzw. Anhängerschaft, vor allem aber von Agon und Konkurrenz verfuhr und zu beachtlichen Verbesserungen und Veränderungen führte – aber nur in dem vorgegebenen Rahmen, gerade weil es letztendlich um den Wettbewerb ging.

Auf der anderen Seite finden wir die Raumvorstellungen, die im praktischen Erfahrungswissen herrschten. Auf diese konnten die wissenschaftlichen Geogra-

---

128 Prontera, Strabone (wie Anm. 2), 252ff.; ders. Periploi (wie Anm. 8), 34ff.: Auch hier ist also die Basis immer (wenn auch gelegentlich nicht mehr bewußt) die geometrische Komponente der wissenschaftlichen Geographie, wie sie in unterschiedlicher Weise von Strabon und Ptolemaios herausgearbeitet wird (s. dazu Szabó, geozentrisches Weltbild [wie Anm. 20], 45ff.); zur Kluft zwischen wissenschaftlicher und praktischer Geographie vgl. auch Talbert (wie Anm. 7), 211; F. Prontera, La geografia dei Greci fra natura e storia: Note e ipotesi di lavoro, in: Janni/Lanzillotta (wie Anm. 34), 214.

129 Cassirer (wie Anm. 5), III 178f. (zitiert auch bei Janni, La mappa [wie Anm. 5], 52 Anm. 89); „Die Berichte über Naturvölker lassen erkennen, wie sehr ihre räumliche ‚Orientierung‘, so sehr sie an Genauigkeit und Schärfe der des Kulturmenschen überlegen zu sein pflegt, sich nichtsdestoweniger durchaus in den Bahnen eines ‚konkreten‘ Raumgefühls bewegt. Jeder Punkt ihrer Umgebung kann ihnen aufs genaueste vertraut sein, ohne daß sie imstande wären, eine Karte des Flußlaufes zu zeichnen, ihn also in einem räumlichen Schema festzuhalten. Der Übergang von der bloßen Aktion zum Schema, zum Symbol, zur Darstellung bedeutet in jedem Falle eine echte ‚Krisis‘ des Raumbewußtseins, und zwar eine solche, die nicht auf den Umkreis dieses Bewußtseins beschränkt bleibt, sondern die mit einer allgemeinen geistigen Wendung und Wandlung, mit einer eigentlichen ‚Revolution der Denkart‘ Hand in Hand geht.“

phen nach Bedarf zurückgreifen. Aber an ihrem praktischen Ort blieben sie wesentlich Erfahrungswissen. Hier blieb die Sichtweise rein hodologisch. Die Raumvorstellungen waren primär eindimensional. Punkt folgte auf Punkt, eine Vernetzung erfolgte zwischen den Punkten. Alles blieb aber relational. Die Angaben waren dem jeweiligen Zweck dienlich und im Hinblick darauf gewöhnlich sehr präzise.[130] Dieses Wissen wurde wesentlich mündlich tradiert. Zu [191] bestimmten Zwecken mag man Angaben auch schriftlich fixiert und skizziert haben. Sie wurden dadurch jedoch nicht prinzipiell transformiert. Auch in diesem Bereich hat sich eine Kartographie entwickelt, deren bestes Beispiel die tabula Peutingeriana ist.[131] Diese zeigt im übrigen auch, daß es bei der Vernetzung der hodologischen Strukturen auch Querverbindungen gibt, so daß die primäre Eindimensionalität überwunden wird. Das führt aber keineswegs zu einer echten, sozusagen geometrischen Zweidimensionalität.

Zwischen beiden, dem artifiziell-abstrakten, Bildlichkeit und Schriftlichkeit wesentlich voraussetzenden Blick auf die Erde von oben bzw. außen, und dem im oralen Erfahrungsschatz ruhenden und nur hilfsweise zum Bild greifenden Orientieren auf der Erde entlang genau bestimmten Linien, lag also eine echte Diskrepanz. Kein antiker Feldherr hat bzw. hätte sich allein oder vornehmlich auf die geographischen Erdkarten gestützt, um konkrete Feldzüge zu führen,[132] so wichtig ihm andererseits genaue hodologische Informationen waren – man denke an die Bematisten im Heere Alexanders. Natürlich waren die Feldherren als Angehörige der gebildeten Elite zum Teil auch mit der wissenschaftlichen Sichtweise vertraut.[133] Wieweit sie sich aber von dieser wirklich leiten ließen – etwa in der

130 Vgl. bes. Prontera, Periploi (wie Anm. 8). Generell gab es auch in der Antike bei Karten und Plänen mit praktischer Zielsetzung eine hohe Präzision. Beispiele hierfür gibt Kubitschek (wie Anm. 25), 2025ff. Zur Einschätzung s. Janni, La mappa (wie Anm. 5), 63; Talbert (wie Anm. 7), 211; andererseits fehlt die für die Erdkarte notwendige Abstraktion (vgl. Janni [a. O.], 57 zum Turiner Papyrus mit dem Minendistrikt, generell zu Ägypten s. V. Bialas, Erdgestalt, Kosmologie und Weltanschauung. Die Geschichte der Geodäsie als Teil der Kulturgeschichte der Menschheit, Stuttgart 1982, 10ff.). Es geht hier in der Regel um das, was gleichsam vor Augen liegt, nicht um das nicht unmittelbar Sicht- bzw. Faßbare, also um Stadtpläne, Feldvermessungen u. ä. (zum Orient vgl. Bialas [a. O.], 16f. und s. neuerdings B. André-Salvini, Une carte topographique des environs de la ville de Girsu [Pays de Sumer], Geographia Antiqua 1, 1992, 57ff.). Zwischen solchen Plänen und den Erdkarten, also im mittleren Bereich der Chorographie, fehlt das Kartographische nahezu völlig (s. Kubitschek [a. O.], 2041ff. zur „Landschaftskarte"). Man könnte hierhin die Karte von Dura Europus stellen. Aber die genügt bereits dem Schema der Erdkarten (s.o. Anm. 106).

131 „uno strumento pratico", Janni, La mappa (wie Anm. 5), 18f.

132 Janni, La mappa (wie Anm. 5), 24f.; zur Differenz zwischen geographischem und strategischem Raum s. Rambaud (wie Anm. 6), 115.

133 Dafür ist die von Janni, La mappa (wie Anm. 5), 25f. erwähnte Xenophon-Stelle (*anab.* 2,2,13) ein schönes Beispiel. Sie ist nämlich nicht so „antikartographisch", wie dieser meint. Hinter ihr steckt genau die schematisierende *Verbindung* von Strecke und Figur, kombiniert mit Angaben zu Himmelsrichtungen. Diese sind in zwei Bezugsrahmen eingefügt: innerhalb des Pontos (in West-Ost-Richtung) und in Bezug auf Griechenland (Pontos nördlich). Das ist zwar einerseits topologisch, aber andererseits so abstrahiert, daß es auch in eine Karte (von dem hier anzunehmenden Typ) passen würde. Daß dabei die Relation Griechenland-Pontos problematisch ist,

strategischen Planung – sei dahingestellt. Die Frage wäre einer genaueren Untersuchung wert, insbesondere hinsichtlich der Römer. Der Blick auf die chinesische Kultur kann die spezifische Differenz im kontrastiven Vergleich erhärten und illustrieren: Bei den Chinesen wurden schon spätestens im 2. vorchristlichen Jahrhundert höchst präzise zweidimensionale Karten hergestellt, die der konkreten Orientierung dienten und gerade von höchstem politisch-militärischem Wert waren.[134] Nichts dergleichen ist aus der Antike bekannt.

Noch deutlichere Aussagen lassen sich in bezug auf die Navigation machen. Sicher ist nämlich, daß kein Seemann für seine konkreten Fahrten auf die schematischen Periploi vertraut hätte. Denn diese waren keineswegs für die Schiffahrt ausreichend.[135] Vieles von dem, was ein Seemann braucht, bieten sie nicht: Charakteristischerweise begegnen Winde nur im Hinblick auf die generelle geographische Orientierung im Sinne der Himmelsrichtungen, nicht als [192] hier jeweils gefährliche, dort normalerweise günstige Faktoren der Seereise.[136] Solche Kenntnisse scheinen in der Antike im wesentlichen mündlich weitergegeben worden zu sein. Um vergleichbare Literatur zu finden, muß man sich die mittelalterlichen Portulane und vergleichbare Textsorten anschauen, die auch vor Winden und Untiefen warnen und Ankerplätze empfehlen. Das ist aus der Praxis für die Praxis erarbeitet.[137] Erst vor solchem Hintergrund gelang auch die erste adäquate Darstellung der Südküste des Mittelmeergebietes durch die Araber. Selbst die besten antiken Karten hatten ganz Afrika immer südlich der großen Trennlinie quer durch das Mittelmeer gesehen und deshalb den Maghreb in Relation zu Sizilien und Italien immer zu weit südlich angesetzt. Dies war ersichtlich ein Relikt der alten ionischen Schemata, der Halbkreise, in denen man die Voraussetzung des später so wichtigen διάφραγμα, der Linie zwischen den Meerengen von Gibraltar und Rhodos und dem Taurus bis weiter nach Asien hinein, zu sehen hat. Es geht auf Dikaiarch zurück und ist bei Eratosthenes und Strabon maßgeblich für die Nord-Süd-Teilung der Erde.[138] Zum Teil ist es sehr genau vermessen, aber letztlich bedeutet es nichts anderes als eine Modifizierung des geometrischen Durchmessers als Trennungslinie für die zwei gleichen Halbkreise bei den Ionern. Das Schema prävalierte. In der Antike wäre wohl niemand auf den Gedanken gekommen, sich wirklich an ihm zu orientieren. Das blieb Kolumbus vorbehalten, dem die Angaben über die Kürze des Seeweges von Spanien nach Indien bei Aristoteles und Seneca nachhaltigen Eindruck

hängt wohl gerade damit zusammen, daß hier der Nordwind als Himmelsrichtung verstanden ist.

134 Zu den chinesischen Karten s. die wichtigen Hinweise bei Talbert (wie Anm. 5), 211.

135 Wie Brodersen (wie Anm. 5), 94 meinte.

136 Hierzu generell Prontera, Periploi (wie Anm. 8), 36ff. (zu den Winden 42).

137 Vgl. die Genauigkeit in den indianischen Raumbildern und deren theoretische Erklärung bei Vollmar (wie Anm. 5) 11ff. 20.

138 „Already foreshadowing the remarkably accurate Gibraltar-Rhodes parallel of the later geographers", Thomsen (wie Anm. 123), 98; zum διάφραγμα s. etwa Kubitschek (wie Anm. 25), 2052; F. Prontera, Lo stretto di Messina nella tradizione geografica antica, in: Lo stretto crocevia di culture. Atti Magna Grecia, Taranto-Reggio C., 9–14 Ottobre 1986, Taranto 1987, 117ff.

machten.[139] Ein solches ‚Gottvertrauen' in die Wissenschaft von der Erde hatte man in der Antike nicht.

139 Stückelberger, Einführung (wie Anm. 16), 195f.

Erschienen in: Michael Rathmann (Hrsg.), Wahrnehmung und Erfassung geographischer Räume in der Antike, Mainz: Philipp von Zabern, 2007, 17–30.

DIE RAUMWAHRNEHMUNG IM ARCHAISCHEN GRIECHENLAND

Aus der Verbindung von Berechnung und Erfahrung, Geometrie und Empirie, Theorie und Praxis haben griechische Intellektuelle sehr spezifische Vorstellungen des Raumes generell, besonders des Kosmos und der Erde entwickelt. Man darf darin mit Recht die Grundlage einer wissenschaftlichen Geographie sehen, auf der auch die spätere Erdkunde fußt, die kräftige Impulse durch die Araber und schließlich durch die neuzeitlichen Entdeckungsreisen erhielt, aber doch den Rahmen, die charakteristische Mischung aus Mathematik und Erkundung, bewahrte. Ich freue mich sehr, dass mir die Veranstalter der Tagung die reizvolle Aufgabe zuwiesen, die ersten rund 200 Jahre dieser Entwicklung, also grob gesagt die Geschichte der Raumwahrnehmung im 6. und 5. Jahrhundert v. Chr., nachzuzeichnen. Diese ist gerade dadurch charakterisiert, dass sich die genannte Verbindung von Gedanke und Erforschung, von *geometria* und *historie* ausprägte.[1]

1

Beginnen müssen wir auch in diesem Zusammenhang mit Homer, genauer gesagt, mit den in den homerischen Epen, besonders der in dieser Hinsicht aufschlussreicheren *Odyssee*, erkennbar werdenden Weltbildern und Raumvorstellungen. Am Anfang steht mithin eine epische Sichtweise. Man hat sie auch eine mythische genannt. Aber mit der Anwendung dieses Labels müssen wir vorsichtig sein. Wie wir gleich noch sehen werden, ist der mythische Raum bei Homer bereits mit einem klar rekonstruierbaren Erfahrungsraum verquickt. Wir müssen das Mythische also gleichsam analytisch herauspräparieren, in der Annahme, dass wir damit eine bzw. die ursprüngliche Raumsicht erfassen. Das zeigt ein relativ einfacher Vergleich.

Pietro Janni, einer der *maestri* unserer historischen Geographie der Antike, hat unlängst betont, wie stark die mythische Raumvorstellung von dem Konzept des Mittelpunkts her gedacht ist.[2] Wir haben dafür Beispiele aus verschiedenen Kulturkreisen, auch außerhalb des griechischen.[3] Mit der des Mittelpunktes korrespondiert die Akzentuierung der Ränder und der Grenzen.[4] Dies passt sehr genau zu dem

---

1   Ich stütze mich hier vor allem auf meine Studie zur Thematik (GEHRKE, Geburt) [hier: S. 44–72], auf die für weitere Belege verwiesen sei; vgl. jetzt auch HEILEN, Anfänge sowie PRONTERA, Rappresentazioni.

2   JANNI, Límites 25f.

3   Hinweise bei GEHRKE, Geburt 176 Anm. 68 [hier: S. 56].

4   JANNI, Límites 26ff.

Weltbild, das der Ethnologe Klaus E. Müller bei primordialen Pflanzerge[18]sell-schaften beobachtet hat und das wohl die mentale Grundlage ethnozentrischer Perspektiven sein dürfte: Auch hier haben wir einen klaren Mittelpunkt, die vertraute und sozusagen heimelige Atmosphäre des Dorfes, um das herum die vertraute Feldmark liegt. An den Rändern dagegen liegt der Raum der Wildnis, eine Sphäre des Unheimlichen, in der Monster und Ungeheuer lokalisiert sind.[5]

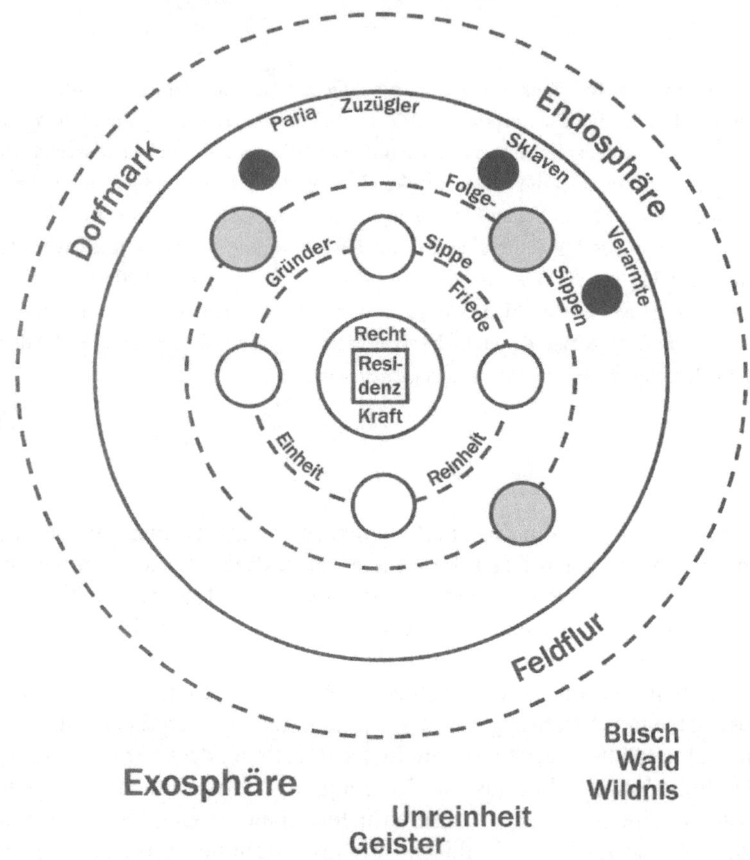

Abb. 1: Zentrum und Peripherie (Dorf und Umwelt) in der Vorstellung primordialer Pflanzergesellschaften (idealtypisch).

Leicht, gleichsam natürlich, stellt sich hier das Schema von Mittelpunkt, Gesichtskreis und runder Form ein, und damit auch die von Janni unterstrichene

5   MÜLLER, Universum 3–66.

Kombination von Zentrum und Rändern. Anders gesagt: Die verbreitete *mental map* dürfte ursprünglich eine entsprechende Gestalt gehabt haben.

Der Vergleich lehrt zugleich noch etwas Anderes: Es handelt sich nicht einfach um eine schlicht lokale Vorstellung, sondern um eine Qualifizierung des Räumlichen. Der Mensch zeigt sich auch und gerade hier als ein Lebewesen, das in einem „symbolischen Universum" lebt.[6] Je nachdem, wo man sich befindet, hat der Raum andere Eigenschaften, gute wie schlechte. Insbesondere markieren die Ränder oder Randzonen die Grenzen zwischen einer menschlichen bzw. vom Menschen her erfahrbaren Realität und einer außer- bzw. über- (oder eben auch unter-) menschlichen Sphäre. Bei den Ägyptern etwa beginnt dort das Jenseits, der Himmel, die Unterwelt. Man kann ihn scheinbar räumlich fixieren, durch Angabe der Himmelsrichtungen, aber es geht hier nicht primär um Geographie, sondern um die Weltordnung schlechthin und damit auch die Schwelle zum Göttlichen.[7] In Babylonien hat man jenseits des von einem Meer (*marratu*) [19] umflossenen Erdkreises bzw. an dessen Rändern noch mythische Räume imaginiert.[8] Bei den Griechen ist der Grenzfluss Okeanos die Grenze einer sicht- und erfahrbaren Welt, gerade damit aber auch ein Schritt auf dem Weg zur Unterwelt, also ebenfalls eine Grenze in einem mehr als geographischen Sinne.[9]

Schon dies zeigt, dass es nicht lediglich um Räumlich-Lokales oder um Geographisch-Erdkundliches geht und dass das jenseits des Räumlichen liegende Andere im Grunde viel wichtiger ist. Dazu passen weitere Elemente einer mythischen Weltsicht. Der Raum ist im mythischen Horizont nicht abstrakt. Vielmehr handelt es sich – mit der Zeit verhält es sich übrigens ähnlich – um räumliche Elemente, die mit konkreten Vorstellungen und Bildern verbunden sind. Man kann ihn nicht kartieren, ohne ihm Gewalt anzutun, weil ihm eben kein eindeutiges Raumschema zugrunde liegt. Er ist dann im Epos konsequenterweise – wie das Uvo Hölscher in seinem großen Odyssee-Buch plastisch herausgearbeitet hat – ein integraler Teil der Erzählung selbst und in Bezug auf diese sinnvoll. Es handelt sich um „'erzählte Räumlichkeit'",[10] anders gesagt, die Raumvorstellungen haben einen „Handlungscharakter", die in ihrer Struktur denen ähneln, die Jean Piaget in seinen bahnbrechenden und wirkungsvollen Untersuchungen zur Entwicklung kindlicher Raumsicht erarbeitet hat.[11]

So wird etwa beim Übergang zur Unterwelt in Hesiods *Theogonie* ganz unklar, ob der Raum noch horizontal oder vertikal zu fassen ist.[12] Hier haben gewiss

---

6 CASSIRER, Versuch 50, vgl. auch den Beitrag von Janowski in diesem Band (= JANOWSKI, Raum).

7 ASSMANN, Ägypten 77ff. Bezeichnenderweise beschränkt sich die ägyptische Kartographie neben den Kartierungen des Kleinraumes auch auf kosmische bzw. himmlische Karten, vgl. SHORE, Cartography der in diesem Zusammenhang von „religious cartography" spricht.

8 GEHRKE, Geburt 176 Anm. 68 [hier: S. 56].

9 HÖLSCHER, Odyssee 152f., vgl. 138 zur Theogonie.

10 HÖLSCHER, Odyssee 139.

11 HÖLSCHER, Odyssee 139f.

12 HÖLSCHER, Odyssee 38; zur Vertikalität vgl. auch den Beitrag von JANOWSKI (= JANOWSKI, Raum).

orientalisch-ägyptische Vorstellungen Pate gestanden. In der Tat kann man nicht zuletzt in Mythen des alten Orients entsprechende Bilder finden: In einem assyrischen Text der Zeit um 650 ist der Kosmos gleichsam in Schichten übereinander gestapelt, mit drei Himmeln und drei Erden, und letztere bestehen aus ‚unserer‘ Erde, darunter befindet sich eine Wasserschicht (das Reich des Gottes Ea), unter der wiederum eine Unterwelt liegt, in der die entsprechenden Unterweltsgötter (Annunaki) eingeschlossen sind[13]. Vergleichbar ist die Struktur des mythischen Raumes im erst 1969 veröffentlichten, auf das 17. Jahrhundert v. Chr. zurückgehenden und über lange Zeit hin (mehr als 1000 Jahre) tradierten akkadischen *Atrahasis*-Epos. Hier teilen sich, übrigens durch Los, der Himmels-, der Sturm- und der Wassergott, also Anu, Enlil und Enki, ihre Sphären, und es spricht einiges dafür, dass dies in der Teilung der Welt unter den Brüdern Zeus, Poseidon und Hades in der *Ilias* – wenn auch in etwas abgewandelter Weise – rezipiert worden ist.[14]

Besonders charakteristisch ist, dass sich derartige Raumvorstellungen gerade auch in Geschichten der Weltentstehung, also in Kosmogonien, finden. Im babylonischen Neujahrsepos *Enuma elish* steht am Beginn der Welt die Verbindung von Apsu (Süßwasser) und Tiamat (Salzmeer), und jüngst hat Walter Burkert erneut darauf aufmerksam gemacht, dass die beiden Wesen auch in Hesiods *Theogonie*[15] (136; 337; 362; 368; vgl. fr. 343, 4) begegnen, als Okeanos und Thetys.[16] Noch bei Pherekydes von Syros (etwa Mitte des 6. Jahrhunderts) sind Schöpfung und Geographie in der Vorstellung vom Mantel des Zas (= Zeus) verbunden: Zas heiratet Chtonie und schenkt ihr einen Mantel (*pharos*), und auf diesem hat er Ge und Ogenos, also Erde und Weltmeer (Okeanos), dargestellt.[17]

Entsprechende mythische Elemente finden sich auch in der *Odyssee*. Bezeichnenderweise werden sie gerade an den Rändern der Welt sichtbar, etwa im Norden, bei den Laistrygonen, wo womöglich die Erfahrung der langen Tage erkennbar ist, aber auch das Tor zum Tode evoziert wird,[18] oder im Osten, wo man vom Reiche der Kirke, auf Aiaia, in den Hades gelangt. Überhaupt häufen sich an den Grenzen die Fabelwesen. Die Irrfahrt des Odysseus ist eine Fahrt durch eine mythisch-märchenhafte Welt, die mit dem Vertriebenwerden am Kap Malea beginnt[19] und in dem „Verlorensein an den Grenzen der Welt“[20] kulminiert. Insoweit finden sich deutliche Elemente mythischer Raumsicht bei Homer.

Auf der anderen Seite jedoch dringt immer wieder die Welt konkreter Erfahrung in die *Odyssee* ein, selbst dort, wo wir uns im Reiche des Märchenhaften befinden. Die Insel beim Lande der Kyklopen wird mit dem sicheren Blick des Siedlers und Kolonisten beschrieben: „Auf ihr sind Wiesen an den Gestaden der grauen Salzflut, feuchte, weiche: da könnten recht wohl unvergängliche Reben sein. Und

---

13   Burkert, Griechen 73f.
14   Hom Il. XV 190ff., s. Burkert, Griechen 41f.
15   Hes. theog. 136; 337; 362; 368; vgl. Frg. 343, 4.
16   Burkert, Griechen 36ff.; 68f.
17   Pherekydes B 1f. Diels/Kranz; zur Interpretation vgl. Magnani, Storica 131f.
18   Hölscher, Odyssee 145.
19   Hölscher, Odyssee 141.
20   Hölscher, Odyssee 149.

ebenes Ackerland ist darauf: dort könnte man recht wohl eine tiefe Saat jeweils zu den Zeiten der Ernte schneiden, denn sehr fett ist der Boden darunter. Und auf ihr ist ein Hafen, gut anzulaufen, wo kein Haltetau nötig ist und auch nicht nötig, Ankersteine auszuwerfen noch Hecktaue anzubinden, sondern man braucht nur aufzulaufen und eine Zeit zu warten, bis der Mut der Schiffer sie treibt und die Winde heranwehen".[21] Und die Stadt der Phaiaken ist plastisch als Hafenstadt beschrieben, wie sie in der Zeit der Großen Kolonisation auch ganz real denkbar wäre, als eine „Stadt…, um die eine Umwallung ist, eine hohe, und ein schöner Hafen ist beiderseits der Stadt: schmal ist der Zugang und beiderseits geschweifte Schiffe sind den Weg entlang hinaufgezogen, denn alle haben, jeder für sich, dort für die Schiffe ihren Standplatz. Und dort ist ihnen auch der Markt zu beiden Seiten des schönen Poseidontempels, mit herbeigeschleppten Steinen eingefasst, die in die Erde eingegraben sind. Dort halten sie auch das Gerät der schwarzen Schiffe instand, Tauwerk und Segel, und schärfen die Ruderblätter. Denn den Phaiaken liegt nichts an Bogen und Köcher, sondern an Masten und Ruderwerk der Schiffe und ebenmäßigen Schiffen, auf die sie [20] stolz sind, wenn sie mit ihnen das graue Meer durchfahren".[22]

Es handelt sich eindeutig um Regionen im mythischen Raum. Aber die ganz konkrete Beobachtung des Seefahrers und Oikisten, der Erfahrungshorizont der Kolonisationszeit, ist mit ihnen verschmolzen. Der Stoff gehört der Sage und dem Märchen an, aber der Blick ist real – kein Wunder, dass man solche Plätze schon in der Antike und immer wieder, noch bis heute, auch konkret zu lokalisieren versuchte.

Diese Verbindung von mythischer und empirischer Welt ist, wie nicht zuletzt Uvo Hölscher unterstrichen hat, für die *Odyssee* auch in ihrer Gesamtkonzeption wichtig. Mit dem Abtreiben vom Kap Malea und der Insel Kythera – reale Plätze von hoher nautischer Bedeutung – beginnen die Irrfahrten durch eine Fabelwelt. Aber die Angaben zur Reise sind präzise, so wie sie auch wirklich Seefahrer gemacht hätten, mit Beschreibungen der Himmels- und Windrichtungen, der Strömungen und [21] Tagesreisen. So sind auch die Grenzen der Erde, in denen – wie schon erwähnt – die mythische Weltstruktur besonders deutlich zum Ausdruck kommt, in ein Schema konkreter Raumerfassung eingefügt. Sie werden mit den vier

---

21   Hom. Od. IX 132ff., Übersetzung W. SCHADEWALDT.
22   Hom. Od. VI 262ff.; weitere Beispiele bei GONZÁLEZ, Corpus 41.

Abb. 2: Rekonstruktion homerischer Erdvorstellung

Himmelsrichtungen verbunden: Im Süden befinden sich die Lotophagen, und schließlich verschwimmt dort alles im Gebiet der Aithiopen, im Westen haben wir die Insel des Aiolos und Ogygia, im Norden und Osten, wie schon betont, das Land der Laistrygonen und die Insel Aiaia.[23] Die Hin- und Herbewegungen sind schlüssig, entsprechend der realen Naturbetrachtung (von Wind, Sonne und Gestirnen) und gemäß den konkreten Erfahrungen von Reisenden (Zeiten, Richtungen, Lagen, Infrastruktur), und insofern kann man die Fahrten bis zu einem gewissen Punkt kartieren. Aber gerade an den Rändern geht das nicht mehr schlüssig auf. Die *Odyssee* ist eben kein Logbuch; und so erfahrungsgesättigt ihr Inhalt ist, so mythisch ist ihre Gesamtsicht. Man muss also, mit Uvo Hölscher, festhalten, „dass alle räumlichen Aussagen von der unmittelbaren erzählerischen Qualität des Mythos sind und sich nicht durch die vermittelnde Vorstellung eines Weltmodells oder einer Erdkarte

23   HÖLSCHER, Odyssee 143ff.

legitimieren. Wohl aber stellt der mythologische Raum das Weltbild dar, das einen erfahrenen Raum umschließt und zu ihm ins erzählerische Verhältnis der ‚Handlung‘ tritt.“[24]

Auch sonst finden sich bei Homer Elemente konkreter Raumbeschreibung. Es handelt sich um die Sicht auf den Raum, die man hodologisch oder topologisch nennt und die ganz offensichtlich die ursprüngliche Orientierung des Menschen im ihn umgebenden Raum darstellt. Darauf lassen jedenfalls Untersuchungen auf verschiedensten Feldern (Philosophie, Psychologie, Ethnologie, Geographie und Geschichte), aber auch die Verfahrensweisen von Gedächtnisspezialisten schließen. Diese Orientierung ist linear und eindimensional, sie stützt sich auf Punkte und Linien bzw. Strecken, *landmarks* und *routes*. Die Punkte erlauben die Memorierung der Strecke, die Entfernung wird in der Regel durch die Angabe der zu ihrer Bewältigung nötigen Zeit angegeben (Tagesreisen o. ä.). Man bewegt sich also gedanklich sehr konkret im Raum. In der griechischen Kultur belegen nicht zuletzt die *periploi* eine entsprechende Sicht- bzw. Verfahrensweise. In ihnen sind Erfahrungen und Beschreibungen von Seefahrern entlang einer Route registriert, und diese Orientierung hat sich in der beschreibenden Geographie der Griechen gehalten.[25] [22]

Ein sehr schönes Beispiel für eine derartige Erfassung und Strukturierung des Raumes liefert bei Homer eine Göttin. Im 14. Gesang der *Ilias* wird dargestellt, wie Hera ihren Mann Zeus verführte, um ihn von der Beobachtung des Kampfgeschehens abzulenken und so den Troern beizustehen. Zu diesem Zweck muss sie aber zunächst noch nach Lemnos, zur Insel des Gottes Hypnos.

Auf ihrer Reise vom heimischen Olymp dorthin nimmt sie allerdings nicht die direkte Strecke, gleichsam die Luftlinie – obgleich doch Homer hervorhebt, dass sie „die Erde nicht mit den Füßen berührte“.[26] Vielmehr bewegt sie sich, ganz im Sinne der hodologischen Orientierung vom Olymp über Pierien, die Emathia und die thrakischen Gebirge bis zum Athos, von wo sie ein Schiff nach Lemnos nimmt.[27] In diesem Zusammenhang hat man ferner daran zu denken, dass auch die

---

24 HÖLSCHER, Odyssee 158. – Ähnliches findet sich im AT: Dort baut Salomon (1. Kön. 9, 26ff.) in Ezjon-Geber bei Elat an der Küste des Schilfmeeres in Edom eine Flotte. Dazu kommen erfahrene Seeleute, die Hiram von Tyros schickt, also Phöniker. Diese fahren nach Ofir und bringen reichlich Gold zurück; später (ebd. 10, 11), im Kontext der Geschichte mit der Königin von Saba, wird erwähnt, dass die Flotte Hirams, die Gold aus Ofir holte, auch Sandelhölzer und Edelsteine brachte. Wie haben hier also konkrete Hinweise auf Seefahrten, sogar im Roten Meer, und auf die phönikischen Spezialisten. Zugleich aber handelt es sich zum Teil um Fabelländer.

25 Hierzu GEHRKE, Geburt mit weiteren Hinweisen [hier: S. 44–72]. Bahnbrechend waren hier die Arbeiten von P. JANNI und A. PODOSSINOV.

26 Hom. Il. XIV 228.

27 Andererseits ist die Ilias noch der mythischen Raumsicht verhaftet: In Hom. Il. I 590ff. wird Hephaistos vom Himmel = Olymp heruntergeworfen und fällt auf Lemnos.

Anordnung der Kontingente im Schiffskatalog nach derselben räumlichen Struktur erfolgte, nämlich im Schema eines *periplus*.[28]

Abb. 3: ‚Weg' der Hera

2

Auch wenn Homer nun nach Strabon, seinem großen Bewunderer, der erste Geograph war, so muss man doch nachdrücklich darauf hinweisen, dass die griechische Geographie demgegenüber ein ganz anderes Raumkonzept entwickelt hat. Man bekommt es zu fassen, wenn man eben diesem Strabon in seiner Charakterisierung der Grundlagen der wissenschaftlichen Erdkunde folgt. Da geht es um Geographie, Astronomie und Physik.[29] Derselbe Zusammenhang ist allerdings schon viel früher belegt, nämlich in den *Wolken* des Aristophanes.[30] Dort wird Sokrates, der durchaus als Naturphilosoph, also als Physiker, verstanden ist, ganz eng mit Astronomie und besonders Geometrie, ja Kartographie in Verbindung gebracht. Die Diskrepanz zwischen der traditionellen Sicht und dem intellektuellen Blick auf den Raum wird in der Komödie sogar auf besonders witzige Weise betont. Dieser neue und andere Blick auf die Welt war im wesentlichen der der Geometrie. Man bewegte sich nicht

---

28 GEHRKE, Geburt 165 Anm. 10 [hier: S. 46]. Das Nebeneinander von Erfahrungsraum und mythischem Raum (dort „Fabelraum" genannt [15]) findet sich auch in den *Ehoien* Hesiods, s. HIRSCHBERGER, Genealogie 12ff.

29 Strab. II 5,2 C 110.

30 Aristoph. nub. 200ff.

mehr auf der Erde entlang von Linien, sondern man schaute von oben auf die ganze Erde, und diese bildete eine Fläche, sie war zweidimensional geworden.

Es ist ebenfalls klar, dass dieses Raumkonzept kein Mythisches mehr ist. Allerdings ist es aus einem solchen hervorgegangen, wie schon der Blick auf die Gesamtfigur des Raumes erkennen lässt. Es zeigt sich mithin auch hier, dass der Weg vom Mythos zum Logos kein einfacher Schritt war. Die im British Museum befindliche spätbabylonische Weltkarte BM 92687 (wohl 8. Jahrhundert) bringt dieses Nebeneinander klar zum Ausdruck.

Abb. 4: Babylonische Weltkarte (BM 92687) aus Sippar, siebtes/sechstes Jahrhundert v. Chr.

Die Grenzzone zur mythischen Sphäre ist mit Inseln und Regionen (*nagu*) markiert, die über das kreisrunde Weltmeer (*marratu*) hinausragen. Dieses schließt nach innen einen ebenfalls kreisrunden Raum ein. Dieser ist aber durchaus gemäß der geläufigen Vorstellung und Kenntnis der Welt ausgestaltet. Das Gebiet innerhalb des inneren Kreises zeigt nämlich einen zentralen Kontinent der Erdoberfläche, in dessen Mitte der Euphrat liegt, aber auch andere Städte (darunter besonders Babylon) und Länder sowie geographische Besonderheiten hervorgehoben sind.

Abb. 5: Umzeichnung der Babylonischen Weltkarte aus Sippar

Es handelt sich also um Mesopotamien und die angrenzenden Gebiete als Welt. Die in der *Odyssee* greifbare Verbindung der verschiedenen Sphären ist auch hier greifbar, aber sozusagen in geometrischer Präzisierung, als genauer Kreis mit entsprechendem Mittelpunkt. Hier ist der Raum auch schon abstrakt gedacht.[31]

Wir haben gute Gründe zu der Annahme, dass diese Raumkonzeption das Ergebnis eines Prozesses ist, bei dem der Gesichtspunkt der Weltherrschaft wichtig war und sich eine entsprechende Idee mit wachsenden Kenntnissen der wirk[23]lichen Welt verband, die sich aber auf das Gesamtbild bezogen bzw. in diesem ihre Koordinaten hatten. Man muss hier nur auf die traditionelle altorientalische Königstitulatur zurückgreifen. Diese bietet in achämenidischer Zeit:[32] *šar kiš-šat* (der König des Alls), *šar mātāti* (der König der Länder), *šarru ša qaqqari agāta (rabīti*

---

31   Zur babylonischen Kartographie generell vgl. MILLARD, Cartography.
32   Zitiert nach KIENAST, Herkunft 352f.

rapašti) (der König dieser [großen, weiten] Erde) und vor allem *šar kib-ra-a-ti er-bé-et-tì* (der König der vier Weltufer). Daneben ist schon relativ früh bekannt (belegt für die Zeit Sargons von Akkade[33]), dass es zwei Meere gibt, ein „unteres" und ein „oberes", und man bezieht sich damit auf den Persischen Golf und das Mittelmeer.[34]

Dass man all dies auch als eine Scheibe imaginiert hat, ist wohl einer Abstraktion der oben skizzierten elementaren Raumvorstellungen zu verdanken. Es spricht einiges dafür, dass die präzise Geometrisierung auf die konkrete Praxis von Vermessungen und Skizzierungen in kleinem Raum zurück[24]geht. Dies legt der bekannte Stadtplan von Nippur aus der Zeit um 1500 v. Chr. durchaus nahe, der auch eine zweidimensionale Struktur hat.[35]

Abb. 6: Stadtplan von Nippur (Jena, Hilprecht-Sammlung)

Man könnte sich den Gang hypothetisch so vorstellen, dass man zunächst im überschaubaren Raum flächig kartiert und dass, ausgehend von der politischen

33 2334–2279 v. Chr., nach NISSEN, Geschichte 244.
34 BOTTÉRO, Großreich 103.
35 WALKER, Wissenschaft 256ff.

Geographie des Weltreiches, auch die gesamte Welt analog gezeichnet wird.[36] Jedenfalls kennen wir aus der griechischen Welt die Verbindung von Landvermessung im Kleinraum und Erdvermessung im globalen Maßstab. Beides verbindet sich im Wort *geometrein*, und man hielt es dort auch sonst in der Alltagsvorstellung zusammen.[37]

Auch wenn die Grundstruktur, wie Mitte bzw. Mittelpunkte zeigen, immer noch ethnozentrisch und wenn der Raum insofern immer noch auch qualitativ klassifiziert war, haben wir doch hier eine erhebliche Leistung der Abstraktion vor uns, die vom konkret Überschaubaren, gleichsam vor Augen Liegenden zum Ganzen fortschreitet. Man sieht dann sogar, wie sich – bezeichnenderweise im imperialen Kontext, bei dem spätägyptischen Pharao Necho II. (610–595) und vor allem bei den Achämeniden – aus dieser Weltvorstellung bestimmte Planungen und Erkundungsreisen ableiten, genauer gesagt, dass sich ein Wechselverhältnis von Weltsicht, Planung und Erforschung ergibt. Aufschlussreich, wenngleich noch nicht in globaler Dimension, ist bereits der von Necho geplante und begonnene, von Dareios I. fortgesetzte Bau eines Kanals zwischen Mittelmeer und Rotem Meer.[38] Vor allem aber hat man an die drei Jahre dauernde Umrundung Afrikas durch phöni[25]kische Seefahrer im Auftrag Nechos zu denken, sowie den entsprechenden Versuch in umgekehrter Richtung, also von Westafrika her, den der Perser Sataspes unter Großkönig Xerxes unternommen hat, ferner auch an die im Auftrag des Dareios unternommene Fahrt des Skylax von Karyanda vom Indus durch den Indischen Ozean ins Rote Meer.[39]

Wie so vieles andere haben die Griechen auch diese Sicht auf die Welt aus dem Orient übernommen und dann in ihrem Sinne ausgestaltet. Bereits die Schildbeschreibung in der *Ilias* zeigt dies ganz deutlich, wie man schon längst gesehen hat.[40] Dies gilt im übrigen auch für bestimmte mathematisch-geometrische Operationen. Doch unter den besonderen Voraussetzungen der griechischen Gesellschaft und Kultur gewannen diese Entlehnungen im Endeffekt einen anderen Charakter, vor allem bereits relativ früh einen noch höheren Grad von Abstraktion. Dies hing mit den wissenssoziologischen Voraussetzungen zusammen, die wir bereits bei den frühen milesischen Naturphilosophen beobachten können und die dann für die weitere Entwicklung bestimmend blieben. Schon die dem Thales zugeschriebenen Operationen machen deutlich, dass es dabei nicht mehr um praktische Bedürfnisse geht. Vielmehr hat das Fragen und Berechnen einen Eigenwert, es wird um seiner selbst willen betrieben, als Spiel und Sport des Gedankens. Denn die Intellektuellen gehörten alle der griechischen Oberschicht an, einer Elite, die sich in prononcierter und nicht selten auch provozierender Weise als *leisure class* verstand.

---

36   Das könnte durch die Relation der *forma urbis* mit einer plausiblen Grob-Rekonstruktion der Agrippa-Karte (MOYNIHAN, Mythology 162, vgl. den Beitrag von HÄNGER in diesem Band [= HÄNGER, Karte des Agrippa]) bestätigt werden.
37   Aristoph. nub. 200ff.
38   Hdt. II 158; zum Verlauf (Pelusischer Nilarm und Wadi Tumilat) s. MAGNANI, Storica 115.
39   Hdt. IV 42ff. Zur Afrika-Umrundung vgl. den Beitrag von ZIMMERMANN in diesem Band (= ZIMMERMANN, Raumwahrnehmung).
40   Vgl. die Hinweise bei WIRBELAUER, Schild 147 Anm. 16.

Welterkenntnis, das Suchen nach den *archai*, das nach Aristoteles diese frühe Philosophie kennzeichnete, war Teil der Muße, der *schole*.

In diesem Rahmen hat man schon sehr früh den abstrakten Blick auf den gesamten Erdraum, den Erdkreis rezipiert, ihn aber ganz offensichtlich zugleich in äußerster Konsequenz zu Ende gedacht und in den wesentlichen Grundstrukturen die Elemente mythischer Räumlichkeit abgelegt. Der Raum, die Erde selbst, aber auch das Weltall insgesamt, war ein komplett und konsequent geometrisch konstruiertes Gebilde. Man kann also ohne weiteres von der Geburt der Erdkunde aus dem Geiste der Geometrie sprechen. Es handelte sich um eine relativ einfache Form der Geometrie, in der es wesentlich um Proportionalität und Kongruenz ging, um einen Entwicklungsstand mit mithin, den man ohne weiteres mit Thales von Milet verbinden kann. Ihn nennt Apuleius[41] *geometriae penes Graios primus repertor et naturae certissimus explorator et astrorum peritissimus contemplator.* Das geht wohl etwas zu weit, aber jedenfalls war es der als sein Schüler geltende Anaximander, der den Durchbruch zu dem neuen Weltbild erzielte. Bezeichnenderweise sind aber die im Hinblick auf Thales erwähnten Bereiche, Physik, Astronomie und Geometrie, genau diejenigen, die nach Strabon, wie wir sahen, die wissenschaftliche Geographie kennzeichnen. Sie sind nun gerade auch bei Anaximander die wesentlichen Gebiete des Denkens und Rechnens.[42] [26]

Die Bedeutung der Physik ergibt sich bereits aus dem Titel seines Buches, *peri physeos*, in dem es um die *arche ton onton* ging. Die dort schon in dem berühmten ersten Satz sichtbare Dynamik des *apeiron* hat offenbar zu einer Theorie der Kosmogonie geführt, in der der Kreislauf, die *anakyklosis*, eine wesentliche Rolle spielte. Gerade die Regelmäßigkeit des Geschehens im Kosmos ist nun auch in dem Umlauf der Gestirne erkennbar, der genau kreisförmig ist. Diesem selbst näherte sich Anaximander mit der Astronomie, die er strikt geometrisch strukturierte, wie vor allem Arpad Szabó erschlossen hat.

Mit Hilfe eines Gnomons legte er Schattenstände bei den Solstizien fest, und von daher konnte man mittels Winkelmessung und auf Grund der Annahme des Kreislaufs der Sonnenbahn den jeweiligen Sonnenstand modellhaft fixieren. So ließen sich die Äquinoktien präzise bestimmen und zugleich zu den Wendekreisen in Beziehung setzen. Generell konnte man in Analogie dazu auch die Sphären der Fixsterne und des Mondes festlegen, mit Hilfe von Regeln der Proportionalität. Die Erde befand sich genau in der Mitte und verdankte ihrer geometrischen Zentralität – anders gesagt, der Logik der Geometrie – diesen ihren Fixpunkt. Vom Überschaubaren, dem konkret Fass- und Messbaren, dem Gnomon, hatte Anaximander das nicht direkt Greifbare, den Stand der Sonne und die Struktur des Kosmos erfasst, ein Universum aus der Messlatte. Sein „Weltenbau gehorcht der mathematischen Logik".[43]

41 Apul. flor. 18 p. 37,10–13 HELM = VS 11 A 19 DIELS/KRANZ.
42 Zum Folgenden s. GEHRKE, Geburt [hier: S. 44–72] und vgl. auch HEILEN, Anfänge.
43 BURKERT, Weisheit 395.

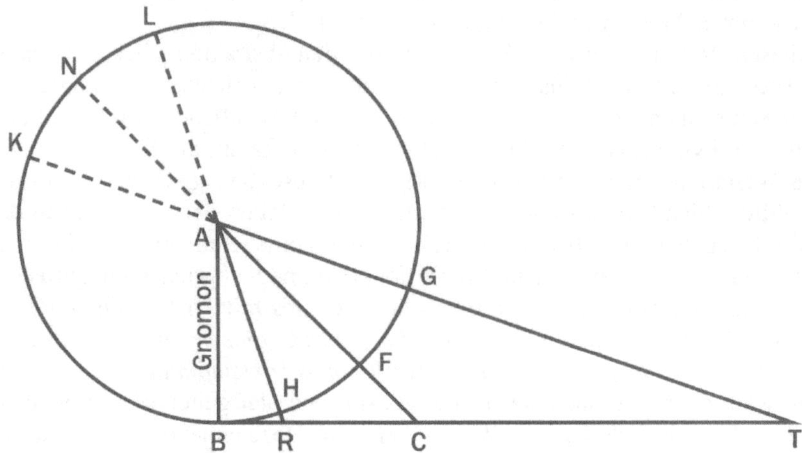

Abb. 7: Rekonstruktion der Gnomon-Messung des Anaximandros[44]

Das gilt auch für den Teil der Welt, den die Erde, genauer die Erdoberfläche darstellt. Auch hier müssen wir uns die wesentlichen Elemente auf der Grundlage der spärlichen Quellen unter Berücksichtigung des damaligen mathematischen Kenntnisstandes und der damaligen Beobachtungsmöglichkeiten erschließen. Entscheidend für uns ist zunächst die Information, dass Anaximander als erster eine bildliche Darstellung der bewohnten Welt erarbeitet hat. Er war also der Begründer der Kartographie und hat schon deshalb bei Strabon einen Ehrenplatz unter den Gründervätern der Geographie. Diese Karte, und damit das Herzstück von Anaximanders Erdbild, war – entsprechend dem Universum – ebenfalls ganz schematischgeometrisch konstruiert. Da sich Anaximander die Erde zylindrisch dachte, und zwar in Gestalt einer Säulentrommel, nahm er eine plane Oberfläche an, die einen perfekten Kreis beschrieb und sich von der Geometrie des Kreises her erschließen ließ. Sein Mittelpunkt dürfte in Delphi angenommen worden sein – Überbleibsel des elementaren Ethnozentrismus auch der anderen erwähnten Erdvorstellungen. Darüber hinaus ließ sich der Kreis noch strukturieren, durch den Meridian, also die

44 SZABÓ, Weltbild 93: „L und K sind zwei Punkte des symbolischen Himmelsgewölbes, die die Sonne zur Mittagszeit der beiden Wenden zu erreichen scheint. LK ist der Bogen zwischen den Wenden und HG sein Spiegelbild; N bzw. F sind Halbierungspunkte des Bogens." Ebd. 92: „Sind die Schattenlängen des Gnomon bei Sommer- und Wintersolstitium bekannt, so kann man mit ihrer Hilfe den äquinoktialen Schatten bestimmen. Man muss nämlich zunächst die Endpunkte beider Schatten – R und T – mit der Gnomonspitze verbinden und dann dem Gnomon als Radius von der Gnomonspitze aus den Kreis schlagen. So bekommt man die wichtigen Schnittpunkte an der Kreisperipherie, H und G. Der Halbierungspunkt des Kreisbogens HG, der Punkt F, ist an der Kreisperipherie von den Punkten H und G rechts und links gleich weit entfernt. Verbindet man diesen Punkt F erst mit der Gnomonspitze A und verlangen dann das Segment AF in entgegengesetzter Richtung, dann erhält man auf dem Meridianabschnitt den Endpunkt des äquinoktialen Mittagschattens C."

exakte Nord-Südlinie, die sich ebenfalls mit Hilfe des Gnomon ermitteln ließ. Im rechten Winkel dazu ließ sich dann die Ost-West-Richtung ermitteln, die zugleich – nach einem schon für Thales anzunehmenden Grundsatz – als Durchmesser den Erdkreis in zwei gleiche Hälften teilte. So hat man ursprünglich, wie aus späterer Polemik hervorgeht, die Erde in eine Nord- und eine Südhälfte geteilt, der man jeweils Europa und Asien zuwies.

Wieweit wir das und anderes (wie etwa die weitere Unterteilung in die dazwischen anzusetzenden Himmelsrichtungen der Windrose) bereits mit Anaximander verbinden können, sei dahingestellt. Jedenfalls haben wir mit einem klar geometrisch geprägten Gebilde zu rechnen, das eine ganz erstaunliche Abstraktionsleistung darstellte und der Erdkunde für alle Zeiten ein mathematisches Fundament gab. Freilich nahm es in vieler Hinsicht auf die sicht- und erfahrbare Welt und die empirischen Details kaum Rücksicht und mutet der Vorstellungskraft der Menschen recht viel zu. Und man kann auch sagen, dass mit der mathematischen Präzision ein Verlust des Erfahrungswissens einherging, das wir doch schon in der Epik und überhaupt in der frühen Literatur fanden. Genau hier setzte die weitere Entwicklung an.

Das Nachdenken des neugierigen Intellektuellen konzentrierte sich nämlich in dem kleinasiatischen Milieu, zunächst vor allem in Milet, keineswegs allein auf die *archai* und Grundelemente. Auch die Fülle der empirischen Kenntnisse wurde Gegenstand des *thaumazein*. Wir sprechen in diesem Zusammenhang von *historie*. Dies war nun auch für die Kartographie und Geographie und damit auch für die Entwicklung der Raumvorstellungen generell entscheidend. Hier kommt Hekataios von Milet ins Spiel. Er ist bei Strabon in der Reihe der Gründerheroen der Erdkunde nach Homer und Anaximander an dritter Stelle genannt.[45] Von ihm heißt es, er habe die Weltkarte Anaximanders „präzisiert" (*diekribosen*) und damit große Bewunderung erregt. Das bezieht sich vor allem auf die Integration des Sicht-, Erforsch- und Erfahrbaren in die Konstruktion des Vorläufers. Jedenfalls kommt sein Zug zur Empirie auch in seiner Klassifizierung als *polyplanes aner* zum Ausdruck.[46] Und noch die Masse seiner Fragmente, kaum mehr als Namen bei dem frühbyzantinischen Geographen Stephanos von Byzanz, belegt die schier unerschöpfliche Fülle der verarbeiteten Informationen. Generell haben wir ja auch, dank der immer noch fortschreitenden maritimen Aktivitäten der Griechen, aber auch der erwähnten persischen Erkundungen, mit wachsenden empirischen Kenntnissen zu rechnen.[47]

Obwohl nähere Angaben zur geographischen Leistung des Hekataios wegen des ungünstigen Überlieferungsstandes unter großen Vorbehalten stehen (man muss im Grunde bei Herodot und dessen Polemik ansetzen, und da fragt sich dann, was man im einzelnen bereits dem Vorgänger zuschreiben kann), lassen sich doch die wesentlichen Charakteristika von Hekataios' Verfahrensweise rekonstruieren. Grundsätzlich ging es darum, das geometrische Konstrukt durch die Ergebnisse von Recherchen, sagen wir, von *opsis* und *historie*, zu vereinbaren. Wir haben damit zu

---

45   Strab. I 1,10 C 7.
46   Anaximandros VS 12 A 6 DIELS/KRANZ = FGrHist 1 T 12a.
47   PRONTERA, Hekataois 128f.

rechnen, dass dies auf einer Karte entsprechend vollzogen wurde, zu der ein Text als Erläuterung, also eine aus[27]führliche Legende, hinzugefügt war, gleichsam als schriftlich fixierte Form der ansonsten notwendigen mündlichen Erläuterung.[48] Dies war offensichtlich die dem Hekataios zugeschriebene *periegesis* oder *periodos ges* in zwei Büchern, gegliedert nach den Erdteilen Europa und Asien. Die Welt wurde also gleichsam mit Punkten und Linien gefüllt, die im beigefügten Text benannt und näher beschrieben waren.

Bei der Kartierung selbst ergaben sich dabei, wie wir leicht nachvollziehen können, zwei miteinander verbundene Probleme: Zunächst musste die fortschreitende Präzisierung die Grundproblematik der schematischen Zuweisungen erkennbar werden lassen, zum Beispiel die Tatsache, dass die Differenzierung nach Erdteilen nicht ohne weiteres mit der Halbierung in Nord und Südteil zusammenfiel. Wir können das mehr nicht im einzelnen spezifizieren, denn es muss weitestgehend unklar bleiben, was konkret auf Hekataios zurückgeht. Repräsentativ für die Raumsicht archaischer Intellektueller waren die im folgenden vorgestellten Präzisierungen und Konkretisierungen aber in jedem Fall, weil sie Herodot bekannt waren. Ich werde mich also im wesentlichen jetzt auf dessen Kenntnisstand beziehen.

Generell lässt sich erkennen, dass man dem hier angesprochenen Problem ebenfalls mit astronomischen und geometrischen Mitteln begegnete, indem man der Differenzierung nach dem rechten Winkel von Meridian und Ost-West-Achse, dem Vorläufer des später so genannten *diaphragma* (s. Abb. 8) quer durch das Mittelmeer, noch verfeinerte Unterscheidungen hinzufügte, so besonders die mit den Extrempunkten der Solstitien ermittelten Linien, die Nordost und Südwest bzw. Südost mit Nordwest verbanden und als Diagonalen hinzutraten.[49] Mindesten dies erleichterte die Anpassung der Grenze zwischen Europa und Asien an das geometrische Schema, indem man nun eine diagonale Linie von der Querlinie durch das Mittelmeer in Richtung auf die Maiotis führte, die die Grenze markierte. Auf wen das zurückzuführen ist, sei dahingestellt, jedenfalls handelte es sich um eine Präzisierung. Ferner unterschied man deutlich zwischen der bewohnten Erde (*oikumene*) und den Randgebieten, die als Wüsten und Gebirge menschenleer bzw. von Fabelwesen bevölkert waren und jenseits derer erst der kreisrunde Okeanos floss - übrigens nach wie vor ein Relikt des magisch-mythischen Weltbildes.[50] Generell wurden auch kleinere geographische Einheiten in Form geometrischer Figuren (Drei-

---

48   Vgl. den Umgang mit solchen Karten bei Hdt. V 49 und Aristoph. nub. 206ff.
49   Vgl. PRONTERA, Hekataios Tafel 26 b. Vgl. ferner Abb. 2 im Beitrag von J. ENGELS (= ENGELS, Raumauffassung 130).
50   Zu traditionellen Elementen im Weltbild des Hekataios s. jetzt auch HIRSCHBERGER, Genealogie 19ff.

ecke, Rechtecke, Quadrate) und Linienführungen (Winkel, Parallelen) konkretisiert.

Abb. 8: Rekonstruktion des westlichen Teils der Erdkarte des Eratosthenes

Das andere Problem war prinzipiell noch schwieriger, erwies sich aber letztendlich sogar als förderlich, weil man gleichsam aus der Not eine Tugend machte. Die Informationen, die Hekataios und seinen ‚Kollegen‘ vorlagen, stammten ja aus der Erfahrungswelt, waren sozusagen Rezeptwissen von Seefahrern, Händlern und anderen Reisenden. Sie waren, der ursprünglichen Raumorientierung entsprechend, hodologisch. Gerade das Periplus-Schema war hier, wie wir gesehen haben, charakteristisch. Es bestand also die Aufgabe grundsätzlich darin, diesen Typ von Raumorientierung mit dem ganz anders gearteten der Fläche zu verbinden.

Zunächst kamen die konkreten Gegebenheiten dem allerdings entgegen. Die empirischen Kenntnisse bezogen sich nach Lage der Dinge zunächst auf das Mittelmeer, genauer: auf dessen Umfahrung entlang der Küsten. Die Vorstellung einer im Prinzip vom Kreis, also der Zirkularität geprägten Welt ließ sich hier leicht, dem Augenschein, also der Erfahrung nach, bestätigen.[51] Man fuhr herum: Der Begriff Periplus besagt ja genau das. Damit aber ließ sich die in der hodologischen Strukturierung so wichtige Kombination von Strecken und Punkten sehr gut für die Präzisierung in der Karte gebrauchen, jedenfalls im Bereich der Küstenlinien. Hinzu kam die Tatsache, dass die hodologische Raumstrukturierung und -memorierung zur Begradigung von Linien tendiert, was einer Umsetzung ins Geometrische sehr förderlich ist.

Geometrie und Astronomie erlaubten aber auch umgekehrt eine Verbesserung im Hinblick auf die Optik des Periplus. Hier bestand ja das Problem der Strukturierung des Binnenlandes. Man hatte hier ein relationales Schema, indem man gleichsam von der Küste her schaute und die Regionen, Stämme und anderen Gegebenheiten nacheinander aufzählte, als lägen sie darüber; man denke an den Begriff der *anabasis*. Dies konnte man insofern präzisieren, als diese Aufzählungen nun mit Himmelsrichtungen verbunden wurden. Wenn man nun die Strecken und Punkte des Periplus mit solchen Linienführungen verband, wurde der Gewinn an Präzision noch beachtlicher. Dies zeigen immerhin einige Hekataios-Fragmente, von denen ich hier nur ein einfaches Beispiel gebe:[52] Die Polis Cherronesos (sonst meistens Chersonnesos) liegt auf der gleichnamigen Halbinsel (Gallipoli). Dies war ein ganz markanter Bereich in jedem Periplus. Außerdem sitzen die Cherronesier aber auch südlich des Stammes der Apsinthier. Damit wiederum sind diese durch die Periplus-Angabe und die Himmelsrichtung genauer bestimmt. Generell waren die verschiedenen Punkte in einem Koordinatensystem eingespannt, die durch wechselseitige Bezüge (in der relationalen Struktur) und durch die Beschreibung nach der exakten Himmelsrichtung bestimmt waren

Die Kombination von hodologischem und geometrischem Verfahren ging aber noch weiter. Man integrierte die charakteristischen Elemente der hodologischen Raumsicht dergestalt in das geometrische Konstrukt, dass man sie zu Messpunkten machte, also eben ganz konkret zur Präzisierung benutzte. Im Schema des Periplus sind wichtige *landmarks* zum Beispiel Vorgebirge, Buchten, Flussmündungen, Meer- und Landengen. Solche Marken nutzte man jetzt als Endpunkte für die Messungen und die geometrischen Konstruktionen. Das zeigt etwa [28][29] die Entsprechung von Istros- und Nilmündung, die noch bei Herodot auf demselben Meridian liegen, also genau gegenüber ins Meer münden. Entscheidend war allerdings, dass die Geometrie den Rahmen vorgab. Welcher der zahlreichen – und für den Seefahrer unter verschiedenen praktischen Gesichtspunkten relevanten – Markierungspunkte eine geometrisch-kartographische Funktion erhielt, lag an dem Gesamtsystem. Allerdings musste dieses immer wieder mit den empirischen Angaben

51   Vgl. PRONTERA, Hekataios 130.
52   FGrHist 1 F 163.

abgeglichen werden, so dass sich hier ein Prozess der fortschreitenden Verfeinerung ergeben konnte.

Ähnliches galt auch für die Entfernungsangaben innerhalb des hodologischen Systems. Sie wurden jetzt als Längenangaben in das geometrische Bild integriert. Das war naturgemäß besonders problematisch, schon deshalb, weil eine empirische Größe, die nach der absolvierten Zeit (eben: Tagesreisen) erfasst war, nun in eine Strecke umgerechnet wurde. Dazu kam, dass aus einem realen Weg die Luftlinie wurde. Die Probleme stechen besonders bei Herodots entsprechender Klassifizierung des Skythenlandes ins Auge.[53] Es handele sich dabei um ein Quadrat von 20 mal 20 Tagesreisen bzw. etwa 4000 mal 4000 Stadien. Es geht bei der abstrakten geometrischen Figur also um Luftlinien, für die Zeitangaben stehen, die von konkreten Reisen hergeleitet sind. Zudem sind sogar Tagesreisen zu Lande denen zu Wasser gleichgesetzt, und diese dann zusätzlich in Entfernungsangaben umgesetzt. Herodot war sich allerdings darüber im klaren, dass dieses Verfahren nur approximativ war. Darüber hinaus stellt er auch Überlegungen darüber an, wie sich Umrechnungsfaktoren, etwa zwischen der Entfernung auf dem Meer und der Länge eines Schiffes, ermitteln lassen.[54] Das sieht alles noch etwas holprig aus, aber immerhin muss man zugeben, dass es von der gedanklich-mathematischen Seite her schlüssig war, zugleich immer offen für Verbesserungen und Präzisierungen, soweit die euklidische Geometrie sie zuließ.

Gerade Kenner wie Walter Burkert und Kurt von Fritz haben mehrfach und auf verschiedene Weise darauf hingewiesen,[55] dass man auf diese Weise den natürlichen topographischen Gegebenheiten Gewalt angetan habe. In der Tat gewinnt man den Eindruck, als werde hier die Natur auf das Prokrustesbett der Geometrie gespannt. Gerade das aber ist charakteristisch. Wie man auch dazu stehen mag, die Griechen, genauer gesagt, griechische Intellektuelle der späten Archaik, haben ein Raum- und Weltverständnis entwickelt, das im Kern auf der Mathematik, der Konstruktion, dem Gedanken beruhte und die Empirie von dort her erfasste. Dies sollte sich auch grundsätzlich nicht verändern, aber auf Grund verbesserter Information und vertiefter geometrisch-astronomischer Kenntnisse und Fähigkeiten zu beachtlichen Fortschritten führen und dann übrigens infolge komplexer Rezeptionsprozesse auch die neuzeitliche Raumvorstellung im Grundsätzlichen prägen. Bestimmend aber blieben das Schema und der Rahmen der Geometrie, der man viel zutraute.[56] Bis zuletzt etwa hat man nicht gelernt, dass die alte mediterrane Mittellinie, sozusagen der Mittelmeeräquator, das *diaphragma,* den realen Zustand im Maghreb nicht traf. Afrika musste eben südlich dieser Trennungslinie liegen. Erst die Araber haben das besser gewusst.

Der Widerspruch zwischen der kartographischen Konstruktion und der alltäglichen Raumwahrnehmung war mithin eklatant. Dies wurde auch sehr deutlich

---

53 Hdt. IV 168ff.

54 Vgl. Hdt. IV 86.

55 Belege bei GEHRKE, Geburt 184 Anm. 107 [hier: S. 64].

56 Vgl. etwa Ptol. Geog. I 1,2, wo die „Gesamtdarstellung" den Bezugspunkt bildet, s. auch den Beitrag von GEUS in diesem Band (= GEUS, Ptolemaios).

wahrgenommen. Schon Herodot zeigt die Schwächen jenes Modells auf, obwohl er ihm doch selbst anhängt. Er ist jedoch in vieler Hinsicht skeptischer als seine Vorgänger und Kollegen. Dies zeigt sehr schön seine Erdbeschreibung in 4, 36ff., die noch deutlich den Schematismus der älteren *historie* verrät.[57]

Aber auf der anderen Seite zeigt er deren Schwächen auf,[58] gerade dort, wo es um die Rekonstruktion der Randzonen geht. Damit legt er seine Hand an ein wesentliches Element der alten Karten, das ja gleichzeitig im mythischen Vorstellungshorizont verankert war: den im Kreis umlaufenden Okeanos. Er fragt sehr konkret, wo überhaupt in der äußeren Sphäre ein Meer nachzuweisen ist und konstatiert, dass dies im Norden und Osten unklar ist. Diese Skepsis oder besser Zurückhaltung gegenüber dem Episch-Mythischen[59] ist ja auch sonst für Herodot charakteristisch, gerade in dem Umgang mit der Geschichte. Sie zeigt seine Innovationskraft, die aber doch immer noch im Rahmen der gegebenen Tradition bleibt.

Überhaupt verzichtet Herodot wegen der erwähnten und anderer Unsicherheiten auf eine kartographische Darstellung der Welt. Angesichts des deiktischen, auf Präzision orientierten und zugleich suggestiven Charakters dieses Mediums war dies gewiss eine weise Entscheidung. Er macht sich sogar über entsprechende Sichtweisen lustig, und diesem Zweck gilt gewiss auch die Geschichte, die er über Aristagoras' Operieren mit einer ionischen Erdkarte (die heißt übrigens *pinax* mit einer *ges periodos*) erzählt.[60] Zunächst zeigt sie sehr präzise, wie diese Karte funktioniert: Sie ist eine Kombination von hodologischer Sequenz und flächiger Sicht, wie der Wegverlauf von der kleinasiatischen Küste ins Zentrum des Persischen Reiches, aber auch die an sich überflüssige Erwähnung von Zypern zeigen. Außerdem bedarf sie der demonstrierenden Erläuterung. Für praktische Zwecke ist sie allerdings ungeeignet, wie die Frage des Königs Kleomenes zeigt, der an die Erfordernisse einer konkreten militärischen Operation denkt.

Herodot bringt hier die große Diskrepanz der Sichtweisen zum Ausdruck. Ganz ähnlich macht dies Aristophanes in den *Wolken*.[61] Hier zeigt ein Schüler des Sokrates, also ein Intellektueller, dem athenischen Bürger und Bauern Strepsiades eine [30] Karte (die übrigens auch *ges periodos* heißt), um diesem zu imponieren. Dieser aber denkt bei „Vermessung der ganzen Erde" zunächst an Landverteilung, vermisst im Blick auf Attika ein athenisches Charakteristikum, die Geschworenen, fragt nach der Lokalisierung seines Dorfes, missversteht einen geographischen Fachterminus im Sinne der Alltagssprache politisch-militärisch und ist schließlich entsetzt, dass der Feind Sparta so dicht bei Athen liegt.

Dies mag dazu dienen, die hier vorgestellten Beobachtungen zur archaischen Raumsicht zu relativieren bzw. zu kontextualisieren. Das gängige Raumbild war nicht von des Gedankens Blässe angekränkelt. Es blieb dem gleichsam natürlichen Verfahren der Hodologie verpflichtet, und auch wenn man sich zu praktischen

---

57 Hdt. IV 36–41. Vgl. generell ZIMMERMANN, Hdt. Vgl. ferner Abb. 1 im Beitrag von R. BICHLER (= BICHLER, Herodots *Historien* 68).
58 Vgl. GEHRKE, Geburt 179 [hier: S. 59].
59 Vgl. PRONTERA, Hekataios 131.
60 Hdt. V 49.
61 Aristoph. nub. 206ff.

Zwecken im Raum bewegte, lieferte es die Orientierung. Einige wenige Intellektuelle, im Reiche der Muße lebend und in engem und kompetitivem Gedankenaustausch stehend, entwickelten ein Weltbild, das zwar die Beobachtung respektierte, aber die Abstraktion als Basis nahm, mithin – vergleichbar den Philosophen – mit einer mehr als bloß empirischen Wirklichkeit operierte, die Maß und Ordnung bestimmte. Beides stand nebeneinander, durchweg strikt geschieden. Die Kluft zu überbrücken sollte anderen vorbehalten bleiben.

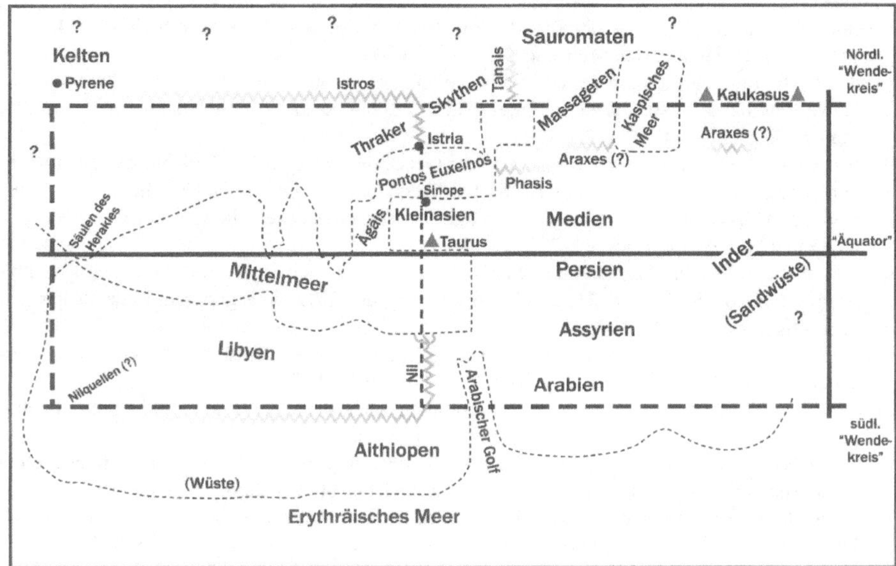

Abb. 9: Rekonstruktion der Weltvorstellung Herodots[62]

---

62 Vgl. Abb. 1 im Beitrag von R. BICHLER (= BICHLER, Herodots *Historien* 68).

BIBLIOGRAPHIE

ASSMANN, J., Ägypten. Theologie und Frömmigkeit einer frühen Hochkultur, Stuttgart u. a. 1984.

BICHLER, R., Herodots *Historien* unter dem Aspekt der Raumerfassung, in: M. Rathmann (Hrsg.), Wahrnehmung und Erfassung geographischer Räume in der Antike, Mainz 2007, 67–80.

BOTTÉRO, J., Das Erste Semitische Großreich, in: E. Cassin, J. Bottéro, J. Vercoutter, J. (Hrsg.), Fischer Weltgeschichte Bd. 2. Die Altorientalischen Reiche I. Vom Paläolithikum bis zur Mitte des 2. Jahrtausends, Frankfurt / Main 1965, 91–128.

BURKERT, W., Weisheit und Wissenschaft. Studien zu Pythagoras, Philolaos und Platon, Nürnberg 1962.

BURKERT, W., Die Griechen und der Orient. Von Homer bis zu den Magiern, München 2003.

CASSIRER, E., Versuch über den Menschen, Hamburg 1996.

ENGELS, J., Die Raumauffassung des augusteischen Oikumenereiches in den Geographika Strabons, in: M. Rathmann (Hrsg.), Wahrnehmung und Erfassung geographischer Räume in der Antike, Mainz 2007, 123–134.

GEHRKE, H.-J., Die Geburt der Erdkunde aus dem Geiste der Geometrie. Überlegungen zur Entstehung und zur Frühgeschichte der wissenschaftlichen Geographie bei den Griechen, in: W. Kullmann, J. Althoff, M. Asper (Hrsg.), Gattungen wissenschaftlicher Literatur in der Antike, Tübingen 1998, 163–192 [hier: 44–72].

GEUS, K., Ptolemaios über die Schulter geschaut – zu seiner Arbeitsweise in der Geographike Hyphegesis, in: M. Rathmann (Hrsg.), Wahrnehmung und Erfassung geographischer Räume in der Antike, Mainz 2007, 159–166.

GONZÁLEZ PONCE, F. J., El corpus periplográfico griego y sus integrantes más antiguos: época arcaica y clásica, in: Pérez Jiménez / Cruz Andreotti 1998, 41–75.

HÄNGER, Ch., Die Karte des Agrippa, in: M. Rathmann (Hrsg.), Wahrnehmung und Erfassung geographischer Räume in der Antike, Mainz 2007, 135–142.

HARLEY, J. B., WOODWARD, D. (Hrsg.), The History of Cartography, vol. I: Cartography in Prehistoric, Ancient, and Medieval Europe and the Mediterranean, Chicago – London 1987.

HEILEN, S., Die Anfänge der wissenschaftlichen Geographie: Anaximander und Hekataios, in: W. Hübner (Hrsg.), Geographie und verwandte Wissenschaften, Stuttgart 2000, 33–54.

HIRSCHBERGER, M., Genealogie und Geographie – Der hesiodeische Gynaikōn Katalogos als Vorläufer von Hekataios und der ionischen *Historie*, in: J. Althoff, B. Herzhoff, G. Wöhrle (Hrsg.), Antike Naturwissenschaft und ihre Rezeption XIV, Trier 2004, 7–24.

HÖLSCHER, U., Die Odyssee. Epos zwischen Märchen und Roman, München ²1989.

JACOB, Ch., Géographie et ethnographie en Grèce ancienne, Paris 1991.

JANNI, P., Los límites del mundo entre el mito y la realidad : evolución de una imagen, in: Pérez Jiménez/Cruz Andreotti, Los límites de la tierra, 23–40.

JANOWSKI, B., Vom natürlichen zum symbolischen Raum. Aspekte der Raumwahrnehmung im Alten Testament, in: M. Rathmann (Hrsg.), Wahrnehmung und Erfassung geographischer Räume in der Antike, Mainz 2007, 51–64.

KIENAST, B., Zur Herkunft der achämenidischen Königstitulatur, in: U. Haarmann, P. Bachmann (Hrsg.), Die islamische Welt zwischen Mittelalter und Neuzeit. Festschrift für Hans Römer zum 65. Geburtstag, Beirut 1979, 351–364.

MAGNANI, S., Geografia storica del mondo antico, Bologna 2003.

MILLARD, A. R., Cartography in the Ancient Near East, in: Harley/Woodward, History of Cartography, 107–116.

MOYNIHAN, R., Geographical Mythology and Roman Imperial Ideology, in: R. Winkes (Hrsg.), The Age of Augustus, Providence, RI, Louvain-la-Neuve 1985, 149–162.

MÜLLER K. E., Das magische Universum der Identität. Elementarformen sozialen Verhaltens. Ein ethnologischer Grundriß, Frankfurt/Main – New York 1987.

NISSEN, H. J., Geschichte Altvorderasiens, München 1999.

PÉREZ JIMÉNEZ, A., CRUZ ANDREOTTI, G. (Hrsg.), Los límites de la tierra : El espacio geografico en las culturas mediterráneas, Madrid 1998.

PRONTERA, F., Hekataios und die Erdkarte des Herodot, in: D. Papenfuß, V. M. Strocka (Hrsg.), Gab es das griechische Wunder? Griechenland zwischen dem Ende des 6. und der Mitte des 5. Jahrhunderts v. Chr., Mainz 2001, 127–135.

SHORE, A. F., Egyptian Cartography, in. Harley/Woodward, History of Cartography, 117–129.

WALKER, C. B. F., Wissenschaft und Technik, in: B. Hrouda (Hrsg.), Der Alte Orient. Geschichte und Kultur des alten Vorderasien, Gütersloh 1991, 247–269.

WIRBELAUER, E., Der Schild des Achilleus (*Il.* 18, 478–609). Überlegungen zur inneren Struktur und zum Aufbau der ‚Stadt im Frieden‘, in: H.-J. Gehrke, A. Möller (Hrsg.), Vergangenheit und Lebenswelt. Soziale Kommunikation, Traditionsbildung und historisches Bewußtsein, Tübingen 1996, 143–178.

ZIMMERMANN, K., Hdt. IV 36, 2 et le développement de l'image du monde d'Hécatée à Hérodote, in : Ktema 22, 1997, 285–298.

ZIMMERMANN, K., Die Raumwahrnehmung bei den Karthagern, in: M. Rathmann (Hrsg.), Wahrnehmung und Erfassung geographischer Räume in der Antike, Mainz 2007, 41–50.

ABBILDUNGSVERZEICHNIS

Erschienen in: Geographia Antiqua 18, 2009, 133–143.

THUKYDIDES UND DIE GEOGRAPHIE

Im Unterschied zu anderen sind die geographischen Aspekte im Werk des Thukydides wenig erforscht. Nun treten diese in seinem Text selbst, verglichen mit der
uns überlieferten und bei Herodot bezeugten Tradition der Gattung, auch wenig
hervor. Deshalb herrschte in der älteren Forschung, so etwa in den Kommentaren
von Classen–Steup und Gomme sowie in dem einschlägigen Artikel von Lionel
Pearson,[1] die Auffassung, dass die *geographica* bei Thukydides wenig strukturiert
und bedeutsam gewesen seien, eher zufällige Relikte seiner Quellenbenutzung
(z. B. des Hekataios); mithin auch ein Indiz für den unfertigen Zustand des Werkes.
Die sehr detaillierte, freilich auch nicht leicht lesbare Dissertation von Friedrich
Sieveking bezieht hier eine klare und spezifische Gegenposition:[2] Die Erdkunde
bilde einen festen Bestandteil von Thukydides' Werk, sie sei sehr bewusst eingesetzt und kompositorisch gut integriert, für den Text und den historischen Bericht
relevant. Neuerdings wurde diese Auffassung wieder – freilich sehr knapp und ohne
explizite Diskussion – relativiert (durch Simon Hornblower),[3] andererseits – freilich auch mit dem Blick auf die narrativen Aspekte – differenziert (durch Peter
Funke und Matthias Haake):[4] Im Topographischen sei Thukydides teils vage, teils
unterbelichtet, biete nur, was unbedingt nötig sei. Es habe folglich nur reduzierte
Bedeutung, weil man zwar der Erzählung folgen könne, aber sonst nicht viel von
Geographie mitbekomme.[5] Das sind wichtige und treffende Beobachtungen, mit
denen ich freilich nicht ganz übereinstimmen kann. Deshalb möchte ich das Thema
erneut angehen, und zwar sehr dezidiert von dem her, was man als „Geographi-
sches" für Thukydides selbst anzunehmen hat.

Mein Neuansatz geht deshalb von Raumvorstellungen aus, wie sie in letzter
Zeit (besonders von Pietro Janni, Alexander Podossinov und Francesco Prontera)[6]

1   L. PEARSON, *Thucydides and the Geographical Tradition*, CQ, XXXIII, 1939, 48–54.
2   F. SIEVEKING, Die Funktion geographischer Mitteilungen im Geschichtswerk des Thukydides,
     Klio, XLII, 1964, 73–179.
3   S. HORNBLOWER, *A Commentary on Thucydides*, volume I, Oxford, Clarendon Press 1991, 68.
4   P. FUNKE – M. HAAKE, *Theaters of War: Thucydidean Topography*, in: A. RENGAKOS –
     A. TSAKMAKIS (Hgg.), *Brill's Companion to Thucydides*, Leiden – Boston, Brill 2006, 369–
     384.
5   S. bes. FUNKE – HAAKE 2006, 379.
6   P. JANNI, *La mappa e il periplo. Cartografia antica e spazio odologico*, Rom 1984; A. PODOS-
     SINOV, *Iz istorii anticnykh geograficeskich predstavlenij*, VDI, CXXXXVII, 1979, 147–166;
     ID., *Die Orientierung der alten Karten von den ältesten Zeiten bis zum frühen Mittelalter*, Car-
     tographia Helvetica, VII, 1993, 33–43; F. PRONTERA, *Prima di Strabone: Materiali per uno
     studio della geografia antica come genere letterario*, in: ID. (a cura di), *Strabone. Contributi
     allo studio della personalità e dell'opera* (Pubblicazioni degli Istituti di Storia Antica e di Storia
     Medioevale e Moderna della Facoltà di Lettere e Filosofia), Perugia, Università degli Studi

für die griechische [134] Erdkunde erschlossen worden sind. Ich frage also zunächst, wie weit sich diese bei Thukydides widerspiegeln und wie sie ggf. modifiziert und akzentuiert worden sind (exemplarisch in I, generell in II). Von daher versuche ich dann, den Stellenwert des Geographischen im Werk des Thukydides neu zu bestimmen (III). In diesem Sinne lässt sich zugleich weiterführen und auf eine breitere Basis stellen, was Consuelo Fabiana Zoccari bereits vor einigen Jahren in einem wichtigen Beitrag zur Beschreibung des Odrysenreiches durch Thukydides – in der Tat eine Schüsselpartie für den ‚Geographen' Thukydides – erarbeitet hat.[7]

I

Ich beginne mit dieser Passage,[8] die der traditionellen Präsentation von geographischen Phänomenen am nächsten kommt und die insofern Herodots geographisch-ethnographischen Teilen noch am ehesten entspricht (wenn auch, besonders im Ethnographischen, nur als ‚Schwundstufe'), nämlich der Darstellung des thrakischen Odrysenlandes, die der Historiker aus Anlass des großen Feldzuges des Sitalkes gegen den makedonischen König Perdikkas im Winter 429/8 gibt (2, 96–101, hier: 96–98); an sie ist konsequenterweise eine Beschreibung Makedoniens angeschlossen (2, 99f.).

In diesem Abschnitt erkennen wir sofort die zweidimensional-flächige Sicht, wie sie für die griechische Geo- und Kartographie so charakteristisch ist: Man sieht gleichsam von oben auf das Reich des Sitalkes und erhält relativ präzise Zahlenangaben zu dessen Ausdehnung (Abb. 1).[9] Zunächst erscheinen Haimos- und Rhodope-Gebirge als – nördliche – Grenzen eines sozusagen engeren Gebietes, die Donau (Istros) als Grenze eines erweiterten Raumes. Als jeweils andere Grenze (d. h. nach Lage der Dinge im Süden und Osten) erscheint das Meer; das Land innerhalb des umgrenzten Raumes wird konsequent mit dem Begriff *entós* bezeichnet. Das erweiterte Gebiet, als dessen meerseitige Grenze das Schwarze Meer hervorgehoben wird, bewohnen vorwiegend Geten, also keine Thraker, wie in dem engeren Gebiet. Passend zu dieser Sicht erscheinen sozusagen an der anderen Seite der Geten und der anderen dort siedelnden Gruppen (also, wie man annehmen darf, jenseits der Donau) als Grenznachbarn (*homoroi*) die Skythen, welche im Übrigen zugleich eine ähnliche Bewaffnung und damit Kampfesweise haben, nämlich

---

1984, 189–259; ID., *Periploi: Sulla tradizione della geografia nautica presso i Greci, in: L'uomo e il mare nella civiltà occidentale: da Ulisse a Cristoforo Colombo,* (Atti del Convegno di Genova, 1–4 giugno 1992), Genua 1993, 27–44.

7   C. F. ZOCCARI, *Tucidide ‚geografo': La descrizione del regno degli Odrisi (II, 96–97),* GeogrAnt, X/XI, 2001/02, 145–153.

8   Zu dieser vgl. neben ZOCCARI loc. cit. auch SIEVEKING loc. cit., 176f. sowie M. ZAHRNT, *Macedonia and Thrace in Thucydides,* in: RENGAKOS – TSAKMAKIS loc. cit., 589–614, bes. 612f.

9   Die Kartenskizze soll lediglich andeuten, wie sich die erwähnten Lokalitäten etwa zu einem Gesamtbild (etwa einer Karte im Kopf des Thukydides oder seiner Leser) hätten fügen können, und dient auch der Illustration der folgenden Bemerkungen.

„Pferdebogner" (*hippotoxotai*) sind (96,1). Sie sind auch politisch vom Odrysenreich zu trennen.[10]

Die Grenzen im Nordwesten und Westen des Reiches werden durch die Stämme der Agrianer und Lalaier (und anderer) sowie das Skombros-Gebirge und den durch das Gebiet der Agrianer und Lalaier fließenden Strymon markiert, außerdem durch die Stämme der Trerer und Tilataier nördlich des Skombros-Gebirges (96,3f., vgl. auch 97,2). Auch hier werden die jenseits des Reiches lebenden Völker, deren politische Nichtzugehörigkeit mit [135] dem Begriff *autónomos* bezeichnet ist, genannt: Es handelt sich um die Paionen, von denen freilich ein Teil, nämlich die genannten Agrianer, Lalaier und Nachbarn, zu Sitalkes gehört, und um die Triballer, welche folglich im Westen und Nordwesten an Sitalkes' Land anschließen.

Der flächig gefasste Raum hat also klar fixierte Grenzen. Wenig später, wenn Thukydides mit Bezug auf diesen Raum von „in Europa zwischen dem Ionischen (*Ioníou kólpou)* und dem Schwarzen Meer (*Euxeínou póntou)*" spricht (97,5), wird im Übrigen deutlich, dass es noch weitere flächige Dimensionen, Großregionen sozusagen, gibt, in die der Raum mit seinen Grenzen integriert ist. Die Grenzen selbst werden markiert durch ethnische Gruppen und physiogeographische Phänomene: Meere, Flüsse, Gebirge. Fasst man das noch genauer, dann kann man sagen, dass ‚natürliche', genauer, in der Natur klar und markant hervortretende Grenzen mit ethnischen und politischen identifiziert bzw. wenigstens korreliert werden. Das Politische steht hier im Vordergrund, weil es ja schließlich um das Reich des Sitalkes geht. Aber das geographische Ordnungsraster ist deutlich erkennbar. Es steht ganz in der Tradition, die sich in den Generationen vor Thukydides entwickelt hatte und wie es in den folgenden Jahrhunderten das Gesicht geographischer Beschreibungen (auch politisch-geographischer) bestimmte. So erkennt man leicht die große Nähe etwa zu Caesars Beschreibung und Umgrenzung Galliens.

Im Sinne dieser Tradition steht nun auch die Vermessung des Landes. Auch sie bezieht sich zunächst auf die Fläche, indem grob zwei Richtungen bzw. Perspektiven unterschieden werden, zum Meer und zum Festland hin (*epí thálassan kathékousa*, 97,1 bzw. *pros thálassan* und *es épeiron*, 97,2). In der Messung selbst kommt nun die ältere und, wenn man so will, elementare Form der Raumorientierung ins Spiel, nämlich die hodologische, also am Weg orientierte und insofern eindimensional-lineare. Auch dies entspricht der Tradition der wissenschaftlichen

---

10   Das entspricht auch inhaltlich *grosso modo* den geographischen Vorstellungen: [Skyl.] 67 hat Strymon und Istros als binnenländische Grenzen im Westen und Norden, ansonsten, wie aus seinem *paraplus* (von der Strymonmündung bis zum Istros, unterteilt in Streckenabschnitte bis Sestos und bis zur Einmündung des Bosporus in den Pontos) hervorgeht, das Meer. Nach F. JACOBY, *Die Fragmente der griechischen Historiker (FGrHist). Erster Teil. Genealogie und Mythographie, a: Kommentar-Nachträge, Nr. 1–63,* Leiden, Brill ²1957. 146 hatte Hekataios im Norden den Haimos als Grenze, hat also bereits die Geten von den Thrakern im engeren Sinne geschieden, ebenso wie die Paionen, die durch den Strymon abgegrenzt wurden (wo Jacoby auf Thuk. 2,96,3 verweist): „dem gesamtgebiet gab er (sc. Hekataios) gewiß eine regelmäßige Gestalt (rechteck?) und hat es vielleicht vom Thermaischen busen bis zum Pontos zusammenfassend als ein *tmema* behandelt"; zur Beziehung des Thukydides zur geographischen Tradition in diesem Zusammenhang s. auch PEARSON loc. cit. 51.

Erdkunde der Griechen, in der man – und das dürfte die große Leistung des Hekataios gewesen sein – die zweidimensionale Struktur mit Hilfe der eindimensionalen Wege, Linien und Fixpunkte gliederte und ausmaß.[11] Man musste hierzu auf empirische Angaben zurückgreifen, die sich letztendlich auf konkrete Wege bezogen, weil man vor den mathematisch-astronomischen Konstruktionen und Berechnungen der späteren mathematischen Geographie gar keine Alternative hatte. Da die Wege aber zu geometrisch relevanten Linien geworden waren, herrschte schon eine gedankliche Begradigung und insofern auch eine gewisse Abstraktion. Das lässt sich auch bei Thukydides beobachten, der überdies um besondere Genauigkeit bemüht ist.

Den Weg aus der auf das Meer bezogenen, also nach Süden und Osten gerichteten Perspektive bezeichnet er auf zwei Weisen, nämlich im Hinblick auf den See- und auf den Landweg. Die für die konkrete Fahrt bzw. Reise wichtigen Fixpunkte sind hier zu Messpunkten geworden. Es handelt sich um Abdera, das relativ weit im Südwesten von Sitalkes' Gebiet lag,[12] um Byzantion und um die Donaumündung. Der Seeweg (und dies ist nun ganz konsequent im Periplus-Schema) führt von Abdera bis zur Donaumündung und dauert im günstigsten Fall vier Tage und vier Nächte (hier ist Thukydides ganz präzise und konkret, [136] indem er den Schiffstyp[13] und die Windverhältnisse mitberücksichtigt). Zu Lande braucht man zwischen denselben Punkten 11 Tage; auch dies im günstigsten Falle, mit Bezug auf einen „wohlgegürteten", also schnell beweglichen Reisenden, der aber durchaus schon gedanklich, als Maßeinheit gleichsam, gefasst ist (97,1).[14] Die umgekehrte Richtung führt von Byzanz bis zu dem am weitesten entfernten Grenzgebiet im

11 Hierzu s. H.-J. GEHRKE, *Die Geburt der Erdkunde aus dem Geiste der Geometrie. Überlegungen zur Entstehung und zur Frühgeschichte der wissenschaftlichen Geographie bei den Griechen*, in: W. KULLMANN – J. ALTHOFF (Hgg.), *Gattungen wissenschaftlicher Literatur in der Antike* (ScriptOralia, Band XCV), Tübingen, Gunter Narr Verlag 1998, 163–192, bes. 177ff. [hier: S. 44–72, bes. S. 57ff.], ID., *Die Raumwahrnehmung im archaischen Griechenland*, in: M. RATHMANN (Hg.), *Wahrnehmung und Erfassung geographischer Räume in der Antike*, Mainz, Philipp von Zabern 2007, 17–30 [hier: S. 73–95].
12 Theoretisch hätte man an die Strymon-Mündung gehen müssen und z. B. mit Eion auch einen markanten Punkt finden können, aber angesichts der Tatsache, dass die Küstenregion der nördlichen Ägäis nicht zu Sitalkes gehörte, sondern sich bekanntlich im athenischen Herrschaftsgebiet befand, lässt sich an der Küstenzone die o. a. Korrelation von natürlich markanten und politischen Grenzen nicht durchhalten. Das war auch den Lesern des Thukydides bekannt. Hier konnte er also pragmatisch entscheiden, und womöglich hatte er für Abdera die zuverlässigsten Angaben. Auch die für seinen Fokus nicht relevante Situation an den Meerengen, die etwa bei Ps.-Skylax so deutlich hervortritt (s. o. Anm.10), hat Thukydides, mit Ausnahme der Erwähnung von Byzantion, nicht näher berücksichtigt. Dessen Markierung auf der gedanklichen Karte (Abb. 1) ist also recht willkürlich.
13 *Naus strongýle*, das ist ein Handelsschiff, vgl. A. W. GOMME, *A Historical Commentary on Thucydides*, volume II, Books II–III, Oxford, Oxford University Press 1956, 243, ebd. auch zur Parallele bei Herodot (4,86,1) und zur Genauigkeit des Thukydides.
14 Zu dieser Länge nach antiken Vorstellungen, insbesondere nach Herodot, s. GOMME loc. cit. 244, der auch betont, dass es hier um „rather a measure of distance than of time" geht; auch dieser bereits herodoteische und womöglich schon ältere Begriff spielt in der späteren Geographie und Chorographie als Maßeinheit der Entfernung zu Lande eine wichtige Rolle.

Binnenland (*áno!*) zum Gebiet der Laiaier und zum Strymon (97,2), was zu den o. a. Grenzziehungen genau passt. Hier handelt es sich um mindestens 13 Tagereisen.

Nimmt man alles zusammen, die flächige Struktur und die lineare Vermessung, so kommt man relativ leicht auf eine Art von Rechteck. Es ist keine komplette Figur, denn Thukydides war kein Kartograph. Es kommt ihr aber nahe, weil Thukydides den Blick der klassischen Geographie hat, hinter dem eine flächige Karte mit linearen Abmessungen steht. So haben wir – und das unterstreicht gerade das Geometrische – neben der Außenumfahrung an der Seeseite, also zwei Seiten der Figur, ganz grob gesagt zwei Diagonalen, von Südwest nach Nordost (Abdera–Donaumündung) und Südost nach Nordwest (Byzantion–Laiaier/Strymon). Es ist alles so präzise, wie es eben ging; geometrisch orientiert ist es ebenfalls, so weit es möglich war, zugleich ohne den letzten Schematismus, sondern durchaus realistisch-pragmatisch.

Auf die geographische Beschreibung folgt unmittelbar, durchaus als ein Bestandteil von ihr (wie die Konjunktion am Beginn von 98,3 demonstriert), die Klassifizierung von Sitalkes' Machtpotential im weiteren Sinne, seiner Revenuen sowie der Kampfkraft und der Heeresstärke seiner Truppen, also der militärischen Qualität und Quantität; indirekt kommt auch die politische Klugheit ins Spiel (mit Blick auf die Skythen, 97,6). An Einkünften (*chremáton prosódoi kai tei allei eudaimoníai*), im Wesentlichen also an Tributen und Gaben (*phóros, dóra*) ist das Reich in seiner Großregion (vgl. o.) am stärksten (97,3–5); auch hier bietet die Präzision in der Zahlenangabe ein hohes Maß an Konkretisierung, die einen Vergleich mit Athen erlaubt.[15] Auch die Streitmacht ist nicht unbedeutend, was aber durch den Hinweis auf die besondere Stärke der Skythen relativiert wird (97,5f.). Quantität geht hier sozusagen vor Qualität. Weitere und auch präzisere Angaben hierzu werden dann in dem Feldzugsbericht selbst gegeben (98,3f.). Generell sieht man hier, gerade wenn man diese noch am ehesten ,herodoteische' Partie mit Herodot selbst vergleicht, dass vom Ethnographischen, das dort doch so wichtig war, hier nur das für das Machpotential Relevante zählt.

Der Bericht vom Makedonienfeldzug des Sitalkes schließt sich an eine die vorherige Beschreibung resümierende Bemerkung (98,1: *chóras tosaútes basileúon*) direkt an und ist auch damit mit jener verbunden. Zugleich finden sich weiter markant geographische Elemente. Sie beschreiben das Vorrücken bis nach Makedonien hinein und sind infolgedessen ganz aus hodologischer Perspektive geschrieben, mit Schlüsselwörtern wie rechts bzw. links von (98,2; 100,2.4). Zugleich bleibt dabei der Bezug zu den vorher erwähnten territorialen Gegebenheiten (98,1f.) und – wie schon erwähnt – zu dem militärischen Potential (98,3f.) erhalten. Die eingefügte Partie über Makedonien passt in ihrem gesamten Duktus, wie wir gleich noch sehen werden, genau in diese Form der Darbietung von Erdkunde, Machtpotential und Kampfhandlung.

Folglich kann man zusammenfassend sagen, dass dem pragmatischen Realismus in der geographischen Deskription selbst auch ihre Funktion entspricht. Sie

---

15   GOMME loc. cit. 245; SIEVEKING loc. cit. 176f.

soll das Reich des Si[137]talkes nicht nur beschreiben, sondern damit dessen Bedeutung präsentieren. Sieveking hat diese Funktion besonders markant hervorgehoben (loc. cit. 177): „In 2,97 steht kein Wort, das nicht Beziehung auf die Größe des Reiches, den Reichtum seiner Feudalherren und die Untüchtigkeit seiner Soldaten hat." Darüber hinaus lässt sich deutlich erkennen, dass Thukydides in ganz erheblicher Weise in seiner Bemühung um genaue Beschreibung und präzise Angaben dem Leser eine klare Vorstellung vermitteln will. Zugleich erlaubt diesem die Art der Präsentation auch, wiederum ziemlich genau – auch geographisch – nachzuvollziehen, wo und wie sich die Ereignisse abgespielt haben. Die deskriptive wie narrative Einbettung der geographischen Partien ist also bedeutsam. Sie leistet einen erheblichen Beitrag zum Verständnis der Ereignisse, aber auch ihrer Hintergründe und ihres Rahmens. Die Potenzen, die im Spiel sind, lassen sich relativ gut einschätzen. Man kann sich in ihre Welt, auch ganz konkret, hineinversetzen. So bleibt durchaus fraglich, ob es sich hier um eine „shining exception to the rule that there is little ethnography in Th. for its own sake"[16] handelt.

Vergleichbare, allerdings knappere Exkurse, vermitteln denselben oder einen ganz ähnlichen Eindruck. Dies gilt besonders für den schon erwähnten und direkt angeschlossenen Passus über Makedonien.[17] Auch hier haben wir in der Landesbeschreibung die charakteristische Verbindung der flächig-linearen Strukturierung, wie wir sie, etwa in der Anordnung von Stämmen im Binnenland von der Perspektive des Meeres aus, bei Hekataios finden.[18] Dies führt zu der für Makedonien insgesamt charakteristischen Zweiteilung in Unter- und Obermakedonien (*káto,* was zugleich *pará thálassan* ist, sowie *epánothen,* 99,1–3). Auch bei dieser geographischen Zweiteilung macht Thukydides deutlich, dass es sich zugleich um eine politische handelt, indem es neben dem im ‚unteren' Teil eindeutig herrschenden König Perdikkas bei den ‚oberhalb' gelegenen Stämmen (*éthne*) der Lynkesten und Elymioten sowie anderer auch „Königsherrschaften" gibt. Die schlichte Größe des Landes, die man aus dem Operieren mit den Begriffen ‚oben' und ‚unten' erschließen könnte, ist also im Hinblick auf ihre machtpolitische Bedeutung zu relativieren.

Die folgende Beschreibung des makedonischen Landes selbst geht von einer historischen Reminiszenz[19] an die Herkunft und Entwicklung der untermakedonischen Königsdynastie aus. Auf diese Weise kommt es aber zu einer ganz spezifischen Verquickung von Geschichte und Geographie: Die Beschreibung des Landes, seiner Bewohner und seiner Ausdehnung ist die der machtpolitischen Expansion dieser Dynastie (99,3–6). Der damit entstehende Eindruck großer Bedeutung, der auch noch durch das resümierende *xýmpan* (99,6) nahegelegt wird, wird aber gleich im Anschluss in Bezug auf das militärische Potential wiederum relativiert, was Thukydides Gelegenheit zu einer knappen, aber markanten Würdigung des Archelaos gibt – die übrigens narrativ nicht unbedingt gefordert gewesen wäre (100,1f.).

---

16 HORNBLOWER loc. cit. 371.
17 Hierzu s. jetzt auch ZAHRNT loc. cit. 590.
18 GEHRKE loc. cit. (1998) 185 [hier: S. 64].
19 Vgl. GOMME loc. cit. 246: „this is digression on past history".

Der Akarnanien-Exkurs orientiert sich ganz am Fluss Acheloos. Dieser ist als ‚Strukturelement' dreifach gut geeignet: Er ist schlicht geographisch für das akarnanische Territorium bedeutsam, weil er es durchfließt (2,102,2). Wegen der geomorphologischen Zustände in seinem Mündungsgebiet hat er auch eine Relevanz für die Kriegführung (102,2–4). Zugleich ist er ein akarnanischer Erinnerungsraum (102,5f.). Die geographische Strukturierung ist auch hier sowohl flächig als auch linear: Der Acheloos fließt „durch die akarnanische Ebene" (102,2), nachdem er vorher andere Gebiete durchquert hat, die damit bereits geographisch nach dem – sagen wir – Auf- und Abwärts-Prinzip geordnet sind. Dieses greift dann auch für Akarnanien selbst, indem die akarnanischen Poleis Stratos und Oiniadai „oben" (*ánothen*) bzw. „am Meer" (genauer: bei der Einmündung des Acheloos *es thálassan*) [138] situiert werden. Damit sind zugleich in diesem Bereich die Grenzpunkte Akarnaniens festgehalten.

Die geographische Beschreibung hat auch hier mit dem politisch-militärischen Geschehen zu tun,[20] weil das Mündungsgebiet des Acheloos Operationen erheblich behindert. Dies hat Thukydides besonders präzise herausgearbeitet (102,2–4). Zugleich gibt er – deutlich exkursartig – einen knappen historischen Bericht zur frühen Besiedlung des sehr rezenten Mündungsgebietes und von Akarnanien selbst (102,5f.). Dieser Ausflug in traditionelle, ja konventionelle griechische Mythistorie und Gründungserzählungen dient gewiss, vor dem Hintergrund verschiedener Varianten, einer kritischen Auseinandersetzung mit den Vorgängern, wie sie sich häufig – und auch implizit, wie hier – in Thukydides' Werk findet.[21] Er ist aber meiner Meinung nach auch im narrativen Kontext nicht überflüssig, denn er verleiht der Sonderrolle, die Oiniadai nicht zuletzt dank seiner besonderen Lage spielt und die im historischen Geschehen wie in dessen Schilderung durch Thukydides wichtig ist, ein besonderes Relief: Oiniadai gehört nicht nur zu Akarnanien, sondern ist geradezu eines von dessen Kerngebieten.[22]

II

Die verschiedenen Elemente und Aspekte, die wir in den besonders ‚geographiehaltigen' Exkursen beobachten können, durchziehen nun aber auch das gesamte Werk. Zunächst finden sich immer wieder explizite und implizite Hinweise auf die geographische Tradition, wobei bereits Homer eine große Rolle spielt, und zwar nicht zuletzt mit dem Problem der Lokalisierung der Orte der Odyssee.[23] Diesen alten Diskussionen konnte und wollte auch Thukydides nicht ausweichen. Generell

---

20   Vgl. SIEVEKING loc. cit. 170.

21   Vgl. SIEVEKING loc. cit. 127f. und s. auch W. D. FURLEY, *Natur und Gewalt – die Gewalt der Natur. Zur Rolle der Natur und der Landschaft bei Thukydides*, Ktema, XV, 1990, 173–182, hier bes. 173f.

22   Zu dem Exkurs zum Athos (4,109,4–1), der ebenfalls die Kombination von Fläche und Linie zeigt, s. u. und vgl. SIEVEKING loc. cit. 173.

23   1,25,4. 4,24,5, vgl. auch 3,104,2.; zu Thukydides' Respekt vor Homer vgl. SIEVEKING loc. cit. 179.

nimmt er – vergleichbar den Fällen, die wir schon behandelt haben – immer wieder, meistens implizit, zu Positionen der Vorgänger und ‚Kollegen' kritisch Stellung.[24]

In der Beschreibung und Lokalisierung folgt Thukydides ebenfalls den Konventionen. Hier tritt deutlich die linear-hodologische Perspektive mit ihren relativen Kategorien hervor. Dies zeigen verschiedene Signalwörter wie draußen und drinnen bzw. hinein,[25] bei,[26] über bzw. oben und oberhalb,[27] gegenüber,[28] rechts und links.[29] Andererseits gibt es eindeutig zweidimensional-flächige Klassifizierungen. Sie finden sich gerade dort, wo es um räumlich große bzw. weite Dimensionen, ja um globale Perspektiven geht: Wir haben schon gesehen, dass die südliche Balkanhalbinsel unserer Diktion als das Europa zwischen dem Ionischen Busen und dem Pontos bezeichnet wird (2,97,5); und so kann das Ionische Meer auch als Grenze innerhalb des Griechentums bzw. zwischen der Balkanhalbinsel und Italien erscheinen (7,57,10). Besonders signifikant ist in diesem Rahmen die Vorstellung, Sparta hätte durch eine athenische Eroberung Siziliens eingekreist (*periéste*) werden können (8,2,4): Hier hat der geometrische Blick die ganze Welt (oder mindestens die Mittelmeerwelt) im Auge. Zugleich ist er ein geopolitischer Blick, mit dem noch nachträglich die Bedeutung des athenischen Sizilienunternehmens unterstrichen wird. Hier ist die geographi[139]sche Perspektive also ganz eng mit dem Geschehen bzw. dessen Darlegung und Deutung durch Thukydides verknüpft.

In der Regel sind die linearen und die flächigen Blickwinkel, wie schon in unserem Ausgangsbeispiel, miteinander verbunden: bei der Planung von Demosthenes' Aitolienfeldzug im Jahre 426,[30] der gleichsam darauf antwortenden Aktion der Spartaner und Aitoler durch das Ozolische Lokris gegen Naupaktos,[31] dem Hilfszug der Peloponnesier nach Argos Amphilochikon im darauffolgenden Winter (3,106,1f.), dem Anschlag der Athener auf Boiotien im Jahre 424, der in der Katastrophe vom Delion mündete (4,76,3). Entsprechend schaut man auf Herakleia Trachinia und Euboia, mit einem *diáplous* dazwischen (3,93,1). Die Meerenge von Messina, ein – sagen wir – hodologisches Nadelöhr, verbindet das Tyrrhenische und das Sikelische Meer (4,24,5). In ähnlicher Weise werden die Insel Kythera und der Berg Athos orientiert, jene auf das Sikelische und das Kretische Meer hin, damit zugleich auch nach Ägypten und Libyen (4,53,3), dieser auf das Ägäische Meer und seine Stadt Sane „auf das nach Euboia hin gerichtete Meer".[32] Sizilien, dessen Lage,

---

24 4,24,5 zur Meerenge von Messina, vgl. SIEVEKING loc. cit. 130f.; reduzierend HORNBLOWER *Commentary*, vol II, 1996, 180–182; 6,2,1ff. zur Besiedlung Siziliens, vgl. hierzu und generell SIEVEKING loc. cit. 125ff. und 173.

25 Z. B. 1,24,1. 4,109,2. 6,3,2.

26 1,24,1. 46,4f. 2,32, usw.

27 1,46,4f. 59,2. 137,3 *et pass.*

28 2,86,2f.

29 1,24,1. 3,95,1. 106,1. 6,62,2. 7,1,1.

30 3,95,1–96,2, s. dazu FUNKE – HAAKE loc. cit. 375f.

31 3,100,1–102,5; hier sind die lokrischen Gemeinden von Ost nach West angeordnet, s. HORNBLOWER loc. cit. 515 mit Hinweis auf L. LERAT, *Les Locriens de l'Ouest*, Paris, de Boccard 1952.

32 4,109,2f., damit wird im Übrigen zugleich Herodot korrigiert, s. SIEVEKING loc. cit. 173; HORNBLOWER loc. cit. II 346.

Größe und Bevölkerung aus dem eben schon genannten Grund besonders hervorgehoben wird,[33] blickt sozusagen einerseits auf Karthago bzw. Afrika (6,2,6. 7,58,2), andererseits auf das Tyrrhenische Meer (6,62,2. 7,58,2).

An mehreren Stellen wird allerdings deutlich, dass Thukydides diese der Tradition gemäßen Beschreibungen und Lokalisierungen nicht bloß übernimmt, sondern in seine erzählerische Perspektive integriert. Das geschieht bereits markant am Beginn der eigentlichen Narration mit der Verortung von Epidamnos: Es liegt für den, der in den Ionischen Meerbusen hineinfährt (sich also, in unserer Ausdrucksweise, nach Norden bewegt), auf der rechten Seite (1,24,1). Wir sind hier ganz in der Welt des Periplus, aber wir fahren nicht in dessen tralatizischem Schema um das Mittelmeer herum, nämlich im Uhrzeigersinn (dann kämen wir von Norden und hätten Epidamnos zur Linken), sondern aus der Richtung der demnächst Handelnden, der Korkyraier, Korinther, Athener, und damit auch aus der Perspektive des Berichterstatters.[34]

Die Schilderung von Demosthenes' Aitolienexpedition zeigt, dass der athenische Stratege offensichtlich räumlich genau so denkt wie der Historiker (jedenfalls will der das demonstrieren): Man weiß, durch welche Gebiete und auf welchen Wegen man nach Boiotien kommt, also hodologisch, mit dem Parnass zur Rechten, und es ist bekannt, dass dann dahinter dieses Land wirklich liegt (3,95,1). Ein Treffen mit den ozolischen Lokrern im Binnenlande ist geplant, was eine mindestens partiell flächige Vorstellung impliziert (95,3). Die aitolischen Stammesgruppen kommen aus der Perspektive des Korinthischen Golfes in Sicht (94,3ff.), gleichzeitig ist aber auch (wie das schon erwähnte boiotische Territorium) der Malische Golf im Blick, in dessen Richtung die im Bewegungssinne „letzten" (*éschatoi*) der Stammesgruppe der Ophieis sitzen (96,3).[35] Linie und Fläche verbinden sich hier ebenso wie Erdkunde und Bericht, Deskription und Narration. Das ist im Detail gewiss vage,[36] aber von der Gesamtsicht her *grosso modo* ziemlich klar. War aber nicht gerade dieser sehr weite und damit grobe Blick, zu dem die flächige Seite der Erdkunde verleitete, in Verbindung mit mangelnder Sorgfalt hinsichtlich der Einzelheiten für den Misserfolg verantwortlich? Will vielleicht Thukydides gerade das plastisch herausarbeiten, sozusagen auch aus der Perspektive des Akteurs sichtbar machen? [140]

Ganz ähnlich, nur weniger komplex ist der Zusammenhang der Beschreibung Akarnaniens mit der Darstellung der peloponnesischen Hilfsaktion für das Amphilochische Argos (3,106,1). Wie eng die Sicht der Akteure mit der geographischen Beschreibung auch im sprachlichen Detail verflochten ist, hat Sieveking (loc. cit. 153) sehr überzeugend am Beispiel des erwähnten athenischen Anschlags auf Boiotien herausgearbeitet: Die Orte Siphai, Chaironeia und Delion, mit denen man schon einen relativ großen Teil Boiotiens im Auge hat, werden aus einem inneren

---

33   6,1ff.; zu Sizilien bei Thukydides s. jetzt M. ZAHRNT, *Sicily and Southern Italy in Thucydides*, in: RENGAKOS – TSAKMAKIS loc. cit. 629–655.
34   Dies hat schon SIEVEKING scharfsinnig herausgestellt, loc. cit. 121f.
35   Vgl. HORNBLOWER loc.cit. II 253 zu Chaironeia aus der Perspektive Athens.
36   GOMME loc. cit. 403f.; FUNKE – HAAKE loc. cit. 375f.

wie aus einem äußeren Blickwinkel, also aus der Sicht der Verteidiger wie der Angreifer lokalisiert.[37]

Zu allem hinzu kommt, was sich ebenfalls bereits am Odrysenexkurs zeigen ließ, eine teilweise sehr hohe Genauigkeit in den Ortsangaben und Beschreibungen, die es in der Regel erlaubt, das Geschehen sehr präzise nachzuvollziehen. Das zeigt sich – neben vielen anderen Beispielen – in der Schilderung der Operationen und Manöver im Rahmen der beiden Seeschlachten vor Rhion[38] oder in der sehr klaren Darstellung und Erklärung des großen Tsunami von 426.[39] Hier sieht man förmlich vor sich, was geschieht. Das ist besonders eklatant, wo es um entscheidende (oder potentiell entscheidende) und insofern für das Geschehen wie für die Berichterstattung besonders wichtige Ereignisse geht, das Pylos-Unternehmen und die Situation um Sphakteria[40] sowie die Kämpfe um Syrakus.[41] Gelehrte wie William K. Pritchett und Hans-Peter Drögemüller haben in diesem Zusammenhang deutlich gezeigt, wie genau die Angaben des Thukydides noch heute gleichsam im Gelände zu verorten sind.[42] Man kann sich gleichsam in seinen Bahnen bzw. in den Bahnen der Akteure bewegen, vor allem wenn es um militärische Aktionen geht.[43] Und genau darum

37 4,76,3, vgl. hierzu auch PEARSON loc. cit. 52.

38 2,83,3. 86,2–5. 90,1–3; vgl. SIEVEKING loc. cit. 98ff.

39 3,89,2–5, s. auch FURLEY loc. cit. 174; auf die Naturbeschreibungen generell kann hier nicht näher eingegangen werden; geographisch relevante natürliche Phänomene, besonders Sonnen- und Mondfinsternisse, Erdbeben und Vulkanismus, finden aber durchweg die Aufmerksamkeit des Historikers, s. etwa 2,8,2f. 28. 3,87,4. 88,3. 116,1f. 4,52,1. 5,45,4. 6,95,1. 7,50,4. 79,3. 8,41,2., vgl. generell FURLEY loc. cit.

40 4,3,2. 4,3. 8,6 (wo es deutliche Interpretationsprobleme gibt, zu diesen jetzt besonders C. RUBINCAM, *The Topography of Pylos and Sphakteria and Thucydides' Measurements of Distance*, "JHS", CXXI, 2001, pp. 77–90). 9,2. 31,1f.; zum narrativen Kontext s. vor allem SIEVEKING loc. cit. 74–97 und vgl. ferner W. K. PRITCHETT, *Studies in Ancient Greek Topography, Part I*, Berkeley, University of California Press 1964, 6–29; J. B. WILSON, *Pylos 425 B.C.: A Historical and Topographical Study of Thucydides' Account of the Campaign*, Warminster, Aris & Phillips 1979; FURLEY loc. cit. 176–181; RUBINCAM loc. cit.; FUNKE – HAAKE loc. cit. 376–379.

41 6,75,1. 6,96ff., 101,1. 102,2. 7,4,4. 5,1. 34,2. 59,3. 80,5; vgl. generell die Rekonstruktion von H.-P. DRÖGEMÜLLER, *Syrakus. Zur Topographie und Geschichte einer griechischen Stadt*, Heidelberg, C. Winter 1969. Weitere Beispiele für die Bemühung um Genauigkeit in der Fixierung von Örtlichkeiten s. etwa 1,29,3. 30,3f. 46,3–5. 55,1. 63,2. 2,5,2. 3, 88,2f. 92,1. 97,2. 104,2. 112,1. 4,42,2. 102,4. 5,6,3. 7,4. 8,10,3, vgl. auch die Zusammenstellung von präzisierenden Zusätzen bei SIEVEKING loc. cit. 142ff. und s. jetzt auch knapp FUNKE – HAAKE loc. cit. 380ff.

42 Das muss nicht immer auf Autopsie verweisen, so besonders RUBINCAM loc. cit. 79ff. gegen PRITCHETT, die aber ebenfalls hervorhebt, „that the historian obtained the best information he could, probably from participants on both sides", loc. cit. 83, und die in Bezug auf die *vexata quaestio* der Breite der Einfahrt in die Bucht von Pylos überzeugend herausarbeitet, dass Thukydides hier die Grobheit seiner Maßangabe besonders akzentuiert; zu Pylos vgl. auch FURLEY loc. cit. 181: „Mit feindosierten Pinselstrichen hält uns Thukydides ein Bild vor Augen, das wir sowohl topographisch leicht nachvollziehen als auch gefühlsmäßig nachempfinden können"; vgl. aber bereits PEARSON loc. cit. 49.

43 SIEVEKING hat darauf hingewiesen, dass besondere Genauigkeit bei der „Fixierung von Ausgangs- und Endpunkten militärischer Operationen u. ä." herrscht, loc. cit. 150.

ging es dem Historiker offenkundig. Er hat hierauf eine ganz besondere Aufmerksamkeit verwendet.

Dies gilt – auch hier lassen sich die Bemerkungen aus Anlass des Odrysenabschnitts verallgemeinern – ebenfalls für das Interesse des Historikers an den Potentialen für Macht und an deren Darlegung. Das setzt ja ganz markant bereits mit der ‚Archäologie‘ ein.[44] Hier geht es, durchaus im Sinne einer *aúxesis*, um die letztlich ökonomischen Grundlagen für eine machtpolitische Weiterentwicklung. Mittelbar kommt dabei auch der Raum und somit [141] die Erdkunde ins Spiel: Es geht nämlich um agrarische Ressourcen (1,2,3–5) und vor allem um die wachsende Bedeutung der Erschließung des Meeres bzw. der Meere, die einen qualitativen Unterschied, einen besonderen Schub in der Machtentfaltung bringt (1,7f. 1,13,2–14,2). Ihr gilt auch sonst Thukydides' besonderes Interesse (vgl. 1,143,4f.)

III

Der exemplarische wie der allgemeine Befund lassen sich sehr eindeutig zusammenfassen und würdigen. Bemerkungen zur Erdkunde, sagen wir: das Geographische hat bei Thukydides durchaus einen hohen Stellenwert, auch wenn es nicht in der Eigenständigkeit und Kombination mit Ethnographisch-Historischem begegnet, wie es die uns bekannte Gattungstradition möglicherweise erwarten ließe.[45] Es ist aber in aller Regel in das narrative Gewebe des Berichtes eingebunden. Insofern hat sich Sievekings Position durchaus bewährt. So werden die geographischen Bemerkungen und Partien ein konstitutiver Teil der historiographischen Aussage und Ausrichtung. Das hat Konsequenzen sowohl für die Geschichte wie für die Geographie.

Die Geschichte erhält einen präzise gefassten Raum, sie wird gleichsam verortet. Dieser Raum ist der uns bekannte Raum der – mit Pietro Jannis Worten – *mappa-periplo*-Geographie. Er ist nicht, wie später bzw. sonst oft in der Historiographie oder in Tatenberichten, rhetorisch so aufgeputzt, dass er bis zur Unkenntlichkeit verstümmelt ist.[46] Insofern fußt Thukydides auf den Leistungen von Hekataios und Herodot und überhaupt der ionischen *historíe*. Aber er hat sie wesentlich weitergeführt und gleichsam in die Erzählung und damit in die Geschichte komplett hineingebracht. Das kann man heute noch bemerken, wenn man die jeweils

---

44   Hierzu s. vor allem H.-J. GEHRKE, *Thukydides und die Rekonstruktion des Historischen*, A&A, XXXIX, 1993, 1–19 [in Ausgewählte Schriften Band III]; A. TSAKMAKIS, *Thukydides über die Vergangenheit*, Tübingen, Gunter Narr Verlag 1995; N. LURAGHI, *Author and Audience in Thucydides'* Archaeology: *Some Reflections*, HSPh, C, 2000, 227–239.

45   Wo Informationen anscheinend ‚überschüssig‘ sind, also eine gewisse Eigenständigkeit haben, erweist sich ihre narrative Bedeutung erst später, wie SIEVEKING am Beispiel des Namens Koryphasion in 4,3,2 verdeutlicht, loc. cit. 81; weiteres loc. cit. 99, 124ff.

46   Vgl. auch RUBINCAM loc. cit. 84: „The rarity of rhetorical emphasis on measures of distance in Thucydides stands out particularly by contrast with the situation in some other historical works, where measurements of distance more often serve the author's rhetorical purpose"; zur Abgrenzung des Thukydides von der Rhetorik s. generell J. GRETHLEIN, *Gefahren des λόγος. Thukydides' ‚Historien‘ und die Grabrede des Perikles*, in: Klio, LXXXVII, 2005, 41–71.

geschilderte Gegend oder Lage kennt oder kennenlernt: Man kann dann den Text selbst verorten. Dass die Geschichte einen präzisen Raum nach den erwähnten Prinzipien erhält, erleichtert mithin den Nachvollzug des Geschehens ungemein: Man kann sie auch selber in einen Raum stellen, sie vor sich sehen, ja geradezu begehen. Es gibt nur ganz wenige antike Historiker, für die das ebenfalls gilt.[47]

Die Erdkunde wird andererseits insofern ein Teil der Geschichte, als sie für Thukydides' Darlegung und Sinngebung des Geschehens, also seine betont politische Geschichte relevant ist. Das ergibt sich eben aus ihrer narrativen Einbettung und dem spezifischen Umgang des Historikers mit ihr. Ein Vergleich mit den Vorgängern Hekataios und Herodot zeigt dies sehr deutlich. Er fußt zwar auf ihnen, reduziert[48] aber die geographischen Informationen auf das, was sich realistischerweise sagen lässt, präzisiert, wo es irgend geht, und fokussiert durchweg auf das, was für Politik und Macht, Krieg und Strategie wesentlich ist (so wie er das in der Archäologie mit der ganzen griechischen Frühgeschichte und Mythistorie gemacht hat): Ein mit der Lokalisierung homerischer Angaben eng verbundener geographischer Sachverhalt, die Situation der Meerenge von Messina, der Raum zwischen Skylla und Charybdis, bietet Anlass für einen kritischen Beitrag zur Erdkunde und ihrer Tradition und verweist zugleich auf die politischen Pläne der Syrakusaner.[49] Und regionale Beschrei[142]bungen nehmen, ohne ihren traditionell-geographischen Charakter zu verleugnen oder zu verlieren, die Perspektive der Akteure ein, wie wir gesehen haben.[50]

In diesem Raum kann man sich bewegen wie diese Akteure. Er ist zugleich auf der Basis genauer Kenntnisse strukturiert. Die Bahnen und Formen, in denen er, hodologisch wie zweidimensional, imaginiert wird, sind klar erkennbar und waren jedem Kenner seinerzeit vertraut. Alles aber ist bezogen auf das Handeln, genauer und mit Thukydides' eigenen Worten gesagt, auf die *érga* sowie die dafür relevanten Punkte. Der Autor hat dies narrativ verklammert. Vor allem aber – und hier kommt das wichtigste Anliegen des Historikers ins Spiel – ist diese erzählerische Integration der Geographie in das Planen, Kalkulieren, Überlegen, Agieren auf den Nachvollzug, also auf die Perspektive des Lesers berechnet.[51] Ihm wird vom Raum gerade das vor Augen gestellt, was für das Handeln und damit für sein Nachvollziehen und Rekonstruieren politischen Abwägens und Agierens zwingend notwendig ist – nicht mehr (was Peter Funke und Matthias Haake hervorheben), aber auch

---

47 Für Polybios gilt das wohl noch mehr, wie bei FUNKE – HAAKE loc. cit. deutlich wird, aber (auch) der ist wohl eher eine Ausnahme.
48 Und was die Reduktion als solche betrifft, stimme ich mit FUNKE – HAAKE loc. cit. überein.
49 4,24,5 mit SIEVEKING loc. cit. 131, vgl. generell FURLEY loc. cit. 173.
50 Zur strategischen Perspektive in der Lagebezeichnung bestimmter Plätze s. SIEVEKING loc. cit. 86 (zu Sphakteria und dem „Hafen"), 100 (zu Rhion), 119 (zu Amphipolis; hierzu vgl. auch ZAHRNT loc. cit. 607ff.), 121f. (zu Epidamnos); generell vgl. 148f. zu Entfernungsangaben und zur Erwähnung von Nachbarschaft.
51 Zur Bedeutung des Lesens und des gedanklichen Nachvollzuges s. GRETHLEIN loc. cit, der jetzt ebenfalls, von anderer Seite her, „die Ähnlichkeit zwischen dem Schreiben von *Historien* und politischem Handeln" hervorhebt, ID., *Eine herodoteische Deutung der sizilischen Expedition (Thuc. 7,87,5F.)?*, in: Hermes, CXXXVI, 2008, 129–142, hier 139.

nicht weniger (was ich denn doch beachtlich finde). Dies selbständig zu tun, gibt ihm Thukydides an die Hand.[52] Gerade auch das ist Teil dessen, was Thukydides als *ktéma es aeí* bezeichnet.

Theorie – die der wissenschaftlichen Geographie der Griechen (und damit muss der Leser, wie der Autor selbst, vertraut sein) – und Praxis treten hier mithin in eine engere Verbindung; und in diesem Zusammenhang sei noch einmal an die Nähe zwischen Thukydides und Caesar erinnert. Was noch zu Lebzeiten des Thukydides häufig auseinanderklaffte, nämlich die theoretische und die praktische Orientierung im Raum – Herodots spartanische Aristagoras-Episode und Aristophanes' *Wolken* illustrieren das noch heute –,[53] kommt hier zusammen, bei einem intellektuell gebildeten Angehörigen der athenischen Elite, der zugleich ein handelnder Stratege war; aber eben denn doch auch bei allen, die entsprechend gebildet und am Handeln orientiert sind. Die Interaktion, die wir unter dem Stichwort ‚Politik und Geographie' verfolgen, ist hier auf charakteristische Weise gegeben.

Postscriptum: Dass auch wir heute noch so vieles nachvollziehen und uns im thukydideischen Raum bewegen können, verdanken auch wir – nicht nur unseren Griechischkenntnissen, sondern – unserer geographischen Bildung, die im Prinzip immer noch nach denselben Prinzipien strukturiert ist – wie lange noch in Zeiten der Navigationsgeräte?

---

52   Vgl. hierzu auch SIEVEKING loc. cit. 178.
53   Hierzu s. etwa GEHRKE loc. cit. (1998) 186f. [hier: S. 65f.].

Erschienen in: Geographia Antiqua 16–17, 2007–2008, 61–72.

ANTIKE RAUMVORSTELLUNGEN UND RÖMISCHER IMPERIALISMUS

Das Thema meines Beitrags ist der Zusammenhang zwischen den römischen Raumvorstellungen, genauer gesagt, den Raumvorstellungen der römischen Führungselite, und dem Ausbau und der Ausgestaltung des <u>imperium Romanum</u>. Ich setze dabei an einem Punkt an, an dem, wie man gesagt hat, „der römische Imperialismus aus seinem dynamisch-occasionellen Stadium in das statisch-systematische übergeht".[1] Ich meine die Regierungszeit des Augustus. Angesichts der Tatsache, dass in dieser Zeit, trotz der angesprochenen Statik, riesige Gebiete dem Reich hinzugefügt wurden und der Friedenskaiser Augustus einer der größten Eroberer der römischen Geschichte war, herrscht in der Forschung nach wie vor Dissens über die Motive dieser Expansion. Ich möchte zeigen, dass zur Klärung der offenen Fragen ein Rückgriff auf die römischen Raumvorstellungen hilfreich sein kann.

Mein Vortrag gliedert sich in zwei Teile; denn bevor ich mich dieser Problemstellung zuwenden kann, muss ich einen weiten Umweg machen. Zunächst werde ich Ihnen die Grundelemente des antiken Raumverständnisses vorstellen, vor dem Hintergrund allgemeiner psychologischer und anthropologischer Untersuchungen zu <u>mental maps</u>, Karten im Kopf (1). Im zweiten Teil werde ich dann vor allem an Hand der Feldzüge des Drusus und des Tiberius in Mitteleuropa (Rätien, Noricum, Germanien, Pannonien) die erkennbaren Raumkonzepte analysieren und ihren Platz innerhalb der römischen Expansionspolitik zu bestimmen suchen (2). Für den ersten Teil verdanke ich sehr viel den Arbeiten von Pietro Janni,[2] Alexander Podossinov[3] und Francesco Prontera.[4] Im zweiten Abschnitt waren mir die Forschungen von Dieter Timpe[5] und die von mir betreute Doktorarbeit von Christian Hänger[6] sehr hilfreich.

1

Die sozusagen normale, auch physisch-biologisch vorgeprägte Raumwahrnehmung des Menschen ist vor allem von der Entwicklungspsychologie und der Sozialanthropologie bzw. Ethnologie, neuerdings auch stärker innerhalb der Neurowissenschaften untersucht worden. Sie ist – das wurde auf allen Gebieten klar nachgewiesen – ganz linear, d. h. sie orientiert sich entlang von Strecken und Wegen, die sie durch markante Punkte (<u>landmarks</u>) strukturiert. Die Raumerfassung ist relational (man spricht von vorne und hinten, rechts und links) und bezeichnet die Entfernungen sehr häufig durch Zeitangaben (eine Tagesreise usw.). Man hat sie auch topologisch oder hodologisch genannt. Das menschliche Gehirn hat sich so entwickelt, dass es auf diese Weise eine genaue Orientierung im Raum ermöglicht, die auch in sehr hohem Maße memoriert werden kann: Heutige Gedächtniskünstler etwa, die man gelegentlich im Fernsehen bewundern kann, sprechen in der Regel davon, dass sie sich die verschiedensten Dinge dadurch merken, dass sie sie zu Abschnitten auf einem imaginären Weg machen.

Für derartige Raumvorstellungen haben wir zahlreiche historische Belege. Ein schönes Beispiel liefert schon die Ilias:[7] Hera begibt sich dort vom Olymp zur Insel Lemnos. Doch obwohl sie, wie es heißt, „den Boden nicht mit den Füßen berührte", wählte sie nicht die Luftlinie, sondern einen Weg, den man normalerweise, als Mensch, genommen hätte, von Gebiet zu Gebiet, vom Olymp nach Pierien, Emathia, dem thrakischen Gebirge, dem Berg Athos und dann mit dem Schiff zur Insel Lemnos. Eine solche Art der Bewegung war für die alltägliche Raumorientierung der Griechen ganz geläufig. Wir kennen sie nicht zuletzt aus den Lokalisierungen der Seefahrer im Schema des periplus, das in der wissenschaftlichen Geographie der Antike übernommen wurde.

Neben dieser konkret-alltäglichen Raumerfassung gab und gibt es allerdings auch ganz andere Vorstellungen, die die Welt als ganze in den Blick nehmen. Sie sind ebenfalls ethnographisch und historisch gut bezeugt. In der Regel sind sie mit magisch-mythischer und religiöser Optik verbunden. So zeigen primordiale Pflanzergesellschaften mit einem elementaren Ethnozentrismus eine deutliche Trennung von innerer und äußerer Sphäre, eine Welt der Heimat und der Nähe, die oft kreisförmig gedacht und ausgestaltet ist und um die sich eine Zone des Unheimlichen und Wilden lagert.[8] Diese kreisförmige Innenwelt kann sogar als ganzer Erdkreis gedacht werden, mit Monstern und unwirtlichen Regionen an den Rändern. Beispiele für solche runden Erdkarten finden wir im Bereich der altorientalischen Zivilisation, aber auch etwa bei nordamerikanischen Indianern.[9]

Die Vorstellung einer runden Erdscheibe haben die Griechen offensichtlich aus dem Alten Orient und/oder Ägypten übernommen, aber dann in besonderer Weise ausgestaltet und ihrer mythisch-religiösen Komponenten entkleidet. Die Erdkarte, die der Philosoph Anaximandros von Milet im 6. Jahrhundert erstellt hat, war in ein astronomisches Bezugsnetz eingebunden und strikt geometrisch aufgebaut (wohl nach den Grundsätzen der Geometrie des Thales, der der Lehrer des Anaximandros gewesen sein soll): Sie war ein perfekter Kreis, der durch seinen Durchmesser in zwei gleiche Teile geteilt wurde. Mittels eines zweiten Durchmessers, der den ersten rechtwinklig kreuzte, ergab sich ein Zentrum und ließen sich Viertel des Kreises bilden. Mit Bezug auf den Sonnenstand ließen sich mit den sich kreuzenden Durchmessern die vier Himmelsrichtungen geometrisch bestimmen; zugleich waren weitere Unterteilungen (Nordwest, Nordost etc.) möglich. Wesentlich ist nun, dass diese Sicht auf den Raum zweidimensional ist. Im Unterschied zu der oben beschriebenen, gleichsam natürlichen Raumwahrnehmung, orientiert sie sich nicht an der Linie, sondern an der Fläche. Damit ist zugleich ein höherer Grad von Abstraktion gegeben, da man sich nicht primär im Raum bewegt, sondern ihn insgesamt überblicken kann. Diese geographisch-kartographische Sicht erlaubt also eine Gesamtanschauung, zu der die topologische Perspektive nur mit Hilfe von

Verknüpfungen und Vernetzungen auf buchstäblich verschlungenen Wegen gelangt, und dies auch nur unvollkommen.

Nun war auch diese Art der geometrischen Raumkonzeption im griechischen Alltag verbreitet, allerdings nur im Hinblick auf kleinere lokale Einheiten: in der Vermessung von Parzellen und Grundstücken, in Stadt und Land, wie sie sich in der griechischen Kolonisationszeit bei Neugründungen eingebürgert hatte. Man sprach hier auch von <u>geometrein</u> und <u>geometria</u>, und der Geometer war ein Land- und Feldvermesser. Doch die Übertragung dieses selben Prinzips von der Polis und ihrem Territorium auf die gesamte Welt, also die extreme Abstraktion weit über den gewöhnlichen Horizont und das zugängliche Ambiente hinaus, war eine ganz theoretische Angelegenheit, anders gesagt, Angelegenheit von Theoretikern und Wissenschaftlern, Forschern und Philosophen. Sie war ganz auf den intellektuellen Diskurs und auf zunächst kleine Zirkel von weisen Leuten beschränkt. In diesem Rahmen hat sie sich allerdings dynamisch und rasch entwickelt. Vor allem kam es sehr schnell zu einer Kombination des abstrakten geometrischen Schemas mit Ergebnissen empirischer Erkundung, wie sie die ionische <u>historie</u> zusammentrug. So heißt es von Hekataios von Milet, er habe die Erdkarte des Anaximandros „präzisiert".[10] Bei dieser Präzisierung bzw. Konkretisierung ging es um die Übertragung von Informationen, die in der Regel nach dem hodologischen Modus strukturiert waren, auf die Fläche, also um eine Verbindung von <u>periplus</u> und Karte. Beides stand seitdem nebeneinander, aber die flächig-geometrische Karte gab den Rahmen und bestimmte die Gesamtsicht.

Es ist genau dieses Bild, das die älteste Beschreibung einer Karte solchen Typs vermittelt. Sie findet sich innerhalb von Herodots Bericht über den Ionischen Aufstand:[11] Der Ex-Tyrann von Milet, Aristagoras, will die spartanische Unterstützung gewinnen. Er appelliert deshalb an Spartas Rolle als <u>prostates</u> und die damit verbundene Verpflichtung zum Schutz griechischer Freiheit, ferner an die Verwandtschaft zwischen Spartanern und Ionern. Außerdem spricht er von der Schwäche der Perser und hebt zugleich die Aussicht auf leichte Beute hervor. Dann zeigt er den Weg von Kleinasien nach Susa auf einer Karte aus Bronze, die er eigens mitgebracht hatte, ein Produkt ionischer Wissenschaft. Dabei orientiert er sich – ganz hodologisch – an der Abfolge der Völker, deren Gebiete man zu durchziehen hat, um in das Zentrum des Persischen Reiches zu gelangen. Zugleich wird der flächige Charakter der Karte auch in der verbalen Beschreibung deutlich gemacht, in dem expliziten Hinweis auf Zypern[12] – eine klare, durch Demonstrativpronomina markierte und im Prinzip nicht notwenige Erwähnung der nicht auf der Linie liegenden und mit ihr hier nicht in hodologischer Verbindung stehenden Insel. Herodot akzentuiert dann im folgenden Kapitel sehr deutlich die massive Diskrepanz zwischen dieser kartographischen Sicht und der Realität bzw. dem Realitätssinn der Spartaner. Nach einer kurzen Bedenkzeit fragt König Kleomenes den Aristagoras, sozusagen ganz hodologisch, wie viel Tagesreisen die Strecke nach Susa betrage. Als dieser antwortet, es seien drei Monate, wird er unmittelbar des Landes verwiesen.

Eine entsprechende Differenz zwischen der wissenschaftlichen Weltsicht der Intellektuellen und der alltäglichen Raumsicht generell wird auch in den „Wolken" des Aristophanes[13] sichtbar gemacht. Der durch den aufwendigen Lebensstil seines

Sohnes vom Ruin bedrohte Athener Strepsiades, der markant als ‚Normalbürger' gezeichnet und karikiert wird, sucht nach Tricks, um sich den Forderungen seiner Gläubiger zu entziehen. Deshalb begibt er sich in das phrontisterion, die „Denkschule" des Sokrates, in der philosophisch-intellektuelle Tätigkeiten jedweden Typs ausgeübt werden. Dort sieht er merkwürdige Gestalten und rätselhafte Gegenstände. Zu diesen gehören Statuen der astronomia und geometria oder – die Interpretation ist hier nicht ganz eindeutig – auf Astronomie und Geometrie bezogene Geräte, Globus und Karte. Er fragt sofort nach deren praktischem Nutzen und erfährt, sie dienten der Erdvermessung. Wiederum ganz praktisch denkt Strepsiades an Landverteilung.

Aber jetzt wird die Kluft sichtbar: Es geht den Intellektuellen um die ganze Erde.[14] Auch das versteht Strepsiades ganz konkret. Er findet die Vermessung der Erde charmant (asteíon), ein für den Demos nützliches sóphisma, denn er denkt an die Verteilung der ganzen Welt an die Athener – ein hübscher Seitenhieb auf den attischen Imperialismus. Aber darum geht es den Weisen ja gar nicht. Dem Strepsiades wird eine Erdkarte präsentiert, mit der technischen Bezeichnung gés períodos. Die erwähnte Diskrepanz demonstrieren nun die Beschreibung des Sokrates-Schülers und die Fragen und Kommentare des Strepsiades. Dieser vermisst in Attika die Richter und die Mitbürger aus seinem Dorf. Das neben Attika „hingestreckte" Euboia bringt er mit der Niederlage der Euboier gegen Prikles (446 v. Chr.) in Verbindung, mit einem witzigen Spiel der unterschiedlichen Bedeutung des Verbs parateíno in der geographischen Diktion und in der Umgangssprache. Schließlich fragt Strepsiades nach Sparta, mit dem Athen seinerzeit (das Stück wurde 423 v. Chr. aufgeführt) im Krieg lag. Es befindet sich in der Optik der Karte viel zu dicht bei Athen, so dass er es wieder weiter weg haben möchte. Das wiederum ist aus Sicht der Geographie und Kartographie unmöglich – und Strepsiades kann dies nur mit einem Fluch quittieren, bevor er dann Sokrates höchstpersönlich in seiner Hängematte erblickt.

Die hier komisch gezeichnete Differenz blieb für die griechische Kultur charakteristisch. Das praktische Erfahrungswissen blieb im Hinblick auf den Raum topologisch-hodologisch, die Geometrie kam nur kleinräumig, in Landvermessung und Städteplanung, zu praktischer Bedeutung. Die wissenschaftliche Erdkunde, als fester Bestandteil intellektuell-philosophischer Bildung, bezog ihr Raumverständnis auf die Fläche und bestimmte deren Koordinaten geometrisch. Geometrische Figuren waren die Basis der Kartographie. Hodologische Angaben wie periploi und Itinerare wurden eifrig genutzt, zur Konkretisierung und Binnengliederung, insbesondere zur Bestimmung von Entfernungen, die die Längen der geometrischen Figuren festlegten. Dabei wurden im Laufe der Zeit beachtliche Fortschritte erzielt, auf die ich hier nicht näher eingehen kann. Die Grundorientierung und der Rahmen blieb aber immer die geometrisch konstruierte Karte. Zugleich fand, vor allem mit der Institutionalisierung bestimmter Formen der Bildung im Hellenismus, diese intellektuelle Sicht auf die Erde Eingang in das allgemeine Curriculum philosophischer Ausbildung. Sie erhielt also eine gewisse Verbreitung innerhalb der Eliten der griechischen Poleis.

2

Gerade dies nun wurde auch für die Römer wichtig. Zunächst können wir im römischen Vorstellungshorizont vergleichbare Elemente finden: In der Gliederung und Vermessung von Stadt und Land sind die Römer mit dem Prinzip der rechtwinkligen Koordinaten ähnlich verfahren. Sie haben für die Praxis eigene Methoden entwickelt, die wir in den Schriften der Feldvermesser (gromatici), in Inschriften wie dem Kataster von Arausio (Orange) und in zahlreichen noch heute in bestimmten Landschaften und Stadtgrundrissen sichtbaren Orientierungen und Relikten gut greifen können.[15] Diese kleinräumigen Pläne ließen sich additiv auch zu größeren Komplexen verbinden, ohne zu einer richtigen Weltkarte zu führen. Daneben kennen wir religiös bestimmte Konzepte der Raumgliederung, besonders in der Differenzierung von domi und militiae,[16] die an die erwähnte primordiale Trennung von Endo- und Exosphäre erinnert, in der Sakralgrenze des pomerium, markiert durch den sulcus primigenius, oder in der strikten Raumaufteilung der Auguraldisziplin.[17]

Mit der enorm intensivierten Rezeption griechischer Bildungselemente, nicht zuletzt auch der Philosophie, seit dem 2. Jahrhundert v. Chr. wurde nahezu zwangsläufig auch deren Weltbild und Raumorientierung bekannt, gerade in der römischen Elite. So wird sich die mentale Karte eines römischen Senators im 1. Jahrhundert v. Chr. nicht prinzipiell vom griechischen gelehrten Weltbild unterschieden haben.[18] Zugleich war und blieb die praktische Raumordnung, nicht nur in der gromatischen Tätigkeit, sondern auch in den periploi und Itineraren hoch entwickelt, nicht zuletzt aus militärischen Gründen und wegen des Ausbaus der Infrastruktur (man denke an den Straßenbau). Mit einigen Itineraren und vor allem mit der Tabula Peutingeriana liegen dafür noch Zeugnisse vor.[19]

Aber anders als jüngst noch Kai Brodersen meinte, war die römische Raumorientierung nicht auf eher kleinräumige Vermessung und hodologische Graphik beschränkt, sondern auch vom geographisch-kartographischen Blick der griechischen Wissenschaft geprägt. Dies möchte ich im zweiten Teil meines Artikels zeigen und mit einem Blick auf die räumliche und militärische Erschließung West- und Mitteleuropas durch die Römer verbinden. Schon die uns allen wohl vertrauten Eingangssätze von Caesars bellum Gallicum zeigen eine eindeutig flächige Sicht auf Gallia omnis. In einem wichtigen Beitrag zum vierten Band der „Storia di Roma" hat Claude Nicolet deutlich gemacht, dass dahinter geographische Standards der Griechen steckten: „Cesare, per esempio, per la redazione dei suoi commentari, dev'essersi rifatto molto probabilmente a opere greche che attribuiscono alla Gallia le stesse dimensioni e orientamento che si ritrovano in Strabone; tenendo ben presenti, peraltro, le indicazioni inedite dei negotiatores sulla Britannia. Siamo nell'epoca in cui Varrone scrive la sua Ora maritima e il poeta Varrone Atacino una Chorographia. Teofane di Mitilene praefectus fabrum e storico di Pompeo, forniva anche le dimensioni dell'Armenia".[20] Man darf in diesem Zusammenhang auch an den unlängst von Claudio Gallazzi und Bärbel Kramer vorgestellten Papyrus mit dem Anfang der geographumena des Artemidorus von Ephesus denken, der eine erstaunlich präzise Karte der iberischen Halbinsel enthält.[21] Dessen

Authentizität ist kürzlich jedoch von Luciano Canfora und anderen in Zweifel gezogen worden.[22]

Caesar jedenfalls hat den Rhein deutlich – militärisch wie geographisch – als Grenze Galliens und damit des imperium Romanum markiert und – recht künstlich, teilweise im Widerspruch zu den realen Verhältnissen – mit der ethnographischen Trennung von Kelten und Germanen verbunden, übrigens mit enormen Konsequenzen vor allem für die französische und die deutsche Geschichte: Mit Caesar im Kopf konnte Danton in seiner berühmten Rede vor dem Konvent am 31. Januar 1793 über die neue République Française sagen: „Ihre Grenzen hat die Natur gesteckt; wir brauchen nur den vier Seiten des Horizonts zu folgen, vom Rhein her, vom Ozean her, von den Alpen her".[23] Und Jahrhunderte lang hielten die Deutschen „die Wacht am Rhein".

Doch zurück zu den Römern! Ihre weitere Expansion in Mitteleuropa vollzog sich auf dramatische Weise in der Zeit des Augustus, als die Etablierung der Monarchie eine systematische Erweiterung des Reiches ermöglichte. Für die Eroberung Germaniens werden in der neueren Forschung kontrovers vor allem drei Begründungen vorgeschlagen: Zwei Erklärungen operieren mit der bewussten Einbeziehung ganz Germaniens. Es sei um die Ausdehnung des Reiches bis an die Grenzen der Welt gegangen oder doch wenigstens um eine Arrondierung des römischen Gebietes im Sinne einer Verkürzung des Grenzverlaufs entlang der Flüsse Elbe und Donau (statt Rhein und Donau). Eine andere Forschungsrichtung sieht in den Germanienfeldzügen lediglich Operationen zur Sicherung der Rheingrenze.[24]

Zunächst lässt sich – wie übrigens auch im Falle Spaniens – eine Tendenz zur Auffüllung bzw. Arrondierung sowie zur Sicherung deutlich beobachten. Sie erstreckte sich auf das Alpengebiet. 25 v. Chr. wurden mit dem Sieg über die Salasser wichtige Alpenpässe (der Große und der Kleine St. Bernhardt) römischer Kontrolle unterstellt. Im Jahre 16 v. Chr. sicherte Silius Nerva die Alpentäler zwischen Comer- und Gardasee. Besonders charakteristisch war der Feldzug der beiden Stiefsöhne des Kaisers, Tiberius und Drusus, im folgenden Jahr. Er wurde als Zangenangriff realisiert. Drusus griff von Süden aus über den Brennerpass bis ins nördliche Vorland der Alpen aus, während Tiberius von Gallien her über Vesontio (Besancon) und Vindonissa (Windisch) in Richtung auf den Bodensee vorstieß. Diese Kombination zeigt nicht nur eine militärisch übliche und sinnvolle Taktik (der Gegner wird von zwei Seiten angegriffen), sondern setzt auch klare und weit gespannte, sozusagen flächige Raumvorstellungen als Grundlage groß angelegter strategischer Planung voraus. Detailinformationen durch Kundschafter, Händler und Alliierte müssen in ein weit dimensioniertes Koordinatennetz ziemlich genau eingepasst worden sein. Darüber hinaus präzisierte die Expedition selbst die Raumvorstellungen, vor allem im Bereich der oberen Donau.

Dies wird ebenfalls deutlich im römischen Zugriff auf Pannonien, der – ausgelöst durch einen Einfall pannonischer Stämme im Jahre 16 v. Chr. – seit 14 v. Chr. in großem Stil unter Tiberius erfolgte. Bereits im Jahre 11 v. Chr. wurde, mit dem Zentrum im Drave-Save-Gebiet, die Provinz Pannonia eingerichtet. Waren die Römer hier vor allem entlang der genannten Flüsse vorgegangen, so ergab sich im folgenden immer deutlicher auch eine Verbindung zur Provinz Illyricum, wo bereits in den Jahren 33 und 27 v. Chr. die Kolonien <u>Salona</u> (Solin) und <u>Narona</u> (Vid an der Neretva) eingerichtet worden waren. In großem Stil und mit klarem Raumverständnis wurde die für Italien so wichtige ostadriatische Küstenregion trotz der Widrigkeiten der Landesnatur mit dem pannonischen Zentrum um <u>Sirmium</u> (Sremska Mitrovica) verbunden, was wohl vor allem durch die Erfahrungen während des großen pannonischen Aufstandes (6 bis 9 n. Chr.) bedingt war. Zugleich wuchsen auch hier dank der Feldzüge die geographischen Kenntnisse enorm, vor allem im Bereich der mittleren Donau. Ähnlich wie der Rhein unter Caesar wurde diese jetzt als Grenze definiert und gesichert. Man konnte sich beide Flussläufe als rechten Winkel vorstellen.

Der hiermit erreichte Stand wurde aufgenommen in das große Projekt der Erdbeschreibung des Agrippa, die bekanntlich mit einer Erdkarte verbunden war. Es ist zwar extrem schwierig, diese zu rekonstruieren. Aber dafür, dass man ihre Existenz bestreiten könne – so jüngst Kai Brodersen[25] –, gibt es keine überzeugenden Argumente. Im Gegenteil spricht alles, was wir über die <u>mental maps</u> der Römer wissen, dafür, dass diese auch in einer offiziellen Karte repräsentiert waren. Diese haben wir uns wohl, entsprechend dem geometrischen Kartenbild der griechischen Wissenschaft und auf Grund der uns überlieferten Streckenangaben, recht schematisch, mit eher rechtwinkligen Orientierungen, vorzustellen.

Bestätigt wird eine solche Sicht in der Anlage und Durchführung der Germanienfeldzüge zunächst des Drusus (12 bis 9 v. Chr.), dann des Tiberius (5/6 n. Chr.). Über diese Kampagnen sind wir durch literarische Quellen nur mäßig unterrichtet. Allerdings liefern die intensiven archäologischen Forschungen, vor allem zu verschiedenen römischen Militärlagern, viele wichtige zusätzliche Hinweise. So zeigt sich wachsende Kenntnis des schwer zugänglichen Gebietes, zunächst auf Grund von Informationen durch <u>negotiatores</u> und Angehörige verbündeter Stämme. Diese wurde durch die eigenen Expeditionen und die damit einhergehenden Vermessungen und Kartierungen laufend präzisiert. Deutlich lässt sich die Binnengliederung des Landes durch Flüsse, die Abfolge von Stämmen, die Präsenz von Kastellen nachzeichnen, und da herrschte deutlich hodologische Sichtweise, wie sie von der Praxis auch gefordert war. Bezogen war diese allerdings auf eine groß angelegte Raumvorstellung, die den Bezugsrahmen bildete. Auch diese lässt sich gut rekonstruieren. Sie hat folgende Koordinaten:

Die Rheinlinie bildete die Basis. Hier waren die römischen Truppen mit bestimmten Schwerpunkten konzentriert.

Nebenflüsse des Rheins, vor allem Main und Lippe, daneben auch die Lahn, bildeten die wichtigsten Einfallschneisen. Zugleich boten sie gute Möglichkeiten für Kommunikation und Versorgung. Entsprechend massierten sich die römischen Truppen gegenüber diesen Flussmündungen, in Mogontiacum (Mainz) und Vetera (Xanten). Den Verlauf der Nebenflüsse konnte man sich als rechtwinklig zum Rhein vorstellen.

Andere Flüsse, die beim Vormarsch überquert bzw. berührt wurden, vor allem Ems, Weser und Elbe, sah man konsequenterweise als Parallelen zum Rhein.

Vor allem kam auch hier das Prinzip des kombinierten Zangenangriffs zur Anwendung. Die Römer erkundeten den Küstenverlauf der Nordsee, um von dort her in die genannten Flüsse vorzustoßen, die wiederum, wie der Rhein, einen rechten Winkel mit der Küste bildeten. Gerade diese See- und Flussoperationen setzen eine klare flächig-großräumige Sicht, eine „Gesamtanschauung"[26] voraus. Sie war – ohne große Präzision – wohl schon in Agrippas Karte (also vor Beginn der Feldzüge – Agrippa starb 12 v. Chr.) präsent. Das jedenfalls könnte man auch einer Passage des älteren Plinius entnehmen.[27]

Die Römer erschlossen sich also den fremden Raum nicht nur induktiv-praktisch, sondern ließen sich auch von ihren Gesamtvorstellungen prägen, gerade in der strategischen Konzeption. Diese Gesamtvorstellung lässt sich relativ leicht auf die Grundfigur eines Rechtecks zurückführen, dessen Seiten durch Rhein, Nordsee, Elbe und Donau gebildet wurden. Dieses Grundprinzip wird auch noch in der – den geographischen Gegebenheiten allerdings noch besser angepassten – Erdkarte des Ptolemaios sichtbar.[28]

Konkret nachvollziehen lässt sich die rekonstruierte Perspektive an Hand der Feldzüge, die Tiberius nach seiner Adoption durch Augustus in den Jahren 5 und 6 n. Chr. in Germanien durchführte. Die Kampagne des Jahres 5 fasst Velleius Paterculus, wenn auch im Sinne seines Gönners übertreibend, aber im Kern völlig glaubhaft, zusammen:[29] Tiberius durchquerte Germanien vom Rhein bis zur Elbe. Aber dieser Angriff war wiederum flankiert von einer Flottenexpedition. Sie verlief entlang der Nordseeküste und dann die Elbe aufwärts und war so genau koordiniert, dass Heer und Flotte an einem vorher festgelegten Punkt zusammentrafen. Dies ist ein besonders plastisches Zeugnis für die enge Verbindung von großflächig-strategischer Raumsicht und genauer hodologischer Kenntnis. Und beides ist schon für die Planungsphase vorauszusetzen.

Denselben Eindruck vermittelt die Konzeption für den Feldzug des folgenden Jahres, der sich gegen den Hauptgegner, den Markomannen Marbod richtete. Hier gibt ebenfalls Velleius Auskunft,[30] und die Raumsicht der römischen Militärplaner wird hier sogar noch deutlicher. Die Perspektive der Beschreibung ist zwar auf Marbod bezogen, aber eine römische. Marbod schaut in den Raum wie ein Römer, mit der Heimat, also Italien, im Rücken: Links von ihm und vor ihm liegt Germanien, rechts Pannonien und hinter ihm Noricum. Das ist eine im Prinzip hodologische, nämlich relationale Sicht, wie die Ortsangaben zeigen.

Im Vergleich zu anderen für die Vorstellung dieses Raumes wichtigen Texten – wie etwa aus Plinius zu erschließen – ist Velleius widersprüchlich. Sonst sind Noricum und Pannonien, entlang der Donau, nebeneinander angeordnet, während sie hier im rechten Winkel aneinander stoßen. Es spricht alles dafür, dass diese Differenz durch die Kombination der erwähnten hodologischen Perspektive mit der flächigen Ausprägung der römischen Grenzziehung zusammenhängt, welche bei Velleius nicht richtig miteinander abgeglichen sind. Möglicherweise hat auch die grobe Kenntnis der naturräumlichen Gestalt Böhmens, des Siedlungsgebietes der Markomannen, eine Rolle gespielt. Generell fehlten gerade im Zwischenraum von Elbe und Donau noch nähere Informationen.[31] Dennoch ist unübersehbar, dass neben der hodologischen Sicht auch die Gesamtfigur der Fläche für die römische Planung wesentlich war.

Dies zeigt vor allem das Konzept des Feldzuges selbst, der wieder als Zangenangriff geplant war. Sentius Saturninus sollte Marbod von Westen her attackieren, also wohl im wesentlichen entlang des Mains, während Tiberius selbst von Noricum aus losziehen wollte. Bezogen auf die erwähnte Perspektive des Marbod wurde er von links und hinten angegriffen, also im rechten Winkel. Das Unternehmen musste bekanntlich wegen des großen Aufstandes in Pannonien abgebrochen werden – mit fatalen Konsequenzen, wie sich bald zeigen sollte.

Doch noch sind wir nicht bei der Katastrophe des Varus und der Schlacht im Teutoburger Wald – die übrigens zeigt, wie wenig detailliert die römischen Raumkenntnisse in Germanien abseits der üblichen Verbindungswege und Flussläufe noch waren und zugleich unterstreicht, wie stark die Operationen von der Gesamtsicht geprägt waren, die auf eine konkrete Ausfüllung aller Einzelheiten zunächst verzichtete. In dieser Gesamtsicht blieb, wie zuvor der Rhein, neben der Donau die Elbe als Grenzfluss des Reiches fixiert, so auch noch im Monumentum Ancyranum[32] – und dies, obgleich sich gezeigt hatte, dass sie wegen der Situation in der germanischen Stammeswelt keine eo ipso sichere Grenze war, noch weniger als dies der Rhein gewesen war, und obgleich ebenfalls deutlich war, dass die Welt hier keineswegs aufhörte. Tacitus hat das am Anfang seiner Germania auf unnachahmliche Weise formuliert.[33] Damit zeigt sich aber, dass die weitgreifende Raumvorstellung kein Faktor war, der den Gedanken der Weltherrschaft vorprägte, in dem Sinne, dass der Rest nun besetzt werden müsse – wie dies bei Alexander dem Großen offensichtlich der Fall war. Als Ende der Welt wurde die Elbe – gerade im Kontext des Monumentum Ancyranum – nur ideologisch evoziert.

Der Blick auf die Raumsicht und auf die deutliche Festlegung der Grenze an der Elbe lehrt aber auch, dass es in der Germanienpolitik nicht lediglich um die Sicherung der Rheingrenze ging, im Sinne einer Vorwärtsverteidigung. Germanien war nicht nur ein Glacis, es war als eigener Raum zwischen Rhein und Elbe komplett ins Auge gefasst.[34] Seine politisch-administrative, organisatorische und repräsentative Durchdringung war angelaufen, wie auch die archäologischen Explorationen, jetzt besonders auch die bemerkenswerten Befunde in Waldgirmes, deutlich zeigen.[35] Wir beobachten ein klares Wechselverhältnis zwischen dem Raumdenken und dem militärisch-infrastrukturellen Vorgehen. Relativ früh wurde die Elbe als Grenze definiert. Dies war in gewisser Weise ebenso willkürlich wie Caesars vergleichbare Markierung des Rheins. Dass sie aber so gezielt ausgewählt wurde, war nur möglich dank der relativ großzügig-weiträumigen mental map der römischen Führung – auch ohne Kenntnis vieler Details. Diese mochten nach und nach hinzukommen, zunächst waren die großen Linien festgelegt: die Ausdehnung des gesamten Gebietes und die wichtigsten Zugangs- und Verbindungswege. Man sah die Welt gleichsam von oben und orientierte daran die Strategie. Auf diese Weise hatte die Weltsicht griechischer Intellektueller bei den Römern Karriere gemacht, sogar in der Praxis.

ANMERKUNGEN

1   Heuß 1995, II 1334.
2   Janni 1984.
3   Vor allem Podossinov 1979; 1993.
4   Prontera 1984; 1993. Meine eigenen Überlegungen zu diesem Aspekt habe ich an anderer Stelle ausführlicher dargelegt, s. Gehrke 1998 [hier: S. 44–72]. Dort finden sich auch nähere Hinweise.
5   Timpe 1989a; 1989b; 1995.
6   Hänger 2001.
7   Ilias 14. 225ff.
8   Müller 1987, 45ff.
9   Vgl. hierzu die Hinweise Gehrke 1998, 176 Anm. 68 [hier: S. 56].
10   diekríbosen: FGrH 1 T 12a.
11   Hdt. 5. 49.
12   epì thalássen ténde, en tei héde Kýpros nésos kéetai.
13   200ff.
14   tèn sýmpasan, sc. gén (204).
15   Hierzu s. vor allem Brodersen 1995, 195ff.; von Cranach 1996, 23ff.; Schubert 1996, 43ff.; Hänger 2001, 21ff.
16   Rüpke 1990, 29ff.
17   Hänger 2001, 64ff.
18   Repräsentativ dafür mag Cic. Prov. Cons. 31 sein, vgl. auch Gelzer 1959, 124ff.
19   Hänger 2001, 101ff.
20   Nicolet 1989, 466.
21   Gallazzi / Kramer 1998/99; Settis / Galazzi 2006.
22   Canfora 2006/2007. 2007. 2008.
23   Zitiert nach Febvre 1988, 34.
24   Zum Stand der Forschung s. besonders Bleicken 1998, 565ff.; Kienast 1999; Deininger 2000 und vgl. generell auch Hänger 2001, 173ff. und besonders Eck 2004.
25   Brodersen 1995, 268ff.
26   Timpe 1989a, 357; vgl. ferner besonders Timpe 1995, 20ff.
27   Plin. HN 4, 98.
28   Vgl. die Skizze bei Timpe 1989a, 386 Abb. 84.
29   Vell. Pat. 2, 106, 1ff.
30   Vell. Pat. 2, 109, 3ff.
31   Zu diesen Problemen vgl. auch Hänger 2001, 189ff.
32   Mon. Anc. 26, 2.
33   Vgl. zu dieser Perspektive auch Timpe 1995, 14f.
34   S. jetzt, mit wichtigen Beobachtungen, Eck 2004.
35   Zu Waldgirmes s. vor allem von Schnurbein 2002; Becker 2003; Becker / Rasbach 2003. 2006.

BIBLIOGRAPHIE

Becker, A. 2003: ‚Lahnau-Waldgirmes. Eine augusteische Stadtgründung in Hessen'. Historia 52, 337–350.
Becker, A. / Rasbach, G., ‚Die spätaugusteische Stadtgründung in Lahnau-Waldgirmes. Archäologische, architektonische und naturwissenschaftliche Untersuchungen', Germania 81, 2003, 147–199.

Becker, A. / Rasbach, G., Waldgirmes, in: Reallexikon der Germanischen Altertumskunde 33, Berlin – New York 2006, 131–136.

Bleicken, J. 1998: Augustus. Eine Biographie (Berlin).

Brodersen, K. 1995: Terra Cognita. Studien zur römischen Raumerfassung (Hildesheim – Zürich – New York).

Canfora, L. 2006/2007: Postilla testuale sul nuovo Artemidoro. Quaderni di Storia 64, s. jetzt ebd. 65, 227–468; 66, 227–378.

Canfora, L. 2007: The True History of the So-Called Artemidorus Papyrus, Bari.

Canfora, L. 2008: Il papiro di Artemidoro, Bari-Roma.

Cranach, P. von 1996: Die *Opuscula Agrimensorum Veterum* und die Entstehung der kaiserzeitlichen Limitationstheorie (Basel).

Deininger, J. 2000: ‚Zur neueren Diskussion über die Strategie des Augustus gegenüber Germanien'. Chiron 30, 749–773.

Eck, W. 2004: ‚Augustus und die Großprovinz Germanien'. Kölner Jahrbuch 37, 11–22.

Febvre, L. 1988: Das Gewissen des Historikers (Berlin).

Gallazzi, C. / Kramer, B. 1998/99: ‚Artemidor im Zeichensaal. Eine Papyrusrolle mit Text, Landkarte und Skizzenbüchern aus späthellenistischer Zeit'. Archiv für Papyrusforschung 44/45, 189–208.

Gehrke, H.-J. 1998: ‚Die Geburt der Erdkunde aus dem Geiste der Geometrie. Überlegungen zur Entstehung und zur Frühgeschichte der wissenschaftlichen Geographie bei den Griechen'. In Kullmann, W. / Althoff, J. (eds.), Gattungen wissenschaftlicher Literatur in der Antike (Tübingen), 163–192 [hier: S. 44–72].

Gelzer, M. 1959: Pompeius (München).

Hänger, C. 2001: Die Welt im Kopf. Raumbilder und Strategie im Römischen Kaiserreich (Göttingen).

Heuß, A. 1995: Gesammelte Schriften in 3 Bänden (Stuttgart).

Janni, P. 1984: La mappa e il periplo. Cartografia antica e spazio odologico (Roma).

Kienast, D. 1999: Augustus. Prinzeps und Monarch (Darmstadt).

Müller, K. E. 1987: Das magische Universum der Identität. Elementarformen des sozialen Verhaltens. Ein ethnologischer Grundriß (Frankfurt – New York).

Nicolet, C. 1989: ‚Il modello dell'Impero'. In Gabba, E. / Schiavone, A. (eds.), Storia di Roma. Vol. IV. Caratteri e morfologie (Torino), 459–486.

Podossinov, A. B. 1979: ‚Iz istorii anticnykh geograficeskich predstavlenij'. VDI 147, 147–166.

Podossinov, A. B. 1993: ‚Die Orientierung der alten Karten von den ältesten Zeiten bis zum frühen Mittelalter'. Cartographia Helvetica 7, 33–43.

Prontera, F. 1984: ‚Prima di Strabone: Materiali per uno studio della geographia antica come genere letterario'. In Prontera, F. (ed.), Strabone. Contributi allo studio della personalità e dell'opera (Perugia), 189–259.

Prontera, F. 1993: ‚Periploi: Sulla tradizione della geografia nautica presso i Greci'. In L'uomo e il mare nella civiltà occidentale: da Ulisse a Cristoforo Colombo (Atti del Convegno di Genova, 1–4 giugno 1992) (Genova), 27–44.

Rüpke, J. 1990: Domi militiae. Die religiöse Konstruktion des Krieges in Rom (Stuttgart).

Schnurbein, S. von 2002: Augustus in Germanien. Neue archäologische Forschungen (Amsterdam).

Schubert, C. 1996: Land und Raum in der römischen Republik. Die Kunst des Teilens (Darmstadt).

Settis S. / Galazzi, C. (Hrsg.), Le tre vite del papiro di Artemidoro. Voci e sguardi dall'Egitto Greco-romano (Catalogo della mostra organizzata a Torino dalla Fondazione Palazzo Bricherasio con la Fondazione per l'arte della Compagnia di San Paolo), Torino.

Timpe, D. 1989a: ‚Entdeckungsgeschichte'. Reallexikon der Germanischen Altertumskunde 7, 307–388.

Timpe, D. 1989b: ‚Wegeverhältnisse und römische Okkupation Germaniens'. In Jankuhn, H. / Kimmig, W. / Ebel, E. (eds.), Untersuchungen zu Handel und Verkehr der vor- und

frühgeschichtlichen Zeit in Mittel- und Nordeuropa. Teil V: Der Verkehr. Verkehrswege, Verkehrsmittel, Organisation (Göttingen), 83–107.
Timpe, D. 1995: ‚Geographische Faktoren und politische Entscheidungen in der Geschichte der Varuszeit‘. In Wiegels, R. / Woesler, W. (eds.), Arminus und die Varusschlacht. Geschichte – Mythos – Literatur (Paderborn – München – Wien – Zürich), 13–27.

Erschienen in: F.J. González Ponce / F. J. Gómez Espelosín / A.L. Chávez Reino (Hrsg.), La letra y la carta: descripción verbal y representación gráfica en los diseños terrestres grecolatinos. Estudios en honor de Pietro Janni, Sevilla: Universidad de Sevilla / Universidad de Alcalá, 2016, 285–311.

MEILENSTEINE

Ausdruck römischer Herrschaft und römischer Raumauffassung

ZUSAMMENFASSUNG

Als ein besonderes Charakteristikum der römischen Zivilisation gilt die Erschließung großer Räume durch die Anlage von Straßen. Diese waren in der Regel von Meilensteinen gesäumt, welche in großen Mengen noch heute (nicht selten *in situ*) erhalten sind. Somit sind diese die wichtigsten Quellen für die Rekonstruktion römischer Straßen und damit, allgemeiner gesagt, der Kommunikation im Römischen Reich.[1] Sie sagen aber zugleich auch sehr viel über [286] die politische Organisation des Raumes durch die Römer aus und so auch über deren Raumvorstellung generell. Deshalb mag es nicht unangemessen erscheinen, dem Jubilar, der für die Erschließung antiken Raumdenkens Bahnbrechendes geleistet hat, einen Beitrag zu dieser Thematik zu dedizieren.

Ich entwickle meine Beobachtungen und Überlegungen in drei Schritten: Zunächst geht es, unter dem Stichwort **Römische Macht**, um die konkrete Seite der

---

1   Die Forschungen hierzu sind in den letzten Jahrzehnten stark intensiviert worden, nicht zuletzt durch das von Gerold Walser begonnene und nun von Anne Kolb fortgeführte Projekt der Veröffentlichung der Meilensteine im Rahmen des *Corpus Inscriptionum Latinarum* (bisher erschienen: *CIL* XVII/ II *Miliaria provinciarum Narbonensis Galliarum Germaniarum*, ed. G. Walser, 1986; IV *Illyricum et Provinciae Europae Graecae* / Fasc. 1. *Miliaria Provinciarum Raetiae et Norici*, edd. A. Kolb, G. Walser†, G.Winkler. Edenda curaverunt M. G. Schmidt, U. Jansen, 2005; Fasc. 2. *Miliaria Provinciae Dalmatiae*, edd. A. Kolb et G. Walser† adiuvante U. Jansen, 2012). – Ich schätze es als einen besonderen Glücksfall ein, dass ich Gelegenheit hatte, gemeinsam mit Gerold Walser die Fortsetzung des Projektes aktiv mitzugestalten, und gedenke dankbar der Unterstützung, die uns Geza Alföldy dabei gegeben hat. Von der sich daran anschließenden und sehr harmonischen Kooperation mit Anne Kolb hat auch die Erarbeitung dieses Beitrages sehr profitiert, der auf einem Vortrag beruht, den ich am 21.11.2003 in Berlin auf einem Kolloquium aus Anlass des 150jährigen Bestehens des *CIL* gehalten habe. Die seinerzeitigen Diskussionsbeiträge, insbesondere von Werner Eck und Armin Stylow, haben ebenso korrigierend wie inspirierend gewirkt. Es liegt in der Natur der Sache, dass ich in vielem mit den Überlegungen konform gehe, die Anne Kolb an verschiedenen Stellen publiziert hat, s. besonders: Kolb 2007; 2011–12; 2012. Zur Orientierung über den Forschungsstand vgl. Rathmann 2003; Landschaftsverband Rheinland 2004; Pavan 2011; Campedelli 2014.

römischen Politik, insbesondere um militärische Unterwerfung und Expansion (**1**). Im Anschluss daran wird analysiert, welchen Beitrag die Meilensteine im Rahmen der Kondensierung und Institutionalisierung dieser Macht in Form der **Römischen Herrschaft** (**2**) leisteten. Und schließlich richtet sich der Blick auf die dahinter liegende, gleichsam in den Köpfen verankerte Mentalität und Perspektive, also auf die **Römische Sicht** (**3**).

1.) MEILENSTEINE UND RÖMISCHE MACHT

Der Ausgangspunkt, von dem aus ich die Reise in die Köpfe der Römer antrete, ist ein Dokument, eine Bauinschrift in Form eines Meilensteins, aus Rabland bei Meran, gefunden 1552; sie gehört zur *via Claudia Augusta* (*CIL* XVII 4,1) (Abb. 1):

Ti(berius) Claudius Caesar
Augustus German(icus),
pont(ifex) max(imus), trib(unicia) pot(estate) VI,
co(n)s(ul) desig(natus) IIII, imp(erator) XI, p(ater) p(atriae),
[vi]am Claudiam Augustam,
quam Drusus pater Alpibus
bello patefactis derexserat (!),
munit a flumine Pado at (!)
flumen Danuvium per
m(ilia) p(assuum) CC[---] .

Es geht hier um die wichtige Straßenverbindung von Italien an die Donau, die mit dem Rätienfeldzug des Tiberius und Drusus im Jahre 15 v. Chr. in [287] Zusammenhang steht.[2] Sie ist unter Kaiser Claudius, Drusus' Sohn, im Jahre 46[3] definitiv weiter ausgebaut worden (*munit*), so dass es eine gute Verbindung zwischen Po und Donau, über Augsburg, gab. Zwei Verben bilden geradezu Schlüsselwörter, um den Zusammenhang zwischen militärischer Erschließung und Straßenbau konkret zu erfassen:

Das *derigere* mit Bezug auf die Aktivitäten des Drusus bedeutet so viel wie „absteckend anlegen", „bahnen" und bezeichnet mit der Konzentration auf die Konstruktion sehr plastisch den Charakter des Vorganges selbst. Es signalisiert zugleich die Vorstellung einer bewussten Begradigung bzw. einer (partiellen) planmäßigen Geradlinigkeit. An eine konsequente Befestigung der Straße muss aber noch nicht gedacht werden. Sie erfolgte im wesentlichen eben erst unter Claudius. Denn das claudische Datum (46) ist durch dendrochronologische Untersuchung von

---

2   Eine Parallele zu der Inschrift bietet ein Stein aus der Gegend von Feltre (*CIL* V 8002 = *ILS* 208). Zum Kontext vgl. HERZIG 1974, 630f.; zu den Feldzügen des Jahres 15 v. Chr. s. GRIMMEISEN 1997, S. 43–54; zur Straße selbst s. jetzt vor allem CZYSZ 2007 und vgl. BENDER 2000, S. 255–260.

3   In dem sechsten Jahr der tribunizischen Gewalt, vgl. KIENAST 1996, S. 91.

Holzfunden in der untersten Schicht der Straße im Lermooser Becken in Tirol (Bezirk Reutte) sichergestellt (Abb. 2). Diese stammen überwiegend aus der Zeit Herbst–Winter 45–46 und bestätigen damit das epigraphisch bezeugte Datum. Zugleich zeigt hier die räumliche Situation (Anlage eines Knüppeldamms), dass es in der Tat um eine möglichst weit gehende Geradlinigkeit ging (Abb. 3).[4]

Noch charakteristischer ist der Aspekt des gewaltsamen Öffnens des gegnerischen Landes, wie er in der Formulierung *Alpibus bello patefactis* zum Ausdruck kommt und syntaktisch eng mit dem *derigere* verbunden ist. Dabei assoziiert man sofort die Formulierung *limites aperire*. Diese *limites* hat man sich zunächst zu denken als „,Feldwege', die zugleich als Grenzen für die einzelnen Centurien dienen, also Besitzgrenzen darstellen."[5] Wie u. a. aus der *Lex Ursonensis* (104) hervorgeht, muss dieser Weg immer frei, also offen gehalten werden. Infolgedessen kann er zugleich auch als Durchgangsstraße dienen.[6] Dann ist er aber auch „eine in ein Gebiet *hinein*führende Linie", wie Kai Brodersen vor einiger Zeit erneut herausgestellt hat, unter Rückgriff auf eine schon längst etablierte Position August Oxés.[7] Dieser definierte *limes* als eine „freie Bahn, zu ebener Erde ohne [288] künstliche Anschüttung hergerichtet, mit schnurgeraden Strecken, oft von ansehnlicher Breite, meist dem öffentlichen Verkehr bestimmt."

Genau in diesem Sinne nun taucht die Formulierung des *limites aperire* im militärischen Kontext auf, an vielen Stellen. Beispielsweise beschreibt Velleius Paterculus (II 120,2) das Vorgehen des Tiberius 10 n. Chr. in Germanien: *arma infert quae arcuisse pater et patria contenti erant; penetrat interius, aperit limites, vastat agros.*[8] Diese Art von Penetration entsprach üblichem römischen Vorgehen bei Feldzügen, wie wir etwa in Caesars *Bellum Gallicum* immer wieder sehen, auch explizit. Hier kommt dann noch ein anderer Gesichtspunkt hinzu, nämlich die Anlage von Basen und Stützpunkten: Bei den Kämpfen in Aquitanien werden die Gegner der Römer von Kriegern aus Hispanien unterstützt, die in den Sertorianischen Kriegen Erfahrungen mit römischer Kriegführung gemacht hatten: *hi consuetudine populi Romani loca capere, castra munire, commeatibus nostros intercludere instituunt.*[9] Auf das *loca capere* kam es an, auf *castra* und *commeatus* (letzteres hier *ex negativo*). Die Verbindung von (öffnenden und offen haltenden) Linien und Punkten, die durch diese verbunden waren und zugleich die Verbindungen der Feinde zu stören erlaubten – genau das war wesentlich.

Ein ganz entsprechendes Vorgehen kann man aber auch in der strategischen Planung von Feldzügen beobachten, jedenfalls seit dem 1. Jahrhundert v. Chr. Hier gab es eine sozusagen globale Sicht, die mit geraden bzw. begradigten Linien operierte und zugleich mit einer möglichen Konzentration auf bestimmte Punkte. Man

---

4 Pöll 1998; Pöll–Nicolussi–Oeggel 1998. Zur Geradlinigkeit vgl. auch Sherk 1974, S. 556 und s. u.

5 Gebert 1910, S. 163, zitiert nach Herzig 1974, S. 607.

6 Hierzu s. Herzig 1974, S. 606–607 mit Anm. 82.

7 Brodersen 1995, S. 171; Oxé 1906, S. 121 (zitiert nach Brodersen); weitere Literatur in diesem Sinne bei Brodersen 1995, S. 171 Anm. 3.

8 Weitere Belege bei Brodersen 1995, S. 170–171.

9 Caes., *Gall.* III 24, 6; vgl. VII 51, 2 sowie Borca 1996, S. 65.

kann dies etwa bei der Planung und Durchführung der schon erwähnten Alpenfeld-
züge des Tiberius und Drusus beobachten, beim römischen Zugriff auf Pannonien
etwa zur selben Zeit oder auch bei den Germanienfeldzügen des Tiberius in den
Jahren 5 und 6 n. Chr.[10] Generell waren Feldzüge auch mit geographischen Erkun-
digungen verbunden. Das wird besonders in der Zusammenarbeit von Pompeius
und Theophanes deutlich und lässt an griechisch-hellenistischen Einfluss, konkret
an Alexander, denken.[11]

Diese besondere Kombination von Routen und Punkten scheint aber schon das
ältere römische Raumdenken gerade im Kontext der Expansion, schon in der Unterwerfung Italiens, geprägt zu haben. Nicht zuletzt der Straßenbau bringt das von
Anfang an zum Ausdruck. Er bietet schon rein äußerlich ein ähnliches Bild: Wir
finden Linien, die auch zu von Rom teilweise weit entfernten Punkten führen, z. B.
zu Siedlungen, die auch als *propugnacula* angesehen [289] werden.[12] Schon Theodor Mommsen hat diese Zusammenhänge mit seinem klaren Blick für geographische Zusammenhänge treffend zum Ausdruck gebracht. Er hat nicht nur die *via
Appia* als „die erste große Militärchaussee" bezeichnet, sondern auch zu der im
Jahre 291 v. Chr. erfolgten Gründung der latinischen Kolonie Venusia (h. Venosa,
zwischen Benevento und Taranto) bemerkt:

> Die Stadt, an der Markscheide von Samnium, Apulien und Lucanien, auf der großen Straße
> zwischen Tarent und Samnium in einer ungemein festen Stellung gegründet, war bestimmt, die
> Zwingburg der umwohnenden Völkerschaften zu sein und vor allen Dingen zwischen den bei-
> den mächtigsten Feinden Roms im südlichen Italien die Verbindung zu unterbrechen. Ohne
> Zweifel ward zu gleicher Zeit auch die Südstraße, die Appius Claudius bis nach Capua geführt
> hatte, von dort weiter bis nach Venusia verlängert.[13]

Die Anlage von Straßen war also gewiss Ausdruck militärischer Expansion und
Kontrolle. Sie fixierte diese gleichsam und bildete so ein wesentliches Strukturelement politischer Machtausübung. Das unterworfene bzw. angegliederte Gebiet war
jederzeitig und relativ leicht zugänglich, und es gab stabile Verbindungen zu den
eigenen Stützpunkten und zu den Alliierten, in einer charakteristischen Kombination von Linie und (nicht selten entferntem) Punkt (*propugnaculum*), so dass man
den Feind auch in die Zange nehmen konnte. Diesen militärischen Gesichtspunkt
gilt es zunächst festzuhalten gerade angesichts von Tendenzen in der neueren Forschung, ihn eher herunterzuspielen.[14]

Auch wenn man die zum Teil zeitbedingte geopolitische Forcierung nicht
mag – der Aspekt bewusster Raumordnung, den Josef Vogt und dann besonders
Ernst Kirsten dem römischen Vorgehen ‚unterlegten',[15] ist nicht völlig von der
Hand zu weisen. Darauf wird unter dem Aspekt der Raumwahrnehmung und der

---

10 Hierzu s. HÄNGER 2001, S. 164–194; GEHRKE 2007/8, S. 65–68 und vgl. auch GRIMMEISEN
    1997, S. 45 zu der damit verbundenen Präzision.
11 GEHRKE a. a. O; GEHRKE 2011, vgl. NICOLET 1988, S. 97ff. 1989, S. 466.
12 Cicero hat bekanntlich die Kolonien als *propugnacula imperii* bezeichnet (Leg. Agr. II 27, 73).
13 MOMMSEN 1902, S. 464. 396; zu einer weiteren Verlängerung in Richtung Taranto und Brindisi
    durch den Konsul M. Aemilius Lepidus im Jahre 285 v. Chr. s. ECK 1979, S. 131.
14 Etwa durch RATHMANN 2003, S. 31–39 – allerdings mit Bezug auf die römische Kaiserzeit.
15 Vgl. HERZIG 1974, S. 617–618.

Sichtweisen auf Räume noch zurückzukommen sein. Dennoch muss man auch hier, wie auf anderen Gebieten, auf denen den Römern anachronistisch zu viel Systematik unterstellt wird, relativieren, wie man übrigens generell die militärischen Gesichtspunkte auch nicht verabsolutieren darf. [290]

Modifizierungen dieser Art sind vor allem in folgenden Bereichen angebracht: Die militärischen Zwecke waren oft, ja in der Regel, mit anderen kombiniert, z. B. denen einer Siedlungspolitik.[16] Man denke an die gerade berührte Verbindung von *colonia* und *propugnaculum*. Überhaupt hängt ja die Vermessung der Siedlung und ihres Territoriums unmittelbar mit der Orientierung und Anlage von Straßen zusammen. Dass zur militärischen Sicherung auch eine administrative Durchdringung hinzutritt, hat noch Cassius Dio (LIV 11,1–5) betont. Generell haben wir mit einer Multifunktionalität zu rechnen, die auch dank der zeitlichen Entwicklung ihren Charakter veränderte. Darüber hinaus ist der strategisch-systematische Zugriff nicht überzubewerten. Die Römer sind keineswegs immer im Sinne strikter Planung verfahren, sondern zugleich auch in Anpassung an die jeweiligen Anforderungen und lokalen Gegebenheiten. Dazu gehört in diesem Rahmen auch, dass man oft auf ältere Straßen zurückgegriffen und diese nur für eigene Zwecke genutzt, also restituiert bzw. renoviert hat.

Auch hier lassen sich die für die Römer spezifischen Praktiken beobachten. Wir finden eine flexible, gleichsam kasuistische Orientierung an den jeweiligen Gegebenheiten. Es gibt kein festes System und bezeichnenderweise auch keine kohärente Verwaltung. Werner Eck kommt zu dem Schluss (Eck 1995, S. 296): „Ob es seit der ersten Anlage von *viae publicae* in Italien vielleicht um 312 v. Chr. überhaupt etwas gegeben hat, was den Namen Administration der Straßen verdient, ist m. E. sehr zweifelhaft". Auch auf diesem Gebiet zeigten sich die Römer als Meister im ‚Durchwursteln' und Improvisieren, günstigstenfalls in einem Verfahren von *trial and error*. Immer aber gab es doch auch wieder Tendenzen einer (mindestens nachträglichen) Generalisierung und Strukturierung, also auch auf ganz allgemeiner Ebene ein Sowohl-Als auch von System und Anpassung.

Das wird auch außerhalb Italiens in den einzelnen Provinzen sichtbar, wo Michael Rathmann jetzt differierende Verhaltensweisen aufgezeigt hat (RATHMANN 2003, S. 50–53). Offenbar forcierte man Straßenbaumaßnahmen auch nach Eroberungen und Provinzeinrichtungen nur, wenn und wo es notwendig war bzw. von den verantwortlichen Kommandeuren (denn zuständig waren immer die jeweiligen Inhaber des Imperium) entsprechend eingeschätzt wurde – oder wenn diese auch ein entsprechendes Prestigebedürfnis hatten und sich zusätzlich einen Namen machen wollten.

Auch in den Provinzen griff man auf ältere Straßen zurück, auch wenn die Arbeiten daran relativ früh einsetzten. Dafür, dass die *via Egnatia* auf einer älteren makedonischen Trasse und insofern einer königlichen Straße beruhte, [291] gibt es verschiedene Indizien, insbesondere eine Inschrift mit einer Orts- und Entfernungsangabe in Stadien. Dies hat Thomas Pekáry (PEKÁRY 1968, S. 63) sogar zu der

---

16   Man muss also nicht mit HERZIG das Entweder-Oder betonen (der freilich doch die Siedlungs- und Expansionsaspekte in der Republik hervorhebt: S. 615–617. 619–621).

Vermutung veranlasst, dass die Römer möglicherweise durch solche Steine zu ihrer Praxis des Aufstellens von Meilensteinen veranlasst wurden.[17] Ähnliches scheint für die von dem römischen Consul Manius Aquillius und seinem Quästor L. Aquillius Florus nach der Niederschlagung des Aristonikos-Aufstandes zwischen 129 und 126 v. Chr. in Kleinasien ausgebauten Straßen zu gelten, die sich offenbar am pergamenischen Netz orientierten und sich bis nach Pamphylien und Pisidien erstreckten.[18] Die Anlage der *via Domitia* in der Narbonensis gehört in den Kontext der dortigen Feldzüge unter Cn. Domitius Ahenobarbus, den Consul des Jahres 122 v. Chr. Bezeichnenderweise war sie mit der Gründung einer *colonia* (Narbo, 118 v. Chr.) verbunden. Durch einen bei Pont-de-Treilles (Dpt. Aude) gefundenen Meilenstein mit der Nennung des Domitius ist die Straße bezeugt. Zugleich bestand hier eine alte Verkehrsverbindung zu Lande mit Spanien, und insofern waren auch hier die römischen Baumaßnahmen noch eher begrenzt.[19] Gerade das aber zeigt exemplarisch und besonders plastisch, dass die Römer nicht immer gleichförmig verfuhren; denn Spanien gehörte schon länger zum Imperium und den Ausbau der Straße hatte man bis dato nicht für nötig gehalten.

Im Grundsatz war das in der Kaiserzeit zunächst nicht anders: Die Imperatoren verfuhren nicht nach einem reichsweiten Masterplan, sondern jeweils *ad hoc*, wenn es als notwendig eingeschätzt wurde. Das galt nun aber insbesondere – und damit kommen wir zu den anfänglichen Bemerkungen zurück – gerade für Eroberungen großen Stils und in diesem Zusammenhang für die Einrichtung und Ausgestaltung von Provinzen. Es geht hier, wie im Falle der Alpen und der Provinz Rätien, um das „Aufschließen" und „Öffnen". Dabei ergaben sich dann *à la longue* auch gewisse Systematisierungen. So setzt die Anlage bedeutenderer Straßen in Spanien erst mit Augustus richtig ein (s. u.) und erfolgt in großem Stil – jetzt im Sinne eines richtigen Netzes – unter Trajan und Hadrian.[20] Hier wird dann jeweils auch – im Sinne des *derigere* – der deutlich stärkere Eingriff im Sinne der Geradlinigkeit und des Überwindens [292] der natürlichen Barrieren erkennbar, der eben, wie wir noch sehen werden, mit der Entfaltung der Herrschaft zusammenhängt. Vergleichbar war das Vorgehen etwa in Thrakien, das unter Tiberius Provinz wurde und wo schon ca. 15 Jahre später unter Nero Maßnahmen zur Errichtung einer Infrastruktur für den *cursus publicus* bezeugt sind (wohl an bereits bestehenden Straßen), daneben aber auch Straßenbauarbeiten, wenn auch bisher nur durch einen Meilenstein mit der Nennung von Neros Procurator Tib. Iulius Ustus.[21]

---

17   Hierzu s. besonders RATHMANN 2003, S. 45 (mit weiteren Hinweisen): Auf dem Stein heißt es „nach Bokeria 100 Stadien"; und dieser Ort ist Begorritus Lacus bei LIV. XLII 53,5; vgl. auch *TIR* K 34. Ebd. auch zustimmend („wohl zu Recht") das Zitat von PEKÁRY.

18   Ich folge hier RATHMANN 2003, S. 9. 150–152 (mit den Belegen der Meilensteine und mit der kritischen Auseinandersetzung mit FRENCH 1995 ebd. S. 151–152 Anm. 835).

19   Hierzu s. RATHMANN 2005, S.152–153; hierauf bezieht man auch, was Polybios (oder ein späterer Glossator) zu römischen Aktivitäten in Vermessung und Markierung in der Region mitteilt (III 39, 8). Darauf wird noch einzugehen sein.

20   Grundlegend hierzu NÜNNERICH-ASMUS 1993, mit weiteren Hinweisen.

21   KOLB 2000, S. 146–147.

In zwei Fällen von neu eingerichteten Provinzen ist die Anlage von Straßen in dem hier erwähnten Sinne, als Schritt zur definitiven Kontrolle durch die römische Macht, besonders plastisch: Als nach bürgerkriegsartigen Auseinandersetzungen im Lykischen Bund dort unter Kaiser Claudius eine Provinz eingerichtet wurde (43 n. Chr.),[22] startete dessen Statthalter proprätorischen Ranges, Qu. Veranius, sogleich ein umfassendes Straßenbauprogramm in dem unübersichtlichen und bergigen Lykien. Auf dem Sockel eines großen Monuments in Patara, das von einer Reiterstatue des Kaisers gekrönt wurde, waren die Ortsnamen und Entfernungen in Stein gemeißelt. Auf der Stirnseite drückten die lykischen Eliten, nun wieder etabliert, dem Kaiser ihren Dank aus, vor allem deshalb, weil er sie „von Bürgerkrieg, Gesetzlosigkeit und Räubereien befreit" habe (A 16–19).[23] Hier ist der Straßenbau eine Maßnahme zur Sicherung des inneren Friedens, die zugleich zur wirtschaftlichen Prosperität beiträgt. In Arabien demonstriert er ebenfalls eine massive Statusänderung: die Einverleibung des Nabatäerreiches in das Imperium und die Einrichtung der Provinz Arabia (Petraea oder Felix) unter Kaiser Trajan im Jahre 106 n. Chr. Fünf Jahre später war eine Straße vom Toten Meer über Petra bis Aelana (Elat) errichtet, wie aus einem zwischen Dât-Râs und Tawâna (Jordanien, etwa 80 Kilometer nördlich von Petra) gefundenen Meilenstein hervorgeht; er erinnert uns in seiner Diktion an den Text, den wir als Ausgangspunkt genommen haben: *Imp(erator)...Traianus...redacta in formam provinciae Arabia viam novam a finibus Syriae usque ad mare Rubrum aperuit et stravit.*[24]

2.) MEILENSTEINE UND RÖMISCHE HERRSCHAFT

Man könnte nun einwenden, dass es bisher primär nur um Straßen ging, während doch die Meilensteine das Thema bilden sollen, und doch offenkundig [293] nicht nur als Quelle für jene. Dass es aber in der Tat auch unmittelbar um diese Meilensteine selber geht, wird deutlich, wenn man bedenkt, dass die Römer, wie wir sahen, jedenfalls in früheren Zeiten oft an ältere Wegeverbindungen anknüpften. Dann ging es gar nicht (nur) um den Bau der Straße, sondern eher um deren Markierung. Das wird schlagartig deutlich, wenn man das heranzieht, was Polybios (oder ein späterer Glossator) zur *via Domitia* mitteilt (III 39, 8). Und genau das führt noch auf einen weiteren Sachverhalt, für den die Meilensteine stehen: Sie verdeutlichen nämlich nicht nur ein wesentliches Element römischer machtpolitischer und auf Macht gestützter Expansion (wie sie hier unter 1 behandelt wurde), sondern verkörpern auch geradezu deren Verfestigung und Verdichtung zu einer institutionalisierten Herrschaft.

---

22   SUET. *Claud.* 25, 3; CASS. DIO LX 17, 3 mit ŞAHIN–ADAK 2007, S. 51.

23   Hierzu jetzt umfassend ŞAHIN–ADAK 2007; zu den einschlägigen Texten ebd. S. 29. 37; s. ferner auch GRASSHOFF–MITTERHUBER 2009.

24   *CIL* III 14 149, 21 = *ILS* 5834 = SCHUMACHER 1988, Nr. 94, vgl. vor allem BOWERSOCK 1983, S. 81–85. 92–94.

Im Polybiostext (III 39,8)[25] heißt es im Hinblick auf Hannibals Zug nach Italien über die Strecke zwischen Emporion (Ampurias) und der Rhone: ταῦτα γὰρ νῦν βεβημάτισται καὶ σεσημείωται κατὰ σταδίους ὀκτὼ διὰ Ῥωμαίων ἐπιμελῶς („Denn diese Strecke ist nun in Abschnitten von acht Stadien von den Römern sorgfältig vermessen und markiert worden"). Wenn man genauer hinsieht, ist also gar nicht von Straßenbaumaßnahmen die Rede, nicht einmal von Ausbesserungen. Es geht um das Vermessen und das Markieren, welches durch die Meilensteine geschieht. Einer dieser Steine ist übrigens, wie schon erwähnt, gefunden worden und erlaubt die Benennung nach Cn. Domitius Ahenobarbus (cos. 122 v. Chr.).

Vermessen und Bezeichnen: Dies bringt mich zu einem Problem von vormoderner Herrschaft, das wir dank unserer modernen Weltsicht und Kommunikationsmöglichkeiten wohl immer unterschätzen werden. Denn selbst in wirklich grundlegenden Untersuchungen zu Herrschaftsphänomenen (PRICE 1985) und zum Zusammenhang von Imperium und Raum (NICOLET 1988) ist dieser Aspekt nicht explizit thematisiert worden, auch wenn dort die symbolische Präsenz des Kaisers oder das Raumverständnis intensiv und überzeugend behandelt werden; in letzterem Falle werden Meilensteine so gut wie gar nicht berücksichtig, was womöglich auch mit der ‚flächigen' Sichtweise Nicolets (vgl. besonders S. 89ff.) zusammenhängt.[26]

An dieser Stelle können uns die Überlegungen von Georg Simmel zu Hilfe kommen, eines der Gründerväter der Soziologie. Dieser hatte nämlich einen [294] besonderen Sensus für die räumlichen Aspekte gesellschaftlicher Phänomene. Gerade danach hat er auch Herrschaftsformen unterschieden. Die Lage im Römischen Reich war ja so, dass die Herrschaft für die Untertanen gar nicht oder nur bedingt wirklich präsent war. Sie bildete eher eine abstrakte Angelegenheit im Vergleich zu einer konkret, gleichsam *face to face* erfahrbaren „Personenherrschaft". Genau dieser stellt Simmel (SIMMEL 1995, S. 776) die „Gebietshoheit" als „Abstraktion" gegenüber.

Es bestand also für die Regierenden, in diesem Falle die römischen Feldherren und schließlich ganz besonders die Kaiser, die Aufgabe, ihre Herrschaft in vergleichbarer Weise, also wie eine unmittelbare „Personenherrschaft", erfahrbar zu machen. Und sie hatten das in einem Milieu zu tun, in dem räumliche Distanzen schwer wogen. Simmel hat dieses Problem plastisch dargelegt – und wir werden darauf auch in anderem Zusammenhang noch einmal zurückkommen: „Je primitiver das Bewusstsein ist, desto unfähiger, die Zusammengehörigkeit des räumlich Getrennten oder die Nichtzusammengehörigkeit des räumlich Nahen vorzustellen" (ebd. S. 717). „Für das Bewusstsein des Zueinander-Gehörens" ist unter solchen Voraussetzungen „sinnliche Nähe" wesentlich (ebd. S. 718). Auf unser Thema bezogen: Die Herrschaft war darauf angewiesen, sich konkret sichtbar, greifbar, fassbar zu machen. Und dabei ist eine räumlich-örtliche Fixierung immer besonders

---

25   Zur Diskussion um die Frage, ob es sich um die Worte des Polybios selbst oder um eine Glosse handelt, s. WALBANK 1957, S. 373; dieser sieht „no real difficulty if this passage was inserted by P. about 118 as one of his last additions". Für unsere Thematik ist das nicht wesentlich, da es um die Tatsache als solche geht, nicht um deren Übermittler; und die Beobachtungen zur *via Domitia* (s. o.) können die Bemerkung als sachhaltig bestätigen.

26   Zur Kritik vgl. generell die Rezension von N. PURCELL, in *JRS* 80, 1990, S. 178–182.

wirksam, auch in der Memorierung (falls man den konkreten Ort verlässt). Denn „für die Erinnerung entfaltet der Ort, weil er das sinnlich Anschaulichere ist, gewöhnlich eine stärkere assoziative Kraft als die Zeit." (ebd. S. 710f.).

Die Bemerkungen zum Vermessen und Bezeichnen durch Meilensteine können nach meiner Auffassung genau mit diesen grundlegenden Voraussetzungen verbunden werden. Die Straßen und vor allem deren Markierung (durch die Meilensteine) schrieben die Herrschaft der Römer konkret in die Landschaft ein. Ihre Herrschaft, d. h. gerade auch die konkrete Form ihres Zugriffs, wurde hier ganz deutlich nicht nur symbolisch, sondern auch ganz sinnlich erfahrbar gemacht, genauer: symbolhaft sinnlich erfahrbar gemacht: Man konnte sie sehen und greifen, alle anderthalb Kilometer. Gerade hierin lag eine wesentliche Funktion der Meilensteine. So kann man ohne weiteres D. H. French (FRENCH 1995, S. 101) zustimmen, der in Bezug auf Asia zwei von deren Funktionen hervorhebt, nämlich „directly to indicate distance and by their presence to display authority".

Gerade an diesem Punkt lässt sich nun auch verdeutlichen, wie sich die Zustände, d. h. das System der Herrschaft zwischen der republikanischen Zeit und der Kaiserzeit veränderte. War der Straßenbau vorher Sache der Inhaber des Imperium, so wurde er nun – das war nur konsequent – die des [295] Prinzeps.[27] Auch hier sehen wir naturgemäß die Ursprünge bei Augustus, und auch auf diesem Sektor stoßen wir in seinem Falle auf eine Verbindung traditioneller und neuer Elemente. Dabei bestand das Neue vornehmlich zwar nicht darin, dass jetzt alle Angelegenheiten prinzipiell systematischer geregelt wurden. Alles wirkte aber doch *à la longue* – da einer langfristig allein entscheiden konnte – einheitlicher, weiträumiger, konsequenter und insofern auch systematischer. Darüber hinaus wurden an verschiedenen Stellen und auf verschiedene Weise Akzente gesetzt, durchaus demonstrativ.

Aus Anlass der Übernahme der *cura viarum* (im Jahre 20 v. Chr.) ließ Augustus einen goldenen Meilenstein in Rom errichten. Für die konkrete Umsetzung dieser *cura* wurden (in Abwandlung einer schon republikanischen Funktion) *curatores viarum* (ritterlichen oder senatorischen Standes) eingesetzt.[28] Ferner ließ er Meilensteine aufstellen, die von Rom aus berechnet waren, und zwar offensichtlich geradezu explosionsartig, mit Namen und Titulatur des Kaisers, in Italien und wohl mindestens noch in Spanien.[29] Dies hat man wohl auch mit der späteren Aufstellung und/oder Karte des Agrippa zusammenzusehen.[30] Unabhängig davon tragen die ersten Maßnahmen jedenfalls eine deutliche Botschaft: Rom erscheint als ganz konkreter Mittelpunkt und wird entsprechend eingemessen, im Zentrum, vom Zentrum

27 Wie dies im einzelnen organisiert war, sei dahingestellt; es tut hier nichts zur Sache: In Italien gab es die *cura viarum*, und in der Regel waren in den Provinzen die jeweiligen Statthalter verantwortlich, die delegieren konnten, s. generell RATHMANN 2003, S. 56–104.

28 Zu den Details s. Eck 1979, S. 25–69. 1995.

29 Hierzu s. vor allem ALFÖLDY 1991, S. 299–300.

30 Zu dieser vgl. die extrem skeptische Diskussion bei BRODERSEN 1995, S. 268–287 sowie vor allem ARNAUD 2007/8, vgl. auch SALLMANN 1971, 91–95 und jetzt die differenzierenden Beobachtungen von HÄNGER 2001, S. 148–156; im Hinblick auf Spanien, aber auch von genereller Bedeutung jetzt GÓMEZ FRAILE–ALBALADEJO VIVERO 2012, S.394–419.

aus und zum Zentrum hin. Darüber hinaus ist der Kaiser, der Rom und dessen Imperium persönlich verkörpert (so wie er in den Provinzen mit der Göttin Roma verehrt wird), überall in Form von Meilensteinen symbolisch präsent, ganz analog zu und in direkter Verbindung mit der Vermessung und Markierung, die ein sichtbares Zeichen der römischen Herrschaft und ihres penetrierenden Zugriffs darstellt. Dies alles wird jetzt noch wesentlich verstärkt und ist damit auch für uns viel deutlicher zu greifen, auch vor dem Hintergrund herrschaftssoziologischer Zusammenhänge.

Diese eröffnen auch weitere Horizonte und zeigen Vergleichsmöglichkeiten, gerade unter dem Aspekt der Zentralität im Blick auf ein Herrschaftsgebiet. Georg Simmel stellt das im Hinblick auf das tibetische Lhasa heraus: „Die Hauptstadt Lhasa hat genau in ihrem Mittelpunkt ein großes Kloster, auf das sämtliche Landstraßen zuführen und in dem die Regierung ihren Sitz [296] hat" (SIMMEL 1995, S. 777–778). An diesem Mittelpunkt wird den Bewohnern – in Rom sind es solche, die sich überwiegend auch als die Herren fühlen können –, die Ausdehnung konkret greifbar vor Augen gestellt. Das ist aber nur die eine Seite, entscheidend sind darüber hinaus die Verschränkung und die Relationierung mit dem – in diesem Falle – riesigen und an sich unübersehbaren Herrschaftsgebiet. Auf das Hin und Her, vom und zum Zentrum, von den und zu den Grenzen, durch das Reich hindurch, in präziser Vermessung und erkennbarer Markierung, kommt es wesentlich an. Der Mittelpunkt steht eben nicht allein als solcher, sondern zu ihm wird über das Reich, über das Herrschaftsgebiet hin ein konkreter Bezug hergestellt.

Zwar ist all dies nicht gleichzeitig und überall realisiert worden, aber doch *à la longue*, zumal wenn man die gesamte Hohe Kaiserzeit ins Auge fasst. In Hispanien allerdings wurde bereits unter Augustus der Bau einer Hauptstraße (*via Augusta*) massiv vorangetrieben. Meilensteine wurden in dichter Abfolge gesetzt, das Imperium mit seinem Kaiser gleichsam alle anderthalb Kilometer in der Erde verankert, in lateinischer Sprache immer wieder gleichförmig den Kaiser mit seinen Titeln nennend. „Wer Roms Herrscher war, wurde dem Reisenden sozusagen auf Schritt und Tritt eingehämmert."[31]

Sichtbar, die Provinz umgreifend und auf das Ende der Welt bezogen, konnten die Markierungen von der universalen Geltung des Imperiums künden, wie ein in Cordoba gefundener Meilenstein zeigt: Anfang und Ende der Provinz Baetica (von Rom her gesehen) werden hier in den Blick genommen. Der Anfang wird durch einen Bogen (*Ianus Augustus*) am Baetis (Guadalquivir) demonstrativ ausgestaltet, und das Ende liegt bei Gades *ad Oceanum*, also am Ende der Welt.[32] Man hat sogar

---

31 ALFÖLDY 1991, S. 300, zur *via Augusta* s. jetzt RATHMANN 2003, S. 62–65.
32 *CIL* II 4701 = *ILS* 102 = SILLIERES 1990, Nr. 26, vgl. *CIL* II 2. Aufl / 7 S. 65 Anm. 4; zum Ianus-Bogen vgl. SILLIÈRES 1990, S. 795–796 und zur Straße generell s. auch STYLOW-ATENCIA PÁEZ-VERA RODRÍGUEZ 2004, S. 374–375. Zur Interpretation in dem hier vertretenen Sinne vgl. auch die treffenden Bemerkungen von Alföldy 1991, S. 301: „Der Reisende konnte Meile für Meile lesen, dass diese Straße der Provinz *a Baete et Iano Augusto ad Oceanum*, also vom Grenzbogen am Oberlauf des Guadalquivir im Nordosten bis Cádiz im Südwesten, ein Werk des Augustus war. Der Text sollte dem Leser verdeutlichen, dass der Stifter mit dem einzigartigen Namen und den einzigartigen Rangtiteln das Imperium bis zu seinen äußersten Grenzen, bis zum Ende der damals bekannten Welt, durch Straßen erschloss."

vermutet, dass sich *ad Oceanum* auf eine Statue des Oceanus bezieht und dass diese ein Pendant zum Goldenen Meilenstein in Rom gewesen sei.[33] Jedenfalls passt diese Formulierung haargenau zu dem markanten Satz in den *Res gestae Divi Augusti* (26), der die Befriedung der [297] westlichen Weltregionen erwähnt:[34] *Gallias et Hispaniás próvinciás i[tem Germaniam, qua inclu]dit Óceanus a Gádibus ad óstium Albis flumin[is, pacavi.].* Wir werden damit an den „kühnen Bogen" erinnert, „den er (sc. Augustus) von Gades bis zur Elbmündung schlägt" und stoßen auf „die Assoziationen der äußersten Grenzen des Erdkreises, die weiten Flächen und Strecken, die hier durch gleichsam magische, die Aufmerksamkeit gefangen nehmende Fixpunkte beschworen werden".[35]

Solches oder Ähnliches geschah nicht nur in Hispanien, sondern auch in anderen Regionen. Es war nicht ganz systematisch, wie schon gesagt, führte jedoch im Endeffekt durch ähnliche Verfahrensweisen zu klaren Linien. In der Regel waren der Straßenbau und die Aufstellung von Meilensteinen auch mit anderen Aspekten der Herrschaftsfixierung verbunden, insbesondere mit der administrativen Durchdringung. Dieser Begriff aber bezeichnet (jedenfalls im Deutschen) nichts anderes als die lateinischen Wortfelder des *penetrare* und *aperire*. In der straßenmäßigen Erschließung Galliens durch Agrippa von Lyon aus wird die Einheit dieses Vorgangs mit der definitiven Ausgestaltung der Herrschaft besonders deutlich, auch wenn die Verbindungswege zu einem guten Teil schon älter waren. Es ging in der Herrschaftsetablierung in diesem Falle um die symbolische Präsenz, die zugleich konkret erfahrbar war. Ein weiteres plastisches Beispiel aus dem Osten des Reiches ist der schon erwähnte *stadiasmos* von Patara. Die Verbindung von römischer Ordnungsstiftung, der Einrichtung einer Provinz und der detaillierten Vermessung des Landes wird hier besonders sinnfällig. Und alles war an einem zentralen Ort des alten Bundes mit einem besonderen Denkmal präsent.

Diese sinnlich erfahrbare Präsenz der Herrschaft in der Person des Kaisers in Gestalt „dinglicher Symbole" lässt sich auch sonst häufig beobachten, etwa in der bildlichen Repräsentanz des Imperators, einschließlich seines Porträts,[36] in den verschiedenen Städten und Plätzen überall im Reich und insbesondere beim römischen Heer, etwa in den Fahnenheiligtümern der verschiedenen Militärlager.[37] Insofern stehen auch die Meilensteine in dem größeren Zusammenhang der Repräsentation von Herrschaft in Monumenten und Ritualen, [298] wie sie vor allem von Simon Price für Kleinasien (PRICE 1985) untersucht wurden. Auch sie gehören mithin zur

33 So RATHMANN 2003, S. 64.
34 Ähnlich auch SILLIÈRES 1990, S. 792.
35 Die Zitate nach HEUSS 1975/1995, S. 1334–1335; dort auch (S. 1336–1337) der Hinweis auf Vorläufer, nämlich auf eine entsprechende Selbstdarstellung in den Triumphen des Pompeius, so 71 v. Chr. über Sertorius: *excitatis in Pyrenaeo tropaeis, oppida DCCCLXXVI ab Alpibus ad finis Hispaniae ulterioris in dicionem redacta victoriae suae adscripsit et…iterum triumphales currus eques Romanus induxit"* PLIN. n. h. VII 26,96.
36 Hierzu s. grundsätzlich ZANKER 1979 und jetzt VON DEN HOFF 2011.
37 Wichtig in diesem Sinne FLAIG 1992, S. 159–160 (dort auch, Anm. 107, zu den „dinglichen Symbolen").

„Konstruktion des Kaisers".[38] Sie sind aber besonders sinnfällig, konkret und ubiquitär, überall buchstäblich in den Raum gerammt und diesen als Herrschaftsgebiet strukturierend.

Solche sinnhaft-symbolische Anwesenheit ersparte es dem antiken römischen Kaiser im Unterschied zu seinem mittelalterlichen ‚Kollegen', permanent unterwegs zu sein. Er hatte ein festes Zentrum, das auch symbolhaft fassbar mit dem gesamten Reich verzahnt war, während „der Mangel einer festen Hauptstadt und das fortwährende Umherziehen"[39] des Herrschers gleichsam die andere Seite derselben Medaille, der Notwenigkeit der Greifbarkeit von Herrschaft, war. Auch dank der Meilensteine waren im Römischen Reich, um Simmels Begriffe noch einmal aufzugreifen, „Gebietshoheit" und „Personenherrschaft" in eins gefallen.

Nicht zuletzt hierin liegt auch der Grund für die repräsentative Ausgestaltung des Straßenbaus, die zusätzlich durch Viadukte, Brücken und Bögen monumentalisiert wurde.[40] Zugleich lassen sich die Meilensteine und andere mit der Anlage von Straßen verbundene Denkmäler mit dem zusammennehmen, was Nicholas Purcell „Rhetorik der Macht" nannte, wie sie in „the excitement of the long list, the rhetoric of obscure information, the potency of statistics, and the wonder of the detail" zum Ausdruck kommt.[41] Repräsentativ waren also auch Präzision und Genauigkeit, im Zählen und im Messen.[42] Wenn man dann an das Aufstellen der Meilensteine selbst denkt, könnte man sie als eine konkrete Umsetzung der Liste, eingeschlagen in detailgenauen Abständen, verstehen, mithin als einen Triumph der Exaktheit, der exakten Vereinnahmung.[43]

Darüber hinaus war diese symbolische Präsenz zugleich Ausdruck der Kommunikation zwischen Herrscher und Untertanen. Damit wird der verbindende Charakter des durch Meilensteine bezeichneten Straßenbaus ganz besonders sichtbar, schon in einem ganz elementaren Sinne: „Herrschaft setzt die Möglichkeit der Kommunikation zwischen dem Träger der Macht und den Beherrschten und somit funktionierende Verkehrsverbindungen voraus."[44] Dabei ging es nicht nur um Information, sondern auch um das Eintreiben von Ressourcen, [299] von „money, goods and people".[45] Auf diesem Gebiet wurden Qualität und Effizienz in der Hohen Kaiserzeit zunehmend verbessert, schon rein technisch in der Ausbreitung gepflasterter Straßen.[46] Ein gewisser Höhepunkt ist wohl für die antoninische Zeit anzunehmen.[47] Bei Aelius Aristeides heißt es (*Or.* 26, 33), der Kaiser regiere durch

38   PRICE 1985, S. 235. 242 mit Anm. 26.
39   SIMMEL 1995, S. 778.
40   Zu Hispanien in dieser Hinsicht vgl. etwa NÜNNERICH-ASMUS 1993.
41   PURCELL a. O. (Rez. NICOLET, s. o. Anm. 26) S. 180.
42   Vgl. generell NICOLET 1988, S. 34–47; man denke auch an die vielen Städte im Triumph-Text des Pompeius (vgl. o.).
43   Das wird besonders deutlich, wenn man an die Zusammenfassungen der so genannten Miliasmen (dazu HÄNGER 2001, S. 99–101) denkt.
44   ECK 1979, S. 25, zitiert bei RATHMANN 2003, S. 21.
45   PURCELL 1990, S.181.
46   RATHMANN 2003, S. 15–16.
47   Vgl. auch HERZIG 1974, S. 633-624.

Briefe, die, „kaum dass sie geschrieben sind, schon ankommen wie von Flügeln getragen".[48] So wird jetzt, gerade mit der Stabilisierung der Herrschaft und der weitgehend Befriedung im Inneren des Reiches, neben und vor den oben erwähnten militärischen Funktionen, der Aspekt administrativer und insofern kommunikativer Durchdringung beim Straßenbau markanter.[49]

Das gilt nun auch von der Seite der Untertanen her. Wir können eine starke Beteiligung der Gemeinden, also der unteren Verwaltungsebenen, beobachten.[50] Unabhängig davon, ob diese Lasten immer gerne getragen wurden, wissen wir doch nicht von direkten Auflehnungen dagegen. Wir können also damit rechnen, dass dieses System weitgehend akzeptiert wurde. Sofern die Untertanen sich an der Finanzierung und dann zunehmend auch an der Organisation, der Aufsicht und dem Bau selbst beteiligten, kommt darin ihr mehr oder weniger selbstverständliches ‚Mitmachen' zum Ausdruck. Die Identifizierung mit dieser Aufgabe demonstriert mithin auch die Reziprozität des Herrschaftsverhältnisses, wie sie hier in der grundsätzlichen Akzeptanz durch die Beherrschten erkennbar wird.

Später, erstmals am Ende des 1., zunehmend im 3. Jahrhundert und dann besonders in der Spätantike, begegnet zunehmend der Dativ in den Meilensteinen; mithin erhalten sie einen dedikativen Charakter.[51] Die erwähnte Reziprozität von der Seite der Untertanen her wird in der Dedikation grundsätzlich noch verstärkt. In der Spätantike kann man darüber hinaus auch eine große sprachliche Nähe der Meilensteintexte zu traditionellen städtischen Ehreninschriften konstatieren.[52] Folglich ist die Verwendung des Nominativs des Bauherrn und des Dativs der Weihung unter den kommunikativ-rituellen Aspekten nicht zu trennen. Bezeichnenderweise kann sogar die Bautätigkeit selbst als Dedikation erscheinen,[53] und Brückenbögen bzw. Bögen können [300] als Ehrenmonumente angesehen werden. Auf Münzen, auf denen etwa Meilensteine und Bögen dargestellt werden, wird der Kaiser geehrt, *quod viae munitae sunt* (Abb. 4).[54] Häufig haben solche Arbeiten an Straßen einen Bezug zu einem bevorstehenden Kaiserbesuch:[55] Der Ausbesserung der Straße kann dann eine Dedikation auf einem Meilenstein korrespondieren.

Die in Meilensteinen dokumentierten Leistungen in Bau und Finanzierung von Straßen waren also, unabhängig davon, ob das Geld vom Kaiser oder den Untertanen kam, gerade deshalb Ausdruck der Wechselbeziehung und insofern ein zentrales Element der Herrschaftsbeziehung. Von der Seite des Imperators her handelte es sich um einen Akt der Fürsorge, wie es auch in dem Begriff der *cura* zum Ausdruck kommt. Auf der Seite der Untertanen ging es um einen monumentalisierten

---

48 Vgl. aber auch schon SUET. AUG. 49, 3; RATHMANN 2003, S. 23–24.

49 S. auch CASS. DIO LIV 11, 1–5.

50 RATHMANN 2003, S. 104–115.; HERZIG 1974, S. 641 bezieht die Beteiligung der Munizipien und Grundeigentümer im wesentlichen auf die Provinzen.

51 SCHNEIDER 1982, S. 108–109 (unter Berufung auf H. NESSELHAUF); WITSCHEL 2002.

52 WITSCHEL 2002, S. 367.

53 RATHMANN 2003, S. 131.

54 Zu Augustus in diesem Zusammenhang s. NÜNNERICH-ASMUS 1993, S. 130–131 und vgl. auch WIEGELS 2000.

55 S. besonders RATHMANN 2003, S. 65 Anm. 385. 71–75 (besonders zu Hadrian und Severus).

Akt der Loyalität (übrigens zum Teil mit einer sich steigernden Tendenz, als Wettlauf geradezu), wenn man so will, um ein zu Stein gewordenes Akzeptanzritual oder eine steinerne Akklamation. Das wird, wie Michael Rathmann schon unterstrichen hat, besonders dort erkennbar, wo für einen vom amtierenden Kaiser designierten Nachfolger ein zweiter Meilenstein aufgestellt wird: Die Untertanen signalisieren damit dezidiert ihre Zustimmung zur Nachfolgeregelung und ihre Loyalität zum Nachfolger.[56] So wird gerade hier die Verbindung von Herrscher und Untertanen, oder mindestens die Inszenierung ihrer Verbundenheit, besonders sichtbar. Die Meilensteine und der Straßenbau weisen damit auf ein *arcanum imperii*: Das System trug sich selbst – im Idealfall und wenn es funktionierte. Die nötige Akzeptanz war erreicht, die Legitimität gesichert. Diese Bedeutung der Meilensteine für die militärische Durchdringung und die herrschaftliche Stabilisierung der römischen Macht beruhte aber auf ganz bestimmten Grundvorstellungen der Römer, oder, vorsichtiger gesagt, die Interpretation der Meilensteine und des Straßenbaus führt auf bestimmte römische Vorstellungsweisen. Sie kann uns sogar gleichsam in die Köpfe der Römer führen.

3.) MEILENSTEINE UND RÖMISCHE SICHT

Das Phänomen der Herrschaft, nicht zuletzt der römischen, lässt sich in unserem Zusammenhang auch unter einem anderen Blickwinkel betrachten, als Herrschaft über Raum, genauer: über Natur. Gerade hier, so scheint mir, kommen wir römischen Eigenheiten besonders nahe. Und diese sind auch in [301] der Markierung durch Meilensteine greifbar. Es geht hier um einen Bereich, den man neuerdings Aisthetik nennt und innerhalb dessen gerade neuere Forschungen demonstrieren, „wie Symbolisierungen und Repräsentationen mit realer Raumergreifung verflochten sind".[57]

Den Ausgangspunkt kann hier die für die römischen Vorstellungen charakteristische Scheidung von *domi* und *militiae* bilden:[58] Eine an sich in primordialen Kontexten generell zu beobachtende radikale Differenzierung von Innen und Außen[59] war in Rom besonders ausgeprägt. Im Bereich *domi* existierte ein Raum der Nähe, des Heimes, der Häuslich- und Heimeligkeit, und damit ein Bereich von Ruhe, Frieden und Ordnung. Dem stand in markanter Alterität der Raum der Bedrohung, des Un-Heimlichen, des Feindseligen gegenüber. Die Grenze dazwischen war massiv konstruiert: durch das *pomerium* und den *sulcus primigenius*. Sie wurde räumlich fixiert und in einem kultischen Ritual sakralisiert. Als archetypischer Gründungsakt war dieses Ritual in der *mémoire collective* fest verankert (mit der Geschichte von Romulus und Remus), und bei jeder Anlage einer Stadt römischen

---

56   RATHMANN 2003, S. 129 mit den Belegen.

57   KAUFMANN 2002, S. 12, zur Forschungsrichtung vgl. ebd. S. 12–15, mit dem Hinweis auf WELSCH 1990, vgl. ferner BÖHME 1995.

58   Hierzu grundlegend RÜPKE 1990, bes. S. 29–57; zum *pomerium* s. jetzt auch DALLY 2010, S. 129–135, mit neuerer Literatur.

59   Wichtige Hinweise und Analysen gibt MÜLLER 1987, vor allem S. 3–66.

Typs (*colonia*) wurde es erneut vollzogen. Gerade in ihrer Konkretheit war diese große Scheidung zwischen Innen und Außen für das römische Denken durchweg prägend. Nun war nicht alles, was außerhalb lag, permanent feindlich. Aber man musste sich zu ihm ins Benehmen setzen. Und jedenfalls war es dort, wo sich die ‚Anderen', die zumindest potentiellen Feinde befanden.[60] Dabei ging es nicht allein um Personen und Gruppen, sondern auch um die Wildheit der Natur schlechthin.

Diese besondere Form der Alterität wurde den Römern nicht zuletzt gerade in den Wäldern Germaniens, Galliens und Britanniens bestätigt. Joseph Conrad hat das in seinem Roman „Heart of Darkness" plastisch imaginiert – und damit lässt sich zugleich die Rolle des Atmosphärischen in der oben erwähnten Aisthetik verdeutlichen (Anm. 57):[61]

> Imagine the feelings of a commander of a fine … trireme in the Mediterranean, ordered suddenly to the north; run overland across the Gauls in a hurry; put in charge of one of these crafts the legionaries … used to build … Imagine him [302] here (man befindet sich auf der Themse) – the very end of the world, a sea the colour of lead, a sky the colour of smoke, a kind of ship about as rigid as a concertina – and going up this river with stores, or orders, or what you like. Sandbanks, marshes, forests, savages, – precious little to eat fit for a civilised man, nothing but Thames water to drink. No Falernian wine here, no going ashore. Here and there a military camp lost in wilderness, like a needle in a bundle of hay – cold, fog, tempests, disease, exile, and death, – death skulking in the air, in the water, in the bush…Or think of a decent young citizen in a toga … coming out here in the train of some prefect, or tax-gatherer, or trader, even, to mend his fortunes. Land in a swamp, march through the woods, and in some inland post feel the savagery, the utter savagery, had closed round him, – all that mysterious life of the wilderness that stirs in the forest, in the jungles, in the hearts of wild men.[62]

Vor diesem Hintergrund konnte gerade auch die Unterwerfung dieses besonderen Feindes, nämlich der wilden Natur, als eine sowohl militärische wie zivilisatorische Leistung gelten; beides fiel zusammen. In diesen Zusammenhang nun lässt sich auch der Straßenbau stellen, gerade in seiner technischen Machart, seiner Monumentalität und Regularität bzw. Geradlinigkeit. Einen *locus classicus* dazu bietet Plutarchs Schilderung der Straßenbaumaßnahmen des C. Gracchus:[63]

> Am eifrigsten betrieb er … den Straßenbau, indem er nicht bloß auf Nutzen, sondern auch auf Bequemlichkeit und Schönheit Rücksicht nahm. Die Straßen wurden nämlich schnurgerade durch das Land geführt und teils mit gehauenen Steinen gepflastert, teils mit festgestampftem Sand bedeckt. Alle Vertiefungen, die von wilden Wassern oder Schluchten eingeschnitten waren, wurden ausgefüllt, mit Brücken versehen und erhielten an beiden Seiten eine gleichmäßige Höhe, wodurch das Werk einen völlig ebenen und schönen Anblick bekam. Überdies ließ er die ganze Straße nach Meilen – eine Meile beträgt etwas weniger als acht Stadien – ausmessen und steinerne Säulen als Meilensteine errichten.

---

60 BORCA 1996, S. 63–64 mit weiteren Hinweisen in Anm. 4., vgl. auch (mit dem Blick auf die Villen der Oberschicht) SCHNEIDER 1995, 94–101.

61 Den Hinweis darauf verdanke ich einem Vortrag von Richard Brilliant auf einer Heidelberger Tagung im Jahre 1999, s. jetzt BRILLIANT 2000, S. 391.

62 Zitiert nach CONRAD 1995, S. 33–34.

63 PLU., *CG* 7 (28), 1–3 (Übersetzung nach J. F. Kaltwasser-H. Floerke); s. hierzu generell vor allem SHERK 1974, S. 556; BRODERSEN 1995, S. 167–168 (die sich ebenfalls gerade auf diese Stelle beziehen).

Die Ebenmäßigkeit und die Präzision (auch in der Vermessung) haben eine ästhetische Qualität, und gerade insofern sind sie auch Ausdruck von Zivilisation und von zivilisatorischer Überlegenheit.[64] So wurde das durchaus wahr[303]genommen. In seiner Romrede (101) hebt Aelius Aristeides hervor: „Ihr habt den gesamten Erdkreis vermessen, Flüsse überspannt mit Brücken verschiedener Art, Berge durchstochen, um Fahrwege anzulegen, in menschenleeren Gegenden Poststationen installiert und überall eine kultivierte und geordnete Lebensweise eingeführt".[65] Und bei dem römischen Epiker Statius erscheint Kaiser Domitian im Zusammenhang mit dem Bau der *via Domitia* (südl. von Sinuessa nach Neapel) als *natura melior potentior*.[66]

Hierbei ist zusätzlich zu beachten, dass in raumsoziologischer Sicht auch das Zählen bzw. das Kategorisieren nach Zahlen als Zeichen des Stiftens von „Ordnung" angesehen wird.[67] Herrschaft äußert sich also auch als Herrschaft über die Natur, und deshalb war der Straßenbau, mit den Worten von Robert Witcher, „part of an imperial subjugation of both nature and society – it denies the past, whilst physically inscribing a new authority upon the landscape".[68] Auch dies hat man bezeichnenderweise bereits in der Antike wahrgenommen: Dionysios von Halikarnassos spricht im Zusammenhang mit Straßenbau von μεγαλοπρεπέστατα τοῖς κατασκευάσμασι τῆς Ῥώμης, ἐξ ὧν μάλιστα τὸ τῆς ἡγεμονίας ἐμφαίνεται μέγεθος[69]. Und so verbinden sich Straßenbaumaßnahmen und vergleichbare Arbeiten an der Infrastruktur mit der ostentativen Präsentation von Sieg und Sieghaftigkeit. Man denke an die Darstellung von Triumphbögen auf den augusteischen *quod-viae-munitae-sunt*-Münzen oder an die Bögen von Benevent und Ancona.

Daran lässt sich die generelle Thematik der Raumstrukturierung, genauer: der räumlichen Sichtweisen anschließen. Hier müssen wir von der einfachen Raumsicht ausgehen (um das Wort „primitiv" zu vermeiden, das Simmel noch unbefangen gebraucht). Für die Antike ist diese vor allem von Pietro Janni und Alexander Podossinov untersucht worden.[70] Die Grundlagen lassen sich folgendermaßen resümieren: Die sozusagen normale, auch physisch-biologisch vorgeprägte Raumwahrnehmung des Menschen ist vor allem von der Entwicklungspsychologie und der Sozialanthropologie bzw. Ethnologie, neuerdings auch stärker innerhalb der Neurowissenschaften untersucht worden. Sie ist – das wurde auf allen Gebieten klar nachgewiesen – ganz linear, d. h. sie orientiert sich entlang von Strecken und Wegen, die sie durch markante Punkte (*landmarks*) strukturiert. Die Raumerfassung ist relational (man spricht von [304] vorne und hinten, rechts und links) und bezeichnet die Entfernungen sehr häufig durch Zeitangaben (eine Tagesreise usw.). Man hat

---

64 Vgl. auch BORCA 1995, S. 65.
65 Zitiert nach KISSEL 2002, S. 144.
66 *Silv.* IV 3,135, vgl. generell IV 3,72ff. und s. auch TIBULL 1, 7, 57–62, der den Bau der *via Lutatia* durch seinen Mentor M. Valerius Messalla Corvinus rühmt.
67 SIMMEL 1995, S. 712.
68 WITCHER 1998, S. 64; ich verdanke das Zitat KISSEL 2002, S. 152 Anm. 27.
69 *Ant. Rom*, III 67, 5.
70 JANNI 1984; PODOSSINOV 1979. 1993; vgl. auch BRODERSEN 1995 und GEHRKE 1998 [hier: S. 44–72].

diese Ausrichtung auch topologisch oder hodologisch genannt. Das menschliche Gehirn hat sich so entwickelt, dass es auf diese Weise eine genaue Orientierung im Raum ermöglicht, die auch in sehr hohem Maße memoriert werden kann.

Für derartige Raumvorstellungen haben wir zahlreiche historische Belege. Ein schönes Beispiel liefert schon die Ilias, im 14. Gesang (225ff.): Hera begibt sich dort vom Olymp zur Insel Lemnos. Doch obwohl sie, wie es heißt (228), „den Boden nicht mit den Füßen berührte", wählte sie nicht die Luftlinie, sondern einen Weg, den man normalerweise genommen hätte, von Gebiet zu Gebiet, vom Olymp nach Pierien, Emathia, dem thrakischen Gebirge, dem Berg Athos und dann per Schiff zur Insel Lemnos. Eine solche Art der Bewegung war für die alltägliche Raumorientierung der Griechen ganz geläufig. Wir kennen sie nicht zuletzt aus den Lokalisierungen der Seefahrer im Schema des *periplus*, das in der wissenschaftlichen Geographie der Antike übernommen wurde.

Diese topologische bzw. hodologische Raumwahrnehmung und -orientierung zieht Linien (mit Tendenzen zur Begradigung) und gliedert diese nach Landmarken. Dabei können sich auch Netze und Knotenpunkte bilden. Die Bedeutung dieser Sicht für die Römer hat vor allem Kai Brodersen (1995) massiv herausgestellt und gerade am Beispiel römischer Karten dokumentiert. In diesem Rahmen ist schon die strategische Sicht – die Verbindung von Linie und Punkt, von *via* und *propugnaculum* – zu berücksichtigen, die oben unter Punkt 1 behandelt wurde. Aber naturgemäß kommt das hodologische Sehen gerade bei den Meilensteinen zum Ausdruck, in aller wünschenswerten Deutlichkeit.[71] Straßen bilden *routes* mit *landmarks*, und mit Blick auf den erwähnten Meilenstein der *via Augusta*, könnte man von zwei wesentlichen Landmarken sprechen, die Anfang und Ende der Straße, und damit der Provinz Baetica, hodologisch gesehen, fixieren, der Ianus-Bogen und Gades, und die zugleich auf den Mittelpunkt in Rom mit dem Goldenen Meilenstein bezogen waren.[72]

Es sind aber nicht zuletzt die Meilensteine unmittelbar, die selber Landmarken bildeten, welche die Routen strukturierten. Sie waren in ihrer Dichte [305] für eine natürliche Orientierung überflüssig. Aber sie richteten sich an Menschen, die sich im Raum nach Linien und Punkten bewegten, auch gedanklich, und die keine zweidimensionale Karte oder gar einen Globus im Kopf hatten, um sich Weltherrschaft vorzustellen. So verankerten gerade die Meilensteine entlang den Straßen die Dominanz über den Raum in einer den geläufigen Raumvorstellungen perfekt adäquaten Weise.

Sie zeigen eben damit und in der Präzision ihrer Vermessung wie ihrer geradezu ermüdenden Wiederholung einen sehr gezielten Gestaltungswillen, wie er

---

71 Das muss aber nicht heißen, dass man die Welt nur so gesehen hat: Neben der Vernetzung, die das hodologische Schema schon erlaubt, können wir bei den Römern, jedenfalls ihren Eliten, bei der strategischen Grobplanung auch eine gleichsam griechisch-geographischer Sicht auf die Fläche der Erde konstatieren. Sie kommt nicht zuletzt in den oben erwähnten, unter Augustus evozierten Vorstellungen der Herrschaft über die Welt zum Ausdruck, vgl. generell HÄNGER 2001, S. 164–264 und GEHRKE 2007/8 [hier S. 109–120].

72 Eindrucksvoll können das auch die ihrerseits wie Meilensteine gestalteten vier Silberbecher von Vicarello (am Lago di Bracciano) dokumentieren, *CIL* XI 3281–3284 (Abb. 5).

nicht zuletzt in der Planung der Straßenanlagen selbst und ihrer Geradlinigkeit zum Ausdruck kommt. Hier wird ein Versuch unternommen, sich über die Natur – so gut es geht – zu erheben, sich ihr jedenfalls nicht zu beugen. Das ist sicher noch um einiges von der Naturbeherrschung entfernt, die sich die Moderne gerade im Umgang mit dem Raum erlaubt. Aber es zeigt doch einen beachtlichen Zug zum konstruktiven Abstrahieren im Raum.[73] Dies ist nun auf der einen Seite Ausdruck einer elementaren Sicht auf den Raum, die insofern noch auf die natürliche Ordnung bezogen bleibt. Sie überschreitet sie jedoch gerade dort, wo sich die römische Herrschaft in konkreter Symbolik und mit Bezug auf die elementare Raumsicht äußert, als Herrschaft über die Oikumene und über die Natur. Gerade dafür stehen auch die Meilensteine. Und so – damit schließt sich der Kreis – waren sie besonders gut geeignet, die Herrschaft Roms und seiner Caesaren dinglich zu präsentieren und damit für ihren Teil mit zu ermöglichen. [306]

---

73 Der Grad bzw. die Reichweite dieser Abstraktion wird noch plastischer, wenn man vergleichsweise Methoden der Landvermessung und -kontrolle heranzieht, die eine volle räumliche Abstraktion zeigen und sich von den Gegebenheiten der Natur in einer „visuellen Distanznahme" (Kaufmann 2002, S. 78) gelöst haben. Hierzu sind sehr instruktiv die Bemerkungen zum *American Grid* bei Kaufmann 2002, wo die Differenzen besonders plastisch werden, S. 74. 90. Aber wir sind damit in der Zeit der Aufklärung.

ABBILDUNGEN

Abbildung 1. Bauinschrift aus Rabland (CIL XVII 4,1)

Abbildung 2. Knüppeldamm Leermoos, Aufsicht [307]

Abbildung 3. Verlauf Via Claudia bei Scheuring-Haltenberg (Landkreis Landsberg/Lech)

Abbildung 4. Denar Augustus (ca. 18–17/16 v. Chr.), aus Spanien, Münzstätte/Ausgabeort: Colonia Patricia (Cordoba)?

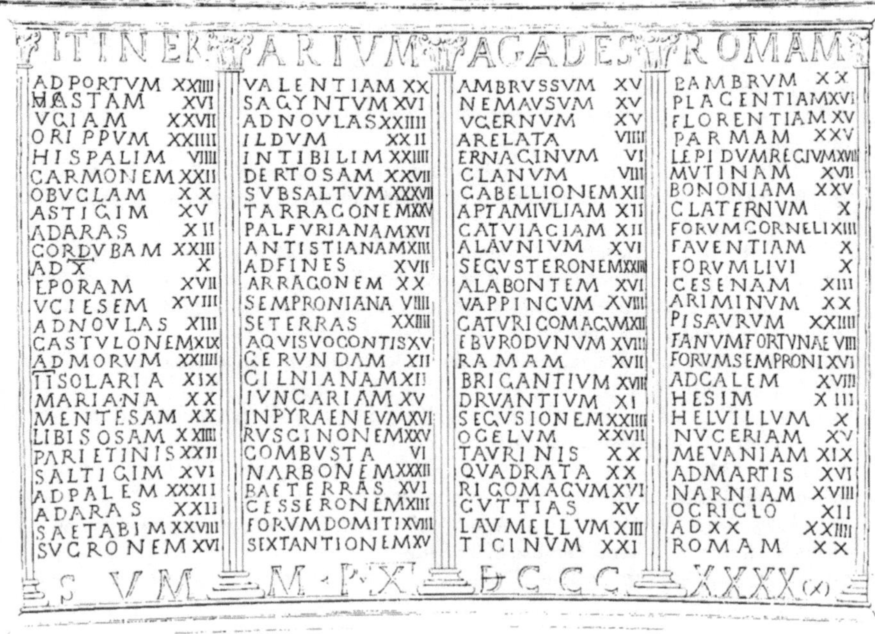

Abbildung 5. Vicarello-Becher (2. Jahrhundert n. Chr.), Umschrift [308]

BIBLIOGRAPHISCHE NACHWEISE

ALFÖLDY, G., 1991, „Augustus und die Inschriften: Tradition und Innovation. Die Geburt der imperialen Epigraphik", *Gymnasium* 98, S. 289–324.

ARNAUD, P., 2007/8, „Texte et carte d'Agrippa. Historiographie et données textuelles", *GeogrAnt* 16/17, S. 45–97.

BENDER, H., 2000, „Römischer Straßen- und Reiseverkehr", in L. WAMSER (ed.), *Die Römer zwischen Alpen und Nordmeer. Zivilisatorisches Erbe einer europäischen Militärmacht. Katalog zur Landesausstellung des Freistaates Bayern Rosenheim 2000*, Mainz, S. 255–263.

BÖHME, G., 1995, *Atmosphäre. Essays zur neuen Ästhetik.* Frankfurt am Main.

BORCA, F., 1996, „*Gnara vincentibus, iniqua nesciis palus*: il soldato e l'acquitrino", *GeogrAnt* 5, S. 63–73.

BOWERSOCK, G. W., 1983, *Roman Arabia*, Cambridge (MA).

BRILLIANT, R., 2000, „The *Pax Romana*: Bridge or Barrier between Romans and Barbarians", in T. HÖLSCHER (ed.), *Gegenwelten zu den Kulturen Griechenlands und Roms in der Antike*, München–Leipzig.

BRODERSEN, K., 1995, *Terra Cognita. Studien zur römischen Raumerfassung* (Spudasmata 59), Hildesheim–Zürich–New York.

CAMPEDELLI, C., 2014, *L'amministrazione municipale delle strade romane in Italia* (Antiquitas Reihe 1, 62), Bonn.

CZYSZ, W., 2007, „Miglia dal Po al Danubio. La strada statale Romana *Via Claudia Augusta*", in *Quaderni Friulani di Archeologia* 17, S. 7–22.

DALLY, O., 2010, „Die Grenzen Roms", *GeogrAnt* 19, S. 123–139.

ECK, W., 1979, *Die staatliche Organisation Italiens in der hohen Kaiserzeit* (Vestigia 28), München.

ECK, W., 1995, „Die Administration der italischen Straßen: Das Beispiel der via Appia", in ID., *Die Verwaltung des Römischen Reiches in der hohen Kaiserzeit. Ausgewählte und erweiterte Beiträge I*, Basel, S. 295–313.

FLAIG, E., 1992, *Den Kaiser herausfordern. Die Usurpation im Römischen Reich*, Frankfurt am Main–New York.

FRENCH, D. H., 1995, „Milestones from the İzmir region", *EpigrAnatolica* 25, S. 95–102.

GEBERT, W., 1910, „Limes. Untersuchungen zur Erklärung des Wortes und seiner Anwendung", *BJb* 119, S. 158–205.

GEHRKE, H.-J., 1998, „Die Geburt der Erdkunde aus dem Geiste der Geometrie. Überlegungen zur Entstehung und zur Frühgeschichte der wissenschaftlichen Geographie bei den Griechen", in W. KULLMANN – J. ALTHOFF – M. ASPER (eds.), *Gattungen wissenschaftlicher Literatur in der Antike* (ScriptOralia 95), Tübingen, S. 163–192 [hier: S. 44–72]. [309]

GEHRKE, H.-J., 2007/8, „Antiche rappresentazioni dello spazio e imperialismo romano", *GeogrAnt* 16/17, S. 61–72 [hier: S. 109–120].

GEHRKE, H.-J., 2011, "Alexander der Große – Welterkundung als Welteroberung", *Klio* 93, S. 52–65 [in Ausgewählte Schriften Band II].

GÓMEZ FRAILE, J.M. – ALBALADEJO VIVERO, M., 2012, „Geografía literaria y límites provinciales: la península Ibérica entre Eratóstenes y Agripa", in J. SANTOS YANGUAS – G. CRUZ ANDREOTTI (eds.), *Romanización, fronteras y etnias en la Roma Antigua: el caso hispano* (Revisiones de Historia Antigua 7), Vitoria–Gasteiz, S. 359–424.

GRASSHOFF, G./MITTERHUBER, F. (eds.), 2009, *Untersuchungen zum Stadiasmos von Patara. Modellierung und Analyse eines antiken Streckennetzes* (Bern Studies in the History and Philosophy of Science 9) Bern.

GRIMMEISEN, R., 1997, *Raetien und Vindelikien in julisch-claudischer Zeit. Die Zentralalpen und das Alpenvorland von der Eroberung bis zu Provinzialisierung*, Essen.

HÄNGER, C., 2001, *Die Welt im Kopf. Raumbilder und Strategie im Römischen Kaiserreich* (Hypomnemata 136), Göttingen.

Herzig, H. E., 1974, „Probleme des römischen Straßenwesens: Untersuchungen zu Geschichte und Recht", in H. TEMPORINI (ed.), *Aufstieg und Niedergang der römischen Welt*, II 1. *Politische Geschichte (Allgemeines)*, Berlin–New York, S. 593–648. Tafel I–III.

HEUSS, A., 1975/1995, „Zeitgeschichte als Ideologie. Bemerkungen zu Komposition und Gedankenführung der Res gestae Divi Augusti", in E. LEFÈVRE (ed.), *Monumentum Chiloniense. Studien zur augusteischen Zeit, Kieler Festschrift für Erich Burck zum 70. Geburtstag*, Amsterdam, S. 55–95; jetzt in HEUSS, A., *Gesammelte Schriften in 3 Bänden*, Bd. II, S. 1319–1359 (danach zitiert).

JANNI, P., 1984, *La mappa e il periplo. Cartografia antica e spazio odologico*, Roma.

KAUFMANN, S. (ed.), 2002, *Ordnungen der Landschaft. Natur und Raum technisch und symbolisch entwerfen* (Identitäten und Alteritäten 12), Würzburg.

KAUFMANN, S., 2002, „Einleitung", in ID. 2002, S. 7–29.

KAUFMANN, S., 2002, „Landschaft beschriften. Zur Logik des *American Grid Systems*", in ID. 2002, S. 73–94.

KIENAST, D., 1996, *Römische Kaisertabelle. Grundzüge einer römischen Kaiserchronologie*, Darmstadt.

KISSEL, T., 2002, „Veluti naturae ipsius dominus. Straßen und Brücken als Ausdruck des römischen Herrschaftsanspruchs über die Natur", *Antike Welt* 33/2, S. 143–152.

KOLB, A., 2000, *Transport und Nachrichtentransfer im Römischen Reich* (Klio Beihefte, Neue Folge 2), Berlin.

KOLB, A., 2007, „Raumwahrnehmung und Raumerschließung durch römische Straßen", in M. RATHMANN (ed.), *Geographie und Raumwahrnehmung in der Antike*, Mainz, S. 169–180.[311]

KOLB, A., 2011/12, „The conception and practice of Roman rule: the example of transport infrastructure", *GeogrAnt* 20, S. 53–69.

KOLB, A., 2013, „Herrschaft durch Raumerschließung – Rom und sein Imperium", in F. FLESS u. a. (eds.), *Politische Räume in vormodernen Gesellschaften. Gestaltung – Wahrnehmung – Funktion. Tagung DAI / Excellenzcluster TOPOI*, Berlin, S. 71–85.

LANDSCHAFTSVERBAND RHEINLAND. Rheinisches Amt für Bodendenkmalpflege, 2004, *„Alle Wege führen nach Rom…"*. *Internationales Römerstraßenkolloquium Bonn* (Materialien zur Bodendenkmalpflege im Rheinland 16), Pulheim-Brauweiler.

MOMMSEN, T., 1902, *Römische Geschichte*, Band I, Berlin, 9. Aufl. 1902.

MÜLLER, K. E., 1987, *Das magische Universum der Identität. Elementarformen sozialen Verhaltens. Ein ethnologischer Grundriß*, Frankfurt am Main–New York.

NICOLET, C., 1988, *L'inventaire du monde. Géographie et politique aux origines de l'empire Romain*, Paris.

NICOLET, C. 1989, „Il modello dell'Impero", in E. GABBA/A. SCHIAVONE (eds.), *Storia di Roma. Vol. IV. Caratteri e morfologie*, Torino, S. 459–486.

NÜNNERICH-ASMUS, A., 1993, „Straßen, Brücken und Bögen als Zeichen römischen Herrschaftsanspruchs", in W. TRILLMICH u. a. (eds.), *Hispania antiqua. Denkmäler der Römerzeit*, Mainz, S. 121–157.

OXE, A., 1906, „Der Limes des Tiberius", *BJb* 114/15, S. 99–133.

PAVAN, F. (ed.), 2011, *I miliari lungo le strade dell'Impero. Atti del convegno. Isola della Scala 28 novembre 2009*, Verona.

PEKÁRY, T., 1968, *Untersuchungen zu den römischen Reichsstraßen* (Antiquitas I 17), Bonn.

PODOSSINOV, A. 1979, „Iz istorii anticnykh geograficeskich predstavlenij", *VDI* 197, S. 147–166.

PODOSSINOV, A., 1993, „Die Orientierung der alten Karten von den ältesten Zeiten bis zum frühen Mittelalter", *Cartographia Helvetica* 7, S. 33–43.

PÖLL, J., 1998, „Ein Streckenabschnitt der Via Claudia Augusta in Nordtirol. Die Grabungen am Prügelweg Lermoos/ Bez. Reutte 1992–1995", in E. WALDE (ed.), *Via Claudia – Neue Forschungen*, Innsbruck, S. 15–111.

PÖLL, J./NICOLUSSI, I./OEGGEL, K., 1998, „Die römische Reichsstraße Via Claudia Augusta bei Leermoos (Tirol), *Archäologie Österreichs* 9,1, S. 55–70.

PRICE, S. R. F., 1985, *Rituals and Power. The Roman Imperial Cult in Asia Minor*, 2. Auflage, Cambridge.

RATHMANN, M., 2003, *Untersuchungen zu den Reichsstraßen in den westlichen Provinzen des Imperium Romanum* (Beihefte Bonner Jahrbücher Bd. 55), Mainz.

RÜPKE, J., 1990, *Domi militae. Die religiöse Konstruktion des Krieges*, Stuttgart.

ŞAHIN, S./ADAK, M., 2007, *Stadiasmus Patarensis. Itinera Romana Provinciae Lyciae* (Monographien zur Gephyra 1), Istanbul.

SALLMANN, K. G., 1971, *Die Geographie des älteren Plinius in ihrem Verhältnis zu Varro* (Untersuchungen zur antiken Literatur und Geschichte 11), Berlin–New York.

SCHNEIDER, H.-C., 1982, *Altstraßenforschung* (Erträge der Forschung 170), Darmstadt.

SCHNEIDER, K., 1995, *Villa und Natur. Eine Studie zur römischen Oberschichtkultur im letzten vor- und ersten nachchristlichen Jahrhundert* (Quellen und Forschungen zur Antiken Welt 18), München.

SCHUMACHER, L., 1988, *Römische Inschriften. Lateinisch / Deutsch*, Stuttgart.

SHERK, R. K., 1974, „Roman Geographical Exploration and Military Maps", in H. TEMPORINI (ed.), *Aufstieg und Niedergang der römischen Welt*, II 1. *Politische Geschichte (Allgemeines)*, Berlin–New York, S. 534–562.

SILLIERES, P., 1990, *Les voies de communication de l'Hispanie méridionale* (Publications du Centre Pierre Paris 20), Paris.

SIMMEL, G., 1995, *Soziologie. Untersuchungen über die Formen der Vergesellschaftung* (Gesamtausgabe 2; Erstausgabe 1908, Zweitausgabe 1922), 2. Auflage, Frankfurt am Main.

STYLOW, A. U./ATENCIA PÁEZ, R./VERA RODRÍGUEZ, J. C., 2004, „Via Domitiana Augusta", in R. FREI-STOLBA (ed.), *Siedlung und Verkehr im Römischen Reich. Römerstraßen zwischen*

Herrschaftssicherung und Landschaftsprägung. Akten des Kolloquiums zu Ehren von Prof. Dr. H. E. Herzig vom 28. und 29. Juni 2001 in Bern, Bern u. a., S. 361–378.

VON DEN HOFF, R., 2011, „Kaiserbildnisse als Kaisergeschichte(n). Prolegomena zu einem medialen Konzept römischer Herrscherporträts“, in A. WINTERLING (ed.), *Zwischen Strukturgeschichte und Biographie. Probleme und Perspektiven einer römischen Kaisergeschichte*, München, S. 15–44.

Walbank, F. W., 1957, *A Historical Commentary on Polybius*. Vol. I. *Commentary on books I–VI*, Oxford.

WELSCH, W., 1990, *Ästhetisches Denken*, Stuttgart.

WIEGELS, R., 2000, „Quod viae munitae sunt – Historische Anmerkungen zu einem Aureus aus Kalkriese“, in ID. (ed.), *Die Fundmünzen von Kalkriese und die frühkaiserzeitliche Münzprägung*, Möhnesee, S. 205–235.

WITCHER, R. 1998, „Roman Roads: Phenomenological Perspectives on Roads in the Landscape“, in C. FORCEY/J. HAWTHORNE/R. WITCHER (eds.), *Proceedings of the Seventh Annual Theoretical Roman Archaeology Conference. Nottingham 1997* (TRAC 97), Oxford, S. 60–70.

WITSCHEL, C., 2002, „Meilensteine als historische Quelle? Das Beispiel Aquileia“, *Chiron* 32, S. 325–393.

ZANKER, P., 1979, „Principat und Herrscherbild“, *Gymnasium* 86, S. 353–368.

ABBILDUNGSVERZEICHNIS

Abbildung 1. Bauinschrift aus Rabland (*CIL* XVII 4,1): Bozen, Stadtmuseum.

Abbildung 2. Knüppeldamm Leermoos, Aufsicht: Foto J. Pöll (http://www.uibk.ac.at/klassische-archaeologie/Institut/Diplomarbeiten/PoellDipl.html).

Abbildung 3. Verlauf Via Claudia bei Scheuring-Haltenberg (Landkreis Landsberg/Lech): www.geo-messenger.com.

Abbildung 4. Denar Augustus (ca. 18 17/16 v. Chr.), aus Spanien, Münzstätte/Ausgabeort: Colonia Patricia (Cordoba)?: VS: Kopf des Augustus nach rechts; Umschrift: SPQR CAESARI AUGUSTO; RS: Triumphbogen, mit Rostra geschmückt, auf Viadukt, darauf Augustus mit Quadriga nach rechts, von Victoria bekränzt; Umschrift: QUOD VIAE MUN(itae) SUNT (I-dent.Nr. 18207599, © Foto: Münzkabinett der Staatlichen Museen zu Berlin – Preußischer Kulturbesitz; Fotograf: Reinhard Saczewski)

Abbildung 5. Vicarello-Becher (2. Jahrhundert n. Chr.), Umschrift: http://commons. wikimedia.org /wiki/Category:Beakers_of_Vicarello?uselang=de#mediaviewer/File:Beakers_of_Vicarello_50.png.

WISSENSCHAFTSGESCHICHTE

Erschienen in: Geographia Antiqua 1, 1992, 15–36.

DIE WISSENSCHAFTLICHE ENTDECKUNG
DES LANDES *HELLÁS*
(T. I–II)

Zu einer Zeit[1], in der die historische Landeskunde als eine regionale Strukturgeschichte auch im Rahmen der klassischen Altertumswissenschaften an Profil gewinnt, sowohl in der Einzelforschung als auch in dem Bemühen um übergeordnete
Fragestellungen und Perspektiven[2], und an einem Ort, der Untersuchungen zum
Zusammenhang von Menschen und Räumen gerade auch in seiner historischen Dimension Platz bietet, mag es nicht unangemessen sein, den Blick auf die Herausbildung und die frühe Entwicklung der wissenschaftlichen Chorographie im Bereich des antiken Griechenland zu richten. Ein solcher Rückblick soll nicht nur der
Rückerinnerung und Selbstvergewisserung dienen[3]. Er kann auch zur Standortbestimmung beitragen, Orientierungen aufzeigen und in diesem Sinne die Konkretisierung der Forschungsperspektiven und Fragestellungen der regionalen Strukturgeschichte von Griechenland fördern.

Drei Wurzeln waren es, aus denen die wissenschaftliche Erforschung des griechischen Landes erwuchs, drei Entwicklungslinien der modernen Wissenschaftsgeschichte, die auf verschiedene Weise auch untereinander verquickt waren bzw. sich
in der ersten Hälfte des 19. Jahrhunderts miteinander verbanden: die Herausbildung
der modernen Wissenschaft von der Erde in der klassischen Geographie (I), die
praktische Exploration Griechenlands durch Reisen und wissenschaftliche

1   Die vorliegende Skizze verdankt sehr viel der Arbeit am Forschungsprojekt *Historische Lan-
    deskunde des antiken Griechenland (HiLanG),* das der Verf. gemeinsam mit Peter Funke
    (Münster) leitet und das von der DFG gefördert wird (vgl. zu diesem bes. M. Kopp, *HiLanG
    und TUSTEP – ein Hilfsmittel der historisch-topographischen Forschung,* „Boreas" 12, 1989,
    147ff.). Zugleich erhielt sie mannigfache Anregung durch die Zusammenarbeit mit Francesco
    Prontera (Perugia), die ihrerseits durch die Alexander-von-Humboldt-Stiftung und ein Pro-
    gramma trilaterale des CNR unterstützt wurde. Der Dank gilt also besonders den genannten
    Institutionen und Kollegen, aber nicht zuletzt auch den ungenannten studentischen Mitarbeitern
    an den Projekten.
2   Hierzu vgl. etwa S. C. Bakhuizen, *Social Ecology of the Ancient Greek World,* „L'Antiquité
    Classique" 44, 1975, 211ff.; P. Leveau, *La géographie historique, son évolution de la topogra-
    phie à l'analyse de l'espace,* „Revue des Études Anciennes" 86, 1984, 85ff.; H.-J. Gehrke, *Die
    griechische Staatenwelt im Blickwinkel einer historischen Landeskunde,* in: J. Bleicken (Hrsg.),
    Symposion für Alfred Heuss (Frankfurter Althistorische Studien 12), Kallmünz 1986, 41ff.
    [hier: S. 11–19]; ders., *Zur historischen Landeskunde des antiken Griechenland,* „Historische
    Zeitschrift" 251, 1990, 89ff.
3   „Das volle Verständnis einer Wissenschaft ist immer nur möglich, wenn man sie in ihrer ge-
    schichtlichen Entwicklung verfolgt", A. Hettner, *Die Geographie. Ihre Geschichte, ihr Wesen
    und ihre Methoden,* Breslau 1927, 1.

Expeditionen (II) und die Konstituierung einer kritischen Altertumswissenschaft mit dem deutlichen Bezug auf die Realität antiken Lebens (III).

I.

Die Verbindung von empirischen und klassifizierend-kategorisierenden Elementen in der Geographie erhielt im ausgehenden 18. Jahrhundert vor allem durch den Zug zum [16] Praktischen, zur lokalen Exploration, zum Forschen durch Reisen einen ganz neuen Charakter. In den ersten Jahrzehnten des 19. Jahrhunderts bildete sich, in der wissenschaftlichen Auswertung von Reisen für die Kenntnis der Erde und ihrer Bewohner, die klassische Geographie heraus, auf der ihrerseits die moderne wissenschaftliche Geographie wesentlich fußt. Das neue Niveau der Erderforschung ist vor allem mit den Namen von Alexander von Humboldt (1769–1859) und Carl Ritter (1779–1859) verbunden[4].

Humboldt war weit mehr als ein Geograph. Seine Vorstellung von der Erde und der Erdkunde war aufs engste eingebunden in sein Konzept der gesamten Welt und ihrer Natur. Dieses hat er auf der Grundlage unermüdlicher empirischer Forschung und eingehender philosophischer Durchdringung erarbeitet und als in sich geschlossenes System erstmalig im Wintersemester 1827/28 in einer öffentlichen Vorlesung an der Berliner Universität, vom 6. Dezember 1827 an – wegen der übergroßen Resonanz – zusätzlich in einer Vortragsreihe für ein breiteres Publikum präsentiert, mit unmittelbarer und nachhaltiger Wirkung, wie der eines historischen

---

4   Zu den beiden Forschern in diesem Rahmen s. als ersten Überblick die knappen Bemerkungen von P. Claval, *Essai sur l'évolution de la géographie humaine*, Paris 1976[12], 18ff. (der die Isolierung beider überbetont). Ihre Bedeutung für die Geschichte der Geographie generell heben besonders hervor: O. Peschel, *Erd- und Volkerkunde, Staatswirthschaft und Geschichtsschreibung*, in: K. Bruhns (Hrsg.), *Alexander von Humboldt. Eine wissenschaftliche Biographie*, III, Leipzig 1872, 186; A. Hettner, *Die Entwicklung der Geographie im 19. Jahrhundert*, „Geographische Zeitschrift" 4, 1898, 308ff.; ders. a. O. (Anm. 3) 84ff.; R. Hartshorne, *The Concept of Geography as a Science of Space, from Kant and Humboldt to Hettner*, „Annals of the Association of American Geographers" 48, 1958, 97ff., H. Beck, *Geographie. Europäische Entwicklung in Texten und Erläuterungen*, München 1973, 227. – Zur Vorgeschichte, d. h. besonders zur Geographie im 18. Jahrhundert, s. vor allem A. Kühn, *Die Neugestaltung der deutschen Geographie im 18. Jahrhundert. Ein Beitrag zur Geschichte der Geographie an der Georgia Augusta zu Göttingen* (Quellen und Forschungen zur Geschichte der Geographie und Völkerkunde 5), Leipzig 1939; R. Hartshorne, *The Nature of Geography*, Lancaster/Pennsylvania 1961[2], 35ff.; H. Beck, *Alexander von Humboldt*, II, Wiesbaden 1961, 65f., 72f., 268 A. 395; J. N. L. Barker, *The History of Geography*, Oxford 1963, bes. 14ff.; N. Broc, *Voyages et geographie au XVIIIe siècle*, „Revue d'histoire des sciences et de leurs applications" 22, 1969, 137ff.; ders., *La géographie des philosophes. Géographes et voyageurs francais au XVIIIe siècle*, Thèse Lille III 1972, Paris 1974[2]. Da hier nur die großen Linien gezogen werden sollen, und das noch in Bezug auf das antike Griechenland, sei ausdrücklich hervorgehoben, daß für die Geschichte der Geographie auch andere Gelehrte dieser Zeit wichtig und einflußreich waren. Die Bedeutung des in Frankreich lebenden Dänen Malte Conrad Bruun (1775–1826) z. B. hebt besonders Barker a. O. 85f., 150f., hervor (vor allem im Hinblick auf die britische Geographie).

Ereignisses[5]. Sein großes Werk über den „Kosmos"[6], das in den folgenden Jahrzehnten ausgearbeitet wurde, hat sich letztlich aus dieser Zusammenfassung entwickelt[7].

Dessen wesentliches Kennzeichen ist eine ganzheitliche und organische Vorstellung der Natur, die es „als ein durch innere Kräfte bewegtes und belebtes Ganze aufzufassen" galt (Kosmos I S. VI). Dabei wird auch die Bedeutung der Lebensweise für die Gestaltung des Lebensraums Erde betont (I 56) und der Mensch auch als natürliches Element gesehen (I 9)[8]. Das ganzheitlich-holistische Grundkonzept wird in verschiedenen Formulierungen begrifflich (meist antithetisch) konkretisiert und variiert: So wird in der Vielheit bzw. in den Erscheinungen nach der Einheit gesucht (I 5f. 55. 138) resp. nach dem Gemeinsamen in den Einzelheiten (I 54). Die empirisch feststellbaren Phänomene werden als „Naturganzes" gesehen (I 31), in ihrem inneren Zusammenhang (I 55). Indem an diesem Rahmen auch die Kausalität in den Blick kommt, wird das Zusammenwirken der Kräfte (I 3. 5. 39) bzw. die „Verkettung" der Resultate (I 33) betont; denn es geht darum, „alle Erscheinungen in ihrem Causalzusammenhange auf ein einiges Prinzip (zu) reduciren" (III 9). Dieses gedankliche Verfahren läßt sich zugleich bezeichnen als der Schritt von den Veränderungen zum [17] Beharrlichen (I S. XVI. 4), zum Regelmäßigen, zum Gesetzlichen (I 4.23; III 9f.; V 5)[9], kurz, vom Besonderen zum Allgemeinen (I S. VII. XII) oder – bildhaft – als ein Oszillieren innerhalb enger Grenzen um einen mittleren Zustand (I 18. II 523). Am Ende steht jedenfalls die „Harmonie der lebenden Kräfte" (I 49), die harmonische Ordnung (I 4f.), Kosmos im genuin antiken Sinne des Begriffes[10]. Ziel der Naturwissenschaft ist es, zusammenfassend gesagt, durch die Erscheinungen zum Kern vorzustoßen, „den Geist der Natur zu ergreifen" (I 6).

Das entscheidende Organon für die Arbeit auf diesem Felde ist das menschliche Denken (z. B. I 31), das sich von Ideen leiten läßt (I 34). Auch insofern ist der Zusammenhang der den Menschen umgebenden Außenwelt mit seiner Innenwelt (I 69f.) wichtig, ja konstitutiv für Humboldts Epistemologie: „So geheimnißvoll unzertrennlich als Geist und Sprache, der Gedanke und das befruchtende Wort sind, eben so schmilzt, uns selbst gleichsam unbewußt, die Außenwelt mit dem Innersten im Menschen, mit dem Gedanken und der Empfindung zusammen"[11]. Dieses geistige Tun ist aber nicht Deduktion, also bloße Ableitung von Prinzipien, sondern das

---

5	Zu Details s. besonders Beck a. O. 80ff.

6	A. v. Humboldt, *Kosmos. Entwurf einer physischen Weltbeschreibung,* 5. Bde., Stuttgart und Tübingen 1845–1862.

7	s. Beck a. O. 85.

8	Diese Sicht zieht sich wie ein roter Faden durch „Vorrede" und Einleitung des Kosmos-Werkes (s. vor allem S. VI. 6.9.23.31.38f.40) und schließt die Identität von Außenwelt und Innenwelt (69f., vgl. auch Bd. III 631) sowie die Einheit von Natur- und Geisteswissenschaften (71f.) ein. Eine sehr gelungene Zusammenfassung bietet L. Döring, *Wesen und Aufgabe der Geographie bei Alexander von Humboldt* (Frankfurter Geographische Hefte 5. 1), Frankfurt/Main 1931, 37ff., vgl. ferner Beck a. O. 225ff. mit Hinweisen auf die philosophischen Wurzeln.

9	Wobei es gleichsam zwei Stufen hat, die der empirisch herbeileitbaren Gesetzmäßigkeiten und die der dahinterliegenden Ursachen, vgl. u.

10	Zum Kosmos-Begriff s. ansonsten 61ff. 79ff.; V 14ff. 22 A.12.

11	Kosmos 70, wo es im Kontext sogar einen Verweis auf Hegel gibt.

Ordnen einer Empirie[12] (I S. VII. 31 f.) bzw. die „Verallgemeinerung des Besonderen"[13].

Gerade dabei wird die bunte Fülle des empirisch Vorhandenen mit der ehernen Notwendigkeit vereinbart, denn durch das Ordnen der Empirie stößt man auf die Gesetzmäßigkeiten und Zusammenhänge (I 32.37), also das gesuchte „Zusammenwirken" bzw. die „Einheit". In diesem Rahmen gibt es – wie u. a. mit der Unterscheidung von Kepler und Newton exemplifiziert wird (III 26f. A. 9) – in Abhängigkeit vom Stand der Erforschungen zwei Ebenen, nämlich die der „empirischen Gesetze", welche in den Erscheinungen zu finden sind, und die des eigentlichen inneren und ursächlichen Zusammenhanges[14]. Dieser ist am klarsten erfaßt, wenn er auf eine mathematische Formel gebracht werden kann (III 10; V 6)[15]. Der Weg führt mithin von der Beobachtung über das von der Hypothese geleitete Experiment sowie über Analogiebildung und Induktion zur Einsicht[16]. Daß darin – sofern Harmonie gesucht und gefunden wird – auch eine ästhetische Freude (I 49), ja generell ein Vergnügen liegt (I 8ff.), versteht sich von selbst[17].

Gegenüber diesem organisch-totalen Zugriff verhalten sich die Einzelwissenschaften nur empirisch. Sie liefern sozusagen das Ausgangsmaterial (I 135) und kommen über ein bloßes Agglomerat (I 51ff.) nicht hinaus. Wenn sie mehr als lediglich Klassifizierendes zu sagen beanspruchen, ist dies eine Anmaßung (I 66). Notwendig ist es, die Einzelwissenschaften dieser Art zusammenzufassen und in ihren Ergebnissen auf den Fragehorizont und das o. a. Einsichtsziel zu beziehen (I 52ff.). Dabei sind eher künstliche Trennungen wie die zwischen Physik und Chemie (freilich in zeitspezifischer Konnotation) zu überwinden (I 56). Zugleich wird der unlösbare Zusammenhang von Natur- und Geisteswissenschaften betont (I 71f.).

Auf der anderen Seite ist sich Humboldt der Grenzen seiner Möglichkeiten stets bewußt[18]. Als Guru heutiger Esoterik läßt er sich nicht in Anspruch nehmen. Ob man je zur Totalität selbst vorstoßen könne, also dem Weltprinzip schlechthin, ist ihm fraglich. Deshalb konzentriert er sich auf partielle Zusammenhänge. Er spricht von „Gruppen" [18] (I 65f.; V 9ff.), die jedoch nicht mit wissenschaftlichen Disziplinen zusammenfallen. Das paßt zu der Abgrenzung vom Deduktiven, und in dem Bezug auf die Empirie ist er jeweils von den aktuellen naturwissenschaftlichen Ergebnissen ausgegangen. Hinsichtlich des Kerns bleibt es im wesentlichen beim „Streben" und der faktischen Konzentration auf die „empirische Betrachtung"

12 Dieses empirische Element wird stark betont von Döring a. O. 39.
13 III 10, mit Bezug auf Leonardo da Vinci: „Cominciare dall'esperienza e per mezzo di questa scoprirne la ragione" (ebd., vgl. auch V 5).
14 III 10, vgl. auch die Differenzierung von „Gesetzen" und „Ursachen", die hinter jenen liegen, in V 7. Zu den beiden Ebenen s. auch Döring a. O. 45, zu Bedeutung der Kausalität vgl. Beck a. O. 68.
15 Zur Rolle der Mathematik generell s. Döring a. O. 41ff.
16 Er ist 66f. skizziert.
17 Zu der hier zum Ausdruck kommenden Nähe zur seinerzeitigen klassischen Literatur s. u. S. 18 [hier: S. 150f.]
18 s. bes. 65ff. und vgl. Döring a. O. 44.

(I 68)[19]. So wenig man Humboldt also im Sinne eines modernen Esoterikers miß-
deuten sollte, so wenig darf man ihn in das Gebiet eines sozusagen noch vorwis-
senschaftlichen Klassizismus und Idealismus verweisen.

Freilich hat er dort seinen geistigen Ursprung. Vor allem mit Goethe gibt es
zahlreiche Anknüpfungspunkte[20], und zwischen beiden herrschte, wie man weiß,
höchste Wertschätzung[21]. Sein Anliegen konnte Humboldt auch in Distichen Schillers präsentieren:

Aber im stillen Gemach entwirft bedeutende Zirkel

Sinnend der Weise, beschleicht forschend den schaffenden Geist,

Prüft der Stoffe Gewalt, der Magnete Hassen und Lieben,

Folgt durch die Lüfte dem Klang, folgt durch den Aether dem Strahl,

Sucht das vertraute Gesetz in des Zufalls grausenden Wundern,

Sucht den ruhenden Pol in der Erscheinungen Flucht[22].

Charakteristisch ist in diesem Zusammenhang auch Humboldts Bemühen um eine
angemessene sprachliche Form in der Darstellung seiner Kosmos-Wissenschaft
(V 17f.)[23]. Doch ist ihm Wissenschaftlichkeit auch in einem anderen als goethisch-
klassischen, sondern durchaus modernen Sinn keineswegs abzusprechen. In seinem
wissenschaftlichen Genius war der klassische Idealismus noch vorhanden und die
realistisch-empirische Forschung schon präsent. Beides bildete in letztlich uner-
reichbarer und unnachahmlicher Weise bei ihm eine integrale Einheit, von dem
Zauber einer gewinnenden und faszinierenden Persönlichkeit eingehüllt. Nicht zuletzt hierin liegen Humboldts Ausstrahlung und seine außerordentliche Wirkung
auf Zeitgenossen und Nachwelt begründet – übrigens, wie sich noch zeigen wird,
gerade auch für unsere Thematik.

Für diese war Humboldt auch in concreto wegweisend. Seine eminente Bedeutung für Konzeption und Methodologie der modernen Geographie als einer konsequent auf den Raum (der Erde) bezogenen Disziplin ist immer wieder betont worden[24]. Auch in diesem Rahmen stand für Humboldt der Zusammenhang der Erscheinungen im Zentrum der Erkenntnissuche, das Zusammen*wirken* der verschiedenen Kräfte, durchaus in kosmischen Dimensionen. Doch konstituierte er eine
Beziehung, eine „Gesamtheit" gerade auch in der Begrenzung auf die Erde, auf den
„tellurischen" Kontext[25], wobei er nach denselben methodischen Prinzipien

---

19 Vgl. detailliert III 632 und die weiteren Reflexionen hierüber III 23ff.; V 6ff.

20 Vgl. die Hinweise auf dessen Metamorphosen-Theorie 22; s. ferner die Berührungen mit Schel-
    ling (39), aber auch Carl Ritter (18).

21 Vgl. bes. J. P. Eckermann, *Gespräche mit Goethe in den letzten Jahren seines Lebens* (Goethe,
    Sämtliche Werke, Münchener Ausgabe, Bd. 19), München 1986, 144. 168. 565. 607. 625.

22 Zitiert 48 A. 9; die Verse stammen aus der für Schillers Natur- und Poesieverständnis funda-
    mentalen Elegie *Der Spaziergang* (1795).

23 Vgl. Dörings differenzierende Bemerkung a. O. 59ff.

24 Peschel a. O. 186; Hettner a. O. (1927) 87f.; Hartshorne a. O. (1958) 97ff. (1961) 48ff.; Döring
    a. O. 53ff., mit den einzelnen Bereichen sehr detailliert 55ff.

25 Vgl. Döring a. O. 57f. 129ff.

vorging, wie sie bereits oben skizziert sind[26]. Deshalb sieht er den Menschen primär in einer Wechselbeziehung mit der ihn umgebenden Landschaft, Mensch und Raum durchaus als Einheit, den Menschen von seinem Ambiente geprägt, besser: mitgeprägt, und dieses seinerseits mitprägend[27]. „So sucht Humboldt aus dem Wechselspiel zwischen natürlicher Umwelt einerseits und der Kultur, wie der Geschichte andererseits, die Mentalität des Menschen zu erfassen"[28]. Und umgekehrt unterliegt die Landschaft partiell auch der Formung durch menschliche Ku1turtätigkeit, etwa als Wirtschaftsraum. Dieses [19] Wechselspiel hat Humboldt in seiner Studie über Mexiko exemplarisch dargestellt[29]. Sie kann deshalb als Erstling einer historisch-geographischen Landeskunde schon im modernen Sinne gelten.

Daß Humboldt auf Carl Ritter beträchtlichen Einfluß gehabt hat, ist unbestritten[30]. Ihn im einzelnen zu konkretisieren ist freilich nicht einfach. Vieles war ohnehin – als Einzelheit – nicht spezifisch für Humboldt, sondern in der Zeit um die Wende vom 18. zum 19. Jahrhundert relativ weit verbreitet, etwa der enge Zusammenhang von Geschichte und Geographie, Kultur und Raum[31]. Und lediglich weil von Humboldt prägende Einflüsse auf die folgenden Forschergenerationen ausgingen, sind wir salviert, wenn wir auf die wissenschaftsgeschichtlichen Zusammenhänge nicht detailliert eingehen. Dazu kommt Ritters markante Prägung durch Konzepte der Erziehung, besonders aus der Umgebung Pestalozzis, und seine eigene Tätigkeit als sehr eingehend seine Wirkungen und Möglichkeiten reflektierender Pädagoge, dem die Erdkunde zunächst unter didaktischen Interessen zur Aufgabe wird. Generell läßt Ritter die kosmische Dimension weitgehend außer acht, konzentriert sich auf die Erde und den Menschen, ja er verfährt gleichsam anthropozentrisch[32].

26   Vgl. Döring a. O. 64; Beck a. O. 67f.
27   Wobei letzterer Einfluß geringer ist als ersterer, Döring a. O. 134, vgl. generell Peschel a. O. 229ff.
28   Döring a. O. 127f., vgl. zu diesen Bezügen allgemein die sehr detaillierten Hinweise ebd. 125ff. 134ff., ferner s. Peschel a. O. 203.
29   Peschel a. O. 203; Döring a. O. 147ff. und generell, mit Hinweisen zur Bedeutung für die Landeskunde, Beck a. O. 70ff.
30   s. bes. W. L. Gage, *The Life of Carl Ritter,* Edinburgh und London 1867, 216ff.; Peschel a. O. 204; Döring a. O. 160ff.; H. Schmitthenner, *Studien zu Carl Ritter* (Frankfurter Geographische Hefte, 25, 4), Frankfurt/Main 1951, 54f. 58f.; E. Plewe, *Carl Ritter. Hinweise und Versuche zu einer Deutung seiner Entwicklung,* in: „Die Erde" 90, 1959, 133; Hartshorne a. O. (1961) 49ff.; Beck a. O. (1961) 170ff. (1973) 228. Zu Differenzen s. bes. Plewe a. O. 106 und vgl. ferner u.
31   s. bes. Plewe a. O. 104. Zur Rolle Herders vgl. Claval a. O. 20; Beck a. O. (1973) 230; den Zusammenhang zwischen menschlicher Organisation und Bewußtheit und geographischer Lage sowie klimatischen Einflüssen s. etwa in den *Ideen zur Philosophie der Geschichte der Menschheit,* Darmstadt 1966, 153ff. 184ff. 193ff. (noch eng an die antike Medizin angelehnt) 202ff. 359f. – Zur möglichen Bedeutung Kants s. vor allem Hartshorne a. O. (1958) 103ff. (1961) 35ff. – Zum Entwicklungsstand der Geographie im ausgehenden 18. Jahrhundert generell s. bes. O. Peschel, *Geschichte der Erdkunde bis auf Alexander von Humboldt und Karl Ritter,* München 1877²; P. E. James, *All possible Worlds. A History of Geographical Ideas,* Indianapolis/New York 1972 und vgl. Anm. 4.
32   Hettner a. O. (1898) 309ff.; Plewe a. O. 106; Döring a. O. 161, mit der Akzentuierung der Differenz zwischen Humboldt und Ritter gerade in diesem Punkt (einschließlich Ritters

Es ging ihm, wie er in der Vorrede seines grundlegenden Werkes „Die Erdkunde im Verhältniß zur Natur und zur Geschichte des Menschen"[33] betont, darum,
„die allgemein wichtigsten, geographisch-physikalischen Verhältnisse der Erdoberfläche in ihrem Naturzusammenhange... darzustellen, insbesondere als Vaterland
der Völker in dessen mannigfaltigstem Einflusse auf körperlich und geistig sich
entwickelnde Menschheit" zu erfassen. Die Vorbemerkungen und die „Einleitung"
des Werkes, die bereits 1815[34] „aus einem Gedankenergusse hervorgingen"
(S. XIV), geben eine in sich geschlossene Herleitung dieser ‚integralen' Geographie. Sie haben Ritters weiteres Wirken und auch seine Wirkung – die übrigens der
Humboldts nicht nachstand – bestimmt.

Besonders charakteristisch ist, wie schon hervorgehoben wurde, der philosophische, d. h. idealistische und sozusagen humanwissenschaftliche Ansatz. Insofern
kann man Ritter durchaus als ‚Geophilosophen'[35] apostrophieren, übrigens mit einer betont theologischen Ausrichtung und mit pädagogischen Wurzeln[36]. Das Fach
Erdkunde und der Umgang mit [20] ihm sind Bestandteil der Selbsterkenntnis, die
ihrerseits eine zentrale Aufgabe des Menschen ist, als Individuum wie als Kollektiv
(d. h. – für Ritter – als Nation) (1ff.). Damit kommt auch die Umgebung des Menschen ins Spiel (1), also der Einfluß der Natur auf ihn, dessen Eigenart und Stellenwert. So ist der Gegenstand der Erdkunde Natur und Mensch bzw. Erde und Mensch
(3), wobei die Konjunktion „und" fast das Wichtigste beschreibt: Die Erde ist als
Schauplatz menschlicher Aktivität gefaßt, ihre Natur steht mit dem Menschen in
vielfältigster Wechselbeziehung[37]. Um einer klareren Analyse willen sollen hier
diese eng verflochtenen Phänomene, der Naturbegriff und der Menschenbezug, für
sich skizziert werden.

ad 1) Die Natur wird ganz ähnlich aufgefaßt wie bei Humboldt[38]. Auf diesen
gibt es viele direkte Bezüge (z. B. 22), und er ist als Repräsentant einer solchen

Theologie) 161ff. (vgl. auch Beck a. O. (1961) 171. 177). Peschel hat deshalb später gegen die
Ritterschule explizit auf Humboldt zurückgegriffen (Döring a. O. 163ff.), vgl. überdies (für
Richthofen und Hettner) Hettner a. O. (1898) 308f. (1927) 85f.; Hartshorne a. O. (1958) 105.
107.

33 Carl Ritter, *Die Erdkunde im Verhältniß zur Natur und zur Geschichte des Menschen, oder
allgemeine, vergleichende Geographie*, I, Berlin 1822². Dieses Werk wird ohne weitere Spezi-
fizierung zitiert. Besonders wichtig sind daneben: *Allgemeine Erdkunde, Vorlesungen an der
Universität zu Berlin gehalten von Carl Ritter*, hrsg. von H. A. Daniel, Berlin 1862; *Europa.
Vorlesungen an der Universität zu Berlin gehalten von Carl Ritter*, hrsg. von H. A. Daniel,
Berlin 1963.

34 So Schmitthenner a. O. 63, nach Ritter selbst S. XIV irrtümlich 1816. – Zur Genese des Konzeptes und Vorstufen im „Handbuch" für Pestalozzi s. ders. 40ff.; Plewe a. O. 98ff. 113ff., s.
auch besonders den dort edierten Brief Ritters vom 30.10.1815 an seinen Zögling Moritz August Bethmann-Hollweg S. 157.

35 Vgl. E. Kirsten, *C. Ritters „Vorhalle europäischer Völkergeschichten"*, in: „Die Erde" 90,
1959, 167ff.

36 Vgl. u. S. 21 [hier: S. 155].

37 3f.; *Allgemeine Erdkunde* 9f.

38 Vgl. generell Hartshorne a. O. (1961) 65ff. 80; zu dem neuen Naturerleben und -konzept s. –
sehr plastisch – Plewe a. O. 105.

Naturauffassung gewürdigt[39], so wie er auch in seiner Naturästhetik ein Muster darstellt (3). Konkret bedeutet das, daß auch für Ritter die Natur schon für sich selbst im „Zusammenhang" zu verstehen ist (u. a. 3.5). Das erst verleiht der Betrachtung wissenschaftlichen Rang: „Im großen Zusammenwirken ihrer Kräfte, im Zusammenhange ihrer Erscheinungen, will sie (sc. die Natur) betrachtet sein" (3). Diesen Satz könnte auch Humboldt geschrieben haben, und neben Zusammenhang und Zusammenwirken gibt es weitere entsprechende Schlüsselbegriffe wie „Maaß" und „Gesetz" (2.6) bzw. „Gesetzmäßigkeit" (3), innere Verbindung (1), ja „Harmonie" (6) und „System" (S. XV) bzw. „Einheit" (5).

Dieser Zusammenhang ist durchaus ganzheitlich verstanden[40]; es geht um die „Harmonie der ganzen, vollen Welt" und um das „Gesetz… aller wesentlichen Formen" (6)[41]. Dieses leitet sich aber aus der Fülle der Empirie ab, aus Detailerscheinungen und -beobachtungen (S. XV. 4.6), insofern ist das System nicht künstlich, sondern „natürlich", d. h. „in sich selbst begründet" (S. X V, vgl. 22). Konkret heißt das: Die Erkenntnis besteht im Fortschreiten von spezieller Erfahrung zu spezieller Erfahrung und schließlich zur Konstituierung eines „allgemeinen Gesetzes"; oder: Es gilt, Beobachtungen[42] aneinanderzureihen und zu verknüpfen[43] und diese auf Haupttypen, auf die für das Wesen der Natur relevanten Dinge zu reduzieren[44] bzw. unter bestimmten Grundtypen zusammenzufassen. Dies alles soll geleitet sein von einer Idee oder Theorie[45], die sich bei dem Wissenschaftler als „innere Anschauung" (23) gebildet hat. Die Anschauung ist für Ritter eine zentrale Kategorie[46]:

39   54ff. Zum Einfluß Humboldts auf Ritter vgl. die Literatur o. Anm. 30.

40   Die Erdkunde ist darzustellen „in einem innerlich verbundenen, mehr wissenschaftlichen Ganzen" (1, vgl. 4.23; *Allgemeine Erdkunde* 10f. 16f.).

41   Zur Organik und Ganzheitlichkeit bei Ritter s. Schmitthenner a. O. 49. 56; Kirsten a. O. 168; Plewe a. O. 125f.

42   Dies ist im Bereich der Empirie bei Ritter das Schlüsselwort. Zur Induktion in Ritters Methode vgl. Schmitthenner a. O. 54f.; dabei finden sich auch wichtige Bemerkungen zum Konzept der Landschaftsindividualitäten (ebd. 58f.). Den Einfluss Pestalozzis in diesem Rahmen hat Plewe 122f. klargemacht.

43   23f.; *Allgemeine Erdkunde* 20, vgl. 17.

44   20ff.; zur Methodik vgl. auch noch detaillierter 23ff.

45   „Ohne diesen idealen Hintergrund, Hypothese, Theorie, oder wie man ihn sonst bezeichnen will, komme er zum Bewußtseyn oder nicht, wird wohl von menschlicher Seite nie ein Ganzes zu Stande kommen. Denn selbst die festeste Ueberzeugung, ohne alle Beihülfe eines solchen bei der Forschung zu Werke zu gehen, ist in der Tat, wie schon Playfair sagt, an sich die erste Theorie: Mangel einer ausgesprochenen Theorie führt also darum nicht eher zur Wahrheit, und schützt eben so wenig vor Unpartheilichkeit. Nur Kenntnis der Geschichte der Philosophie und der Wissenschaften, die Behutsamkeit in der Anwendung des Gedachten und das aufrichtige Streben nach Wahrheit können der menschlichen Schwachheit in diesem Puncte zu Hülfe kommen, um wenigstens den Ausdruck: ‚unbefangne Ansicht der Thatsachen' dessen jeder aufrichtige Forscher sich gern bedient, zu rechtfertigen" (22)

46   Dies wird besonders von Kirsten a. O. 182 betont (vgl. aber auch Plewe a. O. 118ff.), der mit Recht auf die Nähe zu Hölderlin verweist (vgl. u. Anm. 59). Wie wichtig dies in der Altertumswissenschaft wurde, ist u. S. 35 [hier: S. 174f.] und auch an anderer Stelle (H.-J. Gehrke, *Karl Otfried Müller und das Land der Griechen*, „Athenische Mitteilungen" 106, 1991 [hier: S. 190–214]) ausgeführt worden.

Gerade weil es in der Natur um Organisches, Leben schlechthin geht[47], prävaliert die Intuition dem Begriff, so wie das Bild der Analyse, das Analoge dem Digitalen. In einer Tagebucheintragung aus der Göttinger Zeit (hier 1816/17) heißt es[48]:

> Demonstration [21] findet nur bei toten Begriffen statt, Analogie und Bild sind die einzig möglichen Andeutungen von allem Lebendigen. Das Lebendige kann nur durch belebende Mitteilung sich erzeugen lassen, nicht beweisen, erzwingen. So ist das Ideal einer lebendigen Erweckung der Überzeugung ... die Lehre Jesu. Gleichnis und Bild kann ich nur durch lebendige innere Anschauung begreifen und fassen. Das Bild hat seine wahre Mitte, fließt an den Seiten über in andere Wahrheiten: die Grenze ist nicht scharf für den Verstand definiert, aber um so reicher die Mitte für Sinn und Gefühl[49].

Ebenso wird in einer der zentralen Partien der Einleitung in die „Erdkunde" die Anschauung gegen den „scharfen und sondernden Begriff" (23) gestellt, und auch dort wird – in dem freilich nicht immer leicht verständlichen Kontext – der religiöse Hintergrund deutlich, zumal explizit von „Glauben" gesprochen wird. Die Theorie als innere Anschauung, die den „Haltungspunkt", den „idealen Hintergrund" (22) für Ritters Werk und damit seine Erdkunde schlechthin bildet, ruht also ihrerseits in dem Glauben an den Schöpfergott und an die Notwendigkeit des Geschehens.

Unmittelbar kommt diese theologische Komponente[50], die Ritter erheblich von Humboldt unterscheidet, in der organischen Betrachtung der Natur zum Ausdruck[51]. Diese wird als „großer Organismus" verstanden und auch so behandelt, in geradezu radikaler Form, besonders in den Vorlesungen über „Allgemeine Erdkunde" (s. dort 1). Was für die Natur insgesamt gesagt ist, gilt auch, besser: erst recht, für die Erde. Das ist ebenfalls in den Vorlesungen besonders stark betont, übrigens in unmittelbarem Bezug zu Philosophie (Allg. Erdkunde 14) und Theologie (ebd. 11f. 17). Die Erde ist geradezu ein Lebewesen. Sie hat die Fähigkeit zu organischer Fortentwicklung (ebd. 13) (heute würde man von Autopoiese sprechen, und mancher würde der Erde durchaus solches zutrauen!) und ist ein „Ens sui generis", sie hat „Individualität" und somit auch eine „Geschichte" (ebd. 18f.). Ferner ist sie selber „thätig" und hat Einfluß sogar auf die geistige Gestalt des Menschen, insbesondere in dessen Erziehung[52]. Auch geistig wird der Mensch von der Natur der Erde gebildet (56).

47   s. u. S. 21f. [hier S. 157f.].

48   Zitiert nach Plewe 120.

49   Sehr anschaulich hat dies Ritters Schüler Arnold Guyot formuliert, zitiert von Gage a. O. (Anm. 30) 184: „His turn of mind was more intuitive than logical, more synthetical than analytical, more objective than subjective. His deeply receptive soul, always ready for new impressions, was a pure mirror in which nature was reflected not only in its details but in its totality".

50   Zu dieser generell s. Gage a. O. 145f. 236f.; Hettner a. O. (1927) 84; Schmitthenner a. O. 71ff.; Plewe a. O. 108ff.

51   4f., vgl. besonders Schmitthenner a. O. 49. 56 und dazu auch das o. a. Zitat.

52   ebd. 11ff. mit Hinweis auf Psalm 104. Den Erzieher Ritter und damit Pestalozzis Einfluß auf diesen hat Plewe a. O. 116ff. sehr stark akzentuiert, s. auch den dort edierten Brief Ritters an Eben (158) und den Tagebuchauszug 165f.

ad 2) Damit aber sind wir schon beim zweiten Punkt, dem Bezug auf den Menschen. Daß es einen engen Zusammenhang zwischen Natur und Mensch, mithin auch Geographie und Geschichte gibt, ist bereits erwähnt worden. Allein liegt hierin, wie ebenfalls bereits angedeutet, nicht das Spezifikum für Ritters Theorie[53]. Charakteristisch für diesen ist vielmehr die logische und praktische Konsequenz, mit der diese Grundanschauung begründet und umgesetzt wird[54].

Ausgangspunkt ist der Einfluß der Natur auf jedweden Organismus, in der inneren Konstitution wie im äußeren Rahmen. Dementsprechend gibt es einen Zusammenhang zwischen der Erde mit ihren verschiedenen Teilen (Regionen, Landschaften) und dem Menschen, als Individuum und in seinen diversen Vergemeinschaftungen (4f.). Der Erdkunde als einer sozusagen philosophischen Disziplin ist es aufgegeben, gerade und primär dieses herauszustellen und zu ergründen. Dieser Leitgedanke wird besonders in den konzeptionellen Abschnitten des Werkes über die Erdkunde erörtert. In der praktischen Präsentation des Faches im Werke selbst, zumal in dessen zweiter Auflage, verliert er sich [22] zum Teil hinter der hochgelehrten Detailarbeit, bleibt aber immer als Grundlage bestehen; denn gerade dieser Leitgedanke stellt den Grundzusammenhang dar, den es immer wieder herzustellen bzw. aufzusuchen gilt und dessen Existenz die „Theorie", die „innere Anschauung" (vgl. o.) glaubend postuliert und reflektierend betrachtet.

So ist, allgemein, die Erde die nährende Mutter, wie die Natur Bildungsmacht schlechthin ist (56). Das führt aber keineswegs zu völligem Determinismus, denn zwar ist einerseits der Einfluß der natürlichen Situation auf die menschliche Entwicklung, den die Erdkunde aufzeigt, ein wichtiger Aspekt der Geschichte, doch bleibt andererseits dem Menschen das Gebiet des von Äußerlichem Unabhängigen, rein Geistigen (19). Sofern allerdings die Wirkung des natürlichen Rahmens auf die Menschen ein zentrales Thema der Erdkunde ist, zum Zusammenhang von Erde und Mensch gehört und sofern die Natur dem Menschen auch Aufgaben stellt[55], erhält doch die Prägung des Menschen durch seine physische Umwelt bei Ritter ein besonderes Gewicht (2f.). Der Mensch kann geradezu als „Repräsentant seiner natürlichen Heimat" erscheinen (Allg. Erdkunde 14ff.). Hierin liegt zugleich der didaktische Beitrag zu dem Grundanliegen der Selbsterkenntnis (s.o.): In dieser seiner Abhängigkeit lernt der Mensch seine Grenzen kennen.

Diese Grenzen sind aber nicht nur im Physisch-Leiblichen festzustellen, sondern auch noch in anderer Hinsicht. Und das hängt ebenfalls mit der zentralen Stellung des Menschen in Ritters Geographie zusammen. Daß dieser den Gegenstand bildet, hat zur Folge, daß seine Beobachtungskapazität thematisiert wird. Diese hat Ritter immer mitreflektiert, sie kann sogar den Ausgangspunkt bilden (Allg. Erdkunde 2). Auch im Geistigen ist der menschliche Spielraum begrenzt (mit der bezeichnenden Analogie zur religiösen Offenbarung) (5). Es gibt „kein absolutes Wissen", lediglich ein allmähliches Fortschreiten der Erkenntnis ist möglich (Allg. Erdkunde 7). Die Aufgabe des Wissenschaftlers besteht also darin, dieses Forschen und

<hr>

53   s.o. S. 19 mit Anm. 31 [hier: S. 152].
54   s. bes. die Ausführungen von Plewe a. O. 104 und vgl. Schmitthenner a. O. 45f. 50f. 60ff.
55   Schmitthenner a. O. 57.

Erkennen weiterzutreiben, als Beteiligter an einem sozusagen überpersönlich-dia-chronen Geschehen – wobei die eigenen Beiträge durchaus vorläufig sein mögen oder als tastende Versuche charakterisiert werden können, die der Verbesserung unterliegen müssen (XIV. 5. 20; Allg. Erdkunde 14).

Die concordia discors von geistiger Einheitlichkeit und empirischer Fülle, die für Humboldt so charakteristisch ist, findet sich mithin auch bei Ritter. Sie ist durch die Integration des Theologischen in dieses Konzept sogar noch vertieft. Hieran machte sich auch die Kritik fest, die nach Ritters Tod, mit dem Verschwinden seiner wirkungsmächtigen Persönlichkeit[56], im Sinne der modernen naturwissenschaftli-chen Geographie geäußert wurde[57]. Doch lag die besondere Ausstrahlung von Rit-ters Gedankengebäude gerade in dieser zu seiner Zeit noch einleuchtenden Verbin-dung. Sie hatte darüber hinaus eine immer beherzigenswerte Komponente: Ritter bezog sich in geradezu exzessiver Weise auf empirische Tatsachen, reale Zusam-menhänge, genaueste Beobachtungen (eigene wie fremde). Aber er lief nie Gefahr, diese zu verabsolutieren. Sein Tun war auch vom Wissen um die Grenzen getragen, also Ausfluß einer besonderen intellektuellen Bescheidenheit.

Auch im konkreten Falle der Geographie Griechenlands wird Ritters Sicht-weise deutlich. Er ist zwar (freilich erst relativ spät) dorthin gereist[58], aber die we-sentlichen Zusammenhänge des Landes mit seiner Bevölkerung hatte ihn längst, unter Zuhilfenahme der Beobachtungen anderer Reisender und auf der Grundlage der Kenntnis der klassischen Literatur, seine innere Anschauung gelehrt[59]. Die ei-gene Reise konnte dies eigentlich nur [23] bestätigen und war insofern keine spezi-fische Entdeckungsreise, obwohl Ritter ein sehr genauer Naturbeobachter und -zeichner war.

Griechenland ist für Ritter geographisch charakterisiert durch eine extrem aus-gebildete Binnengliederung und vor allem durch die enge Verschränkung von Land und Meer (Europa 276f. 285). Daraus resultiert ein Höchstmaß an Mannigfaltigkeit (ebd. 296f.) und Individualität (ebd. 277. 297), und zwar nicht nur in der Natur, sondern auch bei den Bewohnern (ebd. 285). Folglich sind die Griechen eine „lito-rale Nation" (ebd. 282), haben Wechsel und Variabilität ihrer Landschaft ihren „plastischen Sinn" geprägt (ebd. 285). Auch und gerade im Politischen haben sich die individualistischen Elemente geltend gemacht (ebd. 286. 297), so daß konse-quenterweise die Grenzziehungen der politischen Einheiten den von der Natur vor-gegebenen Markierungen gefolgt seien (ebd. 286). An dieser Charakterisierung er-scheint manches als allzu deterministisch (besonders die Bemerkungen zu den

---

56 Hierzu s. vor allem Gage a. O. 181ff. 199; Schmitthenner a. O. 69f.

57 s.o. S. 19 Anm. 32 [hier: S. 152f.].

58 Im Jahre 1837 bereiste er die griechischen Inseln mit Ludwig Ross und George Finlay, die Peloponnes mit Ernst Curtius.

59 Gage hebt (a. O. 190ff.) seine Reisetätigkeit hervor, seine treffende Beobachtungsgabe und die geradezu photographische Genauigkeit seiner Skizzen, aber auch die übergroße Selbstsicher-heit des Kenners auf Grund interner Vorstellungskraft: Auf die Frage, warum er nicht in Palä-stina gewesen sei, das er doch so ausführlich beschrieben habe, soll Ritter geantwortet haben: „What new information could I derive from a visit to Palestine? I know every corner of it".

natürlichen Grenzen)[60], anderes leuchtet unmittelbar ein, und alles hat in der historischen Geographie bis in unsere Zeit mittelbar fortgewirkt[61]. Wie Ritter neben Humboldt die sich entwickelnde historische Chorographie mitgeprägt hat, wird bald zu zeigen sein. Zuvor soll uns eine weitere Wurzel der Landeskunde beschäftigen.

II

Zu Beginn des 19. Jahrhunderts nahmen Reisen nach Griechenland in beträchtlichem Umfange zu. Man würde heute geradezu von einem Boom sprechen, vor knapp 100 Jahren redete man von dieser Zeit als „l'âge héroïque des voyages en Grèce"[62], und schon die Zeitgenossen nahmen die Fülle war. John Cam Hobhouse, zeitweiliger Reisebegleiter Lord Byrons, vermerkte: „Until within few years, a journey to Athens was reckoned a considerable undertaking, fraught with difficulties and dangers... But these terrors... seem at last to be dispelled; Attica at present swarms with travellers"[63]. Aber es gab auch qualitative Veränderungen. Zwar reiste man auch zuvor schon gezielt nach Griechenland.[64] Meist stand jedoch dabei ein

60 Vgl. z. B. H.-J. Gehrke, *Mutmaßungen über die Grenzen von Chalkis*, in: E. Olshausen/H. Sonnabend (Hrsg.), *Grenze und Grenzland. Stuttgarter Kolloquium zur Historischen Geographie des Altertums, 4, 1990* (Geographica Historica, 7), Amsterdam 1994, 335–345. Tafel CIX–CXI [hier: S. 284–295].

61 Als Konzept vor allem bei E. Kirsten, *Die griechische Polis als historisch-geographisches Problem des Mittelmeerraumes*, Bonn 1956; generell vgl. die Handbücher: F. Sauerwein, *Griechenland. Land, Volk, Wirtschaft in Stichworten*, Wien 1976, 10f.; C. Lienau, *Griechenland. Geographie eines Staates der europäischen Südperipherie*, Darmstadt 1989, 91; H.-J. Gehrke, *Griechenland im Altertum*, in: *Griechenland. Lexikon der historischen Stätten*, München 1989, 13f. – Die unmittelbare Wirkung auf die Zeitgenossen ist im Rahmen unserer Thematik vor allem bei Curtius zu spüren.

62 Ph.-E. Legrand, *Biographie de Louis-François-Sébastien Fauvel, antiquaire et consul (1753–1838)*, „Revue Archéologique" III 30, 1897, 390, vgl. III 31, 1897, 198f.

63 J. C. Hobhouse, *A Journey through Albania and other Provinces of Turkey in Europa and Asia, to Constantinople, during the years 1809 and 1810*, London 1813², I, 301f. Zur Zunahme der Reisen s. auch C. M. Woodhouse, *The Philhellenes*, London und Athen 1977, 3f. (mit weiterer Literatur); F.-M. Tsigakou, *The Rediscovery of Greece. Travellers and Painters of the Romantic Era*, London 1981, 26; H. Angelomatis-Tsougarakis, *The Eve of the Greek Revival. British Travellers' Perceptions of Early Nineteenth-Century Greece*, London und New York 1990, 1ff.; zur Person von Hobhouse, der seit 1829 eine zunehmend wichtigere Rolle in der britischen Politik spielte, s. Woodhouse a. O. 39. 100f. und generell vor allem Lord Broughton (J. C. Hobhouse), *Recollections of a Long Life*, 6 Bde., London 1909ff. Sehr plastisch zu der Reise von Byron und Hobhouse ist jetzt Ch. Hibbert, *The Grand Tour*, London 1987, 224ff., vgl. auch R. Stoneman, *Land of Lost Gods. The Search for Classical Greece*, London u. a. 1987, 181.

64 Zu den älteren Reisen vgl. E. Curtius, *Peloponnesos. Eine historisch-geographische Beschreibung der Halbinsel*, I, Gotha 1851, 128ff.; J. M. Paton, *Medieval and Renaissance Visitors to Greek Lands*, Princeton 1951; R. Weiss, *The Renaissance Discovery of Classical Antiquity*, Oxford 1969; J. P. A. van der Vin, *Travellers to Greece and Constantinople. Ancient Monuments and Old Traditions in Medieval Travellers' Tales*, 2 Bde., Istanbul 1980; Tsigakou a. O. 11ff.; Stoneman a. O. 22ff., vgl. Broc a. O. (Anm. 4) (1972) pass.

künstlerisches Interesse, nämlich das genaue Studium der griechischen Kunst (als Vorbild) in ihrem authentischen Zustand, im Vordergrund: Die Reise der Architekten Stuart und Revett nach Athen im Auftrage der Society of Dilettanti ist dafür [24] das eindrucksvollste und kunsthistorisch folgenreichste Beispiel[65]. In der Malerei war die Vorliebe für das Pittoreske ein leitendes Motiv gewesen. In diesem Rahmen machten vor allem der französische Aristokrat Marie Gabriel Auguste Laurent Comte de Choiseul-Gouffier und die von ihm engagierten Zeichner und Künstler Schule[66]. Neben diesem ästhetischen spielte immer auch ein antiquarisches Interesse eine große Rolle, besonders das Sammeln von Antiken, aber auch die Registrierung von Inschriften. Das Land selber aber interessierte primär als Landschaft, genauer: als Sujet für Landschaftsmalerei.

Dies alles hatte ja auch eine erhebliche Wirkung auf die europäische Kunst. Der „gusto greco" setzte sich überall durch, in der britischen Architektur nicht zuletzt durch die Veröffentlichung der brillant gestochenen Ruinen und Fragmente, die von Stuart und Revett in Athen präzis vermessen und gezeichnet worden waren[67]. Der Modetrend wirkte wiederum auf das Reiseinteresse zurück und so fort: Die Griechenlandreisen von Chateaubriand[68] und Lord Byron waren bzw. wurden literarische Ereignisse von erstem Rang, wie besonders die überwältigende Reaktion auf „Child Harold's Pilgrimage"[69] zeigte. So wurde das Land der Griechen immer mehr zum Gegenstand besonderer emotionaler Zuwendung, und hierin lag eine wichtige Wurzel des westlichen Philhellenismus der zwanziger Jahre des letzten Jahrhunderts[70]. Doch neben das klassizistische Bemühen um und den romantischen

---

65 J. Stuart/N. Revett, *The Antiquities of Athens*, 4 Bde., London 1762ff. (I–III Reprint New York 1980); I–III, 2. Auflage mit Nachträgen von R. Chandler, E. Dodwell, W. Wilkins u. a., London 1825ff.; *The Antiquities of Athens and other Places in Greece ...*, *Supplementary to the Antiquities of Athens by J. Stuart & N. Revett*, delineated and illustrated by C. R. Cockerell, W. Kinnard, T. L. Donaldson, M. Jenkins, W. Railton, London 1830. Ferner vgl. man hierzu E. Curtius, *William Martin Lake*, in: ders., *Alterthum und Gegenwart*, II, Berlin 1882, 305f. (zit. *Alt. u. Geg.*); L. Cust/S. Colvin, *History of the Society of Dilettanti*, London 1914, 75ff. und jetzt auch L. Schneider/Ch. Höcker, *Die Akropolis von Athen. Antikes Heiligtum und modernes Reiseziel*, Köln 1990, 26ff. Zu dem französischen Architekten David Le Roy, gleichsam einem Konkurrenten von Stuart und Revett, vgl. u. S. 32 Anm. 148 [hier: S. 171].

66 M. G. A. L. Comte de Choiseul-Gouffier, *Voyage pittoresque de la Grèce*, 2 Bde. in 3, Paris 1778, mit weiteren (und erweiterten) Ausgaben 1782–1809. 1818. 1823. 1841. Zu Choiseul-Gouffier vgl. Stonemann a. O. 136ff. Der wichtigste seiner Mitarbeiter war Fauvel, vgl. u. S. 30f. [hier: S. 167f.].

67 Tsigakou a. O. 21; Schneider/Höcker a. O. 29ff.

68 Francois René, Vicomte de Chateaubriand, *Itinéraire de Paris à Jérusalem, et de Jérusalem à Paris, en allant par la Grèce et revenant par l'Espagne*, Paris 1811; hierzu vgl. besonders E. Lovinesco, *Les voyageurs Français en Grèce au XIX siècle (1800–1900)*, Paris 1909, 21ff.

69 George Gordon, Lord Byron, *Childe Harold's Pilgrimage*, London 1812–1818.

70 Vgl. hierzu u. a. Woddhouse a. O. (Anm. 63) 38ff.; M. Nonnenberg-Chun, *Der französische Philhellenismus in den zwanziger Jahren des vorigen Jahrhunderts* (Romanische Studien, 10), Berlin 1909. Für diese Zusammenhänge ist sehr charakteristisch die unglaubliche Resonanz, die Aubry-Lecomtes Lithographie, darstellend Chateaubriand und Madame de Staël in Griechenland, hatte, die nach einem Gemälde des Neoklassizisten François Pascal Simon Gérard (Corinne au Cap de Misène) 1827 entstanden war, s. Tsigakou a. O. 47. 195. Zum

Enthusiasmus für die große Vergangenheit, die als Norm nachgeahmt oder noch in ihrem Zusammenbruch als Ruine melancholisch bestaunt und beschworen wurde[71], trat nun, gerade um die Jahrhundertwende bzw. kurz zuvor, ein Zug zum Sachlichen, rein Deskriptiven, wie er für Forschungsreisen in anderen Gegenden schon zur Geltung gekommen war. Gerade die Balance zwischen ästhetischer Begeisterung und nüchterner Betrachtung charakterisierte das Interesse am Land Hellas in dieser Zeit[72].

So suchten nun auch Naturforscher, als Entdeckungsreisende, Griechenland gezielt auf, so der Botaniker J. Sibthorpe[73], der Entomologe G. A. Olivier[74] und der Mineraloge E. D. [25] Clarke[75]. Ihre Reisen waren für die Kenntnis des physischen Zustandes von Griechenland sehr wichtig. Darüber hinaus hatten solche Reisenden dank ihrer umfassenden klassischen Bildung auch ein offenes Auge für das Alte und ein beachtliches Interesse an antiken Überresten, welches zum Teil bis hin zu Grabungen führte (bei Clarke). Ähnliches gilt auch für Mediziner wie H. Holland, Leibarzt der englischen Königin[76], und besonders F. C. H. L. Pouqueville, Arzt der Commission des Arts et des Sciences bei Napoleons Ägyptenexpedition, der auf abenteuerliche Weise zunächst als türkischer Gefangener auf die Peloponnes kam und später (seit 1806) als französischer Konsul am Hofe Ali Paschas in Joannina residierte. Bei beiden ist darüber hinaus ein besonders stark ausgeprägtes Interesse an dem zeitgenössischen Griechenland festzustellen. Pouqueville war geradezu ein Polyhistor, hat deswegen allerdings dank seines Bemühens um eine möglichst

---

Zusammenhang von britischen Reisebeschreibungen mit der englischen Literatur s. generell W. C. Brown, *English Travel Books and Minor Poetry about the Near East, 1775–1825*, „Philological Quarterly" 16, 1937, 249ff.

71 Brown a. O., 249ff.

72 T. Webb, *English Romantic Hellenism 1700–1824*, New York 1982, 1ff.: „The attractions of the landscape, the suggestiveness of the ruins and the touching political plight of the Greeks were also to be held in balance by an increasing desire to discover the truth, a scientific curiosity to collect and assess the evidence of Greek both as it had been in the days of its glory and as it now was in the time of its sad decline" (2).

73 Er reiste, begleitet von dem österreichischen Aquarellisten Ferdinand Bauer, 1786/7 und 1794/5 in Griechenland. Die Publikation erfolgte in 10 Bänden: *Flora Graeca Sibthorpiana*, London 1806–1840; vgl. z. B. Tsigakou a. O. 195.

74 Guillaume Antoine Olivier, *Voyage dans l'empire Othoman, l'Égypte et la Perse, fait par ordre du Gouvernement, pendant les six premières années de la République*, 6 Bde., Paris 1801–1807; vgl. Lovinesco a. O. 16ff. Hierzu gehört auch ein Kartenteil (50 Tafeln in drei Teilen): Atlas pour servir au Voyage …, Paris 1801ff.

75 Edward David Clarke war 1802 in Griechenland: *Travels in Various Countries of Europe, Asia and Africa*, 6 Bde., Cambridge 1810–1823 (Griechenland vor allem in III und IV). Zu Clarke s. *The Life and Remains of Rev. E.D.C., LL.D., Professor of Mineralogy in the University of Cambridge*, London 1824; Stoneman a. O. 154. 158; Hibbert a. O. 220. Interessante Beobachtungen zum Wert seiner Beschreibung bei W. K. Pritchett, *Studies in Ancient Greek Topography*, Part V, Berkeley u. a. 1985, 138ff.

76 Henry Holland, *Travels in the Ionian Isles, Albania, Thessaly, Macedonia, etc. during the Years 1812 and 1813*, London 1815; zu Holland vgl. Tsigakou 188 A.25; Angelomatis-Tsougarakis a. O. 6.

umfassende Darstellung oft Informationen aus zweiter Hand gegeben. Seine Werke[77], die große Resonanz in Europa fanden[78] und eine Zeitlang geradezu ein Klassiker der Reiseliteratur zu Griechenland waren, stellten sich bei näherer Betrachtung und genauerer Exploration als nur bedingt zuverlässig heraus[79].

Diese sachlich-realistische Zielsetzung ergriff – und das war nur zu naheliegend – auch die antiquarischen Bemühungen um die Überreste des Altertums. Die „Antiken" waren nun nicht mehr allein Gegenstand der Sammelleidenschaft und künstlerischer Imitation oder Impression, sondern auch Objekt wissenschaftlicher Registrierung. John Tweddell, Absolvent des Trinity College in Cambridge, hatte sich ein entsprechend ambitioniertes Ziel gesetzt: „Those who come after me shall have nothing to glean. Not only every temple, but every stone and every inscription shall be copied with the most scrupulous fidelity"[80]. Da er als 26jähriger in Athen einem Fieber erlag, konnte Tweddell diesen Plan nicht ausführen bzw. noch nicht einmal dessen Unmöglichkeit erfahren[81].

Selbstverständlich darf nicht übersehen werden, daß auch die kritische Altertumswissenschaft, die klassische Philologie, das Interesse am Land der Griechen förderte[82] und seine Umsetzung in wissenschaftliche Auseinandersetzung erleichterte. Schon vorher hatten sich Reisende primär an den antiken Autoritäten, speziell Pausanias, orientiert: Bei Richard Chandler, in der Generation zuvor einer der wichtigsten und zuverlässigsten Reisenden[83], [26] fällt es schwer, dessen eigene

---

77 Die erste Publikation beruhte, weil hier wegen Pouquevilles Gefangenschaft vieles nur vom Hörensagen in Erfahrung gebracht werden konnte, zum Teil auf Informationen zweiter Hand: *Voyage en Morée, à Constantinople, en Albanie, et dans plusieurs autres parties de l'Empire Ottoman, pendant les années 1798, 1799, 1800 et 1801, comprenant la description de ces pays, leurs production, les moeurs, les usages, les maladies et le commerce de leurs habitans, avec des rapprochements entre l'état actuel de la Grèce, et ce qu'elle fut dans l'antiquité*, Paris 1805; vgl. Lovinesco a. O. 18ff.; Tsigakou a. O. 195. Das spätere Werk, nach längerem Aufenthalt und ausgedehnteren Reisen, ist zuverlässiger: *Voyage de la Grèce*, 2. Aufl., 6 Bde., Paris 1826/7; vgl. Lovinesco a. O. 45ff.

78 Woodhouse a. O. 9. Das erste Werk wurde noch im Erscheinungsjahr auch in deutscher und italienischer Übersetzung veröffentlicht, s. S. H. Weber, *Voyages and Travels in the Near East made during the XIX. Century* (Catalogues of the Grennadius Library, 1), Princeton 1952, 2f.

79 s. u. S. 34 [hier: S. 173].

80 R. T. Tweddell, *Remains of the Late John Tweddell, Fellow of Trinity College, Cambridge*, London 1815, zitiert nach Tsigakou a. O. 21.

81 Zu Tweddell s. auch Stoneman a. O. 166; Hibbert a. O. 222; zu seinen Beziehungen zu Fauvel s. Legrand a. O. (Anm. 62) 31, 194ff.

82 Da die meisten Reisenden auf Großbritannien stammten, sei hier zur weiteren Orientierung verwiesen auf M. L. Clarke, *Greek Studies in England 1700–1830*, Cambridge 1945.

83 Richard Chandler, *Travels in Greece, or, An Account of a tour made at the Expense of the Society of Dilettanti*, Oxford 1776; ders., *Travels in Asia Minor, or, An Account ...*, ebd. 1775. 2 Aufl. ebd. und London 1776; ders., *Travels in Asia Minor and Greece*, by the Late R. Ch. New Edition, with corrections and remarks by N. Revett, 2 Bde., London 1825; ders. u. a. *Ionian Antiquities*, published with permission of the Society of Dilettanti, 4 Bde., London 1769–1831; ders., *Inscriptiones antiquae plereque nondum editae in Asia Minore et Graecia praesertim Athenis collectae*, Oxford 1774; zu Chandler selbst und der Orient-Expedition vgl. bes. Cust/Colvin a. O. (Anm. 65) 81ff.; Webb a. O. 3f. – Neben Choiseul-Gouffier war

Beobachtungen von dem Pausanias-Exzerpt zu unterscheiden. Über seine eigene erste Griechenlandreise (1780–1782) vermerkt Fauvel[84]: „Nous avions, pour guide Spon et Wheler. Ces savants voyageurs qui ont ouverts la carrière à tous ceux qui depuis ont eu le courage de voir la Grèce s'étoient servis du meilleur de tous les guides, Pausanias". Überhaupt war die klassische Bildung und damit die teils sehr genaue Kenntnis der griechischen Autoren gleichsam das Fundament, auf dem die verschiedenen Interessen der Reisenden fußen konnten. Gerade Cambridge spielte bei den vorwiegend aus Großbritannien stammenden Besuchern eine große Rolle. Dies führte freilich noch nicht zu einer wissenschaftlichen, d. h. auch altertumswissenschaftlichen Spezialisierung. Vielmehr waren die Reisenden mit solchen Interessen durchaus – und oft primär – noch Künstler und Sammler, eher allround-Talente als spezielle wissenschaftliche Explorateure, so sachlich und präzise ihre Beschreibungen auch sein können. Repräsentativ für diesen Typus waren Edward Dodwell (1767–1832) und Sir William Gell (1777–1836)[85].

Dodwell, wie Tweddell Absolvent des Trinity College, reiste 1801 und 1805/6 in Griechenland, teilweise gemeinsam mit Gell und begleitet von dem italienischen Aquarellisten Simone Pomardi[86]. Im Zentrum seines Interesses standen die antiken Funde, die er nicht nur systematisch aufsuchte, sondern auch durch kleinere Grabungen vermehrte[87]. Generell gilt auch für ihn die schon erwähnte Dialektik oder Balance[88] zwischen klassizistisch-romantischer Empfindung und Bewegtheit und antiquarisch-realistischer Präzision. Sein ausgeprägter künstlerischer Sinn verband sich mit Genauigkeit in der Betrachtung und Beschreibung sowie mit Korrektheit in den Abbildungen: „Every locality is shown as it really is"[89]. Sein scharfes Künstlerauge hat er immer wieder in den Dienst dieser exakten Beobachtung gestellt,

Chandlers Bericht übrigens die Hauptquelle für das lokale und zeitliche Kolorit in Hölderlins Hyperion, s. *Werke und Briefe*, hrsg. von F. Beißner und J. Schmidt, III, Frankfurt/Main 1969, 174f.

84   C. G. Lowe, *Fauvel's First Trip to Greece*, „Hesperia" 5, 1936, 217.

85   Vgl. auch C. B. Stark, *Handbuch der Archäologie der Kunst*, 1, Leipzig 1880, 259, der zu diesen beiden hervorhebt, „dass mehr und mehr über den Dilettantismus der historische Topograph, der kunsthistorische Forscher hinausgeht". Beide wurden im Jahre 1816, gemeinsam mit W. R. Hamilton, Leake und Payne Knight, Ehrenmitglieder der Preußischen Akademie der Wissenschaften, s. A. Harnack, *Geschichte der Königlich-Preußischen Akademie der Wissenschaften zu Berlin*, 1, Berlin 1900, 969.

86   Edward Dodwell, *A Classical and Topographical Tour through Greece during the Years 1801, 1805 and 1806*, 2 Bde., London 1819. Ansichten daraus, mit kurzen Erläuterungen, erschienen in einer besonderen Ausgabe erstmals London 1821: *Views in Greece from Drawings*. Nach der Ausgabe von 1830 dieser „Views" entstand eine deutsche Ausgabe: E. Dodwell, *Klassische Stätten und Landschaften in Griechenland. Impressionen von einer Reise um 1800*, erläutert und mit einem Nachwort von U. Sinn, Dortmund 1982. – Simone Pomardi hat seine Reiseeindrücke später ebenfalls veröffentlicht, mit einem besonderen Interesse für das Alltagsleben (Tsigakou a. O. 43.200): *Viaggio nella Grecia fatto da S. P. negli anni 1804, 1805 e 1806*, 2 Bde., Rom 1820.

87   Seine aus attischen Gräbern stammende Vasensammlung ging später an Ludwig von Bayern, s. Stoneman a. O. 148. 155. 192.

88   Webb a. O. 1ff.

89   Dodwell zitiert nach Stoneman a. O. 147, vgl. auch Sinn a. O. 89. 91.

besonders im Archäologischen (einschließlich einer Chronologie der Mauertechnik[90], die er zu entwickeln versuchte) sowie in der Epigraphik[91].

Dies gilt auch für die geographischen Gegebenheiten im weitesten Sinne. Dodwells Landschaftsbeschreibungen und -abbildungen sind von großer Detailtreue getragen, sind, wie U. Sinn hervorgehoben hat[92], „Porträtlandschaften" in Goethes Sinne, „von dieser ganz wahren, nicht etwa scheinbaren, effektlügenden, bloß zur Einbildungskraft sprechenden, sondern derben, reinen, lichten, ausführlichen, gewissenhaften, zarten, umschriebenen Gegenwart". Es handelt sich also nicht lediglich um pittoreske Kunstlandschaften. Dazu kommen zahlreiche Beobachtungen und genaue Beschreibungen zur Situation der Landwirtschaft, zur Hydrologie (besonders im Gebiet des Alpheios und der Thermopylen sowie des attischen Ilissos), zu Erosionsphänomenen sowie zur Bevölkerungsgeographie. [27] Dodwell bemühte sich insbesondere um Genauigkeit in den topographischen Lagebestimmungen und um eine Lokalisierung der aus der Antike bezeugten Plätze, wobei er übrigens große Vorsicht walten ließ. Er kam eben, schon dank seiner vorzüglichen Schulung in den classics, ganz von der Antike her und ließ sich sehr stark von Pausanias leiten; auf dem Oita gedachte er des Herakles der sophokleischen Trachinierinnen, und den Homer nahm er auf Ithaka noch ganz wörtlich[93].

Aber auch wenn bei ihm nicht romantische Schwärmerei, sondern „Reflexion und das kontemplative Naturerlebnis im Mittelpunkt"[94] standen, auch wenn die Beschreibung durch Sachlichkeit und der Umgang mit den Texten von kritischer und fundierter Analyse gekennzeichnet war, blieb das schon erwähnte Gleichgewicht von klassizistischem und empirischem Zugriff bestehen. Dies äußert sich auch noch in einer spezifisch humanistischen Einheit, für welche die Antike im Lande weiterlebt und mit der Dodwell gleichsam Schule machte. Er hat dies selber im Vorwort seiner Reisebeschreibung hervorgehoben: „Almost every rock, every promontory, every view, is haunted by the shadows of the mighty dead. Every position of the soil appears to teem with historical recollections; or it borrows some potent but invisible charm from the inspirations of poetry, the effects of genius, or the energies of liberty or patriotism"[95]. Diese ‚integrale' Sicht, dieser Sensus für die Aktualität des Antiken im Land seiner Geschichte, sollte später, auf anderer Ebene, ein wesentliches Charaktistikum der frühen historischen Chorographie werden[96].

---

90   E. D., *Views and Descriptions of Cyclopian, or, Pelasgic Remains, in Greece and Italy; with Constructions of a Later Period. Intended as a supplement to his classical and topographical tour in Greece, during the years 1801, 1805, and 1806*, London o. J.

91   W. Larfeld, *Griechische Epigraphik* (Handbuch der Altertumswissenschaften, I 5), München 1914³, 26.

92   a. O. 92.

93   Stoneman a. O. 141; G. Huxley, *Homer and the Travellers. A Lecture on some Antiquarian and Topograpphical Books in the Gennadius Library of the American School of Classical Studies at Athens*, Athen 1988, 24.

94   Sinn a. O. 84.

95   Dodwell, *Classical and Topographical Tour*, 1 S. IV.

96   S. u. (T. III.) [hier: S. 179–191].

Der um zehn Jahre jüngere William Gell hat mit Dodwell vieles gemeinsam[97]. Ebenfalls Cambridge-Absolvent, reiste er mehrfach in den Orient: 1801 in die Troas (gemeinsam mit J. B. S. Morritt und J. Dallaway)[98], 1803 nach Ithaka, 1804–1806 auf die Peloponnes, nach Attika und Mittelgriechenland sowie wieder nach Ithaka. 1811–1913 leitete er die zweite von der Society of Dilettanti organisierte Kleinasien-Expedition[99]; 1812, auf der Hinreise, hielt er sich in Attika auf und grub in Eleusis, und er berührte dann u. a. Smyrna, Chios, Samos, Didyma, Aphrodisias, Magnesia, Knidos und Rhodos[100]. Wie schon seine ersten Reiseberichte verdeutlichen, war Gells Ausgangspunkt das Interesse an der homerischen Topographie, die gerade in jenen Jahren überhaupt ein großer Stimulus für die historisch-geographische Forschung geworden war[101]. Auch bei ihm ist die Mischung von romantisch-pittoresker Imprägnierung und pragmatisch-realistischer Darstellung spürbar, in der Zeichnung[102] wie in der verbalen Beschreibung der Landschaft[103].

Aber die eine Seite war doch stärker ausgeprägt. Gell war zunächst und primär ein Fanatiker der genauen Ortsangabe. Jeder Punkt, insbesondere solcher mit antiken Relikten, sollte präzise fixiert und wiederauffindbar gemacht werden, zur Selbstvergewisserung des Reisenden, zur exakten Registrierung der topographischen Situation und als Hilfe für spätere Reisende. Das Land wurde buchstäblich ‚verortet‘, und die Topothese ist der Kern [28] von Gells geographisch-archäologischen Interessen in dieser Phase[104]. Die Wegebeschreibung diente – wie in der Antike – als Grundlage, aber in minutiöser Detailliertheit. Gell, „who seems to have travelled with his eyes fixed to the ground"[105] legte auf seinen Routen die Punkte ganz genau fest, durch Entfernungsangaben (in Kombination mit Kompaßrichtungen)[106]. Damit hat er Schule gemacht: Die französische Morée-Expedition arbeitete

---

97 Zu Gell s. besonders A. M. Woodward/R. P. Austin, *Some Note-Books of Sir William Gell*, „The Annual of the British School at Athens" 27, 1925/6, 67ff.; E. Clay, *Sir William Gell in Italy. Letters to the Society of Dilettanti 1831–1835*, London 1976; Tsigakou a. O. 193; Stoneman a. O. 148ff.

98 William Gell, *The Topography of Troy and its Vicinity*, London 1804.

99 Nach der Chandlers, s. Cust-Colvin a. O. 148ff.

100 Seine einschlägigen Werke: *The Geography and Antiquities of Ithaca*, London 1807; *The Itinerary of Greece with a Commentary on Pausanias and Strabo and an Account of the Monuments of Antiquity at Present Existing in that Country, compiled in the Years 1801–1806*, ebd. 1810 (2. Auflage: *The Itinerary of Greece: Containing One Hundred Routes in Attica, Boeotia, Phocis, Locris, and Thessaly*, ebd. 1827); *The Itinerary of the Morea, Being a Description of the Routes of that Peninsula*, ebd. 1817; *Narrative of a Journey in the Morea*, ebd. 1823. Weiteres, einschließlich ungedruckter Materialien, ist zusammengestellt bei Clay a. O. 175ff.

101 Webb a. O. 6ff.

102 Mit einer Tendenz zu romantischen Landschaftskonstruktion in Anlehnung an Claude Lorrain, s. Woodward-Austin a. O. 68.

103 Besonders in dem „Narrative" (o. Anm. 100). Brown a. O. 264 zitiert daraus ein treffendes Beispiel (S. 99).

104 Zu seiner wichtigen Tätigkeit in Italien, wo er erhebliche Beiträge zur römischen Topographie und zur Information über die Grabungen am Golf von Neapel machte, s. Clay a. O.

105 Pritchett a. O. 138.

106 Gute Charakterisierung bei Woodward-Austin a. O. 68f.

teilweise auch mit solchen Itineraren[107], die griechische Post nahm das Land zunächst auf diese Weise auf[108] und der detailbesessene Lolling ist im „Ur-Baedeker" ebenso verfahren[109]. Dieses verwundert nicht, da ein solches Procedere der Orientierung in einem Lande ohne entwickelte Kartographie am zuverlässigsten und überhaupt geradezu natürlich ist.

Auch in der bildlichen Repräsentation vermittelt Gell denselben Eindruck. Seine Aquarelle bringen durchaus romantische Stimmungen zum Ausdruck, aber in seinen Zeichnungen herrscht höchste Genauigkeit, photographisch gleichsam, wobei die Vorliebe der Architektur und dem Panorama gilt. Letzteres ist ja in gewisser Weise das bildliche Pendant zum literarischen Mittel des Itinerars[110].

Bei der Topothese ist Gell aber im wesentlichen – sofern man auf den wissenschaftlichen Ertrag sieht – stehengeblieben. In der archäologischen Beschreibung blieb er eher flüchtig, was ihm schon die Kritik der Zeitgenossen eintrug: „Of Dardan tours let dilettanti tell, I leave topography to rapid Gell", charakterisiert ihn Byron[111]. Detaillierter ist er vor allem für Eleusis (wo er auch gegraben hatte), für Ithaka, wo es ihm primär darum ging, Homers Autopsie nachzuweisen und er deshalb jeden Platz der Odyssee im Gelände zu fixieren suchte[112], und für Tiryns; dort notierte er wichtige Gedanken zum ehemaligen Küstenverlauf[113]. Generell steht das Bemühen um die Lokalisierung und Identifizierung antiker Plätze im Vordergrund[114]. Neben Dodwell ist Gell jedenfalls der wichtigste Vorläufer der historischen Landeskunde und Geographie Griechenlands[115].

Den entscheidenden Fortschritt auf diesem Gebiet erzielte jedoch ein anderer, und zwar in einem Zusammenhang, in dem neben den bisher erwähnten Ausrichtungen noch ein betont politisch-militärisches Interesse stand. Man muß immer

---

107 s. u. S. 28ff. [hier: S. 164ff.].

108 s. etwa Th. Ioannidis, *Statistik der Bevölkerung und der Postlinien in Griechenland*, Patras 1871 (griech.).

109 H. G. Lolling, *Reisenotizen aus Griechenland 1876 und 1877*. Bearbeitet von B. Heinrich. Eingeleitet von H. Kalcyk, München 1989.

110 Hierzu vgl. generell H. Döhl, *Karl Otfried Müllers Reise nach Italien und Griechenland 1839/40*, in: *Die Klassische Altertumswissenschaft an der Georg-August-Universität Göttingen*, hrsg. von C. J. Classen, Göttingen 1988, 63f. (dessen Bemerkungen zu Müller als dem „wohl ... ersten, der diese Art von Zeichnung gezielt als wissenschaftliches Instrument in die Altertumskunde einbezog", freilich im Lichte dieser Beobachtungen zu modifizieren sind).

111 Wobei das „rapid" erst die dritte Version darstellt, vorher klang es teils schlimmer, teils besser: Zunächst (im Manuskript) war Gell als „coscombe", dann als „classic" apostrophiert worden, s. Stoneman a. O. 150; Woodhouse a. O. 14; Huxley a. O. 11, der auch Byrons Erklärung zitiert: „Rapid indeed! he topographised and typographised King Priam's dominions in three days"; vgl. auch die entsprechende Kritik des Earl of Aberdeen, in: „The Aberdeen Review" 6 (July 1805) 283 (zitiert nach Huxley a. O. 22): „We shall now conclude this article with expressing a hope, that if any future traveller publish an account of the Troad ... he will not do every thing in a hurry, like Mr. Gell".

112 Zur Charakteristik des Ithaka-Buches s. Huxley a. O. 22ff.

113 Itinerary of Greece (o. Anm. 100) 54.

114 Zu Dodona s. Huxley a. O. 9.

115 Zu beider Charakterisierung in diesem Sinne sehr treffend Curtius, Peloponnes (Anm. 64) 131f., vgl. auch die Literatur o. Anm. 85.

beachten, daß gerade diese Phase intensivierter Entdeckungsbemühungen in Griechenland in die Zeit der napoleonischen Kriege gehört[116] und insbesondere von dem britisch-französischen Konflikt beeinflußt, ja regelrecht mitgeprägt wurde. Bekanntlich war mit dem von Napoleon Bonaparte geleiteten Ägyptenfeldzug (1798/99) auch ein generalstabsmäßig geplantes wissenschaftliches Unternehmen verbunden, das für die Ägyptologie geradezu konstitutiv [29] wurde, aber auch darüber hinaus erhebliche Wirkungen hatte[117]. Nach dem militärischen Scheitern dieser Expedition richtete sich Napoleons Aufmerksamkeit besonders auf die türkischen Gebiete in Europa, in erster Linie auf Griechenland, wo die Franzosen seit der Revolution auf Korfu und mit dem Frieden von Campo Formio (1797) auf den Ionischen Inseln Fuß gefaßt hatten[118].Verschiedene Reisen und Untersuchungen dienten der Rekognoszierung des griechischen Gebietes, seiner geographischen Erfassung und Kartierung, der Beurteilung seiner wissenschaftlichen Ressourcen und seines militärischen Potentials[119].

Für die wissenschaftliche Entwicklung in unserer Thematik entscheidend war jedoch die in denselben Konfliktrahmen gehörende Tätigkeit des britischen

116 Dies wird auch oft als Grund für die verstärkte Hinwendung der Reisenden nach Griechenland angeführt, da Italien dem britischen Gentleman für seine Grand Tour versperrt gewesen sei, s. Angelomatis-Tsougarakis a. O. 1ff., die allerdings diesen Punkt als Ursache relativiert.

117 Hierzu s. jetzt P. A. Clayton, *Das wiederentdeckte alte Ägypten*, Bergisch Gladbach 1983 (eng. Orig. 1982), 14ff.

118 Im Hinblick auf Eroberungen im Orient sah Napoleon übrigens deren Besitz als wichtiger denn die Kontrolle Italiens an, s. R. Clogg, *A Short History of Modern Greece*, Cambridge u. a. 1979, 46.

119 Zu Olivier s. o. Anm. 74. – André Grasset-Saint-Sauveur (*Voyage historique, littéraire et pittoresque dans les isles et possessions ci-devant vénitiennes du Levant*, 3 Bde., Paris 1800) beschrieb, als Beauftragter Napoleons für die Handelsbeziehungen (Tsigakou a.O. 44), in diesem Sinne die Ionischen Inseln; der Baron Félix de Beaujour, französischer Konsul in Thessaloniki (Tsigakou a. a. O.) erstellte (auf seiner Reise zeitweise begleitet von Fauvel, s. Legrand a. O. 30, 189. 191) ein *Tableau de commerce de la Grèce, formé d'après une année depuis 1787 jusqu'en 1797*, Paris 1800 (zu beiden vgl. auch Lovinesco a. O. 14ff. 41f.) und vertiefte die Kenntnis der militärischen Strukturen durch eine spätere Inspektionsreise (1817). Deren Ergebnisse publizierte er in: *Voyage militaire dans l'empire othoman ou description de ses frontières et de ses principales défenses, soit naturelles, soit artificielles, avec cinq cartes géographiques*, 2 Bde., Paris 1829. Im Auftrag der französischen Regierung erarbeitete der renommierte Geograph und Kartograph Barbié du Bocage, ein Schüler des seinerzeit führenden Kartographen d'Anville (*Graeciae Antiquae Specimen Geographicum*, 1792), eine Karte Griechenlands, die als Verschlußsache im Depôt de la guerre aufbewahrt wurde (Bory de Saint-Vincent a. O., s. u. Anm. 136, II 15). Ferner hielten sich Ingenieure des Militärs zu Vermessungsarbeiten in Griechenland auf; aus ihrer Tätigkeit resultiert Vaudencourts Generalkarte der europäischen Türkei (Curtius a. O., Anm. 64, 133). Der Griechenland- und Türkei-Experte Pouqueville wurde als Gesandter zu Ali Pascha geschickt. Fauvel konnte mit seinen Initiativen zur archäologischen Erforschung Griechenlands an das französische Interesse appellieren (Legrand a. O. 30, 190ff. 199f.). Mittelbar wirkte sich dieses Interesse auch auf griechische Emigranten aus, die jetzt, getragen von revolutionärem Elan und mit französischer Unterstützung, ihr Heimatland bereisten (zur Reise von Dimo und Nicolo Stephanopoli s. Lovinesco a. O. 11ff.).

Artillerieoffiziers William Martin Leake (1777–1860)[120], des „Columbus der alten Welt"[121]. Als Angehöriger der Royal Navy gelangte er während des französischen Ägyptenfeldzuges erstmals in den Nahen Osten, wo er (in Anatolien) schon wichtige Eindrücke von antiken Landschaften aufnahm[122] und nach dem definitiven britischen Sieg (1801) gemeinsam mit W. R. Hamilton[123] (dem zeitweiligen Sekretär Lord Elgins) mit einer ‚Landesaufnahme' Ägyptens betraut wurde[124]. Später wurde er der Hauptvertreter britischer Militärpolitik und Diplomatie in den europäischen Gebieten des Osmanischen Reiches, besonders bei Ali Pascha.

Seine vom Kabinett William Pitt d. J. konkretisierten Aufgaben (1804) schlossen die genaue geographische Exploration und kartographische Aufnahme besonders der von einer möglichen französischen Invasion bedrohten griechischen Westküste und der Peloponnes ein, aber auch die wissenschaftliche Erforschung überhaupt. So erwartete man etwa gem. dem 10. Punkt seiner Instruktion vom 28.8.1804 „eine allgemeine Übersicht über die Geographie von Griechenland"[125]. Überhaupt war, auch bei anderen Unternehmen vergleichbarer Art, das Militärische nie der ausschließliche Gegenstand der jeweiligen Tätigkeit.

Leake war für diese seine Aufgaben in jeder Hinsicht – nicht nur als Soldat – hervorragend geeignet. Er hatte die Militärakademie von Woolwich besucht. Seine Kenntnis der klassischen Literatur war durchaus intim, zwar nicht im Sinne philologischer Gelehrsam[30]keit, aber so, daß er sich geläufig in ihr bewegen konnte. Sein Auge war auch künstlerisch geschult und als Sammler hat er eine imposante Kollektion von Kleinfunden zusammengebracht[126]. Besonders eindrucksvoll war jedoch sein geographisch-technisches Rüstzeug.

Zwischen Februar 1805 und Februar 1807[127] führte er seine Inspektionsreisen mit Unterstützung der türkischen Offiziellen durch, geriet dann für eine Zeit (bis November 1807) in Thessalien in türkische Gefangenschaft, als während des Krieges zwischen Rußland und der Pforte auch England mit dem Osmanenreich im Kriegszustand lag. Er hatte später großen Anteil an der engen Anlehnung Ali Paschas an die britische Politik und war – mit einer Instruktion des Ministers

---

120 Die nur in begrenzter Auflage gedruckte biographische Skizze von J. H. Marsden, *Brief Memoir of the Life and Writings of the Late Lieutenant-Colonel William Martin Leake*, London 1864, war mir nicht zugänglich. Wichtig ist deren ausführliches Referat durch Curtius a. O. (Anm. 65) 305ff.

121 Curtius a. O. 320.

122 ebd. 307f.

123 Zu William Richard Hamilton (1777–1859) s. jetzt Clay a. O. 1f.

124 Seine hierbei gemachten Aufzeichnungen gingen bei einem Schiffsuntergang verloren, Curtius a. O. 309; so blieb es bei der Veröffentlichung von W. R. Hamilton, *Ancient and Modern State of Egypt*, London 1810.

125 „to acquire for the British government and nation a more accurate knowledge than has yet been attained of this important and interesting country", Curtius a. O. 311 (das Originalzitat 312, dort auch der Hinweis auf den wissenschaftlichen Charakter).

126 s. etwa Carl Otfried Müller, *Lebensbild in Briefen an seine Eltern,* hrsg. von O. und E. Kern, Berlin 1908, 131; *Aus dem amtlichen und wissenschaftlichen Briefwechsel von Carl Otfried Müller ausgewählte Stücke mit Erläuterungen von O. Kern,* Göttingen 1936, 33.

127 Curtius a. O. 312.

Canning – bei diesem als Vertreter der britischen Politik (Februar 1809–März 1810). Nach dem endgültigen Abschluß seines aktiven Dienstes (1815) widmete er sich der wissenschaftlichen Auswertung seiner reichen Materialien, teils in Spezialstudien, besonders zur Topographie Attikas (er wurde der eigentliche Begründer der Demenforschung), teils durch die detaillierte Publikation seiner Reisebeobachtungen[128].

Mit diesen hat er, soweit es um konkrete Beobachtung und Beschreibung ging, die wissenschaftliche Chorographie Griechenlands begründet. Das war eine beachtliche Einzelleistung. Während die Zeitgenossen durchweg auch, oft primär klassizistisch-romantischen Vorstellungen verpflichtet waren, herrschte bei Leake – obgleich auch ihm die humanistische Vergegenwärtigung nicht fremd war – die realistische Sachlichkeit des nüchternen Beobachters und aufmerksamen Registrierers. Aber gerade weil er Pausanias und Strabon im Gepäck, ja im Kopf mit sich führte, entstand vor seinem geistigen Auge auch das Panorama der antiken Landschaft, mit ihren Siedlungen und Verbindungswegen. Mittels fundierter Kenntnisse und klarer Informationen bemühte er sich um die Lokalisierung antiker Orte bzw. die Identifizierung der Ruinen. Sein besonderes Augenmerk richtete er auf die Kommunikationsstrukturen, die landwirtschaftlichen Potentiale, die hydrographische Situation des Landes. Wegen vieler Angaben, Beschreibungen und Skizzen von antiken Ruinenstätten haben seine Werke heute dokumentarischen Wert. Jede Landeskunde des antiken Griechenland tut gut daran, von ihm auszugehen[129].

Zu seiner Zeit freilich blieb er nicht nur ein Einzelfall, sondern auch ohne unmittelbare Wirkung. Sein Beitrag zur historischen Chorographie wurde überhaupt erst später, in den dreißiger und vierziger Jahren, deutlich, als seine Bücher erschienen. Auch die Vertreter einer teilweise schon pragmatisch beschreibenden, geographisch interessierten Reiseliteratur wie Dodwell und Gell blieben zunächst in der Minderheit. Das Interesse an der Kunst und Architektur, am Sammeln der Antiken, ja das regelrechte Jagen nach Statuen, erreichte erst jetzt einen Höhepunkt und stand in den ersten zwei Jahrzehnten des 19. Jahrhunderts deutlich im Zentrum des allgemeinen Interesses am Altertum. Sensation machte – in der Zeit des gusto greco, als das Griechenlandbild literarisch von Chateaubriand und Byron bestimmt wurde – die Entdeckung und Vereinnahmung antiker Großplastik, der Elgin Marbles, der Reliefs von Bassai, der Aigineten, der Venus von Milo. Reisebeschreibungen waren auf diese Gegenstände und deren Auffindung konzentriert, sie haben durchweg – auch in ihrer Illustration – sehr artifiziellen, romantisch-pittoresken Charakter, nach

128 W. M. Leake, *Researches in Greece*, London 1814; *Topography of Athens*, ebd. 1821; *Journal of a Tour in Asia Minor*, with comparative remarks on the ancient and modern geography of that country, ebd. 1824; *Travels in the Morea*, 3 Bde., ebd. 1830; *Travels in Northern Greece*, 4 Bde., ebd. 1835; *Peloponnesiaca: A Supplement to Travels in the Morea*, ebd. 1846.

129 Zur wissenschaftlichen Würdigung s. besonders Curtius a.O. 316ff. und jetzt H.-J. Gehrke, *Le strutture regionali della Grecia antica nei resoconti di viaggio del XVIII e XIX secolo*, in: *Geographia storica della Grecia antica. Tradizioni e problemi, a cura di* F. Prontera, Roma–Bari 1991, 3ff.

wie vor[130]. Bezeichnend hierfür ist auch die Tätigkeit von Louis François Sébastien Fauvel [31] (1753–1838), den man sicher zu den Gründervätern der modernen Archäologie zu rechnen hat, der aber immer Künstler und Sammler geblieben ist und sich mit geographischen Fragen eher indirekt – etwa als Informant für Barbié du Bocage[131] – beschäftigt hat. Allerdings darf man nicht übersehen, daß er wenig publizierte, so wichtig seine Informationen und Hilfsleistungen für ganze Generationen von Reisenden waren und so viel davon er auch freimütig und großzügig überließ[132]. Sein wissenschaftliches Profil bleibt also etwas unklar. Der Kurzbericht, den er von seiner ersten Reise hinterlassen hat[133], zeigt ihn immerhin als nüchternen und für alles offenen Beobachter und recht plastischen Schilderer. Fortschritte in der wissenschaftlichen Kenntnis des Landes gab es – über Leake hinaus – allenfalls in der Kartographie[134]. Und diese blieben zum Teil geheim. Anderes stand ganz für sich, so insbesondere die im Auftrage der Pariser Académie des Inscriptions et Belles-Lettres vorgenommene Aufnahme von Olympia und Elis durch John Spencer Stanhope (1813)[135], eine auf präzise Vermessungen und sehr genaue Beobachtungen gestützte Zustandsbeschreibung, die immer noch als der Beginn der wissenschaftlichen Topographie für das behandelte Gebiet anzusehen ist. Schließlich kam die griechische Erhebung gegen die türkische Herrschaft, die wissenschaftliche Reisen praktisch unmöglich machte. Doch gerade mit dem griechischen Befreiungskrieg hängt ein großes Unternehmen zusammen, das die landeskundliche Erforschung von Hellas über das von Leake Erreichte hinaus auf eine neue Stufe stellte, die französische Expédition scientifique de Morée[136].

130 Typisch hierfür sind besonders die Werke von Otto Magnus von Stackelberg, *Costumes et usages des peuples de la Grèce moderne*, 2 Bde., Paris 1824–1826; *Der Apollontempel zu Bassar in Arcadian und die daselbst ausgegrabenen Bildwerke*, Rom 1826; *La Grèce, vues pittoresques et topographiques*, Paris 1834; *Die Gräber der Hellenen*, Berlin 1837 (zu Stackelberg s. auch N. von Stackelberg, *Otto von Magnus Stackelberg. Schilderung seines Lebens und seiner Reisen in Italien und Griechenland*, Heidelberg 1882; G. Hering, *O Otto Magnus von Stackelberg sten Ellada*, in: *Topos kei Eikona 6.–19. Jahrhundert*, Athen 1985, 75ff.). Daneben sind hier vor allem zu nennen Per Olaf Bronstedt, Charles Robert Cockerell, Carl Haller von Hallerstein und Jakob Linckh. Gerade sie sind in neueren Sammelwerken gut berücksichtigt, so daß hier ein kurzer Verweis genügen kann: W. Hautumm (Hrsg.), *Hellas. Die Wiederentdeckung des klassischen Griechenland*, Köln 1983; *Ein griechischer Traum. Leo von Klenze der Archäologe*, Ausstellungskatalog Glyptothek München, München 1985, vgl. auch die Hinweise bei Hering a. O. 101ff.

131 Legrand a. O. 31, 197.

132 Legrand a. O. 39, 41ff. 185ff. 385ff. 31, 94ff. 185ff. gibt eine ausführliche Darstellung Fauvels.

133 Lowe a. O. (Anm. 84) 208ff.

134 s. o. S. 29 [hier: S. 166].

135 J. S. Stanhope/E. Stanhope, *Olympia; or, Topography Illustrative of the Actual State of the Plain of Olympia and of the Ruins of the City of Elis*, London 1824.

136 Zu dieser generell vgl. Lovinesco a. O. 82ff. Die Publikation selbst: A. Blouet u. a., *Expédition scientifique de Morée, ordonnée par le gouvernement Français. Architecture, Sculptures, Inscriptions et Vues du Péloponèse (sic), des Cyclades et de l'Attique*, 3 Bde., Paris 1831–1838 (zitiert *Blouet*); J. B. G. M. Bory de Saint-Vincent, *Expédition scientifique de Morée. Section des Sciences physiques*, Bd. I: Relation, Paris 1836 (zitiert *Bory I*). Bd. II: Geographie et Géologie, I. Teil: Géographie (par Bory de Saint-Vincent), Paris 1834 (zitiert *Bory II*). 2. Teil:

Nach der Schlacht von Navarino (20.10.1827) ging es militärisch vordringlich darum, die ägyptischen Truppen Ibrahim Paschas, die die Peloponnes in verheerender Weise zurückerobert hatten und nach wie vor besetzt hielten, von dort zu vertreiben. Ein französisches Expeditionskorps unter dem Kommando des Generals Maison[137] sollte diese Aufgabe übernehmen. Am 30. August 1828 ging sie auf der Reede von Koroni (in der südwestlichen Peloponnes) vor Anker[138]. Mittlerweile war in Alexandria ein Abkommen geschlossen worden, das die Räumung der Peloponnes durch die Ägypter vorsah, bis auf 1500 Mann, die noch in einigen festen Plätzen verbleiben sollten. Auch diese zogen sich zurück. als es am 30. Oktober vor Patras zu einem Gefecht gekommen war. Da die französischen Truppen stark unter Seuchen zu leiden hatten, verblieb – nach der Rückkehr Maisons nach Frankreich (22.5.1829) – nur noch eine Brigade von 3000 Mann unter dem Kommando des Generals Schneider (bis 1832). [32]

In enger Verbindung mit dieser militärischen Expedition stand nun, bewußt in der Tradition von Napoleons Ägyptenunternehmen, das Engagement für die wissenschaftliche Erforschung des befreiten Gebietes; man wollte auch auf diesem Felde, also nicht nur mit den Waffen, die „gloire" des Vaterlandes mehren[139]. Der Innenminister de Martignac, der diese Angelegenheit energisch förderte, ließ hierfür in Absprache mit dem Institut de France ein detailliertes Konzept erarbeiten: Eine hochrangig besetzte Kommission der drei Akademien (des Sciences, des Inscriptions et Belles-Lettres, des Beaux Arts), bestehend aus den Zoologen E. G. Saint-Hilaire und G. de Cuvier, den Archäologen und Historikern K. B. Hase, D. Raoul-Rochette und J. A. Letronne sowie dem Architekten J.-N. Huyot[140], erarbeitete ein wissenschaftliches Programm und suchte die entsprechenden Forscher aus. Auf diese Weise wurde eine „wissenschaftliche Kommission" gebildet, welche „devrait recueillir, sur la péninsule péloponnésiaque, des matériaux de toute nature pour la publication d'un ouvrage du genre de celui de la Commission d'Égypte"[141]. Sie bestand in Analogie zu den drei Akademien des Institut de France aus drei Sektionen, die sich im November 1828 konstituierten. Die Section des Sciences physiques wurde geleitet von dem Arzt und Naturforscher Jean Baptiste Geneviève Marcellin Bory de Saint-Vincent (1778–1846), der schon als Mitglied der

Géologie et Minéralogie (par Puillon de Boblaye … et Théodore Virlet), Paris 1833 (zitiert *Boblaye*). Bd. III, 1. Teil: Zoologie. 1. Sektion: Animaux vertébrés, mollusques et polypiers (par G. Seint-Hilaire u. a.). 2. Sektion: Des animaux articulés (par Brullé). Les crustacés (par Guérin). 2. Teil: Botanique (par Fauché u. a.). Eine für ein breiteres Publikum gedachte (vgl. Lovinesco a. O. 85) Beschreibung des Unternehmens gibt Bory de Saint-Vincent, *Relation du voyage de la commission scientifique de Morée dans le Péloponnèse, les Cyclades et l'Attique*, 2. Bde., Paris und Strasbourg 1836. 1837/8.

137 Zu diesem vgl. Tsigakou a. O. 61ff. 197.

138 Blouet I S. XXI; Lovinesco a. O. 71.

139 In einem Erlaß vom 8.7.1830, der die Publikation der Ergebnisse verfügt, heißt es, dies geschehe „pour éterniser le souvenir d'une gloire si pure", Bory I, Widmungsschreiben an König Louis Philippe.

140 Diese Zusammensetzung nach Bory I S. 1; nach Blouet III S. 11 gehörte statt Letronne der Architekt Charles Percier zu diesem Ausschuß.

141 Bory I S. 1.

französischen Australienexpedition (1800/01) hervorgetreten war und nach 1840 die wissenschaftliche Erforschung Algeriens koordinierte[142]. Die Section d'Archéologie unterstand Dubois, dem Konservator des Ägyptischen Museums[143], und die Section d'Architecture et de Sculpture dem Architekten Abel Blouet (1795–1853) (der übrigens wenig später Nachfolger Huyots beim Bau des Arc de Triomphe de l'Étoile wurde)[144].

Da für die genaue Aufnahme des Landes eine Vermessung auf der Grundlage der Triangulation sowie eine spezielle Beschreibung notwendig war, wurden auch Geographen des Militärs und Offiziere hinzugezogen[145]. Anfang März 1829 trafen die Wissenschaftler in Griechenland ein. Ihre Arbeiten hatten nicht nur unterschiedliche Zielsetzungen, sondern waren auch in den Ergebnissen recht verschieden. Die archäologische Sektion, die besonders unter den Fieberkrankheiten zu leiden hatte, löste sich praktisch auf[146].

Die Arbeit der Architekturabteilung stand noch deutlich im Zeichen des Exemplarisch-Vorbildhaften (etwa gem. Stuart und Revett) und in der Tradition der Kunstreise[147].

Ihr gehörten Architekten und Maler an, und entsprechend groß war ihr Interesse an Rekonstruktionen, ganz auf der Linie der französischen architektonischen Schule[148]. Auch [33] dem Pittoresken zollte man reichlich Tribut: Nie fehlt auf den Ansichten der obligatorische Hirte oder Palikare. Sofern man allerdings auch nach

142 D. Henze, *Enzyklopädie der Entdecker und Erforscher der Erde*, Graz 1978, s. v.

143 Bory, Relation I S. VII.

144 Lexikon der Bildenden Künstler s. v.; weitere Mitglieder bei Lovinesco 82f.

145 Deshalb gab der Kriegsminister Vicomte Decaux entsprechende Instruktionen an General Maison (6.1.1829). Der Anfang des Schreibens macht die Intentionen deutlich (zitiert bei Bory II 1, 18): „Monsieur le Marquis (sc. Maison), lors de l'expédition d'Égypte, en 1798, des hommes d'une instruction reconnue furent chargés de recueillir sur les rives du Nil les documents utiles aux progrès des sciences. Aujourd'hui l'expédition de Morée ouvrant une carrière au moins aussi intéressante à parcourir, le Ministre de l'intérieur vient, d'après les ordres du Roi, de désigner une commission qui doit, dans le même but, aller explorer le Péloponnèse. Ainsi que moi, vous penserez sans doute que nous devons prendre d'autant plus de part à une entreprise de ce genre, que l'armée possède un grand nombre d'officiers remarquables par l'étendue et la varieté de leurs connaissances".

146 Lenormant und Trézel arbeiteten dann mit den anderen Sektionen zusammen (Lovinesco a. O. 82f.; Blout II 29f.; Bory I 249f.). Edgar Quinet veröffentliche wenig später einen eigenen, recht originellen Reisebericht: *De la Grèce moderne et de ses rapports avec l'antiquité*, Paris 1830 (dazu s. Lovinesco a. O. 89ff.).

147 Zum Modellcharakter s. bes. Blouet III S. 1.

148 Blouet I. S. XX, der sich auf Julien David Le Roy, „regardé comme le fondateur de l'école d'architecture française", bezieht (dieser habe die erste pittoreske Reise nach Griechenland unternommen, d. i. *Ruines des plus beaux monuments de la Grèce considérés du coté de l'histoire de l'architecture*, Paris 1758. 1770². Deren Wert ist übrigens sehr begrenzt, s. Stoneman a. O. 123. 125. 137, selbst der apologetische Blouet muß Schwächen einräumen), zu dieser Tradition vgl. ferner G. Radet, *L'histoire de l'École Française d'Athènes*, Paris 1901, 4f. Dazu, wie auch die „Expédition" selber entsprechende Impulse gab, und zur weiteren Entwicklung generell vgl. den exzellenten Ausstellungskatalog *Paris-Rome-Athènes. Le voyage en Grèce des architectes français aux XIXe et XXe siècles*, Paris 1982.

einfachen Mauern bzw. den Überresten von Städten suchte[149], ist die sehr genaue Dokumentation auch für die Siedlungsgeschichte wichtig. An topographischen Fragen war man wenig interessiert. Über Pouqueville, den man als *die* Autorität ansah[150] – ganz anders als die Naturwissenschaftler, s. u. –, kam man hier nicht hinaus. Eine wichtige Komponente kam gleichsam ex post hinzu, durch die ausführliche Erklärung der von der Sektion erfaßten Inschriften durch Philippe Le Bas. Dieser verkörperte, unabhängig von der „Expédition", an der er gar nicht teilgenommen hatte, die aus der Académie des Inscriptions et Belles-Lettres kommende und durch die ‚neue' Gräzistik (Boissonade) gleichsam aufgefrischte epigraphische Ausrichtung der französischen Altertumswissenschaft[151], ja er konstituierte diese geradezu neu als epigraphische Wissenschaft. Später hat er übrigens durch eine eigene Reise, vor allem in Kleinasien, eine Fülle von Denkmälern und Inschriften erfaßt und zum Teil veröffentlicht[152].

Das für die Chorographie eigentlich Neue, ja Bahnbrechende steckt in den Arbeiten der naturwissenschaftlichen Sektion. Obwohl auch diese von den Fiebern stark in Mitleidenschaft gezogen waren und letztlich aus diesem Grunde im Herbst 1829 unter höchst dramatischen Umständen in Monemvasia bzw. Nauplio abgebrochen werden mußten, konnte Bory de Saint-Vincent eine eindrucksvolle Bilanz ziehen[153]: In der Flora und Fauna wurden 3000 Arten erfaßt, davon der größte Teil neu. Eine außerordentlich große Menge geologischer Beobachtungen konnte angestellt werden. Viele Angaben über den Zustand des Landes wurden gesammelt und in einer minutiösen Statistik präsentiert. Die Geographie wurde vollständig rekonstruiert mit einer Vermessung, die sich nur mit der Frankreichs vergleichen ließ, und Karten, die so exakt waren wie die der Umgebung von Paris.

Am Beispiel des Berichtes über die Forschungen auf der kleinen Insel Sapienza vor Methoni wird die Arbeitsweise und -einteilung dieses Teams deutlich: Nach der Landung „chacun de nous se mit à escalader gaîment les blocs de pierre qu'il

149 Blouet I S. XXII.
150 Blouet I S. XX. Auch wo man selber skeptisch war, bezog man sich auf ihn, so Blouet I 47f. zum messenischen Andania. – Am bekanntesten wurde die Ausgrabung am Zeus-Tempel von Olympia, Blouet I 56ff., bes. 61ff.; daneben waren besonders wichtig die Vermessungen und Rekonstruktionen in Messene, ebd. 25ff. Ansonsten verfuhr man in der Registrierung der Orte und Wege ähnlich wie Gell, mit einem nach Zeiten rechnenden Itinerar.
151 Blouet I S. XIX.
152 *Voyage Archéologique en Grèce et en Asie Mineure fait par ordre du Gouvernement Français et publié sous les auspices du Ministère de l'Instruction publique* par Ph. Le Bas et W. H. Waddington avec la coopération d'E. Landron, Architecte, Ingénieur Civil, 1. Teil, Paris 1856, 1ff. Die Inschriften sind zusammengestellt in der 2. Abteilung, 3 Bde., Paris 1847–1876; vgl. generell L. Le Bas, *Voyage archéologique de Ph. Le Bas en Grèce et en Asie Mineure du 1er janvier 1843 au 1er décembre 1844. Extraits de sa correspondance*, „Revue Archéologique" III 31, 1897, 238ff.; Lovinesco a. O. 120ff.; Stark a. O. (Anm. 85) 328f., mit Hinweisen auf den Publikationsstand. Seine Arbeiten wurden fortgesetzt durch Waddington. Beide Traditionen, die architektonische wie die epigraphische, blieben in Frankreich im 19. Jahrhundert sehr dominant. Sie hatten auch Einfluß auf die Gründung und vor allem die frühe Entwicklung der Französischen Schule in Athen, s. Radet a. O. 1ff., bes. 8.
153 Bory I S. IIIf.

trouvait devant soi. J'avais établi une station barométrique au bord de la mer, sur la plage sablonneuse; MM. Pector et Delaunay portèrent l'autre instrument sur le point culminant de l'île, et de la comparaison de nos observations il est resulté deux cent quatre-vingt-cinq mètres de hauteur au-dessus du niveau de la vague pour ce pic. M. Despréaux, quoique malade, récolta les plantes. MM. Boblaye et Virlet étudièrent le terrain, et le trouvèrent en tout tellement semblable à celui de Saint-Nicolo qu'ils n'hésitèrent point à prononcer que l'île entière n'était qu'un prolongement de cette montagne, tandis que nous avons reconnu dans Calvéra et Vénético le grès vert des hauteurs opposées. Baccuet crayonna le profil de la côte de Messénie, et M. Brullé, cherchant des insectes, n'en captura qu'une douzaine qu'il avait déjà rencontrés aux environs de Modon... : ainsi Sapience fut en peu d'heures explorée sous tous les rapports"[154].[34]

Nach dem Raum von Methoni, Koroni und Pylos erschloß man das Küstengebiet bis Arkadien, dann das Binnenland bis hin zum Ithome, Messenien, die Mani, Megalopolis, Tripolis, Sparta, die Ostküste der Mani, das Gebiet von Monemvasia, von wo aus man wegen der schweren Erkrankungen fast der gesamten Gruppe sich nach Nauplio begeben mußte. Dort wurden die Arbeiten offiziell beendet. Lediglich Bory de Saint-Vincent bereiste dann noch die Argolis, einige Inseln und den Saronischen Golf.

Aus verschiedenen Gründen sind diese Arbeiten für die historische Landeskunde von hohem Interesse[155]. Zunächst war generell auch hier, dank der Präsenz des klassischen Bildungsgutes, eine große Aufgeschlossenheit für die antiken Zustände vorhanden. In topographischer Hinsicht wurden Probleme der Identifizierung antiker Orte intensiv diskutiert, mit wesentlich größerer methodischer Schärfe als im Architekten-Team: Es finden sich klare Beweisführungen per exclusionem und kritische Bemerkungen zu Pouqueville[156]. Für die Bucht von Navarino wird geradezu eine Rekonstruktion der Siedlungssituation versucht[157]. Die intensive Beschreibung des Landes selbst richtet ihr vornehmliches Interesse auf Gesteinsformationen und Bodenbeschaffenheiten sowie auf Fragen der Kultivierung, mit besonderer Beachtung der Potentiale und der anthropogenen Faktoren. Da gibt es wichtige und gründliche Beobachtungen zur Bewaldung und zum natürlichen

154 ebd. 83f. In demselben Zusammenhang werden auch die Vorbehalte gegenüber der britischen Politik und damit die übergeordneten Rahmenbedingungen des Unternehmens deutlich, wie gerade die Berichte von Bory de Saint-Vincent eminent politischen Charakter haben und beispielsweise für die zeitgenössischen griechischen Zustände von höchstem Quellenwert sind. Bory hat längere und eingehende Gespräche mit Kapodistrias und anderen führenden griechischen Politikern geführt, und deren Bekanntgabe in der Morée-Publikation verfolgt durchaus auch politische Ziele. Darüber hinaus gibt er generell sehr plastische Schilderungen von Land und Leuten.

155 Dieser Aspekt wird hier aus thematischen Gründen besonders herausgestrichen; man darf aber anderes darüber nicht vergessen, wie vor allem die schon erwähnte lebendige Beschreibung der Situation und Personen des sich formierenden griechischen Staates, die biologischen Beobachtungen usw.

156 Bory I 127. 175ff. 189ff. 240.

157 s. bes. Bory I 97ff. 119ff.

Pflanzenkleid generell, zur Hydrologie, aber auch zur Bevölkerung, besonders zu den griechischen Bauern und Hirten und ihrer jeweiligen Lebensweise[158].

Richtungweisend waren speziell die kartographischen[159] und die geologischen Arbeiten, und das war vor allem das Verdienst von Puillon de Boblaye[160]. Unter seiner Leitung und unter Beteiligung von Peytier, später noch Servier (nachdem Boblaye aus gesundheitlichen Gründen und zur Vorbereitung der Publikation nach Frankreich zurückgekehrt war) wurde die Peloponnes erstmals auf der Basis der Triangulation vollständig kartiert (1829–1831). Die Arbeiten der Geodäten wurden unterstützt durch eine „topographische Brigade" aus Offizieren, die zugleich zu der umfassenden Beschreibung und Aufnahme des Landes für die Karte beitrugen[161]. Vermessungen und Beobachtungen waren die Grundlagen einer Karte in sechs Blättern im Maßstab 1:200.000, die im Dépôt de la guerre unter der Leitung des Generals Pelet angefertigt wurde (erschienen 1832)[162] und die später Bestandteil der für Jahrzehnte maßgeblichen und noch heute brauchbaren Carte de la Grèce von 1852 wurde[163].

In der Veröffentlichung der Ergebnisse wird aufs genaueste über die Punkte der Triangulation Rechenschaft abgelegt[164]. Es finden sich ferner wichtige Beobachtungen und Bemerkungen zu den durch die Landesnatur bedingten kulturellen Unterschieden sowie zu den Bevölkerungszahlen und der Problematik von deren genauer Ermittlung, verbunden mit einer entsprechenden Statistik auf der Basis der damaligen Verwaltungseinteilung[165]. [35] Das ehrgeizige Ziel von Puillon de Boblaye war darüber hinaus auch die Erfassung, Kartierung und mögliche Identifizierung aller antiken Überreste im Gelände[166], wobei er besondere Vorsicht walten ließ, indem er das Sichere vom Hypothetischen klar zu scheiden suchte[167]. Dies führte dann auch zu einer historischen Karte 1:600.000 (1833)[168], „welche die

158 Zu diesem Komplex s. etwa Bory I 54f. 57ff. 84ff. 211ff. 230. 258f. II 57.
159 Wichtig ist in diesem Zusammenhang auch der kritische Abriß der vorangehenden Kartographie bei Bory II 12ff.
160 Zu seiner Bedeutung s. auch Curtius a. O. (Anm. 64) 136. 146f. A.38.
161 s. besonders die Instruktion, die von Bory II 18ff. zitiert ist; zur Realisierung der Arbeiten ebd. 49ff.
162 M. le Lieutenant-Général J. J. G. Pelet, *Carte de la Morée rédigée et gravée au dépôt général de la guerre*, 6 Blätter. 2. Nebenkarten, Paris 1832.
163 Entsprechend selbstbewußt ist die Kritik an den Vorgängern, wie z. B. auch gegenüber dem berühmten Barbié du Bocage, Bory I 48. II 16.
164 Boblaye u. a. bei Bory II 19ff.
165 Bory II 58ff.
166 Bory II 54: „M. Boblaye … n'a voulu qu'exposer la statistique des ruines, telles que les membres des diverses sections de la Commission scientifique de Morée les observèrent, en y applicant les noms anciens qui paraissaient le mieux convenir à chacune avec les noms modernes sous lesquels on les désigne quand on leur en donne un; car beaucoup de ces vénérables débris de la grandeur grecque ont tellement souffert des outrages du temps, qu'échappant à l'attention des paysans moraïtes ou moréotes, ceux-ci ne leur assignent plus de nom ou n'en désignent quelques-uns par-ci par-la que sous l'appellation générique de Marmora".
167 ebd. 55.
168 Puillon de Boblaye, *Carte générale de la Morée et des Cyclades, exposant les principaux faits de géographie ancienne* etc., *rédigée et dessinée par P.B.*, Paris 1833; vgl. auch ders.,

wichtigsten Ergebnisse sowohl der physischen als auch der historischen Erforschung des Landes möglichst anschaulich zusammenstellen sollte. Durch diese Karten (sc. dazu die o. a. sechs Blätter) hat die peloponnesische Chorographie zuerst eine feste und sichere Grundlage erhalten"[169].

Die fachliche Ausrichtung in der Geologie, die Boblaye auch konzeptionell ausführlich begründet hat[170], ist gekennzeichnet durch ihre ausgeprägt historische Dimension. In expliziter Anlehnung an die ‚Gründerväter' Abraham Gottlob Werner (Lehrer Alexander von Humboldts in Freiberg[171]) und Nicolas Théodore de Saussure fand besondere Beachtung die Stratigraphie der Gesteine, die sich an den mineralogischen Eigenschaften orientierte. In diesem Rahmen wurden dann – in der Erforschung wie in der Publikation – die einzelnen Gesteinsformationen im Sinne erdgeschichtlicher Epochen ausführlich behandelt. Die Ursachen der Veränderungen wurden besonders aufmerksam untersucht, d. h. im Mittelpunkt stand die Dynamik des geologischen Geschehens, für deren Beobachtung die Landesnatur Griechenlands beste Anhaltspunkte bietet. All dies repräsentiert die seinerzeit modernste wissenschaftliche „Geognosie", die sich primär auf Beobachtungen stützte und nicht vom System her kam. Ganz im Sinne auch Humboldts steckt das Systematische in den aus der Empirie hergeleiteten allgemeinen Gesetzmäßigkeiten. Theorien sind nicht mehr als „les lois des phénomènes dans les limites de l'observation, elles (sc. les théories) se bornent à la généralisation des faits et dans quelques cas à la détermination de leurs causes immédiates"[172].

Recherches géographiques sur les ruines de la Morée, Paris 1836. – Besonders deutlich wird die Bedeutung von Emile Le Puillon de Boblaye (1792–1843) sowie der französischen Militärorganisation generell in einem Brief, den Karl Benedikt Hase, Schüler von Carl August Boettiger und Bibliothekar in Paris, zugleich in dem Ausschuß des Institut de France für die Planung der wissenschaftlichen Morée-Expedition, am 12. Mai 1836 an K. O. Müller in Göttingen (zu diesem s. u. Teil III [hier: S. 177–189]) richtete (Kern, *Aus dem amtlichen ... a. O.*, Anm. 126, 247f.): „In der Section topographique des hiesigen Kriegsministeriums, unter der Leitung des General Pelet und des Obristen Lapie, ist nebst manchen andern Karten von Nordafrika und Hellas auch eine erschienen, Verkleinerung und Auszug der großen von Morea in sechs Blättern (s. o. Anm. 162), welche die Officiere des französischen Armeekorps aufnahmen, das vor einigen Jahren Ibrahim und seine Aegypter aus der griechischen Halbinsel trieb. Zu dieser verkleinerten Karte (sc. die o. a. Karte 1:600.000) nun schrieb ein noch ziemlich jugendlicher Hauptmann des État-major, der unter andern auch früher das Schloß von Paträ erobern half Puillon Boblaye, eine Abhandlung (sc. die o. a. „Recherches") welche das Kriegsministerium so eben hat drucken lassen; und die dortigen Herrn, Marschall Maison (s. o. Anm. 137), General Pelet, Lapie, bitten mich über einige Exemplare zu verfügen, für teutsche Gelehrte. Das erste gehört sonach Ihnen, mein verehrter Freund, der Sie mehr als jemand mit Scharfsinn und allumfassender Belesenheit wie vieles andere so auch die Topographie des Peloponnes berichtigt und aufgeklärt ... Ueberhaupt herrscht in dem erwähnten Dépôt général de la Guerre eine lobenswerthe Thätigkeit. Auch um rein wissenschaftliche Zwecke zu erreichen, ohne Rücksicht auf Kriegswesen und Politik, scheut man weder Mühe noch Kosten".

169 Curtius a. O. (Anm. 64) 134.
170 Boblaye II 5ff.
171 D. Botting, *Alexander von Humboldt. Biographie eines grossen Forschungsreisenden*, Passau 1982³, 19.
172 Boblaye II 8.

Diese erste Erforschung eines wichtigen Teiles von Griechenland im Sinne der wissenschaftlichen Geologie hat für die historische Chorographie aus zwei Gründen noch eine spezielle Bedeutung: Indem Boblaye die Methode der mit Leitfossilien operierenden und stratigraphisch orientierten Geologie auch auf die Beobachtung anthropogener Überreste [36] (Knochen und Keramik) überträgt, zeigt er (wenn auch mit etwas naiven und übertriebenen Erwartungen) die Möglichkeiten einer historisch orientierten Siedlungsarchäologie plastisch auf[173]. Darüber hinaus hatte er ein spezifisches Interesse an den Wechselwirkungen zwischen der Natur und den Menschen, das deutlich an die Position von Carl Ritter erinnert, wenn er z. B. die Prägung der politischen Mentalität und Struktur bei den Griechen mit der extremen, aus der erdgeschichtlichen Dynamik resultierenden Zersplitterung des Landes verbindet: „On dirait que les grandes fractures qui ont produit les montagnes de l'Europe, se sont toutes croisées ici de manière à n'y rien laisser en place et à diviser le sol en une multitude de petits bassins fermés ou ne communicants entre eux que par de gorges profondes"[174]. Und die Beschaffenheit der Gesteine (der relativ hohe Anteil von Marmor) hatte Bedeutung für die Entwicklung der spezifisch griechischen Kunst.

Umgekehrt findet unter den Faktoren der Dynamik, die den Naturraum prägen, auch die menschliche Aktivität ihren Platz, konsequenterweise am Schluß der Analyse[175], also am Ende der erdgeschichtlichen Entwicklung. Im einzelnen zeigt Boblaye die negativen Konsequenzen (Erosion) der menschlichen Agrikultur auf sowie die Reaktionen auf diese (Terrassierungen)[176]. Ferner beschreibt er plastisch die Folgen der Vernichtung von Wald und Gehölz durch Brand, die Veränderungen der Fauna (besonders im Bestand der Raubtiere), aber auch die Eingriffe in die Erdoberfläche in Form von Steinbrüchen[177]. Vor allem durch diese Leistung war die historische Landeskunde Griechenlands von ihrer naturwissenschaftlichen Seite her fundiert, so wie durch Leake auf dem Gebiet der Topographie und der beschreibenden Geographie.

173 ebd. 14, vgl. 372. 374f.
174 ebd. 17. Instruktiv ist auch die Fortsetzung dieses Zitats (ebd.): „Il est facile de voir quelle influence les conditions physiques exercèrent sur la destinée de la Grèce: position géographique, qui en faisait le lien naturel entre l'Europe et l'Asie; direction vers la navigation et le commerce, à raison de ses îles nombreuses, de l'étendue de ses rivages et de la stérilité de la plus grande partie du sol; division en États aussi nombreux que ses régions naturelles, telles que l'Achaïe, la Béotie, la Laconie, l'Arcadie, etc., qui se subdivisaient encore en petites cités, dont l'indépendance se maintenait par la difficulté des communications. De là pour chaque petit État une individualité prononcée, un patriotisme énergique, mais rétréci; de là encore la nécessité du principe fédératif qui subsiste aujourd'hui, et contre lequel l'influence européenne aura peine à prévaloir". Auch wenn hier das Prinzip der Übereinstimmung von natürlichen und politischen Grenzen überspitzt wird (vgl. o. S. 23 mit Anm. 60 [hier: S. 158]), zeugt diese Bemerkung von einem generell differenzierten Verständnis der griechischen Geschichte im Zusammenhang mit deren Raum (besonders in dem Hinweis auf das föderale Konzept).
175 Boblaye II 372ff.
176 ebd. 372f., mit einem Hinweis auf die wichtige Stelle Paus. 8, 24, 11 über den Acheloos und den Maiandros und den Zusammenhang von Agrikultur und Alluvion.
177 ebd. 373f.

Erschienen in: Geographia Antiqua 2, 1993, 3–11.

DIE WISSENSCHAFTLICHE ENTDECKUNG
DES LANDES *HELLÁS*

III[*]

Sofern es aber um das *antike* Griechenland ging, war noch eine weitere Entwicklung wichtig, die sich aus der wissenschaftlichen Erforschung des Altertums selbst ergab. Diese war, wiederum zu Beginn des 19. Jahrhunderts, in schlechterdings revolutionärer Weise verändert worden. Der Umgang mit der altgriechischen Sprache und Literatur erhielt durch den Leipziger Gottfried Hermann, ein einflußreiches ‚Schulhaupt‘ der deutschen Philologie, eine neue Qualität. Das aus intimster und genauester Kenntnis der Sprache und ihres Regelwerks resultierende Selbstbewußtsein lief darauf hinaus, daß man sich des Verständnisses der Texte völlig sicher war, daß deren normgetreue Herstellung möglich erschien und auch eine zentrale Aufgabe blieb. Hermann „konnte Griechisch wie kein Deutscher vor ihm, jeder spätere aber durch ihn, er durch eigene Kraft aus dem lebendigen Verkehre mit den Schriftwerken"[178]. Man lebte in den Texten, und durch das vom Neuhumanismus jetzt umgeformte Schul- und Bildungssystem fand dieser Zugang zur Antike besonders in Deutschland weiteste Verbreitung.

Auch für August Boeckh in Berlin, Hermanns großen Antipoden[179], war dieses Konzept der Texte das natürliche. Um ihr Verständnis zu fördern, sah er sich allerdings veranlaßt, das gesamte Lebensumfeld, die „Lebensweise" ihrer Autoren, auch in ihren alltäglichsten, banalsten, prosaischsten Facetten, zu erfassen. Hierzu mußten dann auch andere Materialien wie archäologische Funde, auch wenig anschauliche Kleinfunde (unabhängig von ihrem künstlerischen Wert), Münzen, Gewichte, natürlich vor allem Inschriften gesammelt, gedeutet, kommentiert werden. Die

---

[*] Die beiden ersten Teile dieser Untersuchung erschienen in Bd. I 1992, 15–36 [hier: S. 147–176] dieser Zeitschrift. Sie behandelten die beiden ersten für die wissenschaftliche Entdeckung des antiken Griechenland wesentlichen Bereiche, nämlich die Herausbildung der modernen Wissenschaft von der Erde, besonders bei A. v. Humboldt und C. Ritter (I), und die konkrete Exploration Griechenlands durch wissenschaftliche Expeditionen (II). Der jetzt noch folgende 3. Teil skizziert die für die Chorographie wichtigen Entwicklungen in der Klassischen Altertumswissenschaft der ersten Hälfte des 19. Jahrhunderts.

178 U. v. Wilamowitz-Moellendorff, *Euripides Herakles I, Einleitung in die Griechische Tragödie*, Nachdruck der 2. Bearbeitung, Darmstadt 1974, 236.

179 Diese geradezu komplementäre Bedeutung der beiden Philologen für die Wissenschaftsgeschichte wird markant hervorgehoben von C. Bursian, *Geschichte der classischen Philologie in Deutschland von den Anfängen bis zur Gegenwart*, 2. Hälfte, München 1883, 665ff.

‚Altertümer', Gegenstand des Sammelns und Registrierens schon länger, wurden so ein Instrument zur Rekonstruktion historischer Milieus[180]. [4]

Auch in der Geschichte selbst findet sich, in Barthold Georg Niebuhrs insistierendem und unbeirrbarem Suchen nach den wirklichen historischen Wurzeln der in der Zeit der Französischen Revolution und der beginnenden Bauernbefreiung viel Furore machenden loi agraire bzw. lex agraria[181], dieser Zug zum Realen, zur Lebenswirklichkeit. Neben Boeckh an der Berliner Reformuniversität wirkend, hat Niebuhr dieses und anderes für den Bereich der römischen Geschichte in einen diachronen Kontext gestellt und zugleich das schon hoch entwickelte Instrumentarium der philologischen Kritik zur Musterung der Überlieferung und zur Rekonstruktion des Tatsächlichen benutzt.

Angesichts solcher Ausgangspositionen – zumal unter Berücksichtigung der enormen Wirkkraft dieser drei Gelehrten, auch über Deutschland hinaus – war die weitere Entwicklung geradezu vorgezeichnet. Das Bemühen um die kritisch fundierte Edition und das konkrete Verständnis der Autoren mußte sich auch auf die Herstellung der Texte ausdehnen, die für die Struktur des griechischen bzw. antiken Raumes wichtig waren. Generell mußte die antike Erdkunde samt ihren Repräsentanten neben dem Interesse der Naturforscher und Geographen[182] auch das der Philologen finden. Angesichts ihrer besonderen Anfälligkeit für Korruptelen – wegen der zahlreichen Eigennamen und Zahlenangaben – stellte sie sogar eine besondere Herausforderung dar. In der Tat wurden auf diesem Gebiete erhebliche Anstrengungen unternommen. Wichtige Editionen und Übersetzungen entstanden, u. a., nach verschiedenen Anläufen in der vorangehenden Zeit, eine Sammlung der „Geographi Graeci Minores" durch Karl Müller[183]. Umfangreiche Handbücher stellten die antike Geographie und Chorographie dar, sammelten die aus dieser stammenden Angaben zur Topographie und beschrieben danach die antike Welt. Die für diese Richtung repräsentativen Werke von Konrad Mannert[184] und Albert

180 Dieser Lebensbezug hat bekanntlich auch eine der führenden Richtungen der Geschichtswissenschaft unserer Tage, die. sog. Schule der Annales, geprägt und zur Etablierung einer historischen Anthropologie geführt (in der nicht zuletzt gerade auch die Geographie eine wesentliche Rolle spielt). Sehr deutlich wird dies in einem ‚Schlüsseldokument' dieser Schule, Lucien Febvres Antrittsvorlesung am College de France (1933, bezeichnenderweise nun auch ins Deutsche übersetzt, s. L. Febvre, *Das Gewissen des Historikers*, Berlin 1988, orig. Paris 1953). Zu den Entstehungsbedingungen dieser historischen Richtung s. jetzt L. Raphael, *Historikerkontroversen im Spannungsfeld zwischen Berufshabitus, Fächerkonkurrenz und sozialen Deutungsmustern. Lamprecht-Streit und französischer Methodenstreit der Jahrhundertwende in vergleichender Perspektive*, „Historische Zeitschrift" 251, 1990, 325ff.
181 Grundlegend hierzu A. Heuß, *Barthold Georg Niebuhrs wissenschaftliche Anfänge. Untersuchungen und Mitteilungen über die Kopenhagener Manuskripte und zur europäischen Tradition der lex agraria (loi agrare)* (Abh. Göttingen, Phil.-hist. Kl. III 114), Göttingen 1981.
182 z. B. bei Humboldt und Ritter.
183 Zu der Geschichte dieses Unternehmens s. Forbinger a. O. (u. Anm. 185) I 480ff. A.96 und jetzt Gehrke a. O. (Anm. 46) [hier: S. 190–214]. Zu den Strabon-Editionen und Übersetzungen s. A. M. Biraschi u. a., *Strabone. Saggio di Bibliografia 1469–1978*, Perugia 1981, 24f. 38.
184 *Geographie der Griechen und Römer aus ihren Schriften dargestellt*, 10 Bde., Nürnberg u. a. 1788ff.

Forbiger[185] verbinden deshalb einen gattungsgeschichtlichen Abriß der antiken geographischen Literatur bzw. der für die Geographie relevanten Autoren mit einer ausführlichen „Länderkunde" (so Mannert, bei Forbiger heißt das „politische Geographie"). Was diesen Arbeiten fehlt, ist die Autopsie, die auch gar nicht angestrebt wurde.

Die Entdeckungen und Beobachtungen im Lande selbst, die auch von Personen gemacht wurden, die der antiken Literatur durchaus kundig waren, waren dennoch zunächst mit diesen spezifischen Entwicklungen der Klassischen Philologie auch ihrerseits noch nicht recht verknüpft. Dies wurde anders, als nach dem Befreiungskrieg Reisen nach Griechenland wieder möglich und von der neuen Monarchie auch gefördert wurden – was sich wegen der Herkunft des Königs besonders für deutsche Gelehrte positiv auswirkte. Carl Ritter beispielsweise ist erst in dieser Zeit in Griechenland gewesen. Der Münchner Philologe und Philhellene Friedrich Thiersch[186] war dank seiner Beziehungen zum bayerischen Hofe sogar an der realen Ausgestaltung des griechischen Staates mitbeteiligt. Vor allem aber war es Ludwig Ross (1806–1859), ein holsteinischer Philologe, der als Stipendiat schon recht bald nach der Befreiung Griechenlands dorthin reiste, nicht ohne sich zuvor in Leipzig im Kreise der Hermann-Schule noch den letzten philologischen ‚Schliff' zu holen. [5] Seine „Wanderungen" in Griechenland, wegen seiner Förderung durch König Otto bald auch in offiziellem Auftrag, als Generalephoros der griechischen Altertümer und später als Professor der Archäologie an der Athener Universität, nahmen die besten Traditionen der Griechenlandreisen wieder auf. Die ausführlichen Veröffentlichungen ihres Verlaufs und ihrer Ergebnisse stehen in der Genauigkeit der Beschreibung, der Reichhaltigkeit der Funde, der Nüchternheit des Blickes, der Schärfe der Argumentation, dem Interesse an der Rekonstruktion des antiken Siedlungsbildes in der Konfrontation von Gelände- und Quellenbefund gleichrangig, als ‚Klassiker', neben denen Leakes[187].

Andere reisten nicht so häufig und ausgedehnt wie Ross, ähnelten ihm aber in ihrer Intensität, ihrer explorativen Neugier und Kapazität wie ihrer philologischen Kompetenz. Hervorzuheben sind Peter Wilhelm Forchhammer[188], dessen spätere wissenschaftliche Arbeiten allerdings mit zu viel spekulativen Ideen zum Zusammenhang von Mythos und Landesnatur befrachtet waren, Heinrich Nikolas

---

185 *Handbuch der alten Geographie aus den Quellen bearbeitet*, 3 Bde., Leipzig 1842; vgl. ferner auch Friedrich August Ukert, *Geographie der Griechen und Römer von den frühesten Zeiten bis auf Ptolemäos*, 2 Teile, Weimar 1816ff.

186 *De l'état actuel de la Grèce et des moyens d'arriver à sa restauration*, 2 Bde., Leipzig 1833/4. Zu seiner Griechenlandreise (hiervon existieren drei Tagebücher in der Bayerischen Staatsbibliothek München, s. v. Thierschiana) s. H. Löwe, *Friedrich Thierschs griechische Reise August 1831 bis Oktober 1832*, „Hellas-Jahrbuch" 7, 1947, 7ff.; Stark a. O. (Anm. 85) 330ff.

187 Zu Ross, mit näheren Angaben, s. jetzt Gehrke a. O. (Anm. 129).

188 In dem Werk *Hellenika. Griechenland, im neuen das alte*, I, Berlin 1837, waren Mythen auf klimatische Vorgänge zurückgeführt worden; ferner vgl. *Halkyonia. Wanderungen an den Ufern des halkyonischen Meeres*, Berlin 1857; zu Forchhammer s. auch A. Höck/L. Pertsch, *P. W. F. Ein Gedenkblatt*, Kiel 1898.

Ulrichs[189], der leider relativ jung verstarb, und Conrad Bursian[190], dessen „Geographie von Griechenland" die späte Frucht einer Reise war; sie ist mit ihrer nüchternen Bestandsaufnahme noch heute ein zuverlässiger Ausgangspunkt der Topographie von Hellas. Eine historische Landeskunde stellt sie jedoch nicht dar, weil sie weitgehend auf die lokale Beschreibung konzentriert bleibt[191].

Eine echte Chorographie in diesem Sinne ergab sich vielmehr aus einer – ebenfalls in der Logik der Forschungsrichtung angelegten – Weiterentwicklung der Boeckh'schen Sach-Philologie und der Niebuhr'schen Historik. Den entscheidenden Schritt tat Karl Otfried Müller (1797–1840)[192], ein sozusagen radikaler und exponierter Boeckh-Schüler. Die Geschichte Griechenlands, für das Verständnis des Romantikers die des griechischen Volkes und seiner Stämme, sollte in ihrem Lebenszusammenhang, in ihren organischen Wurzeln gesucht werden. Dazu gehörte aber auch notwendig die Beschaffenheit des Landes, in dem sie sich abspielte, in zweierlei Hinsicht: Zum einen war es für die Herausbildung spezifischer Eigenarten der Bewohner bzw. der in ihm siedelnden Gruppen mit konstitutiv, zum anderen erlaubte, gerade wegen dieses Zusammenhanges, die Kenntnis der Landesnatur, also des Raumes, einen Zugang zu der Lebenswelt seiner Bewohner, ihrer Denkweise und Mentalität, ihrer Religion, ihrem Mythos, ihrer Kunst.

Deshalb war die Einbeziehung des Raumes in den Erkenntnisprozeß eine notwendige Ergänzung bzw. Komplettierung des Bemühens um die reale Welt der Antike. Und da diese minutiös und bis ins kleinste Detail hinein erfaßt werden sollte, war auch die genaueste Klärung des räumlichen Ambiente notwendig. Zeichen dafür ist Müllers schon früh vorhandenes und sehr elementares Interesse an der Herstellung von Karten. Es war ihm ein wirkliches Bedürfnis, sich den Raum ganz präzise und konkret vorzustellen, vor seinem geistigen Auge auch im Detail erstehen zu lassen. Dank einer methodisch geleiteten [6] Phantasie war er dazu in staunenswerter Weise imstande: Die innere Anschauung, wie bei Carl Ritter das entscheidende Medium für die Realisierung des Raumbezuges, ließ in ihm aus publizierten Bildern und schriftlichen Quellen (einschließlich der Reiseberichte) ein

---

189 *Reisen und Forschungen in Griechenland.* 1. Teil: *Reise durch Phocis und Boeotien bis Theben,* Bremen 1840. 2. Teil: *Topographische und archäologische Abhandlungen,* hrsg. v. A. Passow, Berlin 1863.

190 *Quaestionum Euboicarum capita selecta,* Diss. Leipzig 1856; *Topographie von Boiotien und Euboia,* „Berichte über die Verhandlungen der K. Sächsischen Gesellschaft der Wiss. Zu Leipzig", Phil.-hist. Cl. 11, 1859, 109ff.; *Archäologisch-epigraphische Nachlese aus Griechenland,* Leipzig 1860. – Ferner seien in diesem Zusammenhang genannt L. Stephani, *Reise durch einige Gegenden des nördlichen Griechenland,* Leipzig 1843 (stark epigraphisch orientiert) und A. Baumeister, *Topographische Skizze der Insel Euboia,* Lübeck 1864.

191 *Geographie von Griechenland,* 2 Bde., Leipzig 1862–1872; in diesem Zusammenhang sei auch auf das *Lehrbuch der alten Geographie* (1878) von Heinrich Kiepert hingewiesen, eines Schülers von Carl Ritter (E. Lehmann, *Carl Ritters kartographische Leistung,* „Die Erde" 90, 1959, 186. 188. 198), dessen besondere Leistung in der historischen Kartographie der antiken Welt liegt. – Einen Vorläufer bildete in gewisser Weise F. K. H. Kruse, *Hellas oder geographisch-antiquarische Darstellung des alten Griechenland und seiner Kolonien mit steter Rücksicht auf die neuern Entdeckungen,* 2 Teile, Leipzig 1825–1827.

192 Zu diesem s. jetzt des näheren Gehrke a. O. (Anm. 46) [hier: S. 190–214].

Abbild einer Gegend erwachsen, die er dann so präsentieren konnte, als habe er sie unmittelbar gesehen.

In diesen Raum stellte er die Menschen, unter dessen Einfluß sah er ihre politische Organisation, ihre Kunst und Religion. Erst dann hatte er sie – seinem Selbstverständnis nach – im ganzen erfaßt, sie wirklich verlebendigt. Und in diesem holistischen und vergegenwärtigenden Zugriff sah er die Hauptaufgabe des Historikers, der zugleich Philologe und Archäologe war. Wieweit er in der Frage des Raum-Mensch-Bezuges und in dem Konzept der Anschauung von Humboldt und Ritter direkt beeinflußt war, läßt sich nach dem derzeitigen Kenntnisstand – zumal angesichts der breiten Aktualität solcher Grundvorstellungen – nicht eindeutig ermitteln. Aber die Anklänge sind mehr als deutlich, und man könnte geradezu von einer Befruchtung der Altertumswissenschaft neuen Typs durch die Geographie neuen Typs sprechen.

Daß der so stark akzentuierte Bezug auf das Land und auf die Kunst nach Autopsie verlangte, war Müller von Anfang an nur zu klar. Die Schreibtischarbeit der Mannert, Ukert und Forbiger genügte ihm nicht. Zu sehr hatte er schon bei seinen ersten historischen Rekonstruktionen, den Arbeiten über Aigina und besonders Orchomenos[193], den Wert der exakten Reisebeschreibungen, von Stuart und Revett, von Dodwell und Gell, kennen- und schätzen gelernt. Dazu kam ein mit Naturgefühl verbundenes, elementares ‚Fernweh‘ nach Hellas. Vor allem aber versprach er sich von der unmittelbaren Kenntnis des Landes auch eine unmittelbare Inspiration für seine weitere wissenschaftliche Arbeit. Die Reise nach Griechenland war ihm zugleich eine Reise in die Vergangenheit. Sie sollte ihm die Zusammenhänge der physischen Umwelt und der menschlichen Gemeinschaft ad oculos demonstrieren und damit zur Abfassung einer neuen, umfassenden, gleichsam totalen griechischen Geschichte führen. Der Tod, der ihn auf dieser Reise ereilte, hat dies verhindert. Aber er hatte einen Erben und Fortsetzer, und zwar in einem sehr spezifischen Sinne.

Unter dem Eindruck seines Todes hatte sein Schüler und Reisebegleiter Ernst Curtius (1814–1896)[194] sich selber geschworen, sein Werk weiterzuführen. Er ist in der Tat ganz in diesen Bahnen weitergeschritten und hat damit der historischen

---

193 *Aegineticorum Liber*, Berlin 1817; *Geschichten Hellenistischer Stämme und Städte*, Zweite, nach den Papieren des Verfassers berichtigte und vermehrte Ausgabe von F. W. Schneidewin. Erster Band. *Orchomenos und die Minyer*, Breslau 1844 (1820¹).

194 Zu diesem Zusammenhang s. besonders Gehrke a. O. (Anm. 46) A.100 [hier: S. 213] und R. Kekulé von Stradonitz, *Ernst Curtius. Gedächtnisrede*, Berlin 1896, 20. Zu Curtius generell s. jetzt K. Christ, *Von Gibbon bis Rostovtzeff*, Darmstadt 1989³, 68ff.; ders., *Ernst Curtius und Jacob Burckhardt. Zur deutschen Rezeption der griechischen Geschichte im 19. Jahrhundert*, in: ders./A. Momigliano (Hrsg.), *L'Antichità nell'Ottocento in Italia e Germania. Die Antike im 19. Jahrhundert in Italien und Deutschland*, Bologna und Berlin 1988, 221ff., A. H. Borbein, *Ernst Curtius, Alexander Conze, Reinhard Kekulé: Probleme und Perspektiven der klassischen Archäologie zwischen Romantik und Positivismus*, ebd. 275ff., dort 279 A.9 weitere Literatur; ders., *Ernst Curtius*, in *Berlinische Lebensbilder. Geisteswissenschaftler*, hrsg. von M. Erbe, Berlin 1989, 157ff.

Chorographie ein klares Profil geschaffen[195]. Zum einen blieb er in der Tradition der an der Lebenswelt orientierten Historik nach Boeckh, Niebuhr und Müller: Auch für Curtius[196] unterlag das Leben dem historischen Entwicklungsgedanken. Es war aber, mittels der Einheit von [7] Philologie und Geschichte, als Ganzes zu erfassen[197] und – ganz humanistisch – auf die eigene Zeit zu beziehen, „Leben von unserm Leben"[198]. Sofern aber die zuverlässige wissenschaftliche Ermittlung der konkreten Lebensrealität gefragt war, waren hier romantischer Klassizismus und empirischer Positivismus zusammengespannt[199].

Darüber hinaus ist bei Curtius der Einfluß von Humboldt und Ritter unmittelbar zu greifen[200]: Dieser gehörte zu seinen akademischen Lehrern und ist mit ihm zusammen in Griechenland gereist; ihm ist das Peloponnes-Buch gewidmet[201]. Mit jenem stand Curtius in enger Verbindung, gerade auch während dessen Arbeit am „Kosmos"[202] und mithin zu der Zeit, als Curtius' Studien- und Reiseeindrücke in

195 Besonders instruktiv für die allgemeine Orientierung und den inneren Werdegang von Curtius sind sein *Vorwort* zu den *Gesammelten Abhandlungen*, II, Berlin 1894, S. IIIff. und die autobiographisch angelegte Tischrede aus Anlaß des 79. Geburtstages am 2. September 1893, s. E. Curtius, *Ein Lebensbild in Briefen. Neue Ausgabe von F. Curtius*, 2 Bde., Berlin 1913, II 195ff. (zitiert *Lebensbild*).

196 Curtius über Boeckh: *Alterthum und Gegenwart. Gesammelte Reden und Vorträge*, 3 Bde., Berlin 1875–1889 (zit. *Alt. u. Geg.*), II 267ff. III 119f. 122; über Müller: Carl Curtius, *Zur Erinnerung an Ernst Curtius*, Lübeck 1897, 7f.; Curtius, *Peloponnes* (Anm. 64) I 136f.; *Alt. u. Geg.* II 255ff.; weiteres bei Gehrke a. O. (Anm. 46) A. 47. 79. 98. 100 [hier: S. 203; 210; 213]; über beide: *Alt. u. Geg.* III 136ff.; über Niebuhr: *Lebensbild* I 182; über alle: *Alt. u. Geg.* II 321. Daneben ist der Einfluß von F. G. Welcker, der ebenfalls diese Richtung der Altertumswissenschaft repräsentierte, zu beachten, s. Carl Curtius a. O. 7.

197 *Alt. u. Geg.* III 256.

198 Kekulé a. O. 14.

199 ebd. 19f. 23. Die geläufige Etikettierung von Curtius als Romantiker und Klassizist (Borbein a. O. [1988] 278ff. [1989] 164ff.; Christ a. O. [*Von Gibbon* ...] 68ff., vgl. ders. [1988] 224ff. zum „Harmoniestreben") greift also etwas zu kurz. Schon Curtius selbst hatte das anders gesehen (vgl. *Alt. u. Geg.* III 117 über Boeckh), und das ist auch berechtigt. Man darf sich durch seine sinnlich-emotionale Sprache (er war immerhin mit Emanuel Geibel eng befreundet und hat mit ihm gemeinsam griechische Dichtung übersetzt: *Klassische Studien*, Bonn 1840) und durch die gelegentlich pathetischen Überhöhungen nicht täuschen lassen. Es ist nicht hilfreich, den Realismus gegen das Romantische auszuspielen, gerade weil der realistische Bezug auf das Leben aus klassizistisch-romantischen Quellen gespeist ist (wie übrigens schon bei Müller, s. Gehrke a. O. A.13.14). Und diese versiegen in der ersten und zweiten Generation noch nicht. Das ist auch keineswegs ein Nachteil, da auch der ganzheitlich-umfassende Zugriff eine Essenz aus dieser Quelle ist und durchaus als Positivum gewertet werden kann (s. u. S. 11 [hier: S. 188]). Wie eine von klassizistischen und kunstästhetischen Gesichtspunkten *beherrschte* Darstellung aussieht, kann man durch den Vergleich mit einer anderen Behandlung der Peloponnes (E. Beulé, *Études sur le Péloponnèse*, Paris 1855) gut studieren.

200 Zu den Kontakten in Curtius' Berliner Dozentenzeit, als er sich intensiv mit topographischen Dingen befaßte und sehr offen für Anregungen war, s. *Lebensbild* I 220f.

201 Zu Ritter in konzeptionellem Sinne s. *Alt. u. Geg.* II 22ff. und vgl. C. Curtius a. O. 13; Kekulé a. O. 20f.

202 Vgl. *Alt. u. Geg.* II 22f. zur Verschmelzung von Mensch und Raum. Sehr anschaulich spiegelt sich die Nähe beider in einem Glückwunsch Humboldts zu Curtius' Geburtstag 1849 wider: „Wie der Vogel auf dem Felsen über dem schäumenden Wasserfall (Anspielung auf ein

Verbindung mit Detailforschungen zu der ersten ,Landeskunde', eben in dem Buch über die Peloponnes, reiften und durch den lebendigen Kontakt innerhalb der Berliner Universität, mit Ritter zumal, geographisch noch tiefer fundiert wurden. In diesem Zusammenhang ist besonders wichtig, daß bei Curtius der Griechenland-Aufenthalt am Beginn seiner wissenschaftlichen Laufbahn stand. Die Bedeutung der Landeskenntnis war ihm von daher unmittelbar geläufig[203], entsprechend hoch schätzte er die Leistung von Leake ein[204]. Generell war ihm die interdisziplinäre Verbindung des Philologisch-Historischen, Geographischen und Explorativen selbstverständlich und geläufig. Er sah zwischen den einschlägigen Disziplinen einen „natürlichen Zusammenhang"[205].

So ist die Basis, von der aus Curtius seine Perspektiven entfaltete, die unlösbare Verflechtung von Boden und Geschichte[206]. Den Blick auf das reale Leben und dessen geschichtliche Dynamik sucht er, ganz im Sinne Müllers, durch die Einbeziehung des Ambiente zu erweitern[207]. Damit ergeben sich zahlreiche zusätzliche Informationen, z. B. aus Bodenfunden, mögen diese auch noch so unscheinbar sein, sogar für Internationales[208]. Dieser [8] Zusammenhang ist bei dem ohnehin auf Synthese und Synopse ausgerichteten Verständnis von Curtius – das er auch bei seinen Vorläufern bzw. Mentoren herausstreicht[209] – überall zu spüren. Er prägt jedwede Detailforschung (um deren Vorläufigkeit Curtius sehr wohl wußte)[210]. Wir finden ihn konsequenterweise in allen seinen einschlägigen Werken, am markantesten in seinem wichtigsten Werk, dem ersten umfassenden Versuch einer historischen

Gedicht von Curtius, das Humboldt in seinen ,Ansichten der Natur' publiziert hatte)... bin ich übrig geblieben aus dem Schiffbruch des alten Geschlechts. Wenn Ihr Blick, teurer Curtius, sich weiden konnte an der griechischen Landschaft, an der innigen Verschmelzung des Starren und Flüssigen, des mit Zypressen oder Oleander geschmückten oder felsigen, luftgefärbten Ufers, des wellenschlagenden, lichtwechselnden, glanzvollen Meeres, wenn die ewige, unwandelbare Größe der freien Natur, in welcher die hingeschiedene Größe von Hellas sich spiegelt, Ihr regsames Gemüt und ihre Sprache veredelten, ward mir, dem Wandernden, nur zuteil, an namenlosen Flüssen, in dem dichten und wilden Forst des Orinoko, zwischen schneebedeckten Feuerbergen, in den endlosen Grasfluren und Steppen des Irtysch und Obi zu verweilen. Einsam würde ich mich fühlen, einer der letzten von dem alten Geschlecht, hätte Freundschaft nicht, die alles lindernde, mir ihre wohltätige, süßeste Gabe gespendet" (*Lebensbild* I 354f.).

203 s. etwa *Lebensbild* I 146.

204 *Alt. u. Geg.* II bes. 320ff. Zu den Plänen von Curtius, Leakes Werke zu übersetzen und zu bearbeiten, s. *Lebensbild* I 117ff. Zu Boblaye vgl. Curtius a. O. (Anm. 64) 136.

205 *Alt. u. Geg.* II 197.

206 E. Curtius, *Gesammelte Abhandlungen*, 2 Bde., Berlin 1894 (zitiert *Ges. Abh.*), II S. IIIf. VI; Kekulé a. O. 20f.

207 *Alt. u. Geg.* I 23ff. Man muß buchstäblich in dieses ,eintauchen': „Ohne geistige Anschauung der Oertlichkeit bleibt das Leben des Freistaats unverstanden; wir müssen uns mit den Athenern in ihre Stadt einbürgern können" (*Ges. Abh.* I 289f.).

208 *Alt. u. Geg.* I 33: So kann man „Gedanken und Absichten der Alten an Ort und Stelle forschend nachgehen".

209 Zu Ritter s. o. Anm. 201, zu Boeckh und Müller Anm. 196. Selbst beim Urteil über Leake haben diese Faktoren besonderes Gewicht (*Alt. u. Geg.* II 313. 317).

210 Methodisch aufschlußreich ist *Sieben Karten zur Topographie von Athen*. Mit erläuterndem Text von E. C., Gotha 1868, 26.

Landeskunde, dem Peloponnes-Buch[211], aber nicht minder auch in den Arbeiten zur Geschichte und Topographie von Athen, das – wie Griechenland generell so innerhalb dessen – für seine Perspektive ein besonders lohnendes Objekt war[212], oder selbst in allgemeineren Werken wie der „Griechischen Geschichte". Da Curtius seine methodischen Prinzipien nie änderte – er war sich dessen am Ende seines Lebens wohl bewußt, als er schon wie ein erratischer Block in der Forschungslandschaft stand[213] –, können wir hier auch die späteren Arbeiten heranziehen, obgleich mit dem Buch über die Peloponnes die Entwicklung zur historischen Chorographie, die hier zu behandeln ist, weitestgehend abgeschlossen war, in der Vorgehensweise wie in der Detailforschung.

Mit der holistischen Geschichtsbetrachtung insgesamt korreliert bei Curtius hinsichtlich der Landeskunde eine „organische" Deutung[214], mit klassizistischem Antlitz[215] und mit Ansätzen zum Determinismus[216] (wie wir sie z. B. auch in der Sprache und in der Kunst[217] finden). Sie gilt im Hinblick auf die natürlichen Voraussetzungen im Lande selbst[218], die in ihrer naturgeschichtlichen Dynamik, von der Geologie bis hin zu anthropogenen Veränderungen, erfaßt sind[219], und sie kann sich bis hin zu einer Ästhetik der Landschaft in Harmonie und Rhythmus steigern[220]. Andererseits sieht sie auf die Verbindungen von Natur und Mensch, Raum und Geschichte, ja sie faßt die Geschichte von Mensch und Raum als eine Identität auf.[221] Ausgehend von der Frage, was der Raum zur menschlichen Kultur beitrage[222], wird das Land auch und gerade als vom Menschen in positiver oder negativer Weise formbar angesehen. Es gibt Möglichkeiten zu naturwidriger und naturgemäßer Nutzung[223]. Der Raum ist durch menschliche Verwertung gestaltbar, d. h. zum Teil auf sie angewiesen oder auch durch sie gefährdet[224]. Die Zielvorstellung für das Verhältnis zwischen beiden ist „Eunomia" oder auch – im Sinne der schon erwähnten Ästhetisierung – „Harmonie".

211 Dessen Selbstcharakterisierung s. *Lebensbild* I 390f.: „Es ist mit einer Wärme geschrieben, wie wohl selten ein historisch-philologisches Werk geschrieben wird … Hier erscheint das Leben der Alten an ein natürlich gewachsenes und ganzes, nicht nach den (im Text irrig: dem) abstrakten und deshalb das Verständnis störenden Gesichtspunkten einzelner Disziplinen, Mythologie, Geschichte, Archäologie usw. zerspalten".
212 *Alt. u. Geg.* II 22ff., s. auch *Die Stadtgeschichte von Athen*, Berlin 1891, 1ff., bes. 13f.
213 Besonders gut greifen läßt sich das in dem Selbstzeugnis *Lebensbild* II 152f.
214 So wörtlich *Peloponnes* I 140.
215 ebd. 107.
216 ebd. 61. 67ff. 70ff. vor allem. Die spätere Generation hat das deutlicher Akzentuiert, Kekulé a.O. 21.
217 *Alt. u. Geg.* I 23. 27f., vgl. auch u. S. 10 [hier S. 188].
218 *Peloponnes* I 3. 7.
219 ebd. 32.
220 *Alt. u. Geg.* II 27f. Zum ästhetisch-künstlerischen Sinn von Curtius in diesem Zusammenhang s. C. Curtius a.O. 10.
221 *Peloponnes* I 76. 106f. Diese Verbindung gilt für Griechenland in besonderer Weise, s. E. Curtius, *Die Akropolis von Athen*, Berlin 1844 (zitiert *Akropolis*), 4.
222 s. z.B. *Sieben Karten* 5f. 8f.; *Alt. u. Geg.* I 35 und vgl. Kekulé 20f. mit dem Hinweis auf Ritter.
223 *Peloponnes* I 12. 21f. 35. 61.
224 *Peloponnes* I 52ff.

In der konkreten Beschreibung dieser Wechselbeziehung finden sich reiche Beobachtungen zur Erosion, die bei Curtius vor allem durch den Verlust des Waldes indiziert ist, aber auch zu Gegenmaßnahmen. Generell sind die physiogenen Voraussetzungen menschlicher Kulturtätigkeit, wie Verkehrslage, Boden, Klima, Relief, ausführlich demonstriert[225]. Dies [9] betrifft nicht nur die Agrarstruktur, sondern auch die Technik[226] (einschließlich der Kunst in handwerklichem Sinne) und die Kommunikation[227]. Doch über die elementaren Lebens- und Wirtschaftsphänomene hinaus spiegeln sich diese Beziehungen auch in der sozialen Gliederung und im politischen System, also letztlich in der Geschichte wider. Auch da gibt es angepaßte und unangepaßte, angemessene und unangemessene, naturgemäße und naturwidrige Formen[228]. Selbst im Bewußtsein der Menschen schlagen sich diese Zusammenhänge nieder[229]: Der Mythos reflektiert natürliche und anthropogene Vorgänge in der Raumorganisation[230]; in der Mentalität gibt es Vorstellungen von naturadäquatem Verhalten und von den negativen Konsequenzen naturwidrigen Handelns[231], Vorstellungen, die auch in intellektuellen Konzepten Eingang finden[232] und religiöse Auffassungen hervorrufen oder beeinflussen. Auch die Kunst steht im Bezug zum Lande[233]. Und überhaupt findet das klassizistisch-humanistische Credo von Maß und Wohlgefügtheit gerade in der Naturgemäßheit der antiken griechischen Kultur einen Anhalts- und Ausgangspunkt[234].

225 *In Sieben Karten* 5ff. werden exemplarisch die positiven natürlichen Voraussetzungen (Verkehrslage, Boden, Klima, Relief) im großen (5f.) wie im kleinen (6f.) gezeigt; vgl. aber bereits die Dissertation *Commentatio de portubus Athenarum*, Halle 1841, 1ff.

226 s. etwa *Commentatio* 29f. mit dem Hinweis auf die Naturgemäßheit griechischer Technik im Unterschied zur römischen. Noch markanter ist *Ges. Abh.* I 117ff., bes. 123. 136f. (zur Wasserwirtschaft). Der Schluß der Abhandlung bringt alle Seiten zum Klingen (147): „Ein eigentliches Kunstvolk aber offenbart sich gerade darin, daß es von den einfachen, praktischen Aufgaben beginnt, sich allmählich in naturgemäßem Fortschritte zu der Stufe erhebt, auf welcher die freie und schöne Kunst ihre Ideen verwirklicht. Dies ist der wichtigste Punkt, in welchem sich die Topographie der Kunstarchäologie anschließt, daß sie darstellt, wie die Griechen mit ihrem bildenden Kunstsinne das ganze Land durchdrungen, alle natürlichen Hilfsmittel ausgebeutet, ihre Wohnsitze mit allen Vortheilen ausgestattet und der ganzen umgebenden Natur jenes Maß, jene heitere Ordnung und Ruhe mitgetheilt haben, welche das Eigenthümliche des hellenischen Geistes ist, um dann endlich inmitten dieser geordneten Natur ihre Tempel und Statuen aufzurichten als die Krone ihrer Schöpfung".

227 *Zur Geschichte des Wegebaus bei den Griechen* (1854), *Ges. Abh.* I 1ff.; *Sieben Karten* 27.

228 *Peloponnes* I 69ff. 94. 106, vgl. 22; zu Naxos vgl. *Alt. u. Geg.* III 234ff.

229 *Alt. u. Geg.* I 35f. Schon die Benennungen von Gebirgen und Gewässern drücken ein Naturverhältnis aus (Namen der Vorgebirge, *Ges. Abh.* I 477ff. 492ff.).

230 *Peloponnes* I 8ff. 47. 52; *Sieben Karten* 9ff. Dies hinderte Curtius freilich nicht an einer Kritik von Forchhammers überspitzter Deutung dieser Zusammenhänge (o. Anm. 188), s. *Lebensbild* I 101f.

231 *Peloponnes* I 13. 53.

232 ebd. 25.

233 *Akropolis* 3f.; zu Olympia s. *Alt. u. Geg.* II 157ff.

234 „Die Geschichte des Alterthums hat nun den eigenthümlichen Reiz, daß sie uns eine voll, frei und reich entwickelte Cultur vor Augen stellt, welche die Bande nicht abgestreift hat, die sie mit der Außenwelt verbindet" (*Alt. u. Geg.* II 37).

Diese organische Sichtweise prägt ein regelrechtes Programm einer „historischen Chorographie", in der gerade der Zusammenhang von Land und Mensch im Zentrum steht[235]. Auf dieses Programm werden die Ergebnisse der Einzelforschung bezogen, und es selber führt zu entsprechender Detailforschung im Boden, sozusagen historischen Grabungen bzw. Grabungen mit einer integralen, aber eben auch oder primär historischen Fragestellung[236] und interdisziplinärer Kooperation[237]. Auch die Erforschung der Oberfläche, mittels Survey und exakter Vermessung, gehört in diesen Rahmen. Exemplarisch hierfür ist besonders die Olympia-Grabung[238], die von einer Kartierung der Umgebung und geologischen Untersuchungen begleitet war[239]. Und die Arbeit an den „Karten von Attika" mit ihrer genauen Bestandsaufnahme der noch sichtbaren antiken Überreste kann noch heute die Grundlage wissenschaftlicher Arbeit bilden[240]. Die hier skizzierte Forschungsperspek[10]tive stellt eine Reihe deutlicher Anforderungen an die Tätigkeit des Chorographen, deren Beachtung für Curtius selbstverständlich war und die unabhängig von der Frage, wieweit er richtig lag oder im einzelnen irrte, der historischen Landeskunde aufgegeben bleiben:

- Zugrundelegung der jeweils neuesten natur- und geowissenschaftlichen Erkenntnisse in unmittelbarem Kontakt
- Berücksichtigung der ‚Explorationsliteratur' (besonders der Reiseberichte)
- Durchführung eigener Reisen und Orientierung auf Autopsie[241]
- Anwendung modernster Methoden in der Vermessung und Kartierung[242]
- eigene Untersuchungen im Boden, ohne sich vom Spektakulären leiten zulassen, so daß der Boden gleichsam historische Quelle wird[243]
- Einordnung der Kunstwerke in einen historischen Kontext und ihre Deutung ebenfalls als historische Quelle

235 *Peloponnes* I 53. 138ff., mit Selbsteinordnung.
236 Kekulé a. O. 22.
237 s. besonders *Alt. u. Geg.* II 197: „Wir können doch nicht immer nur Handschriften vergleichen, Stellen emendiren und über alte Probleme streiten! Für uns ruhen die Quellen in der Tiefe des Bodens… So werden Thatsachen geliefert für eine Wissenschaft, welche mehr als alle anderen der Gefahr unterliegt, sich in subjective Geschmacksrichtungen und Combinationen zu verirren. So tritt die Archäologie der Kunst mit Topographie, Geschichte und Sprachforschung in den natürlichen Zusammenhang, dessen Lockerung immer der echten Forschung Gefahr bringt. So tritt uns in zusammenhängenden Denkmälern das Leben der alten Völker entgegen, dessen Verständniß die wahre Aufgabe der Philologie in Universität und Gymnasium ist".
238 Sie faßt das Heiligtum als Ganzes, als Ensemble, mit all seinen Facetten (*Alt. u. Geg.* II 159).
239 E. Curtius/F. Adler (Hrsg.), *Olympia und seine Umgegend*, Berlin 1882. Schon vorher (1852) hatte Curtius in einem Vortrag über Olympia deutlich gemacht (*Alt. u. Geg.* II 129ff.), wie sich in seiner Vorstellung Pausanias' Angaben und erste dürftige Grabungsergebnisse in ein kohärentes und anschauliches Bild umsetzten. Zur Olympia-Grabung vgl. auch Borbein a. O. (1989) 169.
240 Vgl. z.B. H. Lohmann, *Atene, eine attische Landgemeinde klassischer Zeit*, hellenika 1983, 116.
241 *Peloponnes* I 51.
242 *Sieben Karten* 1ff.
243 *Alt. u. Geg.* I 31. II 197; zu Olympia in diesem Zusammenhang vgl. o. Anm. 238. 239.

- besonderes Interesse an historisch-geographischen Zentralkategorien wie Hydrologie und Wassernutzung[244], Wegebau[245], Demographie[246], dynamischen Prozessen[247]
- entsprechende Heranziehung sprachgeschichtlicher Beobachtungen (geographische Lexilogie)[248]
- Informierung aus Volkstraditionen (Sitten, Bräuche)
- intensive Nutzung aller einschlägigen Autoren und Inschriften aus erster Hand
- entsprechende Deutungsversuche an Mythen[249].

Curtius hat freilich, anders als Boeckh oder Droysen, für diese Perspektive kein methodologisches System entworfen oder ein theoretisches Konzept präsentiert. Überhaupt war sein Vorgehen eher intuitiv, es ging um Einfühlung[250] und konkretisierende Verlebendigung[251], mit der schon erwähnten klassizistisch-romantischen Komponente[252]. Bezogen auf das Land hieß das vor allem Veranschaulichung, ja Empathie[253]. Diese Gaben bewunderte Curtius an Müller[254], besaß sie selber jedoch auch in nicht geringem Maße. Er konnte antike Landschaften und Städte vor seinem Auge Revue passieren lassen[255] und dies entsprechend verbal vermitteln. Sein öffentlicher Vortrag über die Akropolis am 10. Februar 1844 in der Berliner „Singakademie", dem seinerzeit größten Veranstaltungssaal der Stadt, war in dieser Hinsicht ein Ereignis[256] – das ja auch für sein Leben und Forschen erhebliche Folgen hatte. Zugleich machte Curtius immer wieder deutlich, wie wichtig die Anschauung für die historische Rekonstruktion und besonders für das historische Verständnis war[257].

Spätestens hier stoßen wir freilich auch auf die Grenzen von Curtius' Verfahren. Die Sicherheit der Intuition war oft trügerisch, und vieles, das ihm besonders am Herzen lag, war ein grandioser Irrtum. Am eklatantesten waren wohl seine Fehldeutungen im Umfeld von Pnyx und Felsathen, letzteres als Wohnsitz der

244 *Peloponnes* I 35. 39. 50; *Sieben Karten* 28; *Die Deichbauten der Minyer* (1892), in: *Ges. Abh.* I 266ff.; weiteres s.o. Anm. 226.
245 *Peloponnes* I 15; *Sieben Karten* 27, vgl. ferner o. Anm. 227.
246 *Peloponnes* I 77f. 88f.
247 ebd. 34. 40ff. 48ff. 54.
248 s.o. Anm. 229.
249 *Sieben Karten* 9ff., bes. 17ff.
250 *Stadtgeschichte von Athen* 13.
251 *Lebensbild* I 216.
252 Prägnant formuliert *Alt. u. Geg.* II 25 und, zu Boeckh, III 131ff.
253 *Alt. u. Geg.* III 234. Jacob Burckhardt nannte ihn einen „Priester der Wissenschaft ... Wenn der spricht, so ist es allemal ein Lied aus dem höhern Chor", zitiert nach Christ a. O. (1988) 241.
254 *Alt. u. Geg.* II 256, vgl. ferner Gehrke a. O. (Anm. 46).
255 *Ges. Abh.* I 3.
256 Curtius, *Akropolis*; zur Wirkung s. Borbein a. O. (1989) 157ff. aus der Sicht des Studenten und das Hirschfeld-Zitat ebd. 171; vgl. auch *Lebensbild* I 224ff.
257 *Alt. u. Geg.* II 75.

Urbevölkerung (dabei waren dort Häuser aus archaisch-klassischer Zeit)[258], jene als Zeus-Heiligtum. Eine höchst sorgfältige Fundaufnahme geht hier einher mit einer völlig in die Irre laufenden Interpretation. [11] Natürlich ging die wissenschaftliche Entwicklung auch über ihn hinweg: Zunehmend positivistischer werdend und sich dazu auch bewußt bekennend, verabsolutierte sie die Detailforschung. An die Stelle des inneren Zusammenhanges trat die wissenschaftliche Großorganisation. Curtius hatte sich in gewisser Weise überlebt[259].

Doch was, wenn der Sieg der neuen positivistischen Wissenschaft ein Pyrrhossieg gewesen ist? Könnten uns dann Curtius und Müller, Ritter und Humboldt doch noch etwas sagen? Was sich seit Humboldt – und von ihm sowie allen anderen Genannten gefördert – als Wissenschaft durchsetzte und machtvoll die Welt eroberte und veränderte, war die hochspezialisierte Einzelforschung, die zum Teil in zunehmend größere, komplexere, ‚industrieller‘ werdende Organisationsstrukturen eingebunden war. Im Detail hatte sie unvorstellbare Erfolge – aber den Zusammenhang hatte sie verloren. Nicht weil sie nur das Einzelne sah, denn ohne Spezialisierung hätte die Forschung keine Fortschritte erzielen können; sondern vor allem weil sie „anmaßend" im Sinne Humboldts, das Einzelne verabsolutierte, es für das Ganze nahm und zur Grundlage eines Weltbildes machte[260], ohne der Komplexität des Ganzen auch nur annähernd gerecht zu werden.

Wenn heute angesichts eines verbreiteten Unbehagens an dieser Entwicklung und gerade auch angesichts der immer rasanteren Fortschritte der Einzelforschung, die im kleinsten Detail die Grenzen des Einzelfaches übersprang, immer wieder der Zusammenhang eingefordert wird, wenn da und dort schon, vermittelt etwa durch die Systemtheorie, aufs neue nach einer gemeinsamen Grundstruktur von „Außenwelt" und „Innenwelt" gesucht wird[261], oder wenn sich, zumal angesichts der Entwicklung der fraktalen Geometrie und der Chaosforschung, das Verhältnis von Natur- und Geisteswissenschaften neu zu definieren beginnt[262], dann mag es nicht ganz nutz- und sinnlos sein, sich bei Alexander von Humboldt um Rat umzusehen, bei dem die Synopse noch lebendig war und den Zugang bestimmte. Gerade in der Ökologie ist es besonders wichtig, daß die für das Zusammenspiel von Mensch und Natur maßgebenden Faktoren in ihrer Gesamtheit und in ihrer Komplexität erfaßt

---

258 H. Lauter-Bufé/H. Lauter, *Wohnhäuser und Stadtviertel des klassischen Athen*, „Archäologischer Anzeiger" 86, 1971, 109ff.

259 Vgl. L. Curtius, *Deutsche und antike Welt*, Stuttgart 1958, 94f.; A. Furtwängler bei Borbein a. O. (1989), 172; Borbein a. O. (1988) bes. 300ff.

260 Man denke etwa an den Darwinismus und die sogenannte Milieutheorie, vgl. hierzu Claval a. O. (Anm. 4) 41ff.

261 L. Ciompi, *Aussenwelt–Innenwelt. Die Entstehung von Zeit, Raum und psychischen Strukturen*, Göttingen 1988.

262 Vgl. etwa P. Feyerabend, *Vorwort* zu E. Jantsch, *Die Selbstorganisation des Universums. Vom Urknall zum menschlichen Geist*, München 1979, 14 (generell); E. Scheibe, *Gibt es eine Annäherung der Naturwissenschaften an die Geisteswissenschaften?*, in; J. Assmann/T. Hölscher (Hrsg.), *Kultur und Gedächtnis*, Frankfurt/Main 1988, 65ff.; G. Eilenberger, *Komplexität. Ein neues Paradigma der Naturwissenschaften*, in: *Mannheimer Forum 89/90*, hrsg. von H. v. Ditfurth und E. P. Fischer, München und Zürich 1990; W. Gerok, *Ordnung und Chaos in der unbelebten und belebten Natur*, Stuttgart 1989.

werden, nicht nur in dem Meß- und Zählbaren, sondern auch in den Unwägbarkeiten der menschlichen Mentalität im Umgang mit ihrem Ambiente, des menschlichen Natur- und damit auch (Natur-)Wissenschaftsverständnisses.

Die historische Chorographie thematisiert als regionale Strukturgeschichte in einem umfassenden Sinne gerade das Verhältnis von Mensch und Raum in seiner historischen Dimension und ist somit immer auch historische Umweltforschung. Sie ist gerade auf die Analyse von hochkomplexen Wechselbeziehungen angewiesen, zu einer integralen Sichtweise genötigt, auf den Zusammenhang verpflichtet. Gerade dieser aber ist in der wissenschaftsgeschichtlichen Entwicklung – jedenfalls für den hier behandelten Raum – verlorengegangen. Deshalb sollte sich die Landeskunde bei der Suche nach Forschungsperspektiven und Forschungszielen auch auf die Zeit ihrer Entstehung beziehen. Da war nämlich die Synthese geradezu konstitutiv. Ohne daß man in bloße Intuition zurückfallen muß, sollte die Chance zur Orientierung, die in diesem Sinne – bei allen Irrtümern en gros und en detail – das Konzept von Karl Otfried Müller und Ernst Curtius bietet, genutzt werden.

Erschienen in: Mitteilungen des Deutschen Archäologischen Instituts, Athenische Abteilung, 106, 1991, 9–35.

KARL OTFRIED MÜLLER UND DAS LAND DER GRIECHEN[1]

„Du läßt uns fern die heil'ge Roma sehen,

1   Neben der in AA 1989, 721ff. und der Archäologischen Bibliographie 1990 vorgeschriebenen Abkürzungen werden hier folgende weitere verwendet:

Bleicken, Heyne bis Busolt	J. Bleicken, Die Herausbildung der Alten Geschichte in Göttingen: Von Heyne bis Busolt in: Die Klassische Altertumswissenschaft an der Georg-August-Universität Göttingen, Ringvorlesung, hrsg. von C. J. Classen (1988) 98–127.
Boeckh/Müller, Briefwechsel	Briefwechsel zwischen August Boeckh und K.O. Müller (Leipzig 1883).
Curtius, Lebensbild I/II	E. Curtius, Ein Lebensbild in Briefen, Neue Ausgabe von F. Curtius I/II 1913.
Dilthey, Saecularfeier	K. Dilthey, Otfried Müller. Rede zur Saecularfeier Otfried Müllers am 1. Dezember 1897 im Namen der Georg-August-Universität (1898).
Döhl, Reise	H. Döhl, Karl Otfried Müllers Reise nach Italien und Griechenland 1839/40 in: Die Klassische Altertumswissenschaft an der Georg-August-Universität Göttingen, Ringvorlesung, hrsg. von C. J. Classen (1988) 51–77.
Kern, Ausgewählte Stücke	Aus dem amtlichen und wissenschaftlichen Briefwechsel von Carl Otfried Müller ausgewählte Stücke mit Erläuterungen, von O. Kern (1936).
E, Müller, Biographische Erinnerungen	Eduard Müller, Biographische Erinnerungen an Karl Otfried Müller in: K. O. Müller, Kleine deutsche Schriften über Religion, Kunst, Sprache und Literatur, Leben und Geschichte des Alterthums, gesammelt und hrsg. von E. Müller, Bd. I (Breslau 1847) S. VIIff.
[Müller], Lebensbild	Carl Otfried Müller, Lebensbild in Briefen an seine Eltern mit dem Tagebuch seiner italienisch-griechischen Reise, hrsg. von O. und E. Kern (1908).
Müller/Schorn, Briefwechsel	Briefwechsel zwischen Karl Otfried Müller und Ludwig Schorn, hrsg. und erläutert von S. Reiter in: Neue Jahrbücher 26, 1910, 292–315. 340–360. 393–408. 506–514.
Nickau, Karl Otfried Müller	K. Nickau, Karl Otfried Müller, Professor der Klassischen Philologie 1819–1840 in: Die Klassische Altertumswissenschaft an der Georg-August-Universität Göttingen, Ringvorlesung, hrsg. von C. J. Classen (1988) 27–50.
Reiter, Briefe	Carl Otfried Müller. Briefe aus einem Gelehrtenleben, 2 Bde., hrsg. und erläutert von S. Reiter (1950).

Der Vortragscharakter ist auch für die Veröffentlichung gewahrt worden. In den Anmerkungen sind lediglich die nötigsten Hinweise und Belege angeführt und – das Material ist teilweise

Du zeigest uns das schöne Griechenland,

Ein Flaccus schrieb auf diesen lichten Höhen,

Ein Pindar sang an jenem Meeresstrand. [10]

Wir sehen noch die Göttertempel stehen,

Dies ist des Capitoliums Felsenwand.

Wir sehn den Römer auf dem Forum wandeln,

Wir sehen euch, ihr große Männer handeln."

Mit diesen Worten gratulierte der fünfzehnjährige Karl Müller dem Rektor seiner Schule, des Illustre Gymnasium Bregense, zu dessen Geburtstag im Jahre 1813.[2]

schwer zugänglich – zitiert worden. Es versteht sich von selbst, daß eine in tieferem Sinne wissenschaftsgeschichtliche Auseinandersetzung hier nicht versucht werden konnte. Zu einer solchen gibt es bis jetzt allenfalls Ansätze, zum einen in dem Seminario su K. O. Müller in: AnnPisa 3. ser. 14, 3, 1984, 893–1226, zum anderen vor allem in der Göttinger Ringvorlesung Die Klassische Altertumswissenschaft an der Georg-August-Universität Göttingen, hrsg. von C. J. Classen (1988), und zwar die Beiträge von K. Nickau, H. Döhl (Karl Otfried Müllers Reise nach Italien und Griechenland 1839/40, 51–77) und J. Bleicken (Die Herausbildung der Alten Geschichte in Göttingen: Von Heyne bis Busolt, 98–127, bes. 107ff.). Von den älteren Würdigungen sind forschungshistorisch ergiebig R. Foerster, Otfried Müller. Rede zum Antritt des Rectorats der Universität Breslau am 15. October 1897 (1897), und besonders C. Bursian, Geschichte der classischen Philologie in Deutschland von den Anfängen bis zur Gegenwart. 2. Hälfte (1883) 100ff.; K. Dilthey, Otfried Müller. Rede zur Saecularfeier Otfried Müllers am 1. Dezember 1897 im Namen der Georg-August-Universität (1898); sowie E. Curtius, Zum Gedächtniß an Karl Otfried Müller in: ders., Alterthum und Gegenwart. Gesammelte Reden und Vorträge II (1882) 247–260, bes. 255ff. und ders., August Böckh und Karl Otfried Müller, ebenda III (1889) 136–155. Neuerdings geben kürzere Zusammenfassungen Auskunft: W. Unte, Karl Otfried Müller in: Schlesien. Kunst, Wissenschaft, Volkskunde 25, 1980, 9–21 und H. Döhl, Karl Otfried Müller in: Archäologenbildnisse, hrsg. von R. Lullies und W. Schiering (1988) 23f. – Auch an einer wissenschaftlichen Biographie mangelt es bisher, doch sind neben Erinnerungsschriften aus Müllers persönlichem Umfeld (F. Lücke, Erinnerungen an Karl Otf. Müller [Göttingen 1841]; C. F. Ranke, Carl Otfried Müller, ein Lebensbild. Jahresbericht über die Königl. Realschule, Vorschule und Elisabethschule [1870] 3–20; und vor allem Eduard Müller [Müllers jüngerer Bruder], Biographische Erinnerungen) etliche Briefe publiziert: P. W. Forchhammer / C. O. Müller, Zur Topographie Athens. Ein Brief aus Athen und ein Brief nach Athen (Göttingen 1833); Boeckh/Müller, Briefwechsel; F. Hiller von Gaertringen, Briefwechsel über eine attische Inschrift zwischen A. Boeckh und Karl Otfried Müller aus dem Jahre 1835 (1908); [Müller], Lebensbild; Müller/ Schorn, Briefwechsel; Kern, Ausgewählte Stücke; Reiter, Briefe (Das „habent sua fata libelli" gilt im übrigen von diesem Werk in besonderer Weise, und so sei hier wenigstens am Rande an das Schicksal von Siegfried Reiter, dieses besonders als Herausgeber der Korrespondenz von Friedrich August Wolf verdienstvollen aber völlig vergessenen Gelehrten, erinnert, der als Professor an der deutschen Universität in Prag gelehrt hatte, die von ihm gesammelten Briefe Müllers wegen der antijüdischen Bestimmungen nicht publizieren konnte und als nahezu Achtzigjähriger nach Theresienstadt deportiert und später in einem Konzentrationslager in Polen ermordet wurde; s. das Vorwort von Karl Swoboda, dem diese Edition letztendlich zu verdanken ist).

2   Zitiert nach E. Müller, Biographische Erinnerungen S. XIV. In seinem Lebenslauf, den er seinem Promotionsantrag an die Berliner Philosophische Fakultät beifügte, hebt Müller selbst die Bedeutung dieses Lehrers, Friedrich Sehmieder, hervor, s. Reiter, Briefe I 6. Daneben wird

Schlagartig wird deutlich, mit welcher Unmittelbarkeit die antike [11] Welt in jener Frühzeit des Neohumanismus im Rahmen des Unterrichts in den alten Sprachen präsentiert werden konnte und wie dies auf ein dafür empfängliches Gemüt wirkte. Der etwas schwächlich-schmächtige, aber höchst lebhafte, zuweilen „wilde" Pfarrerssohn, dessen besondere Vorliebe der Natur und den Pflanzen galt und der mit großer Passion Theater und Marionettenfiguren bastelte (mit denen dann u. a. Plautus-Komödien inszeniert wurden)[3], fand so bereits in jungen Jahren einen gleichsam direkten Zugang zur Antike. Und dieses humanistische „Eintauchen" blieb für ihn maßgebend, zeit seines Lebens. Schon seinem Studium gab es die Richtung. Die neue Wendung in der Altertumswissenschaft, die sich mit den Namen Niebuhr und Boeckh verbindet, prägte seinen Werdegang in ganz besonderer Weise. Mit Niebuhr setzte er sich in einer seiner ersten Seminararbeiten auseinander[4], und Boeckh wurde sein entscheidender akademischer Lehrer, während dreier Studiensemester in Berlin (1816/17), die im übrigen auch zur Fertigstellung einer Dissertation (Herbst 1817) führten.

Boeckh[5] war ganz entschieden Philologe: Die Erklärung und das rechte Verständnis der Autoren waren ihm das zentrale Anliegen. Gerade deswegen suchte er sie in ihrem alltäglichen Lebenszusammenhang aufzufinden, ihre Umwelt zu rekonstruieren. Damit aber war der Weg zur Geschichte geöffnet. In diesem Rahmen zog Boeckh alle nur erdenklichen und irgendwie verfügbaren Materialien heran, neben den Texten selbst Münzen und Gewichte, archäologische Überreste jedweder Provenienz und nicht zuletzt Inschriften – deren Textherstellung und Verständnis wiederum durch die philologische Methode gefördert wurde. Das kleinste Detail konnte wichtig sein, und weit über das Wort hinaus bemühte sich dieser Wortfreund um den Bereich der [12] Realien. Seine „Sachphilologie" fand in dem scharfsinnigen und sprachgewaltigen Leipziger Kollegen Gottfried Hermann einen harschen Kritiker, in dem nach dem realen Leben der Alten suchenden Müller den glühendsten Anhänger[6].

noch Gottfried Gabriel Bredow erwähnt (ebenda), vgl. zu diesem u. Anm. 7. Schmieder hatte, das ist in diesem Zusammenhang zu beachten, ein „Handbuch der alten Erdbeschreibung, mit einem Atlas in 12 Karten" (Berlin 1802, 2. Aufl. 1831) mitverfaßt, s. A. Forbiger, Handbuch der alten Geographie I (Leipzig 1842) 487. – Zur Reaktion auf Sehmieders Tod (1838) s. [Müller], Lebensbild 254.

3   Dieses gem. E. Müller, Biographische Erinnerungen S. XXIIIff. XLV, vgl. auch [Müller], Lebensbild 14. 371 Anm. 9.

4   Hierzu genauer Bleicken, Heyne bis Busolt 108 mit Anm. 22 (mit weiteren Hinweisen) sowie Nickau a. O. (ebenda) 37f., vgl. ferner auch E. Müller, Biographische Erinnerungen S. XIX und Dilthey, Saecularfeier 4f. Aus [Müller], Lebensbild 17ff. erhellt, welche Mühe Müller die Arbeit kostete.

5   Zu diesem vgl. jetzt den Überblick von H. Schneider, August Boeckh in: Berlinische Lebensbilder. Geisteswissenschaftler, hrsg. von M. Erbe (1989) 37–54; neben der dort zitierten Literatur ist immer noch zu beachten E. Curtius, Alterthum und Gegenwart II (1882) 267–277. III (1889) 115–155. Dilthey a. O. (o. Anm. 1) 5ff. arbeitet sehr plastisch gerade seinen Bezug auf die Fülle des antiken Lebens heraus.

6   Hierzu s. bes. E. Müller, Biographische Erinnerungen S. XXIIf. („Ich lebe ... von dem Honig des Umgangs mit dem trefflichen Böckh", mit dem er auch Schach spielte, durch den vor allem

Dieser brachte aber in die moderne Altertumswissenschaft gleich einen neuen Zug hinein, das Streben nach der Synthese, nach dem inneren Zusammenhang des Geschichtlichen[7]. Seine Doktorarbeit über Aigina[8], durchaus eine komplette Darbietung des gesamten Wissensstandes zu Verfassung, Wirtschaft, Gesellschaft, Mythos, Geschichte und Kunst der Aigineten und insofern ein specimen der Realienkunde, eröffnet schon im Proömium, mit dem [13] ersten Satz, den Blick auf das wichtigste Problem und zugleich den reizvollsten Punkt der griechischen Geschichte: auf die politische Zersplitterung und selbstbewußte Individualität[9], worin Müller gerade den Grund für die kulturelle Blüte Griechenlands gesehen hat. Dazu tritt seine Sensibilität für den historischen Wandel und dessen Voraussetzungen und

aber ihm „zuerst die Idee einer wahren Philologie einleuchtete" [Boeckh/Müller, Briefwechsel 41f., 10. 6. 1819]). Müllers Breslauer Lehrer Franz Passow war über diese Veränderung nicht sehr erbaut: „Damals (sc. als sein Schüler) (war er) ein blutjunger, gutartiger Mensch von viel Fleiß. Seitdem hat er zwei Jahre in Berlin zugebracht und ist nun aus Böckhs Schule heimgekehrt. Hermann, Wolf und Jacobs in einem Atem für unbedeutende Menschen und Böckh für einen Gott zu erklären ist ihm Kleinigkeit" (an Döderlein, 26. 8. 1818, Reiter, Briefe II 1). In seiner ersten Göttinger Zeit fühlte sich Müller wie eine Kolonie der „Metropolis" Berlin (Müller/Schorn, Briefwechsel 313, 11. 6. 1820) und durchaus selbstbewußt sah er sich als den ersten, der dort „eine höhere Geschichtsansicht geltend mache" ([Müller], Lebensbild 54, 21. 11. 1819) – was bei dem damals besonders altehrwürdigen Lehrkörper („9/10 sind alte, fast ausgediente Hof- und geheime Justizräthe", ebenda 55), der noch weitgehend dem Rationalismus der Aufklärung verhaftet war, nicht unbedingt auf Begeisterung stoßen mußte: „Doch muss man sich hier gewaltig in Acht nehmen, nicht für einen Mystiker zu gelten, da der alte Göttingsche Professorenschlag unter dem Namen Mysticismus alles mögl(iche) Naturphilosophie, romantische Poesie, neue Theologie, höhere Geschichtsforschung, symbolische Mythologie u.s.w. in einen Topf wirft und in den Ausguss schüttet" (ebenda 54f.).

7 In diesem Zusammenhang wird man den – bisher nicht beachteten – Einfluß von Bredow (1773–1814, seit 1811 Professor für Geschichte an der Universität Breslau, aber auch mit dem Brieger Gymnasium in Verbindung) auf den jungen Müller nicht unterschätzen dürfen: Neben Schmieder hebt Müller ihn in seinem Lebenslauf vom April 1817 hervor als denjenigen, welcher schon während der Schulzeit seinen Sinn für die „studia historiae" geweckt habe (Reiter, Briefe I 6). So erscheint er dann auch (ebenda, vgl. [Müller], Lebensbild 13) als der gleichsam natürliche Universitätslehrer – was aber durch Krankheit und Tod Bredows verhindert wurde. In demselben Lebenslauf wird auch als Ziel historischer Tätigkeit schon das „universum" bezeichnet – dem man sich freilich auf dem Wege der Detailanalyse nähern müsse (Reiter, Briefe I 7). Der Zusammenhang der Geschichte mit der Geographie, damals ohnehin ziemlich geläufig (s. Bleicken, Heyne bis Busolt 103f.), könnte Müller nicht nur durch Schmieder (vgl. o. Anm. 2), sondern ebenfalls durch Bredow nähergebracht worden sein, der sich u. a. auch mit den kleineren griechischen Geographen beschäftigt hatte (Reiter, Briefe II 67 und besonders A. Forbiger, Handbuch der alten Geographie I [1842] 483). Zum möglichen Einfluß von Alexander von Humboldt und Carl Ritter s. u. Anm. 51. 55.

8 Aegineticorum liber scripsit Carolus Mueller, Berlin 1817. Davon sind die beiden ersten Kapitel (1–73) die Doktorarbeit. Die Promotion erfolgte am 25. 10. 1817 (Reiter, Briefe II 3). Zur Schrift vgl. auch Curtius a. O. (Anm. 1) III 138f.; Dilthey, Saecularfeier 8f.; Bursian a. O. (ebenda) 1008f.

9 „Graeciam quae insularum disiectarum continentisque montuosae necessitas, quae colonorum diversa origo et indoles in innumeras fere civitates unius plerumque urbis terminis circumscriptas diremerat: eadem omnes Graecorum animi libertatis amantissimi contentiones singulari quadam ratione exacuerat atque incitarat" (1).

Ursachen. Insofern ist der „Aegineticorum liber" eine gelungene historische Miniatur, die erste Polisgeschichte der Altertumswissenschaft.

Noch deutlicher wird Müllers Profil als Forscher in seiner nächsten großen Arbeit, die er während seiner Zeit als Gymnasiallehrer in Breslau (1818/19) verfaßte, in dem Buch über „Orchomenos und die Minyer"[10]. Ich möchte deshalb Anlage und Methode dieses Werkes etwas näher vorstellen: Schon in der „Vorerinnerung" macht Müller seine Zielsetzung deutlich. Es geht ihm um einen umfassenden Zugriff auf die griechische Geschichte, eine sozusagen ganzheitliche Historie, darum, „das Hellenische Leben, wie es geworden ist, in allen Beziehungen aufzufassen" (XII). Die Vision des bloß vorgestellten Gesamtwerkes gibt die Kraft, in Form von Vorarbeiten „mit aller Anstrengung von jeder Seite in das Gebiet der Hellenischen Geschichte einzudringen" (XIII) – wobei Müller später beklagte, er habe in dem Orchomenos-Werk noch zu wenig von seiner Gesamtanschauung zum Ausdruck gebracht[11].

Geschichte heißt mithin fragen, „wie es geworden" (5). Wesentlich jedoch ist, daß die Geschichtsforschung gerade in dem ganzheitlich-realistischen Ansatz besteht. Das Leben ist gefragt, das volle Leben, das Lebensvolle bzw. „der lebendig hervortretende Mensch" (8). Dies kommt schon in Müllers Kritik an der seinerzeitigen Forschung zum Ausdruck, die nicht mehr gewesen sei [14] als „ein Gerippe, ein Schatten statt des Lebensvollsten, nur abgerissene Bruchstücke ohne innere Verbindung" (9). Das Mittel, diesem vergangenen Leben näherzukommen, ist die Sprache, denn „die hohe Lebendigkeit und Kraftfülle des Hellenischen Volkslebens, wie sie sich unmittelbar aus den redenden Alten ausspricht" (5), ist auf diesem Wege direkt greifbar. Zum ganzheitlichen Realitätsbezug gehört zwingend diese Unmittelbarkeit, die die Nähe zur Antike immanent voraussetzt und damit in praxi akzentuiert. Das ist ersichtlich eine Konsequenz des humanistischen Zugangs. Darüber hinaus wird genau in diesem Zusammenhang die Verbindung, ja Identität von Geschichte und Philologie ebenso zwingend gefordert und durchweg praktiziert.

Saft und Kraft im historischen Werden kann man überall suchen, in allen Lebensbezeugungen (im „Gesammtleben", 8). Aber im Zentrum steht das „Volksleben" (5). Es gilt, die Spezifika und Eigentümlichkeiten eines jeweiligen Volkes und

---

10   Geschichten Hellenischer Stämme und Städte, Zweite, nach den Papieren des Verfassers berichtigte und vermehrte Ausgabe von F. W. Schneidewin. Erster Band. Orchomenos und die Minyer. Mit einer Karte der Thäler des Kephissos und der Karte von Böotien (Breslau 1844; 1. Aufl. 1820). – Den inneren Zusammenhang und die Entwicklung seiner Studien machte Müller zu dieser Zeit auch in seinem Habilitationsgesuch an die Breslauer Philosophische Fakultät deutlich: „Equidem … a grammatica criticaque scriptorum veterum disciplina profectus, illam tamen partem antiquitatis studiorum maiore studio amplexus sum, quae in rebus, quam quae in formae venustate pernoscenda versatur. Igitur ad antiquitates, quas proprie vocant, politicas imprimis et sacras, ad fabularum sacrarum originem et vim indagandam, denique ad perfectiorem rerum a Graecis publice gestarum historiam moliendam studium et operam et quidquid in me est ingenii contuli" (Reiter, Briefe I 9f. vom 19. 5. 1819).

11   Müller/Schorn, Briefwechsel 313f. (11. 6. 1820), vgl. Kern, Ausgewählte Stücke 200 (an A. Schöll, 11. 6. 1833). – Für ihn maßgebend aber blieb „das Hauptziel meines Strebens, … eine einigermassen vollendete griechische Geschichte", die den „Lebensplan" bestimmte ([Müller], Lebensbild 62, 17. 12. 1819).

seines Lebens herauszuarbeiten, und zwar möglichst rein. Man sollte – im konkreten Fall des Minyerbuches – „Hellenisches wie Orientalisches Leben, in gesonderter Eigenthümlichkeit und unverfälschter Wahrheit, jedes für sich, vollkommen ergründen und darstellen" (2). Wir finden somit, neben und in Verbindung mit der erwähnten humanistischen Ausrichtung, zwei weitere zeitbedingte Strömungen, die Müller, schon als Heranwachsender mit fiebernder Spannung am Geschehen der Befreiungskriege anteilnehmend[12], in besonders markanter Weise verkörperte: den Bezug auf das Nationale und die Betonung des Klassischen gerade im Griechischen, welche – in Verbindung mit Müllers literarischen Vorlieben[13] – einen ausgeprägt romantischen Klassizismus hervorbrachten. Die romantische Suche nach den Wurzeln führte ihn nicht ins Mittelalter oder zu den Germanen, sondern immer wieder zu den Griechen, und diesen galt auch die emotionale Affinität des Romantikers[14]. Gerade in diesem Zusammenhang ging es Müller in dem [15] Orchomenos-Werk dezidiert darum, die orientalischen Einflüsse auf die griechische Frühzeit, die seinerzeit stark betont wurden, zu relativieren und überhaupt die Originalität, ja Unbedingtheit der griechischen Kultur in ihrer Entstehungsphase herauszustreichen.

Die humanistisch-klassizistische Ausrichtung betont auch den Aussagewert gerade der griechischen Geschichte für die angestrebte ganzheitlich-vitale Historie. Sofern „der lebendig hervortretende Mensch der Gegenstand der Geschichte ist", nicht „der wüste thatenlose Haufe" (8), ist die alte Geschichte besonders geeignet und wichtig, weil „sie uns das Gesammtleben unter den einfachsten Bedingungen bis ins Innerste entwickelt und in jedem Einzelnen auf das eigenthümlichste und bestimmteste ausgeprägt darstellt, während in neuer Zeit..., ein so inniger und tiefer Zusammenhang jeder einzelnen Erscheinung mit dem gesammten Volkscharakter, besonders bei so geringen Völkermassen, durchaus nicht nachweislich ist" (8f.).

Damit tritt hier noch neben die Prinzipien der Zeitlichkeit, Ganzheitlichkeit, Lebendigkeit und Unmittelbarkeit ein Postulat der „Internalität", die Verpflichtung,

---

12 Vgl. etwa (Müller), Lebensbild 11; Foerster a. O. (Anm. 1) 10f.

13 Neben, ja noch vor Klopstock und Schiller hatte es ihm Jean Paul angetan, „dem er lange, besonders in seinen Primanerjahren, mit Leidenschaft ergeben war" (E. Müller, Biographische Erinnerung S. XXXIX) – die Wirkung kann ein Brief, ganz eine Stilübung des Schülers, illustrieren: [Müller], Lebensbild 9f. Dann wurden Novalis und besonders Tieck wichtig (E. Müller, Biographische Erinnerungen S. XL), mit dem er während seines Dresdener Aufenthaltes im Herbst 1819 in enge persönliche Beziehungen kam. Müller selbst hatte ein ausgeprägtes literarisches Talent, wie nicht nur seine Jugendgedichte ([Müller], Lebensbild 1ff.) verraten (zu literarischen Plänen vgl. E. Müller, Biographische Erinnerungen S. XLI: Er hatte begonnen, die Ideen und Gefühle in den griechischen Agrarzyklen dichterisch auszuarbeiten!). Zu diesem Aspekt und dem poetischen Element in Müllers Wirken insgesamt s. Dilthey, Saecularfeier 3f., der dies geradezu zum Leitmotiv seiner eindringlichen Würdigung macht. Es ist bezeichnend, wie viel Gewicht Müller auch in der wissenschaftlichen Erkenntnis der Inspiration beimißt, Kern, Ausgewählte Stücke 166. 199f. (an Schöll, 23. 4. und 11. 6. 1833).

14 s. etwa an K. W. Göttling (8. 3. 1830, Reiter, Briefe I 136) über sein Etruskerbuch (s. u. Anm. 25), dessen „Gegenstand mich doch nicht so ergriffen und innerlich durchdrungen hat, wie es nur ächt Griechische bei mir vermögen" (vgl. auch die Bemerkung über Zoëga in [Müller], Lebensbild 59, 17. 12. 1819). Doch war er – als Student während eines Aufenthaltes auf Rügen auch dort „ein treuer Nachforscher nach alten Volkssagen und verschollener Größe" (an E. F. J. Dronke, einen Studienfreund, am 18. 10. 1816, Reiter, Briefe I 4).

zum Wesenskern vorzustoßen und von diesem inneren Schwerpunkt aus den verschiedenartigsten Details ihren Bezugspunkt zu geben. Insofern Geschichte dies alles ist bzw. Geschichtsforschung dies alles sucht und zeigt, muß gerade für die so wichtige Frühzeit die „Arbeit am Mythos" im Zentrum stehen. So wie die Sprache das Medium der Annäherung bildet, liefert die Sage den Schlüssel zum Verständnis. Deshalb ist das Orchomenos-Buch der kühne Versuch, aus der mythischen Tradition der Antike das Volk der Minyer wiedererstehen zu lassen – und die alles andere als selbstverständliche Wahl gerade dieses Gegenstandes dürfte nicht zuletzt mit der Struktur der Mythen und den darin liegenden Rekonstruktionschancen zusammenhängen[15].

Im Umgang mit den Sagen – worüber sich Klaus Nickau jüngst besonders erhellend geäußert hat[16] – grenzt sich Müller sehr stark gegen zwei seiner[16]zeit dominierende Richtungen ab, gegen den Symbolismus Creuzers und gegen die Rationalisierung im Sinne der Aufklärungshistorie (3f.), die mit dem Namen Johann Heinrich Voß verbunden ist. Müller selbst stellt sich seinen methodischen Unsicherheiten durchaus, weiß sich aber ganz sicher in der Bedeutung dieses Komplexes, denn zum einen war – objektiv gesehen – „diese Sagenwelt, in der Glaube und geschichtliche Erinnerung durch einander spielen, ... für den Hellenen das Höchste" (4), zum anderen eröffnet uns diese einen Zugang gerade zum Wesenskern (9f., vgl. 4), z. B. konkret zu der „Stammverwandtschaft des Volks" (10). Der heuristische Ansatz, den Müller immer wieder erkennen läßt, liegt gerade in dem genannten Zusammenhang von „Glaube" und „geschichtlicher Erinnerung". Daraus resultiert eine genaue Analyse der wichtigsten Kulte einerseits (139ff.), der „Sagenkreise" als Residuen historischer Anamnese andererseits (87ff. 200ff.). Müller sah auf beiden Gebieten reiche Erkenntnischancen, vor allem wegen der Möglichkeit von Rückschlüssen aus späteren Institutionen und Kultbräuchen, und in diesem Sinne ist die Hauptaufgabe des Buches die Entflechtung des „Sagengewirrs" über Orchomenos und die Minyer.

Vorangestellt ist aber noch etwas anderes, und dies muß hier, da es auch und gerade um die Bedeutung Müllers für die historische Landeskunde geht, besondere Beachtung finden: Schon „um ein genaues Verständniß der Sagen von den Minyern zu erlangen" (83), mußte das Land dargestellt werden, in dem diese spielen. Aber

15   „Wie hätte ich auch können in dieß verschlossene Paradies(!) der griechischen Local-Mythologie und was daran hängt, hineinkommen als gerade von diesem Punkt aus?" (an W. A. Klütz, März 1835, Reiter, Briefe I 252), vgl. auch den unternehmungslustigen Brief vom 20. 1. 1818 an Boeckh (Boeckh/Müller, Briefwechsel 5).
16   Nickau, Karl Otfried Müller, bes. 36ff. – In der Berliner Studienzeit hatte er sich auch intensiv mit den Kabiren von Samothrake beschäftigt, um „den Ideen Schellings, Creuzers, des krassen Kannegießers und des anderen Schwarms keck entgegen zu treten" (an Dronke, 18. 10. 1816, Reiter, Briefe I 4; zu diesen Studien s. auch Dilthey, Saecularfeier 7f.). Davon hat Boeckh ihn freilich wieder abgebracht (Reiter, Briefe II 2). – In der Mythologie war Müller von Solger (E. Müller, Biographische Erinnerungen S. XXIf.) und vor allem von Buttmann beeinflußt worden. In der Widmung der „Aeginetica" an Boeckh heißt es gegen Ende (s. auch Reiter, Briefe I 8) über diesen: „Qui vir et ingenio et humanitate eximius quando mecum de heroicarum maxime fabularum religionumque veterum recta interpretatione disseruit, eas horas semper inter iucundissimas censebo vitae meae".

noch mehr: Das Streben nach Ganzheitlichkeit, Lebendigkeit und Unmittelbarkeit zwingt dazu, auch den Raum, das natürliche Ambiente eines Volkes zu erforschen. Die Wohnsitze sollten als Lebensraum unmittelbar erkennbar werden, auch das kleinste Detail wurde zur Anschauung gebracht, ganz konkret wurde die Örtlichkeit vorgestellt – so daß Müller im Hinblick auf die Altertumswissenschaftler Griechenland geradezu als das Land bezeichnet, „in dem sie leben" (83)!

Dies alles ist um so wichtiger, als die „Natur des Landes" auf das Bewußtsein und die Mentalität, auf „Geist und Sinnesart" der Bewohner bestimmend einwirkt, besonders durch das landschaftliche Relief und das Klima (20. 24f.). Beispielsweise eröffnet der Vergleich Boiotiens mit Attika den „Blick" dafür, „wie in der Halbinsel des Hellenischen Landes, eines Berglandes und Küstenlandes zugleich, wie kein andres, jedes Völklein als ein bestimmt geschiedenes [17] und scharf ausgeprägtes Ganzes auftritt und bei geringstem Umfange Mehr eigenthümlichen Charakters ausspricht, als sonst die größten Völkermassen" (25).

In der Beschreibung selbst wird all dies konsequent durchgeführt (16ff.). Am Anfang steht die Orographie (16ff.), welche die Berge sehr stark als „Völkerscheiden" versteht, als Grenzen nach außen, aber auch im Inneren, wobei die Wege und Verbindungen, insbesondere die Pässe, gerade in diesem Rahmen zur Sprache kommen (30ff.), desgleichen auch die klimatischen Verhältnisse (26ff.). Es folgt die Hydrographie, ausgehend von den zentralen Komplexen Kephissos-Kopais und Hylischer Sumpf, nebst einer Diskussion aller quellenmäßig überlieferten Gewässer (35ff.). Spezielle Aufmerksamkeit findet dann das Phänomen der Kopais (45ff.), wo im Ergebnis bereits auf die immense Kulturleistung der Minyer von Orchomenos geschlossen wird (54 et pass.), was jetzt durch allerneueste Untersuchungen eine eindrucksvolle Bestätigung erfahren hat[17].

Sofern auch die am See wachsenden Erzeugnisse und überhaupt die Ressourcen des Beckens ausführlich erörtert sind (67ff.), reichen alle diese landeskundlichen Beobachtungen auch weit in die Wirtschaftsgeschichte hinein. Der Lebensraum ist damit als solcher markiert. Es ist überhaupt das Bestreben erkennbar, ein möglichst plastisches Bild von Lage und Lebenssituation zu ermitteln und zu vermitteln. So entspricht der Direktheit des Zugriffs die konkrete Anschaulichkeit. Der deutlichste Ausdruck dafür ist die Kartierung, die ausführlich begründet und kommentiert ist, mit außerordentlich wichtigen insbesondere sprachlich-philologischen Erörterungen zu den Namensformen, einschließlich der seinerzeitigen Ortsnamen. Mit dieser Kartierung verbindet sich zugleich das Gefühl des Ungenügens der eigenen Bemühungen (488 und bes. 83f.), und deshalb werden Ortskundige zur Verbesserung aufgerufen.

Dieses Bedauern über die mangelnde Autopsie führt uns auf die Quellen der Erkenntnis bzw. die Methodik bei Müller. Natürlich hat er ganz wesentlich aus den antiken Autoren geschöpft, wobei die oben erwähnte Einheit von Philologie und Geschichte gut greifbar ist. Daneben hat er die – seinerzeit noch recht spärliche –

---

17 S. J. Knauss / B. Heinrich / H. Kalcyk, Die Wasserbauten der Minyer in der Kopais – die älteste Flußregulierung Europas (1984); J. Knauss, Die Melioration des Kopaisbeckens durch die Minyer im 2. Jt. v. Chr. (1987).

Reiseliteratur intensiv ausgewertet[18]. Da er sich um ein möglichst geschlossenes Bild bemühte, ist er mit dieser Literatur eher konziliatorisch verfahren und hat sie auch in entsprechender Weise mit dem [18] antiken Quellenmaterial verbunden (bes. 45ff.). Dabei steht der Boeckh-Schüler auf der Höhe der historisch-philologischen Kritik, besonders gegenüber dem für das boiotische Binnenland notorisch unklaren Strabon. Ein kleines Meisterstück ist die Lokalisierung des Flusses Melas, die so überzeugend ist, wie dies ohne Autopsie überhaupt nur möglich ist. Aus der Quellenkritik erwächst mithin die saubere Grundlage für die lokale Rekonstruktion. Müllers kritisches Urteil bewährt sich auch gegenüber den Reiseberichten. Er bevorzugt die eher pragmatischen Beschreibungen (vgl. 14f.) und äußert energische – und sehr berechtigte – Vorbehalte gegen „die unselige Art Chandlers, überall den Pausanias in der Hand jeden alten Stein oder Hügel wiederentdecken zu wollen" (15).

Doch bevor ich mich noch mehr im Detail verliere, will ich die Besprechung des Orchomenos-Buches abbrechen. Sie war allerdings auch in dieser Ausführlichkeit legitim, da auf diese Weise der Historiker Müller exemplarisch faßbar wird. Seine Grundposition, seine Zielsetzung und seine Methodik haben sich nämlich seit diesem Jugendwerk nicht mehr wesentlich verändert. Zwar entwickeln sich neue Schwerpunkte, und Akzente werden da und dort anders gesetzt: Das Material wächst beständig, ja geradezu exponentiell, und die Möglichkeiten der Information vergrößerten und verbesserten sich beachtlich. Aber alles Forschen bleibt auf die Mitte des historischen Lebens, auf den inneren Zusammenhang hinter den empirischen Daten bezogen, und immer wieder erhält die Vision des Ganzen auch als heuristisches Instrument Präferenz vor der gelehrten Detailanalyse.

Schon die weiteren Vorarbeiten im Rahmen der „Geschichten Hellenischer Stämme und Städte", deren ersten Band die „Minyer" bildeten, zeigen dies: Vollendet wurde ein zweibändiges Werk über die Dorier[19], in dem das Völkisch-Nationale noch stärker betont wird. Das „Hellenische Nationalleben" bzw. dessen „Organismus" (V) ist der Hauptgegenstand.[20] Dieses organische Konzept der Nation wird ausführlich erläutert. Sie sei ein Individuum wie ein Mensch, dessen Leben erforscht wird – Nationalgeschichte als Biographie! Wegen dieses organischen Zugriffs finden in der griechischen Geschichte die Stämme besondere Beachtung, in denen sich die „Hellenische Nationalität bis auf die tiefste Wurzel... spaltet und verzweigt" (VI). In diesem Sinne – und mit dem bereits charakterisierten ganzheitlichen Lebensbezug sowie der genauen [19] Behandlung des Raumes, einschließlich einer kartographischen Erschließung – wird der Stamm der Dorier gerade in seinem „eigenthümlichen Wesen" behandelt. Dabei kommt der Religion

18 Zu seinen diesbezüglichen intensiven Recherchen vgl. Boeckh/Müller, Briefwechsel 11. 28. 1847.
19 K. O. Müller, Geschichten Hellenischer Stämme ... (s. o. Anm. 10) Zweiter Band. Die Dorier, erste Abteilung. Mit einer Karte des Peloponnes und der Karte von Hellas (Breslau 1844); Dritter Band. Die Dorier, zweite Abtheilung (ebenda 1844; 1. Aufl. 1824).
20 Die große Bedeutung der organischen Sichtweise bei Müller unterstreicht vor allem sein Bruder (E. Müller, Biographische Erinnerungen S. LIIIf.). In diesem Sinne ist die Nationalität als von Gott Gegebenes, s. Reiter, Briefe I 36 (an Tieck, 12. 4. 1821).

entscheidende Bedeutung zu, die – wie im Minyerbuch der Mythos – zugleich Erkenntnisgegenstand und -mittel ist[21].

In ganz ähnlicher Weise hatte Müller sich dann um die Athener kümmern wollen. Gegenüber Boeckh spricht er brieflich (am 10. Oktober 1826)[22] von seinem „geheimen Plan..., meine Hellen. Geschichten etwa in 3–4 Jahren mit einer politischen und Bildungsgeschichte Athens" während der Pentekontaëtie abzuschließen, wobei es ihm um die „Einheit des Athenischen Lebens"[23] in allen Bereichen ging. Nachdem er sich schon Anfang der 20er Jahre eingehend mit athenischer Topographie beschäftigt hatte („als Basis... für manche archäologische Auseinandersetzung und Lebensschilderungen des alten vorperikleischen und jüngeren Athen")[24], wurden nun die Tragödien wichtig, mittels derer er sich – in Verbindung mit sprachlich-grammatikalischen Studien – den Weg zum athenischen Wesen bahnen wollte. Dieser [20] Plan wurde nicht realisiert, führte aber zu verschiedenen Detailuntersuchungen[25].

Aber auch über die im engeren Sinne historischen Werke hinaus läßt sich die an Hand des Orchomenos-Buches skizzierte Eigenart von Müllers Forschungstätigkeit in ihrer Konsistenz allenthalben greifen. Das verwundert ja auch keineswegs

21   Gegenüber dem „systematisierenden Geist" des Dorierbuches äußerte sich Müller später sehr skeptisch (vgl. auch u. Anm. 69): Er habe „viele Einseitigkeiten" geboten und „eine Zufriedenheit mit dem Erworbenen, die mir jetzt sehr fremd ist" (Kern, Ausgewählte Stücke 200, an Schöll, 11. 6. 1833). – Mit dem Dorierbuch hängt sachlich und methodisch zusammen die kleine Studie „Ueber die Wohnsitze, die Abstammung und die ältere Geschichte des Makedonischen Volks. Eine ethnographische Untersuchung" (Berlin 1825).

22   Boeckh/Müller, Briefwechsel 199.

23   ebenda 247f. (8. 7. 1828), s. auch Kern, Ausgewählte Stücke 66f. (an Schöll, 6. 7. 1826) und [Müller], Lebensbild 179.

24   Müller/Schorn, Briefwechsel 314 (11. 6. 1820), als „stiller Plan" bezeichnet. Nach [Müller], Lebensbild 76f. (Mai 1820) war sogar eine eigenständige Publikation vorgesehen („eine genaue kritische Topographie, nebst Beilagen über die Geschichte der Baukunst"). Sicher gab es einen Zusammenhang mit der Erechtheion-Abhandlung (s. u. Anm. 33). Aber der primäre Anstoß lag in der Lehrtätigkeit des ersten Semesters, und ein Ergebnis war die Behandlung von „Chorographie, Boden, Produkten" im Rahmen des Lemma Attika in der Enzyklopädie von Ersch-Gruber, Bd. VI (1821) 215–241: „Ich hatte bei meinen ersten Vorlesungen über Griechische Alterthümer, die doch immer hauptsächlich Athenische Alterthümer sein müssen, im Winter von 1819 auf 1820, die Localitäten Athens und Attika's mit einer größern Ausführlichkeit behandelt, als ich es später zweckmäßig gefunden, und war dadurch auf einige Wahrnehmungen und Verknüpfungen geführt worden, welche mir Muth machten, die Bearbeitung des Artikels über die Topographie Athens und Attika's für die Hallische Enzyklopädie zu übernehmen" (Reiter, Briefe I 202, an Forchhammer, 26. 5. 1833, s. auch ebenda I 30, an Ersch, 12. 9. 1820 und [Müller], Lebensbild 86, Dez. 1820). Diesen Artikel nannte er später „eine rohe ébauche, den ersten methodischen Versuch der Art" (Boeckh/Müller, Briefwechsel 321, 10. 12. 1832, vgl. ferner ebenda 69. 72). Mit den Demen hatte sich Müller schon vorher (1818) beschäftigt (ebenda 12ff.), desgleichen mit dem attischen Recht ([Müller], Lebensbild 72f., 26. 3. 1820). Am wichtigsten waren ihm von Anfang an die Karten. – Zur ersten deutschen Ausgabe von Leakes „Topography of Athens" hat er ergänzende Bemerkungen beigesteuert (Kern, Ausgewählte Stücke 397 Anm. 95; Reiter, Briefe I 119, von Meier, 17. 2. 1829).

25   Auf entsprechende Weise hat sich Müller, im Rahmen einer Preisaufgabe der Berliner Akademie, auch mit den Etruskern auseinandergesetzt: Die Etrusker 2 Abt. (Breslau 1828).

bei jemandem, für den die Altertumskunde durch „eindringende Auffassung des Ganzen"[26] gekennzeichnet war und für den das proprium von Philologie und Historie das „Talent (war), Andere zu begreifen"[27] – beide Aspekte bildeten übrigens den Kern in der großen Kontroverse zwischen Boeckhs Schule (und das hieß vor allem Müller) und der Leipziger Richtung um Gottfried Hermann[28].

Wieder und wieder wird die Erforschung des Lebens beschworen, wobei Müller nicht selten fast in die Tautologie verfällt, so wenn er seinen Eltern schreibt, es ginge ihm um die „lebendige Auffassung des Lebens der alten Welt". Sofern es dabei aber um das Wesen geht, spielt die Rekonstruktion des geistigen Lebens die entscheidende Rolle. Man sucht – so die Akzentuierung von Müller selbst – das „Nervensystem dieses Organismus, nicht... die Musculatur und den Knochenbund der äußern Fakta, womit man in der Geschichte nur zu viel zu schaffen hat"[29]. Wie wichtig hierfür Mythos und Religion sind, ist bereits ausgeführt worden[30]. Zunehmend wird auch die Bedeutung der Sprache [21] hervorgehoben, besonders unter dem Einfluß Wilhelm von Humboldts und der Gebrüder Grimm[31]. Aber auch und

26   Boeckh/Müller, Briefwechsel 333 (11. 2. 1834).

27   ebenda 177 (18. 10. 1825).

28   Gerade im Kontext der o. Anm. 26 und 27 gegebenen Zitate; s. auch Reiter, Briefe II 154f. mit wichtigen Hinweisen zu Müllers Position gegenüber der Sprachphilologie. Für ihn mußte die „Sache" gegeben sein: „Ich bin, wenn mich die Sache nicht in Spannung setzt, ein herzlich dummer Deufel" (so an F. Blume, 6. 6. 1835, Reiter, Briefe I 260 – im Kontrast zu Karl Lachmann). – Zu der grundsätzlichen Kontroverse s. jetzt E. Vogt, Der Methodenstreit zwischen Hermann und Böckh und seine Bedeutung für die Geschichte der Philologie in: H. Flashar u. a. (Hrsg.), Philologie und Hermeneutik im 19. Jahrhundert (1979) 103ff. Immer noch lesenswert ist im übrigen die sehr plastisch-pointierte Klassifizierung des Streites durch U. von Wilamowitz-Moellendorff, Einleitung in die griechische Tragödie (1907) 235ff.

29   An Elvers, 26. 9. 1833, Kern, Ausgewählte Stücke 207. – Der Brief an die Eltern: [Müller], Lebensbild 179.

30   s. o. S. 15f. [hier: S. 195f.] und vgl. u. Anm. 68. Besonders in Briefen an Schöll macht Müller, in einer Art Selbstinterpretation, die zentrale Bedeutung des Mythos deutlich, schon als Gegenstand, weil die „Reproduction des Geistes, der die Religion und Mythen hervorbrachte, insofern sie erreichbar, Ziel unsrer Studien sein müsse" (Kern, Ausgewählte Stücke 165, 23. 4. 1833). Aber immer ist der Mythos auch wichtiges heuristisches Instrument, ein Mittel, „Einsicht in die Geisteszustände unsers Geschlechts in einer Zeit vor allen andern Urkunden, in einer wesentlich von der historisch bekannten verschiedenen Bildungsperiode" (ebenda 165f.) zu bekommen, übrigens immer in Wechselwirkung mit der Analyse und Beschreibung der sonstigen Lebensverhältnisse (weshalb „bei der Entzifferung der Mythen das Hauptgeschäft dem Historiker zufällt, d.h. dem, der sich möglichst um die Verhältnisse und Zustände der Menschen, von denen die Mythen einzeln ausgegangen sind, bekümmert hat", an Schöll, 3. 7. 1825, Kern, Ausgewählte Stücke 53.)

31   Anders als für G. Hermann (vgl. o. Anm. 28) hat die Sprache für Müller keinen sozusagen höheren Wert. Sie ist aber in zweierlei Hinsicht von großer Bedeutung, zum einen als Medium (s. o. S. 14 [hier: S. 194]) der Annäherung an die antike Lebenswelt, also als Mittel der direkten Verständigung mit den Alten, zum anderen aber als Bestandteil und Element dieser Annäherung selbst, also als Gegenstand, als Sache selbst, sofern sie eben auch Lebenserzeugnis einer Kultur ist (die Sprache ist „ja nicht blos ... die Pforte zur Kenntniß des alten Lebens, sondern an sich schon die lauterste Quelle dieser Kenntniß", an Schöll, Herbst 1825, Kern, Ausgewählte Stücke 57). Dazu stellt Müller mannigfache Studien zu Grammatik und Syntax an (ebenda

gerade die Kunst hat hier ihren Platz. Sie wird in enger Verbindung mit der Religion gesehen[32] – schon Müllers erstes einschlägiges Werk über das Erechtheion zeigt dies[33] – und sie hat ihn mit seinem Ruf nach Göttingen schon ex officio beschäftigt. War es doch gerade die antike Kunstgeschichte, deren Lehre man von ihm in Göttingen erwartete und die er in der Tat dort intensiv vertreten hat[34]. Und wenn er von Geschichte spricht, ist sie immer mitgemeint, so wie er sie immer in ihr historisches Ambiente eingebettet sah. Begabt mit einem guten Auge und großen zeichnerischen Fähigkeiten[35] erreichte er, durch eingehendes Studium und [22] verschiedene Reisen, eine immense Denkmälerkenntnis, bis ins kleinste und scheinbar unbedeutendste Detail hinein, einschließlich von Münzen und Gewichten[36]. Primäres

57f.), aber immer mit dem Ziel, die Sprache als Ausdruck des historischen Wesens, besonders durch vergleichende Untersuchungen, zu erfassen (Boeckh/Müller, Briefwechsel 178, 18. 10. 1825; [Müller], Lebensbild 174, 28. 4. 1826; Kern, Ausgewählte Stücke 58, an Schöll, Herbst 1825. ebenda 167, an dens., 23. 4. 1833). In diesen Zusammenhang gehört auch die Edition M. Terenti Varronis De lingua Latina (1833). Zum Einfluß seitens Wilhelm von Humboldts und der Grimms s. Boeckh/Müller, Briefwechsel 206, 14. 11. 1826, vgl. allgemein auch Reiter, Briefe 1169, an Raoul-Rochette, 18. 3. 1832.

32   s. etwa, besonders deutlich, [Müller], Lebensbild 59 (17. 12. 1819): „Die unbefangste geschichtliche Betrachtung alter und neuer Kunst muss Jeden überzeugen, dass die Kunst nur in der Religion wurzelt, und ursprünglich nur der Religion dienet …, dass sie verweichlicht und erschlafft, sobald sie von der Religion abfällt und sich dem Luxus anheim giebt"; vgl. auch u. Anm. 37.

33   Minervae Poliadis sacra et aedem in arce Athenarum illustravit C.O.M. (Göttingen 1820) (=K.O.M., Kunstarchäologische Werke I [Berlin 1873] 86ff.).

34   „Auf den Vortrag der Mythologie und der alten Kunstgeschichte wird besonders gesehn" (A. H. L. Heeren an Müller, 20. 6. 1819, Kern, Ausgewählte Stücke 5). Zu Müllers Lehrtätigkeit s. jetzt besonders Nickau, Karl Otfried Müller 33f. Er lehrte also Philologie, mit dem Schwerpunkt in der antiken Kunst. Alte Geschichte in unserem Sinne gehörte – so sehr Müller Historiker war und sich als solcher verstand – nicht in sein Lehrgebiet. Hierfür war Heeren, später zum Teil auch Dahlmann zuständig (vgl. Bleicken, Heyne bis Busolt 102. 106 mit Anm. 17).

35   „Die Kunst zu sehen war ihm in hohem Grade eigen" (E. Müller, Biographische Erinnerungen S. XLV); zu den zeichnerischen Fertigkeiten s. ebenda S. XXVI; Reiter, Briefe II 30 („sowohl seine geübte Hand als die Genauigkeit, womit er altertümliche Gegenstände auffaßt", von Noehden). Er selbst formulierte es bescheidener („ein recht erträglicher Zeichner für meine Bedürfnisse", [Müller], Lebensbild 132), aber seine erhaltenen Zeichnungen (Döhl, Reise; ferner das Notizbuch von der griechischen Reise, s. u. S. 33 [hier: S. 212]) erlauben noch heute ein entschieden positiveres Zeugnis.

36   Von dem jungen Müller befürchtete man, „daß er zu sehr in mikrologische Forschung eingehe" (A. Böttiger an Heeren, 25. 9. 1819, Reiter, Briefe II 6). Besonders der Briefwechsel mit Boeckh und Raoul-Rochette (Reiter, Briefe I pass., z. B. 310 zur Metrologie) dokumentiert dieses Ringen ums Detail. Auch Müller war sich dessen bewußt (Kern, Ausgewählte Stücke 167, an Schöll, 23. 4. 1833: „Manchmal glaube ich, daß ich nur im Einzelnen und Besonderen eine gewisse Stärke der Combination habe"), vor allem opferte er der Sicht des Allgemeinen nie die Konstruktion aus dem Detail (ebenda 166: „Es ist wahr, die Combination ist nur das Fundament; die allgemeine Vorstellung des Ganzen das Ziel, das Belohnende: aber in allen Wissenschaften bleiben richtige Combinationen immer fruchtbar, während die daraus entwickelten Ansichten sich beinahe mit neuen Auflagen derselben Bücher zu ändern pflegen").

Anliegen jedoch war ihm das ordnende Sortieren (man sehe auf sein „Handbuch")[37], und immer suchte er die Einbindung in den Gesamtzusammenhang[38] der antiken Lebenswelt, für deren Herstellung freilich auch das minutiöseste Zeugnis nicht bedeutungslos war.

Dasselbe ließe sich von der Literatur sagen, die vor allem im Zusammenhang mit der Geschichte Athens größere Aufmerksamkeit fand. Hier ging es um das richtige Verständnis der Tragödie, um das vor allem die Ausgabe, Übersetzung und Kommentierung der aischyleischen „Eumeniden" rang[39]. Später erschien eine Griechische Literaturgeschichte, zunächst auf Englisch, postum in deutscher Übersetzung[40].

Genau in den Rahmen des ganzheitlichen Lebensbezuges gehört nun auch das Studium des Landes: Es ist – logisch gesehen – keineswegs von primärem [23] Interesse[41], wie Müller besonders am Anfang seiner Abhandlung über die Agora programmatisch verdeutlicht: Da die Geschichtsforschung „in animi humani actione cognoscenda" bestehe, seien zeitliche und räumliche Umstände sekundär. Andererseits dürften sie jedoch nicht vernachlässigt werden, und zwar gerade wegen der intensiven Bemühung um Lebendigkeit und Aktualisierung. Gerade die Lokalitäten haben hier eine besondere Bedeutung, weil sie die gewünschte Unmittelbarkeit am ehesten ermöglichen, da es darum geht, daß historische Werke „formam imaginemque quasi ex ipsa vita expressam menti imprimant". So kann sich dann der „antiquitatis cultor" auf der athenischen Agora gleichsam „in natali solo" vorkommen.[42]

37 Handbuch der Archäologie der Kunst. Dritte, nach dem Handexemplare des Verfassers vermehrte Auflage, mit Zusätzen von Fr. G. Welcker (Breslau 1848. 1. Aufl. 1830. 2. Aufl. 1835) (wo übrigens auch die Nähe von Kunst und Religion, bei den Griechen zumal, betont wird, 14f.). Gleichsam als Bildband dazu kann dienen: Denkmäler der Alten Kunst. nach der Auswahl und Anordnung von C. O. Müller gezeichnet und radiert von Carl Oesterley (Göttingen 1832ff. Zweite Bearbeitung durch F. Wieseler, 2 Bde., ebenda 1854); vgl. hierzu auch die Selbstcharakterisierungen Reiter, Briefe I 134 (an Panofka, 2. 11. 1829). 139 (an Raoul-Rochette, 26. 3. 1830).
38 Kern, Ausgewählte Stücke 166 (s. o. Anm. 36), vgl. ebenda 58 (an Schöll, Herbst 1825); Reiter, Briefe I 269 (zit. u. Anm. 69). An Welcker schreibt Müller (8. 10. 1836, Reiter, Briefe I 299): „Ich beklage es oft im Stillen, dass die Art der Alterthumsforschung, wie ich sie bei Ihnen und Böckh finde, dieses gleichmäßige Fortschreiten der Detailuntersuchung und der Totalanschauung des Gegenstands, doch im Ganzen so wenig die herrschende geworden ist"; vgl. ferner bes. (Müller), Lebensbild 76 (14.–18. 5. 1820); Reiter, Briefe I 146 (an Forchhammer, 14. 9. 1830, zum Zusammenhang von Detail und Ganzem). 344 (an Gerhard, 25. 6. 1838, dort übrigens auch interessante Bemerkungen zum didaktischen Wert archäologischer Denkmäler im altertumswissenschaftlichen Studium).
39 Hierzu s. Nickau, Karl Otfried Müller 42ff.
40 [Müller], Lebensbild 234f. 254 (A History of the literature of ancient Greece, by K.O.M., London 1840).
41 Vgl. an Boeckh am 28. 3. 1819 über „Orchomenos": „Das Geographische ist mir über Gebühr angewachsen" (Boeckh/Müller, Briefwechsel 33).
42 De foro Athenarum. Pars prima, 1839 (in: Kunstarchäologische Werke V [1873] 133). Das hat sich Müller ganz konkret gedacht, s. Reiter, Briefe I 204 an Forchhammer (26. 5. 1833) über dessen Idee eines Planes von Athen: „Wer sollte nicht wünschen, beständig ein Blatt vor Augen haben zu können, auf dem er den Athenischen Bürger Schritt für Schritt auf dem Wege zur

Das Land genau zu erfassen ist also letztendlich doch ein wesentliches Moment in Müllers Historik. Gerade auch sofern sich seine Art, Geschichte zu betreiben, um ein Höchstmaß an Anschauung und Veranschaulichung bemüht[43], ist die Präsenz von Raum und Land unerläßlich. Darüber hinaus förderte die Begegnung mit der Landschaft gerade bei dem für die Natur so empfänglichen Müller[44] den Sinn auch für den großen inneren Zusammenhang von Kunst und Leben. Nach seinem höchst mühseligen ersten Göttinger Semester schreibt der 22jährige Professor in Erwartung des Frühlings seinem Freund Ludwig Schorn[45]: „Wie einem Alles, Sagen und Geschichten, und das alte Völkerleben, und Kunst und alte Dichter ganz anders und weit näher erscheinen, wenn man dem Frühling auf seinen ersten leisen Fußstapfen nachgeht, wenn man sich den ursprünglichsten, mächtigsten Gefühlen hingiebt und alle Verstocktheit der Systeme von sich wirft." [24]

Dazu trat Müllers – geradezu an Hölderlin, meinethalben auch an Karl May gemahnende – Fähigkeit, sich mit Hilfe von Beschreibungen und Stichen ein eigenes Bild auch von nie gesehenen Landschaften zu machen, sich buchstäblich in sie hineinzuversetzen und sie dann sprachmächtig zu schildern. Seine Behandlung Aiginas begann er mit einer präzisen Ortsbeschreibung[46], aber dieser noch vorangestellt – schon Ernst Curtius hat das hervorgehoben[47] – ist der Blick, den man vom Lykabettos auf den Saronischen Golf hat, eine Präsentation, wie sie auch ein wirklicher Betrachter kaum genauer und plastischer geben kann[48]. Er stützte sich dabei

Agora und zur Pnyx, und den Zögling der Philosophen zur Pökile und zur Akademie hinaus verfolgen könnte." Charakteristisch ist das Zeugnis von E. Curtius (Gesammelte Abhandlungen II [1894] S. III): „Otfried Müller war es, welcher die genaue Kenntniß des Bodens und seiner Denkmäler in die alte Geschichte einführte; er war einer der Ersten, welche beim Vortrag der Alterthümer namhafte Plätze im Umrisse an die Tafel zeichnete, und ich sehe noch heute den Kolonos Hippios, wo jetzt seine Gebeine ruhen, mit der Akademie von seiner Hand gezeichnet vor mir."

43 Vgl. etwa Boeckh/Müller, Briefwechsel 45 (10. 9. 1819); [Müller], Lebensbild 74 (26. 3. 1820).

44 Vgl. o. Anm. 3. Gerade in den persönlich gehaltenen Briefen ([Müller], Lebensbild) wird das deutlich, in Verbindung mit der Fähigkeit, das auch angemessen in Worte zu kleiden. Besonderes Interesse gilt dabei immer der Vegetation (42. 46. 58. 264f. 268. 271. 304. 314. 320f. 328f. 336. 347f. 351f. Dort sieht man übrigens auch, welche Faszination die mediterrane Welt ausübte).

45 Müller/Schorn, Briefwechsel 307 (20. 2. 1820).

46 Mit Einschluß des ptolemäischen und des aktuellen (Greenwich) Gradnetzes.

47 „So stellt er (sc. Müller) sich schon am Anfang seiner ersten Schrift, der Aeginetica, in Gedanken auf den Abhang des Lykabenos bei Athen, um den saronischen Golf zu überblicken, dessen Mittelpunkt einst Aegina war" (Alterthum und Gegenwart II 256, vgl. auch ebenda III 150 und Dilthey, Saecularfeier 9).

48 „Ex Anchesmo (die damals noch übliche, erst von Forchhammer korrigierte Identifizierung des Lykabettos, vgl. u. Anm. 85), nunc Ἁγίου Γεωργίου, Athenarum colle in urbem et Saronicum mare prospicienti dextra iacet Acrocorinthus, sinistra Scyllaeum Argolidis longe in mare porrectum; propiores Athenis ex illa parte Salaminis vicinae vertex, hac Aeginae culmen. Cui altior multo imminet mons Arachnaeus, qui dum Artemisii tractum continuat, a communi Peloponnesi montium radice, Arcadiae iugis, decurrit" (1).

auf die erste Tafel in dem großen Werk von Stuart und Revett[49], aber was dort nur Hintergrund ist, wurde bei Müller ein Bild für sich.

Wenn mithin Landschaft als Raum des Lebens erscheint, dann hat sie auch Bezug zu den Äußerungen des menschlichen Geistes in Mythos oder Kunst[50]. Dies hat Müller immer wieder hervorgehoben. Auch die Menschen selbst sind seiner Auffassung nach durch den Raum geprägt, in dem sie leben, und wenn Müller im Vorwort des Aigina-Buches, wie oben erwähnt, auf die Zersplitterung Griechenlands hinweist, dann führt er diese nicht allein auf die unterschiedliche Abstammung der griechischen Stämme zurück, sondern auch auf die „insularum disiectarum continentisque montuosae necessitas"[51]. [25]

Es war klar – und im übrigen schon durch seine archäologischen Aktivitäten nahegelegt –, daß sich Müller auch mit topographischen Einzelfragen intensiv auseinandersetzte. Besonders der Kopais, Attika mit Athen und Delphi, aber auch dem syrischen Antiocheia am Orontes galt sein Interesse[52]. Genauestens verfolgte er die

49   The Antiquities of Athens, measured and delineated by J. Stuart and N. Revett I (London 1762) S. IXff.

50   „Die geographischen Natureintheilungen aber, Berge, Thäler, umschlossne Ebenen, Strombetten u. dgl. sind nirgends so überaus wichtig, als in der ersten mythischen Geschichte, und ihre Unkenntnis wahrer Verrath" (Boeckh/Müller, Briefwechsel 24, 12. 9. 1818), vgl. ferner u.a. ebenda 11; Kern, Ausgewählte Stücke 201 (an Schöll, 11. 6. 1833).

51   Das Zitat im Zusammenhang s. o. Anm. 9. – Inwiefern hier schon der Einfluß von Carl Ritter spürbar ist, muß sehr fraglich bleiben, denn dessen großes Werk „Die Erdkunde im Verhältnis zur Natur und zur Geschichte des Menschen" ist in zwei Bänden erst 1817 bzw. 1819 in Berlin erschienen. Aber freilich muß dieses dann – zunächst im Hinblick auf die Minyer – Müllers Grundeinstellung bestärkt haben, jedenfalls genießt es seine hohe Bewunderung (s. u. Anm. 55). Viel eher aber sollte man an die große Wirkung Alexander von Humboldts denken, der auch Ritter selbst unterlag. Dieser hatte schon vorher die Wechselwirkungen zwischen physischem Ambiente und menschlicher Mentalität eingehend und methodisch thematisiert und in seinem „Essai politique sur le royaume de la Nouvelle-Espagne" (Paris 1811, deutsch bereits 1809) exemplarisch untersucht (hierzu s. besonders L. Döring, Wesen und Aufgabe der Geographie bei Alexander von Humboldt [1931] 125ff. 147ff.; H. Beck, Alexander von Humboldt II [1961] 70ff.). – Aber unabhängig von einer möglichen Beeinflussung muß das Werk beider für Müller eine große Bestätigung gewesen sein.

52   Vgl. o. S. 17. 19 und u. S. 33 [hier: S. 212], ferner Kern, Ausgewählte Stücke 270f.; o. Anm. 24 (Athen), ein dank neuer Entdeckungen sich ständig erneuerndes Interesse, s. Reiter, Briefe I 121 (an M. H. E. Meier, 24. 2. 1829). 202f. 266 (an Forchhammer, 26. 5. 1833 und 12. 9. 1835). 306. 328 (an Raoul-Rochette, 13. 11. 1836 und 17. 2. 1838, zum Erechtheion). 353f. (an dens., 10. 12. 1838, zu Pausanias); zu Delphi s. Boeckh/Müller, Briefwechsel 170. 223 (9. 9. 1825 und 26. 3. 1827); zu Antiocheia s. „Antiquitates Antiochenae. Commentationes duae Cum tab. II", Göttingen 1839 (=Kunstarchäologische Werke V [1873] lff.) und vgl. die verschiedenen Bemerkungen und Anfragen vor allem an Raoul-Rochette, Reiter, Briefe I 205 (28. 5. 1833). 208 (5. 8. 1833). 219f. (11. 2. 1834). 231 (28. 7. 1834). 239 (8. 11. 1834). 248 (14. 2. 1835). 259 (1. 5. 1835). 305 (13. 11. 1836). 310 (14. 1. 1837). 354f. (10. 12. 1838). 368 (25. 4. 1839). ferner ebenda 222 (an v. Dietrichstein, 7. 3. 1834). 272 (an Gerhard, 29. 12. 1835). – Auch die Geographie Anatoliens hat Müller beschäftigt (Boeckh/Müller, Briefwechsel 273, 27. 2. 1830). Und es versteht sich, daß er an den Plänen einer Ausgrabung in Olympia, die F. K. L. Sickler in Erneuerung von Winckelmanns Idee entwickelte, regen Anteil nahm (Müller/Schorn, Briefwechsel 342f. 348, 13. 1. und 12. 4. 1821; Boeckh/Müller, Briefwechsel 69, 12. 4. 1821).

Forschungen anderer, zahlreiche Besprechungen in den Göttingischen Gelehrten Anzeigen sind solchen Publikationen gewidmet, und seine Korrespondenz (besonders mit Raoul-Rochette, Panofka, Gerhard, Böttiger, Boeckh und Forchhammer) kreist immer wieder auch um derartige Neuigkeiten. Auf seinen Reisen studierte er auch entsprechende unpublizierte Materialien[53]. Ferner stand er in enger Verbindung mit den beiden Begründern der wissenschaftlichen Geographie, mit Alexander von Humboldt[54] und Carl Ritter[55], sowie den wichtigsten Reisenden im Gebiet [26] des klassischen Altertums, etwa mit William Martin Leake[56]. Daß er sein

53 Zu den Papieren von Fourmont s. Kern, Ausgewählte Stücke 34 (an Heeren, 16. 9. 1822), vgl. [Müller], Lebensbild 136 (17. 9. 1822: „Journale, Karten und Inschriften von Reisenden").

54 ebenda („einen höchst angenehmen Abend habe ich bei Alex. von Humboldt zugebracht, der mir einer der trefflichsten Leute auf dem Erdboden scheint"), s. auch [Müller], Lebensbild 135 (17. 9. 1822) („er hatte sich merkwürdiger Weise viel nach mir erkundigt und war überaus gütig gegen mich"), In der Tat beruhte die Wertschätzung auf Gegenseitigkeit: So setzte sich Humboldt 1837 für den Versuch ein, Müller als Nachfolger von Hirt für Berlin zu gewinnen ([Müller], Lebensbild 245, 5. 11. 1837), vgl. ferner [Müller], Lebensbild 177 (10. 10. 1826); Boeckh/Müller, Briefwechsel 199 (10. 10. 1826). 203 (von Boeckh, 22. 10. 1826); Reiter, Briefe I 255 (von G. F. Waagen, 23. 4. 1835). Müller hat sogar Humboldts „Examen critique de l'histoire de la géographie du nouveau continent et des progrès de l'astronomie nautique aux quinzième et seizième siècles", Paris 1837, rezensiert (Reiter, Briefe II 166).

55 [Müller], Lebensbild 85, Aug. 1820: „Jetzt haben wir einen bedeutenden Mann hier, den geistvollen Verfasser der Erdkunde, Professor Ritter, der eben nach Berlin geht. Ich habe mit ihm eine nähere Bekanntschaft angeknüpft und hoffe sie festzuhalten." Vgl. auch hier die umgekehrte Hochachtung, die in dem Brief Carl Ritters vom 14. 2. 1838 (Kern, Ausgewählte Stücke 307f.) zum Ausdruck kommt (s. auch u. S. 30 [hier: S. 209]).

56 [Müller], Lebensbild 131 (11. 8. 1822); Kern, Ausgewählte Stücke 33 (an Heeren, 16. 9 1822). 226ff. 237f. (Leake an Müller, 17. 12. 1834, 7. 1. und 6. 4. 1835); Reiter, Briefe I 262 (an Gerhard, 13. 6. 1835); Leake, Topographie Athens, deutsch von J. G. Baiter/H. Sauppe (Zürich 1844) 346ff., vgl. auch o. Anm. 24 und außerdem Reiter, Briefe I 144f. (an Forchhammer, 14. 9. 1830). 158 (an Thiersch, 6. 8. 1831), mit Charakterisierungen der Peloponnes-Bände. – Gute Kontakte unterhielt Müller auch zu den französischen Archäologen und Historikern Raoul-Rochette (Reiter, Briefe I pass. die Briefe Müllers an ihn, ferner Kern, Ausgewählte Stücke 33f., an Heeren, 16. 9. 1822; Reiter, Briefe I 155, an Forchhammer, 9. 6. 1831), Letronne, dessen Intimfeind (Reiter, Briefe I 315f., Letronne an Müller, 6. 6. 1837; ferner [Müller], Lebensbild 135, 17. 9. 1822: „Letronne, einer der gescheitesten Leute der Akademie"; Kern Ausgewählte Stücke 33, an Heeren, 16. 9. 1822: „Letronne ..., mit dem ich auf ziemlich freundschaftlichem Fuße stehe"; Reiter, Briefe I 154, an Forchhammer, 9. 6. 1831. 238, an Raoul-Rochette, 8. 11. 1834. 316f., an dens., 13. 8. 1837), und Lenormant (Reiter, Briefe I 226, an Welcker, 21. 6. 1834. 238, an Raoul-Rochette, 8. 11. 1834). Auch Karl Benedikt Hase, Schüler Carl August Böttigers, Konservator an der Bibliothèque Nationale und Professor an der Universität Paris (Kern, Ausgewählte Stücke 34, an Heeren. 16. 9. 1822; [Müller], Lebensbild 135, 17. 9. 1822; Reiter, Briefe I 56, an Böttiger, Okt. 1822) versorgte Müller mit diesbezüglichen Informationen (Kern, Ausgewählte Stücke 247f., von Hase, 12. 5. 1836). In diesem Zusammenhang verdient hervorgehoben zu werden, daß Hase, Raoul-Rochette und Letronne zu der Kommission gehörten, die namens des Institut de France (und zwar für die Académie des Inscriptions et Belles-Lettres und die Académie des Beaux Arts) die Expédition de Morée betreuten, mit der der zeitweise auch Lenormant zusammenarbeitete (A. Blouet, Expédition scientifique de Morée III [Paris 1838] S. II; J. B. G. M. Bory de Saint-Vincent, Expédition scientifique de Morée. Section des Sciences physiques I. Relation [Paris/Strasbourg 1836] S. I). Zu dieser hatte Müller auch

eigener Kartograph war, wurde bereits erwähnt[57]. Schon von Anfang an hatte er sich daran gewöhnt, topographische Informationen auch im Medium der Karte umzusetzen: Im Archäologischen Institut der Universität Göttingen befindet sich eine Griechenlandkarte[58], die er bereits als Fünfzehnjähriger angefertigt hatte, etwa zur selben Zeit wie das eingangs zitierte Gedicht. Gerade die minutiöse Genauigkeit, mit der er seine Karten erarbeitete, ist ein besonders charakteristischer Zug in dem Bemühen um ganz konkrete Verortung und Veranschaulichung. Und nur zu selbstverständlich ist, daß er gerade den landeskundlich-topographisch relevanten Autoren seine besondere Aufmerksamkeit schenkte[59]. [27]

Daß freilich die Anschauung selbst unerläßlich und alles andere nur vorläufig war, wußte er nur zu genau[60]. Soweit es seine universitären Verpflichtungen und seine rastlose[61] Forschungstätigkeit zuließen, suchte er sich durch Reisen, besonders in die Museen und Bibliotheken der mittel- und westeuropäischen Metropolen, eine unmittelbare Kenntnis der Denkmäler zu verschaffen[62]. Auch von einer

     unmittelbaren persönlichen Kontakt (Reiter, Briefe I 159, an Thiersch, 6. 8. 1831, s. auch ebenda II 86).

57 Ständig bemühte er sich um die Verbesserung der Karten (s. z.B. [Müller], Lebensbild 194, 31. 7. 1829).

58 Döhl, Reise 62, zu weiteren Karten ebenda 62f.

59 Zu Strabon vgl. etwa o. S. 18 [hier: S. 198], zu Pausanias bes. Boeckh/Müller Briefwechsel 68 (12. 4. 1821); Reiter, Briefe I 353f. (an Raoul-Rochette, 10. 12. 1838). Bezeichnenderweise kreist die erste wissenschaftliche Edition der kleineren geographischen Schriften, der Geographi Graeci minores, geradezu um seine Person: Schon sein Anreger Bredow hatte sich daran versucht (Forbiger a. O. [o. Anm. 2] 483). Auch sein hochgeschätzter Freund (Reiter, Briefe I 24, an Böttiger, 21. 1. 1820; [Müller], Lebensbild 46, 17. 10. 1819) Friedrich August Spohn wurde durch einen frühen Tod an der weiteren Arbeit daran gehindert („Spohns Tod ist der herbeste Verlust für mich gewesen seit langer Zeit; er kam mir recht wie ein plötzlicher Riß durch alle meine Hoffnungen und Ansichten von der zukünftigen Gestaltung der Wissenschaft und des Gelehrtenlebens", Reiter, Briefe I 75, an Böttiger, 2. 3. 1824, vgl. ebenda 88, an dens., 4. 7. 1824. – Zur Arbeit an den „Geographi" s. Reiter, Briefe 182, Böttiger, 1. 4. 1824; Forbiger a. O. [Anm. 2] 483; zu Spohn s. auch G. Seyffarth, Memoria … Spohnii, Leipzig 1825). Vollendet wurde die Ausgabe schließlich von Müllers Schüler Karl Müller in Paris, welcher auch die Historikerfragmente edierte und von seinem Bruder Theodor, ebenfalls ein Zögling Müllers, unterstützt wurde (Reiter, Briefe I 368f., an Raoul-Rochette, 25. 4. 1839. II 176f.).

60 s. bes. [Müller], Lebensbild 84, Aug. 1820 zur Idee einer Italienreise: „Diese Reise ist für meine Studien, wenn sie nicht Schreibtischpflanzen bleiben sollen, durchaus nothwendig."

61 Immer wieder wird Müllers Ungeduld, ja seine Gehetztheit und innere Unruhe deutlich, vor allem im Briefwechsel mit Schorn (bes. Müller/Schorn, Briefwechsel 312, 11. 6. 1820), ferner s. etwa [Müller], Lebensbild 44. 66. 147. 180. 194. 299; Boeckh/Müller, Briefwechsel 65f.; Reiter, Briefe I 35 (an Tieck, 12. 4. 1821) und ein wichtiges Zeugnis des Jugendfreundes und Verlegers Josef Max (Reiter, Briefe I 67, 21. 10. 1823).

62 Dresden (September/Oktober 1819; [Müller], Lebensbild 40ff.); Holland, London, Paris (April bis September 1822; [Müller], Lebensbild 109ff.; Reiter, Briefe I 54ff.); Rheinland (September 1824; [Müller], Lebensbild 162f.); Berlin (September/Oktober 1830; [Müller], Lebensbild 198. 200ff.); München (April 1832; [Müller], Lebensbild 213f.; Reiter, Briefe I 177); Wien (Oktober 1833; [Müller], Lebensbild 219; Reiter, Briefe I 221ff.); Kopenhagen (Oktober 1834; [Müller], Lebensbild 223f.; Reiter, Briefe I 233ff.); Rheinland, besonders Trier (September 1838; [Müller], Lebensbild 253; Reiter, Briefe I 354).

Italienreise war schon in den zwanziger Jahren die Rede[63]. Noch wichtiger indes war ihm Griechenland. Die seit Mitte der dreißiger Jahre ins Auge gefaßte Reise dorthin[64] sollte so recht einen Neuanfang markieren.

Griechenland war ohnehin zu dieser Zeit in verschiedener Hinsicht viel deutlicher ins Blickfeld geraten: Die ἐπανάστασις hatte auch Müllers volle Sympathie[65]. Darüber hinaus erschienen jetzt Leakes wichtige Arbeiten, die französische „Expédition scientifique de Morée" sorgte für die erste wissen[28]schaftliche Gesamtuntersuchung der Peloponnes (mit Einschluß einer zuverlässigen Kartierung auf der Grundlage der Triangulation), im Gefolge der neuen Monarchie ergaben sich beachtliche Reise- und Arbeitsmöglichkeiten, nicht zuletzt für deutsche Gelehrte – ich nenne nur Ross, Thiersch und Forchhammer. Auch daran nahm Müller, mittels persönlicher und brieflicher Kontakte, regen Anteil[66].

Neben der selbstverständlichen Autopsie der Monumente und Kunstwerke stand zusätzlich, ja dominierend ein zweites Hauptmotiv für die Reise: Es ging gleichsam um die Wiederbelebung der alten Jugendidee einer umfassenden, ‚totalen' griechischen Geschichte, wie besonders in der Korrespondenz zwischen Müller und seinem Lieblingsschüler Adolf Schöll deutlich wird. In geradezu jugendlichem Überschwang hatte er sich seinerzeit an diese Aufgabe herangemacht[67] und sich – wie gezeigt wurde – über den Mythos dem Thema genähert. Damit war er, besonders mit dem Dorierbuch, zwischen die Stühle der Symbolisten und Antisymbolisten geraten und in eine langwierige Kontroverse hineingeschlittert, die ihn noch zu einer theoretischen Grundlegung seiner Methode in den „Prolegomena zu einer wissenschaftlichen Mythologie" veranlaßt hatte[68]. So sehr er nach wie vor um die Anschauung und Vermittlung des historischen Lebens rang, so sehr war in ihm das Bewußtsein gewachsen, er könne mit seinen Mitteln nicht zu dem Ziel einer umfassenden Gesamtdarstellung gelangen[69]. [29]

---

63 s. o. Anm. 60 und vgl. Reiter, Briefe I 42 (an Tieck, 26. 11. 1821); [Müller], Lebensbild 185 (15. 11. 1827).

64 [Müller], Lebensbild 235 (19. 1. 1836), vgl. auch ebenda 193 (02. 6. 1829) und Reiter Briefe I 176 (an Gerhard, 24. 9. 1832).

65 Müller/Schorn, Briefwechsel 348f.; Boeckh/Müller, Briefwechsel 69; Reiter, Briefe I 35f. (an Tieck), alle am 12. 4. 1821.

66 Thiersch: Reiter, Briefe I 158f. (6. 8. 1831). II 86. – Forchhammer: Reiter, Briefe I 201ff. (26. 5. 1833). 266f. (12. 9. 1835). II 105. 133f.; Kern, Ausgewählte Stücke 270f. (Forchhammer an Müller, 9. 7. 1837), ferner besonders Forchhammer/ Müller, Topographie (o. Anm. 1). – Ross: Reiter, Briefe I 249ff. (Ross an Müller, 15. 2. 1835). – Auch Raoul-Rochette in diesem Zusammenhang: Reiter, Briefe I 328. 353f. (17. 2. und 10. 12. 1838).

67 Boeckh/Müller, Briefwechsel 5, 20. 1. 1818.

68 Göttingen 1825, vgl. generell hierzu Nickau, Karl Otfried Müller 36ff. und die einschlägigen Aufsätze im „Seminario" (o. Anm. 1), ferner o. S. 15f. [hier: S. 195f.]. Besonders plastisch wird der Grundkonflikt in dem Brief von K. W. H. Völcker an Müller vom 5. 5. 1825 (Kern, Ausgewählte Stücke 47f.); zur Charakterisierung von Voß durch Müller s. besonders Reiter, Briefe I 43 (an Tieck, 26. 11. 1821) und Boeckh/Müller, Briefwechsel 153 (22. 10. 1824). Im Endeffekt erzeugte die Kontroverse bei Müller einen hohen Überdruß [Müller], Lebensbild 174, 28. 4. 1826).

69 Das Gefühl des Ungenügens und eine Veränderung seiner Einstellung gegenüber den „Minyern" und den „Doriern" wird sehr deutlich bei Kern, Ausgewählte Stücke 200 (an Schöll, 11.

Doch nach den Fortschritten der Forschung in Griechenland und mit der Perspektive einer Reise in dieses Land seiner Sehnsucht sah er jetzt die große Chance, aus dieser Sackgasse herauszukommen, aus der Winterwelt der Studierstube in den Frühling der Natur zu gelangen, wo die Erlebnis des Landes den inneren und innigen Zusammenhang von Raum, Mensch, Kunst, Religion und Geschichte unvermittelt und unverstellt präsentiert. Seine Reise sei, so schrieb er am 4. März 1839 nach der Bewilligung des Urlaubs an Adolf Schöll, „keine bloße Kunstbeschauungsreise; ich denke damit ein neues lebendiges Leben im Alterthum anzufangen", und wenig später (17. März 1839): „Mein Orchomenos ist nun glücklich aus dem Buchhandel, und die Dorier bald. Ich habe nun reinen Tisch, und will nach der Reise ganz frisch anfangen"[70]. So lag letztendlich der Hauptzweck der Reise darin, „das alte Menschenleben in den heute wie damals vorhandnen Gegenden und alten dem Boden eingedrückten Spuren zu sehen"[71]. Dies sollte ihm den Weg zur

6. 1833, vgl. auch u. Anm. 70) (daß er sich innerlich von diesen Arbeiten gelöst hatte, wird bei deren Beurteilung und der daraus resultierenden Einschätzung Müllers übrigens viel zu wenig beachtet). Jedenfalls tendierte seine Grundstimmung hinsichtlich der „Griechischen Geschichte" zur Resignation: „In meinem Orchomenos, welches ich, ungeachtet seiner Stofffülle, mit spielender Leichtigkeit in der heitersten Zeit meines Lebens recht wie ein Gedicht (!) zusammengewebt habe, war ich nun freilich schon ziemlich so weit, als mir überhaupt zu kommen vergönnt scheint; und die Entwicklung des Argonauten-Mythus mit seinen Übertragungen auf Kyrene ist wohl der tiefste Blick in das Werden des Mythus, den ich gethan habe. Nur mißfällt mir an dem Buche die Prätension, als hätte ich noch viel Tieferes zu verkünden als ich hatte, von dem ich nicht weiß, wie viel davon ahnendes Gefühl, freudige Zuversicht auf die Entdeckungen die kommen sollten, und wie viel jugendliche Renommage gewesen ist. Sie haben sehr recht: diese Blüthen versprachen einen reichern Herbst" (Kern, Ausgewählte Stücke 239, an Schöll, 14. 6. 1835). Der Gedanke an die „totale" Darstellung aber ging nicht verloren (ebenda 240 und ferner besonders Reiter, Briefe I 269, an C. F. v. Rumohr, 24. 10. 1835: „So sind mir die Eindrücke der alten Kunst und die damit verbundnen Apperceptionen immer nur wie einzelne Lichtblicke. Es hängt das damit zusammen, daß die verschiedensten Seiten des Griechischen Lebens für mich dasselbe Interesse haben, und, bei oft mikrologischen und unmittelbar wenig fruchtbaren Arbeiten, mich doch immer der Gedanke aufrecht hält, daß es mir vergönnt sein könnte, einmal zu einer solchen Vergegenwärtigung dieses Lebens im Ineinandergreifen seiner Kräfte und Richtungen zu gelangen, daß ein tieferer Aufschluß über die Gesetze des menschlichen und nationalen Daseins überhaupt daraus erwachsen müßte"), doch war dazu „neuer Schwung" nötig (Kern, Ausgewählte Stücke 240).

70   Kern, Ausgewählte Stücke 334, 4. 3. 1839. ebda. 341, 17. 3. 1839. – Es muß Müller geradezu wie eine Fügung erschienen sein, daß ihm sein Freund und Verleger J. Max am 3. Januar 1839 davon Mitteilung machte, daß „Orchomenos" vergriffen sei und von den „Doriern" nur noch 48 Exemplare existierten, und zugleich fragte: „Ich erinnere mich, daß Du früher einmal geäußert: daß, wenn die Hellenischen Geschichten vergriffen sein würden, Du davon keine neue Auflage erscheinen lassen wollest, sondern an deren statt ein ganz umgearbeitetes, neues Werk. Wie werden jetzt Deine Beschlüsse sein?" (Reiter, Briefe I 360).

71   Kern, Ausgewählte Stücke 365 (an Schöll, 13. 6. 1839), vgl. ferner auch an F. Blume am 3. 4. 1839 (Reiter, Briefe I 364): „Die Ursitze Europäischer Cultur zu sehen, den Habitus der Niederlassungen und Landschaften mir vollkommen deutlich zu machen, die Monumente und Fundorte in ihrem Zusammenhange mit der Geschichte Griechenlands und des alten Italiens aufzufassen, ist mein Hauptzweck. Der Vorsatz, die Geschichte der Griechen im ganzen Umfange zu schreiben, war es, der mich eigentlich bestimmte, grade jetzt die Reise zu machen." Gegenüber Jacob Grimm betonte Müller, daß er ohne die Reise „in meinen Arbeiten nicht mehr

Verwirklichung der Grundidee der ganzheitlich zugreifenden griechischen [30] Geschichte öffnen[72]. Die störende Distanz zu den Alten, die ihn zu mühsamen und gelehrten Untersuchungen nötigte, war wie weggeblasen: „Wie glücklich werden wir dort sein im Anschaun und Verstehen alter Zeiten – auch wenn eben nichts Nennenswerthes dabei neu entdeckt wird"[73]. Müllers Reise nach Griechenland war eine Reise in die Vergangenheit, der endgültige Vollzug der Annäherung an das antike Leben. Daß überdies die Abwesenheit von der seit 1837 schwer angeschlagenen Göttinger Universität ihm als ein weiterer Vorzug erschien, sei hier nur am Rande erwähnt[74].

Doch nicht nur von Begeisterung sei die Rede. Müller hat die Reise auch sehr systematisch vorbereitet und organisiert. Ein Zeichner, Friedrich Neise[75], wurde engagiert, die antiken Autoren und die neuesten Reiseberichte, einschließlich ungedruckter Notizen von Ernst Curtius, wurden noch einmal vorgenommen, Karten besorgt[76]. Schöll erhielt den Auftrag, Informationen bei dem Geographen Carl Ritter einzuholen, die unter dem Strich ermutigend waren. Schöll faßte sie wie folgt zusammen: „Das Klima und was man sonst in Griechenland fürchte, sei alles gar wohl zu ertragen und zu bestehen, wenn man sich nur aus Mückenstichen nicht zu viel mache, mäßig lebe, in Athen vermeide, sich im Kreise der Stadt- und Hof-Geselligkeit échauffieren zu lassen, und überall nicht zu sehr eile... Entfernungen und Wege erlauben es immerhin, daß man bündige Excursions-Programme mache; nur werde aber hier einmal ein Umweg nöthig, um das Huhn zur Mittagssuppe zu finden, dort einmal, während man eine Ruine besehe, seien die Führer eingeschlafen und die Pferde durchgegangen, dann falle wohl auch ein Regen und überschwemme die Wege: Man dürfe also nicht zu knapp berechnet haben"[77]. [31]

Für die Arbeiten selbst wurden auch die notwendigen technischen Geräte mitgenommen, ein Maßstab (auf dem neben dem neuen Pariser Meter auch antike

---

vorwärts kommen, und was ich im Sinne habe nicht ausführen kann" (Kern, Ausgewählte Stücke 332f., 28. 2. 1839).

72 Dazu entwickelte er, in seiner Antwort auf die o. a. Anfrage von Max (o. Anm. 70), sogar schon erste konkrete Vorstellungen: „Der Hauptzweck dieser Reise ist aber, daß sie mir durch die Anschauung der Localitäten und Denkmäler zur Vorbereitung dienen soll zu einer umfassenden Geschichte von Griechenland. Ich werde dies Werk gleich nach meiner Rückkunft beginnen, und denke, nach den 20jährigen Vorbereitungen dazu, in 10 Jahren damit bis auf Alexander zu kommen, wenn Gott Leben und Gesundheit schenkt. Meine frühern Arbeiten über Aegina, Orchomenos und die Dorier sollen darin aufgehen, und um so erfreulicher ist mir die Nachricht, daß die Hell. Geschichten theils ganz, theils zum Theil vergriffen sind" (Reiter, Briefe I 361, 4.3.1839). Es waren (Beloch ist später ähnlich verfahren) jeweils Doppelbände geplant, von denen „der eine die Geschichte selbst, der andre die kritische Grundlegung" beinhalten sollte (ebenda).
73 Kern, Ausgewählte Stücke 369, an Schöll, 9. 8. 1839.
74 Diesen Gesichtspunkt betont sehr stark Nickau, Karl Otfried Müller 45ff.
75 Zu diesem s. vor allem Döhl, Reise 51ff.
76 s. besonders Kern, Ausgewählte Stücke 349f. 365 (an Schöll, 18. 5. und 13. 6. 1839); Reiter, Briefe I 353 (an Raoul-Rochette, 10. 12. 1838). 366. 372 (an Blume, 25. 4. und 31. 5. 1839). 376ff. (an Curtius, 4. 8. 1839).
77 Kern, Ausgewählte Stücke 344 (21. 4. 1839).

Maße eingetragen waren), Kompaß, Fernrohr, Theodolit usw.[78]. Müllers Schüler
Ernst Curtius, seit Jahren als Hauslehrer in Athen tätig und mit dem Lande gut vertraut, erwartete die Reisegruppe in Athen und bereitete dort das Nötigste vor[79]. In
Griechenland selbst machte Müller zwischen zwei Athen-Aufenthalten (19. 3. bis
8. 5. und 17. 6. bis 30. 6. 1840)[80] eine vierzigtägige Rundreise durch die Peloponnes, nach dem zweiten Aufenthalt die Reise nach Mittelgriechenland, die ihm den
Tod brachte (30. 6. bis 1. 8. 1840). Es war insgesamt eine Zeit angespanntester
Aktivität, wie in dem auf einen beruhigenden Ton gestimmten „Brieftagebuch" an
die Frau fast nur zwischen den Zeilen herauszulesen ist, in Curtius' Äußerungen
aber sehr deutlich wird[81]. Unermüdlich und ruhelos hetzte man durch Griechenland,
getragen von dem Wunsch, in der viel zu kurzen Zeit alles mitzunehmen, um es
hinterher zu verwerten[82]. Den Charakter der Reise hat Müller selbst in einer Art
Zwischenbilanz an seinen Schwiegervater, den Göttinger Juristen Gustav Hugo,
festgehalten: „Unsre Kreuz- und Querfahrten im Peloponnes, auf die wir 40 Tage
gewandt, haben wir ohne bemerklichen Unfall vollendet und viel Freude davon gehabt. Wir haben herrliche, zum Theil noch schneebedeckte Gebirge, lachende Thäler, höchst romantische Schluchten, Alles voll Bächen, Quellen und Vegetation,
besonders in der letzten Zeit herrlichen Oleanderbüschen, gesehen [32] und manches Paläo-Castro auf steiler Felsenhöhe im Schweiß unsers Angesichts bestiegen,
auch einige neue, d. h. so viel mir bekannt noch nicht von Andern angegebne, Tem-
pel- und Städte-Ruinen aufgefunden. Die Hauptsache war mir aber immer die klare
Anschauung, die man von der sehr verschiedenartigen Conformation und natürlichen Prädestinirung der Griechischen Landschaften und Hauptorte gewinnt; und
bei der Schärfe, womit die Natur selbst hier zeichnet, prägt sich diese Anschauung

78   [Müller], Lebensbild 258 (3. 9. 1839); Kern, Ausgewählte Stücke 369 (an Schöll, 9. 8. 1839).
79   [Müller], Lebensbild 358 (17. 6. 1840); Kern, Ausgewählte Stücke 369 (an Schöll, 9. 8. 1839);
     Reiter, Briefe I 364f. 367. 370f. (an Blume, 3. 4., 25. 4. und 31. 5. 1839). Die Korrespondenz
     zwischen beiden s. Reiter, Briefe I 376ff. 383f. und Curtius, Lebensbild I 118ff. („leider nicht
     wortgetreu wiedergegeben", Kern, Ausgewählte Stücke 9ˣ). 121f. (= Reiter, Briefe I 370f., „mit
     einigen Ungenauigkeiten": Reiter, Briefe II 177). 123f. (= Reiter, Briefe I 376ff., „ungenau",
     ebenda II 179). 143f. (= Reiter, Briefe I 383f., „mit einigen Ungenauigkeiten und Auslassun-
     gen", ebenda II 181).
80   Generell s. [Müller], Lebensbild 335ff. 356ff.; Curtius, Lebensbild I 151ff. Über die Antiken
     hinaus beschäftigte sich Müller hier auch sehr eingehend mit dem Studium der Bergwerke und
     den Untersuchungen des Militärs in der Kopais ([Müller], Lebensbild 360, an G. Hugo, 23. 6.
     1840, vgl. ferner ebenda 361f.).
81   Curtius, Brief an die Eltern (7. 8. 1840), jetzt in: W. Hautumm (Hrsg.), Hellas. Die Wiederent-
     deckung des klassischen Griechenlands [1983] 191f., der als Todesursache letztlich „die über-
     mäßige Anstrengung während seines ganzen Aufenthaltes, und zwar besonders in Athen selbst"
     annimmt. „Er hatte einen fast leidenschaftlichen Eifer für seine Studien, der ihn alles vergessen
     ließ, und es war ihm physisch und psychisch unmöglich, sich in jenes ruhige Ebenmaß der
     Lebensart zu finden, welches in heißen Südländern für die Gesundheit notwendig ist. Das ewig
     unermüdete Jagen und Trachten verzehrt hier zu schnell die Lebenskräfte"; vgl. auch dens.,
     Alterthum und Gegenwart II 258f.
82   [Müller], Lebensbild 257. 295f. (28. 8., 29. 11. und 1. 12. 1839).

so tief ein, daß ich hoffe, sie bei meinen ferneren Arbeiten immer gegenwärtig zu behalten"[83].

Im einzelnen wurden viele Ruinen vermessen (jedenfalls bis Curtius den Maßstab bei einer Ruine in der Gegend von Sparta mitzunehmen vergaß)[84] und gezeichnet, Inschriften kopiert, auch Bergformationen skizziert, besonders in Form von Panoramen[85]. In Delphi machte man eine kleine Grabung, zur Klärung topographischer Details und zur Freilegung von Inschriften an der Polygonalmauer[86]. Wir müssen uns freilich immer klarmachen, daß es weniger um die genaue Exploration und Erforschung neuer Ruinenstätten ging[87]. Dies konnte die Reise schon aus Zeitgründen nicht leisten, sosehr man auch die Paläokastra jagte[88]. Sie war mehr eine rasche und umfassende Bestandsaufnahme, ein sich vergewisserndes und für später inspirierendes Kontrollieren von Dingen, die man längst mit der Seele gesucht und mit dem geistigen Auge auch in den Einzelheiten erschaut hatte[89]. Und das war ja auch eingestandenermaßen das wichtigste Ziel[90]. [33]

83 ebenda 359f. (23. 6. 1840).

84 ebenda 351 (22. 5. 1840).

85 Hierzu und besonders zu den Landschaftszeichnungen überhaupt s. Döhl, Reise 63f. – Zur Arbeitsweise s. besonders [Müller], Lebensbild (30. 08. und 20. 3. 1840). Auch gezielte Naturbeobachtungen (so die eines Sonnenaufganges am Lykabettos von der Pnyx aus, [Müller], Lebensbild 362) dienten der Klärung von topographischen Problemen (in diesem Falle der Identifizierung des Hügels, vgl. die Korrespondenz mit Forchhammer o. Anm. 66). – Zu den Inschriften vgl. beispielsweise [Müller], Lebensbild 365 (13. 7. 1840).

86 [Müller], Lebensbild 367ff. (17. 7. und 26. 7. 1840 – Müllers letzter Brief).

87 Dennoch wurde Unbekanntes aufgespürt, s. [Müller], Lebensbild 349 (Argos). 352 und 355 (Arkadien). 360 (generell). 364 (bei Tanagra; diese Ruine, genau beschrieben und skizziert im unveröffentlichten Tagebuch 20f., Ist später auch von H. N. Ulrichs, Reisen und Forschungen in Griechenland 11, hrsg. von A. Passow [1893] 76f. entdeckt und beschrieben worden, allerdings ohne Plan. Ansonsten aber ist sie kaum erforscht, s. jetzt J. M. Fossey, Topography and Population of Ancient Boiotia [1988] 49ff.), vgl. auch 353 (Brücke von Meligalas).

88 „wobei Schöll bemerkte, daß der liebe Gott kein Studium mit solchen Mühseeligkeiten beladen habe als das Paläo-Castro-Studium" ([Müller], Lebensbild 354, 5. 6. 1840, aus Anlaß der Begehung von Samikon).

89 Besonders Curtius, Lebensbild I 151 (Müller deutet Curtius, der schon drei Jahre in Athen ist, die Dinge), vgl. [Müller], Lebensbild 340 (8. 4. 1840: „Daß mir die Dinge alle so bekannt und vertraut sind, durchsichtig wie die Attische Luft, in viel höherem Grade als die wüsteren Massen der Römischen Denkmäler, erhöht den Genuß bedeutend"). 367 (17. 7. 1840: „Der gute Thiersch, der kürzlich über das Lokal von Delphi gegen mich geschrieben, wird sich verwundern, wie Alles doch so ganz anders ist, als er es glaubte gesehen zu haben, und wirklich mehr so, wie ich es mir in der Feme gedacht habe").

90 So im offiziellen Urlaubsantrag an das Kuratorium der Universität Göttingen vom 2. Februar 1839 (Kern, Ausgewählte Stücke 330f.): „Ich habe auf literarischem Wege mich so viel mit geographischen und topographischen Studien beschäftigt, und mich an allen historisch wichtigen Orten genau zu orientieren gesucht, daß ich nun das lebhafteste Bedürfniß empfinde, die Ergebnisse einsamer Forschung mit der Wirklichkeit zusammenzuhalten und darnach zu berichtigen. So sind unter diesen Umständen einige Monate in Griechenland für mein ganzes Leben von unschätzbarer Wichtigkeit"; vgl. auch [Müller], Lebensbild 340 (8. 4. 1840), wo Müller betont, es komme ihm „mehr auf ein intensives als ein extensives Ziel" an.

Dennoch zeigt ein Blick vor allem in das letzte der Tagebücher, welches sich im Deutschen Archäologischen Institut in Athen befindet, mit welcher Beobachtungsgabe Müller auch mit seinem natürlichen Auge die Dinge wahrnahm, ja man hat den Eindruck, daß sich sein Blick zunehmend schärfte[91] und sich seine Sensibilität für die Landschaft noch weiterentwickelte. Auch im Tagebuch finden sich Pläne (teils nach Leake, mit entsprechenden Korrekturen) und Faustskizzen von Landschaftsformationen, neben allgemeinen Notizen, Zeichnungen von Denkmälern und Abschriften von Inschriften. Das besondere Augenmerk galt der hydrologischen Situation, besonders den Quellen, und der Lage der Landwirtschaft (Anbaufrüchte, Erntezeiten)[92] sowie dem Klima. Sehr wichtig waren Müller auch die Sichtverbindungen[93], die er aufmerksam registrierte, sowie die neuralgischen Punkte im Kommunikationsnetz, vor allem die Pässe[94]. Die Regionen, die sein vorrangiges Interesse fanden, waren die Kopais und Delphi. Ausführlich beschreibt er gerade auch wenig bekannte Plätze, und seine Notizen etwa über die Umgebung der Thermophylen und über den Raum des trachinischen Herakleia verdienen besondere Beachtung, zumal angesichts der aktuellen Kontroversen über die Pässe zwischen Malis und dem oberen Kephissos-Tal[95]. Hinsichtlich Delphis hat [34] schon Pomtow auf die Bedeutung, ja den dokumentarischen Wert von Müllers Tagebuch hingewiesen[96].

Wieweit freilich all diese Eindrucke und Beobachtungen genügt hätten, die von Müller geplante allumfassende griechische Geschichte zu schreiben, sei dahingestellt[97]. Dennoch haben seine Bemühungen um die Erforschung des Raumes im

91 Ihn enttäuschte auch nicht – wie manch anderen, der sein von Ferne geliebtes Hellas so ganz anders fand – die Diskrepanz zwischen Vorstellung und Realität, im Gegenteil: „Müller kann mir nicht oft genug aussprechen, wie selbst seine Erwartungen weit von der Wirklichkeit Athens übertroffen worden sind, und wie wohl und heimisch er sich hier fühlt" (Curtius, Lebensbild I 153, 13. 4. 1840), s. auch Müller selbst, [Müller], Lebensbild 336f. (5. 4. 1840). Dies ist auch gut erklärlich, da ihm doch, bei seiner Sichtweise und Vorstellungskraft, das kleinste Fragment als Bestandteil eines Ganzen erschien. Reale Beobachtung und Imagination verbanden sich zu einer geschlossenen Synopse.

92 Vgl. auch Döhl, Reise 63. 66 und [Müller], Lebensbild pass. (o. Anm. 44).

93 s. auch [Müller], Lebensbild 348f. (zu Akrokorinth).

94 Vgl. Döhl, Reise 66.

95 Hierzu s. u. a. (als ersten Einstieg) W. K. Pritchett, Studies in Ancient Greek Topography V (1985) 190ff.

96 H. Pomtow, Delphica II (1909) 11 Anm. 6: „Das wissenschaftliche Tagebuch O. Müllers hatten wir im Original mit uns; es kehrte zum erstenmal wieder dahin zurück, wo vor 68 Jahren der große Gelehrte mit fiebernder Hand die letzten Seiten schrieb... Der Inhalt ist für den Kundigen noch heut wichtig... Neben manchem allgemein Interessanten enthält dieses, von Müllers Sohne dem Athenischen Institut übergebene Vermächtnis gerade für Delphi überraschendes: so hatte Müller bereits damals die Halos-Treppe ausgegraben und die Stufen der Stoa der Athener, wie die Handzeichnungen deutlich erkennen lassen. Auch findet sich auf S. 80 das unedierte wichtige Stück eines Kaiserbriefes... Der Müllersche Stein ist heut verloren, sein Text nur durch jene Abschrift ins Tagebuch gerettet."

97 Im Lande scheint es schon etwas vorsichtiger zu klingen: „Diese ganze Peloponnesische Reise hat mich sehr befriedigt, und ich überblicke mit Vergnügen, wie manches Capitel der Griechischen Geschichte ich nun ganz anders schreiben könnte, als es ohne diese Anschauung möglich

allgemeinen und seine Griechenlandreise im besonderen erhebliche wissenschaftliche Konsequenzen gehabt. Das lag daran, daß sich Müller – seinerseits ein anregender Lehrer[98], besonders in archaeologicis – auch und gerade von der Begeisterung seiner Schüler mittragen ließ, sich seinen Neuanfang im lebendigen Gedankenaustausch mit diesen erarbeiten wollte[99]. Damit hat er aber seinerseits vor allem auf Ernst Curtius gewirkt[100] und auf diesem [35] Wege mittelbar sehr großen Einfluß auf die Erforschung auch des griechischen Landes gehabt. In unserer Zeit, da sich die archäologische und historische Forschung wieder verstärkt diesem Gegenstande zuwendet[101], mag ein Nachdenken über ihn, wie es hier eingeleitet und angeregt wurde, nicht überflüssig sein. Mindestens vermag es kräftige Impulse zu geben. Und hierin liegt wohl Müllers schönstes Vermächtnis, in dem, was er als Lehrer und Vermittler der Antike ausstrahlte. So sei auch an den Schluß ein Gedicht gestellt, dieses Mal eines auf ihn als den Künder des Altertums, aus Anlaß einer Totenfeier gedichtet[102]. Es mag uns in seiner geradezu religiösen Stimmung heute schwülstig vorkommen, trifft aber sehr genau den Kern von Müllers Wirken:

war" ([Müller], Lebensbild 358, 17. 6. 1840). Dasselbe gilt im übrigen für das Etruskerbuch (ebenda 280. 290). Konkrete Detailpläne beziehen sich auf Arbeiten über die Tributlisten und das alte Thema des Erechtheion sowie auf die Publikation der nicht edierten Denkmäler ([Müller], Lebensbild 341, 4. 5. 1840). Definitiv erschien: Archaeologische Mittheilungen aus Griechenland nach Carl Otfried Müller's hinterlassenen Papieren hrsg. von A. Schöll. I. Athens Antiken-Sammlung, 1. Heft, Frankfurt/Main 1843 (geplant waren zwei weitere Teile über Architektur und die „beiden Wanderungen", sie sind nie erschienen). Die in Delphi aufgenommenen Inschriften hat Curtius publiziert: Anecdota Delphica, ed. E. Curtius, Berlin 1843.

98 s. besonders Curtius, Alterthum und Gegenwart (o. Anm. 1) II 257f.; ders., Lebensbild II 196, vgl. o. Anm. 42; doch s. auch Dilthey, Saecularfeier 15.

99 Für diese enge gegenseitige Befruchtung ist der bei Kern, Ausgewählte Stücke pass., veröffentlichte Briefwechsel zwischen Müller und Schöll ein eindrucksvolles Zeugnis. Speziell zur Reise s. etwa ebenda 339 (17. 3. 1839): „Meine Geschichte der Griechen, die ich immerfort im Kopfe trage, wird bei diesen Betrachtungen und dem Gespräch mit Ihnen Gestalt und Leben gewinnen", vgl. ebenda 350 (18. 5. 1839).

100 Man könnte versucht sein, Curtius' wissenschaftliches Werk geradezu als eine Extrapolation von Müllers Arbeiten, Gedanken und Anregungen zu sehen. Jedenfalls hat dieser während der Bestattung Müllers sich ein entsprechendes inneres Versprechen gegeben und am Ende seines Lebens sein Wirken unter diesem Vorzeichen gesehen: „Als ich seinem Sarge folgte, gelobte ich mir, nach meinen Kräften das zu erstatten, was unsere Wissenschaft an ihm so früh verloren hatte" (Lebensbild II 197, 2. 9. 1893), s. auch Kern, Ausgewählte Stücke 411 (Curtius an Müllers Schwiegersohn Leist im Hinblick auf dessen 50. Todestag): „Das Gelübde, das ich vor 50 Jahren im Stillen ablegte, hat seitdem den Inhalt meines geistigen Lebens gebildet." – Wie Müllers Anregungen in Curtius' Dissertation Commentatio de portubus Athenarum, Halle 1841, konkret umgesetzt sind, ist bei Reiter, Briefe II 179f. dokumentiert (vgl. aber zum Stand der Vorarbeiten Curtius, Lebensbild I 147f.).

101 s. etwa H.-J. Gehrke, Zur historischen Landeskunde des antiken Griechenland, HZ 251 1990, 89ff. mit weiteren Literaturhinweisen.

102 Zitiert nach Foerster a. O. (o. Anm. 1) 29. Der Dichter dieser „Todtenfeier" ist Adolf Bube gewesen. Ihre letzten drei Strophen (darunter die hier zitierten Verse) wurden auf der dritten Versammlung der deutschen Philologen im Oktober 1840 von Gottfried Hermann zu Ehren Müllers rezitiert, s. Verhandlungen der dritten Versammlung deutscher Philologen und Schulmänner in Gotha 1840, ebenda 1841, 60f.

„Tiefschauend sah er in dem Alterthume

Nicht eine seelenlose Mumienform;

Er fand darin des Lebens schönste Blume,

der Menschheit und des Zeitenlaufes Norm.

…

Erscheine, hoher Geist, in diesen Hallen!

Dich grüsset uns'rer Liebe wärmster Gruss.

O wolle segnend uns'ren Kreis durchwallen

Und geben uns'rer Stirn den Weihekuss!

So wie Apoll, des Saitenspielers Rührer,

Dem von der Lippe Geist und Anmuth weht,

auf dem Parnass erscheint als Musenführer,

so sei Du uns ein treuer Musaget!"

Erschienen in: Geographia Antiqua 23/24, 2014/5, 5–15.

DIE ROLLE DER GEOGRAPHIE IN DEN KLASSISCHEN ALTERTUMSWISSENSCHAFTEN

In der Thematik, die mir aufgegeben ist bzw. die ich mir selber aufgegeben habe, steckt ein ziemlich kühnes Unterfangen. Deshalb sei schon zu Beginn um Verständnis dafür gebeten, dass nur eine sehr grobe Skizze gegeben werden kann. Zugleich muss ich, auch aus diesem Grunde, für den ebenfalls zwangsläufig subjektiven Blick um Entschuldigung bitten: In ihm treten die Perspektiven meines Landes und der Traditionen, in denen ich stehe, gewiss zu sehr in den Vordergrund. Ich bin mir bewusst, dass vielfältige Ergänzungen, Modifizierungen und Korrekturen aus anderer Sicht denkbar sind, und ich würde mich darüber sehr freuen. Gerade das ist ja auch Sinn einer internationalen Tagung und der Veröffentlichung ihrer Akten.[1]

Am Anfang soll eine aus meiner Sicht bereits zentrale Feststellung stehen: Die Geographie bzw. – allgemeiner – die räumliche Dimension der Geschichte war von Anfang an ein wesentlicher Aspekt der klassischen Studien, seitdem sie in einem markanten Sinne als Wissenschaften angelegt waren bzw. mit dem Anspruch der Wissenschaftlichkeit auftraten, nämlich an der Wende vom 18. zum 19. Jahrhundert.

Die Voraussetzungen hierfür waren auch hier, wie für vieles andere, tief in der Epoche der Aufklärung verankert, und zwar in zweifacher Hinsicht: Zum einen ging es, gerade in dem für diese Zeit charakteristischen Zug zum Praktischen, zum Nützlichen und den Menschen Dienenden, um die sehr konkrete geographisch-kartographische Exploration, die Vermessung und die Erforschung der Welt, nicht allein durch theoretisches Bücherwissen, sondern durch große und genau geplante Forschungsreisen. Hier richtete sich das Interesse nicht zuletzt auf die klassischen Kulturen, denen ja ohnehin eine stete Beachtung sicher war und die auch (trotz aller *querelles des anciens et des modernes*) immer noch und immer wieder intellektuell und ästhetisch den Maßstab bildeten.

---

1   Eine wichtige Grundlage dieses Beitrages sind eigene Forschungen, auf deren Publikationen hier für weitere Hinweise und Diskussionen verwiesen sei: H.-J. GEHRKE, *Le strutture regionali della Grecia antica nei resoconti di viaggio del XVIII e XIX secolo*, in F. PRONTERA (Hg.), *Geografia storica della Grecia antica. Tradizioni e problemi* (Biblioteca di cultura moderna 1011), Roma–Bari, Laterza 1991, 3–23; *Karl Otfried Müller und das Land der Griechen*, „MDAI(A)“, CVI, 1991, 9–35 [hier: S. 190–214]; *Zur Rekonstruktion antiker Seerouten: Das Beispiel des Golfs von Euboia*, „Klio“, LXXIV, 1992, 98–117 [hier: S. 261–283]; *Die wissenschaftliche Entdeckung des Landes* Hellás, „GeogrAnt“, I, 1992, 15–36 [hier: S. 147–176]. II, 1993, 3–11 [hier: S. 177–189]; *Auf der Suche nach dem Land der Griechen: Wissenschaftliche Reisen und Ihre Bedeutung für die Erforschung der griechischen Geschichte im 19. Jahrhundert* (Schriften der Philosophisch-Historischen Klasse der Heidelberger Akademie der Wissenschaften 29), Heidelberg, Winter, 2003.

Allerdings muss man in dieser Hinsicht zunächst noch – gerade weil es um konkrete Erforschung ging – nach der Zugänglichkeit der jeweiligen Regionen unterscheiden: Vor allem Italien, in dem die klassischen Studien schon am längsten blühten, war auch durch eigene Anschauung und durch relativ günstige Reisemöglichkeiten schon ziemlich gut bekannt. Für die [6] unter osmanischer Herrschaft stehende Gebiete im Orient galt das indes viel weniger, und das betraf nicht zuletzt das griechische Mutterland im Süden der Balkanhabinsel und in Kleinasien sowie das Schwarzmeergebiet. Hier mussten größere Anstrengungen unternommen werden, und auf diese möchte ich mich exemplarisch (auch wegen meiner eigenen Kompetenzen und Forschungsschwerpunkte) konzentrieren.

Entsprechend den eben gemachten Vorbemerkungen dienten hier die – zunächst wenigen – Reisen nicht nur der antiquarischen Information über die reale Welt der – griechischen – Antike, sondern auch sehr gezielt der architektonischen und künstlerischen Formung und damit Nutzbarmachung. Besonders charakteristisch ist das bedeutende und höchst einflussreiche Werk von James Stewart und Nicholas Revett.[2] Wachsende Aufmerksamkeit fanden bald aber auch – sagen wir – Realien im weitesten Sinne. Zu den „Antiquitäten", der Architektur, den Kunstwerken oder Inschriften, kamen ,naturalia' und ,geographica', Steine, Pflanzen und Tiere, Menschen und ihre Sitten und Gebräuche, auch politische Komponenten. Der französische Polyhistor, Arzt und Diplomat François Pouqueville liefert hier ein schönes Beispiel.[3] Gerade in der Zeit der napoleonischen Kriege spielten diese verschiedenen Aspekte eine Rolle. Aber immer bildeten solide Kenntnisse in den klassischen Sprachen und Autoren die Basis.

So blieb, im Rahmen des breiten Interessenspektrums, der Bezug auf die Realien der Antike ein privilegiertes Thema. Ein Absolvent des Trinity College in Cambridge, das in dieser Hinsicht besondere Impulse gab, John Tweddell, setzte sich ein ehrgeiziges Ziel: „Those who come after me shall have nothing to glean. Not only every temple, but every stone and every inscription shall be copied with

---

2   J. STEWART / N. REVETT, *The Antiquities of Athens and Other Monuments of Greece*, 4 vol.s, London 1762ff. (Nachdruck Princeton, Princeton Architectural Press, 2007). Zu diesem und zum Folgenden s. besonders F.-M. TSIGAKOU, *The Rediscovery of Greece. Travellers and Painters of the Romantic Era*, London, Thames & Huson, 1981; R. STONEMANN, *Land of Lost Gods. The Search for Classical Greece*, London u. a., Hutchinson, 1987, vgl. auch generell www.uni-muenster.de/Hellas/Reiseberichte.shtml. (dazu M. FELL, *HELLAS für Windows. Bibliographische Datenbank der nachantiken Reiseberichte über Griechenland bis zur Mitte des 20. Jahrhunderts*, in M. FELL / W. SPICKERMANN / L. WIERSCHOWSKI (Hg.), *Machina computatoria. Zur Anwendung von EDV in den Altertumswissenschaften*, St. Katharinen, Scripta Mercaturae, 1997, 138–140; E. WIRBELAUER, *HiLanG. Datenbank zur „Historischen Landeskunde des antiken Griechenland"*, ebd. 141–144).

3   *Voyage en Morée, à Constantinople, en Albanie, et dans plusieurs autres parties de l'Empire Ottoman, pendant les années 1798, 1799, 1800 et 1801, comprenant la description de ces pays, leurs production, les mœurs, les usages, les maladies et le commerce de leur habitans, avec des rapprochements entre l'état actuel de la Grèce, et ce qu'elle fut dans l'antiquité*, Paris, Gabon, 1805; *Voyage de la Grèce*, 6 Bde., Paris, Firmin Didot, 2. Aufl. 1826/7.

the most scrupulous fidelity".[4] Da er mit 26 am Fieber starb, hat er uns doch noch etwas übrig gelassen.

Und da die Reisenden alle über einen gut gefüllten klassischen Rucksack verfügten und ihre Autoren, besonders Strabon und Pausanias, nicht nur im Gepäck mit sich führten, sondern häufig auch im Kopf, traten Fragen der Geographie, insbesondere der Identifizierung und Topographie, also die ganz elementaren Orientierungen im Raum, in den Vordergrund. Dank der Reisen von Persönlichkeiten wie Graf Choiseul-Gouffier,[5] Richard Chandler,[6] Louis-François-Sébastien Fauvel,[7] Edward Dodwell[8] und William Gell[9] sowie nicht zuletzt des famosen Colonel William Martin Leake,[10] des „Columbus der Alten Welt",[11] herrschten so gute [7] Kenntnisse, dass etwa der deutsche Dichter Friedrich Hölderlin in seinem „Hyperion" Griechenland so beschreiben konnte, als sei er da gewesen.

Den eindeutigen Höhepunkt in dieser umfassenden, nicht zuletzt aber geographischen Exploration der klassischen Welt Griechenlands bildete die „Expédition de Morée", die im Jahre 1829 kaum nach der Schlacht von Navarino durch Frankreich nach dem Vorbild von Napoleons Ägyptenexploration realisiert wurde. Es handelte sich um ein geradezu modern anmutendes wissenschaftliches Großprojekt, in dem das oben erwähnte ganz breite Forschungsinteresse, freilich ebenfalls mit einem geographischen und klassischen Schwerpunkt, dominierte: Es ging schlicht um „matériaux de toute nature",[12] die Arbeit war in etwa analog den drei

4   R. T. TWEDDELL, *Remains of the Late John Tweddell, Fellow of Trinity College, Cambridge*, London 1815; zitiert nach TSIGAKOU a. O. 21

5   *Voyage pittoresque de la Grèce*, 2 Bde. in 3, Paris, Tilliard, 1778; weitere (und erweiterte) Ausgaben 1782–1809. 1818. 1823. 1841.

6   *Travels in Greece, or, An Account of a tour made at the expense of the Society of Dilettanti*, Oxford, Clarendon Press, 1776; *Travels in Asia Minor, or, An Account of a tour made at the expense of the Society of Dilettanti*, ibid. 1775, Weiteres bei GEHRKE a. O. (1992) 25 Anm. 83 [hier: S. 161].

7   Zu diesem s. PH.-E. LEGRAND, *Biographie de Louis-François-Sébastien Fauvel, antiquaire et consul (1753–1838)*, „RevArch", III, XXX, 1897, 41ff. 185ff. 385ff. XXXI, 94ff. 185ff.; C. G. LOWE, *Fauvel's First Trip to Greece*, „Hesperia", V, 1936, 208ff.

8   *A Classical and Topographical Tour through Greece during the Years 1801, 1805 and 1806*, 2 vol.s, London, Rodwell and Martin, 1819.

9   *The Itinerary of Greece with a Commentary on Pausanias and Strabo and an Account of the Monuments of Antiquity at Present Existing in that Country, compiled in the Years 1801–1806*, London, T. Payne, 1810 (2. Aufl.: *The Itinerary of Greece: Containing One Houndred Routes in Attica, Boeotia, Phocis, Locris, and Thessaly*, ebd. 1827); Weiteres bei GEHRKE a. O. (1992) 27 Anm. 98. 100 [hier: S. 164].

10   Bes. *Researches in Greece*, London, J. Booth, 1814; *Travels in the Morea*, 3 vol.s, ebd., J. Murray, 1830; *Travels in Northern Greece*, 4 vol.s, ebd., J. Rodwell, 1835; Weiteres bei GEHRKE a. O. (1992) 29f. [hier: S. 166f.].

11   E. CURTIUS, *Peloponnesos. Eine historisch-geographische Beschreibung der Halbinsel*, vol. I, Gotha, Perthes, 1851, 320.

12   J. B. G. M. BORY DE SAINT-VINCENT, *Expédition scientifique de Morée. Section des Sciences physiques*, Tome I: *Relation*, Paris, Levrault 1836, 1.; zur Publikation s. ferner: A. BLOUET et al., *Expédition scientifique de Morée, ordonnée par le gouvernement Français. Architecture, Sculptures, Inscriptions et Vues du Péloponèse* (sic), *des Cyclades et de l'Attique*, Tome I–III, Paris, Firmin Didot, 1831–1838; J. B. G. M. BORY DE SAINT-VINCENT, *Expédition scientifique*

Akademien des Instituts de France in „sections" organisiert: Die „sciences physiques" (unter Jean Baptiste Bory de Saint-Vincent) widmeten sich besonders der Flora und Fauna sowie den geowissenschaftlichen Fragen; die Abteilung für „archéologie" (unter Léon Jean-Joseph Dubois) sollte sich den Antiquitäten zuwenden, wurde aber im Verlauf durch Krankheit beeinträchtigt; die Sektion „Architecture et Sculpture" (unter Abel Blouet), sollte die Ruinenstätten erforschen (mit ihr sind die ersten systematischen Ausgrabungen in Olympia verbunden sowie die erste Aufnahme der Mauern von Messene).

Gerade im Zusammenhang der naturwissenschaftlichen Sektion standen die Arbeiten der Militärgeographen, die beispielsweise zur ersten auf der Basis der Triangulation erstellten Karte der Peloponnes führten. Besonders wichtig und richtungweisend waren die präzisen Beobachtungen und Forschungen von Émile Le Puillon de Boblaye (1792–1843):[13] Vertraut mit den neuesten Methoden der Geologie und von daher mit gezielt stratigraphischem Blick ausgezeichnet, hatte er auch schon das Potential an Erkenntnis im Blick, das man aus der genauen Analyse der materiellen Überreste ziehen konnte. So schlug er die Brücke zwischen dem Raum und den ihn füllenden Menschen und Kulturen.

Das bringt mich zu dem zweiten Punkt, in dem die Aufklärung den geographischen Blick auf die klassische Welt geprägt hat: Es geht hier weniger um die praktische Seite des Erforschens als um ein theoretisches Konzept, nämlich um eine klare Vorstellung von der Interdependenz von Mensch und Raum. Es nimmt bereits bei Montesquieu (aber dann etwa auch bei Kant und Herder, weiteren einflussreichen ‚Vordenkern') einen wesentlichen Platz ein und ist ohne den Rückgriff auf antike Konzepte, wie sie besonders in der Umwelt-Schrift des Hippokrates, aber auch bei Aristoteles begegnen, nicht vorstellbar:[14] Der Mensch und seine Lebensstile sind stark von seinen geographischen Bedingungen geprägt, besonders vom Klima, dem er ausgesetzt ist. Der Primat Europas, den man sich immer selbstbewusster klarmachte, beruhte auf seiner Situierung in gemäßigten Zonen, während

de Morée. Section des Sciences physiques, Tome II: Géographie et Géologie, 1ère Pt.: Géographie (par BORY DE SAINT-VINCENT), Paris, Levrault, 1834. 2e Pt.: Géologie et Minéralogie (par É. LE PUILLON DE BOBLAYE et TH. VIRLET), ebd. 1833; Tome III, 1ère Pt.: Zoologie. 1ère section: Animaux vertébrés, mollusques et polypiers (par G. SAINT-HILAIRE et al.). 2e section: Des animaux articulés (par G.A. BRULLE). Les crustacés (par F.-E. GUERIN). 2e Pt.: Botanique (par J. B. FAUCHE et al.), ebd. 1832; vgl. auch die Gesamtbeschreibung: J. B. G. M. BORY DE SAINT-VINCENT, Relation du voyage de la commission scientifique de Morée dans le Péloponnèse, les Cyclades et l'Attique, Tome I–II, Paris-Strasbourg, Levrault, 1836. 1837/8 und s. zur wissenschaftsgeschichtlichen Einordnung N. BROC, Les grandes missions scientifiques françaises au XIXe siècle (Morée, Algérie, Mexique) et leurs travaux géographiques, „Revue d'histoire des Sciences", XXXIV, 1981, 319–358.

13   PUILLON DE BOBLAYE, Carte générale de la Morée et des Cyclades, exposant les principaux faits de géographie ancienne etc., rédigée et dessinée par PdB, Paris, Dépot de Guerre, 1833; vgl. ders., Recherches géographiques sur les ruines de la Morée, Paris, Levrault, 1836.

14   Hierzu s. besonders S. GÜNZEL, Geographie der Aufklärung. Klimapolitik von Montesquieu zu Kant, „Aufklärung und Kritik", 2004.2, 66–91. 2005.1, 25–47.

das heiße Klima den orientalischen Despotismus förderte.[15] Diese Bedeutung des Ambientes für die Kultur ist auch bei einem der führenden Köpfe der jungen Altertums- und Geschichtswissenschaften, dem noch ganz in der Aufklärung wurzeln[8]den Göttinger Professor Arnold Hermann Ludwig Heeren, übrigens einem Schwiegersohn von Christian Gottlob Heyne, geläufig. Dieser war seinerseits und seinerzeit viel gelesen und entsprechend einflussreich mit seinen wichtigen Handbüchern.[16]

Erweitert und vertieft zugleich wurden diese Vorstellungen auf im einzelnen unterschiedliche, im wesentlichen aber übereinstimmende Weise durch Alexander von Humboldt und Carl Ritter, den weltmännischen und weltläufigen Aristokraten und den preußischen Professor.[17] Beide sahen einen inneren und innigen Zusammenhang zwischen der natürlichen Umwelt und der kulturellen Entwicklung. Humboldt, der zweite Entdecker Amerikas, hat das holistische Bild, mit dem er die „Erscheinungen" der Empirie in ihren Zusammenhängen sah, in kosmischen Dimensionen gezeichnet und vor allem in seinem großen Mexiko-Werk auch auf eine konkrete Region bezogen. Ritter hat sich stärker der Erde selbst und damit der wissenschaftlichen Erdkunde zugewandt, als deren Begründer er gelten darf, und er hat dabei das organische Zusammenspiel zwischen Mensch und Erde besonders akzentuiert, mit geradezu theologischem Blick und mit einer besonderen Betonung der „inneren Anschauung" als des Organon des Geographen.

Für meinen Überblick ist entscheidend, dass alle diese Einflüsse gerade in der sich neu formierenden klassischen Altertumswissenschaft unmittelbar zur Geltung kamen, schon durch persönliche Kontakte und räumliche Nähe, nicht zuletzt an der neu gegründeten Berliner Universität. Hier hatte der Philologe August Boeckh, der seine Position auch methodologisch-programmatisch vertrat, der Philologie eine realistische Wende verordnet, einen Bezug der Texte und Worte auf die Realien und Sachen.[18] Man sprach damals von der Diskrepanz der „Wortphilologie", für die der Leipziger Gottfried Hermann stand, und der „Sachphilologie" in Boeckh'scher Observanz. Diese hat der sich nun allmählich herausdifferenzierenden Archäologie und Alten Geschichte wesentliche Impulse gegeben, wie im Wirken der bedeutendsten Schüler Boeckhs, Carl Otfried Müllers und Johann Gustav Droysens,[19] sichtbar wird.

<hr>

15 Zu Montesquieu in diesem Sinne s. H.-J. GEHRKE, *Gegenbild und Selbstbild: Das europäische Iran-Bild zwischen Griechen und Mullahs*, in T. HÖLSCHER (Hg.), *Gegenwelten zu den Kulturen Griechenlands und Roms in der Antike*, Leipzig, Saur, 2000, 91f. [in Ausgewählte Schriften Band III].

16 A. L.HEEREN, *Ideen über die Politik, den Verkehr und den Handel der vornehmsten Völker der Alten Welt*, Theil 1, 1. Abt., Göttingen, Vandenhoeck & Ruprecht, 4. Aufl. 1824, vor allem 1–150. Theil 3, 1. Abt., ebd., 2. Aufl. 1821, vor allem 1–58.

17 Hierzu s. des Näheren vor allem GEHRKE a. O. (1992) 16–23 [hier: S. 150–160].

18 Zu diesem s. jetzt, mit weiteren Hinweisen, M. HANSES, *Boeckh, August*, „DNP" Supplement 6, 2012, 119–122.

19 Zu DROYSEN in dieser Hinsicht s. jetzt vor allem H.-U. WIEMER, *Quellenkritik, historische Geographie und philosophische Teleologie* in S. REBENICH / H.-U. WIEMER (Hg.), *Johann Gustav Droysens ‚Geschichte Alexanders des Großen'*, in *Johann Gustav Droysen. Philosophie und Politik – Historie und Philologie*, Frankfurt/Main – New York, Campus, 2012, 95–157.

Der Zug zum Realen äußerte sich bei Müller in einem besonderen Interesse am antiken Leben, welches er sich, gleichsam als Teil des eigenen Lebens, dank großer Anschauungskraft auch lebhaft vorstellte.[20] Gerade das Land und der konkrete Ort verkörperten für Müller diese Verbindung, die er nicht anders als Humboldt und Ritter als eine organische Ganzheit wahrnahm, so wie er Literatur und Kunst, Mythos und Geschichte als in sich verwobenen Zugang zu den „Alten" nutzte. Da er zunächst nicht im Mittelmeergebiet reisen konnte, machte er intensiv Gebrauch von den Forschungsergebnissen anderer, nicht zuletzt auch von den Berichten und Publikationen der „Expédition de Morée", die ihm durch Karl Benedict Hase aus Paris vermittelt wurden.

Diese Saat ging noch nicht wirklich auf, weil Müller während seiner ersten und umsichtig geplanten Griechenlandreise in intensiven Arbeiten ein tragisches Ende fand. Aber sein Schüler Ernst Curtius entwickelte diese Perspektive weiter, ganz im Geiste der erwähnten Personen, und dies in einer Zeit, als nach der griechischen Unabhängigkeit auch zunehmend deutsche Altertumswissenschaftler – genannt sei nur Ludwig Ross[21] – in wachsendem Maße sich auch an der konkreten Exploration im Lande selbst beteiligten. Curtius' Buch über die Peloponnes ist ein Dokument für die hier beschriebene, auf die Aufklärung zurückgehende [9] und alle die verschiedenen konkreten Forschungen – nicht zuletzt die von Leake und Puillon de Boblaye – synthetisierende organisch-ganzheitliche Auffassung von Raum und Mensch, hier also des antiken Raumes und der Repräsentanten der klassischen Kultur.[22] Zugleich bildete die Synopse auch eine Verbindung von Einst und Heute, von dem klassizistisch-romantisch imaginierten Altertum zur Gegenwart. Curtius – und viele andere – glaubten, die antike Wirklichkeit, einschließlich der Vorstellungen ihrer Menschen, gleichsam noch in den Denkmälern und den im Boden erhaltenen Resten aufspüren zu können.

Curtius entwickelte darüber hinaus auch Programme für eine „historische Chorographie", und da er ein guter Organisator war, zudem exzellente Beziehungen zum Hause Hohenzollern und damit zu den höchsten Kreisen von Politik und Militär in Preußen und Deutschland genoss, war er in der Lage, bedeutende Projekte

---

20   Hierzu s. vor allem den Beitrag von GEHRKE a. O. (1991) sowie jetzt W. UNTE / H. ROHLFING, *Quellen für eine Biographie Karl Otfried Müllers (1797–1840). Bibliographie und Nachlaß*, Hildesheim u.a., Olms, 1997.

21   Besonders wichtige seiner Werke sind: *Reisen auf den griechischen Inseln des Ägäischen Meeres*, 4 Bde., Stuttgart – Tübingen, Cotta, 1840–1852; *Reisen und Reiserouten durch Griechenland. Erster Theil: Reisen im Peloponnes*, Berlin, Reimer, 1841; *Wanderungen in Griechenland im Gefolge König Ottos und der Königin Amalie*, 2 Bde., Halle, Schwetschke, 2. Auflage 1951; zu ROSS vgl. auch GEHRKE a. O. (1993) 4f. und s. jetzt vor allem I. E. MINNER, *Ewig ein Fremder im fremden Lande. Ludwig Ross (1806–1859) und Griechenland* (Peleus Bd. 36), Mannheim – Möhnesee, Bibliopolis, 2006.

22   CURTIUS a. O. (Anm. 11); zu diesem generell s. vor allem GEHRKE a. O. (1993) 6–11 [hier: S. 180–188] und neuerdings (mit weiteren Hinweisen) E. BALTRUSCH, *Curtius, Ernst*, „DNP" Supplement 6, 2012, 262–264. Zu den Karten von Attika s. H. LOHMANN, *Die preußischen „Karten von Attika"*, in H. LOHMANN / T. MATTERN (Hg.), *Attika. Archäologie einer „zentralen" Kulturlandschaft. Akten der internationalen Tagung vom 18.–20. Mai 2007 in Marburg* (Philippika XXXVII), Wiesbaden, Harrassowitz, 2010, 263–279.

auch zu realisieren, die nach unserem Verständnis im besten Sinne interdisziplinär angelegt waren. Ich denke vor allem an die brillante Kartierung von Attika und an die Ausgrabungen von Olympia.

Wie geläufig ein derartiger Blick auf die Antike war, zeigt auch die Perspektive eines anderen einflussreichen Altertumswissenschaftlers, der uns nun auch in die römische Geschichte führt: Theodor Mommsen. In seinem klassischen Werk über diese Geschichte, das sogar mit dem Nobelpreis für Literatur ausgezeichnet wurde, kann er Italien aus eigener Anschauung schildern und den römischen Expansionismus mit seinen „Militärchausseen" in der Landschaft verankern. Man spürt bei der Lektüre die Präsenz der Landschaft. Zugleich steht diese Optik ganz unter dem seinerzeit aktuellen Zusammenhang von Nation und Land: Italien ist der Raum, in dem sich die römische Herrschaft geradezu natürlich als Einigung Italiens vollziehen kann, und so sieht MOMMSEN sein Werk nicht als Geschichte Roms, sondern expressis verbis als „Geschichte Italiens, die hier erzählt werden soll."[23]

So entstanden auch große Synopsen, in denen geographische, philologische und archäologische Informationen und Methoden zusammenflossen, wie Conrad Bursians „Geographie von Griechenland" und Heinrich Nissens „Italische Landeskunde".[24] Habbo Gerhard Lolling regte eine umfassende griechische Topographie an, mit der sich Ferdinand Noack bereits beschäftigte.[25] Und bereits vor dem Ersten Weltkrieg entstand der Plan, auf internationaler Basis „unter einer gemeinsamen Leitung alle Landschaften Griechenlands von Spezialforschern bearbeiten zu lassen. Er hätte auf dem Zusammenwirken von Gelehrten verschiedener Nationen beruht, wurde aber durch den Weltkrieg vereitelt".[26]

Es war aber nicht nur der Krieg – und die daran anschließenden teils für die Wissenschaft noch katastrophaleren Zeiten des Dritten Reichs und des nächsten Krieges mit den jeweiligen Nachkriegszeiten, welche hier zu erheblichen Beeinträchtigungen führten, sondern auch wissenschaftsinterne Tendenzen. Die Logik der zunehmenden Spezialisierung im Großbetrieb, den die Altertumswissenschaften schon am Ende des 19. Jahrhunderts darstellten – durchaus auch in Konsequenz ihrer großen Erfolge –, waren solchen integrativen und fächerübergreifenden Projekten und Perspektiven nicht hold. Es gab neue und andere Ausrichtungen: Die archäologischen Disziplinen wandten sich verstärkt der Kunst zu und nahmen diese – Tendenzen des seinerzeitigen Kunstverständnisses entsprechend – als autonome Größe. Ähnliches geschah in der Philologie im Blick auf die Literatur, wenn

---

23 T. M., *Römische Geschichte,* Band I, Berlin, Weidmann, 9. Aufl. 1902, 6; zur via Appia als der „erste(n) große(n) Militärchaussee" s. ebd. 449.

24 C. B., *Geographie von Griechenland,* 2 Bde., Stuttgart, Teubner, 1862. 1868/72; H. N., *Italische Landeskunde,* 2 Bde., Berlin, Weidmann, 1883. 1902.

25 Zu LOLLING s. K. FITTSCHEN (Hg.), *Historische Landeskunde und Epigraphik in Griechenland. Akten des Symposiums veranstaltet aus Anlass des 100. Todestages von H. G. Lolling (1848–1894) in Athen vom 28. bis zum 30. September 1994,* Münster, Scriptorium 2007; zu NOACK s. E.-L. SCHWANDNER, *Ferdinand Noack 1865–1931,* in R. LULLIES / W. SCHIERING (Hg.), *Archäologenbildnisse. Porträts und Kurzbiographien von Klassischen Archäologen deutscher Sprache,* Mainz, von Zabern 1988, 162f.

26 F. STÄHLIN, Das *hellenische Thessalien,* Stuttgart, J. Engelhorn's Nachf., 1924, VIII.

auch mit zeitlicher Verzögerung. Die [10] Forschungen im Lande selbst konzentrierten sich auf die Grabungen selbst, die immer mehr im Zuge fortlaufender Spezialisierung und Präzisierung den Blick für die umgebende Landschaft verloren: Der Gewinn an Professionalität bedeutete zunächst eine Horizontverengung, wie es durchaus in der Natur der wissenschaftlichen Entwicklung liegt.

Allerdings darf man demgegenüber nicht außer acht lassen, dass auch die Spezialarbeiten im einzelnen das Spektrum der Geographie in den Altertumswissenschaften stetig erweiterte. Das hängt nicht zuletzt damit zusammen, dass die Geographie antike Wurzeln hat, so dass Geographie in den Klassischen Altertumswissenschaften auch heißt: Erforschung der antiken Geographie, ihrer Autoren und ihrer Vorstellungen. Gerade hierauf hat die philologische Detailforschung viel Aufmerksamkeit gerichtet. Da ging es zunächst um die Grundlagenarbeit der Konstitution der Texte der antiken Autoren und – angesichts von deren Erhaltungszustand – um die Definition und Sichtung der Fragmente. Schon in der ersten Hälfte des 19. Jahrhunderts hat es hier erhebliche Leistungen gegeben, etwa August Meinekes Forschungen zum Strabontext oder Karl Müllers Fragmentsammlung der „Geographie Graeci Minores".[27] Zeitgleich entstanden auch große Synopsen, wie die von Albert Forbiger, sowie entsprechende Kartenwerke.[28] Und diese Arbeiten zogen und ziehen sich durch die Zeiten hindurch, bis heute, man denke an Edward Herbert Bunbury und Hugo Berger,[29] an Friedrich Gisinger und Karlhans Abel und an die wahrhaft grundlegenden Arbeiten von Aubrey Diller.[30] Aktuell sind die Strabon-Ausgaben der Loeb Classical Library, der Collection Budé und von Stefan

27   A. M., *Vindiciarum Strabonianarum liber*, Berlin, Nicolai, 1852; *Strabo, Geographica*, ed. A. MEINEKE, 3 Bde., Leipzig, Teubner, 1852/53; *Geographi Graeci Minores e codicibus recognovit prolegomenis annotatione indicibus instruxit tabulis aeri incisis illustravit* CAROLUS MULLERUS, 2 vol.a, Paris, Firmin Didot, 1855. 1861.

28   A. F., *Handbuch der alten Geographie aus den Quellen bearbeitet*, Bd. I–II, Leipzig, Mayer und Wigand, 1842/43. Bd. III, 2. Aufl., ebd. 1877. Für zahlreiche Kartenwerke steht nicht zuletzt der Name von HEINRICH KIEPERT.

29   E. H. B., *A History of Ancient Geography among the Greeks and Romans: From the Earliest Ages to the Fall of the Roman Empire*, 2 vol.s, London, J. Murray, 1879 (2. Edition, New York, Dover, 1959); H. B., *Geschichte der wissenschaftlichen Erdkunde der Griechen*, 4 Teile, 2. Aufl. Leipzig, Veit & Co, 1903.

30   F. G., *Die Erdbeschreibung des Eudoxos von Knidos*, Leipzig, Teubner 1921. GISINGER war als Herausgeber des Teil V von FELIX JACOBYs Historikerfragmenten tätig, der den antiken Geographen gilt, und hat zahleiche einschlägige Artikel für Pauly's Realencyclopädie der classischen Altertumswissenschaft verfasst, darunter den allgemeinen Artikel *Geographie*, in Supplementband IV, 1924, 521–685. Von K. A. stammt der ebd., Supplementband XIV, 1974, 989–1187 erschienene Artikel *Zone* (auch als Separatdruck: *Zone. Das Problem der Biosphäre im geographischen Denken der Antike*, München, Druckenmüller, 1974); A. DILLER, *The Textual Tradition of Strabo's Geography. With appendix: The manuscripts of Eustathius' commentary on Dionysius Periegetes*, Amsterdam, Hakkert, 1975.

Radt zu nennen,[31] die großen Kommentarwerke zu Pausanias und Strabon,[32] die Fragmentsammlungen und Bearbeitungen etwa von Didier Marcotte, Francisco José Gonzales Ponce und Patrick Counillon,[33] aber auch das unter der Ägide der Union Académique Internationale laufende Projekt der seit 1934 erscheinenden „Tabula Imperii Romani" (TIR), der „Tübinger Atlas des Vorderen Orients" (TAVO)[34] und Barrington's Atlas of the Greek and Roman World.[35] [11]

Spezielle Forschungen im Bereich unserer Thematik gab es in der fraglichen Zeit, also seit Beginn des 20. Jahrhunderts bzw. dem Ersten Weltkrieg durchaus auch im Bereich der Geographie, der Topographie und Siedlungs- bzw. Landesgeschichte. Doch waren diese unter dem Aspekt der Altertumswissenschaften insgesamt eher randständig; sie stellten eher Leistungen bedeutender Einzelgänger dar. Alfred Philippson wäre hier vor allem zu nennen, daneben Ernst Kirsten, Siegfried Lauffer, Ernst Meyer, William Kendrick Pritchett,[36] aber auch die ersten Surveys,

31 *The Geography of Strabo, with an English translation* by H. L. JONES, 8 vol.s, Cambridge MA, Harvard UP – London, Heinemann, 1969–1982; Strabon, *Géographie*, Tome I–IX. XV, Paris, Les Belles Lettres, bearbeitet von G. AUJAC (I), F. LASSERRE (II.III.VII–IX), R. BALADIÉ (IV–VI), B. LAUDENBACH (XV) und J. DESANGES (XV); Strabons *Geographika. Mit Übersetzung und Kommentar herausgegeben von* S. RADT, 10 Bde., Göttingen, Vandenhoeck & Ruprecht, 2002–2011.

32 Zu Pausanias s. D. Musti / M. Torelli (Hg.), *Pausania. Guida della Grecia*, vol. I–IX, Milano, Fondazione Valla, 1982–2010, bearbeitet von D. Musti (I–IV), L. Beschi (I), M. Torelli (II–IV) G. Maddoli (V–VI), S. Vincenzo (V–VI), M. Nafissi (VI), M. Moggi (VII–IX) und M. Osanna (VII–IX); *Pausanias, Description de la Grèce*, Tome I. IV–VIII, Paris, Les Belles Lettres, 1992–2005, bearbeitet von M. Casevitz (I.IV–VIII), J. Pouilloux (I.V–VI), F. Chamoux (I), J. Auberger (IV), A. Jacquemin (V–VI), Y. Lafond (VII), M. Jost (VIII), und J. Marcadé (VIII). Zu Strabon s. N. Biffi, *L'Italia di Strabone*, Genova, Università di Genova. Dipartimento di Archeologia, Filologia Classica e Loro Tradizioni, 1988; *L'Africa di Strabone. Libro XVII della Geografia*, Modugno, Edizioni dal Sud, 1999; *Il Medio Oriente di Strabone. Libro XVI della Geografia*, Bari, Edipuglia, 2002; *L'Estremo Oriente di Strabone. Libro XV della Geografia*, ebd. 2005; *Magna Grecia e dintorni: Geografia, 5,4,3–6,3,11*, ebd. 2006; *L'Anatolia meridionale in Strabone. Libro XIV della Geografia*, ebd. 2009; vgl. auch J. Engels, *Augusteische Oikumenegeographie und Universalhistorie im Werk Strabons von Amaseia*, Stuttgart, Steiner, 1999 sowie die Hinweise u. Anm. 49.

33 Es handelt sich vor allem um das von D. MARCOTTE koordinierte Projekt *Géographes grecs* in der Collection des Universités de France, série grecque (dir. J. JOUANNA), erschienen ist D. MARCOTTE, *Géographes grecs I. Introduction générale; Ps.-Scymnos, Circuit de la Terre*, Paris, Les Belles Lettres, 2000; FRANCISCO JOSÉ GONZALEZ PONCE, *Periplógrafos Griegos I. Épocas Arcaica y Clásica 1: Periplo de Hanón y Autores de los SS. VI y V A.C.*, Zaragoza, Prensas Universitarias, 2008; P. COUNILLON, *Pseudo-Skylax: Le périple du Pont-Euxin. Texte, traduction, commentaire philologique et historique*, Bordeaux, Ausonius, 2004.

34 TAVO, herausgegeben von H. BRUNNER / W. RÖLLIG, Teil B: *Geschichte*, Wiesbaden, Reichert, 1969ff. (mit Beiheften).

35 Ed. by R. TALBERT, Princeton, University Press, 2000.

36 A. PH., *Die Griechischen Landschaften. Eine Landeskunde*, 4 Bde., Frankfurt am Main, Klostermann, 1950–59 (ab Bd. II herausgegeben von E. KIRSTEN, der zu den Bänden I und II jeweils „Beiträge zur historischen Landeskunde" – zu Thessalien, dem östlichen Mittelgriechenland, Euboia, Attika, Megaris, Epirus, Kerkyra, dem westlichen Mittelgriechenland und den vorgelagerten Inseln – beigesteuert hatte), zu PHILIPPSON s. ID., *Wie ich zum Geographen wurde. Aufgezeichnet im Konzentrationslager Theresienstadt zwischen 1942 und 1945*, H. BÖHM /

die in den 30er Jahren des vergangenen Jahrhunderts von britischen Forschern auf Euboia begonnen wurden, oder John H. Youngs Forschungen in Attika.[37] Als besonderer Fall ist hier die Epigraphik zu nennen, in der schon die Fundorte der Inschriften bedeutsam sind und dann auch die Texte generell sehr häufig für Fragen der Topographie oder der Organisation von Territorien relevant sind. Hier hat man vor allem an den großen Louis Robert zu denken. Er hat nicht nur – vor allem gestützt auf ältere Reisebeschreibungen sowie teilweise eigene Eindrücke sowie auf eine unübertreffliche Kenntnis des Quellenmaterials – regelrechte Miniaturen antiker Landschaften entworfen, sondern auch programmatisch immer wieder die alte Einheit von geographischer und philologischer Forschung beschworen, die Einheit von „la terre et le papier", wie er das formulierte.[38] Hinter dieser Programmatik steckt aber bereits eine Entwicklung, die für die aktuelle Konstellation unserer Thematik wichtig ist.

Aus meiner Sicht sind für diese Entwicklung zwei große Trends oder Tendenzen maßgeblich, die sich ihrerseits bereits dadurch auszeichnen, dass sie in mancher Hinsicht den ursprünglichen und im ersten Teil unseres Beitrages vorgestellten Synopsen in interdisziplinärer Anstrengung wieder näher kommen. Sie könnten dazu noch mehr tun, wenn sie noch stärker aufeinander Bezug nähmen, als dies bereits geschehen ist.

Die erste dieser Richtungen hat sich allmählich aus der Grabungsarchäologie und der topographischen Einzelforschung heraus entwickelt. Unter dem Einfluss von bestimmten Methoden in Nachbarfächern wie der prähistorischen Archäologie und der Anthropologie hat (etwa unter Stichwörtern wie „New Archaeology") auch die Feldforschung in der Klassischen Archäologie begonnen, sich zunehmend von der Konzentration auf den Punkt (der Grabung) weg zu der Fläche, der Umwelt bzw. der Landschaft hin zu bewegen. Dabei haben sich, vor allem seit den 80er

---

A. MEHMEL (hg. von), Bonn, Bouvier, 1996, dort auch ein Verzeichnis der Publikationen, 788–805); E. K., *Landschaft und Geschichte der antiken Welt. Ausgewählte kleine Schriften*, Bonn, Habelt, 1984 (Verzeichnis der Publikationen 279–290); S. L. *Kopais. Untersuchungen zur historischen Landeskunde Mittelgriechenlands*, Bd. I, Frankfurt am Main u. a., Lang, 1986, zu LAUFFER s. H. BEISTER, *Siegfried Lauffer*, in J. SEIBERT (Hg.), *100 Jahre Alte Geschichte an der Ludwig-Maximilians-Universität München (1901–2001)*, Berlin, Duncker und Humblot, 2002, 137–159; E. M., *Peloponnesische Wanderungen*, Zürich, Niehaus, 1939; *Neue peloponnesische Wanderungen*, Bern, Francke, 1957; MEYER hat auch zahlreiche topographische Artikel im „Kleinen Pauly" verfasst; W. K. P., *Studies in Ancient Greek Topography*, Parts I–VI, Berkeley, University of California Press, 1965–1989. Parts VII–VII, Amsterdam, Gieben, 1991/92; *Greek Archives, Cult, and Topography*, Amsterdam, Gieben, 1996; *Pausanias Periegetes*, 2 vol.s, Amsterdam, Gieben, 1998/99.

37 L. H. Sackett / V. Hankey / R. J. Howell / T. W. Jacobsen / M. R. Popham, *Prehistoric Euboea: Contributions toward a Survey*, „ABSA", LXI, 1966, 33–112. Taf. 8–22; J. H. Young, *Studies in South Attica*, „Hesperia", XXV, 1956, 12–146.

38 L. R., *Actes du VIIIe Congrès de l'Association G. Budé*, Avril 1968, Paris 1970, 68–86 (*Opera Minora Selecta* IV, Amsterdam, Hakkert, 1974, 383–403); zu ROBERT s. jetzt die Auswahl seiner Schriften mit kompletter Bibliographie: L. ROBERT, *Choix d'écrits*. Édité par D. ROUSSET avec la collaboration de PH. GAUTHIER et I. SAVALLI-LESTRADE, Paris, Les Belles Lettres, 2007.

Jahren des letzten Jahrhunderts, neue Methoden entwickelt, insbesondere in der Survey-Archäologie.[39]

Zunehmend kommen dem auch völlig neue Methoden der Exploration und der minimal-invasiven Forschung entgegen, so die verschiedenen Möglichkeiten der Geophysik und der lasergesteuerten Fernerkundung. Generell haben sich die Geowissenschaften in den letzten ca. 30 Jahren rasant für Fragen der rezenten Entwicklungen und damit auch für historische Zeiträume geöffnet. Und es gehört heute schon zum Standard, dass Feldforschungen zu den [12] klassischen Kulturen (und nicht nur) gerade die Kooperation von Geographie und Archäologie vorantreiben, man spricht schon ganz geläufig von Geoarchäologie.[40]

Damit hängt auch eine Erweiterung der Fragestellungen zusammen, wie sie nicht zuletzt aus den Geschichtswissenschaften kommt. Die Klassische Archäologie wird auf diesem Gebiet so etwas wie die Prähistorische Archäologie, also die Prähistorie und Frühgeschichte der Klassischen Welt. Es geht hier um elementare Fragen der Lebensweisen und Landesnutzung, der Sozialökologie und Wirtschaftsgeschichte, der Siedlungsstrukturen und der Bevölkerungszahlen. Daten der Vegetationsgeschichte werden erhoben, und das Spektrum der fächerübergreifenden Kooperation verbreitert sich, nicht zuletzt in Richtung auf die Natur- und Technikwissenschaften: Vorsilben wie Paläo- und Archäo- signalisieren das, wie das Paläoklima und das Palaeoenvironment, die Paläobotanik und die Archäozoologie. Hier sind vor allem Wissenschaftler wie John Bintliff, Robin Osborne, Lin Foxhall und Manfred Brückner zu nennen – statt vieler anderer.[41] Es handelt sich um ein Gebiet, das sich – nicht zuletzt wegen der Dynamik der naturwissenschaftlich-technischen Möglichkeiten – dramatisch entwickelt und eben wegen der Faszination durch das Szientifische, das es ausstrahlt, im Rampenlicht des Interesses steht. Aktuell sind es besonders die Isotopie und die Paläogenetik, die hier erwähnt werden müssen.[42]

Die andere Richtung ist weniger spektakulär, aber nicht weniger wichtig. Ihr Ausgangspunkt ist aus meiner Sicht – und das erinnert uns wieder an Louis Robert – eine gezielte und ebenfalls programmatische Neuorientierung innerhalb der französischen Geschichtswissenschaft in den 20er Jahren des letzten Jahrhunderts. Hier

---

39   Hierzu s. generell A. H. BORBEIN / T. HÖLSCHER / P. ZANKER (Hg.), *Klassische Archäologie. Eine Einführung*, Berlin, Reimer, 2. Aufl. 2009; zu den Surveys und ihren verschiedenen Methoden vgl. F. KOLB (Hg.), *Chora und Polis*, München, Oldenbourg, 2004.

40   Der Berliner Exzellenzcluster „Topoi. The Formation and Transformation of Space an Knowledge in Ancient Civilisations and Beyond" (www.topoi.org) mag dafür als ein Beispiel stehen.

41   J. B., *Natural Environment and Human Settlement in Prehistoric Greece*, 2 vol.s, Oxford, British Archaeological Reports, 1977 und jetzt *The Complete Archaeology of Greece: from Hunter-Gatherers to the 20th Century*, Oxford, Wiley-Blackwell, 2012; R. O., *Classical Landscape with Figures. The Ancient Greek City and Its Countryside*, London, Philip, 1987; L. F., *Olive Cultivation in Ancient Greece: Seeking the Ancient Economy*, Oxford, Oxford UP, 2007; H. B., *Marine Terrassen in Süditalien: eine quartärmorphologische Studie über das Küstentiefland von Metapont*, Düsseldorf, Selbstverlag des Geographischen Instituts der Universität Düsseldorf, 1980.

42   Zur Problematik s. jetzt S. SAMIDA / M. K. H. EGGERT, *Archäologie als Naturwissenschaft? Eine Streitschrift*, o. O., Vergangenheitsverlag, 2. Aufl. 2013.

ging es zunächst um eine Neubesinnung auf ureigenem historischem Gebiet, um eine Wendung gegen Ereignis- und Diplomatiegeschichte. Es sollte der Mensch in neuer Weise ins Zentrum gerückt werden, auch in seinen alltäglichen Lebensumständen, seinen elementaren Vorstellungen und Mentalitäten – und das erinnert durchaus an die oben skizzierten Anfänge und Ansätze in den Altertumswissenschaften. Da nun in der französischen Tradition der Geschichtswissenschaften das Geographische einen besonderen Stellenwert hatte, trat dies auch in der neuen Schule, die sich um die Zeitschrift „Annales" gruppierte und deren Köpfe zunächst Lucien Febvre und Marc Bloch waren, besonders hervor.[43] Das Verhältnis zwischen Mensch und Raum wurde hier gleichsam neu vermessen, auch und gerade gegenüber dem Determinismus, der sich in Anlehnung an Ritter in der Anthropogeographie entwickelt hatte (Friedrich Ratzel) und der dann in den geopolitischen Phantastereien des Nationalsozialismus noch pervertiert wurde.

Es ging jetzt weniger um Gesetzmäßigkeiten als um Relationen und Wechselwirkungen. Menschen nutzten und belebten Räume, machten sie zum Teil ihres Alltags und hingen insofern auch von ihnen ab. Sie gestalteten sie aber auch und gaben ihnen sozusagen einen Sinn. Febvre illustrierte das vor allem am Konzept von Grenzen, indem er mit Beispielen aus der französischen und deutschen Geschichte demonstrierte, dass auch die Vorstellung der natürlichen Grenze künstlich – also menschengemacht – ist. Überhaupt tritt deutlich hervor, welche [13] Rolle der Raum im menschlichen *imaginaire* einnimmt. Was man seit den späten 80er Jahren den „spatial turn" nennt,[44] ist hier schon lange vorweggenommen: Der Raum wird nicht nur als eine Hülle und ein Behältnis verstanden, sondern in seinem Bezug auf und in seiner Interaktion mit sozialen und mentalen (mithin auch kulturellen) Gegebenheiten.

Bei Fernand Braudel, einem Repräsentanten der zweiten Generation dieser Schule, kann dann sogar ein Raum selbst zum historischen Gegenstand werden, der mit seinen je eigenen Rhythmen den historischen Schwingungen neue Frequenzen verleiht. Da es sich um das Mittelmeergebiet handelte, ist schon das – trotz der zeitlichen Differenz, die ja durch die erwähnten Frequenzen relativiert wird – auch für die Klassischen Studien relevant.[45]

---

43   Vgl. hierzu vor allem L. FEBVRE, *La terre e lévolution humaine. Introduction géographique à l'histoire*, Paris, La Renaissance du Livre, 1924; *Das Gewissen des Historikers*. Hg. u. aus d. Franz. übers. von U. RAULFF, Berlin, Wagenbach, 1988; zur Annales-Schule vgl. M. MIDDELL / S. SAMMLER (Hg.), *Alles Gewordene hat Geschichte. Die Schule der Annales in ihren Texten 1929–1992. Mit einem Essay von P. Schöttler*, Leipzig, Reclam, 1994; L. RAPHAEL, *Die Erben von Bloch und Febvre. Annales-Geschichtsschreibung und nouvelle histoire in Frankreich. 1945–1980*, Stuttgart, Klett-Cotta, 1994; zur Archäologie s. J. BINTLIFF (Hg.), *The Annales School and Archaeology*, Leicester, Leicester UP 1991.

44   Zu diesem s. bes. D. BACHMANN-MEDICK, *Spacial Turn*, in D. BACHMANN-MEDICK (Hg.), *Cultural Turns. Neuorientierungen in den Kulturwissenschaften*, 3. Aufl., Reinbek, Rowohlt, 2009, vgl. auch M. LÖW, *Raumsoziologie*, Frankfurt am Main, Suhrkamp, 2001.

45   F. B., *La Méditerranée et le monde méditeranéen à l'epoque de Philippe II*, Paris, A. Colin, 1949. Dieser Zugang ist derzeit gerade in den Altertumswissenschaften *en vogue*, s. vor allem P. HORDEN / N. PURCELL, *The Corrupting Sea: A Study of Mediterranean History*,

Auf Grund der politischen Entwicklung und des Krieges mit seinen Folgen trat die Wirkung dieses Neuansatzes, vor allem außerhalb Frankreichs, mit großer Verzögerung, ein. Sie verband sich im übrigen nahtlos mit anderen Konzeptionen, etwa strukturalistischen und konstruktivistischen Positionen oder dem späteren Paradigma der Kulturwissenschaft. Somit traten Deutungen, Sichtweisen, Vorstellungshorizonte, auch und gerade in Bezug auf Räume, ins Zentrum. In der italienischen Geographie hat Lucio Gambi diese Historisierung der Geographie bzw. Geographisierung der Geschichte (eines seiner Sammelwerke heißt „Una geografia per la storia") vorangetrieben.[46]

Aber die Wirkung dieser neuen Richtung, mit ihren unterschiedlichen Weiterungen und ‚Synkretismen', erstreckte sich auch auf die Altertumswissenschaften. Sie führte schon relativ früh zu einer anthropologischen Orientierung der Klassischen Studien, im Centre Louis Gernet.[47] Generell wurden Elemente des *imaginaire* wie intellektuelle oder religiöse Phänomene mit räumlich-geographischen Komponenten verbunden, so durch François Hartog und François de Polignac.[48] Auch wenn es dabei nicht ohne spannende Kontroversen abging, hat sich doch diese neue Verbindung von Mensch und Raum, Altertumswissenschaft und Geographie folgenreich etabliert.

Mit dieser Orientierung verbindet sich nun auch, wenngleich nicht in unmittelbarer Abhängigkeit, aber doch – wir leben ja nicht im luftleeren Raum – in Berührung mit ihr, eine neue und inspirierende Interpretation der antiken Geographie, wie mir scheinen will. Vielleicht täusche ich mich auch, dann mögen mich die hier anwesenden Personen, die diese Interpretation begründet haben, eines besseren belehren. Man kann sie in der Tat auch aus der Arbeit von Spezialisten dieses Gebietes heraus zu verstehen versuchen. Es geht hier allerdings ebenfalls um eine Verbindung von räumlichen Vorstellungen und geographischen Konzepten mit dem *imaginaire* generell, mit den Denkstrukturen von Individuen und Kollektiven, ja mit den Denkweisen unseres Gehirns schlechthin.

Zunächst haben sich die Arbeiten zu den Gattungen und Prinzipien der antiken geographischen Literatur verfeinert. Wir haben, vor allem dank der Arbeiten Christiaan van Paassens und Francesco Pronteras, aber auch der – sagen wir – Strabon-Studien von Perugia, die verschiedenen Richtungen und Blickweisen der antiken geographischen Tradition differenzieren gelernt.[49] Die Verfahrensweisen und

---

Oxford, Wiley-Blackwell, 2000; I. MALKIN, *A Small Greek World: Networks in the Ancient Mediterranean*, Oxford, Oxford UP, 2011.

46 L. G., *Una geografia per la storia*, Torino, Einaudi, 2. Aufl. 1973.

47 Hierzu vgl. etwa T. HÖLSCHER, *Klassische Archäologie am Ende des 20. Jahrhunderts: Tendenzen, Defizite, Illusionen*, in E.-R. SCHWINGE (Hg.), *Die Wissenschaften vom Altertum am Ende des 2. Jahrtausends n. Chr.*, Stuttgart – Leipzig, Teubner, 1995, 197–228, hier 226.

48 F. H., *Le Miroir d'Hérodote. Essai sur la représentation de l'autre*, Paris, Gallimard,1980; F.d.P., *La naissance de la cité grecque. Cultes, espace et société, VIIIe/VIIe siècles*, Paris, Éditions de la Découverte, 2. Aufl. 1995.

49 C. v. P., *The Classical Tradition in Geography*, Groningen, J. B. Wolters, 1957; F. P., *Prima di Strabone: Materiali per uno studio della geographia antica come genere letterario*, in *Strabone. Contributi allo studio della personalità e dell'opera*, vol. I, a cura di F. P., Rimini,

Prinzipien der wissenschaftlichen Geographie hat uns Germaine Aujac besser zu verstehen gelehrt, so wie uns vor allem Pascal Arnaud zeigt, wie in [14] ihr gemessen wird.[50] Und Pietro Janni und Alexander Podossinov haben uns demonstriert, dass die antike geographische Sicht in zwei sehr differente Modi zerfällt und dass das erhebliche Konsequenzen für die Rekonstruktion antiker Vorstellungswelten mit Einschluss der Kartographie hat.[51] Die Bemühungen von Alfred Stückelberger, Gerd Grasshoff und ihren ‚Mitstreitern‘ haben uns die Verfahren der wissenschaftlichen Geographie, ausgehend von Ptolemaios, näher gebracht.[52] Neuere Sammelwerke von Michael Rathmann sowie von diesem und Klaus Geus dokumentieren den Stand der Erkenntnis gerade auf diesen Gebieten.[53]

Wenn wir dergestalt schon bei der aktuellen Situation angekommen sind, so muss ich gerade an dieser Stelle und aus diesem Anlass hervorheben, dass besonders in den geographisch-landeskundlichen Forschungsgebieten die internationale Kooperation höchst beachtlich ist. Ich darf in diesem Zusammenhang gerne die Ernst-Kirsten Gesellschaft erwähnen, die von Eckhard Olshausen initiiert wurde und jetzt von Klaus Geus geleitet wird,[54] oder an Zeitschriften mit internationalem Zuschnitt erinnern wie den „Orbis Antiquus“ und „Geographia Antiqua“. Gemeinsame Projekte wurden und werden in Angriff genommen wie die definitive Edition

Maggioli, 1984, 189–259; *Periploi: Sulla tradizione della geografia nautica presso i Greci*, in: *L'uomo e il mare nella civiltà occidentale: da Ulisse a Cristoforo Colombo* (Atti del Convegno di Genova, 1–4 giugno 1992), Genova, Società Ligure per Storia Patria, 1993, 27–44; *Geografia e storia nella Grecia antica*, Firenze, Olschi, 2011; vgl. darüber hinaus: *Strabone. Saggio di bibliografia 1469–1978*, a cura di A. M. BIRASCHI et al., Perugia, Università degli Studi, 1981; *Strabone. Contributi allo studio della personalità e dell'opera*, vol. II, a cura di G. MADDOLI, ebd., 1986; *Strabone e l'Italia antica*, a cura di G. MADDOLI, Napoli, Edizioni Scientifiche Italiane, 1988; *Strabone e la Grecia*, a cura di A.M. BIRASCHI, ebd., 1994; *Strabone e l'Asia Minore*, a cura di A.M. BIRASCHI / G. SALMERI, ebd., 2000.

50 G. A., *Strabon e la science de son temps*, Paris, Les Belles Lettres, 1966; *La géographie dans le monde antique*, Paris, Presses Universitaires de France, 1975; *Claude Ptolémée, astronome, astrologue, géographe*, Paris, CTHS, 1993; P. A., *De la durée à la distance: l'évaluation des distances maritimes dans le monde gréco-romaine*, „Histoire & Mesure“, VIII, 1993, 225–247; *Les routes de la navigation antique. Itinéraires en Méditerranée*, Paris, Errance, 2005.

51 P. J., *La mappa e il periplo. Cartografia antica e spazio odologico*, Roma, Bretschneider, 1984; A. P., *Iz istorii anticnykh geograficeskich predstavlenij*, „VDI“, CXLVII, 1979, 147–166; Die Orientierung der alten Karten von den ältesten Zeiten bis zum frühen Mittelalter, „Cartographia Helvetica“, VII, 1993, 33–43.

52 *Klaudios Ptolemaios. Handbuch der Geographie. Griechisch-Deutsch. Einleitung, Text und Übersetzung, Index.* 1. Teilband: Einleitung und Buch 1–4. 2. Teilband: Buch 5–8 und Indices, a cura di A. S. / G. G. *et al.*, Basel, Schwabe, 2006, vgl. dazu auch F. MITTENHUBER, *Text- und Kartentradition in der Geographie des Klaudios Ptolemaios: Eine Geschichte der Kartenüberlieferung vom ptolemäischen Original bis in die Renaissance*, Bern, Bern Studies in the History and Philosophy of Science, 2009; R. BURRI, *Die „Geographie“ des Ptolemaios im Spiegel der griechischen Handschriften*, Berlin – Boston, de Gruyter, 2013.

53 M. R. (Hg.), *Wahrnehmung und Erfassung geographischer Räume in der Antike*, Mainz, von Zabern, 2007; K. G. / M. R. (Hg.), *Vermessung der Oikumene*, Berlin – Boston, de Gruyter, 2012.

54 Zu dieser s. http://www.geschkult.fu-berlin.de/e/fmi/arbeitsbereiche/ab_geus/Ernst_Kirsten_ Gesellschaft/

des Teil V von Jacobys Historikerfragmenten oder eine große Bestandsaufnahme im Rahmen von Brill's Companion, eine Initiative, die wir Serena Bianchetti verdanken.[55] Im Rahmen von drei trilateralen Forschungskonferenzen, die wir im Kreise der Freunde Francesco Prontera, Leandro Polverini, Pascal Arnaud, Patrick Counillon und Peter Funke in der Villa Vigoni organisieren konnten, haben wir dem Verhältnis von Geographie und Politik in der griechisch-römischen Antike nachspüren können.[56] Und auch das mit dem vorliegenden Bande dokumentierte Kolloquium ist ein schöner Ausweis dieser Kooperation.

Am Schluss meines Beitrages sei mir, neben dem Dank für die Planung und Organisation und die Beteiligung so vieler renommierter und engagierter Kolleginnen und Kollegen, noch ein Wunsch gestattet. Es wäre, so denke ich, höchst begrüßenswert, wenn es uns gelänge, die beiden von mir hier herausgestellten Stränge der geographischen Erforschung der Alten Welt, die konkrete landeskundliche Arbeit und das Studium der Vorstellungswelten, das Geoarchäologische und das Philologisch-Kulturgeschichtliche mithin, noch stärker zu verbinden, auch unter Berücksichtigung der Wissenschaftsgeschichte. Mir scheint, dass die Arbeit und die Perspektive des Exzellenzclusters TOPOI, dem wir uns alle, so denke ich, sehr verbunden fühlen, hier schon markante Impulse liefert.[57] Vergessen wir nicht: Schon vor 200 Jahren war Berlin ein höchst kreativer Ort für die Geographie in den Klassischen Altertumswissenschaften. [15]

ABSTRACT – The contribution aims at showing that the study of geography and the classical studies were interconnected. In the end of the 18th and the beginning of the 19th century, works of explorers were brought into relation to the philological work on ancient texts. This was particularly influenced by concepts of scientific geography and led, during the 19th century, to important syntheses concerning the history of ancient geography and the historical geography of the classical world. After a period of specialization, we can now observe a new tendency to more holistic approaches, from the viewpoint of the imaginaire of ancient and modern geography and due to increasing fieldwork in landscape archaeology, combined with anthropological perspectives.

---

55 Sie hat im übrigen eine lesenswerte Einführung in die Thematik verfasst: *Geografia storica del mondo antico*, Bologna, Monduzzi, 2008.

56 Die Akten der Konferenzen sind bereits publiziert: *Geografia e politica in Grecia e Roma. Conferenze di ricerca italo-franco-tedesche*, vol. I–III (Villa Vigoni, 6–7 ottobre 2008; 5–8 ottobre 2009; 4–6 ottobre 2010), a cura di H.-J. Gehrke / P. Arnaud / F. Prontera, „GeogrAnt", XVIII, 2009; XIX, 2010; XX–XXI, 2011–2012.

57 Vgl. o. Anm. 40.

LOKALE UND REGIONALE TOPOGRAPHIE

*Erschienen in: Boreas 9, 1986, 83–104 (H.-J. Gehrke gemeinsam mit Exkursions-
teilnehmern, FU Berlin).*

ZUR LAGE VON SALGANEUS

Ausgangspunkt der folgenden Überlegungen[1] ist ein zentrales methodisches Problem der historisch-archäologischen Topographie, die Frage nach der Verbindung
von literarisch belegten Orten mit archäologischen Fundplätzen. Immer wieder liefert auf diesem Gebiet die Forschung Beispiele für unbegründete Zuweisungen und
Identifizierungen. Insbesondere scheint auf der einen Seite geradezu der Zwang zu
herrschen, jeden in der Literatur bezeugten Ort zu lokalisieren – wie dürftig auch
immer die archäologischen Hinweise darauf zu sein mögen. Andererseits ist die
Verlockung offensichtlich übermächtig, einen Fundkomplex, zumal wenn er sich
sehr eindrucksvoll präsentiert, mit einem in unseren Texten überlieferten und prima
facie passenden Namen zu versehen.

Ein eklatantes Beispiel für diese häufig begegnende Tendenz zu voreiliger Lokalisierung oder Benennung liefert der historisch an sich nahezu unbedeutende boiotische Platz Salganeus. Die Frage nach seiner Lage führt unmittelbar auf das bezeichnete Methodenproblem. Gerade neuere Untersuchungen haben sich um eine
Kritik an der älteren Identifizierung des Ortes bemüht. Ihn hatten nahezu alle Forscher[2] aufgrund der Lektüre der einschlägigen Texte und eigener bzw. fremder
Oberflächenbeobachtungen mit einem markanten, an der Westecke der westlich
von Chalkis auf dem boiotischen Festlande gelegenen Ebene von Chália (Drosiá)
befindlichen Hügel, dem Lithosorós, verbunden[3] (s. Abb. 1). Demgegenüber hat

---

1   Die Idee zu dieser Studie entstand auf einer von H.-J. Gehrke geleiteten Exkursion nach Euboia
und Boiotien im September 1985. Wesentliche Argumente ergaben sich bei einer lebhaften
Diskussion am Aniphoritis-Paß, die sich an ein als Grundlage ausgezeichnet geeignetes Referat
von Matthias Kopp anschloß und die durch die Beiträge aus den Reihen der Teilnehmer (neben
dem Genannten noch Ulf Buchert, Martin Fell, Justus Fetscher, Beate Kluge, Franziska Lang,
Ulrich Linnemann, Agnes Michaelides, Astrid Möller, Karin Peisert, Petra Reichert, Winfrid
Schmitz, Ina Wienert und Frank Zimmer) sehr gefördert wurde. Für weitere Hinweise haben
wir Peter Funke (Siegen) und Reinhard Stupperich (Münster) zu danken.

2   Eine wichtige Ausnahme bildet H. N. Ulrichs, Reisen und Forschungen in Griechenland II
(1863) 34f. 219.

3   Die älteren Autoren (vgl. auch u. S. 94f. [hier: 249f.]) sind zusammengestellt bei S. C. Bakhuizen, Salganeus and the fortifications on its mountains (1970) 6ff., dazu wären noch etwa zu
stellen C. Bonner, TransactAmPhilAss 72, 1941, 30 und L. Bürchner, RE IA s. v. Salganeus;
man hat ferner zu beachten – was in der Forschung nahezu vollständig ignoriert wurde –, daß
dort der Name Solganiko noch im frühen 19. Jahrhundert belegt war. Dies hat jetzt B. Gullath,
Untersuchungen zur Geschichte Boiotiens in der Zeit Alexanders und der Diadochen, Diss.
München (1982) 155 A. 3 (unter Hinweis auf K. O. Müller, Orchomenos und die Minyer[2]
(1844) 480 sowie auf ältere Karten) hervorgehoben.

S. C. Bakhuizen[4] hervorgehoben, daß mit dem Namen Salganeus nicht allein dieser Platz bezeichnet worden sei, sondern auch eine in dessen Nähe liegende, bisher archäologisch nicht faßbare Ortschaft, ja daß sogar die gesamte Ebene von Chália diesen Namen getragen habe und daß deshalb eine bedeutende Festungsanlage im westlich anschließenden Messapion-Gebirge, ein rund 11 km langer Mauerzug, auf markanten Höhen mit Forts versehen, die nach dem dortigen Paß benannte Aniphoritis-Mauer, als Befestigung von Salganeus zu bezeichnen sei.

Nur wenig später hat P. W. Wallace in seinem Kommentar über das Boiotien Strabons[5] die Auffassung vertreten, der Ort Salganeus sei nicht mit dem Lithosorós in Verbindung zu bringen, sondern mit dem Hügel unmittelbar am Euripos von Chalkis, auf dem sich eine im 17. Jahrhundert errichtete ehemals türkische Festung befindet,[6] dem Karábaba. [84]

Abb. 1: Chalkis und die Ebene von Chália, nach der Nomos Karte 9913-7 Boiotia

4   Salganeus pass.
5   Strabo's Description of Boiotia. A Commentary (1979) 38ff.
6   J. Koder, Negroponte. Untersuchungen zu Topographie und Siedlungsgeschichte der Insel Euboia während der Zeit der Venezianerherrschaft (1973) 62. Die Bezeichnung geht auf das Grab eines gleichnamigen türkischen Sultans zurück, ebd. 29.

Beide Arbeiten sind in Fachkreisen durchweg positiv aufgenommen worden,[7] insbesondere Bakhuizens Interpretation der Festungsanlage am Messapion stieß weithin auf Zustimmung. Dennoch werfen beide Standpunkte erhebliche Schwierigkeiten auf, gerade unter dem eingangs hervorgehobenen methodischen Aspekt. Eine grundsätzliche Auseinandersetzung, die gerade von diesem Gesichtspunkt herkommt, ist also angezeigt. Sie geht von zwei methodischen Postulaten aus, die selbstverständlich scheinen, aber keineswegs immer beachtet werden:

1. Die literarischen und archäologischen Zeugnisse sind zunächst separat und möglichst sorgfältig zu prüfen und dürfen erst nach solcher immanenter Analyse miteinander konfrontiert werden. [85]
2. Jede Rekonstruktion und Identifizierung darf nur von den Punkten ausgehen, die wirklich gesichert sind.

In diesem Sinne soll im folgenden in kritischer Auseinandersetzung mit den Auffassungen von Bakhuizen und Wallace zunächst die Textgrundlage geklärt (I) und sodann das Fazit aus den verschiedenen archäologischen Beobachtungen und Forschungen am Ort gezogen werden (II). Daraus ergeben sich bestimmte Fixpunkte für eine Lokalisierung (III).

I[8]

1. Ephoros FGrHist 70 F 119 = Strab. 9,2,2

Ephoros gibt einen Hinweis auf die für eine maritime Kommunikation günstige Lage von Boiotien; im Süden lägen der Krisaiische und der Korinthische Golf,

---

7   Zu Bakhuizen: Y. Garlan, REG 85, 1972, 214; Koder a. O. 183f..; P. Roesch, AntCl 41, 1972, 736ff.; M. Benzi, RivFil 100, 1972, 103; V. Béquignon, RA 1973, 147f.; J. M. Fossey, Mnemosyne IV 27, 1974, 103ff.; geradezu enthusiastisch: J. S. Boersma, BABesch 46, 1971, 230f.; N. G. L. Hammond, ClRev N.S. 23, 1973, 107f.; R. L. N. Baker, ProcAfrClAss 12, 1973, 58ff.; am zurückhaltendsten noch P. G. Themelis, Gnomon 45, 1973, 483ff. Auf schwächere Punkte weisen auch deutlich O. Picard, Chalcis et la confédération Eubéenne (BEFAR 134) (1979) 256. 258 A.7 (aber beim Thoas-Unternehmen folgt er Bakhuizen, 283) und B. Gullath a. O. 155 A.3, die allerdings in der Hauptsache Bakhuizen folgt (ebd. 155f. 160). – Zu Wallace: P. Roesch, AntCl 51, 1982, 251ff.; J. Lens, Emerita 50, 1982. 398ff.; P. Walcot, G&A II 29, 1982, 213; besonders eklatant (gerade in der Frage von Salganeus) D. Müller, Gymnasium 89, 1982. 388ff. Kritik betrifft in der Regel nur einzelne Details, s. besonders J. M. Fossey a. O. 103; Themelis a. a. O.; Lens a. a. O.; Roesch AntCl 41, 1972, 738. 51, 1982, 215ff.; (dabei allerdings zur Lokalisierung von Salganeus 254); Gullath a. O. 155 A.3, ebenfalls zu Salganeus, besonders gegen Wallace. – Zu einer weiteren Lokalisierung (E. A. Vranopoulos, Hellenistike Chalkis. Symbole eis ten historian ton hellenistikon chronon tes Chalkidos (1972) 64ff.) s. Gullath a. a. O.
8   Die Texte werden hier noch einmal in extenso zitiert, obgleich sie auch schon bei Bakhuizen vorausgeschickt werden, allerdings dort nicht selten mit Lücken, auch mit solchen, die sich dann bei der Rekonstruktion der Ereignisse auswirken.

ἐπὶ δὲ τῶν πρὸς Εὔβοιαν μερῶν ἐφ᾽ ἑκάτερα τοῦ Εὐρίπου σχιζομένης τῆς παραλίας τῇ μὲν ἐπὶ τὴν Αὐλίδα καὶ τὴν Ταναγρικὴν τῇ δ᾽ἐπὶ τὸν Σαλγανέα καὶ τὴν Ἀνθηδόνα.

Hier bildet der Euripos den Punkt, der den Kanal von Euboia in einen Süd- und einen Nordteil trennt, wobei die boiotische Küste nördlich des Euripos mit den Orten Salganeus und Anthedon markiert wird. Salganeus ist also zwischen Euripos und Anthedon am westlichen Ufer des euboiischen Kanals zu lokalisieren. Schon das spricht eindeutig gegen eine Ansetzung beim Karábaba: Dieser liegt ja unmittelbar am Euripos, ja seine Südseite grenzt direkt an den bei Ephoros und in der Realität südlichen Teil des Kanals von Euboia.[9] Gerade für die von Ephoros gegebene Richtung gäbe dieser Punkt nichts her.

2. Nikokrates FGrHist 376 F 1 = Michigan Papyrus 4913 (TransactAmPhilAss 72, 1941, 28, ed. Bonner), col. II 7ff.

ὁ δὲ Νικοκράτης ἐν τῷ Περὶ Βοιωτίας· „ἔστιν δ᾽ ἐν τῇ Ταναγρικῇ χώρᾳ καὶ ὁ Σ[αλγα]νεὺς[10] καὶ ἡ Αὐλίς.“[11] ἐντεῦ[θέν] ἐστιν εἰς Ἀνθηδόνα στά[διοι] μὲν ἀμφὶ τοὺς κα τὰ με …

Die möglicherweise aus Apollodors Kommentar zum Schiffskatalog stammende[12] Passage gibt für die nähere Identifizierung von Salganeus nichts her. Ob das κα in I 13 eine Entfernungsangabe ist,[13] muß fraglich bleiben.[14] Sie würde keineswegs zur Entfernung von Aulis nach Anthedon[15] passen. Oder handelt es sich um die Entfernung von der vom Autor angenommenen Grenze der Tanagraike bis nach Anthedon? Dann läge diese westlich vom Lithosorós,[16] der rund 6 km von Anthedon entfernt ist. Aber auch das würde allenfalls einen vagen Hinweis auf die Lage von Salganeus erlauben.

3. Herakleides Creticus 1,26

Ἐξ Ἀνθηδόνος εἰς Χαλκίδα στάδια ο΄. μέχρι τοῦ Σαλγανέως ὁδὸς παρὰ τὸν αἰγιαλὸν λεία τε πᾶσα καὶ μαλακή· τῇ μὲν καθήκουσα εἰς θάλατταν, τῇ δὲ ὄρος οὐχ ὑψηλὸν μὲν ἔχουσα, ἄλσιον (λάσιον coni. Holste[17]) δὲ καὶ ὕδασι πηγαίοις κατάρρυτον.

---

9 Deutlich wird das bei S. C. Bakhuizen, AAA 5, 1972, 1, 143 Abb. 9.

10 C. Bonner a. O. 30: „The lacuna is almost certainly be filled out as Σ[αλγα]νεὺς, although it is surprising to find Salganeus counted along with Aulis as belonging to the territory of Tanagra“ hierzu vgl. u. A. 74.

11 So Jacoby; nach Bonner a. a. O. geht das Nikokrates-Zitat weiter.

12 Jacoby z. St.; zurückhaltender Bonner a. O. 35.

13 Bonner a. O. 30f.

14 s. Jacoby FGrHist III b Noten 105 Anm. 14; M. Gigante, Aegyptus 28, 1948, 11.

15 Dieses ist sicher lokalisiert, s. u. A. 20.

16 In dieser Gegend hat übrigens schon K. O. Müller a. a. O. (A. 3) die Grenze des tanagraiischen Gebietes vermutet.

17 Vgl. Bakhuizen, Salganeus 144, s. jedoch F. Pfitzer z. St.

Diese Beschreibung ist unser genauester antiker Beleg für die Situation zwischen Anthedon und Chalkis, mithin auch unser wichtigstes Zeugnis für die Lokalisierung von Salganeus. Zudem stammt sie von einem Autor, der in solchen Dingen durchaus als zuverlässig gelten kann und dies gerade auch in dem zitierten Kontext nachgewiesenermaßen ist.[18] Die Stelle, die merkwürdigerweise in ihrem topographischen Wert bisher nie ernst genommen wurde,[19] liefert geradezu den Schlüssel für die Lokalisierung von Salganeus.

Die angegebene Entfernung von Anthedon[20] nach Chalkis, 70 Stadien, ist völlig korrekt, unter der Voraussetzung, daß der Weg von der Stelle ab, in der er auf die Ebene von Chália stößt, quer durch diese hindurch nach Chalkis führt. Danach noch dem Küstenverlauf zu folgen, würde auch einen weiten und völlig unnötigen Umweg bedeuten. Der Punkt Salganeus, bis zu dem der Weg – nach Herakleides – am Meer entlang geht, einerseits vom Meer, andererseits vom Berg begrenzt, liegt also in dieser Gegend, d. h. genau im Raum des Lithosorós. Eine Ansetzung von Salganeus am Karábaba widerspricht dieser Stelle also eindeutig, und ohnehin fragt sich, ob Herakleides den Punkt Salganeus so hervorgehoben hätte, wenn er – mit dem Karábaba – Chalkis eigentlich schon nahezu erreicht hätte.

4. Herakleides Creticus 1,29

Ὁ γὰρ ἀπὸ τοῦ τῆς Βοιωτίας Σαλγανέως καὶ τῆς τῶν Εὐβοῶν θαλάττης ῥοῦς, εἰς τὸ αὐτό συμβάλλων καὶ τὸν Εὔριπον…(führt an der Hafenmauer von Chalkis entlang).

Aus der Beschreibung der Richtung bzw. Herkunft zweier Strömungen die im Euripos zusammentreffen, ergibt sich deutlich, daß Salganeus nicht unmittelbar an diesem selbst gesucht werden kann. Diese Angabe stimmt also genau mit der aus Ephoros (Text 1) abzuleitenden groben Lokalisierung überein. Vielleicht kann man sogar noch einen Schritt weiter gehen: Wenn die eine Strömungsrichtung vom euboiischen Meere her kommt, wir also im wesentlichen an eine Nord-Süd-Richtung zu denken haben, dann dürfte die, mit der sie sich im Euripos trifft, aus einer anderen Richtung kommen, konkret also von Westen, womit man mit Salganeus in ein Gebiet westlich vom Euripos gelangte.[21]

18 s. besonders Bakhuizen, Salganeus 141ff.
19 Wallace z. B. erörtert sie gar nicht, obgleich sie allein seine Lokalisierung unmöglich macht.
20 Zur Lokalisierung s. u. a. die Literatur bei Wallace 58f.
21 Eine etwas andere Interpretation, die hinsichtlich der topographischen Konsequenzen jedoch auf dasselbe hinausläuft, s. jetzt bei S. C. Bakhuizen, Studies in the Topography of Chalcis on Euboea (1985) 15f.

5. Diod. 19,77f.

Im Jahr des Archon Polemon (312/311[22], 77,1) schickte Antigonos Monophthalmos den Polemaios[23] als Strategen nach Griechenland τοὺς Ἕλληνας ἐλευθερώσοντα; er verfügte über eine Flotte von 150 Einheiten unter dem Admiral Medios, dazu über 5000 Mann Infanterie und 500 Reiter (77,2)

> ... ὁ δὲ Πολεμαῖος μετὰ παντὸς τοῦ στόλου καταπλεύσας τῆς Βοιωτίας εἰς τὸν Βαθὺν καλούμενον λιμένα παρά μὲν τοῦ κοινοῦ τῶν Βοιωτῶν προσελάβετο στρατιώτας [87] πεζοὺς μὲν δισχιλίους διακοσίους, ἱππεῖς δὲ χιλίους τριακοσίους. μετεπέμψατο δὲ καὶ τὰς ἐξ Ὠρεοῦ ναῦς καὶ τειχίσας τὸν Σαλγανέα συνήγαγεν ἐνταῦθα πᾶσαν τὴν δύναμιν· ἤλπιζε γὰρ προσδέξασθαι τοὺς Χαλκιδεῖς, οἵπερ μόνοι τῶν Ευβοέων ὑπὸ τῶν πολεμίων ἐφρουροῦντο (77,4).

Daraufhin löste Kassandros die Belagerung von Oreos und zog nach Chalkis. Ἀντίγονος δὲ πυθόμενος περὶ τὴν Εὔβοιαν ἐφεδρεύειν ἀλλήλοις τὰ στρατόπεδα kommandierte den Medios mit der Flotte zurück[24] und marschierte mit seinen Truppen in Eilmärschen zum Hellespont, um entweder Kassandros' Herrschaft in Makedonien unmittelbar zu erschüttern oder diesen von Chalkis abzuziehen (77,5). Kassandros, der die Absicht durchschaute, Πλείσταρχον μὲν ἀπέλιπεν ἐπὶ τῆς ἐν Χαλκίδι φρουρᾶς und setzte mit seinem Heere nach Oropos über, eroberte dieses, nahm die Thebaner in sein Bündnis auf, schloß Waffenstillstand mit den Boiotern, ließ Eupolemos als Strategen für Griechenland zurück und marschierte nach Makedonien (77,6). Antigonos' Plan, den Hellespont zu überqueren, erwies sich als undurchführbar; so schickte er seine Truppen ins Winterlager (77,7).

Indessen hatte Polemaios gehandelt:

> χωρισθέντος εἰς Μακεδονίαν Κασάνδρου καταπληξάμενος τοὺς φρουροῦντας τὴν Χαλκίδα παρέλαβε τὴν πόλιν καὶ τοὺς Χαλκιδεῖς ἀφῆκεν ἀφρουρήτους, ὥστε γενέσθαι φανερὸν ὡς πρὸς ἀλήθειαν Ἀντίγονος ἐλευθεροῦν προῄρηται τοὺς Ἕλληνας (78,2) ...

22 In Wirklichkeit war dies wahrscheinlich im Jahre 313, s. J. Beloch, Griechische Geschichte IV[2] 2 (1927) 243, jetzt auch Bakhuizen, Salganeus 160 I.; für 312 s. allerdings H. Hauben, AJPh 94. 1973 356ff. und jetzt Gullath a. O. 154.

23 So ist der Name wohl zu lesen; die Diodor-Handschriften haben an allen Stellen Ptolemaios oder Polemon. Die Inschrift IG 11[2] 489 (Syll.[3] 328) gibt die richtige Form, s. etwa W. Dittenberger zu Syll.[3] 328, n. 2; s. allerdings auch (für Ptolemaios) H. Volkmann, RE XXIII,2 s. v. Ptolemaios Nr. 11 und Gullath a. O. 161 A.5.

24 Die Flotte war also im Bathys Limen verblieben; sie hätte den Euripos mit der Befestigung von Chalkis (s. App. I) nicht durchqueren können, und nördlich des Euripos verfügte Polemaios ja über die Schiffe, die von Oreos abgezogen waren. Die Worte πᾶσαν τὴν δύναμιν sind also entsprechend zu relativieren, und das ohnehin, da wegen der Befestigung des Euripos beide Flotten nicht in einem Punkt zusammengezogen werden konnten. Wollte man die Formulierung ganz genau nehmen, müßte man, mit Bakhuizen, an einen weiteren Salganeus-Begriff denken. Das macht aber, wie die folgende Argumentation zeigen wird, noch mehr Schwierigkeiten und würde zu dem ‚größeren' Salganeus auch nicht recht passen, da man die Flotte dann wenigstens im Raum von Aulis zu suchen hätte, dessen Hafen für sie jedoch zu klein gewesen wäre (Strab. 9,2,8). Ein weiterer geeigneter Landeplatz zwischen Aulis und dem Euripos ist in der antiken Literatur nicht bezeugt.

Danach eroberte er Oropos zurück und überließ es den Boiotern, nahm die dort stationierten Truppen des Kassandros in seinen Dienst, schloß ein Bündnis mit Eretria und Karystos und zog gegen Athen.

Diese Stelle, welche die Geschichte von Chalkis in den Zusammenhang mit der Diadochengeschichte und damit der großen Politik bringt, bildet bei Bakhuizen und bei Wallace jeweils den Ausgangspunkt. Nach Bakhuizen steckt in dem τειχίσας τὸν Σαλγανέα (77,4) die Beschreibung der Konstruktion der großen Messapion-Festung; für Wallace weist eine demonstrative Absicht des Polemaios,[25] die Chalkidier durch Vorzeigen seiner Truppenmacht zum Überlaufen zu veranlassen,[26] auf ein Salganeus auf dem Karábaba.

Beide Interpretationen sind jedoch unhaltbar, wie gerade der Text selbst, dem sie abgewonnen sind, beweist.[27] Bakhuizens Auffassung scheitert schon an der Reihenfolge der erwähnten Handlungen, die in den entscheidenden Punkten sich folgendermaßen darstellt:

a)   Landung des Polemaios im Bathys Limen (einem Hafen südlich von Aulis, Strab. 9,2,8, s. u.) und Vereinigung mit Truppen des boiotischen Koinon
b)   Hinzuziehen der Flotte, die bei Oreos lag
c)   Befestigung von Salganeus [88]
d)   Einzug des Kassandros in Chalkis
e)   Eroberung von Oropos durch Kassandros
f)   Kassandros' Bündnis mit Theben und Waffenstillstand in Boiotien
g)   Abzug des Kassandros
h)   Übernahme von Chalkis durch Polemaios

Diese Reihenfolge ist in sich schlüssig, und insbesondere muß die Befestigung von Salganeus (c) vor Kassandros' Eingreifen in Chalkis und seinem Übersetzen nach Oropos (d, e) abgeschlossen gewesen sein, da Polemaios sonst gegen ihn schutzlos gewesen wäre und da 77,5 expressis verbis konstatiert wird, daß Polemaios und Kassandros περὶ τὴν Εὔβοιαν ἐφεδρεύειν ἀλλήλοις (vor Kassandros' Angriff auf Oropos), was dann für Antigonos' weitere Operationen den Ausgangspunkt lieferte.

Bakhuizen legt (109f.) gerade den entscheidenden Punkt c hinter f bzw. g,[28] weil er, übrigens mit vollem Recht (s. u.), gezeigt hat, daß die Messapion-Befestigung, also seine Salganeus-Fortifikation, zur Sicherung gegen Boiotien hin diente: „After he (Polemaios) had occupied the plain of Salganeus, his opponent Cassander compelled Boeotia to obedience and left Eupolemos there as a general of the Macedonian troops (Diod. Sic. XIX, 77,6). The threat from the interior of Boeotia was real and immediate. The Aniforitis wall and the forts along its line (except for the

---

25   Auch er gebraucht die Namensform Ptolemaios.
26   „Diodorus makes it clear that Ptolemaios planned to impress the Khalkidians with his power by showing them his army and by erecting fortifications before their very eyes" (39).
27   Weitere Sachargumente s. u. S. 97ff. [hier: S. 250ff.] und App. I.
28   Was er, in einem anderen Kontext, auch wieder anders handhabt (Salganeus 115).

Kastro [sc. von Megálo Vounó]) must have been built in haste to counter the threat"
(109).

Auch abgesehen von der falschen Reihenfolge läßt das Textverständnis zu
wünschen übrig: Die Boioter waren ja keineswegs für Kassandros' Sache gewonnen, sondern kooperierten aktiv von vornherein – gerade weil Kassandros schon
vorher die Restituierung Thebens betrieben hatte – mit Polemaios (77,4); und Kassandros konnte sie auch lediglich zu einem Waffenstillstand bewegen (77,6) – und
dieser muß erheblich belastet gewesen sein, da der Makedone mit Theben sogar ein
Bündnis geschlossen hatte. Und in der Tat blieben die Boioter im Endeffekt auf
Polemaios' Seite, der ihnen kurz nach Kassandros' Abmarsch ja sogar Oropos über-
gab (78,3). Es kann also gar nicht davon die Rede sein, daß Kassandros „compelled
Boeotia to obedience". Eine Sicherungsmaßnahme des Polemaios gegen diese, und
noch dazu eine derart aufwendige, wäre also – selbst unter Berücksichtigung von
Bakhuizens verkehrter Reihenfolge – unnötig, ja widersinnig: Warum hätte er eine
gewaltige Befestigungsanlage bauen sollen, die letztlich dazu diente, eine Stadt, die
er einnehmen wollte (Chalkis), gegen seinen wichtigsten griechischen Alliierten zu
sichern?[29]

Ferner war Polemaios' Unternehmen darauf ausgerichtet, im Sinne der Politik
des Antigonos den Freiheitsgedanken gegen Kassandros auszuspielen (77,2),[30] und
er nahm diese Zielsetzung durchaus ernst: Nach der Übergabe von Chalkis legte er
keine Besatzung in die Stadt, ὥστε γενέσθαι φανερὸν ὡς πρὸς ἀλήθειαν Ἀντίγονος
ἐλευθεροῦν προῄρηται τοὺς Ἕλληνας.

Diesem Konzept hätte jedoch die Anlage der Messapion-Befestigung wider-
sprochen, gerade wenn man Bakhuizens Auffassung teilt, nach der die Ebene von
Chália damals zu Tanagra gehörte: Damit hätte Polemaios einer griechischen Stadt,
zudem einer mit ihm verbündeten, einen wichtigen, fruchtbaren Teil ihres Territoriums abgeschnitten.

Die von Wallace vorgenommene Identifizierung von Salganeus mit dem
Karábaba zeigt sich auch in diesem Punkte als unmöglich. Wallace muß zunächst
einen Aspekt in den Text [89] hineinlegen (Vorzeigen der Truppen), der dort in
dieser Form nicht vorhanden ist – man vergleiche nur seine Paraphrase[31] mit dem
Bericht Diodors. Und selbst wenn dieser demonstrative Gesichtspunkt besonders
wichtig war, so waren die Landung eines großen Heeres im Bathys Limen bei Aulis
und dessen Operieren in der Ebene von Chália, also im Vorfeld von Chalkis, sicher
eindrucksvoll genug. Vor allem aber gab es für Polemaios gar keine Möglichkeit
mehr, den Karábaba zu befestigen, da dieser bereits seit 334 in das Festungssystem
von Chalkis integriert war (s. App. I). Dies wäre auch, unmittelbar im Einzugsge-
biet von Chalkis, vor den Augen der Besatzung und in Reichweite ihrer Waffen, ein
schwieriges Unterfangen gewesen. Eine gewisse Distanz hat man also auch von
hierher für Salganeus anzunehmen.

29   Vgl. u. S. 97f. [hier: S. 253f.] und Gullath a. O. 155 A.3 zur Ausrichtung der Befestigung.
30   Vgl. hierzu A. Heuß, Hermes 73, 1938, 133ff.
31   zitiert o. A. 26.

6. Strab. 1,1,17

… οἱ μὲν (sc. die Perser) τὸν τοῦ Σαλγανέως τάφον πρὸς τῷ Εὐρίπῳ τῷ Χαλκιδικῷ τοῦ σφαγέντος ὑπὸ τῶν Περσῶν ὡς καθοδηγήσαντος φαύλως ἀπὸ Μαλ <ι>έων ἐπὶ τὸν Εὔριπον τὸν στόλον …

Die Formulierung πρὸς τῷ Εὐρίπῳ zwingt nicht dazu, mit Salganeus unmittelbar an den Euripos zu gehen. Der Passus steht in der Einleitung zu Strabons ‚Geographika', in einem Gedankengang, der den Nutzen der Geographie begründen soll. Hier kam es also darauf an, auf markante und bekannte Punkte hinzuweisen. Zudem steht das – legendäre – Ende des Salganeus auch in sachlichem Zusammenhang mit dem Euripos, wie folgende Strabon-Stelle zeigt, die den gesamten Sachverhalt präzisiert, also in jedem Falle zum Zweck einer Lokalisierung herangezogen werden muß.

7. Strab. 9,2,8f. 13 (vgl. Chrest. Palat. IX 10.12)

Εἶτα (sc. nach dem Delion) λιμὴν μέγας ὃν καλοῦσι Βαθὺν λιμένα· εἶθ' ἡ Αὐλὶς… καὶ ὁ Εὔριπος δ' ἐστὶ πλησίον ὁ Χαλκίδος … (Bemerkungen zur Brücke und ihrer Festung, s. App. I) … (9) Πλησίον δ' ἐστὶν ἐφ' ὕψους κείμενον χωρίον Σαλγανεύς, ἐπώνυμον τοῦ ταφέντος ἐπ' αὐτῷ Σαλγανέως ἀνδρὸς Βοιωτίου, καθηγησαμένου τοῖς Πέρσαις εἰσπλέουσιν εἰς τὸν διάπλουν τοῦτον ἐκ τοῦ Μαλιακοῦ κόλπου, ὅν φασιν ἀναιρεθῆναι πρὶν ἢ τῷ Εὐρίπῳ συνάπτειν ὑπὸ τοῦ ναυάρχου Μεγαβάτου νομισθέντα κακοῦργον, ὡς ἐξ ἀπάτης ἐμβαλόντα τὸν στόλον εἰς τυφλὸν τῆς θαλάττης στενωπόν … (13) μετὰ δὲ Σαλγανέα Ἀνθηδών.

Die hier gelieferte – historisch nicht verifizierbare – Geschichte vom Lotsen Salganeus ist ersichtlich ein aitiologisches Konstrukt.[32] Am sinnvollsten ist die Vermutung, daß dieses Aition die grabhügelartige Form des Lithosorós erklären soll, des einzigen Punktes in der Region, der ein derartiges Bild bietet. Sicher ist aber – und das ist für uns entscheidend –, daß der Ort von Salganeus' Hinrichtung (und damit natürlich seiner späteren Bestattung) nicht in unmittelbarer Nähe des Euripos zu denken ist, weil sonst die Geschichte nicht aufginge. Die Hinrichtung soll erfolgt sein πρὶν ἢ τῷ Εὐρίπῳ συνάπτειν[33] – und das war auch nur zu verständlich, denn nur solange man nicht gemerkt hatte, daß der Euripos doch einen Durchgang bot, also bevor man ihn selbst erreicht hatte, konnte man den Lotsen verdächtigen. Die Erfinder der Legende und Strabon hatten also ein Salganeus vor dem Euripos vor Augen, und zwar am ehesten den Lithosorós.

Das πλησίον am Anfang von Satz 9 kann diese Auffassung keineswegs modifizieren. Es ist an sich schon eine relative Bezeichnung, und vor allem wird in demselben Kontext auch Aulis πλησίον dem Euripos lokalisiert, und dieses ist von der Meerenge ungefähr so weit entfernt wie etwa der Lithosorós. Und aus der Tatsache, daß der Platz Salganeus erst einen [90] so späten Eponymen hat,[34] läßt sich gar kein Argument gewinnen: Salganeus ist ja nicht als Heros Ktistes gedacht, und

---

32 Vgl. Bakhuizen, Salganeus 13ff.
33 Von Wallace, Strabo 40 nicht berücksichtigt.
34 Darauf legt Wallace, Strabo 40 sehr großen Wert.

außerdem hat man ja zu berücksichtigen, daß der Ort in historischer Zeit ziemlich unbedeutend war.

Ferner zeigt Strabon sehr deutlich, daß hier ganz konkret an einen bestimmten Punkt gedacht ist, der zudem noch eine nähere Spezifizierung erhält (ἐφ' ὕψους κείμενον). Die erweiternde Interpretation von Bakhuizen, nach der Salganeus auch die Ebene bezeichnen kann, wird allein durch diese Angabe fragwürdig.

8. Liv. 35,37,4ff.

Es geht bei dieser wie bei den beiden folgenden Partien um die Versuche der Aitoler und des Antiochos III., Chalkis auf ihre Seite zu bringen. Diese gehören alle in das Jahr 192. Im Frühsommer des Jahres[35] schritt der Aitoler Thoas zu einem ersten Unternehmen gegen Chalkis, im Bunde mit dem von der prorömischen Gruppe um Xenokleides und Mikythion vertriebenen und im athenischen Exil lebenden chalkidischen Politiker Euthymides sowie mit dem Kaufmann Herodoros von Kios, der in Chalkis nicht ohne Einfluß war (37,4f.). Zunächst begab sich, so der Bericht des Livius, Euthymides über Theben nach Salganeus, während Herodoros nach Thronion (in Lokris) ging (37,6). Thoas selbst zog mit 2000 Mann Infanterie, 200 Reitern und ca. 30 Lastschiffen heran. Die Schiffe nebst 600 Soldaten brachte Herodoros auf die Insel Atalante, von wo er nach Chalkis übersetzen sollte, sobald er erfahren hatte, daß das restliche Landheer[36] „appropinquare iam Aulidi atque Euripo". Thoas selbst[37] zog in Eilmärschen in Richtung Chalkis weiter (37,7ff.).

Dort gewannen mittlerweile die Führer der prorömischen Gruppierung die Unterstützung von Karystiern und Eretriern (38,1ff.).

> iis tuenda moenia Chalcidis oppidani cum tradidissent, ipsi omnibus copiis transgressi Euripum ad Salganea posuerunt castra" (38,7). Sie nahmen Verhandlungen mit den Aitolern auf (38,8ff.), welche sich schließlich zurückzogen, „ut qui spem omnem in eo, ut improviso opprimerent, habuissent, ad iustum bellum oppugnationemque urbis mari ac terra munitae haudquaquam pares … (38,11f.). Euthymides postquam castra popularium ad Salganea esse profectosque Aetolos audivit, et ipse a Thebis Athenas rediit (38,13),

und bald begab sich auch Herodoros von Atalante wieder nach Thronion zurück (38,14).

Der Bericht läßt einige Fragen offen, wahrscheinlich weil er aus der Quelle, wohl Polybios, verkürzt übernommen ist; insbesondere bleibt unklar, warum einerseits Euthymides nach Salganeus geht, später aber dort die Chalkidier Stellung beziehen. Hat Euthymides Truppen bei sich? Warum zieht Thoas in Richtung Aulis und Euripos? Unter Berücksichtigung strategischer Gesichtspunkte lassen sich diese Punkte am zwanglosesten wie folgt verstehen: Thoas beabsichtigt einen ‚konzentrischen' Angriff von drei Seiten, von Atalante her direkt nach Chalkis (Herodoros) sowie von Salganeus (Euthymides, wohl mit dort zu übernehmenden

---

35   G. Klaffenbach, IG I², 1, XXXVIII.
36   Zu diesem Komplex s. Briscoe z. St.
37   Dafür, daß er mit „ipse" gemeint ist, s. auch Weissenborn-Müller und Briscoe z. St.

aitolischen Truppen) und von Aulis her, also den beiden wichtigsten Landverbindungen von Boiotien nach Chalkis, gegen den Euripos. Der Realisierung dieses
Plans kamen die Chalkidier durch ihre Postierung bei Salganeus entgegen. Offenkundig konnte Euthymides nicht rechtzeitig dorthin gelangen, und damit war das
Gesamtkonzept des Thoas gescheitert.

Wie auch immer das im einzelnen einzuschätzen sein mag, für das Problem
Salganeus ergeben sich folgende Schlüsse: Die Formulierung „ad Salganea" weist
auf einen konkreten Platz, der sich in größerer[38] oder geringerer Entfernung von
dem Bezugspunkt Salganeus [91] befand. Bakhuizens Interpretation[39] ist demgegenüber weit hergeholt und nur plausibel, wenn seine Gesamtdeutung von
Salganeus auch als Ebene zwingend nachgewiesen ist, als Hilfsargument, um eine
an sich näher liegende Auffassung auszuschalten. Der Punkt „ad Salganea" muß
sich auch in einer gewissen Entfernung von Chalkis befunden haben, kann also
nicht unmittelbar vor dessen ‚Haustür' gewesen sein, wie es die Lokalisierung von
Wallace postulieren würde: In den Mauern von Chalkis – und dazu gehörte ja der
Karábaba (s. App. I) – saßen die Verbündeten. Ohnehin wollten die Chalkidier mit
ihrem Auszug offensichtlich Stärke und Zuversicht unter Beweis stellen und den
Zusammenschluß des Gegners in ihrem Vorfeld verhindern. Sie hatten dabei dessen
Marschrichtung und Postierung zu beachten, auch die der Schiffe und Soldaten bei
Atalante: So wären sie im nördlichen Teil der Ebene von Chália gut platziert gewe-
sen: Von dort sind Aulis und der Aniphoritis-Paß schnell zu erreichen und ist zu-
gleich die Küstenstraße nach Anthedon und zum nördlichen Teil des Kanals von
Euboia gut zu kontrollieren. Daß die Chalkidier bei dem Platz sind, zeigt ferner,
daß der konkrete Ort selbst, also doch wohl das χωρίον ἐφ' ὕψους κείμενον
Strabons (o. Text 7), nicht oder nur schwach befestigt war, daß also die von Polemaios gebaute Anlage schon damals wenig brauchbar war.

9. Liv. 35,46,2ff.

Nach seiner Ernennung zum Strategos Autokrator durch die Aitoler (45,9) unternahm Antiochos III. Im November 192[40] einen handstreichartigen Versuch, mit einigen wenigen Truppen Chalkis zu gewinnen (46,2ff.):

> rex ad Salganea castris positis navibus ipse cum principibus Aetolorum Euripum traiecit, et,
> cum haud procul portu egressus esset, magistratus quoque Chalcidensium et principes ante por-
> tam processerunt (46,4).

Die nun begonnenen Verhandlungen verliefen erfolglos für den König, der sich daraufhin nach Demetrias zurückbegab.

Diese Passage gibt für das Salganeus-Problem wenig her. Hervorgehoben sei
nur, daß die Bezeichnung „ad Salganea" denselben Schluß nahelegt wie der

38   Möglich wäre etwa „dans les environs", P. Roesch, AntCl 41, 1972, 738.
39   Salganeus 135: „in (the land of) Salganeus".
40   Zum Datum s. J. Deininger, Der politische Widerstand gegen Rom in Griechenland 217–86 v.
     Chr. (1971) 83.

vorangehende Text und daß die Tatsache, daß der König von dort oder aus der unmittelbaren Nähe nach Chalkis übersetzte, keineswegs eine Lokalisierung am Euripos nahelegt, sondern einen ganz normalen Vorgang darstellt, zumal wenn man in Rechnung stellt, daß der Karábaba in das Befestigungssystem von Chalkis integriert war. Daß der König gerade nach Salganeus bzw. in dessen Raum ging, war sicherlich durch die Erfahrungen des Thoas mitbedingt: Den Chalkidiern wurde so ein Operieren im Vorfeld ihres Brückenkopfes unmöglich gemacht.

10. Liv. 35,50,6ff.

Als Antiochos erfuhr – kurz nach dem gerade skizzierten Handstreich –, daß achaiische und pergamenische Truppen[41] zum Schutz von Chalkis unterwegs waren, begann er, nunmehr mit stärkeren Mitteln, eine rasche Aktion gegen die Stadt (50,6): Er schickte seinen General Menippos mit rund 3000 Soldaten sowie seiner gesamten Flotte[42] unter dem Kommando des Rhodiers Polyxenidas voraus und folgte selbst einige Tage später mit 6000 Mann eigener Truppen sowie nicht ganz so vielen Aitolern (50,7). Die Hilfstruppen aus Achaia und Pergamon erreichten Chalkis

> nondum obsessis itineribus tuto transgressi Euripum (50,8) ...; Romani milites, quingenti ferme et ipsi, cum iam Menippus castra ante Salganea ad Hermaeum, qua transitus ex Boeotia in Euboeam insulam est, haberet, venerunt (50,9).

Dem römischen Hilfskontingent war der Chalkidier Mikythion als Führer entgegengeschickt worden (50,10): „qui postquam ab hostibus obsessas fauces vidit, omisso ad Aulidem itinere Delium convertit, ut inde in Euboeam transmissurus" (50,11). Dort wurden die Römer von Menippos' Leuten [92] überrascht und bis auf wenige, darunter Mikythion, der auf einem kleinen Frachter fliehen konnte (51,4), niedergemacht (51,1ff.), Antiochos kam mit seinem Heer nach Aulis und erreichte jetzt die Kapitulation von Chalkis; die Parteigänger der Römer emigrierten (51,6f.). In Salganeus jedoch saßen noch die Hilfstruppen der Achaier und des Eumenes („Salganea tenebant"), „et in Euripo castellum Romani milites pauci custodiae causa loci communiebant (51,7). Salganea Menippus, rex ipse castellum Euripi oppugnare est adortus." Die Achaier und Pergamenier kapitulierten rasch, allein die Römer blieben hartnäckig (51,8), „hi quoque tamen, cum terra marique obsiderentur et iam machinas tormentaque adportari viderent, non tulere obsidionem" (51,9).

Abgesehen von einigen Detailproblemen[43] macht dieser Bericht einige Schwierigkeiten, die sich auch auf die Lokalisierung von Salganeus auswirken können. So

---

41 Letztere sind wohl mit den 35,39,2 erwähnten Truppen zu identifizieren, obwohl dann Livius' Bericht auch in dieser Hinsicht nicht ganz konsistent wäre.

42 Das sind nach 35,43,3 40 gedeckte, 50 offene Schiffe und 200 Lastschiffe.

43 Waren die Römer, die sich in der Euripos-Festung befanden, die Reste der beim Delion aufgeriebenen Hilfstruppe oder „another detachment" (Briscoe z. St.)? Letzteres ist eher unwahrscheinlich, da Chalkis, wie mehrfach hervorgehoben wird, zuvor gerade keine Besatzung hatte. – Das „communiebant" 51,7 überrascht, „da der Kanethos längst Befestigungen hatte; allein

heißt es in Bezug auf ein Hermaion „ante Salganea", daß es dort einen „transitus" von Boiotien nach Euboia gebe, und zwar prima facie im Zusammenhang mit dem Anmarsch römischer Hilfstruppen (50,9), was suggerieren könnte, diese hätten von dort übersetzen wollen. Die achaiischen und pergamenischen Hilfstruppen, die zunächst in Chalkis selbst angekommen waren (50,8), standen auf einmal in Salganeus (51,7). Und neben dem Stützpunkt in Salganeus gab es noch ein „in Euripo castellum", in dem sich die römischen Truppen verschanzt hatten (51,7).

Die genannten Schwierigkeiten benutzten Bakhuizen und Wallace, jeder auf seine Art, als Hebel, um ihren Standpunkt zu begründen, für den diese Partie, neben Diodor, zu einer zentralen Stelle wird. Prüfen wir, ob ihre Rekonstruktionen möglich sind und die erwähnten Probleme klären bzw. ob diese sich auch auf eine andere Weise lösen lassen.

Nach Bakhuizen (136) haben die Hilfstruppen der Achaier und des Eumenes die Messapion-Befestigung insgesamt besetzt („Salganea tenebant" in 51,7). Deswegen hätten Antiochos und sein General Menippos nicht in die Ebene von Chália vordringen können, sondern hätten sich ihrerseits vor die beiden Hauptverbindungen zwischen Boiotien und Euboia gelegt, Menippos vor den Aniphoritis-Paß am direkten Weg von Theben nach Chalkis,[44] Antiochos selbst bei Aulis, um die Küstenstraße von Boiotien nach Chalkis abzuriegeln. Deswegen hätten die römischen Hilfstruppen vor Aulis umkehren müssen.

Diese Rekonstruktion ist jedoch völlig unmöglich. Sie steht in erheblichem Widerspruch zu dem Bericht des Livius und bereitet noch größere sachliche Schwierigkeiten als dieser selbst. Nach Livius sitzen die Achaier und Pergamenier zunächst nicht in Salganeus, sondern überschreiten den Euripos und gelangen nach Chalkis (50,8), d. h. sie müssen erst später – offensichtlich nachdem Menippos in Richtung Aulis gezogen war, s. u. – dort Stellung bezogen haben. Vor allem: die Operationen auf Seiten des Antiochos werden zunächst allein von Menippos geführt. Er versperrt den Weg bei Aulis, denn er ist es, der die römischen Hilfstruppen beim Delion angreift. Antiochos erschien überhaupt erst ‚post festum'. Von einer ‚konzertierten Aktion' nach Art der bei Bakhuizen gedachten kann also keine Rede sein, und sollte Bakhuizen Livius derartige Versehen und Irrtümer unterstellen, dann muß er den Bericht für völlig wertlos halten, darf ihn also für eine eigene Rekonstruktion eigentlich nicht verwenden.

[93] Außerdem hat man zu bedenken, daß die Zahl der achaiisch-pergamenischen Hilfstruppen allenfalls 1000 Mann betrug.[45] Hätten diese die 11 km lange Messapion-Festung besetzt, so wäre auf alle 11m ein Soldat gekommen – ohne

<hr>

diese können verfallen oder neue, gegen die von Antiochos besetzte Stadt gerichtete, angelegt worden sein; wahrscheinlich hat Liv. die Erzählung des Polybios gekürzt" (Weissenborn-Müller z. St.). Diese Interpretation ist recht plausibel, zumal Livius ja das Kompositum gewählt hat, welches auf eine zusätzliche Befestigung bzw. ein Verschanzen deuten kann.

44 Das wären die „castra ante Salganea ad Hermaeum, qua transitus ex Boeotia in Euboeam insulam est" (50,9); „transitus" bezieht sich dann nicht auf das Übersetzen zu Schiff, sondern ist die Umschreibung für den genannten Paß.

45 500 Achaier (50,8); von Eumenes „modicum auxilium" (ebd.); wenn man dies mit dem Kontingent 35,39,2 identifizieren kann (vgl. o. A. 41), dann bestand es auch aus 500 Mann.

Berücksichtigung der Forts. Hätte man auf diese Weise den Menippos mit seinen 3000 Mann wirksam aufhalten können? Darüberhinaus ist zu berücksichtigen, daß die Flotte unter Polyxenidas an dem Unternehmen beteiligt war. Die Leute des Antiochos hätten also einer Besatzung an der Messapion-Befestigung leicht in den Rücken fallen können. Auch unter diesem Gesichtspunkt bleibt Bakhuizens Rekonstruktion unmöglich.

Wallace setzt an bei der Formulierung „ante Salganea ad Hermaeum, qua transitus ex Boetia in Euboeam insulam est". Für ihn ist damit der übliche Übergang über den Euripos bezeichnet. Das Wort „usual" hat er allerdings in den Text hineingelegt (39). Ferner ist nirgends zu lesen, daß Antiochos „returned to Salganeus" (ebd.). Die Befestigung des „in Euripo castellum" bezieht sich keineswegs allein auf die Brückenbefestigung, die kaum mehr gewesen sein kann als ein Turm. Wenn die Römer überhaupt eine Abwehr ins Auge fassen konnten und Antiochos immerhin einige Anstalten zur Belagerung machen mußte (51,8f.), muß doch diese Befestigung auch den Karábaba miteinbezogen haben – worauf es ja auch sonst genügend Hinweise gibt (s. App. I). Außerdem hat man auch in diesem Zusammenhang an die Flotte zu denken: Wenn es Mikythion also für aussichtsreich hielt, mit den Römern vom Delion überzusetzen (50,11) und dies auch nach Menippos' Angriff einigen gelang (51,4), muß man doch folgern, daß die Flotte zunächst noch nicht südlich des Euripos operierte, dieser also gänzlich von den Chalkidiern kontrolliert war.

Nun läßt sich aus dem Bericht des Livius durchaus eine andere Rekonstruktion ableiten. Die erwähnten Schwierigkeiten lassen sich auch dabei auf eine verkürzende Wiedergabe eines Quellenberichtes zurückführen, allerdings ohne daß dieser freizügig ‚neugewirkt' wird! Menippos setzte sich zunächst – grob gesagt – im Raum von Salganeus fest. Der Hinweis auf den „transitus" hat nichts mit der Marschbewegung der Römer zu tun, denn diese kommen ja auf der Küstenstraße über Aulis.[46] Er gibt lediglich eine allgemeine Information zur Präzisierung der Lage (etwa: Der Übergang im Raum Salganeus nach Euboia war beim Hermaion) oder impliziert vielleicht schon die Möglichkeit, mit der Flotte, die ja den Euripos nicht passieren konnte (s. o.), nach Euboia überzusetzen (was in der Vorlage gegebenenfalls klarer herausgearbeitet war). Wie dem auch sei, wir sehen, daß Menippos, zumal angesichts der Erfahrung der beiden gescheiterten Überfälle auf Chalkis, einen Platz einnahm,[47] der ihm mehrere Optionen ließ. Er hatte von dort Verbindung zur Flotte und konnte, je nach Bedarf, leicht die Wege von Boiotien nach Euboia kurzfristig absperren, den Aniphoritis-Paß, den Küstenweg über Aulis und (wovon merkwürdigerweise keiner der neueren Forscher spricht) die Strecke nach Anthedon. So fand er sich konsequenterweise auch vor Aulis, als sich das römische Hilfskontingent näherte. Er kontrollierte also die Ebene von Chália, und erst als er gegen die Römer beim Delion vorging, setzten sich nunmehr die achaiisch-pergamenischen Truppen in Salganeus fest. All dies ist gut mit der in den anderen Texten

---

46 Daß sie just diese Richtung haben, wird aus der Formulierung „omisso ad Aulidem itinere" (50,11) deutlich.

47 Zum Hermaion-Problem s. u. App. II.

gegebenen oder ihnen zu entnehmenden Lokalisierung von Salganeus vereinbar, jedenfalls gibt es keinen Anlaß, nach anderen Plätzen oder Erklärungen zu suchen.

11. Ptolemaios, Geogr. 3,15,9

Βοιωτίας· Αὐλίς, Ἰσμηνοῦ ποταμοῦ ἐκβολαί, Σαλγανεύς, Ἀνθηδών.

Die Reihenfolge der Ortschaften entspricht der bei Strabon und Nikokrates. Sie gibt allerdings für die Identifizierung von Salganeus nichts her, zumal die Angabe über die Mündung des Ismenos Rätsel aufgibt. [94]

12. Steph. Byz. s.v. Σαλγανεύς

μετὰ τὴν Χαλκίδα ἐστὶν ὁ Σαλγανεὺς συνάπτων τῷ Εὐρίπῳ. ἔστι δὲ πόλις Βοιωτίας. ὁ οἰκήτωρ Σαλγάνιος. δύναται δὲ καὶ Σαλγανείτης καὶ Σαλγανεὺς Ἀπόλλων.

Dies ist der einzige Text, der explizit auf eine unmittelbare Nähe zum Euripos hindeutet. Der späte Autor kann aber gegenüber der sehr viel klareren älteren Tradition keine Gegenposition begründen, zumal er gerade im Kontext ungenau ist: Salganeus war keine Polis, und das Messapion macht der Autor zum ὄρος Εὐβοίας. Generell bleibt unklar, woher die Angabe stammt und wie zuverlässig ihre Quelle war. A. Meinecke, der den Anfang bis Εὐρίπῳ als Zitat kenntlich macht, spricht von „fortasse Hecataei verba". Das ist jedoch nicht mehr als reine Hypothese. Im übrigen würde der Text cum grano salis auch noch zu einem weiter im Westen gelegenen Salganeus passen, zumal wenn man bedenkt, daß hier die Nähe zu einem bekannten Punkt (dem Euripos) für die Ortsangabe besonders erhellend war[48] und daß Stephanos' Angaben generell recht ‚großräumig' sind.

Fassen wir den Textbefund zusammen: Die für die Lokalisierung besonders relevanten Beschreibungen (Text 3.7) weisen mit erheblicher Präzision auf den Raum am oder um den Lithosorós als Platz des antiken Salganeus. Dazu passen nicht minder genau auch die Angaben, die eine grobe Richtung beinhalten, also eine relative Lokalisierung erlauben (Text 1.4). Mit dieser Lokalisierung lassen sich alle anderen Belege ohne große Schwierigkeiten vereinbaren, ja bei der Darstellung militärischer Operationen im Zusammenhang mit Salganeus (Text 5.8.9.10) ließ sich die Identifizierung in das jeweils zu rekonstruierende strategische Konzept gut einfügen. Ein Befund, der allein auf literarischen Quellen beruht, könnte kaum eindeutiger sein.

---

48   Liegt hier vielleicht eine Reminiszenz des bei Strab. 9,2,9 belegten τῷ Εὐρίπῳ συνάπτειν vor? Dann hätte Stephanos bzw. eine von dessen Quellen lediglich etwas (aber sinnverändernd) gekürzt.

II.

1. Der Lithosorós und seine unmittelbare Umgebung

Wie bei jeder Zusammenstellung von archäologischen Zeugnissen zur Topographie hat man zunächst von den Angaben der frühen Reisenden auszugehen. Diese sind für den genannten Raum von Bakhuizen 7ff. zusammengestellt und in extenso zitiert worden: W. M. Leake[49] beschreibt die Lage des Lithosorós sowie dessen Gestalt, welche er mit einem Tell vergleicht. Er konstatiert künstliche Terrassierung, Mauerreste auf dem Hügel und einen Teil der Außenmauern an der Südostseite des Hügels. Für ihn besteht „little doubt", daß es sich um Salganeus handelt.

L. Ross[50] beschreibt ebenfalls Mauerreste, die den Hügel Lithosorós umgeben. Darüberhinaus weist er auf reiche Keramik („mit Scherben von Ziegeln und Vasen besäet") hin sowie auf Trümmer, die sich „in einem Halbkreis an den Strand" hinziehen. Und dort notiert er Spolien („ältere Reste") in zwei schon damals zerfallenen Kapellen. H. N. Ulrichs[51] beobachtet, von Chalkis aus kommend, dort, „wo nach anderthalb Stunden die Ebene aufhört und zugleich der Fuß des Messapion ans Meer stößt", „rechts an der Straße" bei einer Kapelle der Panagia „einige alte Quader". Danach registriert er einen kleinen Hafen, dann den Lithosorós („Ruine einer Akropole") und die „Ringmauer einer alten hellenischen Ortschaft".[52] [95]

H. G. Lolling gibt im „Urbaedeker"[53] die ausführlichste Beschreibung des Lithosorós und seiner unmittelbaren Umgebung: An der Ostseite stellt er Reste der Ummauerung fest („aus roh zusammengefügtem Mauerwerk, das den Charakter der zufälligen Entstehung an sich zu tragen scheint"), auf dem niedrigeren Plateau im Süden[54] Mauerreste und einen Komplex, den er als Turm deutet. Dort notiert er ferner „eine Basis für zwei Stelen". Außerdem seien „vor den beiden Langseiten des Hügels und seiner Fortsetzung ... alte Mauerzüge im Felde zerstreut". Auch Lolling weist auf zwei Kapellen hin (eine davon in Trümmern liegend), bei denen sich Spolien befinden („alte Marmorsäulchen, Platten, Bausteine"). Hinter der Kapelle, „weiter den Strand hinaus ... findet man ... eine große Reihe antiker Steinbrüche ..., außerdem stößt man auf eine Reihe runder Erdhügel oder Tumuli".

J. G. Frazer[55] hebt hervor, daß der Hügel Lithosorós, den er mit Getreide bebaut findet, den Eindruck künstlicher Glättung erweckt. Am Westrand beobachtet er Spuren einer Mauer, „consisting of four or five stones in a row, but whether the wall was ancient or modern seemed dubious". Noch schwächere Spuren von Mauern und etliche verstreute Steine findet er auch im Südwesten und im Süden des Hügels.

---

49   Travels in Northern Greece II (1835) 267f. (zitiert bei Bakhuizen, Salganeus 7).
50   Wanderungen in Griechenland II (1851) 127ff. (zitiert bei Bakhuizen, Salganeus 7).
51   a. O. (o. Anm. 2) 34f., zitiert bei Bakhuizen, Salganeus 9.
52   Seine Identifizierung des Platzes mit dem antiken Chália wird von Bakhuizen, Salganeus 145ff. widerlegt.
53   28f., zitiert bei Bakhuizen, Salganeus 7f.
54   Zur Richtung vgl. Bakhuizen, Salganeus 7 A. 19.
55   Pausanias' Description of Greece V² (1913) 91f., zitiert bei Bakhuizen, Salganeus 8.

Die nähere archäologische Erforschung des Hügels – soweit von einer solchen überhaupt die Rede sein kann – begann mit einer „kleinen Probegrabung" im Jahre 1912, die vom Ephoros N. Papadakis durchgeführt wurde.[56] Aus der Schichtenfolge und der gefundenen Keramik zog dieser den Schluß, daß der Hügel vom Neolithikum bis in die mykenische Zeit besiedelt war, bei einer Dicke des Siedlungsschuttes von ca. 7 Meter. Reste einer Befestigung fanden sich im Südosten, Siedlungsspuren auf dem Hügel selbst („gegen dreißig Hausruinen sind hier untersucht worden. Sie liegen an mindestens zwei Straßen in Gruppen geordnet und bestehen fast alle aus einem Megaron und einem Vorzimmer"[57]) sowie am Abhang im Süden und Südwesten. Für eine Besiedlung in nachmykenischer Zeit wurden keinerlei Zeugnisse gefunden.

Der hier gegebene Befund ist durch spätere Untersuchungen, verschiedene Surveys und eine weitere Teilgrabung, im wesentlichen bestätigt worden: R. Hope Simpson[58] beobachtete 1959 mittelhelladische minyische Ware, dazu Keramik aus SH III A und B sowie zwei Scherben, die wahrscheinlich SH II zuzuweisen sind. In Gräben, die während des Zweiten Weltkrieges auf der Oberfläche des Hügels gezogen worden waren, sah er Hausfundamente, dazu am Ende eines nach Südosten führenden Hügelzuges „a possible burial mound (perhaps it was this which gave rise to the legend – sc. von Salganeus' Grab –)" sowie Spuren von Kammergräbern an den Osthängen.

Bakhuizen[59] registrierte an der Oberseite und an den Seiten des Hügels Hausfundamentierungen sowie prähistorische Scherben. An Spuren, die auf Besiedlung auch in historischer Zeit deuten, fand er lediglich drei Fragmente von Dachziegeln südlich des Hügels und eine Terassenmauer aus Blöcken parallel zur modernen Küstenstraße. Die von den älteren Reisenden erwähnten Mauern sind seiner Auffassung nach aufgrund ihrer Struktur „(relatively) modern". Auf den Feldern um den niedrigen Teil des Hügels fand er keine Scherben und [96] kaum Steine. J. M. Fossey[60] hat auf dem Lithosorós dagegen „some classical sherds" gefunden. Wallace (a. O. 63), der zunächst im wesentlichen die Beobachtungen von Hope Simpson referiert, berichtet von Aussparungen im Felsen ca. 500 Meter nordöstlich des Hügels, in Küstennähe 20 Meter östlich einer Kirche: „these cuttings were rectangular or square and may perhaps been so made for house foundations". Unsere eigenen Beobachtungen auf dem Lithosorós, ergänzt durch die von zwei Kollegen, P. Funke und R. Stupperich – sie konnten aus zeitlichen Gründen nur flüchtig sein –, gaben nur Hinweise auf eine prähistorische Besiedlung (Keramik).

Eine partielle Grabung durch Th. Spyropoulos[61] zeigte Spuren einer Besiedlung über die gesamte Bronzezeit, mit einem deutlichen Schwerpunkt im

---

56   ADelt 1, 1915, Parart. 55f.; G. Karo, AA 1914, 122f. vgl. – etwas ungenau – D. Fimmen, NJb 29, 1912, 526.

57   Karo a. O. aufgrund mündlicher Nachricht.

58   A. Gazetteer and Atlas of Mycenaen Sites (1965) 128.

59   Salganeus 9ff.

60   Mnemosyne IV 27, 1974, 103.

61   ADelt 25, 1970, Chron. I 222ff., vgl. H. W. Catling, ARepLondon 1971/72, 13; M. Papachatzis, Pausaniou Hellados Periegesis V (1981) 142f. Anm. 4.

Frühhelladikum und mehreren Zerstörungshorizonten (Feuer) vor allem in dieser Epoche. Die Siedlungserzeugnisse enden mit dem Ausgang von SH III B, also um 1200 v. Chr., oder wenig später. Eine genauere Analyse der Keramik steht noch aus.

Diese Zusammenfassung der bisherigen archäologischen Bemühungen um den Lithosorós erlaubt zunächst eine klare Aussage: Wir sind von dieser Seite her über den Hügel und seine Umgebung nur sehr lückenhaft unterrichtet, denn wir verfügen im Grunde nur über recht vorläufige Beobachtungen und Hinweise von durchaus verschiedenem Wert sowie unterschiedlicher Relevanz und sehen uns mit zum Teil ziemlich subjektiven Einschätzungen und Deutungen konfrontiert. Aus einem so gearteten Befund weitreichende Schlüsse, etwa im Hinblick auf eine Identifizierung des Fundkomplexes, zu ziehen, sollte sich von selbst verbieten. Solange der Lithosorós nicht hinreichend durch Grabungen erforscht und nicht auch seine Umgebung systematisch untersucht ist, haben alle Interpretationen nur einen vorläufigen Charakter. Unter diesen Vorbehalten scheinen sich allerdings bereits jetzt zwei Ergebnisse mit hinreichender Sicherheit herauszukristallisieren:

a)   Der Hügel selbst ist ein Teil, der als Siedlungsplatz in prähistorischer Zeit von einiger Bedeutung gewesen ist.[62] In der nachmykenischen Zeit hat er diese Bedeutung völlig oder weitestgehend verloren.

b)   Dennoch ist der Platz selbst, insbesondere dessen nähere Umgebung, in der späteren Zeit nicht völlig verlassen gewesen. Es gibt zwar vereinzelte, aber in ihrer Gesamtheit nicht zu unterschätzende Belege für eine spätere Besiedlung. Zu beachten sind dabei zunächst die Beobachtungen der älteren Reisenden. Diese haben noch mehr sehen können, und es ist gut verständlich, wenn der Oberflächenbefund allmählich dürftiger geworden ist, insbesondere in der Ebene. Die intensive landwirtschaftliche Nutzung sowie die Bautätigkeit besonders in neuerer Zeit können sehr wohl dafür verantwortlich sein, daß gerade markante Fundstücke (Quader u. ä.) – zumal aus den historischen Epochen – verschwunden sind, wofür es ja auch andernorts nicht wenige Parallelen gibt. So trafen schon Lolling und erst recht Frazer weniger Mauerreste an als Leake und Ross. Solche Veränderungen hat man zu bedenken; und es sei an dieser Stelle daran erinnert, daß gerade Lolling einer der für uns wichtigsten Reisenden des 19. Jahrhunderts sowie einer der besten Kenner der griechischen Topographie generell gewesen ist.

Man hat also – abgesehen von den problematischen Mauer- und Terrassierungsresten auf dem Lithosorós[63] – zu berücksichtigen, daß in der näheren Umgebung offensichtlich einige Spolien verbaut waren (Ross/Ulrichs), die auf historische Zeit weisen (Marmorsäulchen, Platten, Bausteine; Lolling), und daß es daneben eine Stelenbasis sowie Mauerzüge auch in der Ebene gab, ferner Reste von Steinbrüchen (Lolling). Unter diesen Voraussetzungen erhalten auch [97] neuere

---

62   Vgl. Bakhuizen, Salganeus 9.
63   Bakhuizen, Salganeus 11.

Einzelbeobachtungen (Dachziegel und Quaderterrassierung bei Bakhuizen, klassische Keramik bei Fossey, Abarbeitungen bei Wallace) mehr Gewicht. Nach unserem derzeitigen Kenntnisstand ist demnach eine spätere, also nachmykenische Besiedlung durchaus wahrscheinlich.[64] Man könnte sich die Situation also ähnlich vorstellen, wie es jüngst D. Knoepfler[65] für Xerópolis bei Lefkandí angenommen hat, welches er mit dem im Rahmen des athenischen Euboia-Feldzuges von 348 überlieferten Argura[66] identifiziert: ein Platz, dessen Blüte in prähistorisch-protogeometrischer Zeit liegt, der aber auch später noch – wenn auch dürftiger und wohl nur partiell – besiedelt war und davon so gut wie keine Spuren mehr hinterlassen hat.[67]

2.   Die Messapion-Befestigung

Eine westlich von Chalkis auf einem schwer zugänglichen Berg (Megálo Vounó) gelegene antike Festung ist gleichsam der Ausgangspunkt eines etwa 11 km langen Befestigungswalls. Dieser zieht sich, in Anpassung an die natürliche Geländestruktur, über die benachbarten Höhen (Mikró Vounó, Tsoúka Madári, Galatsídeza) grob nach Westen, quer über den Aniphoritis-Paß (genau auf dessen Höhe), wendet sich von dort etwa nach Nordwesten und führt über den Berg Klephtóloutsa auf den Hauptgipfel des Messapion-Gebirges, den Ktipás, zu. Er endet dort, wo dessen Steilhänge eine Befestigung nahezu überflüssig machen. An markanten Punkten gibt es insgesamt vier kleine Forts (auf dem Mikró Vounó, der Tsoúka Madári, der Galatsídeza und der Klephtóloutsa); diese stehen untereinander und mit der Festung auf dem Megálo Vounó in Sichtverbindung.[68]

Die imposante und teilweise noch gut erhaltene Anlage, die von vielen Reisenden und Archäologen beschrieben und gedeutet wurde,[69] ist in den 60er Jahren von Bakhuizen gründlich erforscht, aufgenommen und beschrieben worden (a. O. 41ff.). Obwohl sie gewisse Unterschiede zeigt (das Kastro auf dem Megálo Vounó ist sehr sorgfältig gearbeitet, hat sehr solide Bastionen, zahlreiche Häuserreste im Innern sowie eine Zisterne; die lange Mauer und ihre Forts sind roher gefügt[70]), deutet Bakhuizen sie, durchaus einleuchtend, als ein einheitlich konzipiertes Werk (a. O. 92). Er verbindet sie, aufgrund seiner weiteren Interpretation von Salganeus (s. o.) mit der Formulierung τειχίσας τὸν Σαλγανέα bei Diod.19,77,4, nimmt also an, daß sie im Jahre 313 von Polemaios errichtet wurde, und gibt ihr deswegen den

---

64 Vgl. auch die Schlußfolgerungen bei Fossey a. a. O. und R. J. Buck, A History of Boiotia (1979) 21.
65 BCH 105, 1981, 289ff.
66 Demosth. 21, 164.
67 Die Identifizierung der Reste beim Lithorosorós mit dem antiken Ort Isos (Wallace, Strabo 62f.) ist eine reine Hypothese, für die es kein einziges Argument gibt (vgl. P. Roesch, AntCl 51, 1981, 254).
68 Zur Lage s. bes. Bakhuizen, Salganeus 68 Abb. 45.
69 s. Bakhuizen, Salganeus 29ff.
70 ebd. 91.

Namen „the fortifications of Salganeus". Das Datum wird zusätzlich durch Beobachtungen zur Mauerkonstruktion gestützt. Daß der genannte Diodor-Text und auch die späteren Feldzugsberichte zum Jahre 192 eine solche Interpretation nicht zulassen, ist bereits ausgeführt worden. Man hat also auch hier zunächst zwischen Textbefund und archäologischer Beobachtung zu differenzieren. Versuchen wir also, den Bau aus sich heraus zu deuten und von daher zu prüfen, ob Bakhuizens Interpretation sachlich überhaupt möglich ist bzw. ob sich eine andere historische Einordnung anbietet. [98]

Die Anlage insgesamt wie auch die Festung auf dem Megálo Vounó kehren sich, wie Bakhuizen selbst mehrfach betont[71] und sich auch aus anderen Beobachtungen ergibt,[72] gegen Boiotien bzw. sind von Chalkis her zugänglich. Es handelt sich also ersichtlich um eine Grenzsicherung, die die Chalkis vorgelagerte Ebene von Chália gegen den Zugriff von Boiotien aus sperrt. Das hat allerdings drei Voraussetzungen: Die anderen Zugänge, an der Küste bei Aulis und Anthedon, müssen sich ebenfalls sichern lassen. Bezogen auf Aulis ist das durch die Anlage selbst gegeben, aber auch der schmale, zwischen Messapion-Hängen und Küste (s. o.) verlaufende Weg nach Anthedon konnte leicht abgesperrt werden. Ferner gibt das gesamte Festungswerk nur einen Sinn, wenn seine Verteidiger maritim überlegen sind, da es andernfalls von seiner hinteren Seite leicht verletzbar ist. Das läßt aber weiterhin den Schluß zu, daß es auch für jemanden, der nicht im Besitz von Chalkis und dessen Euripos-Festungen ist, wertlos ist, da er einem Angriff im Rücken ziemlich wehrlos gegenübersteht. Die militärische Brauchbarkeit der Anlage ist also nur begrenzt und an bestimmte Voraussetzungen (Kontrolle der See, der Ebene von Chália, der Festung Chalkis) gebunden. Diese Grundbedingungen erlauben unseres Erachtens eine sichere Einordnung der Festung, die aufgrund ihrer Konstruktionsmerkmale ziemlich sicher in das 4. oder 3. Jahrhundert gehören muß und wahrscheinlich frühhellenistisch ist.[73]

Eine Zuweisung an das thebanisch kontrollierte Boiotien scheidet aus den eben angestellten Erwägungen aus. Man hat vielmehr an einen Ort zu denken, der die genannten Voraussetzungen erfüllt, und das kann nach Lage der Dinge nur Chalkis gewesen sein, zumal sich in der Ebene von Chália keine selbständige Polis befindet.[74] Angesichts der Dimensionen der Anlage und der Größe und Fruchtbarkeit des

---

71   ebd. 67. 69. 84. 90.

72   s. etwa Spratt bei Bakhuizen, Salganeus 31f.

73   Bakhuizen, Salganeus 94f. P. G. Themelis' Kritik (Gnomon 45, 1973, 487) an der archäologischen Datierung Bakhuizens ist insgesamt eher zu weitgehend (s. aber auch J. S. Boersma, BABesch 46, 1971, 231); und daß der Anlage ein einheitliches Konzept zugrundeliegt, wird aus Bakhuizens Beschreibung hinreichend deutlich. Die unterschiedliche Machart, die durch die verschiedenen Funktionen bedingt ist, braucht also nicht gegen die Einheitlichkeit der Anlage (so J. M. Fossey, Mnemosyne IV 27, 1974, 104, vgl. auch Gullath a. O. 155 A.3) zu sprechen.

74   s. generell auch Gullath a. O. 155 A.3: „Die Mauer – unterhalb des Höhenrückens auf boiotischer Seite gelegen – ist eindeutig gegen Boiotien gerichtet und nur sinnvoll, wenn ihre Verteidiger auch Chalkis besitzen". – Hätte die Ebene zu Tanagra gehört, wie Bakhuizen, Salganeus 22ff. für diese Zeit (nach 335) vermutet (so auch Gullath a. O. 79f.). hätte sich die Stadt selbst einen Teil ihres Territoriums abgesperrt. Sie kommt also nicht als ‚Bauherr' der

durch sie abgesperrten Gebietes ist es undenkbar, daß das Chalkis dieser Zeit von sich aus politisch und materiell zur Konstruktion eines solchen Festungswerkes in der Lage gewesen ist. Nun ist aber der Bau der Brückenfestung auf dem Euripos und die beträchtliche Erweiterung des chalkidischen Mauerrings, die für das Jahr 334 belegt ist,[75] schon längst, aus sehr guten Gründen, mit der makedonischen Dominanz über die Stadt in Verbindung gebracht worden, die wahrscheinlich schon damals eine makedonische Garnison hatte.[76] Angesichts der strategischen Bedeutung von Chalkis, die nach Ausweis der 334 errichteten Befestigung schon damals genau erkannt war, ist es nur zu verständlich, daß auch das Vorfeld in das System mit einbezogen wurde,[77] das von Makedonen beherrschte Chalkis also eine Peraia, und zwar eine gesicherte Peraia, [99] erhielt, zumal ja die geographische Situation selbst schon nahelegt, daß Chalkis im Raume von Chália zumindest zeitweise Festlandsbesitz hatte.[78]

Ob dieses Vorfeld schon unmittelbar bei der Konstruktion der Festung Chalkis miterfaßt wurde oder erst zu einem späteren Zeitpunkt, sei dahingestellt. Es ist sogar möglich, daß der Bau auf Polemaios zurückgeht, auf die Zeit nämlich, in der er sich, mit dem Zentrum in Chalkis, eine eigene Machtstellung errichtete (310/309 v. Chr.). Daß dies jedoch während des Feldzuges von 313 geschah und mithin die Bezeichnung als „Befestigung von Salganeus" möglich ist, verbietet sich allerdings nicht allein aus den schon im Rahmen der Textanalyse genannten Gründen (s. o.), sondern auch wegen gravierender sachlicher Schwierigkeiten, die eine derartige Datierung aufwirft: Die großen Dimensionen der einheitlich konzipierten Anlage hindern uns schon für sich genommen, diesen Komplex mit dem einen Feldzug des Polemaios zu verbinden.[79] Die Aktionen gingen ja Schlag auf Schlag, es drohte eine Gegenoffensive des Kassandros (Diod. 19,77,6) und Polemaios selbst entwickelte bis zum Winter 313/312 noch erhebliche Aktivitäten.[80] Man bedenke ferner, daß der Bau einer kürzeren, ca. 7 km (37 Stadien) langen und wahrscheinlich weniger sorgfältig ausgeführten Mauer über die thrakische Chersonnes unter Derkylidas (398 v. Chr.) vom Frühjahr bis zum Herbst, also rund ein halbes Jahr gedauert hat – und dabei wird die Schnelligkeit ausdrücklich hervorgehoben (Xen. hell. 3,2,10); ferner gab es keine militärische Bedrohung (Xen. hell. 3,2,9) und konnte man

Anlage in Frage. Wenn Nikokrates, s. Text 2, Aulis und Salganeus, und damit die Ebene von Chália, zu Tanagra rechnet, dann kann dies – wenn man nicht Nikokrates einen Irrtum unterstellen will, vgl. Bonner z. St. (s. jedoch M. Gigante, Aegyptus 28, 1948, 9f.) – auf einen anderen Zeitraum, eventuell auch nur eine kurzfristige Nutzung, gehen.

75 Strab. 10,1,8, vgl. 9,2,2.8 und s. App. I.

76 s. A. Schäfer, Demosthenes und seine Zeit III² (1887) 28; F. Geyer, RE Suppl. IV 442 und neuerdings besonders P. A. Brunt, ClQu 63, 1969, 246 und Picard a. O. (Anm. 7) 252f. (mit weiterer Literatur) 255f. Jedenfalls ist eine solche Besatzung später (313 oder 312) belegt (Diod. 19,77,4). Solchen einleuchtenden Überlegungen hat Bakhuizen nur ein „These statements are decidedly incorrect" (Salganeus 22 A.85) entgegenzusetzen.

77 So auch deutlich Picard a. O. 256.

78 P. G. Themelis, Gnomon 45, 1973, 486f.; J. M. Fossey, Mnemosyne IV 27, 1974, 103, zurückhaltender P. Roesch, AntCl 41, 1972, 738f.

79 S. schon Wallace, Strabo 41, vgl. Picard a. O. 256.

80 So schon Bakhuizen selbst, Salganeus 115f.

womöglich auf Reste älterer Anlagen[81] zurückgreifen. Bezeichnenderweise muß Bakhuizen selbst (109) auf einen hastigen Aufbau hinweisen – obwohl das seinen eigenen Beobachtungen am Bau selbst (bes. 91f.) zumindest teilweise widerspricht.

Ohnehin hätte Polemaios in der Situation, der das τειχίσας τὸν Σαλγανέα zugrundeliegt, gar keine Veranlassung gehabt, sich in der gesamten Ebene mit einer gewaltigen Anlage gegen Boiotien hin zu sichern, da die Boiotier nicht allein mit ihm verbündet waren, sondern sogar den Europa-Feldzug mitinitiiert hatten, weil Kassandros Theben fördern wollte.[82] Zur Bedrohung von Chalkis selbst wäre der Festungskomplex nicht nur wegen seiner Konzeption, sondern auch wegen der Entfernung wenig geeignet gewesen.[83] Die Festung auf dem Megálo Vounó hätte für Polemaios' Truppen allenfalls ein Stützpunkt für den Notfall sein können.[84] Hätten aber die Tausende von Soldaten dort ausreichend Wasser gehabt, um etwa einer Belagerung standzuhalten? Es ist lediglich eine Zisterne nachgewiesen.

Die Argumente, die Bakhuizen aus dem Sprachgebrauch in den Berichten über die Konstruktion vergleichbarer Anlagen gewinnt,[85] können seine Interpretation nicht stützen, vielmehr spricht die Diktion sogar eher gegen diese. Die Komposita, durch die das Absperren selbst zum Ausdruck gebracht wird (ἀποτειχίζειν, ἐκτειχίζειν, διατειχίζειν) bilden keine echte Parallele. Wo dort das Wort τειχίζειν allein gebraucht wird, ist an allen Stellen – nur zu natürlich – der Gegenstand selbst, also das, was befestigt wird, das Objekt, [100] nicht das durch die Befestigung gesicherte, hinter ihr liegende Gebiet bezeichnet.[86] Man hätte also eigentlich in der Formulierung ein entsprechendes Kompositum von τειχίζειν erwarten müssen.

Generell ist es schwer vorstellbar, daß ein kleiner und unbedeutender Ort einer größeren und durch ihre Lage wie Fruchtbarkeit ausgezeichneten Ebene und dazu noch Einrichtungen in deren Randgebirge den Namen gegeben hätte,[87] zumal sich offenbar noch andere literarisch bezeugte Orte in dieser Ebene befunden haben können oder müssen.[88] Da der markanteste Punkt des gesamten Komplexes unmittelbar oberhalb von Aulis liegt, hätte man ohnehin eher an dieses zu denken, wenn man mit der Übertragung eines an sich fremden Namens auf diese Anlage operiert. Und schließlich ist das Messapion, in dessen Bereich die Befestigung liegt, von Strabon

---

81   Miltiades: Herod. 6,36 (36 Stadien); Perikles: Plut. Per. 19,1.

82   Diod. 19,75,6, vgl. Bakhuizen selbst, Salganeus 110.

83   Vom Megálo Vounó nach Chalkis brauchte man rund zwei Stunden: Welcker (zitiert bei Bakhuizen, Salganeus 34) ritt eine Stunde um die Bucht von Chalkis bis Aulis; Spratt brauchte von dort zum Kastro fast eine dreiviertel Stunde, Fraser 44 Minuten (Bakhuizen, Salganeus 31.35).

84   Bakhuizen, Salganeus 111.

85   Salganeus 107 Anm. 6, vgl. 6, vgl. 86f. Anm. 40ff.

86   Herod. 8,40: Isthmos von Korinth; Xen.hell. 3,2,10: Isthmos der thrakischen Chersonnes; Thuk. 4,42,2: Landenge von Methana.

87   So auch P. Roesch, AntCl 41, 1972, 738.

88   Chália und Hyria, und letzteres war keineswegs nur ein prähistorischer Platz (Bakhuizen, Salganeus 146), wie u. a. Theop. FGrHist 115 F 212 und Strab. 9,2,12 zeigen; ferner Eresion (Dionys. ap. Geogr. Gr. min. I 238ff., v. 88ff.). nach Bakhuizen, Salganeus 157 vielleicht sogar der Name des Kastro auf dem Megálo Vounó; zu Mykalessos vgl. App. II.

(9,2,13) im Territorium von Anthedon lokalisiert, man hätte also gegebenenfalls eine entsprechende Benennung erwartet.

Daß die bedeutende Festungsanlage, wenn man sie nicht mit Salganeus identifiziert, in den Feldzügen des Jahres 192 nicht vorkommt, also offensichtlich keine wesentliche Rolle spielte, braucht uns gar nicht zu irritieren. Es wurde ja bereits hervorgehoben, daß sie militärisch von nur relativem Wert war: Gerade ein wichtiges Postulat (Kontrolle von Chalkis und des Euripos-Brückenkopfes im Hinterland) war ja für Antiochos III. nicht gegeben, und die Sicherung nach Chalkis hin war generell prekär. Es bot sich also nicht gerade an, dort Stellung zu beziehen. Überhaupt war es ohnehin auch hier leicht möglich – wie die Militärgeschichte häufig lehrt –, die starre Festung durch erhöhte Mobilität auszumanövrieren bzw. zu ignorieren. Es ist ferner unvorstellbar, daß die geringen Hilfstruppen der Achaier und Pergamener sich gerade im Megálo Vounó bei Aulis festsetzten, wenn doch die Hauptstreitmacht des Antiochos dort stand. Im weiter entfernt liegenden Raum des Lithosorós wäre dies leicht denkbar gewesen. Daß die Mauern im Messapion nicht von vornherein von den Chalkidiern besetzt wurden, ist leicht dadurch zu erklären, daß sie insgesamt zu schwach waren – beim ersten Angriff, dem des Thoas, brauchen sie die Karystier und Eretrier, um sich einen Ausfall erlauben zu können.

Es muß dabei bleiben: Die Mauern und Forts im Messapion-Gebirge stellen eine bedeutende Befestigung – wahrscheinlich aus frühhellenistischer Zeit – dar, die dem Schutz der Ebene von Chália und damit dem Schutz des chalkidischen Brückenkopfes am Euripos gegen Boiotien hin diente. Sie muß wohl zur Zeit ohne antiken Namen bleiben. Als „Befestigung von Salganeus" sollte man sie jedenfalls nicht bezeichnen.

III.

Stellen wir jetzt die Ergebnisse der Textanalyse und der archäologischen Forschungen zusammen, so ergeben sich die wirklichen Fixpunkte für die Identifizierung von Salganeus: Nach den literarischen Quellen ist der Ort nur in der Region zu suchen, wo die Ebene von Chália im Westen an das Messapion-Gebirge stößt und von wo ab die von Chalkis aus durch die Ebene führende Straße nach Anthedon zwischen Berg und Meer verläuft. In dem bezeichneten Raum ist bisher nur ein archäologischer Fundplatz nachgewiesen, ohne allerdings hinreichend erforscht worden zu sein. Indes widersprechen die dort beobachteten und zu beobachtenden Merkmale und Zeugnisse der durch den Text begründeten Identifizierung keineswegs: Zwar hatte der Platz offenkundig seine Blütezeit in prähistorischer Zeit, doch war er, zumindest seine Umgebung, nach Ausweis der Funde auch in historischer Zeit wenigstens partiell und zeitweise besiedelt und galt der nunmehr unbesiedelte oder nur teilweise besie[101]delte Hügel wohl als Grab eines Salganeus. Er war zeitweise befestigt, aber nicht besonders dauerhaft, so daß es nicht zu verwundern braucht, wenn dank der intensiven späteren Nutzung so gut wie keine Spuren davon geblieben sind. Diese Befestigung kann durchaus auch groß genug gewesen sein, die Truppen des Polemaios aufzunehmen, da sie sich nicht auf die Spitze des Hügels beschränkt haben muß, sondern noch das nähere Umfeld (doch wohl sicher noch zu dem natürlichen Hafen hin) miteinbezogen haben konnte.

Es bedürfte ganz anderer archäologischer Zeugnisse, um den eindeutigen literarischen Befund umzustoßen. Vor allem ist in der Forschung bisher nahezu unbeachtet geblieben, daß es noch – neben Texten und Funden – einen weiteren für die Lagebestimmung wichtigen Faktor gibt: die mögliche Kontinuität des Ortsnamens. Im uns interessierenden Raum beim Lithosorós ist der Name Solganiko noch für den Beginn des letzten Jahrhunderts belegt (s.o. A. 3). Die traditionelle Lokalisierung, die zugestandenermaßen heute etwas vorschnell erscheinen mag, da die entsprechenden archäologischen Datierungskriterien noch nicht gegeben waren, ist also auch nach intensiver Prüfung und entgegen teilweise weitgehenden und aufwendigen neueren Untersuchungen erhärtet worden. Und einmal mehr hat sich gezeigt, daß die Topographie auf die sorgfältige Textinterpretation nicht weniger angewiesen ist als auf die systematische archäologische Beobachtung und Fundanalyse. Eine Verquickung von Ergebnissen mangelhaften Textverständnisses und eher oberflächlicher Ortsbegehungen ist dagegen methodisch höchst bedenklich und eine erstrangige Fehlerquelle in der Diskussion topographischer Probleme.

APPENDIX I: KANETHOS/KARÁBABA UND DIE HELLENISTISCHE FESTUNG CHALKIS

Den Ausgangspunkt hat Strabons Notiz (10,1,8) über die Befestigung von Chalkis in der Zeit Alexanders zu bilden: Κατὰ δὲ τὴν Ἀλεξάνδρου διάβασιν καὶ τὸν περίβολον τῆς πόλεως ηὔξησαν, ἐντὸς τείχους λαβόντες τόν τε Κάνηθον καὶ τὸν Εὔριπον, ἐπιστήσαντες τῇ γεφύρᾳ πύργους καὶ πύλας καὶ τεῖχος.

Dazu ist zu stellen Strab. 9,2,8 zum Euripos: ἔστι δ᾽ ἐπ᾽ αὐτῷ γέφυρα δίπλεθρος, ὡς εἴρηκα (9, 2, 2)· πύργος δ᾽ ἑκατέρωθεν ἐφέστηκεν ὁ μὲν ἐκ τῆς Χαλκίδος ὁ δ᾽ ἐκ τῆς Βοιωτίας· διῳκοδόμηται δ᾽ εἰς αὐτοὺς σῦριγξ.[89] Die Erweiterung der Mauer von Chalkis im Jahre 334, von der hier die Rede ist, hat sicher auch den Karábaba miteinbezogen.[90] Das beweisen bereits fortifikatorische Überlegungen. Wenn man die Euriposbrücke selbst befestigte, u. a. mit zwei Türmen auf beiden Seiten, dann mußte auch der den boiotischen Teil beherrschende Hügel Karábaba in den Brückenkopf miteinbezogen werden. Andernfalls wären bei den damaligen poliorketischen Möglichkeiten[91] die Brücke selbst und der Festlandsturm leicht zu zerstören gewesen. Überhaupt war es ja seit den Tagen des älteren Dionys ein Charakteristikum der Festungsarchitektur, daß Plätze, von denen aus eine Stadt beispielsweise mit Belagerungsmaschinen leicht angegriffen werden

---

89   Zu dieser s. Jones z. St.: „an underground passage or else a roofed gallery of some sort above the ground", vgl. Wallace, Strabo 33f. und Bakhuizen, AAA 5, 1972, 1, 142 („a covered passage"): das ist auch am plausibelsten.
90   Vgl. auch Bakhuizen, AAA 5, 1972, 1, 139ff.; ders. Studies…Chalcis 46; Gullath a. O. 78f.
91   Vgl. besonders Bakhuizen AAA 142f.

konnte, in ein Festungssystem miteinbezogen wurden. Daß man gerade im Falle von Chalkis der Sicherheit besondere Aufmerksamkeit schenkte, zeigt auch die Anlage einer geschützten Verbindung zwischen bzw. zu den Türmen. Ferner ist zu berücksichtigen, daß der Umfang des hellenistischen Mauerrings von Chalkis über 13 km betrug.[92] [102]

Auch aus anderen Texten geht hervor, daß es eine Euripos-Festung gab,[93] und der jeweilige Zusammenhang legt nahe, daß damit nicht die Brückenbefestigung allein gemeint gewesen sein kann: In IG II²469 (=Syll.³328) ist ein [...]-ότιμος bezeugt, der von Polemaios [ἐπὶ τῆν τ]οῦ Εὐρίπου φυλακήν eingesetzt war und nach Polemaios' Tod durch Übergabe des Euripos an die Chalkidier α[ἴ]τιος ἐγένετο [τοῦ τὴν πόλιν] αὐτων ἐλευθέρην γ[ενέσθαι: Wenn ihre Übergabe derartige Konsequenzen hatte, muß die Festung also schon eine gewisse Größe gehabt haben.[94] Zu der Passage Liv. 35,51,7 (in Euripo castellum) ist bereits das Nötige gesagt worden (s. o.).

Außerdem gibt es gute Gründe dafür, daß man den bei Strabon erwähnten Kanethos mit dem Karábaba zu identifizieren hat: Daß das Stadtviertel von Chalkis, das um den Karábaba gelegen ist, heute so heißt,[95] kann dabei noch nicht ins Gewicht fallen, da es sich um eine spätere Benennung auf Grund neuerer Lokalisierungen handeln kann, wie sie in Griechenland überaus häufig begegnen. Jedenfalls trifft P. Roeschs – im übrigen nicht belegte – Behauptung, daß „les temoignages du XVe au XIXe siècle montrent que ce quartier et cette colline se sont toujours appelés Kanethos et Karababa",[96] nur auf den letzteren zu, und auch dem besten Kenners dieses Materials, J. Koder, war offensichtlich nichts dergleichen bekannt, denn er selbst übernimmt Bakhuizens hiervon abweichende Lokalisierung (s. u.) des Kanethos.[97]

Aufschlußreicher sind zwei Zeugnisse, die den Kanethos nach Euboia und nach Boiotien legen: Nach Theophr. Hist. plant. 8,8,5[98] befand sich der Kanethos auf

---

92 Herakl. Cret. 1,27; Bakhuizen, Salganeus 141 A.2; ders., Studies…Chalcis 14f.

93 Zu der Notiz bei Ps.-Skylax s. Bakhuizen, Studies…Chalcis 150f.

94 Dies begründet offenbar keinen Widerspruch zu Diodors Angabe, wonach Polemaios Chalkis ohne Besatzung ließ (19,78,2) (und kann deswegen auch nicht eine Identifizierung des von Polemaios zuvor besetzten Salganeus mit der Euripos-Festung begründen, wie offensichtlich Beloch a. O., o.A.22, IV² 1, 127 mit A.1 geschlossen hat): Ein Anstoß gegenüber dem Autonomie-Prinzip hätte damit, wie die Inschrift aus der umgekehrten Perspektive nahelegt, in jedem Falle vorgelegen; und es ist deswegen am sinnvollsten, die Besatzung im Euripos-Bereich mit der Phase zu verbinden, in der Polemaios auf eigene Rechnung operierte, wie M. Holleaux in anderem Kontext und mit Hinweis auf eine Besatzung in Eretria (IG XII 9, 192, 4) schon längst erkannt hat (Holleaux, REG 10, 1897, 187, vgl. auch Bakhuizen, Salganeus 128).

95 Vgl. auch P. Roesch, AntCl 51, 1982, 254. – Im übrigen gibt es heute sogar einen Fußballverein mit dem Namen ‚Kanithos Chalkida'!

96 P. Roesch a. a. O.

97 Koder a. O. (A.6) 183.

98 γίγνεται δὲ ταῦτα ἐν ταῖς λεπταῖς οὐκ ἐν ταῖς πιείραις, ὥσπερ καὶ τῆς Εὐβοίας ἐν τῷ Ληλάντῳ μὲν οὐ γίνεται, περὶ δὲ τὸν Κάνηθον καὶ εἴ τις ἄλλος τοιοῦτος τόπος. Wegen dieses lokalen Bezuges und aufgrund der geologischen Beschaffenheit denkt Bakhuizen, AAA 5, 1972, 1 140f. und Studies... Chalcis 5f. an einen Hügel östlich des Euripos, auf Euboia (übernommen

Euboia, nach den Handschriften des Scholion zu Apoll. Rhod. A 77[99] in Euboia bzw. in Boiotien. Weder Bakhuizen noch Wallace[100] berücksichtigen aber, daß die bessere Überlieferung des Scholion auf Boiotien weist und Euboia erst in späteren Handschriften begegnet, also – wegen Theophrast oder eines offenkundig scheinenden Widerspruchs im Text des Scholion selbst vorgenommen – gelehrte Konjektur sein kann bzw. aus dem Text des Epos selbst[101] über[103]nommen ist; dann wäre der Hinweis auf Boiotien lectio difficilior. Wir haben also mit einem echten Widerspruch in unseren Quellen zu tun, und diesen hat schon A. Baumeister[102] einleuchtend aufgelöst: „Das Schwanken erklärt sich einfach daher, daß der Hügel topographisch zu Boiotien, politisch jedoch zu Euboia gehörte". Es sei darauf hingewiesen, daß gerade diese Lokalisierung des Kanethos auch zu Strab. 10,1,8 am besten paßt:[103] jedenfalls wurde in der älteren Forschung der Kanethos überwiegend mit dem Karábaba-Hügel identifiziert.[104]

APPENDIX II: „AD HERMAEUM"

Da ein Hermaion in der uns interessierenden Region zweimal im Zusammenhang mit militärischen Operationen erwähnt wird (Thuk. 7,29,2f.[105]; Liv. 35,50,9, s. o. Text 10), liegt es nahe, die beiden Punkte zu identifizieren. Dann läge das Hermaion, nach Thukydides 16 Stadien (rund 3 km) vor Mykalessos, welches im

---

von Koder a. a. O.). Das ist jedoch keineswegs zwingend und trägt den Quellen nicht voll Rechnung (s. u.).

99 ἔστι δὲ Κανήθου υἱός, ἀφ’ οὗ ὄρος ἐν Βοιωτίᾳ (Εὐβοίᾳ codd. post.).

100 Dieser identifiziert den Kanethos unter Berufung auf Beobachtungen von Papavasiliou, Athena 3, 1891, 607ff. und Sackett u. a., BSA 61, 1966, 58 mit dem Vathrovoúni, bei diesem handelt es sich jedoch – zu einem Teil – um die eigentliche Akropolis von Chalkis (vgl. Bakhuizen, AAA 5, 1972, 1, 136ff.), und darauf gehen auch die Beobachtungen.

101 Apoll. Rhod. A77f. Αὐτὰρ ἀπ’ Εὐβοίης Κάνθος κίε, τόν ῥα Κάνηθος πέμπεν Ἀβαντιάδης λελιήμενον.
Βοιωτίᾳ ist überliefert im codex Laurentianus XXXII 9 (Anf. 11. Jh.), von dem es heißt, daß er „inter corporis scholiorum testes cum antiquitate tum bonitate maxime excellit" (K. Wendel, Scholia in Apollonium Rhodium vetera (1958) X). Demgegenüber ist in der viel späteren recensio Parisina, deren codices dem 15. und 16. Jh. angehören und deren codex Parisinus 2727 Εὐβοίᾳ hat, deutlich eine gelehrte und weitgehende Tendenz zur Verbesserung des älteren Scholienapparates erkennbar, die u. a. darauf abzielt, „ut ... difficultates aut rerum aut verborum removeret" (Wendel a. O. XV). In dem Zusammenhang hat man auch zu beachten, daß im folgenden Satz des Scholion Kanethos als Sohn des Abas bezeichnet ist.

102 Topographische Skizze der Insel Euboia, Progr. Lübeck 1864, 48 A.28.

103 Vgl. schon Baumeister a. a. O.

104 Literatur bei v. Geisau, RE X s. v. Kanethos.

105 Sommer 413: ὁ δὲ (sc. der Athener Dieitrephes) ἐκ Χαλκίδος τῆς Εὐβοίας ἀφ’ ἑσπέρας διέπλευσε τὸν Εὔριπον καὶ ἀποβιβάσας ἐς τὴν Βοιωτίαν ἦγεν αὐτοὺς ἐπὶ Μυκαλησσόν (3) καὶ τὴν μὲν νύκτα λαθὼν πρὸς τῷ Ἑρμαίῳ ηὐλίσατο (ἀπέχει δὲ τῆς Μυκαλησσοῦ ἑκκαίδεκα μάλιστα σταδίους), ἅμα δὲ τῇ ἡμέρᾳ τῇ πόλει προσέκειτο οὔσῃ οὐ μεγάλῃ, καὶ αἱρεῖ ἀφυλάκτοις τε ἐπιπεσὼν καὶ ἀπροσδοκήτοις μὴ ἄν ποτέ τινας σφίσιν ἀπὸ θαλάσσης τοσοῦτον ἐπαναβάντας ἐπιθέσθαι...

allgemeinen bei Ritsóna lokalisiert wird,[106] auf der boiotischen Seite des Aniphoritis-Passes. Das wäre ein sehr starkes Argument für Bakhuizens Rekonstruktion des Antiochos-Feldzuges von 192; und dieser selbst hat geringfügige Gebäudereste auf einem Hügel (Vamvakiá) kurz vor dem Paß versuchsweise als Ort des Hermaions vorgeschlagen (183f.).

Allerdings bleiben dabei noch viele Fragen offen:

— Die Lokalisierung von Mykalessos kann keineswegs als sicher gelten,[107] und die Reste auf dem Vamvakiá-Hügel deuten eher auf ein anderes Gebäude.[108]

— „transitus" kann sich selbstverständlich auch auf einen Paß beziehen, doch ist es zunächst einmal, wie schon bemerkt wurde,[109] nicht so spezifisch zu verstehen, und man hat zu berücksichtigen, daß im Kontext von „in Eboeam insulam" die Rede ist, also eher an eine Überfahrt zu denken wäre.

— Es ist keineswegs unwahrscheinlich, daß Menippos die Küstenstraße von Anthedon nahm, also gar nicht über den Aniphoritis-Paß ging: Dieser Weg war, wie gerade auch Bakhuizen selbst[110] gezeigt hat, gut ausgebaut – und muß dies schon zu Herakleides' Zeit gewesen sein, also im 3. Jahrhundert v. Chr., da dieser ihn λεία und μαλακή nennt (1,26, s.o. Text 3). [104] Da sich die Boioter dem Bündnis der Aitoler mit Antiochos nicht angeschlossen hatten (Liv. 35,50,5) und mit Menippos auch die gesamte Flotte vorausgeschickt war, ist es sogar wahrscheinlich, daß dieser, so weit es ging, an der Küste entlang zog – wenn er nicht überhaupt zu Schiff bis in den Raum von Salganeus gelangte. Ein Marsch durch Boiotien mit nur 3000 Mann mußte nämlich recht problematisch sein, solange das Verhalten der Boioter nicht klar war. Bei Antiochos' großem Heer war das selbstverständlich ganz anders.

— Daß das Hermaion aus boiotischer Perspektive vor der Messapion-Befestigung gelegen haben muß, weil diese durch die achaiisch-pergamenischen Truppen gesperrt war, beruht auf Bakhuizens fehlerhafter Rekonstruktion der Ereignisse von 192.

Es bleiben also, jenseits der Deutung Bakhuizens, noch andere Möglichkeiten: Man kann an zwei verschiedene Hermaien denken, eine andere, näher nach Chalkis zu gelegene Situation von Mykalessos annehmen oder auch dem Thukydides einen geringfügigen Irrtum in der Entfernungsangabe[111] – oder einem Abschreiber einen Fehler – unterstellen. Jedenfalls ist, auch wenn man beide Hermaien identifiziert,

---

106 Bakhuizen, Salganeus 18ff.
107 P. G. Themelis, Gnomon 45, 1973, 485f.
108 P. Roesch, AntCl 41, 1972, 738: „plurot … restes dúne petite chapelle".
109 P. Roesch a. a. O.
110 Salganeus 141ff. mit älterer Literatur.
111 Zu einem offenkundigen Fall in dieser Hinsicht (die Länge der Insel Sphakteria bei Thuk. 4,8,6) vgl. J. B. Wilson, Pylos 425 B. C., (1979) 52f., dazu H.-J. Gehrke, Gnomon 53, 1981, 201 A.3. Zum Problem der topographischen Zuverlässigkeit des Thukydides in diesem Kontext generell s. A. W. Gomme, A Historical Commentary on Thucydides III (1958) 443. 482ff.

durchaus vorstellbar, daß sich ein Hermaion im Bereich der Ebene von Chália[112] unweit eines beim Lithosorós lokalisierten Salganeus befand. Auf keinen Fall kann das Hermaion-Problem einen Anlaß bieten, die gesamte topographische Rekonstruktion über den Haufen zu werfen.

112 Vgl. auch H. G. Lolling, „Urbaedeker" 26: „48 Minuten von Mykalessos entfernt lag im Alterthum das sogen. Hermaion, wahrscheinlich am Knotenpunkt verschiedener Wege gelegen, vermuthlich da, wo die Wege von Theben über den Anephoritespass, der Seeweg von Oropos über Aulis und der von Chalkis zusammenstiessen, also wohl in der jetzt Vlicha genannten Ebene zwischen den Ruinen von Mykalessos (von Lolling lokalisiert auf dem Megálo Vounó bei Aulis) und dem Fort Karabába".

Erschienen in: Klio 74, 1992, 98–117.

ZUR REKONSTRUKTION ANTIKER SEEROUTEN: DAS BEISPIEL DES GOLFS VON EUBOIA

In jedem Falle und für jedes Phänomen in der Geschichte können Vergleiche erhellend sein. Neben der Vergrößerung der Anschaulichkeit und der Schärfung des Vorstellungsvermögens dienen sie vor allem dazu, das methodische Instrumentarium zu vertiefen, insbesondere die Bereiche, in denen allgemeine Aussagen möglich sind, von denjenigen zu scheiden, die nur als Sonderfälle gelten können – wobei der Vergleich jeweils auch noch die Profilierung des Besonderen erlaubt. In dem Forschungsprogramm zu den regionalen Strukturen des antiken Griechenland sowie zur antiken Geographie, das ich mit Francesco Promera (Università degli Studi di Perugia) in Angriff genommen habe, geht es u. a. um Probleme der maritimen Kommunikation. Dabei spielen neuralgische Punkte und schwierige Passagen eine besondere Rolle, vor allem die Meerenge von Messina. In vorliegendem Beitrag soll nun die Seefahrt im Golf von Euboia generell sowie im Euripos[1] bei Chalkis speziell als ein Vergleichsfall exemplarisch erörtert werden. Die natürliche und sachliche Basis, die ein derartiges komparatistisches Vorgehen haben muß, ist im vorliegenden Falle in mancherlei Hinsicht gegeben:

— Schon in der geographischen Literatur der Antike wurde auf eine vergleichbare Situation in den beiden Meerengen hingewiesen.[2]
— Auch die naturräumliche Realität, insbesondere in den Phänomenen und Hauptursachen der Meeresströmungen in den Engen, gibt eine Basis für die Vergleichbarkeit.[3] Freilich bildet dabei der Euripos, jedenfalls an seiner engsten Stelle, einen Extremfall.
— Generell bestimmt eine „Euripos-Konstellation" – nimmt man einmal den generalisierten Wortgebrauch, mit dem sich auch die Bedeutung „Meerenge" allgemein verbalisieren läßt[4] – etliche für die griechische Schiffahrt wichtige Passagen. Dies ist angesichts der Spezifika der griechisch-mittelmeerischen Morphologie auch keineswegs verwunderlich.[5]

---

1 Hier ist die gesamte Enge bei Chalkis gemeint, wie sie u. anhand der physiogeographischen Gegebenheiten definiert ist. Im engeren Sinne ist Euripos nur das schmalste Stück, das seit 411 v. Chr. überbrückt ist.
2 S. Eustath., Comm. 473 (Geogr.Gr.Min. II p. 306), vgl. Aristot., Meteor. 2,8,366a 23ff.
3 Vgl. A. Philippson, Das Mittelmeergebiet. Seine geographische und kulturelle Eigenart, Leipzig 1904 (weiter zitiert als: Philippson 1904), 56.
4 S. z. B. Pape s. v. und Liddell/Scott s. v. Für den Golf von Euboia ist daneben auch der Begriff πορθμός; gebräuchlich, s. Strab. 10,1,9 und vgl. generell u.
5 Philippson 1904, 56.

– Schließlich gibt es zwischen dem Golf von Euboia und der Meerenge von Messina auch insofern einen Zusammenhang, als Kolonisten von der Insel unter den frühen griechischen Seefahrern im Westen eine herausragende Rolle gespielt haben. Zumindest mit [99] der Möglichkeit, daß dabei auch heimische Erfahrungen prägend waren, ist also durchaus zu rechnen.

Unser Versuch, die Schiffahrtsverhältnisse zwischen Euboia und dem Festlande zu rekonstruieren, gilt wegen der Quellenlage vor allem für das 4. und 3. vorchristliche Jahrhundert. Da sich die natürliche Situation nachweislich nicht wesentlich verändert hat, ist Material auch aus anderen Epochen, insbesondere den spätmittelalterlichen Portolanen und neuzeitlichen Reiseberichten, benutzt worden. Zeitliche Entwicklungen sind im Einzelfalle nur noch bedingt nachweisbar, am ehesten noch für den Euripos im engeren Sinne, also für das schmalste Stück zwischen Chalkis und dem Kanethos-Hügel.[6]

Angesichts der natürlichen Konstanten war aber auch in der Kolonisationszeit die Seefahrt prinzipiell denselben Bedingungen unterworfen und wird sich generell auch nicht anders orientiert haben als in der spätklassischen und der frühhellenistischen Epoche. Auch das Problem einer möglichen Verschiebung des Meeresniveaus darf weitgehend ignoriert werden. Zwar gibt es Differenzen, doch diese sind durchweg so selten, daß man an den meisten Plätzen dank archäologischer Beobachtungen eine ähnliche Situation rekonstruieren kann. Fraglich ist das freilich in den recht flachen und teilweise versumpften Regionen, so besonders im Raum von Marathon und der Ebene von Psachna. Doch auch hier ist allenfalls das Detail fraglich, nicht die grobe Verteilung von Hafen- bzw. Siedlungsplätzen.

I.

Nach der immer noch klassischen geologisch-geomorphologischen Beschreibung von Alfred Philippson[7] ist der Golf von Euboia in seinen äußeren Teilen, nämlich dem Kanal von Atalanti und der Bucht von Petalii, tektonischen Ursprungs. Der mittlere Teil hat demgegenüber gerade in der Seichtigkeit in der Enge bei Chalkis sowie in dem leichten Südgefälle im Kanal von Eretria alle Kennzeichen eines ehemaligen, nunmehr untergetauchten Flußtales (möglicherweise über dem Boden einer tektonisch bedingten Senke).

Die natürliche Grenze des Golfes ist im Norden sehr stark ausgeprägt, wo sich die Insel mit dem Kap Lichada dem Festland im Raum des Vorgebirges von Vromolimni auf rund 4 km nähert und das Meer zudem noch durch die Lichadischen Inseln verengt wird. Der südliche Teil des Golfes ist offener, da die Parallelführung

---

6   Zur Identifizierung des Kanethos mit dem Hügel Karababa s. H.-J. Gehrke (und Exkursionsteilnehmer), Zur Lage von Salganeus, in: Boreas 9 [1986] (weiter zitiert als: Gehrke 1986) 101ff. [hier: S. 233–260].

7   Philippson, Die griechischen Landschaften, I 2: Das östliche Mittelgriechenland und die Insel Euboea, Frankfurt/M. 1951 (weiter zitiert als: Philippson 1951), 551ff., bes. 560.

der Festlands- und Inselküste vom Raum von Aulis bis zu der Enge bei der Insel Kavalliani durch einen Trichter abgelöst wird, der sich nach Süden zu den Kaps von Geraistos und Sunion hin zunehmend verbreitert. Hier ist die gedachte Linie zwischen den beiden letztgenannten Punkten als Grenze anzusehen, und diese ist auch insofern natürlich, als sich gerade in diesem Raum wegen der Enge von Andros die Wind- und Strömungsverhältnisse ganz anders darstellen (s. u.).

Insgesamt läßt sich der Golf von der Natur her in vier Teile gliedern, den Kanal von Atalanti, die Enge von Chalkis, den Kanal von Eretria und die Bucht von Petalii. Diese müssen jeweils für sich behandelt werden, da in ihnen unterschiedliche Voraussetzungen für den maritimen Verkehr herrschen, wozu dann, wie noch sichtbar werden wird, [100] jeweils andere Faktoren kommen. Vorab aber seien die Punkte hervorgehoben, die die Schiffahrt im Golf generell in positivem wie negativem Sinne geprägt haben.

Zunächst bot der Golf von Euboia für die Bedingungen antiker Nautik ganz erhebliche Vorteile, und zwar gerade in Hinsicht auf das, was besonders benötigt wurde, Anlegepunkte in bestimmten Abständen[8] mit – durch Wind und Wetter gegebenenfalls erzwungenen – Alternativen. Einerseits fand der Seemann eine geschützte Strecke, die relativ wetterfest war, andererseits gab es auch Hafenplätze, die als Ausgangspunkte für Direktfahrten sehr gut geeignet waren: Der Golf selbst hatte weithin die Charakteristika eines Binnengewässers, so daß man sich geradezu als Flußschiffer fühlen konnte. So war es z. B. möglich, mit einer kleinen Flottille bei Nacht von Kap Sunion nach Chalkis zu fahren, wie der handstreichartige Überfall des C. Claudius im Jahre 200 zeigt.[9] Vor allem war es der Schutz vor den Winden, insbesondere den auch in der Hauptschiffahrtssaison,[10] gerade in den Monaten Juli und August, sehr stark aus Norden wehenden Etesienwinden (Meltemia),[11] der hier zählte. Diese wehen mit solcher Stärke, daß „sailing vessels for weeks at a time cannot beat against them but have to tie up behind islands".[12] Gerade der Schiffahrt an der langgestreckten Nordostküste von Euboia, im Kanal von Andros und am Kap Sunion (s. u.) bereiteten diese Winde besondere Schwierigkeiten – aber zwischen der Insel und dem Festland war man weitgehend geschützt vor ihnen.

Dazu kam die günstige Lage des Golfs von Euboia in der für die griechische Schiffahrt so wichtigen Agäis: Wir können hier geradezu die Situation eines

---

8   Zu solchen „Relaishafen" s. etwa O. Höckmann, Antike Seefahrt, München 1985 (weiter zitiert als: Höckmann 1985), 83, zu den natürlichen Voraussetzungen der Häfen generell s. auch Vitruv, Archit. 5,12,1. Ein anschauliches Beispiel für die mögliche Bedeutung solcher Plätze aus späterer Zeit gibt L. Ross, Wanderungen in Griechenland im Gefolge des Königs Otto und der Königin Amalie, II, Halle 1851 (weiter zitiert als: Ross 1851), 151.

9   Liv. 31,23,3ff. Man vgl. ferner die Fahrt einer makedonischen Flottille von 15 Schiffen bei Nacht von Chalkis nach Kythnos (Arr. Anab. 2,2,4f.).

10 L. Casson, Ships and Seamanship in the Ancient World, Princeton 1971 (weiter zitiert als: Casson 1971), 270.

11 Casson 1971, 272, vgl. J. Rougé, La marine dans l'antiquité, Paris 1975 (weiter zitiert als: Rougé 1975), 24 und besonders (mit antiken Belegen) H. U. Instinsky, in: W. Marg (Hrsg.), Herodot, Darmstadt² 1965, 493ff.

12 E. Semple, The Geography of the Mediterranean Region, New York 1931, 580, zitiert nach Casson 1971, 273.

Knotenpunktes konstatieren, an der Kreuzung der wichtigsten Nord-Süd-Verbindungen mit einigen bedeutenden Ost-West-Routen: Was der Historiker Ephoros über die Vorzüge der boiotischen Ostküste für die maritime Kommunikation sagt, gilt genau für den euboiischen Golf, bei ἐπὶ δὲ τῶν πρὸς Εὔβοιαν μερῶν ἐφ᾽ ἑκάτερα τοῦ Εὐρίπου σχιζομένης τῆς παραλίας τῇ μὲν ἐπὶ τὴν Αὐλίδα καὶ τὴν Ταναγρικήν, τῇ δ᾽ ἐπὶ τὸν Σαλγανέα καὶ τὴν Ἀνθηδόνα, τῇ μὲν εἶναι συνεχῆ τὴν κατ᾽ Αἴγυπτον καὶ Κύπρον καὶ τὰς νήσους θάλατταν, τῇ δὲ τὴν κατὰ Μακεδόνας, καὶ τὴν Προποντίδα καὶ τὸν Ἑλλήσποντον.[13]

Mithin liegt der Golf von Euboia gerade im Zentrum zwischen wichtigen Eckpunkten der Schiffahrt im östlichen Mittelmeer und kann zugleich den Ausgangspunkt für die Seefahrt bis ins Schwarze Meer bzw. nach Ägypten bilden. Dabei wird insbesondere an der Nordroute deutlich, wie sehr die Seefahrt hier Küstenschiffahrt[14] war, während man [101] in der Südrichtung – angesichts der Windverhältnisse – öfter die direkte Route[15] über Skyros gewählt haben wird. Jedenfalls wird dieser ‚Nordbezug‘ Euboias generell sehr schön deutlich, wenn Thukydides (4,109,3) das Meer westlich der Athos-Halbinsel als πρὸς Εὔβοιαν πέλαγος bezeichnet.

Die Bedeutung des Golfes als Ausgangspunkt für die West-Ost-Route, die Verbindung von Europa nach Asien, ist in dem Hinweis auf ein entsprechendes διάφραγμα, also eine wichtige Direktverbindung, im Periplus des Skylax ([Skyl. Car.] peripl. 113) bezeugt, mit folgenden Stationen: Euripos bei Chalkis – Geraistos – Paionion auf Andros – Aulon – Tenos – Rhenaia – Mykonos – Melantische Klippen – Ikaros – Samos – Mykale. Von Geraistos etwa hatte man auch Möglichkeiten, andere Punkte vor der kleinasiatischen Küste direkt anzulaufen (s. u.). Auf der Ostseite der Ägäis fand man dann auch wieder Anschluß an eine besonders wichtige Nord-Süd-Route. Zugleich sieht man, daß ein Seemann gerade im Umfeld des euboiischen Golfes für seinen Kurs verschiedene ‚Optionen‘ hatte, je nach der Seetüchtigkeit seines Schiffes, den Wetterverhältnissen und der Einschätzung der eigenen nautischen Fähigkeiten.

Dazu kamen Vorteile der Seeverbindung durch den Golf von Euboia besonders in Relation zu den Landwegen: So läßt sich z. B. der große Umweg um den tief – in der Antike noch weit mehr als heute – einschneidenden Malischen Golf erheblich abkürzen; und es dürfte sich in der Regel gelohnt haben, von den Festlandshäfen im Kanal von Atalanti aus direkt oder über euboiische Plätze den Weg nach Thessalien, insbesondere etwa in den Pagasitischen Golf, einzuschlagen – und vice versa. Auch Landengen ließen sich damit umgehen, so etwa die Thermopylen, was

---

13   Ephor., FGrHist 70 F 119 = Strab. 9,2,2; ebenso [Skymn.] 493ff., zu Eretria und Chalkis als Ausgangspunkt für den Weg nach Thrakien und zum Pontus s. Philippson 1904, 82; zur Verbindung auch in südlicher Richtung s. P. Kalligas, Ἀνασκαφὲς στο Λευκαντί Εὐβοίας, 1981– 1984, in: Archeion Euboikon Meleton 26 [1984/85], 268.

14   Zur Küstenschiffahrt und ihren Bedingungen ist immer noch recht instruktiv A. Breusing, Die Nautik der Alten, Bremen 1886, 3ff.

15   Zur Bedeutung und zu den Möglichkeiten von Direktfahrten vgl. allgemein Höckmann 1985, 162.

vor allem militärisch von Bedeutung war und sich besonders am Beispiel der Interessen der makedonischen Politik auf Euboia markant illustrieren läßt.

Darüber hinaus waren angesichts der agrarischen Verhältnisse im jeweiligen Hinterland viele Hafenplätze durchaus wohlhabend, also als Umschlagplätze auch per se interessant. Schließlich bildete der Fischreichtum des Golfes eine sehr gute Ernährungsgrundlage, zugleich aber auch den Anreiz und die Basis für erste Schritte zur Entdeckung und zum Kennenlernen der nautischen Verhältnisse im Golf.

Freilich gibt es auch einige Nachteile: So ist der südliche Teil der Bucht von Petalii den Etesienwinden ausgesetzt, besonders an seinen Ecken, bei Geraistos und am Kap Sunion (s. u.). Bedenklicher waren aber vor allem die Fallwinde,[16] die in verschiedenen Teilen des Golfes ganz unvorhersehbar auftauchen und manche Passagen der Route recht gefährlich machen konnten. Besonders im Raum von Karystos waren diese sehr intensiv. So heißt es über die Plätze im Umfeld der Festung Karystos in dem türkischen Segelhandbuch des Piri Re'is Bahrije (8,19)[17]: „Es sind offene Plätze, aber Plätze mit derartig übermäßig heftigen Unwettern (saganaqly), daß man sie mit der Sprache nicht beschreiben kann. Im Jahre kommen derartige Unwetter mehrfach vor, so daß sie, wenn ein Mensch sich auf einem Pferde befinden sollte, das Pferd und seinen Reiter kopfüber umblasen, und wenn sie vor sich ein Schiff fänden, so würden sie diesem Schiff unbedingt einen Schaden zufügen." [102]

Dazu kommen – freilich insgesamt weniger problematisch – die Strömungen, die von den Gezeiten verursacht sind und die an den engeren Stellen ziemlich reißend sein können, so insbesondere beim Euripos (s. u.). Dieses ‚Nadelöhr' stellt ebenfalls eine Behinderung für die Schiffahrt dar. Insgesamt aber überwiegen bei weitem die Vorteile.

---

16 Philippson 1904, 58f. erwähnt „stürmische, oft plötzlich aufspringende Winde, besonders Fallwinde, die mit kolossaler Gewalt von den gebirgigen Küsten herabsausen".

17 Piri Re'is Bahrije, Das türkische Segelhandbuch für das Mittelländische Meer vom Jahre 1521, hrsg., übers. und erklärt von Paul Kahle, Bd. 2, Übersetzung Berlin–Leipzig 1926, 29 (vgl. bes. auch Anm. 9).

II.

Dies zeigt auch die Detailanalyse[18] der einzelnen Teile des Golfes:

a) Die Bucht von Petalii

Die attische Seite der Küste[19] hat manche Nachteile, besonders weil sie angesichts der Form eines offenen Trichters, den die Bucht von Petalii bildet, den Nordwinden stark ausgesetzt ist[20]: So machte es nicht selten Schwierigkeiten, Kap Sunion zu umrunden[21], teilweise haben wir Brandungs-[22] und (vor allem im nördlichen Abschnitt) Steilküsten[23].

Doch insgesamt gibt es ein relativ großes Reservoir von geschützten Buchten, besonders im Süden zwischen der Insel Helena und dem Festland,[24] aber auch weiter hinauf bis in die Bucht von Marathon. Positiv wirkte sich gerade im Süden Attikas aus, daß es dank der intensiven Bergbautätigkeit in der Laureotike überhaupt eine relativ entwickelte Kommunikationsstruktur, auch ins Hinterland und nach Athen hin, gab[25].

Strabons Beschreibung der attischen Ostküste von Sunion bis Oropos (9,1,22) gibt uns die Hinweise auf die wichtigsten Hafenplätze. Die Angaben werden durch archäologische Beobachtungen konkretisiert und ergänzt. Die drei im Schutze

---

18 Indizien für die Seerouten in nachantiker Zeit liefern – neben den im folgenden herangezogenen Portulanen – die verschiedenen Karten, z. T. zusammengestellt bei J. Koder, Negroponte. Untersuchungen zur Topographie und Siedlungsgeschichte der Insel Euboia während der Zeit der Venezianerherrschaft, Wien 1973 (weiter zitiert als: Koder 1973) 28ff.; instruktiv ist auch J. Stuart – N. Revett, The Antiquities of Athens 3, London 1794 (weiter zitiert als: Stuart–Revett 1794), XXIV.

19 Eine vorzügliche Gesamtbeschreibung bietet J. H. Young, Studies in South Attica, in: Hesperia 10 [1941] (weiter zitiert als: Young 1941), 166ff.

20 Vgl. hierzu Young 1941, 168.

21 Zum Problem der Umseglung von Kap Sunion vgl. u. a. die deutlichen Bemerkungen von R. J. Hopper in: H. Mussche u. a. (Hrsg.), Thorikos and the Laurion in Archaic and Classical Times, Ghent 1975 (weiter zitiert als: Mussche 1975), 17.

22 Zur Problematik von solchen Küsten allgemein s. Rougé 1975, 25.

23 Generell vgl. Rougé 1975, 25.

24 S. Young 1941, 167f.

25 So schon deutlich bei Young 1941, 166ff. und jetzt R. Osborne, Demos: The Discovery of Classical Attika, Cambridge 1985 (weiter zitiert als: Osborne 1985), 31 (mit Hinweisen auf die Erzverarbeitung), generell vgl. auch H. Kalcyk, Untersuchungen zum attischen Silberbergbau. Gebietsstruktur, Geschichte und Technik, Frankfurt/M.–Bern 1982, wo die Bedeutung der Transportwege zur See hervorgehoben ist.

Helenas liegenden Plätze sind, von Süd nach Nord, Passalimani[26], Poundazeza[27] und Panormos (od. Gaidouromandra)[28]. Alle weisen beachtliche antike Reste auf, so daß man Passalimani sogar [103] als ein mögliches Demenzentrum von Sunion ansprechen konnte.[29] Jedenfalls läßt sich Panormos wohl mit einem gleichnamigen Ort, der u. a. bei Ptolemaios genannt wurde, verbinden, und ist, nach Youngs genauen Beobachtungen, der inschriftlich bezeugte Ort Porthmos mit Poundazeza zu identifizieren, eine besonders sichere und gerade für die Überfahrt auf die Insel Helena geeignete Hafenbucht.

Nicht viel weiter nördlich bot Thorikos, als solches ein bedeutendes Siedlungszentrum, zwei Häfen, die besonders in der Gunst der Natur standen und es möglich machten, bei unterschiedlichen Windverhältnissen in Thorikos anzulegen: Im Norden Frankolimani oder Vrysaki, im Süden Porto Mandri.[30] Der folgende Demos Potamos Deiradiotai war zwar vornehmlich auf das Binnenland hin orientiert, und entsprechend wird sein Schwerpunkt lokalisiert.[31] Aus Strabon a. O. ergibt sich aber auch ein Bezug zur Küste, so daß die nördlich von Thorikos gelegenen Hafenbuchten Tourkolimani und Vromopoussi[32] möglicherweise mit dem Demos zu verbinden sind. Auf das eigentliche Deiradiotai sollte man dann am ehesten die Bucht von Daskalio weiter nördlich beziehen.[33]

Ein zweiter Hafenschwerpunkt neben dem Raum zwischen Passalimani und Thorikos ist das – ebenfalls mit dem Binnenland gut verbundene – Gebiet zwischen

26 Zu den Resten s. besonders Young 1941, 167 (mit Hinweisen auf Reste von Schiffshäusern und – möglicherweise – eines Molo) und Osborne 1985, 31, vgl. auch A. Milchhoefer, Karten von Attika, hrsg. von E. Curtius und J. A. Kaupert. Erläuternder Text, Heft III–VI, Berlin 1889 (weiter zitiert als: Milchhoefer 1889), 28 und jetzt (mit dem Hinweis auf neue Grabungen) J. Travlos, Bildlexikon zur Topographie des antiken Attika, Tübingen 1988 (weiter zitiert als: Travlos 1988), 405f.

27 Generell s. vor allem Young 1941, 168, mit einer detaillierten Beschreibung 171ff. sowie der Begründung für die Identifizierung mit dem in der Salaminierinschrift (W. S. Ferguson, in: Hesperia 7 [1938], Hf. = SEG XXI 527) belegten Porthmos; vgl. auch Osborne 1985, 31.

28 Isaios 1,31; Ptol. 7,15,8. Zu den Resten und der Identifizierung s. Young 1941, 168, vgl. Milchhoefer 1889, 28 und Osborne 1985, 31.

29 So jetzt J. S. Traill, Demos and Trittys. Epigraphical and Topographical Studies in the Organization of Attica, Toronto 1986 (weiter zitiert als: Traill 1986), 25 und Travlos 1988, 405f. mit dem Hinweis auf neue Grabungen. Doch bleibt auch der Platz beim Poseidonheiligtum ein wichtiger ‚Kandidat‘, s. H. Lauter, Das Teichos von Sunion (weiter zitiert als: Lauter 1989), 11ff. in: Marburger Winckelmann-Programm 1988: Attische Festungen. Beiträge zum Festungswesen und zur Siedlungsstruktur vom 5. bis zum 3. Jh. v. Chr. (Attische Forschungen 3), Marburg 1989 (weiter zitiert als: Marburger Winckelmann-Programm 1988).

30 [Skyl. Car.] peripl. 57: Θορικὸς τεῖχος καὶ λιμένες δύο; s. außerdem bes. Milchhoefer 1889, 26f; H. F. Mussche, La forteresse maritime de Thorikos, in: BCH 85 [1960], 176ff.; R. Paepe, Le cadre régional du site de Thorikos, Thorikos I, Brüssel 1968, 11.13; Travlos 1988, 430.

31 Im oberen Potamos-Tal (nordlich von Thorikos), ggf. auch in der Ebene von Kerati, s. bes. Milchhoefer 1889, 25; E. Meyer, in: RE s. v.; E. Vanderpool, in: Mussche 1975, 24f.; Traill 1986, 132.

32 Zu diesen s. Milchhoefer 1889, 26.

33 Zur – nicht völlig sicheren – Identifizierung und zur Lage vgl. Milchhoefer 1889, 13; P. Siewert, Die Trittyen Attikas und die Heeresreform des Kleisthenes, München 1982, 91; Osborne 1985, 40; Traill 1986, 131; s. im übrigen den Hinweis bei Stuart–Revett 1794, XXV.

Prasiai und Halai Araphenides. Hier bietet die Bucht von Porto Raphti einen geradezu idealen Hafenplatz, an dem sich die Demen von Prasiai und Steiria befanden, die zu den wichtigsten ostattischen Häfen gehörten. Insbesondere von Prasiai sind manche Beziehungen nach Delos zu verzeichnen,[34] und es war als Ausgangspunkt für Plünderzüge im Gebiet von Karystos und zur Überfahrt nach Geraistos geeignet (Liv. 31,45,10).

Brauron mit seinem bedeutenden Artemisheiligtum war womöglich an der Küste schon in der Antike stark verlandet, doch hat es möglicherweise am Nordrand der Bucht einen Anlegeplatz gegeben.[35] Einer der wichtigsten Hafenplätze der Ostküste Atti[104]kas neben Thorikos und Prasiai war dann Halai Araphenides, beim heutigen Orte Loutsa, wo man auch Reste eines Tempels gefunden hat, der mit dem berühmten Kult der Artemis Tauropolos in Verbindung gebracht wird.[36] Weist dies schon auch auf die maritimen Verbindungen, so ist besonders treffend ein Vers des Euripides (Iphig. T. 1451), in dem der Ort als γείτων δειράδος Καρυστίας bezeichnet ist.

Weiter nördlich, im Bereich der großen Bucht von Marathon, finden sich ebenfalls noch Hafenplätze, besonders Probalinthos, Marathon und Trikorythos, deren Lokalisierung (vom letzten Ort abgesehen) noch ziemlich lebhaft diskutiert wird.[37] Sie dürften aber nicht die Bedeutung von Halai Araphenides erreicht haben, zumal die Küste hier weithin eine Brandung aufweist und es an Buchten fehlt, die effektiv gegen die Nord- und Ostwinde geschützt sind. Im Norden gab es zudem schon in der Antike große Sumpfgebiete.

Mit dem Kap Kynosura wird die Ostküste Attikas sehr steil und unzugänglich: Für Schiffahrt geeignet ist die geschützte Bucht von H. Marina, vielleicht mit der Χερσόνησος ἄκρα bei Ptolemaios 3,14,7 zu identifizieren.[38] Um so bedeutender ist

---

34 Zu Prasiai und Steiria s. bes. Thuk. 8,95,1; Schol. Aristoph., Pax 242.245; Liv. 31,45,10; H. G. Lolling, Prasiä, in: MDAI (A) 4 [1879], 351ff.; Milchhoefer 1889, 9; E. Meyer, in: RE s. v. Prasiai Nr. 2. ebd. s. v. Steiria; Osborne 1985, 97.103; Traill 1986, 129; E. Vanderpool – J. R. McCredie – A. Steinberg, Koroni: A Ptolemaic Camp on the East Coast of Attica, in: Hesperia 31 [1962], 26ff.; Travlos 1988, 364f. (mit weiterem Material) und jetzt vor allem H. Lauter-Bufe, Die Festung auf Koroni und die Bucht von Porto Raphti, in: Marburger Winckelmann-Programm 1988 – s. Anm. 29 (weiter zitiert als: Lauter-Bufe 1989), 67ff. (die mit ihrer scharfsinnigen Einordnung der Anlage der befestigten Siedlung von Koroni jetzt grundlegend ist).
35 S. Milchhoefer 1889, 7f., vgl. K. Lehmann-Hartleben, Die antiken Hafenanlagen des Mittelmeeres. Beiträge zur Geschichte des Städtebaus im Altertum, in: Klio Bh. 14, Leipzig 1923 (weiter zitiert als: Lehmann-Hartleben 1923), 248.
36 C. Bursian, Geographie von Griechenland 1, Leipzig 1862 (weiter zitiert als: Bursian 1862), 348f.; Milchhoefer 1889, 6f.; W. Kolbe, in: RE s. v. Halai Nr. 2; L. Loukopoulos, Attica. From Prehistory to the Roman Period, Athen 1973, 30; Traill 1986, 128; Travlos 1988, 211f. Zum Demos Araphen, der offenbar weiter im Binnenland lag, s. Milchhoefer 1889, 39; ders., in: RE s. v.; Traill 1986, 128 und – etwas anders – Osborne 1985, 224, Anm. 75 und 194 sowie generell Travlos 1988, 380f.
37 S. hierzu (und teilweise auch zum Myrrhinus-Problem) Milchhoefer 1889, 40ff. 49; W. K. Pritchett, Studies in Ancient Greek Topographie 2, Berkeley – Los Angeles 1969, 1ff.; E. Meyer, in: RE s. v. Probalinthos 34f.; Osborne 1985, 193; Traill 1986, 129.146ff.; Travlos 1988, 216ff.
38 Vgl. C. Müller z. St. (Chersonesum refert hod. C. Manna, inter Cynosuram et Rhamnum situm).

der im Norden nicht weit entfernt liegende wichtige Siedlungs- und Festungsplatz Rhamnus[39], nicht nur einer der wenigen natürlichen Hafenplätze dieses Raumes, sondern auch ziemlich genau an dem Punkt gelegen, wo die attische Ostküste von der Nord-Süd- in die Ost-West-Richtung umspringt, also dort, wo sich der Trichter der Bucht von Petalii in den schmaleren Arm des Kanals von Eretria verwandelt und die Inseln um Kavalliani eine zusätzliche Verengung markieren.

Die euboiische Küste der Südbucht des Golfes von Euboia bietet durchweg guten Schutz vor den nördlichen Winden, freilich sozusagen um den Preis von teilweise stark böigen und unberechenbaren Fallwinden, vor allem im Bereich von Karystos (s. o.), in dessen großer Bucht sich allerdings verschiedene geschützte Anlegeplätze befanden.[40] Noch wichtiger war allerdings der zum Territorium von Karystos gehörende Hafen von Geraistos[41], einer der wichtigsten Schiffahrtsplätze von ganz Euboia: Zunächst einmal bietet er ausgezeichneten Schutz gegen die gerade hier sehr gefährlichen Wind- und [105] Strömungsverhältnisse. Dies demonstriert auch die eminente Bedeutung des dortigen Poseidonkultes (bes. Eurip., Cycl. 295). Darüber hinaus war er Euboias (und damit Mittelgriechenlands) wichtigstes ‚Absprungbrett‘ nach Kleinasien (vgl. o.): Man konnte dort sicher darauf vertrauen, jederzeit ein Schiff zu finden, das dorthin segelte (Thuk. 3,3,5, vgl. Arr., Anab. 2,1), und so stellte es einen Sammelplatz auch für größere Flotten nach Kleinasien dar (Xen., Hell. 3,4,4) sowie für athenische Getreidekonvois, die auf der Direktroute von Norden hier anlangten (Xen., Hell. 5,4,61). Karystos und seine Häfen waren also weniger für den Verkehr längs des Golfs von Euboia wichtig als für die Direktlinie in die Agäis; und so konnte Karystos sogar geradezu als eigene Insel gelten.[42] Überhaupt ist die südeuboiische Küste besonders reich gegliedert, durch steile Abhänge aber über weite Strecken unzugänglich, oft auch mit sehr schlechten Verbindungen zum und im Hinterland. Neben dem Raum von Marmarion (Strab. 10,1,6), der freilich erst in römischer Zeit als Verladeplatz des begehrten Cipollino, des Marmors aus Karystos und Umgebung, zu größerer Bedeutung gelangte, ist vor allem die Bucht von Styra als Ausgangs- und Anlaufpunkt für die maritime

39   Zum Hafen vgl. schon Lehmann-Hartleben 1923, 279; grundlegend ist immer noch J. Pouilloux, Laforteresse de Rhamnonte, Paris 1954, s. jetzt auch Travlos 1988, 388ff.

40   Zu den Fallwinden s. o. Zu den Anlegeplätzen s. B. R. Motzo (Hrsg.), Il compasso da navigare. Opera italiana della meta del secolo XIII (Annali della Facolta di Lettere e Filosofia della Universita di Cagliari 8), Cagliari 1947 (weiter zitiert als: Compasso), 94; K. Kretschmer, Die italienischen Portolane des Mittelalters. Ein Beitrag zur Geschichte der Kartographie und Nautik, Berlin 1909, Portolan Parma-Magliabecchi 146, 149. Portolan Rizo 225 (weiter zitiert als: Portolan Parma-Magliabecchi bzw. Rizo).

41   Vgl., neben den im Text genannten Zeugnissen, vor allem Strab. 10,1,7; Steph.Byz. s. v.; Ptol. 3,14,22. Weiteres bei F. Geyer, Topographie und Geschichte der Insel Euboia 1: Bis zum peloponnesischen Kriege, Berlin 1903 (weiter zitiert als: Geyer 1903), 111ff., vgl. ferner Bursian (wie o. Anm. 36) 2,3, Leipzig 1872 (weiter zitiert als: Bursian 1872) 434f.; Lehmann-Hartleben 1923, 255. Zur Lokalisierung s. BCH 15 [1891], 404. Zur Bedeutung im Mittelalter s. Piri Re'is (s. o. Anm. 17) 8,19; Portolan Parma-Magliabecchi 146f. 149 (Cavo di Castro).

42   Vgl., für spätere Zeit, aber besonders instruktiv Th. L. Tafel – G. M. Thomas, Urkunden zur älteren Handels- und Staatsgeschichte der Republik Venedig mit besonderer Beziehung auf Byzanz und die Levante 265 u. Epim. 279, zitiert bei Koder 1973, 44 Anm. 8.

Kommunikation wichtig gewesen. Hier gab es eine Küstenebene, deren Hinterland relativ leicht zugänglich war und die die Wirkung der Fallwinde reduzierte. Neben dem Hafen von Styra selbst[43] gab es wohl noch andere Anlegeplätze[44] und vor allem auf der vorgelagerten Insel Aigileia (Herod. 6,107) eine gute Hafenstation[45]. Und schließlich wird hier auch die Überfahrt nach Attika dank weiterer Inseln im Golf erheblich erleichtert. Generell ist angesichts der Situation an der euboiischen Südküste von großer Bedeutung, daß hier verschiedene Inseln z. T. über günstige Landeplätze verfügen,[46] die allerdings nur als Zwischen- oder Schutzstationen von Bedeutung waren, da die Inseln selbst teils sehr klein und sicher – wenn überhaupt – nur dünn besiedelt waren. [106] So konnte man hier auf die Fahrt an der Küste entlang verzichten, die ohnehin wegen der im späteren Verlauf tief einschneidenden Buchten von Almyropotamos und Porto Bouphalo[47] große Umwege nötig gemacht hätte.

b) Der Kanal von Eretria

Ganz anders dagegen, auf euboiischer Seite, die Situation im Kanal von Eretria! Nach den eben erwähnten Buchten findet sich eine ziemlich flache und sehr

43   Vgl. Gehrke, Eretria und sein Territorium, in: Boreas 11 [1988] (weiter zitiert als: Gehrke 1988), 25 mit Anm. 57 (dort auch weitere Literatur, wozu noch käme Lehmann-Hartleben 1923, 282; T. Zappas, Ευβοϊκά ακτωνυμία, in: Archeion Euboikon Meleton 26 [1984/85] (weiter zitiert als: Zappas 1984/85), 176f. [Mandraki, Lekani, Leuka]. Zu Styra als Hafen vgl. auch Demosth. 21,167.

44   Das könnte der Platz Emporion (Nimporio aus στὴν Ἐμποριό) sein, das nach A. Baumeister, Topographische Skizze der Insel Euboia, Lübeck 1864 (weiter zitiert als: Baumeister 1864), 25.65 Anm. 77 etwa in der Mitte der Küstenebene zu lokalisieren ist; freilich haftet der Name Nimporio an einem Platz in der südlich anschließenden Bucht, so Zappas 1984/85, l72f., vgl. auch D. Demertzes, Συλλογὴ τοπονυμίων τῆς νήσου Εὔβοιας, in: Archeion Euboikon Meleton 11 [1964], 249; und so konnten die von Baumeister erwähnten Reste mit denen von Leuka identisch sein. Alles das paßt ausgezeichnet zu den bei Stuart–Revett 1794, XXIV überlieferten Namen. Da diese noch ein ΔΗΛΙΣΙ in dem Raum der Bucht von Styra überliefern (und zwar offenkundig in deren nördlichem Teil, vgl. auch Zappas 1984/85, 177f.), wofür es im Hinterland einen weiteren Beleg gibt (H. G. Lolling, Urbaedeker CCCXXXIII, vgl. Demertzes a. O. 243), mag man (wegen der möglichen Analogie in Boiotien) auch an ein Delion denken. Der gesamte Raum bedarf dringend einer näheren Untersuchung.

45   „Bon statio" Portolan Rizo 225 (mit Kretschmer, wie Anm. 40, 662 zur Identifizierung der Styra-Insel mit dem Prementore der Portolanen); „bom porto" Compasso 95; s. ferner A. Delatte (Hrsg.), Les portulans grecs (Bibliothèque de la Faculté de Philosophie et des Lettres de l'Université de Liège), Paris 1947 (weiter zitiert als: Delatte, Portulan) II 224 und vgl. Zappas 1984/85, l78f.

46   Petalii: Piri Re'is (s. o. Anm. 17) 8,19; Compasso 95; Portolan Rizo 225; Delatte, Portulan II 224. Kavalliani: Compasso 95; Portolan Parma-Magliabecchi 149; Portolan Rizo 225f; Delatte, Portulan II 225; vgl. auch Zappas 1984/85, 166f. 179f.

47   Immerhin gab es hier Zugang zu nicht ganz unbedeutenden euboiischen Siedlungen (Zarex, Dystos, dazu Gehrke 1988, 24f. 30ff.) sowie Schutz in der Bucht von Almyropotamos (Compasso 96 unter dem Namen Castriso) und wohl auch von Porto Bufalo (dies wird jedenfalls bei Stuart–Revett 1794, XXIV genannt).

geradlinige Küste, auf die die Gebirge in Querrichtung stoßen, so daß es nur wenige unzugängliche Küstenstriche gibt und auch die gefährlichen Fallwinde kaum eine Rolle spielen. Gegenüber lag, ebenfalls recht gerade in der Orientierung, aber ziemlich steil und unzugänglich, die Küste von Attika und der Oropia (Strab. 9,1,22. 9,2,6). Dort gab es erst im westlichen Teil zwei sichere kleine Hafenplätze, Psaphis[48] und das Delphinion[49], sowie schließlich den bedeutenden Hafen der Stadt Oropos[50] selbst, neben Thorikos, Prasiai, Halai Araphenides und Rhamnus der wichtigste Hafen dieses Küstenstreifens.

Doch auf der gegenüberliegenden Seite, die der normale Längsverkehr sicher bevorzugte, gab es eine Fülle von Hafenplätzen bzw. zumindest von Siedlungen an der Küste. Zunächst stößt man auf die große Bucht von Aliveri mit ihrem wichtigen Hafen Porthmos.[51] Westlich eines – des einzigen – schroffen Stücks, im Bereich der ‚eigentlichen' Ebene von Eretria, herrschte schon in der Antike, jedenfalls im 4. und 3. Jh., eine erstaunlich hohe Siedlungsdichte. Es gab auch etliche Plätze, die zumindest als Anleger [107] für Schiffe geeignet waren, so Temenos, Choireai und

48   Zur Lokalisierung s. H. G. Lolling, Das Delphinion bei Oropos und der Demos Psaphis, in: MDAI (A) 10 [1885] (weiter zitiert als: Lolling 1885), 354ff., bes. 356f.; E. Meyer, in: RE s. v., doch man beachte jetzt J. Fossey, Topography and Population of Ancient Boiotia, Chicago 1988 (weiter zitiert als Fossey 1988), 38ff.

49   Hierzu s. Lolling 1885, 350ff., dagegen Milchhoefer 1889, 21 und RE s. v. Nr. 2,2512, vgl. auch P. W. Wallace, Strabo's Description of Boiotia. A Commentary, Heidelberg 1979 (weiter zitiert als: Wallace 1979), 25, der Milchhoefer nicht zur Kenntnis nimmt und auf W. K. Pritchett, The Attic Stelai, in: Hesperia 22 [1953], 286f. mit Stele VIII 1. 5f. χο]ρίο ἐν Ὀροποῖ ἐν ἱερ[οῖ λιμένι...] hinweist. Diese Ergänzung findet sich bereits bei U. Köhler, in: Hermes 23 [1888], 395f. Ferner s. jetzt Fossey 1988, 37f. mit weiterer Literatur.

50   Generell s. Strab. 9,2,6. Oropos gab einen guten Ausgangspunkt für Schädigungen von Eretria und Euboia allgemein durch die Athener: Thuk. 8,60,1. Dagegen bildet Oropos für die Seeschlacht von Eretria (411) die Basis der peloponnesischen Flotte unter Agesandridas (Thuk. 8,95,1ff.), von hier nach Eretria sind Verbindungen durch Zeichen möglich (ebd. 4); vgl. auch Bursian 1862, 220; Lehmann-Hartleben 1923, 273; Wallace 1979, 26f. und jetzt Fossey 1988, 30ff.

51   Hierzu s. Gehrke 1988, 30 Anm. 87. Die besondere Bedeutung dieses Platzes gerade für die Überfahrten zwischen Zentraleuboia und Ostattika erhellt besonders aus seiner Rolle im athenischen Winterfeldzug von 348 (H.-J. Gehrke, Phokion. Studien zur Erfassung seiner historischen Gestalt, München 1976, 8ff. 32f.; D. Knoepfler, Argoura: Un toponym Eubéen dans la Midienne de Demosthene, in: BCH 105 [1981] (weiter zitiert als: Knoepfler 1981), 290ff.) sowie in den innereretrischen Versuchen von 342/341, in deren Verlauf sich die proathenischen Demokraten bezeichnenderweise dort festsetzen und schließlich von Söldnern Philipps II. von Makedonien vertrieben werden – womit die Machtergreifung einer promakedonischen Gruppe in Eretria gesichert war (Demosth. 9,57f.; 19,87; s. besonders H.-J. Gehrke, Stasis. Untersuchungen zu den inneren Kriegen in den griechischen Staaten des 5. und 4. Jahrhunderts v. Chr., München 1985, 65f). – Korrektursatz: Auf die in diesem und in folgenden Punkten zum Teil abweichende Positionen von Tritle (diese Zeitschrift 131–165) sei hier aufmerksam gemacht. Eine Auseinandersetzung konnte noch nicht erfolgen.

Aigale.[52] Möglicherweise beim heutigen Xeropolis (Lefkandi) lag der Ort Argura[53], als Anlegeplatz belegt und – wenn die Lokalisierung zutrifft – mit ausgezeichneten und sehr geschützten Naturhäfen ausgestattet. Auch dem hochbedeutenden Heiligtum von Amarynthos[54] hat man einen Hafen zuzuschreiben, von der Natur her bietet sich das jedenfalls an. Und schließlich kam das Poliszentrum selbst, Eretria mit seinem künstlich ausgebauten, durch Molen zusätzlich geschützten Hafen.[55] Gerade hier massieren sich überdies auf der gegenüberliegenden Festlandsseite die Hafen- und Siedlungsplätze (s. o.), wobei man noch an das westlich von Oropos an einem recht flachen Küstenstreifen gelegene, teilweise schon deutlich auf Chalkis hin orientierte (Herod. 6,118) Delion[56] zu denken hat.

Hier ist der Binnenmeer-Charakter des Golfes von Euboia besonders markant ausgeprägt. Bezeichnenderweise gibt es auch klare Indizien für eine besonders enge Beziehung zwischen Eretriern und Oropiern.[57] Gerade hier aber zeigt sich auch eine erstaunliche Hafendichte, die weit über das hinausgeht, was uns selbst bei der Berücksichtigung gewisser „Relaisstationen" als notwendig und sinnvoll erscheint. Diese war aber keineswegs etwas Überflüssiges; sie zeigt vielmehr, wie sehr man angesichts der Abhängigkeit von Wind- und Strömungsverhältnissen, aber natürlich auch von der jeweiligen politischen Ausrichtung der Küstenbewohner auf

52 Hier landete 490 die persische Flotte, vgl. zu der gerade dadurch eingegrenzten Lokalisierung jetzt Gehrke 1988, 25f. mit der älteren Literatur. Auf derselben Grundlage bietet D. Knoepfler, Sur les traces de l'Artémision d'Amarynthos près d'Érétrie, in: CRAI 1988 (weiter zitiert als: Knoepfler 1988), 382ff., bes. 401f. und 418 Anm. 141 (vgl. auch 396 Abb. 4) andere Vorschläge, die selbstverständlich möglich sind, mit Ausnahme der Lokalisierung von Ptechai unmittelbar östlich von Eretria (401f. mit Anm. 83): Die von mir (a. O. 30f.) dagegen vorgebrachten Argumente (bes. die Erwähnung von unterirdischen Kanälen [ὑπόνομοι] in IG XII 9, 191) sind nicht entschärft worden. Daß Aigale möglicherweise nicht in den eretrischen ‚Distrikt' IV gehört, mindert eher die möglichen Bedenken gegen meinen Vorschlag. Daß sich das „Herz des eretrischen Territoriums" (der ‚Distrikt' Mesochoros) bei der Stadt befand, ist angesichts von deren Randlage bezüglich des eigenen Territoriums ganz unwahrscheinlich: Gerade weil der Begriff – wie die athenische Mesogaia – die geographische Situation reflektiert, darf man diese nicht ignorieren.
53 Vgl. die – freilich nicht ganz gesicherten und auch nicht in allen Punkten überzeugenden – Ausführungen von Knoepfler 1981, 289ff., zur Lage selbst s. bes. M. R. Popham – L. H. Sackett – P. G. Themelis, Lefkandi I. The Iron Age, London 1980, 1ff. und jetzt C. Berard, Argoura futelle la „capitale" des futurs Eretriens?, in: MH 42 [1985], 268ff.
54 Hierzu jetzt des näheren Gehrke 1988, 27ff. (mit weiterer Literatur) sowie besonders Knoepfler 1988, 382ff., der nach einer sehr detaillierten, auf neuere Beobachtungen gestützten Untersuchung für einen etwas weiter (gut 1 km) im Binnenland gelegenen Platz (bei der Kirche H. Kyriaki, S. 396 Abb. 4 und 418f.) votiert, mit einleuchtenden Gründen. Auch er sieht allerdings den engen Zusammenhang mit dem Hügel Paliokklisies (bes. 402ff. und auch 396 Abb. 4) und denkt konkret an einen „heiligen Hafen" (403).
55 Vgl. Lehmann-Hartleben 1923, 29.51ff. 254 u. ö.
56 Strab. 9,2,7; Herod. 6,118; Liv. 35,51,4, vgl. auch Thuk. 4,76,4f. 89,1–101,2; Paus. 9,20,1, s. ferner Philippson, in: RE s. v. 2443; Wallace 1979, 28; zu Hafenspuren, mit älterer Literatur, s. auch Lehmann-Hartleben 1923, 253. Jetzt ist grundlegend Fossey 1988, 62ff.
57 S. schon U. von Wilamowitz-Moellendorff, Oropos und die Graer, in: Hermes 21 [1886], 91ff. und jetzt vor allem D. Knoepfler, Oropos, colonie d'Érétrie, in: Dossiers de l'Archéologie 94 [1985], 50ff.

möglichst viele Alternativen, auch auf möglichst beiden Seiten und teilweise auf engstem Raum, Wert legte.

c) Der Kanal von Atalanti

Nördlich der Enge von Chalkis (s. u.) findet sich äußerlich ein vergleichbares Bild. Zunächst ist der Küstenverlauf auf beiden Seiten günstig, doch dann wird die Situation auf der euboiischen Seite für eine lange Passage recht problematisch: Der Küstensaum [108] der Ebene von Psachna dürfte in der Antike stark versumpft gewesen sein.[58] Und dann folgt bald der langgestreckte, fast senkrecht ins Meer abfallende und diesem parallel laufende Riegel des Kandili-Gebirges sowie, im Norden anschließend, das zum Meer hin zwar stärker gegliederte, aber ebenfalls sehr hohe und abschüssige Telethrion mit seinen Ausläufern. Hier sind einerseits die Fallwinde besonders stark,[59] und andererseits gibt es nur extrem wenig als Anlegeplätze geeignete Buchten. Bei Strabon (9,2,13) sind uns eigentlich nur zwei Siedlungen überliefert, Orobiai und das Poseidonheiligtum von Aigai, von wo es eine Überfahrtsmöglichkeit (δίαρμα, vgl. Strab. 4,5,2) nach Anthedon gab. Da Orobiai vor allem wegen der Namenskontinuität in Rovies zu lokalisieren ist,[60] tendierte man gerne dazu, Aigai mit dem einzigen anderen wichtigeren Hafenplatz in dieser Region, mit Limni, zu identifizieren.[61] Das ist aber recht willkürlich, und neuere Beobachtungen, die sich zudem gut mit Strabons Entfernungsangaben vereinbaren lassen, weisen eher auf den etwas weiter östlich gelegenen Platz Galataki[62]. Dann

58   S. A. Sampson, Ἡ Νεολιθικὴ καὶ ἡ Πρωτοελλαδικὴ I στὴν Εὔβοια, Athen 1980, 31.

59   S. etwa Baumeister 1864, 21; Philippson 1951, 553 (mit Zitat aus dem Mittelmeer-Handbuch), vgl. auch L. H. Sackett u. a., Prehistoric Euboea: Contributions towards a Survey, in: BSA 61 [1966] (weiter zitiert als: Sackett 1966), 49.

60   Neben Strab. a. O. s. bes. Thuk. 3,89,2 (Hinweis auf Überschwemmungen im Gefolge des Erdbebens von 426); SEG X 304,6; Bursian 1872, 411; Geyer 1903, 95f.; Sackett 1966, Nr. 19.

61   Baumeister 1864, 21; Bursian 1872, 411; Geyer 1903, 91ff.

62   Es zeichnen sich vier Möglichkeiten einer Lokalisierung ab: in der Nähe von Orobiai (Rovics), wegen Strab. 9,2,13 (ἐγγύς); bei Limni (s. A 61); bei Politika Kafkala (zum Platz s. Sackett 1966, Nr. 26), weil sich dort antike Reste befinden und Limni mit Elymnion zu identifizieren sei, so E. Kirsten bei Philippson 1951, 590 Anm. 1.743 Nr. 21; beim Kloster H. Nikolaos Galataki, so Bellaras bei Sackett 1966, 49. Den Schlüssel zur Identifizierung liefert Strab. 9,2,13; dabei sind die doppelte Entfernungsangabe (120 Stadien von Aigai nach Anthedon, und diese Strecke übertrifft die Entfernung nach Larymna und Halm) und die Ortsangabe κατὰ (gegenüber, sc. der boiotischen Nordküste) stärker zu gewichten als der Hinweis auf die Nähe zu Orobiai (der ohnehin relativ ist und sich ziemlich leicht als assoziative Ergänzung erklären läßt). Damit scheiden Orobiai und Politika Kafkala aus, und da Limni doch am ehesten mit Elymnion zu verbinden ist (s. u.), bleibt Galataki der beste Kandidat (zu den Resten dort s. bes. Sackett 1966, 49). Dafür könnte auch die Felsspitze in 80 m Höhe direkt am Meer sprechen, denn dort wäre am Poseidon-Heiligtum gut denkbar – und die Perspektive der Steilheit mag zu Strabons Formulierung geführt haben. – Jedenfalls ist Bakhuizens (S. C. Bakhuizen, Studies in the Topography of Chalcis on Euboea, Leiden 1985 [weiter zitiert als: Bakhuizen 1985], 125f.) Argumentieren mit einem „short-circuit" Strabons hinsichtlich des euboiischen Aigai nicht schlüssig: Strabon unterscheidet sehr bewußt dieses vom achaiischen Aigai (8,7,4). Dabei muß

wird Limni frei für die – aus sprachlichen Gründen geradezu verführerische – Identifizierung mit Elymnion[63]. [109]

Wie dem auch sei, literarische Tradition und archäologische Zeugnisse belehren uns darüber, daß in dem fraglichen Abschnitt der euboiischen Küste nur wenige Häfen existierten, was angesichts einer anderswo feststellbaren Dichte ganz besonders auffällig ist.

In diesem Teil des Golfes hat sich der Längsverkehr also vornehmlich an der Festlandsküste, d. h. an Boiotien und Ost-Lokris, orientiert. Diese ist auch relativ gut geeignet, ziemlich offen, nicht allzu schroff und gut gegliedert, mit Buchten, die in verschiedene Richtungen weisen, also teilweise auch vor nördlichen und östlichen Winden schützen. Streckenweise, besonders im südlichen, boiotischen Teil, ist die Verbindung ins Binnenland etwas schwierig. Auch hier geleitet uns Strabon (9,2,9.13; 9,4,2ff.), der sich hier wie auch sonst in den für uns interessanten Partien mindestens in der Disposition an Apollodors Kommentar zum Schiffskatalog orientierte, gleichsam an der Küste entlang: Zunächst kommt der kleine, vor allem wegen der Passage nach Chalkis wichtige Ort Salganeus (s. u.), dann Anthedon, einer der wichtigsten Häfen Boiotiens überhaupt, mit einer deutlich auf Seefahrt orientierten Bevölkerung mit entsprechender Lebensweise (Herakl. Cret. 1,23f.).[64] Es folgen – möglicherweise nach dem nicht klar zu lokalisierenden Phokai[65] – die

er doch eine Vorstellung von einem Heiligtum auch im euboiischen Aigai gehabt haben, zumal an der von ihm dem Bereich von Euboia zugewiesenen Homerstelle (IL 13, 21) von δώματα (wenn auch βένθεσι λίμνης) die Rede ist. Strabon schreibt also keineswegs „mistakenly" ἐμνήσθημεν δ᾽ αὐτοῦ καὶ πρότερον. Ferner kann die präzise Angabe κεῖται δ᾽ ἐπὶ ὄρους ὑψηλοῦ nicht von 8, 7, 4, also vom achaiischen Aigai, hierher übertragen sein, da dort diese Information fehlt. Und schließlich haben die Entfernungsangaben in 9,2,13 immer Hafenplätze als Endpunkte, nie Bergspitzen, und sie gehen (vgl. u.) mit den normalen Seerouten konform.

63   Hesych. s.v. Elymnios; Steph.Byz. s.v. Elymnon (zur Bezeichnung von Küstenplätzen als Inseln s. S. C. Bakhuizen, Chalcis-in-Euboea, Iron and Chalcidians Abroad, Leiden 1976, 51 Anm. 38); Schol. Aristoph., Pax 1125f., vgl. Geyer 1903, 94f. Eine Identifizierung mit Limni (so Kirsten bei Philippson 1951, 590 Anm. 1.743 Nr. 21) liegt sehr nahe. Das von Bakhuizen a. O. 50f. favorisierte Gebiet Limnionas an der Ägäis nordöstlich von H. Sophia, im Territorium von Chalkis, kommt kaum in Frage: Generell gibt es im Raum von Limni und Umgebung hinreichende Reste aus allen Epochen (Sackett 1966, 49ff.). Durch Inschriften ist Elymnion mit der Polis Histiaia verbunden (IG XII 9,1187,2, vgl. 1188, 5), und daß dieses einmal zu Chalkis gehört haben konnte (so aus Herakl. Lemb. fr. 62 Dilts ggf. zu schließen), ist leichter zu erklären als umgekehrt eine so ausgedehnte Expansion von Histiaia. Vor allem aber deutet Aristoph., Pax 1125f. auf eine große, unmittelbare Nähe von Oreos und Elymnion, weil nur so der Witz ‚steht', nicht dagegen, wenn Elymnion auf der ganz anderen Seite von Euboia, hinter den Bergen, liegt.

64   Neben Herakl. und Strab. a. O. s. noch Paus. 9,22,5ff.; Dionys., Descr. Grace. 91f., vgl. [Skymn.] 500, ferner Bursian 1862, 214ff.; H. N. Ulrichs, Reisen und Forschungen in Griechenland 2, Berlin 1863, 36f.; C. D. Buck – F. B. Tarbell, in: AJA 5 [1889], 443ff.; J. C. Rolfe, in: AJA 6 [1890], 96ff.; Lehmann-Hartleben 1923, 77.244; H. Schläger – D. J. Blackman – J. Schäfer – M. H. Jameson, in: AA 1968, 21ff. 1969, 229ff.; Fossey 1988, 252ff. (mit weiterer Literatur).

65   Prol. 3,14,8, mit C. Müller z. St.: *Pertinere huc videntur ruinae quae sunt in intimo sinu Seroponeri dicto, ubi Cephisus catabothris in mare exit. Praejacet Gatza insula, quae esse videtur*

weder eindeutig boiotischen noch lokrischen Hafenstädte Larymna[66] und Halai[67], beide mit von der Natur begünstigten und zudem noch gut ausgebauten Häfen.

Die langgestreckte Bucht von Opus dagegen bietet so gut wie keine natürlichen Schiffsanleger. Sie war wohl dazu schon in der Antike zu seicht,[68] denn der Hafen des bedeutenden, im Binnenland gelegenen lokrischen Vorortes Opus[69] befand sich weit im Norden, in Kynos[70], von wo übrigens explizit – gleichsam ein Pendant zur heutigen Verbindung Arkitsa-Loutra – eine Fährverbindung nach Aidepsos (Strab. 9,4,2 mit 10,1,5) belegt ist.

Um so wichtiger wurde dann, im Süden der genannten Bucht, die einst unbewohnte, erst 431 von den Athenern als Flottenbasis ausgebaute Insel Atalante[71]. Ihr Name hat schließlich sogar aufs Festland übergegriffen und regionale Bedeutung erlangt. Wir können aber sehen, welche Bedeutung sie schon in der Antike gewann, gerade angesichts der Tatsache, daß eben hier an beiden Seiten der Küste extrem wenig Anlegeplätze vor[110]handen sind und daß das hafenlose Kandili-Gebirge mit seinen Fallwinden gerade gegenüberliegt. An ihr kam der Seeverkehr in diesem Teil also gar nicht vorbei, und so kann sie bei Ptolemaios (3,14,22) geradezu als Teil von Euboia erscheinen.[72]

Nördlich von Kynos nimmt dann, zunächst auf dem Festland, die Zahl der Hafenplätze wieder zu, wobei sich aus Strabon die Reihung Alope[73], Daphnus[74] und Knemides[75] ergibt, womit man die natürliche Nordgrenze des Golfes erreicht hat. Hier, im nördlichen Teil, ist auch auf euboiischer Seite die Hafenkonstellation günstiger: Das Telethrion-Gebirge läßt jetzt mehr Bucht frei und fällt nicht so schroff ab, in der Übergangszone zur Kenaion-Halbinsel ist auch das Binnenland flacher, und schließlich ergibt sich durch die weite Ausdehnung des Kenaion-Gebirges nach Westen hin eine in fast drei Richtungen geschützte Küstensituation. So treten hier

---

Phocasia (Phocaria?) Plinii 4, 62. Diese Möglichkeit wird jetzt – gegen Lauffer, in: RE s. v. Ptoion 1528 – wieder von Fossey 1988, 262f. erwogen.

66   Strab. 9,2,13.18; Paus. 9,23,7; Ulrichs, Reisen und Forschungen in Griechenland 1, Bremen 1840, 227ff.; Bursian 1862, 193; W. A. Oldfather, in: AJA 20 [1916], 32ff.; 154ff.; 346ff.; Lehmann-Hartleben 1923, 262; Wallace 1979, 73ff. und besonders J. Schäfer, in: AA 1967, 527ff.

67   Strab. 9,2,13; Paus. 9,24,5; Lolling, Urbaedeker 184; A. L. Walker – H. H. Goldmann, in: AJA 19 [1915], 418ff.; Lehmann-Hartleben 1923, 77; E. Bölte, in: RE s. v. Nr. 3.

68   Oldfather, in: RE s. v. Kynos Nr. 1,31.

69   Strab. 9,4,2; Liv. 28,6,12; Bursian 1862, 191; Oldfather, in: RE s. v. Opus Nr. 2; E. Meyer, in: Der Kleine Pauly s. v.

70   Neben Strab.s. [Skyl.] 60; Polyb. 4,67,7; Liv. 28,6,12; Plin., N. H. 4,27; Paus. 10,1,2; Oldfather, in: RE s. v. Kynos Nr. 1, 29ff.; E. Meyer, in: Der Kleine Pauly s. v., vgl. Lolling, Urbaedeker 309f.

71   Thuk. 2,32.3,89,3.5,18,7; Diod. 12,44,1; Paus. 10,20,4; Bursian 1862, 191f.; H. G. Lolling, in: MDAI (A) 1 [1876], 253ff.

72   Vgl. auch Strab. 1,3,20.9,1,14; Plin., N. H. 2,204.4,71; zur Bedeutung von Atalanti später s. Piri Re'is (s.o. Anm. 17) 8,19.

73   [Skyl.] 60; Toepffer, in: RE s. v. Alope Nr. 2 (fast wörtlich aus Bursian 1862, 190).

74   Plin. 4,27; Steph. Byz. s. v.; Bursian 1862, 156.165.188; Philippson, in: RE s. v. Nr. 4; E. Meyer, in: Der Kleine Pauly s. v.

75   [Skyl.] 61; Plin., N. H. 4,27; Bursian 1862, 189; Oldfather, in: RE s. v.

drei Plätze stärker hervor: das vor allem wegen seiner warmen Quellen als Bad genutzte Aidepsos[76] sowie die einstmals selbständigen Poleis Athenai Diades[77] und Dion[78], im Windschatten, also an der Südseite des Kenaion-Gebirges, etwa an der Ost- und Westseite der gleichnamigen Halbinsel gelegen, letzteres mit einem berühmten Zeus-Heiligtum.

Zusammenfassend läßt sich also hinsichtlich der drei Teile des euboiischen Golfes ohne die Enge von Chalkis feststellen, daß der Längsverkehr im Golf nicht nur, wie schon hervorgehoben, generell große natürliche Vorzüge hat, sondern daß er auch im Detail, oft auf kleinstem Raum, auf günstige Voraussetzungen stößt und auch stark gefördert wird. Nicht überall, aber in vielen Bereichen gibt es, nicht selten auf beiden Seiten des Weges, Anlegeplätze, die auch Alternativen und Optionen bieten. Bei Schwierigkeiten – klimatischen wie politischen – war nicht selten ein Wechsel oder die Bevorzugung eines anderen Punktes möglich.

Vergleichbar vielfältig waren – aufgrund derselben Voraussetzungen – die Möglichkeiten von Querverbindungen, des Übersetzens über den Golf. So kann Strabon (10,1,9) diesen selbst geradezu als Porthmos bezeichnen, und wenn jemand diesen Ausdruck für eine Meerenge wählt, akzentuiert er gerade den die Gegenseiten verbindenden Charakter. Entsprechend gilt Euboia im Hinblick auf Attika, Boiotien, Lokris und Malis als ἀντίπορθμος (Strab. 10,1,2). Querverkehr im Sinne des Übersetzens war eben fast über[111]all möglich, nur die besonders markanten und etablierten ‚Linien‘ seien hier – teilweise noch einmal – hervorgehoben. So finden wir im Norden die Verbindung Knemides – Kenaion (πορθμός von 20 Stadien, Strab. 9,4,4), Kynos – Aidepsos (πορθμός von 160 Stadien – zu weit –, Strab. 9,4,2; 10,1,5), eine besonders wichtige Passage (vgl. o.), und das δίαρμα (120 Stadien) Anthedon – Aigai (Strab. 9,2,13). Übrigens können die Bewohner von Anthedon auch geradezu als πορθμεῖς bezeichnet werden (Herakl., Cret. 1,24).

Im Süden sticht zunächst die Verbindung zwischen Eretria und Oropos (διάπλους von 40 Stadien, Strab. 9,2,6) ins Auge, die ja in gewisser Weise den Charakter einer ‚Peraia-Beziehung‘ hat (s. o.). In Porthmos spricht der Name schon für sich, und in der Tat gibt es dort einen wichtigen Punkt für Fahrten von Attika nach

---

76 Arist., Meteor. 2,8,366a 28ff.; Strab. 9,4,2; Plut., Sulla 26,4ff.; Frat. am. 17,487F; Qu. conv. 4,4,1, 667CD; Athen. 3,73c; Steph. Byz. s. v.; Baumeister 1864, 61 Anm. 61; Geyer 1903, 89ff.; Sackett 1966, Nr. 5 mit Anm. 25.

77 Strab. 10,1,5.9 mit A. Meineke, Vindiciarum Strabonianarum Liber, Berlin 1852, 166ff.; Steph. Byz. s. v.; Bursian 1872, 410; Geyer 1903, 99ff.; Sackett 1966, Nr. 3.

78 Hom., Il. 2,538; Strab. 10,1,5; Plin., N. H. 4,64; Nonnos, Dionys. 13, 161; Steph. Byz. s. v. Dia und Dion; Geyer 1903, 101; Sackett 1966, Nr. 2. Zur Unterscheidung der Lage von Athenai Diades und Dion s. schon Baumeister 1864, 57 Anm. 48; dazu paßt in der Tat am besten auch Strab. 10,1,5 mit der Präzisierung der Lage von Athenai Diades als ὑπερκείμενον τοῦ ἐπὶ Κῦνον πορθμοῦ (sc. der Verbindung nach Aidepsos, Strab. 9,4,2); zur relativen Lokalisierung vgl. jetzt u. a. R. Nicolai, Un sistema di localizzazione geografica relativa, in: F. Prontera (Hrsg.), Strabone. Contributi allo studio della personalità e dell'opera, Perugia 1984, 104 (mit weiterer Literatur). Hier scheint das ὑπερ- auch eine gewisse Nähe zu implizieren, jedenfalls in Relation zu Dion, das also am ehesten mit dem weiter westlich bezeugten Siedlungspunkt zu identifizieren ist.

Euboia und umgekehrt.[79] Von Styra und den vorgelagerten Inseln war schon in diesem Sinne die Rede (s. o.). Dazu kommen noch der διάπλους von Halai Araphenides nach Marmarion (Strab. 10,1,6)[80] sowie die entsprechende Verbindung von demselben attischen Hafen nach Karystos (s. o.)[81] – ein Pendant zur heutigen Fährverbindung zwischen Raphina und Karystos!

Die große Frequenz dieser Querverbindungen erleichterte die Kommunikation ganz erheblich, vor allem auch weil sie an vielen Stellen die Chance bot, einen umständlichen Landweg mit einer in diesem Bereich – jedenfalls in der üblichen Segelsaison – nicht übermäßig risikoreichen Seereise zu vertauschen: Dies illustriert die Verbindung zwischen Anthedon und Aigai (Strab. 9,2,13). Der Seeweg von Larymna und Halai dorthin war zwar kürzer, aber wenn man sich den Fährleuten von Anthedon anvertraute, sparte man, sofern man von Süden kam, den nicht unbeschwerlichen und weiteren Weg zu Lande nach Larymna bzw. Halai. Aber auch darüber hinaus hatte man auch in dieser Hinsicht sehr viele Optionen.

III.

All die bisher herausgehobenen Grundelemente der Seefahrt im Golf von Euboia kulminieren in gewisser Weise in dem bisher ausgesparten Stück, in der Enge von Chalkis mit dem Euripos im speziellen Sinne.[82] Hier gilt alles in extremer Form, ja so extrem, daß es auch in gewisser Weise außer Kraft gesetzt wird – indem die Meerenge zur Brücke wird! Als Enge von Chalkis sei hier der Teil des Golfes von Euboia bezeichnet, wo an vier Stellen die Insel und das Festland besonders eng aneinander herantreten, und zwar das Stück zwischen der nördlichen und der südlichen Verengung. Die Passage beginnt im Norden mit der rund 300 m breiten Enge von Tekes, in der das Festland mit der Halbinsel von Drosia und die Insel Euboia mit der Halbinsel von Chalkis so dicht ‚zusammenspringen‘, daß hier der Kanal von Atalanti seinen natürlichen Abschluß findet. Es folgt dann der engste Teil, nur zwei Plethren breit, d. h. rund 60 m, der eigentliche Euripos. Südlich davon finden sich noch die Enge von Steno, rund 200 m breit, sowie die vor allem durch das Lilas-Delta ‚produzierte‘ Enge von Bourtzi, ca. 550 m.

Diese ‚Straße‘, besonders der Euripos, war der neuralgische Punkt im ganzen Golf von Euboia, geradezu dessen Nadelöhr, ja noch mehr: Hier war der Golf nahezu oder [112] sogar vollständig geschlossen. Schon Ephoros sah den Golf von Euboia durch den Euripos in zwei Hälften gespalten (σχιζομένη, FGrHist 70 F 119). Dies ergibt sich bereits aus den natürlichen Phänomenen, die schon in der Antike größte Beachtung fanden: den sehr komplizierten Strömungsverhältnissen. Deren Unberechenbarkeit war so markant und so bekannt, daß man mit dem Begriff

<hr>

79   Vgl. Strab. 10,1,10 und o. S. 106 [hier: S. 272].
80   Vgl. Bursian 1872, 432.
81   S. bes. Eurip., Iphig. T. 1450ff. und vgl. generell Bursian 1862, 348f.
82   Die Enge von Chalkis wird hier in Anlehnung an Philippson 1951, 555 als Einheit gefaßt, was ebenfalls dadurch gerechtfertigt ist, daß dies auch in den Portolanen geschieht.

Εὔριπος sprichwörtlich einen leichtfertigen, sozusagen wetterwendischen Menschen, aber auch die Glücksgöttin Tyche bezeichnete.[83] Man erzählte sich auch die Geschichte von einem Salganeus, der die persische Flotte durch den Golf von Euboia gelotst hatte, bis kurz vor den Euripos, wo die persische Führung den Eindruck hatte, sie sei in eine Sackgasse geraten – und den Piloten töten ließ. Eine plastische Beschreibung bei Livius (28,6,8ff.) und eine deutliche Charakterisierung bei Mela (2,108) zeigen in großer Anschaulichkeit die Unpassierbarkeit der Enge, sofern diese durch die Strömungsverhältnisse, also natürliche Faktoren, verursacht ist. Auch noch die mittelalterlichen Portolanen und Segelanweisungen geben für die Fahrt durch die Enge von Chalkis und den Euripos ganz detaillierte Anweisungen (wobei allerdings besonders die Untiefen bei Steno Probleme verursachten).[84]

Moderne Beobachtungen geben eine eindeutige Bestätigung: Die Strömung im Euripos selbst, an der engsten Stelle, ist so stark, daß sogar moderne Dampfschiffe sie nicht jederzeit passieren konnten.[85] Die Hauptursache dafür ist eine durch unterschiedlichen Tidenhub im Norden und im Süden des Golfes von Euboia bedingte Gezeitenströmung. In Zeiten, in denen diese besonders ausgeprägt ist, verläuft der Strömungswechsel auch regelmäßig. Doch in den Mondquadraturen, den sogenannten Nipptiden, macht sich ein weiterer Faktor bemerkbar, der die Strömungen ganz unregelmäßig macht, und dies hat die Gelehrten schon in der Antike lebhaft beschäftigt. Die Lösung des Problems wird dem Franzosen Forel verdankt, der auf die stehenden Wellen („seiches") hingewiesen hat, lokale Differenzen im Meeresniveau, die z. B. und besonders durch jeweils unterschiedliche Winde in verschiedenen Teilen des Golfes hervorgerufen werden – was gerade angesichts der äolischen Verhältnisse im Golf nicht unwichtig ist. Diese Faktoren werden intensiviert durch die Flachheit und Schmalheit des Euripos selbst, die Kessel- und Trichterform der der Enge benachbarten Teile sowie durch jeweils auf die Enge selbst gerichtete Winde.[86] Kurzum, wollte man den Euripos passieren, hatte man möglicherweise relativ lange zu warten, bis sich die Gelegenheit zur Durchfahrt ergab. Man war also auf Haltepunkte beiderseits der Enge angewiesen – das ohnehin vorhandene Postulat der Alternativen war hier ein zwingendes Gebot.

Dieser schon von der Natur gegebene Zustand wurde durch den Bau der Brücke über den Euripos im Jahre 411 ‚radikalisiert' und durch den Ausbau der Festung Chalkis 334 gleichsam komplettiert: Die Enge war praktisch geschlossen, bzw. man

---

83 Diogenian 3,39, weitere Belege bei E. Leutsch – F. G. Schneidewin, Corpus Paroemiographorum 1, Göttingen 1839, 222 z. St.; zur Rätselhaftigkeit des Euripos s. auch Anth.Gr. 9, 73.

84 Vgl. Piri Re'is (s. o. Anm. 17) 8,18 (bei „Tuzla Burnu"); Portolan Rizo 227 (ab „Ja Toreta"); Compasso 97 („la Torrecta"); Delatte, Portulan II 225 („λὴ Τουρέτα"): Gemeint ist, wie sich aus dem Zusammenhang selbst ergibt, die Verengung vom Lilas-Delta ab; als besonders seicht wird die Passage von Steno angegeben, wofür auch die britische Seekarte Bestätigungen gibt. Freilich mußten mögliche Schwankungen der Meereshöhe für die Rekonstruktion der antiken Situation ‚eingeplant' werden.

85 Lolling, Urbaedeker CCXXXIX; Philippson 1951, 603.

86 S. die Zusammenfassung bei Philippson 1951, 557f. und vgl. jetzt bes. S. N. Leontares, Συμβολή στην έρευνα παλιρροϊκού φαινομένου του Ευρίπου Χαλκίδας, in: Archeion Euboikon Meleton 26 [1984/85], 193ff.

konnte sie nur [113] nach Aufenthalt und unter direkter Kontrolle seitens der Stadt passieren.[87] Chalkis war damit an das Festland ‚angebunden‘ (besonders plastisch Liv. 28,7,2), man mußte durch es hindurch, von einem Meer zum anderen. Insofern bildet es auch ein Pendant zur Lage von Korinth[88] – mit all den damit verbundenen politischen, militärischen und kommerziellen Möglichkeiten.

Diese für die Schiffahrt an sich nicht unproblematische Situation[89] wurde erheblich dadurch erleichtert, daß gerade in diesem Raum eine besonders günstige Hafenkonstellation herrschte – was freilich die Abhängigkeit von Chalkis nicht reduzierte, sondern erst richtig begründete. Aber von der Natur her ließ sich das natürliche Problem auch gut meistern – und die Chalkidier taten, schon aus eigenem Interesse, vieles, um den Verkehr und den Aufenthalt zu erleichtern.

Entscheidend war, wie schon angedeutet, die Zahl und die Lage der Häfen. Diese waren in der Tat auf beiden Seiten des Euripos vorhanden, im Süden wie im Norden. Südlich – und in einiger Entfernung des Euripos – lag das traditionelle Siedlungszentrum von Chalkis und damit auch der alte Hafen, in der Bucht von H. Stephanos, nahe der Quelle der Arethusa und der Akropolis auf dem Vathrovouni.[90] Doch spätestens mit dem Festungsbau und der erheblichen Stadterweiterung von 334 muß es auch in der Hafensituation, ja in der Gestaltung des zentralen Bereiches der Stadt eine eklatante Schwerpunktverlagerung gegeben haben. Dies zeigt in aller Deutlichkeit unsere Hauptquelle für die Stadttopographie von Chalkis, Herakleides Creticus (1,28f.): καὶ τοῖς κοινοῖς δε ἡ πόλις διαφόρως κατεσκεύασται, γυμνασίοις, στοαῖς, ἱεροῖς, θεάτροις, γραφαῖς, ἀνδριάσι, τῇ ἀγορᾷ κειμένῃ (κειμένη Bakhuizen mit Fuhr) πρὸς τὰς τῶν ἐργασιῶν χρείας ἀνυπερβλήτως. ὁ γὰρ ἀπὸ τοῦ τῆς Σαλγανέως καὶ τῆς τῶν Εὐβοῶν θαλάττης ῥοῦς εἰς τὸ αὐτὸ συμβάλλων καὶ (κατὰ Bakhuizen mit M. Marx) τὸν Εὔριπον φέρεται παρ᾽ αὐτὰ τοῦ λιμένος τείχη, καθ᾽ ὃ συμβαίνει τὴν κατὰ τὸ ἐμπόριον εἶναι πύλην ταύτης δ᾽ἔχεσθαι τὴν ἀγοράν, πλατεῖαν τε οὖσαν καὶ στοαῖς τρισὶ συνειλημμένην. σύνεγγυς οὖν κειμένου τῆς ἀγορᾶς τοῦ λιμένος καὶ ταχείας τῆς ἐκ τῶν πλοίων γινομένης τῶν φορτίων ἐκκομιδῆς πολὺς ὁ καταπλέων ἐστὶν εἰς τὸ ἐμπόριον. καὶ γὰρ ὁ Εὔριπος δισσὸν ἔχων τὸν εἴσπλουν ἐφέλκεται τὸν ἔμπορον εἰς τὴν πόλιν.

Aus dieser Beschreibung geht zwingend hervor, daß der Haupthafen am Euripos selbst lag[91] – und zwar so, daß er von beiden Seiten anfahrbar war, also von

---

87 Zur Situations. bes. Wallace 1979, 32f.; Bakhuizen 1985, 48ff., vgl. Lolling, Urbaedeker CCXL; so auch [Skyl.] 59, der geradezu Εὔριπος τεῖχος als Platz zwischen Aulis und Anthedon bietet (hierzu s. Bakhuizen 1985, 150f.). Eine sehr anschauliche Beschreibung des seinerzeitigen Zustandes sowie historische Reminiszenzen gibt Ross 1851, 109ff.

88 Vgl. auch Liv. 31,23,10: *nam ut terra Thermopylarum angustiae Graeciam, ita mari fretum Euripi claudit*, und Bakhuizen 1985, 48 zur Festung auf dem Karababa-Hügel: „It was an ‚isthmic‘ as well as a coastal fortress.“

89 Man denke auch – mit Blick auf die natürliche Situation – an den Kult des Poseidon Euripios, Hesych. s. v. mit Herod. 7, 183.192.

90 Hierzu grundlegend jetzt Bakhuizen 1985, 75ff. (zu den nötigen Modifizierungen vgl. das folgende).

91 Und zwar an dem Euripos im engeren Sinne, wie sich aus der Richtungsbeschreibung der Strömung ergibt. Dies ist vom Wortlaut her (auch mit den von Bakhuizen 1985, 15 übernommenen Konjekturen) jedenfalls nicht anders zu verstehen – und wurde auch immer so verstanden, s.

Norden [114] und Süden, was in unmittelbarer Nähe der Enge selbst auch keine räumlichen Probleme bereitet. Das bedeutet, daß sich Emporion und Agora in deutlicher Nähe zum Euripos befanden, jedenfalls zu dieser Zeit. Für diese Auffassung, die sich zwanglos aus dem Text des Herakleides ergibt, also für die Lokalisierung des chalkidischen Haupthafens am Euripos bzw. unmittelbar nördlich und südlich der Brücke und der dortigen Brückenfestung, gibt es noch eine Reihe zusätzlicher Argumente:

So ist jedenfalls auch im Norden des Euripos ein wichtiger Hafenplatz nicht nur eo ipso, wegen der Gegebenheiten der Seefahrt unter den Bedingungen einer derartigen Enge (vgl. o.), anzunehmen, sondern wohl auch bezeugt: Mehrere Reisende berichten übereinstimmend von einem Molo im Nordhafen (der Haupthafen im 19. Jh.).[92] Eine solche künstliche Hafenerweiterung hat durchaus für die Antike schon ihren Sinn, da ein Schutz gegen die teilweise starken Nordwinde[93] notwendig ist und außerdem auch ein nördlicher Hafen als Warteplatz postuliert werden muß.

Darüber hinaus ist die Agora, nach der Beschreibung des Herakleides in ziemlicher Nähe des Hafens gelegen, durchaus entsprechend zu lokalisieren: Der

z. B. Lolling, Urbaedeker CCXLIV; Lehmann-Hartleben 1923, 29. – Auch der Bericht vom Handstreich des Claudius im Jahre 200 v. Chr. (Liv. 31,23,1ff.) kann nicht zu einer anderen Deutung veranlassen (etwa aus der Nachricht heraus, daß die Römer, die ja von Süden gekommen waren, ihre Beutestücke auf dem Forum, sc. der Agora [oder dem Emporion?] stapelten): Die Römer landeten ja in jedem Fall an einem einsamen Platz der Stadt, also kaum bei der Agora oder beim Hafen, sind also sicherlich weiter in die Enge hineingelangt als lediglich in die Bucht von H. Stephanos. Von dem Platz drangen sie dann bis zur Agora (am Hafen) vor, wohin dann ihre Schiffe kamen (vielleicht war das Tor, von dessen Öffnung berichtet wird, das Hafentor, wohin die Schiffe mit der Hauptmacht gelangt waren). – Darauf daß sich um den Kern der Siedlung bei der Arethusa-Quelle und am Hafen von H. Stephanos erst später die Siedlung ausgedehnt hat, weist auch A. Sampson, Αρχαία Χαλκίδα 1, in: Τοπογραφία–Ρυμοτομία, Ανθρωπολογικά και Αρχαιολογικά Χρονικά 1 [1986], 7–66 (weiter zitiert als: Sampson 1986) hin (s. bes. 53), und dazu gehörte natürlich der Euripos, der nach Sampson (a. O. 7) schon bei der früheren Verlagerung des Siedlungsschwerpunktes von Manika nach Chalkis maßgebend war. Man wird also auch hier bereits einen älteren Hafen anzunehmen haben, der dann in spätklassisch-frühhellenistischer Zeit ausgebaut wurde (wie ja Chalkis überhaupt, so jetzt die wichtige Synopse neuerer Grabungen bei Sampson 1986, in großem Stile erweitert wurde).

92 J. Girard, Memoire sur l'ile d'Eubée, in: Archives des missions scientifiques et littéraires 2 [1851], 649; W. Vischer, Erinnerungen an Griechenland, Basel 1857, 676; Ulrichs a. O. (Anm. 64) 216; Baumeister 1864, 44 Anm. 17; Lolling, Urbaedeker CCXLIV („Nach Norden hin reichte die Stadt an das Meer, in welchem man die Reste eines antiken Molo gefunden hat; es lag hier wie noch jetzt die Hauptanfahrt der Stadt."); zur Nordausdehnung der Stadt vgl. auch Bursian, Topographie von Boiotien und Euboia, in: Berichte über die Verhandlungen der K. Sächsischen Gesellschaft der Wissensch. zu Leipzig, Phil.-hist. Cl. 11 [1859], 141f.

93 Vgl. Piri Re'is (s. o. Anm. 17) 8,18: „Der erwähnten Festung (sc. Chalkis) Haupthafen ist an der unteren Seite. Ihre obere Seite ist nach NNO zu offen. In den Wintertagen läßt sie ein Schiff da nicht liegen, sie richtet es zu Grunde." (übrigens auch ein kleines Indiz dafür, daß der ältere Molo kaum mittelalterlich sein dürfte!).

Fundort der sogenannten Proxenoi-Exedra, die auf der Agora gestanden hatte, paßt jedenfalls am besten dazu.[94]

Und schließlich hat man auch an die Interessen der Makedonen zu denken, unter deren Suprematie ja Chalkis im Jahre 334 seinen erweiterten Ausbau erfuhr und die sich auch in den folgenden Jahrzehnten gerade auf Chalkis stützen konnten. Es ist ganz undenkbar,[95] daß diese auf eine Hafenanlage im Norden verzichtet hätten.[96] [115]

Zu dieser kam sicherlich noch ein Stück unmittelbar südlich der Brücke hinzu, doch war dies möglicherweise nicht sehr groß: Das Meer ist auf der Inselseite extrem flach, überhaupt ist hier der antike Küstenverlauf höchst unklar.[97] Insgesamt aber ist die große Südbucht von Chalkis sehr geschlossen und ruhig,[98] also zumindest als Ankergrund vorzüglich geeignet. Außerdem ist selbstverständlich noch mit der alten Hafenbucht von H. Stephanos zu rechnen.[99] Jedenfalls konnte man – gleich aus welcher Richtung man kam – überall in Sicherheit abwarten, bis sich eine Gelegenheit zur Passage des Euripos ergab.[100] Außerdem gab es vor der Enge von Chalkis selbst, im Süden (Xeropolis) und im Norden (Kourendi) noch Buchten, die wenigstens als Anlegeplätze geeignet, wenn nicht gar als Häfen ausgebaut waren.[101]

Ferner existierten auf dem Festland ‚Pendants‘, besonders an den beiden Ecken der Halbinsel von Drosia. Dort gab es die besonders wichtigen boiotischen Hafenplätze von Aulis und Bathys Limen, scharf südlich von Steno,[102] und im Norden

---

94 G. A. Papabasileiou, Εὐβοϊκά, in: AE 1903, 115 (wobei es sich freilich um Spolien handelte, die in der venezianischen Mauer verbaut waren).

95 Man vgl. z. B. die Problematik der Kommunikation mit Mittel- und Südgriechenland angesichts einer aitolischen Präsenz bei Herakleia Trachinia und an den Thermopylen im Jahre 207, Liv. 25,5,8ff.

96 Der Hinweis auf die Winde bei Liv. 28,6,9ff., nach dem es so aussehen konnte, daß im Norden gar kein Anlegen möglich war, ist keine Gegeninstanz: Der Bericht ist nicht sehr detailliert (die „sehr hohen Berge" mit den Fallwinden sind nicht am Euripos), und Sulpicius konnte ja ohnehin nicht daran denken, in den – befestigten – Hafen selbst einzufahren: Die erwähnten Schwierigkeiten beziehen sich also auch auf eine Situation ein wenig nördlich des Euripos und sind hier ‚grosso modo‘ mit der Beschreibung der Strömungsverhältnisse im Euripos zusammengenommen.

97 Vgl. Girard a. O. (Anm. 92) 649, Bakhuizen 1985, 54 und Sampson 1986, 9.

98 Piri Re'is (s. o. Anm. 17) 8,18 (Fortsetzung des Zitats o. Anm. 93): „Aber ihr auf ihrer unteren (sc. südlichen) Seite befindlicher Hafen ist unvergleichlich. Dabei ist er natürlich." 300 bis 400 Schiffe fanden hier Platz. „Wie wenn man die Schiffe in einen Fluß gelegt hatte, braucht man sich vor der Heftigkeit des Windes nicht immerzu in Acht zu nehmen."

99 Zu diesem s. Bakhuizen 1985, 56.

100 Zur Bedeutung von Häfen mit unterschiedlicher Ausrichtung s. bes. Vitruv, Archit. 5,12,1; Lehmann-Hartleben 1923, 77; Höckmann 1985, 146. Zu Chalkis konkret (neben Anm. 98) Portolan Parma-Magliabecchi 153 „buono porto a tutti venti", vgl. Delatte, Portulan II 225.

101 Zu Xeropolis s. o. Anm. 53, zu Kourendi s. Bakhuizen 1985, 6. Zu Funden im nördlichen Bereich, auch an anderen Stellen, s. das Material bei Bakhuizen 1985, 115 Anm. 194.198.

102 Hesiod., Op. 651ff.; Strab. 9,2,8; [Skymn.] 495; Dionys., Descr. Graec. 88; Oberhummer, in: RE s. v.; E. Meyer, in: Der Kleine Pauly s. v.; Fossey 1988, 68ff.

den Platz Salganeus.[103] Auch von diesen Seiten war eine langsame Annäherung an die Enge möglich. Darüber hinaus waren sie besonders für den Querverkehr von dem Festland auf die Insel geeignet und wurden entsprechend regelmäßig genutzt. Solchen Weg zu wählen war trotz der vorhandenen Brücke eine gute Alternative, weil sich besonders im Süden die Strecke abkürzen bzw. beschleunigen ließ.[104] Übrigens liegt auch in diesen sehr offenkundigen Zusammenhängen ein gewichtiges Argument dafür, daß die Halbinsel von Drosia als Peraia von Chalkis zu gelten hat, mindestens für bestimmte Phasen der Geschichte.

Die wichtigsten allgemeinen Schlußfolgerungen aus unseren Erörterungen zur Schiffahrt im Golf von Euboia sind schon angedeutet worden: Zunächst ist zu betonen, daß die Situation der Meerenge bzw. des Euripos im weiteren Sinne durchaus ambivalent ist. Einerseits existiert eine – in unserem Falle in besonderer Weise – geschützte ‚Seestraße‘, die geradezu Binnenmeer-Charakter haben kann. Dieser Vorteil überwog. Doch auf der anderen Seite machen teilweise schwer durchschaubare Strömungsverhältnisse, dazu – je nach Höhe und Lage umgebender Gebirge – Fallwinde die Seefahrt zum Teil unübersichtlich und gefährlich. Wenn schon generell die Qualität der Wasserwege sehr stark von der Zahl und der Ausrichtung der Häfen abhängig war, so gilt dies besonders in einem Gebiet wie der Meerenge: Diese hat zum einen einen reichen Schiffahrtsverkehr aufzunehmen und bietet zum anderen einige schwierigere Passagen, die zusätzliche Anle[116]gemöglichkeiten herausfordern. Gerade in solchen Küstenstrichen hat man also eher zu viel als zu wenig Häfen anzunehmen – und entsprechend archäologisch zu suchen!

So wie sich uns die Schiffahrt im Golf von Euboia, zumal im 4. und 3. Jh., darstellt, zeigt sich sehr klar, wie sehr man sich den Schwierigkeiten angepaßt und die Infrastruktur auf diese abgestimmt hatte. Ist es sehr vermessen zu vermuten, daß die Seefahrer aus Euboia schon auf ihren Kolonisationsfahrten in Unteritalien von ihren Erfahrungen im Umgang mit komplizierteren Wind- und Strömungsverhältnissen profitieren konnten?

ZUSAMMENFASSUNG

Der Aufsatz behandelt die Möglichkeiten der Schiffahrt im Golf von Euboia. In Verbindung mit der physiogeographischen Situation werden die verschiedenen Hafenplätze (literarisch überlieferte und/oder archäologisch bezeugte) vorgestellt und lokalisiert. Daraus ergeben sich Aussagen über Wege und Umfang der maritimen Kommunikation im östlichen Mittelgriechenland.

---

103 Liv. 35,50,9 (transitus); Ephoros FGrHist 70 F 119, vgl. Strab. 9,2,9 sowie generell Gehrke 1986, 83ff. [hier: S. 233ff.] und Fossey 1988, 78ff.
104 Welcker bei Bakhuizen 1985, 107 Anm. 78.

SUMMARY

The article is dealing with the possibilities of navigation in the Euboea-Channel. It presents and tries to locate the different harbour-places (as given by our literary sources and/or by archaeological research) in connexion with the conditions of physical geography. In this way, we are able to discuss and, in part, to reconstruct the routes and the volume of maritime communication in the eastern part of central Greece.

Erschienen in: Stuttgarter Kolloquium zur Historischen Geographie des Altertums 4, 1990 (Geographica Historica 7), Amsterdam 1994, 335–345, Tafel CIX–CXI.

MUTMASSUNGEN ÜBER DIE GRENZEN VON CHALKIS

Die Vorstellung von den natürlichen Grenzen und deren bewußter Respektierung und Ausgestaltung hat in der griechischen Geschichte, und zwar gerade in der des Polisgriechentums, eine immense Bedeutung. Schon CARL RITTER hat uns dies mit auf den Weg gegeben: Griechenland – so betont er[1] – *besteht aus einer großen Menge von räumlichen Individualitäten, von Gaubildungen für sich, durch Land und Meer von anderen gesonderten selbstständigen Systemen größerer und kleinerer Art. Es sind die von der Natur selbst plastisch umgrenzten landschaftlichen Gebiete, Gaue und Kantone, jeder anders, neu, oft wundervoll gestaltet, die aber jedesmal intensiv reich und groß genug oder energisch ausgestattet waren. Es gäbe mithin natürliche Gaue und Provinzen und die Isolierung dieser Gaue bedingte ursprünglich die getrennte Zahl ihrer politischen Gemeinheiten, die Naturbegrenzungen wurden die Grundlagen der politischen Grenzen.* Wie sehr in unserem Jahrhundert ERNST KIRSTEN von solchen Konzepten geprägt war, als er versuchte, zu einer Systematik der griechischen Polis und ihrer territorialen Struktur zu kommen, bedarf hier keiner näheren Erläuterung[2]. In der Tat kann ja auch kein Zweifel darüber bestehen, daß das morphologische Relief Griechenlands das Operieren mit natürlichen Grenzen bedingt und gefördert hat bzw. daß diese in der Geschichte immer wieder eine Rolle gespielt haben. Doch ist auf der anderen Seite auch Vorsicht geboten, vor allem weil immer noch die Neigung besteht, im Falle von nicht bekannten Grenzen die natürlichen als die realen anzunehmen. Dabei zeigt der Blick auf viele Regionen und deren Grenzgebiete, daß oft die politische Identität der Naturbeschaffenheit eindeutig präva[336]lierte, etwa dort, wo die Grenze in einem eher verbindenden Raum lag, obwohl sich besonders markante Naturgrenzen hätten finden lassen. Man denke etwa an Phokis und seine Grenze zu Boiotien oder auch zum westlichen Lokris im Raum von Amphissa, oder auch an die Grenzen zwischen Aitolien und Westokris unweit von Kallion.

1   Europa. Vorlesungen an der Universität zu Berlin gehalten von CARL RITTER. Hrsg. von H. A. Daniel, Berlin 1863, 277.286. Zur Problematik des Konzepts der natürlichen Grenzen, aber auch seiner Verbreitung s. jetzt H.-J. GEHRKE, Die wissenschaftliche Entdeckung des Landes *Hellás*, T. I–II, Geographia Antiqua 1, 1992, 15–36 [hier: S. 147–176]; T. III, Geographia Antiqua 2, 1993, 3–11 [hier: S. 177–189].

2   Besonders: Die griechische Polis als historisch-geographisches Problem des Mittelmeerraumes, Bonn 1956, sowie die jeweiligen Abschnitte Beiträge zur Historischen Landeskunde (I. Natürliche und politische Grenzen) bei A. PHILIPPSON, Die griechischen Landschaften. Eine Landeskunde, 4 Bde., Frankfurt/Main 1950ff.

Den hiermit angesprochenen methodischen Problemen möchte ich am Beispiel von Chalkis in einem – sehr konkreten und speziellen und deshalb Ihre Geduld arg, und hoffentlich nicht überstrapazierenden – Einzelfall nachgehen. Er zeigt die Grundproblematik sehr klar und gibt auch einen guten Einstieg, als seine neueste Behandlung, die durch S. C. BAKHUIZEN, gerade angesichts riesiger Lücken unseres Kenntnisstandes wie selbstverständlich mit natürlichen Grenzen rechnet[3] (s. Abb. 2a, 2b). BAKHUIZEN selbst hat freilich an einzelnen Punkten auch konkrete Aussagen, unabhängig von der physischen Situation, gemacht, basierend auf historischen Quellen und archäologischen Zeugnissen. Auf diesem Weg möchte ich ein wenig weiterschreiten, weil nur er m. E. die nötige methodische Gewißheit gibt, wenigstens das Sichere vom Unsicheren abzugrenzen.

I.

Ich gehe also erstens aus von Plätzen, die nach der Quellenlage als zu Chalkis gehörig überliefert sind bzw. einen entsprechenden Schluß erlauben und prüfe deren Lokalisierung. Hier gibt es Chancen, Fixpunkte zu gewinnen. Im Falle von Chalkis sind dies vor allem die Orte Kerinthos, Elymnion und Kyme. Dabei kommen wir freilich in die Teufelsküche uralter Detaildiskussionen, in denen ich mich so kurz fasse wie es nötig und möglich ist.

a) Kerinthos

Kerinthos ist im homerischen Schiffkatalog[4] neben den vier wichtigsten euboiischen Poleis (Chalkis, Eretria, Histiaia und Karystos) [337] sowie Dion und Styra genannt[5]. Schon dort wird es als am Meer gelegen ($\check{\varepsilon}\varphi\alpha\lambda ov$) bezeichnet, wofür es auch weitere Belege gibt[6]. Es muß sich dann aber an der dem Festland abgewandten, also der unzugänglichen Nordseite der Insel befunden haben[7]. An dieser von der Natur benachteiligten Seite der Insel kommen nur wenige Plätze überhaupt in Frage, und wenn man einen Ort von einiger Bedeutung sucht, der zudem einen prähistorischen Hintergrund hat – den man, wenn nicht wegen des Schiffskatalogs, so

---

3   Studies in the Topography of Chalkis and Euboea (A Discussion of the Sources) (Chalcidian Studies I), Leiden 1985, bes. 127: *The Chalcidian territory proper is marked by natural geographical boundaries.*

4   B 538.

5   B 536ff.

6   Schol. z. St.; [Skymn.] 576; Strab. 10, 1, 5; Ptol. 3, 14, 22.

7   Dafür spricht das Scholion zu der Homer-Stelle sowie die Lokalisierung bei Ptolemaios. Ferner weist der einzige Mythos, der eine gewisse Eigenständigkeit von Kerinthos in seinem euboiischen Kontext belegen könnte, nämlich die Abstammung des legendären Gründers Ellops von Tithonos, dem Liebhaber der Eos, in den troisch-kleinasiatischen Raum (Eustath. in Hom. B 538). Diese Überlieferung könnte also möglicherweise die Beziehung auf einen gegenüberliegenden Raum implizieren – was freilich nur ein schwaches Hilfsargument sein kann.

doch wenigstens wegen des vorgriechischen Namens anzunehmen hat –, dann bleibt das Kap bei Krya Bryse in der Bucht von Peleki; dieses zeigt höchst markante, auf dichte Besiedlung deutende Spuren (Mauerzüge und Keramik), von protogeometrischer bis hellenistischer Zeit. Auf einen damit verbundenen, weiter im Binnenland gelegenen Hügel (H. Elias) findet sich auch reichlich prähistorische Keramik[8]. Daß hier Kerinthos gelegen hat, ist so sicher, wie es bei unserem Kenntnisstand nur sein kann. Entsprechend einhellig ist auch die Meinung der Gelehrten[9].
[338]

Daß Kerinthos ursprünglich selbstständig war, wie z. B. auch Styra[10], ergibt sich schon aus der Nennung bei Homer[11]. Auch eine gewisse Eigentradition in der Gründerfigur mag dafür ein Indiz sein[12]. Für das 6. Jh. haben wir dagegen ein sehr wichtiges Zeugnis für eine Zugehörigkeit zu Chalkis: Einige – eingestandenermaßen etwas nebulöse – Verse im Corpus Theognideum[13] berichten von internen Konflikten, von denen u. a. die Lelantische Ebene betroffen war, die also nach Chalkis gehören. Da in demselben Zusammenhang auch von schweren Schäden ($\H{o}\lambda\omega\lambda\varepsilon\nu$) in Kerinthos die Rede ist, wird man auch dieses zu Chalkis rechnen[14]. Wir können also mit dem Territorium von Chalkis relativ weit in den Norden der Insel gehen, auch in ein durch ausgeprägte Höhenzüge abgesperrtes Gebiet[15].

Dafür, daß sich dieser Zustand geändert hat, haben wir keinerlei Anhaltspunkte: Die Tributlisten des 1. Attischen Seebundes verzeichnen kein selbstständiges Kerinthos, obgleich sie mehr haben als die ‚klassischen' 4 euboiischen Poleis. Die Vermutung von BAKHUIZEN, es habe, wahrscheinlich seit 446, zu Histiaia/Oreos

8   L. H. SACKETT u. a., Prehistoric Euboea: Contributions toward a survey, BSA 61, 1966, Nr. 13 und 14 (mit Faustskizze).
9   C. MÜLLER zu Ptolem. a. O.; F. GEYER, Topographie und Geschichte der Insel Euboia. I. Bis zum peloponnesischen Kriege (Quellen und Forschungen zur alten Geschichte und Geographie 6), Berlin 1903, 96ff.; ZIEBARTH in IG XII 9, p. 168; A. BUCHON, Voyage dans l'Eubée, les Iles Ioniennes et les Cyclades en 1841, hrsg. von J. LONGNON, Paris 1911, 63; H. N. ULRICHS, Reisen und Forschungen in Griechenland, II. hrsg. von A. PASSOW, Berlin 1863, 227; C. BURSIAN, Mittheilungen der K. Sächsischen Gesellschaft der Wissenschaften zu Leipzig, Phil.-hist. Classe 11, 1859, 143ff.; A. BAUMEISTER, Topographische Skizze der Insel Euboia, Lübeck 1864, 22 Anm. 68–80; W. VISCHER, Erinnerungen an Griechenland, Basel 1857, 671; SACKETT u. a. a. O.; BAKHUIZEN a. O. 141 A.33.
10   Hierzu s. vor allem D. KNOEPFLER, La date de l'annexion de Styra par Erétrie, BCH 95, 1971, 223ff.; H.-J. GEHRKE, Eretria und sein Territorium, Boreas 11, 1988, 25.42.
11   Auf der Basis von A. GIOVANNINI, Étude historique sur l'origine du catalogue des vaisseaux, Bern 1969.
12   s. o. Anm. 7
13   891ff.
14   So auch BAKHUIZEN a. O. 127, skeptisch dagegen D. KNOEPFLER, Argoura: Un toponyme Eubéen dans la Midienne de Démosthène, BCH 105, 1981, 295 Anm. 21.
15   Möglicherweise hieß dieses Gebiet Diakria, gem. ATL I 480; weiteres bei ZIEBARTH in IG XII 9, p. 168, 12ff. Aber die Lage bleibt völlig unklar. Wenn man in Lykophr. Alex. 373ff. eine Reihenfolge sehen will, käme man in das Gebiet westlich bzw. nordwestlich der Dirphys, des höchsten euboiischen Berges; aber auch das ist ganz unsicher, vgl. BAKHUIZEN a. O. 141 Anm. 49 mit weiterer Literatur.

gehört[16], ist unzulässig[17]. Umgekehrt haben wir noch – freilich sehr magere – [339] Hinweise auf eine Zugehörigkeit zu Chalkis: Bei Pseudo-Skymnos[18] ist als Gründer von Kerinthos Kothos genannt; dieser gilt aber auch – und öfter – als Gründer von Chalkis[19]. Und der euboiische Held in den ‚Argonautika' des Apollonios Rhodios, Kanthos, ist ein Sohn des Kanethos[20]. Solange Kerinthos nach dem 6. Jh. als Siedlungsplatz bestand, nach den bisherigen Funden bis in die hellenistische Zeit[21], dürfte es also zum Territorium von Chalkis gehört haben.

b) Elymnion

Anders ist die Sachlage bei Elymnion. Daß dieses in archaischer [340] Zeit zu Chalkis gehörte, erhellt aus der reichlich phantastischen Gründungsgeschichte von Kleonai am Athos: Dies sei von Chalkidiern gegründet worden, die aus Elymnion kamen[22]. Später jedoch gehörte Elymnion als ein Demos zu Histiaia/Oreos, wie

16   a. O. 140f. Anm. 33; Chalcis-in-Euboea, Iron and Chalcidians Abroad (Chalcidian Studies 3), Leyden 1976, 49ff.

17   Von den verschiedenen Versionen, die es über Ellops und die Ellopier gibt, kann eine (bei Strab. 10, 1, 3, und daraus Hesych. s. v. Ἑλλοπιῆες und Eustath. in Hom. B 537) als Indiz für eine politische Zugehörigkeit von Korinthos zu Histiaia/Oreos gewertet werden, muß aber nicht: Es handelt sich um eine ‚athenozentrische' Version, sofern nämlich Ellops als Sohn des Ion und damit als Bruder der von Athen ausgeschickten Oikisten von Chalkis und Eretria, Kothos und Aiklos (Strab. 10, 1, 8 vgl. Plut. qu. Gr. 22 und Vell. Pat. 1, 4, 1, allgemein), erscheint. Dies könnte man mit den Vorgängen des 5. Jahrhunderts und der athenischen Kleruchie in Oreos durchaus verbinden, zu der dann auch Kerinthos gehört hätte. Doch zunächst ist die Version in sich nicht klar (welche Rolle z. B. spielt der Ort Ellopia in diesem Zusammenhang? Wäre nicht dabei auch an Kerinthos selbst zu denken, das nach Eustath. auch so hieß?). Die zu Histiaia hinzuerworbenen Orte, neben Kerinthos noch Aidepsos und Orobiai, sind ohnehin bekannte Plätze in Nordeuboia gewesen, die man leicht hinzusetzen konnte. Die Athener haben auch keineswegs die Linie einer Vereinheitlichung in diesem Gebiet gesteuert, wie die gesonderte Existenz von Athenai Diades und Dion in den Tributlisten zeigt. Außerdem und vor allem lassen andere Versionen der Ellops-Ellopier-Tradition auch andere Schlüsse zu: Die eine bringt Ellops sogar mit Tithonos zusammen (s. o.). Darüberhinaus ist Ellopia als eine nicht nur Histiaia, sondern ein größeres Gebiet daneben und darum herum umfassende Landschaft sowohl bei Herodot (8, 23) als auch bei Strabon (10, 1, 15 wohl aus Apollodors Kommentar zum Schiffskatalog, s. F. LASSERRE, Strabon Géographie, Tome VII (Livre X), Paris 1971, z. St. und 117) bezeugt (der Strabon-Text ist nicht ganz eindeutig überliefert, aber wegen des συνεχῆ zeigt sich, daß die Gebiete auf dem Kenaion und von Kerinthos *neben* Histiaia stehen). Ein besonders wichtiges Argument von BAKHUIZEN resultiert aus seiner Lokalisierung von Elymnion. Diese ist aber nicht akzeptabel (s. u.). Schließlich ist Kerinthos nicht unter den Demen von Histiaia überliefert, von denen wir zahlreiche durch Inschriften kennen (s. hierzu jetzt F. CAIRNS, A ‚Duplicate' Copy of IG XII 9, 1189 (Histiaia), ZPE 54, 1984, 133ff.).

18   576.

19   Plut. qu. Gr. 22; Strab. 10, 1, 8.

20   1, 77ff. Auf die Schwäche dieser Argumentation weist BAKHUIZEN a. O. 141 A.39 nachdrücklich hin; doch kommt Kerinthos wirklich nur aus *phonetical reasons* ins Spiel?

21   SACKETT u. a. Nr. 13.

22   Herakl. Lemb. fr. 62 D. = BACKHUIZEN a. O. 144 Nr. 4 = Herakl. Pont. fr. 31, FHG II 222.

hellenistische Inschriften[23] beweisen. Wegen einer Anspielung im ‚Frieden‘ des Aristophanes[24] ist dies bereits für das 5. Jh. anzunehmen[25]

BAKHUIZEN hat nun, auf den ersten Blick ansprechend, vor allem wegen einer Anspielung in der Gründungsgeschichte von Kleonai, Elymnion mit Limnionas an der Nordküste von Euboia identifiziert, und damit übrigens auch ein Argument für die Zugehörigkeit des weiter nordwestlich gelegenen Kerinthos zu Histiaiai zu gewinnen gesucht[26]. Aber diese Lokalisierung scheint mir unmöglich zu sein: Eine so weite Ausdehnung in derart schwer zugänglichem Gebiet ist für Histiaia kaum plausibel, während die Hafenplätze der Südseite viel geeignetere Kandidaten sind. Auch der Witz bei Aristophanes greift besser, wenn Elymnion relativ dicht bei Oreos und nicht sozusagen hinter den Bergen liegt. So bietet sich, wegen der Namensform, der Hafenplatz Limni an, der schon von KIRSTEN entsprechend identifiziert wurde[27]. Dort sind auch zahlreiche antike Reste aus diversen Epochen festgestellt worden[28]. In dieser Region ist also das Territorium von Chalkis wohl nicht über das Kandili-Gebirge hinausgegangen, und ob es den wichtigen Hafen Aigai mit seinem Poseidonheilig[341]tum mitumfaßte, den wir wohl bei Galataki zu lokalisieren haben[29], muß offen bleiben.

c) Kyme

Noch komplexer ist das Problem der Lokalisierung und Zugehörigkeit von Kyme; denn schon dessen Existenz wird bestritten. Daß es aber ein Kyme auf Euboia[30] gegeben hat und daß es, grob gesagt, im Raum des heutigen Kyme, d. h. etwa im Zentrum der euboiischen Nordküste und an deren bestem Naturhafen gelegen war, sollte nicht mehr zweifelhaft sein[31]. Es gibt gravierende Argumente für eine Namenskontinuität in dem genannten Raum: Der schon in dem ältesten türkischen

23 IG XII 9, 1187, 2, vgl. 1188, 5.
24 v. 1125f.
25 BAKHUIZEN a. O. 127. 140f. Anm. 33; das würde auch für das weiter nördlich gelegene Orobiai gelten, ebd. 141 Anm. 42.
26 a. O. (1976) 49ff.; dabei wird freilich die Rolle des Eisens in dem Gründungs-Aition sehr strapaziert.
27 Bei PHILIPPSON a.O. I 2, 743 Anm. 21; weitere Literatur bei GEYER a. O. 94f. Zu den Quellen, die Elymnion als νῆσος bezeichnen (Hesych. s. v. Ἐλύμνιος; Steph. Byz. s. v. Ἐλύμνιοι), vgl. bereits BAKHUIZEN a. O. (1976) 51 Anm. 38. Oft hat man hier Aigai lokalisiert, doch dazu s. u.
28 SACKETT u. a. a. O. 49ff.
29 Hierzu s. H.-J. GEHRKE, Zur Rekonstruktion antiker Seerouten: Das Beispiel des Golfs von Euboia, Klio 74, 1992, Anm. 62 [hier: S. 273].
30 Einziger Beleg ist Steph. Byz. s. v.
31 Als Beleg für die hier gegebene Auffassung s. die Argumentation bei GEHRKE a. O. (1988) 35 A. 133. Zu den dort gegebenen nachantiken Belegen kommt jetzt als sehr wichtiges Zeugnis die Erwähnung von Kumi in den türkischen Steuerlisten von Euboia, den ersten nach der Eroberung von Chalkis im Jahre 1470, s. E. BALTA, L'Eubée à la fin du XVe siècle. Economie et population. Les registres de l'année 1474 (Archeion Euboikon Meleton, Beiheft zu Bd. 26), Athen 1989, 328. Zu Kyme vgl. auch E. SAPOUNA-SAKELLARAKI, AE 1984, 151ff.

Steuerregister von 1477 belegte Hauptort mit seiner traditionellen Namensvariante Koumi ist genau die moderne lokale Dialektform von Kyme. Für das Mittelalter und die frühe Neuzeit ist in Seekarten und Portulanen ein Chimi oder Porto Chimi bzw. für ein vorgelagertes Inselchen der Name Scolium de la Chimo überliefert. Diese einhellige Übereinstimmung kann nicht auf gelehrte Spekulation zurückgehen, da aus der Antike keine Lokalisierung des euboiischen Kyme überliefert ist. Sie läßt sich also nicht anders als durch die Kontinuität des Namens erklären[32].

Wegen der nachweislich chalkidischen Provenienz des italischen Kyme/Cuma[33] hat man also für die frühe Zeit eine gemeinsame Aktion von Chalkis und Kyme anzunehmen und kann für die späte Zeit [342] eine Zugehörigkeit des Raumes von Kyme zu Chalkis vermuten. Dies würde bedeuten, daß Chalkis den wichtigsten Hafenplatz der Nordseite bzw. Ostseite kontrollierte und zugleich mindestens einen Teil von dessen sehr fruchtbarem Hinterland.

Andererseits gibt es gravierende Argumente dafür, daß gerade dieser Raum zu Eretria gehörte: Weniger zählt dabei die Vermutung von SAMPSON, des Ausgräbers des wichtigsten dort gelegenen Siedlungsplatzes, der den für Eretria überlieferten Demos Komaieis mit Kyme/Koume identifiziert[34]. Aber KNOEPFLER hat zwingende Gründe dafür, einen anderen Demos von Eretria, Teleidai, im Gebiet von Kyme anzusetzen[35]. Gerade in dieser interessanten Region muß es also vorläufig bei einem *non liquet* bleiben.

II.

Doch sehen wir, ob wir nicht auf einem anderen Weg weiterkommen und gehen wir nun, zweitens, von archäologischen Beobachtungen aus. Im Idealfall müßten wir Denkmäler finden, die Grenzen *in situ* markieren. Ein solcher *casus* wäre die in den Boden geritzte Horos-Inschrift. Solche gibt es, freilich nur selten[36]. Häufiger sind die verschiedenen Formen der Grenzsicherung, also Anlagen von Türmen, Forts, Kastellen oder gar ganzer Grenzmauern. Daß auch auf diesem Gebiet methodisches Fingerspitzengefühl gefragt ist, hat besonders die jüngere Diskussion um die „Festung Attika" zwischen JOSUA OBER und HANS LOHMANN verdeutlicht[37]. Herr LOHMANN hat auch mit seinen jüngeren Untersuchungen über das Kountoura-Tal gezeigt, mit welch flexiblem und komplexem System man rechnen muß bzw. zu

---

32 Weiteres, besonders zu den Gründungsüberlieferungen des italischen Kyme, die bereits konziliatorisch verfahren, s. bei GEHRKE a. O.

33 Thuk. 6, 4, 5; Skymn. 236; Strab. 5, 4, 4; Verg. Aen. 6, 2.17; Liv. 8, 22, 5; Vell. Pat. 1, 4, 1; Plin. n. h. 3, 61.

34 A. SAMPSON, Euboike Kyme. Euboean Kyme, I, Chalkis 1981, 39ff.

35 KNOEPFLER a. O. (1981) 312 Anm. 90.

36 Vgl. zum Beispiel H. LOHMANN, Landleben im klassischen Attika, Jahrbuch der Ruhr-Universität Bochum, 1985, 74 mit 95 Anm. 5.

37 J. OBER, Fortress Attica. Defense of the Athenian Land Frontier 404–322 B. C., Leyden 1985; H. LOHMANN, Gymnasium 94, 1987, 270ff.

welchen aufschlußreichen Folgerungen detaillierte Beobachtungen führen können[38]. Von einer solchen [343] Forschungslage kann man auf Euboia und hinsichtlich der Grenzen von Chalkis nur träumen. Mit einer Ausnahme: BAKHUIZEN hat vor einiger Zeit die schon längst bekannten langen, mit einigen Kastellen versehenen Grenzmauern auf dem boiotischen Festland, vom Hügel Megalo Bouno oberhalb von Aulis bis zum Berg Ktypas im Messapion-Gebirge genau beschrieben (Abb. 3). Aus seinen Beobachtungen ergibt sich, daß diese Anlage die Ebene von Drosia nach Zentralboiotien hin deckte[39]. Ganz offensichtlich hat hiermit Chalkis seine Peraia gesichert, und zwar in einer Zeit besonderer Blüte, im frühen Hellenismus[40].

Ansonsten finden sich in den überhaupt in Frage kommenden Grenzgebieten soweit ich sehe, nach derzeitigem Stand nur zwei Festungswerke, die man gegebenenfalls als Grenzbefestigungen ansehen konnte, und zwar zwischen Chalkis und Eretria: Die bisher archäologisch noch gar nicht untersuchte und im Mittelalter umgebaute und erheblich erweiterte Anlage von Drangonara/Bryse[41] war sicher mehr als eine nur provisorische, etwa in einem Bürgerkrieg als Zufluchtspunkt eingerichtete Bastion. Sie sichert den Ausgang der wichtigsten Landverbindungen vom südlichen zum nördlichen Zentraleuboia, mithin von Chalkis und Eretria in den Raum von Kyme[42]. Von ihrer Lage her gibt sie einen Sinn nur für den, der das dahinterliegende Gebiet kontrolliert. Das würde am ehesten auf ein Chalkis passen, das nicht bzw. nicht mehr über das Tafelland von Kyme verfügt und hier auf das Territorium von Eretria stößt. Aber dies ist kaum mehr als ein Vorschlag zur Güte, denn da auch Eretria an dem Verbindungsweg interessiert sein mußte und weiter westlich einen guten Anschluß an ihn hatte, fragt sich, wie der präsumtive [344] Grenzverlauf dort insgesamt gesichert war. Wir können dazu so gut wie gar nichts sagen und nur ein paar Türme ins Feld führen[43].

Kaum weniger unklar ist es an der Küste, wo zwischen der sicher zu Chalkis gehörenden Lelantischen Ebene und der Stadt Eretria keinerlei natürliche Anhaltspunkte für eine Grenze existieren. Auch hier kann ich nur einen Kandidaten zaghaft in die Debatte werfen, der kaum besser untersucht ist, den Hügel Brachos (Abb. 4) oberhalb des Dorfes Basiliko[44]. Er gebietet über den Ostteil der Ebene kaum

<hr>

38   Das Kastro von H. Gorgios (‚Ereneia'). Zum Verhältnis von Festungswesen und Siedlungsmorphologie im Koundoura-Tal, in: Attische Festungen. Beiträge zum Festungswesen und zur Siedlungsstruktur vom 5. bis zum 3. Jh. v. Chr. (Attische Forschungen 3), MWPr 1988, Marburg 1989, 67ff.

39   S.C. BAKHUIZEN, Salganeus and the Fortifications on its Mountains (Chalcidian Studies 2), Groningen 1970.

40   So die Deutung (gegen BAKHUIZEN) des Befundes von H.-J. GEHRKE (mit Exkursionsteilnehmern), Zur Lage von Salganeus, Boreas 9, 1986, 83ff. [hier: S. 233ff.].

41   J. KODER, Negroponte, Wien 1973, 105f.; D. TRIANTAPHYLLOPOULOS, Problemata tes mesaionikes Euboias, Archeion Euboikon Meleton 19, 1974, 9f.; TH. SKOURAS, Ochyroseis sten Euboia, ebd. 20, 1975, 345f.; SAMPSON a. O. 52; KNOEPFLER a. O. (1981) 302 mit Anm. 60.

42   KNOEPFLER a. O. (1981), 302ff.

43   ebd. 304, wo alles zusammengestellt ist, was überhaupt bisher bekannt wurde.

44   G.A. PAPABASILEIOU, Archaion phrourion para ten Chalkida, AE 1903, 131ff., vgl. BAKHUIZEN a. O. (1985) 142 Anm. 58.

weniger stark als die mittelalterliche Burg von Phylla und kontrolliert zugleich den Küstenweg und den wichtigsten Siedlungs- und Hafenplatz Leukanti (Argura?)[45]. Der Küstenstreifen war relativ dicht besiedelt, und es gibt gute Argumente dafür, das Territorium für Eretria auch ein gutes Stück westlich der Stadt anzunehmen. Der Platz von Brachos wäre jedenfalls die letzte Möglichkeit für eine eretrische Grenzbefestigung nach Chalkis hin; er könnte aber eher noch als Vorposten von Chalkis jenseits der exponierten Ebene am Lelas angesehen werden, die man sich nur schwer ungeschützt vorstellen kann.

So zeigt sich nun gerade in einem ganz elementaren Bereich, der Frage der Grenzziehung zwischen den beiden wichtigsten euboiischen Poleis, der fragmentarische Charakter unserer Aussagen. Gerade hier, wo wir mit einer womöglich sehr komplexen Situation konfrontiert sind, gibt es kaum Fixpunkte. Auch hier heißt es also: Geduldiges Weitersuchen und Mut zur Lücke. Und das letzte meine ich ganz wörtlich. Es entspricht ja einem verständlichen Wunsche, die gefundenen Grenzen auch kartographisch zu markieren. Doch ohne [345] den Mut zur Lücke zeichnet man meist nur die natürlichen Grenzen nach. Und zu einer self-fulfilling-prophecy (man kann es auch – noch direkter – als Zirkelschluß bezeichnen) wird das, wenn man dann von daher auf eine besondere Tendenz zu natürlichen Grenzen in der griechischen Geschichte schließt.

---

45 Der Name Argura ist überliefert bei Harpokr. s. v. Ἄργουρα; Sud. s. v. Ἄργουρα; BEKKER, Anecd. Gr. 443, 18, weiteres bei ZIEBARTH IG XII 9, p. 168,55ff., als Ort auf Euboia. bzw. bei Chalkis, nach KNOEPFLER a. O. (1981) bei Leukanti. Das wurde sich mit einem eretrischen Brachos nicht ‚stoßen' und ohnehin ist es ja nicht sicher nachgewiesen. Anders interpretiert BAKHUIZEN a. O. (1985) 142 Anm. 58, der vorsichtig an eine Identifizierung mit Brachos selbst denkt – was freilich ganz willkürlich ist; vgl. ferner generell DENS. a. O. 132f.

ABBILDUNGEN

Fig. 67. Euboea

1.) Bakhuizen, Chalkis Abb. 67

Fig. 68. The Territory of Chalcis

2a.) Bakhuizen, Chalkis Abb. 68

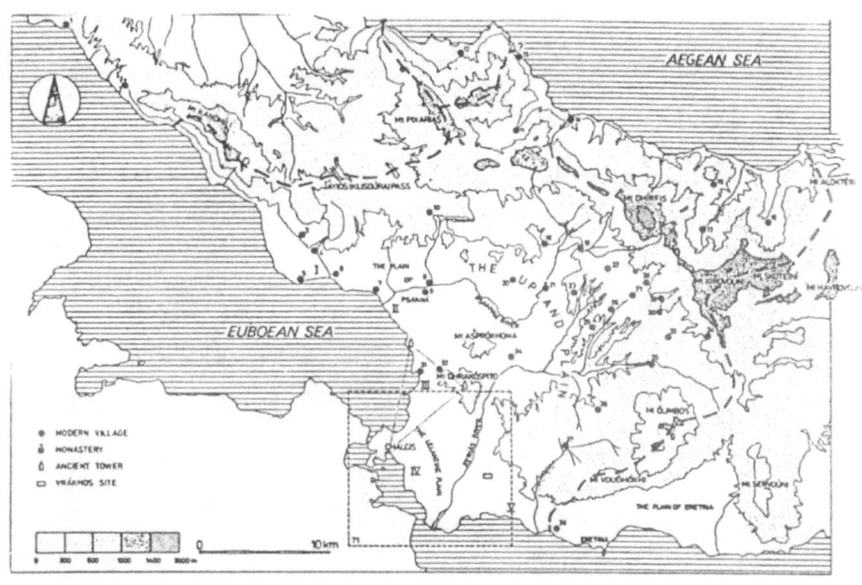

1. Límni	10. Kondodhespóti	20. Triádha	30. Káto Kambiá
2. Áyios Nikólaos	11. Ayía Sofia	21. Éria	31. Néa Artáki
Galatákis	12. Vlakhiá	22. Loútsa	32. Vatóndas
3. Nerotriviá	13. Pigádhia	23. Katheni	3. Mavrópoulo
4. Politiká	14. Limniónas	24. Pissónas	34. Áno Místros
5. Mníma	15.Lámari	25. Yídhes (Amfithéa)	35. Káto Místros
6. Kavkála	16. Metókhi	26. Voúni	36. Theológos
7. Vrisákia	17. Strópones	27. Káto Steni	37. Kamári
8. Psakhná	18. Makrikápa	28. Áno Steni	38. Malakóndas
9. Kastélla	19. Áyios Athanásios	29. Áno Kambiá	

2b.) Bakhuizen, Chalkis Abb. 69

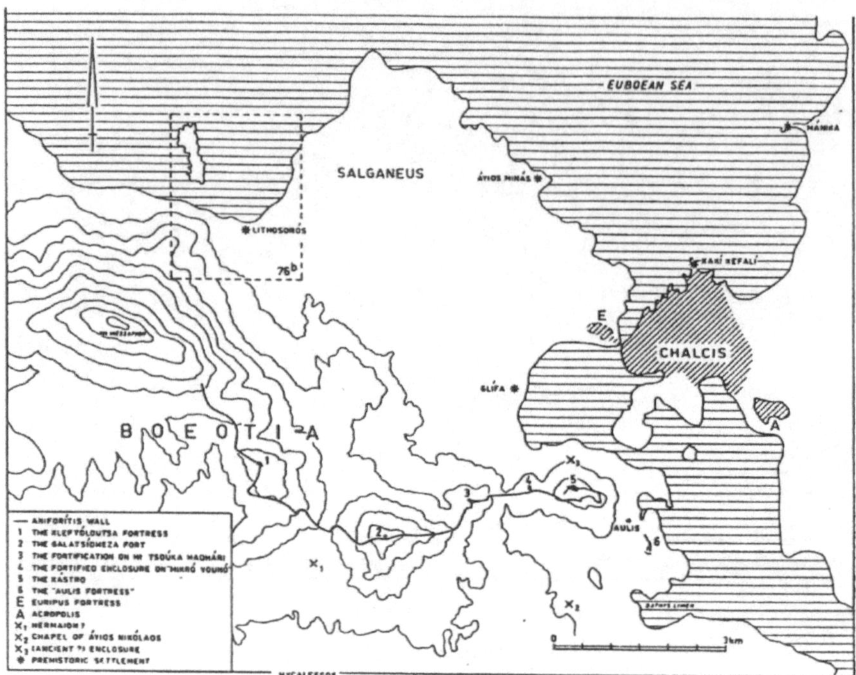

Fig. 2. The Plain of Salganeus and the Fortifications on its Mountains

3a.) Bakhuizen, Salganeus Abb. 2

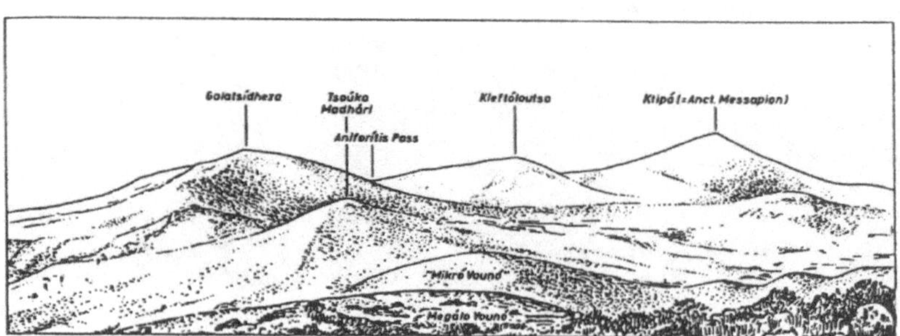

Fig. 4. Panoramic View of the Mountains of Salganeus (from Megálo Vounó)

3b.) Bakhuizen, Salganeus Abb. 4

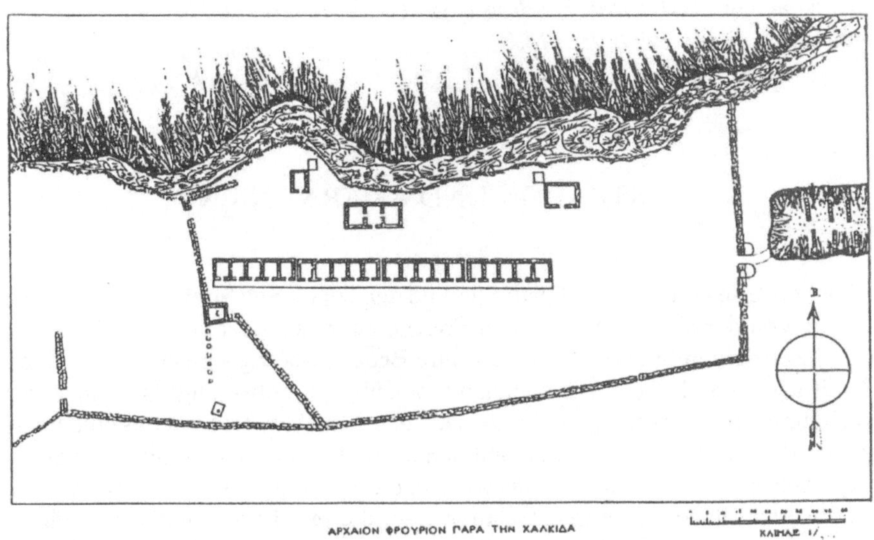

4.) Papvasioleiou, Arch. Eph. 132f.

Erschienen in: A.M. Biraschi (Hrsg.), Strabone e la Grecia, Perugia: Edizioni Scientifiche Italiane, 1994, 93–118.

STRABON UND AKARNANIEN

Üblicherweise benutzen der Historiker und der Topograph Strabon wie einen Steinbruch: Von der sie interessierenden Epoche oder Lokalität ausgehend, stellen sie die einschlägigen Strabon-Stellen für ihre Bedürfnisse zusammen – und reißen sie damit auch aus ihrem Zusammenhang. Wichtig, ja notwendig, ist jedoch gerade auch für die Beantwortung der Frage nach dem Quellenwert Strabons eine Interpretation, die zunächst dem Autor und seinen Intentionen nachspürt, die nach dem fragt, was er sagen wollte und was wir von daher also zu erwarten (bzw. auch nicht zu erwarten) haben, eine Interpretation also, die primär philologisch verfährt und als solche eigentlich selbstverständlich sein sollte. Wieviel damit für das Verständnis Strabons und die Einschätzung der Qualität seiner Aussagen hinsichtlich unserer historisch-geographischen Rekonstruktion gewonnen wird, hat P. Funke jüngst eindrucksvoll unter Beweis gestellt[1]. Geht man aber philologisch vor, so hat man Strabon in erster Linie im Zusammenhang zu lesen, darum bemüht nachzuvollziehen, worum es ihm ging.

Auch wenn wir also von einem historisch-topographischen Interesse geleitet sind, und zwar an Akarnanien, wollen wir die entsprechenden Angaben Strabons zugleich in ihrer kontextuellen Einbettung sehen. In diesem Sinne soll also hier Strabons Partie über Akarnanien, genauer gesagt das 2. Kapitel seines 10. Buches, im Zusammenhang gedeutet und kommentiert werden. Für diese Passage gilt besonders, was sich für die Griechenlandabschnitte Strabons generell sagen läßt: Vom ‚rein‘ Geographischen erfahren wir wenig, nach unseren Erwartungen ist dies eigentlich nicht ‚Erdkunde‘, sondern eher Homerphilologie und Mythologie. Man ist also hier besonders versucht, nur die topographisch-historischen Rosinen herauszupicken. Sehen wir aber auf den Zusammenhang selbst. [96]

Ein Gliederungsprinzip des Akarnanien-Passus kann man Strab. 10, 2, 7 entnehmen: καθόλου μὲν οὖν ταῦτα περὶ τῆς χώρας ἐστὶ τῆς τῶν Ἀκαρνάνων καὶ τῶν Αἰτωλῶν· περὶ δὲ τῆς παραλίας καὶ τῶν προκειμένων νήσων ἔτι καὶ ταῦτα προσληπτέον. Man müßte als weitere Punkte noch das Geschichtliche am Ende (bis hinein in das 3. Kapitel) hinzunehmen und kommt dann auf eine Disposition, die nicht völlig starr durchgeführt ist, aber doch das Material ziemlich eindeutig strukturiert, und zwar wie folgt:

---

1 P. FUNKE, *Strabone, la geografia storica e la struttura etnica della Grecia nord-occidentale,* in *Geografia storica della Grecia antica,* a cura di F. Prontera, Bari 1991, 174ff.

I. χώρα (10, 2, 1–6)
  1. Der Raum im Ganzen (10, 2, 1)
  2. Städte der Akarnanen (10, 2, 2)
  3. Aitolien (10, 2, 3–6)

II. παραλία und vorgelagerte Inseln (10, 2, 7–22)
  1. Die Inseln (10, 2, 7–20)
  2. Der Küstenverlauf (10, 2, 21f.)

III. Die historische Dimension
  1. Die Jetzt-Zeit (10, 2, 23)
  2. Die Alte Geschichte (10, 2, 24f. 3, 1ff.)

Die Gewichtung und der daraus resultierende Umfang der Abschnitte sind höchst unterschiedlich, zumal in II. Gerade dort wird deutlich, daß sich ein traditionelles Periplusschema (das in II 2 aus der Küstenperspektive noch einmal in das bereits behandelte Binnenland greift) mit eingehenden Überlegungen zur homerischen Geographie verbindet. Es unterliegt keinem Zweifel, daß diese Schwerpunktsetzung auf die Benutzung unterschiedlicher Quellen, einer ,geographischen', offenbar Artemidor, und einer ,homerischen', nämlich Apollodors Kommentar zum Schiffskatalog, zurückgeht[2]. Deutlich ist aber auch, daß Strabon diese in sinnvoller Weise angeordnet hat. [97]

I 1

Der erste Abschnitt (I 1; 10, 2, 1) liefert die geographischen Ordnungskriterien, d. h. Meßpunkte und Grenzen. Die wichtigste Rolle spielt an dieser Stelle der Acheloos, der mit Angaben zu seinem Verlauf sowie Homo- und Synonymen vorgestellt wird. Die anderen Meßpunkte ergeben sich z. T. erst aus späteren Bemerkungen (vgl. 10, 2, 21) bzw. waren in anderem Zusammenhang schon erwähnt: Es handelt sich um das markante Vorgebirge von Aktion (10, 2, 7, vgl. 10, 2, 1) im Norden des Gebietes und, im Südosten, die Mündung des Flusses Euenos, der zugleich die Grenze zum Korinthischen Golf markiert (8, 2, 3): Diese Meßpunkte sind eindeutig Grenzpunkte eines Periplusschemas. Und ein solches prägt auch die Erfassung des weiteren Binnenlandes in 10, 2, 1 (ὑπέρκεινται). Dort wird sehr schön deutlich, daß gleichsam mit einer Linie von Aktion bis zur Euenosmündung gerechnet und daß diese Linie wie eine glatte Strecke gesehen wird: Das Schema kann die komplexe Realität also partiell verfälschen.

2 Details hierzu gibt vor allem die Kommentierung von F. Lasserre in dessen Edition *Strabon, Géographie,* Tome VII, Paris 1971. Dort wird zusätzlich auch die Rolle des Demetrios von Skepsis deutlich.

Der Acheloos bildet – gleichsam ergänzend und von daher passend – eine Grenze im Binnenland, nämlich die zwischen Aitolien und Akarnanien. Seinen Charakter als Grenze hat er aber auch an der Küste (ὁρίζων τὴν τῶν Αἰτωλῶν παραλίαν καὶ τὴν Ἀκαρνανικήν) und insofern markiert er auch – und das nun zu den anderen Meßpunkten gar nicht mehr passend – den Beginn des Korinthischen Golfes. Diese Differenz, der Strabon sich übrigens bewußt war[3], geht offensichtlich auf verschiedene Quellen zurück und ist, wie wir noch sehen werden, die Voraussetzung für bestimmte Fehl-Lokalisierungen (die sich durch die Aufdeckung dieser Voraussetzung leichter erklären lassen).

Die Schematisierung bzw. Systematisierung, die diesen Bemühungen um geographische Fixpunkte und Abgrenzungen innewohnt, charakterisiert auch im Konkreten das Urteil Strabons über die Grenzen, das gerade im Zusammenhang mit dem Acheloos deutlich wird, aber sich zugleich auf die geographische Grundordnung generell übertragen läßt: Strabon sieht im Acheloos eine natürliche Grenze (vielleicht auch deswegen, weil er, wie das Meer, ein langes Stück schiffbar war [10, 2, 2]). Damit ist bei ihm aber zugleich impliziert, daß diese natürliche Grenze, wenn [98] sie mit der politischen zusammenfällt, Stabilität fördert, wie gleichsam die Gegenprobe in 10, 2, 19 zeigt: Wo der Acheloos durch ständige Überschwemmungen die Grenzziehung zwischen Aitolern und Akarnanen immer wieder störte, ergaben sich langwierige Konflikte.

I 2

Im folgenden Abschnitt (10, 2, 2) gibt Strabon einen knappen Überblick über die akarnanischen Städte, unter Einbeziehung auch zeitlicher Dimensionen: So hebt er bei den meisten hervor, daß sie „jetzt" nur noch Perioikengemeinden (περιοικίδες) von Nikopolis seien. Für Oiniadai berichtet er von einer alten Siedlung weiter flußaufwärts, etwa auf halber Linie zwischen der Mündung und Stratos. Ferner geht aus der Stelle hervor, daß der Acheloos mindestens bis nach Stratos, also auf einer Länge von mehr als 200 Stadien, schiffbar war (ἀνάπλουν ἔχουσα)[4]. Rätselhaft bleibt eine Angabe am Ende, nach der Stratos auf halbem Wege zwischen Alyzia und Anaktorion liege[5].

I 3

Die folgenden Paragraphen behandeln Aitolien. Interessant für uns ist, daß Stratos hier im Zusammenhang mit der großen Binnenebene erwähnt wird, und zwar in

---

3   s. Strab. 8, 2, 3, wo Euenos- und Acheloos-Mündung zur Disposition gestellt sind, und vgl. u. S. 107ff. [hier: S. 305ff.].

4   Zu den Längenangaben s. LASSERRE, *ad loc.*

5   LASSERRE, *ad loc.* möchte es mit den Ruinen von Likoniko in Verbindung bringen. Freilich erwartet man nicht unbedingt die Nennung eines neuen Ortes, sondern die Wiederholung eines bereits erwähnten.

diesem Rahmen als εὔκαρπος. Mindestens hier ist also der Fluß Acheloos nicht die Grenze zwischen Akarnanien und Aitolien, aber dies wird nicht thematisiert, und es fragt sich, ob Strabon bei seiner ziemlich allgemein gehaltenen Beschreibung dieser Widerspruch klärungsbedürftig erschien.

II 1

Der daran anschließende Teil (10, 2, 7–20), der der Küste und den vorgelagerten Inseln gewidmet ist (10, 2, 7), nimmt seinen Ausgangs[99]punkt konsequenterweise von einem Meßpunkt (10, 2, 21), nämlich dem Vorgebirge von Aktion bzw. der Einfahrt in den Ambrakischen Golf, wo ein χωρίον und das Heiligtum des aktischen Apollon erwähnt werden sowie ein außerhalb des Golfes gelegener Hafen (was zugleich einen im Inneren gelegenen impliziert). Von dort aus sind die jeweils ersten Orte gemessen, im Inneren des Golfes Anaktorion mit 40 Stadien Entfernung, außerhalb, also im Ionischen Meer, Leukas, 240 Stadien entfernt[6].

Die Behandlung von Leukas (8f.) steht ganz im Zeichen der Bemühungen um eine ‚Konkordanz‘ späterer Zustände (insbesondere Ortsnamen) mit den homerischen Angaben. Mit anderen Worten, Strabon gibt so etwas wie eine leukadische Frühgeschichte, die zunächst nichts anderes ist als der Versuch, die homerischen Zustände mit den späteren zur Deckung zu bringen.

Da die Polis und die Insel Leukas bei Homer nicht erwähnt werden, sondern lediglich eine πέτρα Leukas (Od. 24, 11) begegnet, sollen sich Leukas und Akarnanien selbst hinter der ἀκτὴ ἠπείροιο Homers verbergen. Mit Leukas sind dann weitere episch bezeugte Orte (Nerikos bzw. Neritos[7], Krokileia und Aigilyps) zu verbinden. Das homerische Nerikos und das spätere Leukas fallen zusammen. Diese Identifizierung bei Strabon ließe sich leicht aus der Logik der Homererklärung im Lichte späterer Zustände und aus dem daraus resultierenden Zwang zur Konziliatorik erklären. Da sie wie eine durchsichtige Konstruktion aussieht, würde man ihr keinen besonderen Quellenwert zuschreiben. Aber die Sache liegt bei Strabon doch komplizierter: Leukas wird durch die Korinther zu einer Insel gemacht[8]. Der Ort Nerikos wird verlegt, und [100] zwar dorthin, wo einst die Verbindung zum Festland (Isthmos) war und nun der Durchstich hinkam, und wurde somit

---

6   Zu den Entfernungsangaben s. LASSERRE, *ad loc.*

7   Im Schiffskatalog ist Neritos überliefert (2, 633), in der Odyssee (durch vulgata) Nerikos (24, 377) bei Demetrios von Skepsis Neritos. Beides wurde schon in der Antike identifiziert. Und davon haben wir auch hier auszugehen.

8   Zur korinthischen Apoikie Leukas s. ferner Herod. 8, 45; Thuk. 1, 30, 2; [Skymn.] 465; Nikol. Dam. *FGrHist* 90 F 57, 7, der Kypselos' Bastard Pylades als Oikisten nennt. Damit kommt man in den Zeitraum von 655–625 (nach Apollodor 657/6–627/6); zur Chronologie vgl. H.-J. GEHRKE, *Herodot und die Tyrannenchronologie*, in *Memoria rerum Veterum*, hrsg. von W. Ax, Stuttgart 1990, 34ff. [in Ausgewählte Schriften Band III] – Auf die komplexen geologisch-geomorphologischen Probleme kann hier nicht näher eingegangen werden, s. hierzu jetzt S. PAPAGEORGIOU / S. STEIROS, Μεταβολή παλαιοαναγλύφου, σεισμική δραστήριότητα και αρχαιολογική έρευνα στη βορειοδυτική Ελλάδα, in Πρακτικά Α' Αρχαιολογικού και Ιστορικού Συνεδρίου Αιτωλοακαρανίας, Αγρίνιο, 21-22-23 Okt. 1988, Agrinion 1991, 233ff.

der Hauptort der Insel. Dieser sei dann samt der Insel nach dem Leukatas-Felsen Leukas genannt worden[9]. Das deutet darauf hin, daß bei Strabon nicht lediglich die eben bezeichnete Homer-Konziliatorik vorliegt, sondern auch zusätzliche Überlieferungen, die nicht so verdächtig sind, ein bloßes Konstrukt zu sein. Strabon (bzw. seine Quelle) mußte nämlich jetzt mit zwei Faktoren rechnen: Dem bei Homer gegebenen Nerikos als Stadt auf dem Festland[10] und der von den Korinthern am Dioryktos gegründeten neuen Stadt, dem bekannten Leukas. Deswegen mußte man mit einer Verlegung auch zugleich eine Namensänderung annehmen[11].

Im § 9 liefert Strabon eine zusätzliche Version aus dem Epos „Alkmaionis" (oder „Epigonoi")[12], die er wahrscheinlich aus dem in diesem Rahmen zitierten Ephoros (FGrHist 70 F 124) mitübernommen hat und nach der Ikarios, Penelopes Vater, mit seinen Söhnen Alyzeus und Leukadios über Akarnanien geherrscht habe.

Beide Überlieferungen, die aus § 8 erschlossene über die Zusammenhänge der korinthischen Gründung auf Leukas und der Verlegung von [101] Nerikos, aber auch die Alkmaionis-Version dürften ihre Entstehung dem Zusammenhang mit der korinthischen Kolonisation verdanken. Bei der ersten Version ist dies per se evident, die zweite reflektiert eindeutig eine Perspektive, die von der See her denkt: Die Orte Alyzia und Leukas sind durch die Eponymen repräsentiert, nicht aber das akarnanische Binnenland selbst, das lediglich als deren Herrschaftsgebiet, also geradezu buchstäblich nur als Hinterland erscheint – obgleich sich (s. u.) die Akarnanen selbst auf den Helden des Epos, Alkmaion, zurückführen konnten[13].

9   Aus Anlaß des Leukatas wird auf den Apollon-Kult hingewiesen und die berühmte Sappho-Geschichte erzählt – was im übrigen ebenfalls den hellenistisch-literarischen Charakter der Partie unterstreicht.

10   Vgl. auch 1, 8, 3.

11   Merkwürdig ist, daß der gemäß Thuk. 3, 7, 5 als Küstenort auf Leukas oder in unmittelbarer Nähe der Insel gelegene Platz Nerikos hier offensichtlich keine Rolle spielt: Bei der Vereinbarung der Homerdeutung mit der Überlieferung von der korinthischen Gründung wäre es einfacher gewesen, neben der neuen Stadtanlage namens Leukas ein Weiterbestehen des alten Ortes als Nerikos in der Nähe der ‚Neustadt' anzunehmen. Wußte man also von diesem Ort nichts (mehr), als man diese Kombination anstellte? Das ist kaum anzunehmen, denn den Thukydides mußte man doch kennen. Oder verhalf die Kenntnis dieses Ortes sogar – umgekehrt – zur Identifizierung von Leukas mit dem homerischen Neritos? Dies ist schon deswegen nicht von der Hand zu weisen, weil bereits in der Antike die Lesung Neritos und Nerikos bei Homer schwankt. Doch auch wenn dem so ist, auffällig bleibt, daß der Bezug auf den späteren Ort völlig fehlt.

12   F. PRINZ, *Gründungsmythen und Sagenchronologie,* München 1979, 166ff.

13   Dies war übrigens von Anfang an möglich, denn die Figur des Amphilochos, die für den Mythos mit konstitutiv ist, deutet auf eine Berücksichtigung der westgriechischen Lokalitäten von Beginn an (auch über die Acheloos-Mündung hinaus, vgl. u. S. 114f. [hier: S. 310f.]), und in diesem Rahmen waren die Akarnanen sicherlich bedeutender als das amphilochische Argos. Schon im 6. Jahrhundert verband sich die Gründung dieses Argos stärker mit dem Akarnan-Vater Alkmaion, wohl als eine Reaktion auf die enge Bindung zwischen Akarnanen und Argos Amphilochikon (vgl. u. S. 114f. [hier: S. 310f.]).

Bei der Behandlung von Kephallenia (10, 2, 10–17) verliert sich Strabon nahezu vollständig in der Homerphilologie[14]. Er umfaßt Ithaka in diesem Rahmen gleich mit und diskutiert ausführlich, mit dem Blick auf die Angaben der Odyssee, die topographischen Probleme (§ 12). Generell liefern lediglich zwei kurze Paragraphen (15f.) im Umfang einer dreiviertel Seite in Lasserres Edition rein geographische Beschreibungen, während 6 längere Paragraphen mit zusammen fast 10 Seiten der Erörterung der Homerangaben und der philologischen Deutungsgeschichte gewidmet sind. Beiläufig kommt Strabon in § 17 anläßlich der Nennung von Samos auf Kephallenia auf Samothrake und das ionische Samos bei Homer zu sprechen, und im Anschluß an den Kephallenia und Ithaka betreffenden Abschnitt wird die Insel Zakynthos eingeführt mit den Worten: λοιπὴ δ᾽ ἐστὶ τῶν ὑπὸ τῷ Ὀδυσσεῖ τεταγμένων νήσων ἡ Ζάκυνθος (§ 18). Das mythographisch-philologische Ordnungsprinzip überlagert hier das geographische, was immerhin nicht stört, weil es letztlich auf dieselbe Reihenfolge hinausläuft. Aber Zakynthos wird hier eben nicht geographisch hergeleitet. Überhaupt ist in dieser Passage Strabons Argumentation sehr philologisch, schon in der Parenthese am Anfang von [102] § 10 zu Ilias 2, 632 oder ferner besonders am Ende von § 11 die Erörterung der Neritos-Nerikos-Problematik (die allerdings von Kramer und Meineke athetiert wurde). Es spricht also alles dafür, diese Passagen nahezu vollständig auf Apollodors Kommentar zum Schiffskatalog zurückzuführen, zumal gerade das entsprechende Stück des Schiffskataloges (Ilias 2, 631ff.) den Ausgangspunkt der Überlegungen bildet und Apollodor im Zusammenhang (§ 10) auch direkt genannt ist[15].

Für die Geschichte und Geographie Akarnaniens ist in diesem Abschnitt wichtig, daß Strabon – wie auch in den vorangehenden Partien – in Anlehnung an ältere Deutungen mit einem weiteren Begriff von Kephallenia als dem Reich des Odysseus (bei Homer) rechnet, welches das Festland, d. h. Akarnanien und Leukas zugleich, *mit* umfaßt (Ilias 2, 635). Gerade dabei wird deutlich, daß das Festland (ἤπειρος) in dieser Tradition wie eine Peraia aufgefaßt ist (ἠδ᾽ ἀντίπεραι᾽ ἐνέμοντο): Schon zu Homers Zeit war also die maritime Perspektive deutlich ausgeprägt. Zugleich wird bei Strabon die in der späteren Überlieferung vorgenommene Konziliatorik deutlich, die auch noch die Region von Epirus hiermit verband, für diese also eine ehemals größere Ausdehnung anzunehmen hatte (τάχα τῆς Ἠπειρώτιδος τὸ παλαιὸν μέχρι δεῦρο διατεινούσης καὶ ὀνόματι κοινῷ ἠπείρου λεγομένης).

Nach einer kurzen Behandlung von Zakynthos (10, 2, 18) gibt die Erörterung der Echinaden-Inseln (zu denen Dulichios und die Oxeiai – Θόαι bei Homer – gehören sollen) wieder wichtige Aufschlüsse für die bei Strabon repräsentierte Methodik.

---

14   Immerhin schiebt er auch eine aktuelle historische Notiz ein, indem er in § 13 den Römer C. Antonius Hybrida, Ciceros Konsulatskollegen, als Stadtgründer auf Kephallenia nennt; zu Einzelheiten s. LASSERRE *ad loc.*

15   Zum Umfang des Zitates s. LASSERRE, *ad loc.*

a) Die Inseln werden durch den Bezug auf das Kap Araxos (τῆς τῶν Ἠλείων ἄκρας) und die Acheloos-Mündung ‚verortet'. In diesem Zusammenhang weist Strabon auf die Alluvionstätigkeit des Acheloos hin, die schon die Paracheloitis gebildet und wegen der unklaren Grenzsituation Kriege zwischen Aitolern und Akarnanen verursacht habe. Strabon operiert also gedanklich wie folgt: Er nimmt Bezug auf ältere Beobachtungen zur Veränderung im Mündungsgebiet des Acheloos[16] und schreibt diese Zustände gleichsam zurück (anhand von dafür sprechenden An[103]haltspunkten). Sodann schließt er auf eine problematische geographische Situation (die fehlenden natürlichen Grenzen) und deren politische Konsequenzen, für die es wiederum historische Anhaltspunkte gab. Dies verrät zugleich ein bestimmtes geographisch-geopolitisches Konzept von Grenze, das wir schon in 10, 2, 1 beobachten konnten[17].

b) Der Umgang mit dem Mythos ist in diesen Partien sehr differenziert. Die Aktivität des Acheloos und der Kampf des Herakles gegen diesen, wie sie in mythographischen Versionen geläufig waren, werden nicht wie Geschichte behandelt, sondern als Fiktion bezeichnet (μῦθος ἐπλάσθη). Doch auch hier herrscht eine klare Methode, indem sich die verbreitete rationalisierende Mythendeutung sozusagen umkehrt, dadurch daß vom Standpunkt des Rationalen die *Entstehung* bzw. *Erfindung* eines Mythos erklärt wird. Dies bedeutet allerdings nicht, daß Strabon oder seine Quellen alles in das Reich der Fabeln verweisen. Dies geschieht lediglich mit der ganz konkreten sophokleischen Version (Trachinierinnen 9ff.). Das rationalisierende Procedere, das mit Herakles, Deianeira und Oineus rechnet, wird ganz selbstverständlich wieder als Geschichte genommen. Jedenfalls bietet Strabon gleich mehrere rationalisierende Deutungen, die, von Sophokles ausgehend[18], dessen konkrete Version erklären und – wie oben angedeutet – hinsichtlich ihrer Entstehung plausibel machen: Offenkundig liegt auch hier ein gutes Stück Philologie, in diesem Falle Sophokles-Philologie, zugrunde. Bei Sophokles nun erscheint der Acheloos als dreigestaltig, bald als Stier, bald als Schlange, bald als stierköpfiger Mensch[19]. Dem wird hier hinzugefügt, daß das von Herakles dem Acheloos abgebrochene Horn, von dem bei Sophokles nichts steht, das aber Strabon geläufig supponiert, von „einigen" als Horn der Amaltheia bezeichnet wird[20].
Jedenfalls werden die Vielgestaltigkeit des Acheloos und sein Kampf mit Herakles als fiktiver Ausdruck realer Zusammenhänge rationalisierend [104] erklärt: Die Stiergestalt bzw. Stiergesichtigkeit resultiere, wie bei

---

16 Funke hat a. O. 183f. ganz klar gezeigt – gegen Aujac –, daß Strabon hier nicht auf eigenen Beobachtungen fußt.

17 s. o. S. 97 [hier: S. 297].

18 Zu älteren Versionen s. LASSERRE a. O. 126 A.4.

19 Zum Kampf des Herakles gegen Acheloos vgl. im übrigen Soph. *Trachin.* 497ff.

20 Amaltheia ist an sich die Ziege gewesen, die den jungen Zeus ernährte, indem sie ihm mit dem einen Horn Nektar, mit dem anderen Ambrosia spendete. Später sei dieses Horn als Stern an den Himmel versetzt worden.

anderen Flüssen, aus den Fließgeräuschen und den Strombiegungen (die
auch Hörner genannt würden); die Schlangenform sei die Metapher für die
Länge und die Windungen eines Flusses. In Verbindung mit Herakles gibt
es eine noch weitergehende Erklärung: Herakles, allgemein als Wohltäter
der Menschheit verstanden (εὐεργέτς), in der speziellen Situation als Freier
der Tochter des Oineus engagiert, habe den Fluß reguliert; damit sei Land
geschaffen und kultiviert worden (die Paracheloitis), und dies sei wegen
der Fruchtbarkeit „Horn der Amaltheia" genannt worden.
Es ist also klar, daß es hier um eine Rationalisierung geht, die aus der
Sophokles-Exegese stammt oder mindestens mit ihr zusammenhängt und
die ein Stück Geschichte nicht demonstriert, sondern konstruiert. Aber dieses Verfahren arbeitet nicht nur mit Argumenten der inneren Logik (Fluß-
charakter und Göttlichkeit), sondern auch mit gegebenen Versatzstücken,
u. a. auch realen Beobachtungen. Hier finden wir, was uns primär interessiert: Mindestens die erhebliche Fruchtbarkeit der Paracheloitis war eine
feste Größe, also geläufig, und wahrscheinlich war auch der Name „Horn
der Amaltheia" als Ausdruck besonderer Fruchtbarkeit für die Gegend
sprichwörtlich, und zwar unabhängig von der Acheloos-Herakles-Ge-
schichte; denn wie wäre sonst dieser Name zustandegekommen (und damit
die Notwendigkeit, verschiedene Geschichten über die Amaltheia zu vereinbaren)? Auch die Melioration des Acheloos-Gebietes im Zusammenhang mit Kanalisierungstätigkeiten darf man wohl zu diesen gegebenen
Voraussetzungen rechnen. Dafür spricht eine zusätzliche Überlegung: Der
Wasserreichtum des Acheloos und sein ausgeprägtes Mäandrieren liefern
nicht sozusagen von sich aus agrarisch gut nutzbares Land. Um dies zu
erreichen, sind Anstrengungen notwendig. Deutlich zeigen Reiseberichte
aus dem frühen 19. Jh., wie wenig günstig der Fluß und seine Tätigkeit per
se für menschliche, d. h. agrarische Tätigkeit waren[21]. [105]

c) Als Herrscher über die Echinaden erscheint bei Homer, Ilias 2, 625ff. Meges, der Sohn des Phyleus. Dieser ist seinerseits ein Sohn des – bei Homer
nicht erwähnten – Augeas. Damit fassen wir auch hier einen deutlichen
Bezug auf das im Süden gegenüberliegende Festland, auf Elis und das Land
der Epeier. Dieser ist schon bei Homer gegeben, mindestens im rein geographischen Sinn (Ilias 2, 626: πέρην ἁλὸς Ἤλιδος ἄντα), und schon deshalb naheliegend, weil Elis vorher erwähnt war (615ff.)[22]. Denselben geographischen Bezug finden wir bei Strabon 10, 2, 19. Er ist für jeden Kenner
der Region leicht nachzuvollziehen. Aber klar ist auch, daß wir die das

---

21 s. vor allem L. HEUZEY, *Le Mont Olympe et l'Acarnanie*, Paris 1860, 231, E. OBERHUMMER,
Akarnanien, Ambrakia, Amphilochien, Leukas im Altertum, München 1887, 16f.; R. CHAN-
DLER, *Travels in Asia Minor and Greece*, II² London 1825, 340ff.; W. M. LEAKE, *Travels in
Northern Greece*, London 1835, I 121f. 126; III 512ff. 521ff. Den generellen Zusammenhang
von Landeskultivierung und Heraklesmythen hat schon E. CURTIUS, *Peloponnesos*, Gotha
1851, I 52 herausgestellt.
22 Möglicherweise hatte der Elis-Bezug schon bei Homer eine inhaltliche Komponente, denn immerhin ist vom Vater des Phyleus die Rede (πατρὶ χολώθεις in *Il.* 2, 629).

Meer überspannenden Beziehungen in der Tradition in ihrem Kern sehr ernst nehmen müssen.

Die sich an die Echinaden anschließende Behandlung der Taphischen Inseln (10, 2, 20) konzentriert sich ebenfalls auf die mythische Geschichte, indem sie eine nicht-homerische und eine homerische Version präsentiert (welches übrigens im § 24 noch einmal aufgenommen wird[23]): Erwähnt wird ein Feldzug des Amphitryon von Theben mit dem athenischen Emigranten Kephalos, dem Sohn des Deioneus/Deion, der die Herrschaft über das eroberte Gebiet bekommt. Bei Homer erscheint – nicht im Schiffskatalog, sondern lediglich in der Odyssee (1, 180ff.), wo die Taphier auch als Seeräuber begegnen (15, 427) – Mentes als deren Herrscher. Strabon hatte dies als Widerspruch schon vorher (§ 14) kenntlich gemacht, wo Kephallenia im übrigen auch mit Kephalos verbunden ist, als ταῦτα δ' οὐχ Ὁμηρικά. Später (§ 24) wird deutlich, daß diese Widersprüchlichkeit nicht so strikt war, da man beide Versionen zeitlich nacheinander einordnen konnte.

II 2

Erst nach den Taphischen Inseln kehrt Strabon zu den primär geographischen Ordnungskriterien zurück, die 10, 2, 7 mit dem Hinweis auf die Küste und die Inseln vorgestellt waren. Er hatte, ausgehend von [106] Leukas, die Inseln behandelt (mit wesentlich philologischer Schwerpunktsetzung), nimmt jetzt aber den Gang entlang der παραλία wieder auf, wie auch in dem Rückbezug auf Aktion vom Meßpunkt Euenos-Mündung aus (10, 2, 21) greifbar wird. Erkennbar wird diese Perspektive auch darin, daß das Periplusschema jetzt durchgehalten wird, auch um den Preis von Wiederholungen (etwa Echinaden und Oiniadai). Der generelle Hinweis auf die Hafenqualität bestätigt diese Verfahrensweise[24].

Innerhalb dieses Ordnungsrahmens erwähnt Strabon zunächst die myrtuntische λιμνοθάλαττα zwischen Leukas und dem Ambrakischen Golf[25], womit zugleich die topographische Lücke in Richtung auf das in 10, 2, 7 genannte Aktion geschlossen wird. Danach orientiert er sich von Leukas aus grob in Richtung Süden, er nennt zunächst Palairos. Dessen Zentrum lag zwar im Binnenland, es hatte aber ein Stück der Küste und insbesondere den Platz Sollion, den wir wegen der Angaben bei Thukydides am ehesten im Bereich der Bucht von Pogonia, jedenfalls südlich des Isthmos von Leukas[26], anzunehmen haben. Es folgt Alyzia, ebenfalls im

---

23 s. u. S. 110f. [hier: S. 307f.].
24 Man vgl. ferner den Wortgebrauch des ὑπερ- im Zusammenhang mit den Seen bei Oiniadai und mit Kalydon.
25 Das ist der heutige Vulkaria-See. Zu diesem s. E. FELS, *Die ätolisch-akarnanischen Seen in Griechenland*, Die Erde 3, 1951/52, 304ff.
26 Thuk. 3, 94, 2. N. FARAKLAS, in Πρακτικά a. O. 221ff. identifiziert es mit dem antiken Siedlungsplatz bei der Festung von Agios Georgios gegenüber von Leukas. Das ist jedoch nicht mehr als eine Möglichkeit; es gibt auch noch andere ‚Kandidaten'. Diese sind auch geeigneter,

Binnenland gelegen (15 Stadien von der Küste entfernt), aber mit einem Hafenplatz, der ein Heraklesheiligtum hatte[27]. Es kommen dann das Vorgebirge Krithote, die Echinadischen Inseln und Astakos (in engem Zusammenhang), verbunden mit der ausdrücklichen Qualifizierung des Gebietes von Leukas, wo das Periplus-Schema Richtung Süden begann (ἐξῆς), bis hin zu Astakos (τὰ μεταξύ) als πάντα δ' εὐλίμενα. [107]

Daran schließen sich an Oiniadai und der Acheloos, dann drei Seen, der See von Oiniadai (Melite, 30 x 20 Stadien groß), die Kynia (etwa doppelt so groß) und die Uria (wesentlich kleiner als die vorgenannten): Die Kynia hat eine Verbindung zum Meer, die beiden anderen liegen 1/2 Stadion weiter im Binnenland (ὑπέρκεινται). Da der nächste Fixpunkt die Euenos-Mündung ist, dürfte es sich bei diesen Seen um den großen Lagunenbereich westlich von Messolonghi handeln, wobei wir allerdings wegen der anzunehmenden rezenten Veränderungen keine genauere Identifizierung vornehmen können.

Der dann folgende Euenos bildet einen Meßpunkt, da er die Grenze zum Korinthisch-Kalydonischen Golf markiert (8, 2, 3). Deshalb wird hier der Abstand zu Aktion gegeben (670 Stadien). Es folgen der Berg Chalkis (nach Artemidor Chalkia), die Polis Pleuron, das Dorf Halikyrna, von dem aus 30 Stadien landeinwärts (ὑπέρ) Kalydon liegt, der Berg Taphiassos, die Poleis Makynia und Molykreia und schließlich in der Nähe Antirrhion, der Grenzpunkt zwischen Aitolien und Lokris, der zugleich ein Meßpunkt ist, weshalb die Entfernung vom Euenos bis hierher gegeben ist (120 Stadien,). Es folgt eine kurze Beschreibung von im Binnenland gelegenen Plätzen in Akarnanien und Aitolien, wiederum mit starkem Homer-Bezug (§ 22).

Besonders auffällig ist die hier gegebene eindeutig falsche Reihung, die den Euenos westlich von Pleuron ansetzt. Diese sollte zunächst[28] ohne einen Eingriff in den Text verstanden, also nicht gewaltsam der Realität angepaßt werden, zumal uns Strabon mit dem Hinweis auf die Differenz zwischen Artemidor von Ephesos und Apollodor noch Hinweise zum Verständnis gibt: Für Artemidor liegt Chalkis zwischen dem Acheloos und Pleuron, wie von Strabon übernommen[29] [108]

---

weil sich nur schwer vorstellen läßt, daß dieser so markant auf Leukas bezogene Punkt nicht zu der Insel bzw. der Peraia der Insel gehörte.

27 Auch hier gibt es einen Aktualitätsbezug: Die dort vorhandene Darstellung von Herakles' Taten durch Lysipp war Opfer römischen Kunstraubs geworden, da das Gebiet schon vorher verlassen worden war. Das geht entweder auf die allgemeine Verödung Westgriechenlands nach den Kriegen der ersten Hälfte des 2. Jahrhunderts oder auf die Zeit nach der Gründung von Nikopolis (vgl. zur Problematik des ‚Aktuellen' bei Strabon u. S. 109f. [hier: S. 306f.]). Zu dem Kunstraub vgl. LASSERRE, .ad loc.

28 Trotz Kramer und Meineke sowie nunmehr auch Lasserre.

29 Infolgedessen ist das von Kramer vorgenommene Vorziehen der Plätze von Fleuron bis Kalydon (so jetzt auch Lasserre) nicht zulässig, da Strabon selbst die von ihm gegebene Reihenfolge mit der Artemidors durch οὕτω verbindet. Auch Meinekes Einführung eines οὐχ davor, ohnehin nur eine riskante Notlösung, ist nicht akzeptabel, da ja die Reihenfolge Artemidors gerade von der folgenden des Apollodor abgegrenzt wird. Schon E. Schwartz hat das richtig gesehen (RE I 2869): „Strabon hat den Fehler nicht gemerkt, und darf nicht korrigiert werden".

Apollodor gibt es anders: Die Berge Chalkis und Taphiassos liegen oberhalb von Molykreia, und Kalydon liegt zwischen Pleuron und Chalkis. Er hat also die richtige Reihenfolge Pleuron-Kalydon-Chalkis. Strabon löst den Widerspruch nicht auf, sondern weist auf die Möglichkeit einer Doppelung des Chalkis-Berges. Da in dieser Diskussion nicht mehr vom Euenos die Rede war, hat man die m. E. plausibelste Erklärung für den Widerspruch bisher übersehen. Der Irrtum bei Artemidor und Strabon ist am ehesten durch die Dominanz der geographischen Ordnungsmerkmale bedingt: Der Euenos ist ja ein Grenz- und Meßpunkt, und zwar hier sogar in Bezug auf die Grenze zwischen Aitolien und Lokris bei Antirrhion und, kurz vorher, mit dem Rückbezug auf Aktion. Offensichtlich ist der Euenos deswegen auch als Grenze zwischen Akarnanien und Aitolien mißverstanden worden. Ohnehin konkurriert er ja auch an anderer Stelle, gerade im Sinne der Begrenzung – so für den Korinthischen Golf – mit dem Acheloos, der in demselben Kontext auch als Grenzfluß zwischen Aitolien und Akarnanien erscheint (8, 2, 3). Und diese Parallele bestätigt die hier vorgetragene Deutung noch in einem anderen Sinne, denn auch dort kann der Euenos als Grenze zwischen Aitolien und Akarnanien erscheinen (statt des Acheloos). Es heißt nämlich dort, daß vom Acheloos bis zum Euenos Akarnanen seien, dann Aitoler bis Antirrhion. Also herrscht das ‚Euenos-Meß-System‘. Genau deshalb konnte es leicht dazu kommen, daß die eindeutig aitolischen Städte (10, 2, 3), also gerade Pleuron und Kalydon, hinter den Euenos ‚verlegt‘ wurden, auch wenn es damit zu Widersprüchen kam[30]. [109] Die Unklarheiten und Widersprüchlichkeiten lassen sich also dadurch erklären, daß Strabon mit zwei physiogeographischen Ordnungsrastern aus verschiedenen Quellen[31] konfrontiert war und daß die Zuordnung des physiogeographischen Rasters auf die politische Geographie nicht genau aufging. Angesichts der verworrenen politischen Geschichte im Raum von Oiniadai bis Kalydon kann dies kaum verwundern[32], so daß im Endeffekt die unterschiedliche Korrelierung von politischen und natürlichen Grenzen auf zeitlich unterschiedliche politische Situationen zurückzuführen ist, die später, bei Strabon, nicht mehr richtig wahrgenommen wurden. Entscheidend aber ist die Beobachtung, daß die abstrakten Ordnungskriterien in der Geographie sehr dominant waren, ja ein gewisses Eigengewicht gewinnen konnten, und daß die Fixierung von Grenzen, wie schon mehrfach deutlich wurde, auf die Konkordanz von natürlichen und politischen Grenzen gerichtet war.

---

30 In 10, 2, 3 rechnet Strabon die παραλία vom Acheloos bis Kalydon (einschließlich des Hinterlandes) zur ἀρχαία Αἰτωλία, im Gegensatz zur ἐπίκτητος, die sich gegen Lokris hin erstreckte, in rauherem Gebiet und im Zusammenhang mit dem dahinterliegenden Bergland, d. h. doch dann offensichtlich vom Chalkis-Berg ausgehend. Da in demselben Kontext auch Stratos und die Binnenebene insgesamt Alt-Aitolien zugerechnet werden, liegt hier wohl eine sozusagen groß-aitolische Quelle zugrunde, die nur partiell, nämlich im Küstenbereich, mit dem Acheloos als Grenze rechnete. Diese war vielleicht (vgl. § 22) durch Apollodor vermittelt, der ja auch, anders als Artemidor, s. o., ohne das Schema mit dem Euenos als Grenze auskommt. Er brauchte also die Akarnanen nicht zwischen Acheloos und Euenos anzunehmen, sondern konnte z. B. Aitolien im Küstengebiet auch mit dem Acheloos beginnen lassen.
31 Vgl. FUNKE a. O. 182 mit Anm. 20.21.
32 Hierzu s. FUNKE a. O. 181f.

III

Wenngleich Strabon, wie wir gerade sahen, manche historischen Zusammenhänge nicht präsent waren, so heißt das nicht, daß er historische Veränderungen ignorierte, ganz im Gegenteil: Die Geschichte fand bei ihm, der ja auch Historiograph war und dessen Geschichtswerk wesentlich umfangreicher war als die ‚Geographika‘, viel Aufmerksamkeit, auch in unserem Zusammenhang. Zunächst spricht er die jüngeren Veränderungen, jedenfalls den Zustand der Mitte des 2. Jh. v. Chr. an (§ 23)[33], dann aber wendet er sich rasch – wieder mit einem ausgesprochen philologisch-literarischen Interesse – der älteren Geschichte der Region zu[34]. In diesem Rahmen war Strabon mit verschiedenen Versionen konfrontiert. Den ersten Fixpunkt in diesem ‚Chaos‘ gab die feste Überzeugung von Homers geradezu kategorischer Glaubwürdigkeit. Homer konnte so als Kriterium für Richtigkeit und Historizität gelten. Und deshalb liefert die Homer-Exegese bereits den Ausgangspunkt, und die daran anschließende intensive Diskussion verschiedener Sagenversionen gibt im übrigen einen [110] vorzüglichen Einblick in den Charakter hellenistischer Wissenschaft. Die Methodik und Logik läßt sich gut verfolgen.

Schon die Ausgangsfrage – wer vor Laertes das Land innehatte – impliziert zweierlei: Die homerische Version, die wir vor allem in II 1 schon kennengelernt hatten, wird gleichsam rückwärts ausgedehnt: Der Herrschaftsbereich des Odysseus (Kephallenia, die anderen Inseln und das Festland) wird bereits seinem Vater Laertes zugerechnet. Außerdem wird das Problem der unterschiedlichen Varianten in der Ausgangsfrage nicht alternativ gestellt, sondern im Sinne einer Konziliatorik aufgelöst bzw. vorentschieden, indem auf die zeitliche Differenzierung verwiesen wird. Homers Version ist damit jeder Diskussion entzogen, sie gilt schlechthin, und Homer bleibt der Maßstab für die Rekonstruktion der Historizität.

Es bleibt aber sehr interessant, welche Versionen wir zur Frühgeschichte Akarnaniens im Verständnis der Antike kennenlernen. Diese können uns sogar, unabhängig von ihrem literarisch-mythologischen Ursprung, auch die historische Vorstellung von Akarnanien und den Akarnanen und letztlich auch deren – ggf. daraus abgeleitetes – Selbstverständnis demonstrieren. Deshalb lohnt sich ein näherer Blick auf das ‚Sagenknäuel‘, zumal es für die hier herausgestellte Frage noch nicht recht benutzt wurde.

Wir haben es vor allem mit vier nicht unbedeutenden Sagengestalten zu tun, von denen drei fremden Ursprungs sind und aus attischen, boiotischen und peloponnesischen Sagenkreises stammen, nämlich mit Kephalos (1), Ikarios (2), Alkmaion (3) und Oineus (4).

---

33   s. auch LASSERRE *ad loc.* mit wichtigen Bemerkungen zum Verfahren Apollodors. Daß das νῦν sich nicht auf Strabons Zeit beziehen muß, sondern sehr wohl in den Kontext seiner Quellen, also ins zweite Jahrhundert, gehören kann, ist auch sonst deutlich, s. Lasserre zu § 13.

34   Προσληπτέον καὶ τῶν παλαιοτέρων (§23, die Details 24–26).

1.) Die Kephalos-Geschichte[35]

Amphitryon zieht gegen Taphier und Teleboer (die man sich auf der späteren Insel Kephallenia dachte), gemeinsam mit dem athenischen Emigranten Kephalos, dem Sohn des Deioneus oder Deion. Dieser bleibt [111] dort als Herrscher, gibt der Insel Kephallenia seinen Namen, so wie die vier Poleis der Insel (Samos, Pale, Pronnoi, Kranioi) nach seinen Söhnen genannt sind. Sein Herrschaftsgebiet schließt Leukas und Akarnanien ein. Mit diesem Kephalos ist auch die berühmte Legende von einem Sprung vom Kap Leukatas verbunden.

Kephalos ist eine höchst komplexe Sagenfigur, die als Geliebter der Eos auch mit der Welt der Göttermythen verbunden war. Fest verankert ist er in Phokis, vor allem aber zum einen in Attika[36], zum anderen in Boiotien, als Gemahl und unfreiwilliger Totschläger der Prokris und als Besitzer eines Jagdhundes, dem nichts entrinnen konnte und der in Boiotien auf den teumesischen Fuchs angesetzt wurde. Dieser Stoff war womöglich schon in den pseudohomerischen „Epigonoi" bekannt, jedenfalls gehört er in den epischen Kyklos[37].

Der Zug des Amphitryon gen Westen ist seinerseits ein wesentliches Element der Amphitryon-Sage, weil die Zeugung des Herakles just mit der dadurch bedingten Abwesenheit Amphitryons zusammenhängt. Beide Versionen können also, für sich genommen, ein hohes Alter beanspruchen. Demgegenüber wirkt die Verbindung beider im Zug gegen Taphier und Teleboer aufgesetzt, Kephalos' Teilnahme als etwas Sekundäres und Künstliches, angesichts der ansonsten reichen Erzählungen über den Heros auch eher dürftig überliefert. Ganz offenkundig ist diese Variante, die in voller Ausprägung in Apollodors Bibliothek (2, 58f.) vorliegt, aber natürlich älter ist, ein späteres Konstrukt, das verschiedene Versionen und Überlieferungsstränge, die gegeben waren, konziliatorisch vermengte. Dabei nahm man insbesondere Rücksicht auf eine Version, die Kephalos zum Namenspatron (und damit ‚Gründer') von Kephallenia machte. Diese ist in durchsichtiger Weise (auch wegen der Namen der Söhne) aus der Namensähnlichkeit herausgesponnen[38]. Ihr ältester literarischer Beleg ist Aristoteles fr. 504 R., doch begegnet Kephalos (z. T. mit Kennzeichnung durch eine entsprechende Legende), wohl schon im aus[112]gehenden 5.Jh., sicher jedenfalls im 4.Jh., auf Münzen kephallenischer Poleis[39].

Es gibt auch sagenchronologische Widersprüche, und diese wiegen schwer: Mit Amphitryon und Kephalos sind wir zwei Generationen vor dem Trojanischen Krieg, d. h. eine Generation vor Laertes. Laertes müßte also der Nachfolger des Kephalos gewesen sein. Dies ließ sich aber nicht mehr konstruieren. Nach der Version des Aristoteles war Arkeisios, der Großvater des Odysseus, ein Sohn des

---

35   10, 2, 14.20.24, vgl. 9; weiteres bei W. ROSCHER, *Mythologisches Lexikon* II 1089ff. zum Folgenden vgl. generell F. JOUAN, *Les Corinthiens en Acarnanie et leurs prédécesseurs mythiques*, in F. JUAN / A. MOTTE (Hrsg.), *Mythe e politique*, Paris 1990, 167ff.

36   Dies war offenbar genuin, s. ROSCHER a. O. 1090; J. TOEPFFER, *Attische Genealogie*, Berlin 1889, 254ff.

37   Phot. *Lex.* und Suda s. v. Τευμησία, vgl. *Homeri opera*, ed. Th. W. Allen S. 115.

38   Vgl. hierzu auch ROESCHER a. O. 1095.

39   B. V. HEAD, *Historia Numorum*, Oxford ²1911, 472f., vgl. auch ROESCHER a. O. 1103.

Kephalos[40]. Nach „ithakesischer Ortssage"[41] war zwischen Kephalos und Arkeisios sogar noch eine Generation mehr[42]. Dies sind Notlösungen, die die Schwierigkeiten nicht beseitigen. Gerade das Problematische an dieser Version, daß man nämlich für Kephalos dasselbe Reich anzunehmen hat wie für Laertes/Odysseus, legt den Schluß nahe, daß die Kephalos-Variante erst nach deren Vorbild konstruiert wurde, d. h. eine bestimmte Homer-Exegese bereits voraussetzt.

2.) Die Ikarios-Geschichte[43]

Ikarios ist in der Odyssee als Vater der Penelope bezeugt (2, 52), und es spricht alles dafür, daß er nach der Odyssee als Angehöriger von Odysseus Reich gedacht war[44]. Aber über ihn wurde noch ganz anderes erzählt: Er war ein Bruder des Tyndareos und wurde gemeinsam mit diesem von Hippokoon aus Sparta vertrieben. Die Brüder kamen zu Thestios von Pleuron und halfen diesem, gegen die Zusage von Land, in Kämpfen jenseits des Acheloos. Tyndareos erhielt danach Thestios' Tochter Leda und kehrte nach Sparta zurück, Ikarios blieb, behielt einen Teil von Akarnanien und heiratete Polykaste, die Tochter des Lygaios. Mit ihr zeugte er Penelope und deren Brüder. Nach dem Epos „Alk[113]maionis" und Ephoros (§ 9) hatte Ikarios zwei Söhne, Alyzeus und Leukadios.

Zunächst ist es evident, daß auch diese Version nicht genuin mit dem griechischen Westen verbunden ist, sondern ursprünglich dem spartanischen Sagenkreis angehört. Nach anderen Varianten finden wir Ikarios auch dort[45], und Strabon, dem dies bekannt war, muß sich mit dieser Überlieferung kritisch auseinandersetzen. Es spricht einiges dafür, daß man hier ex post wegen der Namensgleichheit eine ithakesisch-westliche Version mit verschiedenen spartanischen Varianten zusammenfügte[46]. Doch ist dies womöglich älter als im Fall des Kephalos, da Ikarios schon in der „Alkmaionis" mit dem Westen verbunden ist, als Vater von Leukadios und Alyzeus. Da er in diesem Epos auftaucht, wird er womöglich als Herrscher im Westen aufgefaßt, den Alkmaion zu unterwerfen hatte[47]. Aus diesem Zusammenhängen erhellt, daß hier ein Widerspruch zu der o. a. geläufigen Homer-Deutung vorliegt, die ja für andere Herrscher außer Laertes und Odysseus genau in der fraglichen Zeit auch auf dem Festland keinen Platz hatte. Die Variante dürfte also, anders als die Kephalos-Geschichte, der philologischen Exegese in diesem Punkt vorausgehen.

---

40   Vgl. auch Hygin. 189.

41   ROESCHER a. O. 1095.

42   Eustath. In *Iliad.* 2, 631; Schol. *Il.* 2, 173.

43   10, 2, 9.24; ferner ROESCHER a. O. 112ff.

44   Homer *Od.* 15, 16 mit Schol.

45   s. bes. Paus. 3, 10, 10f.; und ebd. 3, 2, 4 führt ihn seine Flucht nur bis nach Messenien, was in sich plausibler ist.

46   Zu unterschiedlichen Ausgaben über Ikarios' Kinder s. ROESCHER a. O. 113.

47   „Gehört wohl in die eroberung Akarnaniens durch Alkmaion (F 123), der diese fürsten verdrängte" (F. JACOBY zu Ephoros F 124).

3.) Besonders ergiebig ist die Alkmaion-Geschichte[48]

Die Fassung des grundlegenden Epos (Epigonoi bzw. Alkmaionis) hat F. Prinz mit scharfsinnigen Argumenten in ihren Grundelementen rekonstruiert[49]. Bei Strabon ist sie eng mit der Oineus-Geschichte (s. u.) verbunden: Alkmaion, der Sohn und Rächer des Amphiaraos, der Führer der Epigonen, unterstützt nach dem Sieg über Theben eine Racheexpedition des Diomedes gegen die Feinde des Oineus. Diomedes und Oineus [114] erhalten Aitolien, Alkmaion Akarnanien. Währenddessen hat Agamemnon Argos erobert, bietet es ihnen aber wegen seiner Absichten auf Troja an. Diomedes akzeptiert, Alkmaion nicht. Deshalb sind die Akarnanen nicht am Trojanischen Krieg beteiligt gewesen (wovon sie übrigens später im Kontakt mit den Römern noch profitierten). Alkmaion gründete das amphilochische Argos, das er nach seinem Bruder Amphilochos benannte[50]. Sein eigenes Herrschaftsgebiet erhält den Namen nach seinem Sohn Akarnan.

Hier zeigt sich überall, daß auf die Ilias Rücksicht genommen ist. Die Version des Ephoros ist sogar, nach Prinz' einleuchtenden Beobachtungen, die Antwort auf ein Problem der Homerphilologie, nämlich u. a. die Nichtteilnahme der Akarnanen an dem Zug gegen Troja. Dieses Problem wird also hier anders gelöst als in der o. a. Peraia-Variante, die man entweder noch nicht kannte oder nicht berücksichtigte bzw. korrigierte.

Die Grundversion der „Alkmaionis" weist den Helden dieses Epos in den Westen: Die Entsühnung, die er – gleichsam ein zweiter Orest – wegen der Tötung seiner Mutter vornehmen lassen mußte, geschah auf Boden, der zum Zeitpunkt dieser Tat noch nicht von der Sonne beschienen wurde, nämlich im Schwemmland der Acheloos-Mündung. Hieran konnte sich dann seine Herrschaft über Akarnanien ‚anlagern', ohne daß es der o. a. Version bei Strabon bedurfte. Wenn Ephoros mit dieser Version freilich rechnete, um u. a. die Nichtteilnahme der Akarnanen zu erklären, dann waren diese schon zu seiner Zeit fest mit Alkmaion verbunden.

Ein wenig weiter kommen wir mit Hilfe einer Thukydides-Stelle (2, 68, 3): Nach ihr hat Alkmaions Bruder Amphilochos nach der Rückkehr aus dem Trojanischen Krieg ein neues Argos in Westgriechenland gegründet[51]. Diese Version kennt also die völlige Eigenständigkeit von Argos Amphilochikon neben Alkmaion, nicht die durch diesen gleichsam [115] vermittelte Gründung. Für letztere bietet sich allerdings ein historischer Ort an: Ca. 438 unterstützten Akarnanen mit athenischer Hilfe die Amphilochier von Argos gegen Ambrakier[52]. Die Stadt wurde von

---

48   10, 2, 25f., entspricht 7, 7, 7; weiteres bei Roscher a. O. I 1, 242ff.; C. Robert, *Die griechische Heldensage*, III 1, 956ff.

49   F. Prinz a. O. 166ff., dort auch weitere Quellen und Literatur. Bes. wichtig ist Thuk. 2, 102, 3ff.

50   Nach Eurip. TGF S. 380 (Apoll. *Bibl.* 3, 7, 7) war Gründer des amphilochischen Argos der gleichnamige Sohn des Alkmaion von der Manto.

51   Dafür, daß diese Version ziemlich alt ist, nämlich mindestens ins 6. Jahrhundert zurückging, spricht auch Hekat. *FGrHist* 1 F 102c. 109 (Strab. 6, 2, 4), wonach Amphilochos einem Nebenfluß des Acheloos den Namen Inachos gab.

52   Thuk. 2, 68, 5ff.; zum Datum s. G. Busolt, *Griechische Geschichte*, III 2, 763 A. 6.

Akarnanen und Amphilochiern neu besiedelt (Thuk. 2, 68, 7), und es gab sogar ein übergreifendes Gericht für beide politische Einheiten, in Olpe (Thuk. 3, 105, 1). Wenn man die bei Ephoros/Strabon vorliegende amphilochische Gründungsvariante hiermit verbindet, dann ist jedenfalls klar, daß vorher, also spätestens in der Mitte des 5.Jh.s, die Akarnanen den Alkmaion (über dessen Sohn Akarnan) als ihren ‚Gründungsvater' ansehen konnten.

Dafür spricht noch ein interessantes Detail: Nach Clemens von Alexandreia (Strom. I 21, 134, 4) gab es in Akarnanien ein Orakel des Alkmaion. Diese Angabe wurde zwar bezweifelt[53], aber ohne zwingende Gründe. Und sollte man nicht eher einen – wenigstens überlieferungsgeschichtlichen – Zusammenhang sehen mit der bedeutenden Sehertradition der Akarnanen, die im 6. und frühen 5. Jh. gut bezeugt ist[54]? Was wir über die Sagenfigur Akarnan erfahren[55], erlaubt keine Präzisierungen, zeigt aber, daß er ein gewisses sagenhistorisches Profil gewonnen hatte, also keine ganz späte Kunstfigur war.

4.) Die Oineus-Geschichte[56]

Herakles besiegt den Acheloos und erhält als Dank Oineus' Tochter Deianeira (§19). Dies ist, wie wir sahen, auch der Ausgangspunkt von Sophokles' „Trachinierinnen". Später erscheint Oineus, von Feinden vertrieben, als Flüchtling in Argos, von wo aus er durch Diomedes und Alkmaion in die Heimat zurückgeführt wird. Nach anderer Version (Apollod. 1, 78) wurde sein Schwiegersohn Andraimon in Aitolien einge[116]setzt, weil er selbst zu alt war. Diese Version kann alt sein, da in der Ilias (6, 215ff.) Oineus im Hause seines Enkels Diomedes in Argos lebt. Wie dem auch sei, im Unterschied zu den bisherigen Heroen, die in den Westen erst ‚übersiedeln' mußten bzw. übertragen wurden, ist Oineus in Westgriechenland beheimatet, als Herr von Kalydon fest mit Aitolien verbunden und schon zur Zeit der Ilias eine Sagenfigur mit unverwechselbarer Geschichte[57]. Dasselbe gilt auch für seine Nachkommen, insbesondere seinen Sohn Meleagros (9, 529ff.) und seinen ‚Konkurrenten' Agrios und dessen Söhne.

Der historische Abriß ist bei Strabon mit 2, 26 noch keineswegs beendet. Vielmehr greift er nun auf Aitolien über und präsentiert, gleichsam als Einstieg in die Geschichte der Aitolier, eine ausführliche Erörterung des Kureten-Problems (10, 3, 1ff.). Dies kann hier schon aus Platzgründen nicht weiter nachvollzogen werden. Es ist auch für das Verständnis der antiken Vorstellungen der akarnanischen Geschichte nicht mehr relevant. Die historische Skizze Strabons, kurzum das, was er uns hier als akarnanische Frühgeschichte mitteilt und was generell in der Antike auch so verstanden wurde, erlaubt bei aller Komplexität und partiellen

---

53 Beispielsweise von E. ROHDE, *Psyche*, Freiburg u. a. ²1891, 189 A.1.

54 Herod. 1, 62. 7, 219.221.

55 Freier der Hippodameia, ROBERT a. O. 211 A.4; Freier der Penelope, Apoll. *Epit.* 7, 27; Rächer seines Vaters gemeinsam mit seinem Bruder Amphoteros, Apoll. *Bibl.* 3, 88ff.

56 10, 2, 19.25. 10, 3, 6.

57 *Ilias* 2, 638ff. 6, 215ff. 14, 115ff.

Widersprüchlichkeit doch einige klare Aussagen: In der frühen griechischen Sage, wie sie in den homerischen Epen repräsentiert ist, spielt Akarnanien keine eigenständige Rolle. Es ‚produziert' weder eine Erzählung noch eine Gestalt, die in der griechischen Sagenwelt Eingang fand. So fehlt es in der Ilias und konnte nur durch Hilfskonstruktionen mit ihr verbunden werden. In seiner Region reichen einzig die aitolischen Gestalten in höhere Zeit hinaus. Diese sind aber ganz eng an Kalydon und Pleuron gebunden, also an eine wichtige Sagenregion des gesamtgriechischen Mythos in seinen ältesten Schichten.

Akarnanien dagegen stand gleichsam dem Zugriff anderer Sagengestalten offen, die nicht so ortsfest waren oder aus benachbarten Regionen stammten: Dabei nahm man das Land gleichsam von der See her wahr, ob man Akarnanien nebst Leukas zum Reich des Odysseus zählte (in der Homerphilologie) oder es in ähnlicher Weise mit Kephalos, also Kephallenia, verband oder mit Ikarios als dem Vater von Leukadios und Alyzeus rechnete. Diese Versionen schauen von der See her auf das soz. [117] mythenfreie Akarnanien und nehmen es in Besitz, reflektieren also die Periode der vornehmlich korinthischen Kolonisation.

Anders steht es mit dem Alkmaion-Mythos, der wegen eines seiner genuinen Bestandteile, der Entsühnung des Helden, auf das Festland – wenn auch im Bereich der Mündung des Acheloos – fixiert war, sicherlich schon im 6. Jh. Lediglich mit dieser Figur ist Akarnanien selbst verbunden, weil dessen Sohn Akarnan der Namenspatron und ‚Stammvater' der Akarnanen wurde.

All dies war zunächst Produkt und Gegenstand intellektuell-literarischer Konstruktion. Es stellte aber gleichsam Material zur Verfügung, dessen sich das Selbstverständnis der Akarnanen bedienen, das es als seine Geschichte annehmen konnte. Daß dies geschah, liegt angesichts vieler Parallelen in der griechischen Welt per se nahe. Dafür sprechen auch Indizien, die bereits erwähnt wurden, zum einen die akarnanische Sehertradition, zum anderen die mögliche Weiterentwicklung mythischer Varianten unter dem Eindruck von konkreten politischen Entwicklungen (die Vorgänge um Argos Amphilochikon).

Wie stark das konstruktiv-rationalisierende Element in den historischen Partien des Akarnanien-Abschnittes Strabons ist, dürfte damit hinreichend deutlich geworden sein. Entsprechendes gilt für sein Verfahren in den geographischen Teilen: Die Ordnungsmerkmale, die das Material strukturierten, sind Ergebnisse von Konstruktionen und schematischen Zusammenstellungen. Sie orientieren sich an Meßpunkten und Grenzziehungen und prävalieren der genauen Exploration, selbst dort, wo im Periplusverfahren letztendlich Beobachtung zugrunde lag bzw. liegen konnte. Das richtige Verständnis der älteren Autoren, besonders des Autors schlechthin, Homers, beherrscht die Diskussion der Topographie und verselbstständigt sich schnell. Diese Geographie ist mithin Wissenschaft nicht im Sinne von science, sondern von gelehrter Erudition. Dennoch ist sie für uns nicht wertlos, wir müssen sie nur richtig zu lesen wissen:

Wenn wir Strabon nicht unvermittelt, unter Absehung vom Kontext heranziehen, sondern ihn im Zusammenhang erfassen, entdecken wir leicht seine Verfahrensweisen, Methoden und Konstruktionen und können Überlegungen zu seinen Vorläufern und deren Logik und Beschreibungskategorien anstellen. Von daher erschließt sich aber dann, was ihm an Tatsachen und Beobachtungen, an Gegebenem also, vorlag. Auf dieses [119] können wir uns dann beziehen. Auf diese Weise gewinnen wir vertiefte Einblicke vor allem in Fragen der Lokalisierung bzw. der Toponyme (Neritos-Nerikos-Problem; Küstenbereich im Mündungsgebiet des Euenos), der Nutzung des Landes (Küstenschiffahrt, Kultivierung des Acheloos) und besonders für das historische Fremd- und Selbstverständnis. Hier können dann unsere eigenen Rekonstruktionen ansetzen[58].

58 Ein erster Versuch in diese Richtung ist: H.-J. GEHRKE, *Die kulturelle und politische Entwicklung Akarnaniens vom 6.–4. Jahrhundert v. Chr.*, in: Geographia Antiqua 3/4, 1994/95, 41–48 [hier: S. 314–323].

Erschienen in: Geographia Antiqua 3/4, 1994/95, 41–48.

DIE KULTURELLE UND POLITISCHE ENTWICKLUNG AKARNANIENS VOM 6. BIS ZUM 4. JAHRHUNDERT V.CHR.[1]

Fast bis in unsere Zeit hinein ist die historische Erforschung Akarnaniens durch ein Vorurteil belastet. Dieses begegnet schon bei einem der ersten Historiker, dem Athener Thukydides. Zu Beginn seines Werkes, in der sogenannten *Archäologie*[2], will er beweisen, daß der von ihm behandelte Krieg der bisher bedeutendste der griechischen Geschichte war. Zu diesem Zweck versucht er, die Kulturstufen des frühen Griechenland zu rekonstruieren.

Er nimmt an, daß es in den frühen Staaten noch keine befestigten Zentren, sondern nur Dörfer gegeben habe (πόλεσιν ἀτειχίστοις καὶ κατὰ κώμας οἰκουμέναις I, 5,1). Das Leben sei von Raub geprägt gewesen, und deshalb hätten die Menschen durchweg Waffen getragen. Um dies zu belegen, führt Thukydides an, daß noch zu seiner Zeit in etlichen Gegenden Griechenlands von altersher die Sitte des Waffentragens geblieben sei. In diesem Zusammenhang nennt er ausdrücklich neben den ozolischen Lokrern und den Aitolern die Akarnanen (I,5,3) und weist danach auf die Ähnlichkeit dieser Sitten zu barbarischen Lebensformen hin (I,6,1).

Damit waren die Grundelemente gegeben: Primitivität, ja Barbarentum als Kennzeichen insbesondere des westlichen Griechentums, damit auch der Akarnanen. Andere antike Zeugnisse, besonders über die Siedlungsstruktur Akarnaniens am Ende des 4. Jahrhunderts bei Diodor (19,67,3ff.), schienen dieses Gesamturteil zu bestätigen. In der modernen Forschung jedenfalls wurde es auf die Spitze getrieben: Ernst Kirsten, der sich für die Erforschung einzelner akarnanischer Siedlungen Verdienste erworben hat, hat von Westgriechenland und damit auch Akarnanien ein sehr plastisches Gesamtbild entworfen[3]. Und da seine Arbeiten immer noch als grundlegend angesehen werden, müssen wir von ihnen ausgehen. Bei Kirsten steht das westgriechische Festland außerhalb der hellenischen Kultur. Es ist geradezu „Barbarenland" (715), an dessen Küstensaum lediglich die Korinther durch ihre

---

1   Es handelt sich hier um die erweiterte Form eines Vortrages vom 1. Internationalen Symposion für Aitoloakarnania, organisiert von der Nomarchie von Aitoloakarnania in Mesolongi 13.–15.12.1991. Dies gibt Gelegenheit, den griechischen Verantwortlichen für die großzügigen Arbeitsmöglichkeiten zu danken. Das gilt besonders für den Direktor der 6. Ephorie in Patras, Lazaros Kolonas, dessen φιλοξενία selbst bei Anlegung griechischer Maßstäbe besticht.

2   Zu dieser s. jetzt H.-J. Gehrke, *Thukydides und die Rekonstruktion des Historischen*, Antike und Abendland 39, 1993, Iff. [in Ausgewählte Schriften Band III].

3   E. Kirsten, *Aitolien und Akarnanien in der älteren griechischen Geschichte*, Neue Jahrbücher für Antike und deutsche Bildung 1940, 298ff.; ders., *Beiträge zur historischen Landeskunde*, in A. Philippson, *Die griechischen Landschaften II 2 (Das westliche Mittelgriechenland und die westgriechischen Inseln)*, Frankfurt/Main 1958, 558ff.; E. Kirsten/W. Kraiker, *Griechenlandkunde. Ein Führer zu klassischen Stätten*, Heidelberg 1967, 715ff. (danach zitiert).

Kolonisation von Chalkis bis hin nach Epidamnos ein höheres Zivilisationsniveau brachten. Der Unterschied zeigt sich in der Siedlungsstruktur und in den politischen Verhältnissen. Ein älteres Zentrum habe es lediglich in der Ebene des Acheloos, bei [42] Stratos, gegeben (719), und überhaupt war für Kirsten die „Bildung von Poleis" und die „Annahme der städtischen Lebensform" das „Ergebnis einer allmählichen Entwicklung des 5.–3. Jahrhunderts v.Chr." (758). Die gerade für Akarnanien so charakteristischen großen Maueranlagen sind demnach nur „Fluchtburgen" und gehören erst in die Zeit Philipps V. von Makedonien; also an das Ende des 3. Jahrhunderts (720. 757).

Entsprechend nimmt Kirsten für Stratos eine kleinere befestigte Siedlung südlich der Akropolis um die Agora herum an, die von einer Lehmziegelmauer auf einem Steinsockel umgeben gewesen sei. Er datiert den Zeustempel auf die Zeit nach 314 und nimmt an, daß die Mauern sich dorthin erst nachträglich ausdehnten. Vor allem sieht er im Bereich östlich des Diateichisma eine Fluchtburg vom Ende des 3. Jahrhunderts (759ff.).

Die politische Organisation der Akarnanen war seiner Meinung nach entsprechend rückständig. Abgesehen von der Polis Stratos gab es im 5. Jh. noch keine Staatlichkeit, sondern in Form eines „Städtebundes um Stratos die Vorstufe zu einem Staat der Akarnanen" (756).

Aus diesen wenigen Bemerkungen wird schon klar, daß es eine wesentliche Aufgabe der aktuellen Forschung sein muß, sich mit diesen problematischen Vorgaben auseinanderzusetzen. In der Tat zeigen neuere Untersuchungen schon jetzt sehr deutlich, daß die bisher vorherrschende Auffassung in den Grundelementen wie im Detail revidiert werden muß.

Schon unsere antiken Quellenberichte lassen diese Deutung nicht zu: Thukydides verfährt an der eingangs zitierten Stelle sehr pauschal. Was er in seinem Werk selbst über die Akarnanen berichtet, läßt ganz andere Schlüsse zu. Die Diodor-Stelle ist nicht repräsentativ für ganz Akarnanien, wie man im übrigen schon längst gesehen hat.

Ich möchte deshalb hier einige Überlegungen und Beobachtungen präsentieren, die für die geforderte Revision sprechen, und zwar im Bereich der politischen Strukturen, der urbanistischen Entwicklungen, der sozioökonomischen Differenzierungen und des historischen Selbstverständnisses der Akarnanen.

1. POLITISCHE STRUKTUREN

Einen ersten klaren Einblick in die politischen Strukturen Akarnaniens erhalten wir im Zusammenhang mit der athenischen Westexpansion in der Mitte des 5. Jahrhunderts: Im Frühjahr oder Sommer 455 hatte Tolmides mit einer Flotte die Peloponnes umrundet und war in den korinthischen Golf bis Sikyon vorgedrungen (Thuk. 1,108.5). Wahrscheinlich wurden im Zusammenhang damit, in jedem Falle aber im Jahr 456/55, Messenier in Naupaktos angesiedelt, das damit die wichtigste Bastion der Athener im griechischen Westen wurde. Im Jahre 453 griff eine athenische Flotte unter Perikles von Pagai in der Megaris aus Oiniadai vergeblich an (Thuk,

1,111,2f.). In Verbindung mit diesen Ereignissen steht eine Notiz des Pausanias (4,25,1ff.), die entweder zwischen Tolmides' und Perikles' Zug (also 454) oder kurz danach (also ca. 452) zu datieren ist[4]: Die Messenier attackierten das befestigte Oiniadai und ließen die Bevölkerung nach einem Abkommen abziehen. Sie kontrollierten die Stadt und das Territorium etwa ein Jahr lang, wurden aber dann von allen Akarnanen angegriffen und mußten, nach einer offenen Feldschlacht, hinter die Mauern retirieren. Nach achtmonatiger Belagerung zogen sie sich, unter einigen Verlusten, nach Naupaktos zurück.

Abgesehen davon, daß hier Oiniadai als wohlbefestigte und kaum einnehmbare Stadt [43] erscheint, fällt vor allem auf, daß die Akarnanen in sehr großer Zahl gemeinsam agieren, und zwar nach Poleis (ἀπὸ πασῶν… τῶν πόλεων, 4,25,3, vgl. die Verstärkungen 4,25,8). Hier operiert also das Koinon der Akarnanen, das bereits in Gliedstaaten (πόλεις) unterteilt ist. Schon zu diesem Zeitpunkt hatten die Akarnanen also eine bundesstaatliche Organisation[5].

Daß Pausanias' Bericht keineswegs anachronistisch ist, beweisen andere Ereignisse der unmittelbar folgenden Jahrzehnte, die auf dieselben Strukturen schließen lassen: Wahrscheinlich um das Jahr 438[6] unterstützten die Akarnanen gemeinsam mit Athen das amphilochische Argos gegen Ambrakia und besiedelten die Stadt hinfort gemeinsam mit den Amphilochiern (Thuk. 2,68,5ff.). Auch hier sind also die Akarnanen zu gemeinsamer Politik fähig und bilden eine klar definierte politische Größe. Als solche können sie mit Argos eine engere Verbindung eingehen, für die sogar ein gemeinsamer Gerichtsplatz (in Olpai) vorgesehen ist (Thuk. 3,105,1)[7]. Dies zeigt einen besonders differenzierten Organisationsgrad, dessen Bedeutung gerade angesichts der heutigen Bemühungen um die Bildung überstaatlicher Einrichtungen im Verhältnis zwischen souveränen Staaten deutlich wird: Eine Polis (Argos) und ein Bundesstaat haben in einem wichtigen Bereich staatlich-politischen Lebens eine gemeinsame Institution, ohne damit ihre Selbständigkeit aufzugeben.

---

4   Zu den Daten s. G. Klaffenbach, *Fasti Acarnanici*, in: IG IX 1²2, Berlin 1957, p. Xf. (im übrigen immer noch die zuverlässigste Darstellung der Geschichte Akarnaniens).

5   Zu den Bundesstrukturen s. generell G. Busolt/H. Swoboda, *Griechische Staatskunde II*, München 1926, 1463; J. A. O. Larsen, *Greek Federal States*, Oxford 1968, 89ff. (der auch den hoch entwickelten Zustand betont) und jetzt vor allem D. Domingo-Forasté, *A History of Northern Coastal Akarnania to 167 B.C.: Alyzeia, Leukas, Anaktorion and Argos Amphilochikon*, Diss. Santa Barbara 1988 (DA 49, 1989, 3471 A) 105ff.; vgl. generell auch H.-J. Gehrke, *Jenseits von Athen und Sparta. Das Dritte Griechenland und seine Staatenwelt*, München 1986, 158ff. (das nach den hier gegeben Erkenntnissen und Ergebnissen leicht zu modifizieren ist). Zur späteren Entwicklung s. F. Gschnitzer, *Zu den Archontenkollegien der Akarnanen*, Hermes 92, 1964, 378ff. und jetzt P. Funke/H.-J. Gehrke/L. Kolonas, *Ein neues Proxeniedekret des Akarnanischen Bundes*, Klio 75, 1993, 131ff.

6   So die überzeugende Datierung von G. Busolt, *Griechische Geschichte bis zur Schlacht bei Chaeroneia III 2*, Gotha 1904, 763 Anm. 6.

7   Dafür, daß sich das κοινὸν δικαστήριον auf Akarnanen *und* Amphilochier beziehen muß (anders Busolt-Swoboda a. O. [wie Anm. 5] 1463 Anm. 5; Larsen a. O. [wie Anm. 5] 95), s. A. W. Gomme, *A Historical Commentary on Thucydides*, Vol. II, Oxford 1956, 416f. Hierzu und zur Lokalisierung (auf dem Hügel Agrilovouni) s. jetzt W.K. Pritchett, *Studies in Ancient Greek Topography*, Part VIII, Amsterdam 1992, 22ff.

Auch im Peloponnesischen Krieg ist die bundesstaatliche Struktur bei den Akarnanen belegt: Es gibt Poleis als Grundeinheiten, z. B. bei der Verteilung der Beute (Thuk. 1,114,1). Von diesen haben einige eine wichtigere Position inne (Stratos und Palairos vor allem). Darüber steht die Gemeinsamkeit der Akarnanen, das Koinon, mit Stratos als der bedeutendsten Stadt (bes. Thuk. 2,80,1f.). Dieses war in der Lage, auch neugewonnene Städte, die andere Traditionen hatten, in seinen Verband zu integrieren (Astakos, Anaktorion) bzw. ehemalige Mitglieder zu reintegrieren (Oiniadai). Nur kleinere Orte kamen direkt an akarnanische Poleis (wie Sollion an Palairos). Der Bund führte eine durchaus von eigenen Interessen geleitete Außenpolitik und ließ sich selbst im Peloponnesischen Krieg auch von der Großmacht Athen keineswegs im Sinne von deren Politik instrumentalisieren, wie besonders deutlich der Friedensschluß mit Ambrakia (Winter 426/25) zeigt (Thuk. 3,114,3f.).

Möglicherweise gab es daneben auch noch engere Verbindungen zwischen einzelnen Poleis. Diesen Schluß hat G. Klaffenbach aus einem Proxeniedekret vom Ende des 5. Jahrhunderts gezogen, in dem als βόλαρχος in einem Beschluß der Polis Stratos (ἔδοξε τᾶι πόλι τῶν Στρατίων) ein Bürger aus Phoitiai erscheint (IG IX 1²2, 390). Phoitiai kann freilich zu diesem Zeitpunkt auch noch ein Teil von Stratos gewesen sein (analog zu einem Demos). Auf jeden Fall belegt die Inschrift für Stratos im 5. Jh. eine Verfassung mit einem zentralen Beschlußorgan (πόλις als Äquivalent für δῆμος) und einem Rat (d. h. eine normale politische Organisation). [44]

2. DIE URBANISTISCHEN ENTWICKLUNGEN

Daß es nicht zulässig ist, von einem bestimmten Grad der Urbanistik direkt auf die politische Verfassung zu schließen, hat Peter Funke für Aitolien eindrucksvoll nachgewiesen[8]. Jedoch können auch seiner Auffassung nach die politische und die ökistische Entwicklung einen ganz spezifischen Kulturzustand widerspiegeln. Es gibt also zwischen ihnen einen losen Zusammenhang. Blicken wir unter dieser Voraussetzung auf die Entwicklung der akarnanischen Städte.

Zunächst muß man sich hüten, in den erwähnten Poleis durchweg Gliedstaaten mit jeweils städtischen Zentren zu sehen. Gerade im anfangs erwähnten Abschnitt der *Archäologie* gebrauchte Thukydides das Wort Polis in einem anderen Sinne, als politische Einheit, die lediglich aus Dörfern besteht. So werden die Poleis der Akarnanen, die uns seit der Mitte des 5. Jhs. bezeugt sind, oft Gemeinschaften von Dörfern oder Kleinsiedlungen bzw. Kantone gewesen sein. Auch die Differenzierung zwischen Poleis und ἔθνη in der großen Inschrift über den Apollonkult von Aktion (Ende 3.Jh., IG IX 1²2, 583, 40)[9] sowie andere Indizien sprechen für eine solche

---

8   P. Funke, *Zur Datierung befestigter Stadtanlagen in Aitolien. Historisch-philologische Anmerkungen zu einem Wechselverhältnis zwischen Siedlungsstruktur und politische Organisation,* Boreas 10, 1987, 87ff.

9   Zu diesen ἔθνη vgl. auch Ch. Habicht, *Eine Urkunde des Akarnanischen Bundes,* Hermes 85, 1957, 109f.

Differenzierung: Limnaia z. B., im 4. Jh. als Gliedstaat des akarnanischen Koinon belegt (IG IV²1, 95), war im Peloponnesischen Krieg noch eine κώμη ἀτείχιστος (Thuk. 2,80,8)[10]. Diese Bemerkungen bestätigen die Schlußfolgerungen Funkes. Doch ist nun, in beträchtlichem Unterschied zu der Auffassung von Kirsten, das kulturelle Niveau gerade auch in der Siedlungsgestalt vieler akarnanischer Poleis sehr hoch. Eindeutige Beweise haben wir dafür freilich erst für die Mitte des 4. Jhs. Dort zeigt sich in einer Reihe von Städten, soweit diese überhaupt bisher archäologisch näher untersucht werden konnten, eine auf der Höhe der Entwicklung stehende Urbanistik, und zwar nicht nur in den bekannten Zentren von Oiniadai und Stratos, sondern auch in der höchst eindrucksvollen Stadt bei dem heutigen Dorf Komboti[11]. Besonders auffällig ist, daß in einer eindeutig binnenländischen Stadt wie Komboti, wahrscheinlich das antike Torybeia/Tyrbeion[12], bereits im 4. Jh. das ganz regelmäßig durchkomponierte klassische griechische Städtebauprinzip herrscht. So sieht keine Fluchtburg aus. Und auch die anderen Städte lassen sich nicht primär als Fluchtburgen deuten.

Wenn nun ein derartiges Niveau bereits im 4. Jh. herrschte, so ist es legitim, den Beginn einer solchen Entwicklung durchaus im 5. Jh. anzunehmen. Für Oiniadai und Stratos läßt sich das auch eindeutig erschließen: Wir erfahren aus den Schriftquellen, daß sie bereits im 5. Jh. ummauert waren. In Oiniadai war nachweislich auch die Bevölkerung selbst auf Dauer angesiedelt, und zwar in der Mitte des 5. Jhs.[13] Stratos war schon während des Peloponnesischen Krieges mit Mauern befestigt (Thuk. 2,81,2), und es ist durchaus berechtigt, den heute erhaltenen Mauerring im wesentlichen mit dieser Zeit in Verbindung zu bringen, jedenfalls waren es sicherlich keine Mauern aus Lehmziegeln, wie Kirsten annahm, da der anstehende Flyschstein wesentlich leichter gewonnen werden kann als Lehmziegel. Und sicherlich war die Ausdehnung der Mauern größer, als Kirsten vermutet: Thukydides bezeichnet Stratos als πόλις μεγίστη τῆς Ἀκαρνανίας (2,80,8). Der [45] Umfang der Stadtmauer beträgt 7,5 km. Der Zeustempel[14], den Ernst-Ludwig Schwandner auf ca. 340/30 datiert, ist erst nachträglich in die Mauer eingefügt, desgleichen das Diateichisma, so daß das Gebiet im Osten nicht als spätere Fluchtburg gedeutet

10 Zur Identifizierung von Limnaia, die jetzt beim heutigen Amphilochia als gesichert anzusehen ist, s. Pritchett a. O. (wie Anm. 7), 2ff.

11 Hierzu vgl. W. Hoepfner/E.-L. Schwandner, *Haus und Stadt im klassischen Griechenland*, München ³1994, 160.218.306.320 mit Abb. 305. Für weitere Hinweise danke ich Ernst-Ludwig Schwandner.

12 Zur Benennung s. bereits E. Kirsten, Archäologischer Anzeiger 1941, 108 mit Anm. 3 und jetzt (per exclusionem) Pritchett a. O. (wie Anm. 7), 104ff. (mit älteren Beschreibungen der Ruinen).

13 Zum Datum der Mauern von Oiniadai vgl. die Hinweise von Funke a. O. (wie Anm. 8), 92f., besonders Anm. 25. Generell zur früheren Datierung der akarnanischen Mauern s. jetzt Pritchett a. O. (wie Anm. 7), 115ff.; zu Oiniadai generell s. K. Freitag, *Oiniadai als Hafenstadt – Einige historisch-topographische Überlegungen*, Klio 76, 1994, 212ff.

14 Hierzu s. besonders A. K. Orlandos, Ὁ ἐν Στράτῳ τῆς Ἀκαρνανίας ναὸς τοῦ Διός, Athen ²1924; F. Courby/Ch. Picard, *Recherches archéologiques à Stratos d'Acarnanie,* Paris 1924.

werden kann – was im übrigen wegen des dort liegenden Theaters von vornherein unwahrscheinlich wäre[15].

Die Grabungen im Stadtgebiet von Stratos, die seit 1990 von der 6. Ephorie für Altertümer des griechischen Antikendienstes (Leitung: L. Kolonas) in Zusammenarbeit mit dem Architekturreferat des Deutschen Archäologischen Instituts Berlin (E.-L. Schwandner) durchgeführt werden – ihnen verdanken wir die Freilegung von Theater und Agora von Stratos –, zeigen jetzt in aller Deutlichkeit, daß die Stadt Stratos im letzten Drittel des 4. und zu Beginn des 3. Jahrhunderts in monumentaler Weise neu ausgebaut wurde (was zur Datierung des Tempels paßt). Dies ist um so auffälliger, als ein 1991 begonnener Survey im Territorium von Stratos, an dem neben den genannten Institutionen vor allem Arbeitsgruppen der Universitäten Münster und Freiburg/Br. beteiligt sind (Leitung: P. Funke, H.-J. Gehrke, F. Sauerwein), zahlreiche Indizien für eine intensive Nutzung und Besiedlung (Einzelgehöfte und Weiler mit Nekropolen, ländliche Heiligtümer) des Gebietes gerade in klassischer und frühhellenistischer Zeit gebracht haben[16].

3. SOZIOÖKONOMISCHE DIFFERENZIERUNGEN

Die fortgeschrittene Urbanistik ist schon für sich genommen ein sehr genaues Indiz für den Grad der sozialen und ökonomischen Differenzierung. Ein Volk, das sich vor allem auf Viehzucht konzentriert und diese zum Teil in der Form der Transhumanz[17] betreibt (wie es Kirsten für die Westgriechen angenommen hatte), lebt nicht auf diese Weise. Es wäre auch völlig unmöglich, daß sich große Zentren auf relativ kleinem Raum ballen, wie dies etwa in der Gegend von Phoitiai, Medion, Thyrreion und Komboti sichtbar wird. All dies spricht für eine intensive agrarische Nutzung des gesamten Landes, zugleich aber auch – die archäologischen Untersuchungen in den Städten haben dies bereits gezeigt – für die nicht unbedeutende Rolle von Handwerk und Handel. Es steht zu erwarten, daß neben der Grabung in Stratos auch der oben erwähnte Survey in der Stratike hier weitere Informationen bringt. Neben den schon genannten Siedlungsresten ist bereits jetzt unweit von Stratos (ca. 5 km entfernt) ein großer Steinbruch entdeckt worden, der weitestgehend abgearbeitet ist, also über einen längeren Zeitraum genutzt wurde. Er diente vor allem für die repräsentative Ausgestaltung der neuen Monumentalbauten der Stadt (Zeustempel, Agora, Theater).

Die große Ebene von Stratos am Acheloos ist in der Antike offenbar intensiv agrarisch genutzt worden (εὔκαρπος, Strab. 10,2,3), anders als im 19. Jh., wo

---

15   Viele Angaben konnten hier nur auf Grund mündlicher Hinweise von E.-L. Schwandner gemacht werden, wofür ihm auch an dieser Stelle gedankt sei.

16   Für detaillierte Informationen danke ich den genannten Herren; zum Survey vgl. vorläufig F. Lang, *Veränderungen des Siedlungsbildes in Akarnanien von der klassisch-hellenistischen zur römischen Zeit*, Klio 76, 1994, 239ff.

17   Zur generellen Problematik der Übertragung traditioneller auf antike Wirtschaftsformen s. P. Halstead, *Traditional and Ancient Rural Economy in Mediterranean Europe: Plus ça chance?*, Journal of Hellenic Studies 107, 1987, 77ff.

Reisende von schwer zugänglichen, von Armen des Acheloos zerschnittenen Gegenden berichten[18]: Die Sage vom Horn der Amaltheia, dem Horn des Stieres Acheloos, das Herakles im Zweikampf abgebrochen hatte, wurde schon in der Antike als mythische Metapher für die Kanalisie[46]rung des Acheloos verstanden[19]. Nördlich und westlich von Stratos hat der o. a. Survey schon erste Indizien für Siedlungen auf dem Lande, mithin auch für eine intensive agrarische Nutzung gebracht.

Wichtige Informationen lassen sich auch dem Bericht Xenophons über den Feldzug des Agesilaos im Jahre 389 entnehmen (Hellenika 4,6,3ff.): Das Land war sehr ertragreich. Es wurde so viel Getreide angebaut, daß die Akarnanen nicht von Importen abhängig waren, daneben gab es auch Wein. Die Viehzucht war stark ausgeprägt, nicht nur die von Schafen und Ziegen, sondern auch und gerade die von Rindern und Pferden. Besonders dafür gab es zahlreiche Sklaven. Die Landwirtschaft war also in einer für Griechenland keineswegs gewöhnlichen Weise differenziert. Wenn man das in den Siedlungen belegte Handwerk berücksichtigt sowie die Bedeutung der vielen Hafenplätze Akarnaniens, das von antiken Geographen ausdrücklich als εὐλίμενος qualifiziert wird (Strab. 10,2,21; Ps. Skylax 34), verstärkt sich dieser Eindruck.

Entsprechend gegliedert war auch die Sozialstruktur: Es muß – schon wegen der zu ermittelnden Wirtschaftsformen – eine Oberschicht mit großen Reichtümern gegeben haben, die wir im akarnanischen Heer als Reiter repräsentiert finden, daneben Bürger mit der materiellen Befähigung zum Hoplitendienst in nicht geringer Zahl sowie ärmere Leute, die – ebenfalls recht zahlreich – als Leichtbewaffnete (Schleuderer, Peltasten) dienten[20].

Zwar ist dies alles im wesentlichen erst für den Anfang des 4. Jahrhunderts belegt. Da aber das Tempo und die Dynamik der wirtschaftlichen und sozialen Entwicklung nicht sehr hoch waren, können wir eine ähnliche Situation schon für das 5. Jh. unbedenklich voraussetzen, zumal auch die militärischen Grundstrukturen bereits in diesem Zeitraum belegt sind (Thuk. 2,81,8.7. 31,5; Xen. anab. 4,8,18; hell. 4,6,6ff.).

4. DAS HISTORISCHE SELBSTVERSTÄNDNIS

Ein besonders wichtiges Indiz für den Entwicklungsstand einer Kultur ist die Vorstellung, die sie sich von ihrer Geschichte macht, also ihr kulturelles Gedächtnis[21].

---

18   Hierzu s. H.-J. Gehrke, *Strabon und Akarnanien*, in: *Strabone e la Grecia*, a cura di A. M. Biraschi, Perugia 1994, 104 Anm. 21 [hier: S. 303].

19   Strab. 10,2,19, weiteres dazu bei E. Oberhummer, *Akarnanien, Ambrakia, Amphilochien, Leukas im Altertum*, München 1887, 16ff. 231f. (zu den wirtschaftlichen Zuständen generell ebd. 237ff.) und bei Gehrke a. O. (wie Anm. 18), 103f. [hier: S. 302f.].

20   Vgl. Gehrke a. O. (wie Anm. 5).

21   Zu dieser Thematik hat jetzt J. Assmann eine wahrhaft fundamentale Studie vorgelegt: *Das kulturelle Gedächtnis. Schrift, Erinnerung und politische Identität in frühen Hochkulturen*, München 1992; vgl. hierzu im Blick auf die griechische Zivilisation H.-J. Gehrke, *Mythos, Geschichte, Politik – antik und modern*, Saeculum 45, 1994, 239ff.

Wir wissen, daß bei den Griechen auf diesem Gebiet Mythen eine wichtige Rolle gespielt haben. In diesem Rahmen ist es für uns ein großer Gewinn, daß uns in Strabons Akarnanien-Passus (10,2,1ff.) reiches Material über die mythische Geschichte Akarnaniens erhalten ist. Es ist an anderem Ort zum ersten Mal in dieser Hinsicht analysiert worden und zeigt uns, wie die anderen Griechen von außen, aber auch die Akarnanen selbst sich die Frühgeschichte der Region vorstellten[22].

Wichtig war zunächst, daß die Akarnanen bei Homer weder in der *Ilias* noch in der *Odyssee* direkt genannt sind. Dies war ein großes Problem der antiken Homerphilologie. Man behalf sich normalerweise damit, daß man die Akarnanen als Festlandsbewohner (zusammen mit den ebenfalls nicht namentlich erwähnten Leukadiern) dem kephallenischen Reich des Odysseus zurechnete. Diese Situation ist ganz offensichtlich ein Reflex der frühen Seefahrten der beginnenden Kolonisationszeit. Bald aber wußte man mehr, vor [47] [48] allem durch das Epos *Alkmaionis* oder *Epigonoi*, das man sogar dem Homer zuschreiben konnte und dessen Inhalt jüngst von Friedrich Prinz überzeugend rekonstruiert wurde[23]. Dieses Epos gehört in jedem Fall in die archaische Zeit. Sein Held war Alkmaion, der Sohn des Amphiaraos und Anführer des erfolgreichen Zuges der Epigonen gegen Theben. Dieser, eine Art zweiter Orest, hatte auf Grund eines Orakels seine Mutter Eriphyle zu töten und konnte erst im Mündungsgebiet des Acheloos entsühnt werden, auf Land, das so frisch war, daß es während des Muttermordes noch nicht von der Sonne beschienen worden war.

Von hier aus wurde Alkmaion nach Vorstellung der Griechen durch seinen Sohn Akarnan Stammvater der Akarnanen, während sein Bruder Amphilochos das amphilochische Argos gründete. Im Westen hatte Alkmaion wohl auch Kämpfe zu bestehen, denn in der *Alkmaionis* ist auch ein Ikarios, der Schwiegervater des Odysseus, als Vater zweier Söhne, Alyzeus und Leukadios, belegt, die wohl von Alkmaion vertrieben werden mußten.

An diesen Kernbestand haben sich andere Versionen angelagert. So erscheint, wohl unter dem Eindruck der Entwicklung vor dem Peloponnesischen Krieg, die Gründung von Argos Amphilochikon auch als Tat des Alkmaion, der dann dort seinen Bruder erst eingesetzt habe, ja später wird Amphilochos sogar als sein Sohn bezeichnet.

Der Kern der Sage ist aber spätestens im 6. Jh. in der epischen Form zugänglich gewesen. Auch diese Ausformung zeigt noch – besonders in der Gestalt des Alyzeus und des Leukadios – einen maritimen Blickwinkel, wie er wohl durch die korinthische Kolonisation geliefert wurde[24]. Aber sie nimmt auch die Akarnanen selbst in den Blick, und es spricht alles dafür, daß auch diese selbst die Anfänge ihrer Geschichte so verstanden – zumal sie sie unter dem Eindruck politischer Ereignisse geringfügig veränderten bzw. anpaßten. Gerade das Selbstverständnis der

---

22 Hierzu s. des näheren Gehrke a. O. (wie Anm. 18), 109ff. [hier: S. 306ff.]; vgl. auch Oberhummer a. O. (wie Anm. 19), 43ff., dessen Aussagen zu den möglichen historischen Kernen der Überlieferung, also zu bestimmten Wanderungen, allerdings problematisch sind.
23 F. Prinz, *Gründungsmythen und Sagenchronologie,* München 1979, 166ff.
24 Zu dieser s. jetzt vor allem Domingo-Forasté a. O. (wie Anm. 5), 6ff.

Akarnanen belegt also den hohen Stand ihrer politischen und kulturellen Entwicklung im 6. und 5. Jahrhundert.

Es versteht sich fast von selbst und wird durch die eben erwähnte Perspektive der Sage unterstrichen, daß die korinthischen Kolonien bei der Herausbildung der akarnanischen Poleis eine große Bedeutung hatten. Aber in der Ausgestaltung polisübergreifender Strukturen, die in der bundesstaatlichen Organisation bereits in der Mitte des 5. Jh. zu greifen sind, sind die Akarnanen mindestens teilweise durchaus originell gewesen. Es steht zu erwarten, daß die immer intensiver werdende archäologisch-historische Erforschung Akarnaniens diese jetzt noch recht hypothetischen Überlegungen auf eine solidere Basis stellen wird.

Abb. 1 – Karte Akarnaniens (aus E. Oberhummer, Akarnanien, Ambrakia, Amphilochien, Leukas im Altertum, München 1887). [S. 47 im Originalbeitrag]

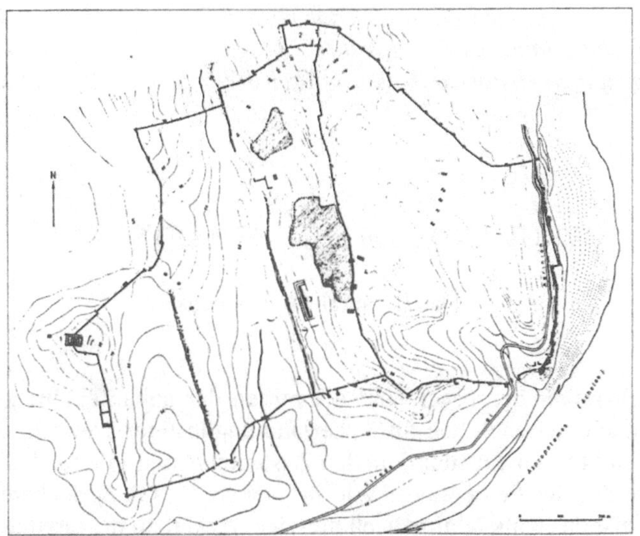

Abb. 2 – Plan Stratos (aus EAA, VII, 1966, 516, fig. 619). [S. 47 im Originalbeitrag]

Erschienen in: Stuttgarter Kolloquium zur Historischen Geographie des Altertums 5, 1993 – „Gebirgsland als Lebensraum", hrsg. von E. Olshausen und H. Sonnabend (Geographica Historica 8), Amsterdam 1996, S. 71–77; Tafel XX.

BERGLAND ALS WIRTSCHAFTSRAUM

Das Beispiel Akarnaniens

„Der Oasencharakter des Fruchtlandes inmitten der anbaufeindlichen Kalklandschaft, aber auch zwischen den für Ackerland ungünstigen Neogen- oder Mergel-Hügelzonen steht in einem funktionellen Zusammenhang mit der Verbreitung der Polis-Gebiete auf der Peloponnes: Wie in Kleinasien, Großgriechenland und auf den Inseln weist das Kalkgebirge auch hier dem Ackerbau die Grenze seiner Dorfmark." Diese plastische Charakterisierung der naturräumlichen Grundvoraussetzungen, die ERNST KIRSTEN in seiner systematischen Studie ‚Die griechische Polis als historisch-geographisches Problem des Mittelmeerraumes'[1] formuliert hat, kennzeichnet im wesentlichen auch noch den heutigen Diskussionsstand, wenn es um die agrarische Nutzung im antiken Griechenland insgesamt geht: Die Alluvialebenen mit ihrem fruchtbaren Schwemmland, seien es, Küstenhöfe, seien es Beckenebenen im Landesinneren, bilden das Zentrum von Ackerbau und Siedlungsentwicklung. Von ihnen werden die Berglandschaften deutlich abgesetzt. Sie sind unwirtlich und unfruchtbar. In ihnen wird vorwiegend oder ausschließlich Weidewirtschaft betrieben. Man nannte sie Randgebiete, ἐσχατιαί, und nur in Notzeiten versuchte man, auch dort Ackerland zu gewinnen und zu kultivieren. So heißt es in einer der neuesten Abhandlungen zu dem Thema der Landnutzung, in GERT AUDRINGS Arbeit ‚Zur Struktur des Territoriums griechischer Poleis in archaischer Zeit'[2]: „Alles in allem lassen sich die bergigen Randzonen der Polis-Territorien bereits mit Hilfe des frühen Materials als ein Bereich charakterisieren, der wegen seiner physischen Beschaffenheit fast ausschließlich extraktive Formen der wirtschaftlichen Nutzung erlaubte. Dabei fiel dieser Zone gegenüber dem pedion und dem Küstenbereich eine komplementäre Funktion zu, die vor allem für die Viehzucht von beträchtlicher Bedeutung gewesen sein muß."

Diese Marginalisierung des Gebirgslandes und seiner wirtschaftlichen Bedeutung durch die neuere Forschung soll hier gar nicht grundsätzlich in Zweifel gezogen werden. Gerade angesichts der Geologie und Morphologie des Kalks sind solche und vergleichbare Aussagen und Charakterisierungen evident. Ich frage mich nur, ob wir bei der schroffen und etwas pauschalen Dialektik von Oase und Ödland, von Ergiebigkeit und Komplementarität – die im übrigen auch von den erwähnten

---

1 Bonn 1956, S. 89f.
2 Berlin 1989, S. 80.

Autoren nicht immer in der hier zitierten Striktheit herausgestellt wird – stehen bleiben müssen bzw. dürfen. Eine Reihe verschiedener Beobachtungen geowissenschaftlicher, archäologischer und historischer Natur legt eher eine Dreiteilung nahe, gemäß derer man gerade im Bergland mit Übergangszonen zu rechnen hat, in denen die Intensität [72] der agrarischen Nutzung qualitativ nicht anders war als in den Ebenen, im Vergleich zu denen es allenfalls quantitative Unterschiede im Ertrag gab. Die wichtigsten dieser Beobachtungen möchte ich hier kurz vorstellen und dann um ein weiteres Beispiel ergänzen.

Zunächst darf man die Bedeutung der Regionen nicht unterschätzen[3], in denen Neogene (bes. Mergel) und Flysch das Ausgangsmaterial für die Bodenbildung darstellen. Die A/C-Böden, die aus diesen Edukten entstehen, können z. T. relativ fruchtbar und ergiebig sein (Rendzinen und Pararendzinen vor allem)[4]. Sie sind zwar ziemlich erosionsanfällig, aber auf Grund der erdgeschichtlichen Entwicklung in Griechenland weit verbreitet. Deshalb stellen sie ein wichtiges und z. T. besonders gepflegtes Potential für agrarische Nutzung dar. Wir finden sie gerade in Übergangszonen zwischen Alluvialebenen und Kalkgebirgen, nicht selten bestehen auch Gebirgszüge (man denke an die nördliche Peloponnes) im wesentlichen aus Neogen und Flysch. Schon deswegen müssen wir die oben skizzierte Dialektik relativieren und mit einem tertium rechnen.

Daß es dabei nicht nur um Potentiale, sondern auch um realisierte Möglichkeiten geht, zeigt die historisch-archäologische Forschung: Der intensive Survey von Don Keller[5] im Territorium von Karystos in Südeuboia demonstriert, daß die eigentliche Alluvialebene am Fuß des Berges Ochi, ein Küstenhof, der geradezu ein klassisches Anbaugebiet einer Polis nach Kirsten darzustellen scheint, zunächst ganz unbedeutend war. Zentrum der agrarischen Nutzung und der Siedlungsentwicklung in klassischer Zeit waren die Randgebiete im Westen und Südwesten, und dort ist auch zunächst weiteres Land kolonisiert worden, übrigens in Gegenden, die heute reines Ödland sind, bewachsen mit Macchie und Phrygana. Erst in der römischen Kaiserzeit hat sich der Schwerpunkt in den Alluvialbereich verlagert. Don Keller vermutet, daß die dortigen schweren Böden erst bearbeitet wurden, als man dafür besser geeignete Geräte hatte. Jedenfalls muß man berücksichtigen, daß die

---

3 Vgl. zum „vermittelnden" Charakter solcher Regionen schon A. Philippson, Das Mittelmeergebiet. Seine geographische und kulturelle Eigenart, Leipzig 1904, S. 19: „Als ein breiter Gürtel umziehen sie" (sc. Die „jungtertiären Schichten") „viele der mediterranen Gebirge und Hochtäler, indem sie treppenförmig verworfen vom Gebirgskamm zur Küste oder zum Tiefland hinabsteigen und wie eine Rampe zwischen den beiden vermitteln. So bilden diese jungtertiären Hügelländer ein wirtschaftliches und verkehrsgeographisches Bindeglied zwischen beiden, das schmerzlich vermißt wird, wo es, infolge jüngerer Einbrüche oder sonstiger Zerstörung, fehlt, und die jähen Gebirgswände sich trotzig und unnahbar erheben. Die lockere Beschaffenheit des Jungtertiärs gewährt der Vegetation und dem Anbau Boden, wenn auch nicht solcher Güte, wie die Tiefebenen, so doch weit kulturfähiger, als das alte Gebirge."

4 S. vor allem D. Kastanis, Bodenbildende Bedingungen und Verbreitung der Hauptbodentypen in Griechenland, Diss. Gießen 1965, S. 60ff., bes. 61–6 und J. Bintliff, Natural Environment and Human Settlement in Prehistoric Greece (BAR Suppl. Series 28), Oxford 1977, vol. I S. 92f., 98ff. (auf den Arbeiten von Anastassiadis beruhend).

5 Archaeological Survey in Southern Euboea, Diss. Bloomington 1985.

Regionen mit den Schwemmlandböden nicht eo ipso die bestgeeigneten Zonen waren, nicht nur wegen der tiefen und besonders nach der langen Trockenperiode im Sommer [73] schwer aufzubrechenden Böden, sondern auch, weil sie wegen des erdgeschichtlichen Entwicklungsstandes noch oft mit Sumpfgebieten verbunden bzw. von Versumpfung gefährdet waren.

Für die Bewirtschaftung in Rand- und Hanggebieten, in denen es ja vor allem darauf ankommt, die Erosion zu verhindern, ist die Anlage und Pflege von künstlichen Terrassen besonders wichtig. Wie dabei aus einem ziemlich kargen Landstrich ein intensiv genutztes, blühendes Kulturareal entstehen kann, haben HANS LOHMANNS Forschungen in Südattika, die ja bereits im Rahmen dieser Kolloquien vorgestellt wurden, deutlich gezeigt[6]. Die Terrassenwirtschaft, die in der späteren Zeit so wichtig war und erst in den letzten Jahren und Jahrzehnten, angesichts des gigantischen Modernisierungsschubs in der griechischen Landwirtschaft, stark zurückgegangen bzw. im Verschwinden begriffen ist, war also bereits ein antikes Phänomen. Man hatte, wie sich in Südattika zeigte, schon in klassischer Zeit ein beachtliches technisches know-h ow. Darüberhinaus – das zeigt besonders eine vielzitierte Partie im platonischen Kritias (111 A–D) – wußte man theoretisch über Ursachen und Verlauf von Erosionsprozessen in Hanglagen genau Bescheid, war also auch in der Lage, darauf zu reagieren.

Nun befinden wir uns weder in Südeuboia noch in Südattika im Bergland bzw. im Gebirge, aber für solche Regionen werden wir ziemlich unbedenklich eine vergleichbare Nutzung annehmen dürfen. Daß wir hier noch nichts Näheres wissen, liegt primär an den mangelnden Untersuchungen, da ja die Erforschung der antiken Countryside ein stark vernachlässigtes Gebiet ist, auf dem erst in den letzten Jahren wieder intensiver gearbeitet wird. Wir müssen uns deshalb noch mit vereinzelten und z. T. schon alten Feststellungen begnügen.

Die besondere Bedeutung der Kultivierung von Hängen und kleineren Ebenen auch im Bergland, ja ihre partielle Überlegenheit gegenüber der Bewirtschaftung größerer Schwemmlandebenen wird z. B. schon in den Beobachtungen deutlich, die WILLIAM MARTIN LEAKE, einer der Gründerväter der historischen Chorographie, im Gebiet von Sparta angestellt hat: In seinen ‚Travels in the Morea'[7] referiert er Informationen von Bauern, die lieber in den Randzonen des Taygetos-Gebirges ackerten als in der Eurotas-Ebene. Dort seien die Böden zu schwer zu bearbeiten, überdies sei die Bewässerung in den Hanglagen besser. Und LEAKE kann einen bei Strabon (8,5,6) überlieferten Euripides-Vers zitieren als Beleg dafür, daß man hiervon schon im 5. Jahrhundert v. Chr. einen Begriff hatte. Das Schwemmland am Eurotas heißt dort πολὺν μὲν ἄροτον, ἐκπονεῖν δ' οὐ ῥᾴδιον. Auch darüberhinaus zeigen Beobachtungen von LEAKE und anderen Reisenden immer wieder die große und oft zentrale Bedeutung der Terrassierungen, gerade auf den Inseln und in den

---

6   S. jetzt die Publikation, die ebenso exemplarisch ist wie die Landesaufnahme selbst: Atene. Ἀτήνη. Forschungen zu Siedlungs- und Wirtschaftsstruktur des klassischen Attika, 2 Bde., Köln u. a. 1993.

7   Vol. I, London 1830, S. 148f., vgl. auch H.-J. GEHRKE, Le strutture regionali della Grecia antica nei resoconti di viaggio del XVIII e XIX secolo, in: F. PRONTERA (Hrsg.), Geografia storica della Grecia antica, Roma-Bari 1991, S. 16.

Gebirgsregionen. Wir haben uns also – das zeigen auch diese Forschungen und Be-obachtungen – das [74] Siedlungsbild und die Bewirtschaftungsformen (und damit übrigens auch die Bevölkerungsdichte und -verteilung) nicht nach dem groben Schema von Berg und Ebene, von Kalk und Alluvium vorzustellen, sondern neben bzw. zwischen diesen die eben charakterisierte Übergangszone anzunehmen. Diese ist besonders für die bergigen Regionen Griechenlands wichtig. Für das hellenisti-sche und kaiserzeitliche Arkadien hat dies jüngst JOHN LLOYD[8] an Hand neuerer archäologischer Untersuchungen, besonders Surveys, festgehalten.

Welche Möglichkeiten diese Landschaftszone bietet, möchte ich im zweiten Teil an Hand eines konkreten Beispiels, der westgriechischen Region Akarnanien, vorstellen. Diese gliedert sich geographisch ganz eindeutig in drei räumliche Ein-heiten: Den Küstensaum im Westen und Norden, am Ionischen Meer und am Am-brakischen Golf, das Gebirgs- und Hügelland mit einigen kleineren Beckenebenen sowie die breite Binnenebene um den Acheloos mit ihren Binnenseen. Auf das zen-trale Berg- und Hügelland möchte ich den Blick richten. Über seine Ressourcen unterrichtet uns zunächst eine Partie in Xenophons Hellenika (4,6,1ff.), in der der Historiker uns den Akarnanienfeldzug der Spartaner und ihrer Alliierten, insbeson-dere der Achaier, unter dem Kommando des Königs Agesilaos im Herbst 389 be-schreibt.[9]

Die Achaier, die das einst aitolische Kalydon an sich gebracht hatten und dort von den Akarnanen sowie einigen boiotischen und athenischen Einheiten attackiert wurden, erwirkten eine spartanische Intervention. Ein Bundesaufgebot unter König Agesilaos, dem sich das gesamte Heer der Achaier anschloß, setzte über den Ka-lydonischen Golf. Im „Grenzgebiet" (ἐν τοῖς ὁρίοις, 4,6,4), d. h. doch wohl, grob gesagt, im Gebiet zwischen Kalydon und Pleuron bzw. nördlich des heutigen Me-solongi, forderte der König die Akarnanen ultimativ auf, sich dem Peloponnesi-schen Bund anzuschließen, andernfalls werde er ihr Land verwüsten. In Akarnanien hatten sich mittlerweile auch die auf dem Lande lebenden Einwohner in den befes-tigten Städten (εἰς τὰ ἄστη) in Sicherheit gebracht; das Vieh war in entlegene Ge-biete in den Bergen (vgl. §5 ἐκ τῶν ὀρῶν) geführt worden. Nach der Ablehnung der Forderung verfuhr Agesilaos wie angedroht: Langsam vorgehend, nur 10 bis 12 Stadien pro Tag, verwüstete er gründlich die Äcker. So fühlten sich die Akarnanen allmählich sicher; sie holten ihr Vieh aus den Bergen wieder herab, ließen es nahezu vollständig in der Umgebung eines Sees auf Wiesengelände weiden und nahmen auch die Arbeiten auf den Feldern wieder auf (es handelt sich, wegen der Jahreszeit, wohl vor allem um die Vorbereitung der Aussaat). Daraufhin überfiel Agesilaos, etwa am 15. oder 16. Tag nach Beginn seiner Zerstörungsaktion, nach einem Eil-marsch von 160 Stadien (ca. 29 km), die Herde der Akarnanen. Er brachte auf diese

---

8   Farming the Highlands. Samnium and Arcadia in the Hellenistic and Early Roman Imperial Periods, in: G. BARKER / J. LLOYD (Hrsg.), Roman Landscapes. Archeological Survey in the Mediterranean Region (Archaeological Monographs of the British School at Rome 2), London 1991, S. 188ff.

9   Hierzu neuerdings W. K. PRITCHETT, Studies in Ancient Greek Topography, Part VII, Amster-dam 1991, S. 90ff., mit weiteren Hinweisen, insbesondere auf ältere Reiseberichte, die dort ausführlich zitiert sind.

Weise viele Pferde, Rinder und anderes Vieh sowie die mit deren Aufsicht betrauten und relativ zahlreichen Skla[75]ven in seinen Besitz und begann am folgenden Tag mit dem Verkauf dieser Beute. Daraufhin griffen ihn die Akarnanen mit Leichtbewaffneten von den umliegenden Bergen an. Wiederum einen Tag später traten die Spartaner den Rückzug an, gerieten aber dabei an dem Engpaß, der aus dem Seebecken herausführte, durch die Angriffe der Akarnanen, die sich auf den Höhen ringsum verschanzt hatten, in eine schwierige Lage. Schließlich gingen sie zu ihrer Linken, wo die Berge nicht ganz so steil waren, mit Reitern und Hopliten zum Gegenangriff über. Diese vertrieben nicht nur die akarnanischen Peltasten, sondern auch deren Hopliten, die auf den Höhen postiert waren, nachdem sie ihnen nicht unbeträchtliche Verluste (300 Akarnanen fielen) beigebracht hatten.

Agesilaos setzte danach sein Zerstörungswerk fort und griff auch einige akarnanische Städte, freilich vergeblich, an. Trotz der Bitten der Achaier, doch noch so lange zu bleiben, daß die Akarnanen effektiv an der Aussaat gehindert würden, zog sich Agesilaos im Spätherbst zurück. Als er sich im folgenden Frühjahr wieder zu einem Feldzug anschickte, kapitulierten die Akarnanen.

Zunächst ist die Lokalisierung der Ereignisse zu klären. Dazu sind die Entfernungsangaben wichtig sowie die Hinweise auf das Grünland um einen See. Die langsame Zerstörungstätigkeit des Agesilaos führt auf eine Gesamtstrecke von ca. 26–33 km[10]. Freilich weiß man nicht, ob Agesilaos wesentlich in einer Richtung ging und von wo aus genau zu rechnen ist. Doch wird das Heer kaum über den Raum von Paläomanina oder Angelokastro hinausgekommen sein, da ansonsten das Verhalten der Akarnanen allzu leichtsinnig erscheinen könnte. Etwa von Paläomanina aus sollte man also die ca. 29 km des Eilmarsches rechnen.

Über den fraglichen See hat sich jüngst PRITCHETT sehr deutlich geäußert. Er denkt, im Anschluß an LEAKE, an den See Valtos etwas nördlich von Katuna (des antiken Medion, s. Abb.). Die beiden anderen Kandidaten, den See Podovinissa östlich von Komboti und den See Amvrakia noch weiter östlich, lehnt er ab. In der Tat scheidet der letztere aus: Er ist relativ leicht zugänglich, gerade auch von Süden aus, also von der Anmarschrichtung des Agesilaos her. Es ist kaum vorstellbar, daß sich die Akarnanen hier hinreichend sicher fühlten. Auch ist die Umgebung dieses Sees nicht so eng und die Höhenumrandung nicht so steil, wie es Xenophons Bericht signalisiert, auch wenn die Gegend stärker reliefiert ist als es die moderne Nutzung des Landes erscheinen läßt, und sich im Bereich der Kapelle A. Paraskevi auf einem markanten Felsen eine antike Befestigungsanlage befunden hat[11]. Freilich scheint mir andererseits der See von Katuna von dem plausibelsten Ausgangspunkt des Eilmarsches zu weit entfernt zu sein.

Am wahrscheinlichsten ist also eine Lokalisierung des Sees in dem Bereich der Zentralregion zwischen Komboti, Katuna, Aetos und dem Bergland nördlich des antiken Phoitiai. Der von HEUZEY vorgeschlagene See Podovinissa ist in der Tat

---

10   PRITCHETT a. O. S. 91.

11   Dies ist ein Ergebnis der Survey ‚Stratike' der Universitäten Freiburg und Münster mit dem DAI und dem griechischen Antikendienst (6. Ephorie für Prähistorische und Klassische Altertümer) unter der Leitung von P. Funke, H.-J. Gehrke, L. Kolonas und E.-L. Schwandner.

nicht [76] besonders gut geeignet, weil sich das im Süden anzunehmende Defilee nicht so klar auf die Enge zwischen Aetos und dem Hügel Kastro (mit einer mittelalterlichen Festung)[12] beziehen läßt, wie HEUZEY angenommen hatte. Doch es gibt einen weiteren Kandidaten, auf den auch PRITCHETT nicht mehr eingegangen ist, weil ihm die griechische Karte 1:50.000 erst nach Abschluß seiner Begehung zur Verfügung stand. Diese verzeichnet im Gebiet nordnordöstlich von Aetos bzw. nördlich des Berges Merovigli (mit dem erwähnten Kastro), unter dem Namen Φραξοῦλι, ein quellenreiches Gebiet mit einem kleinen See und sumpfigem Gelände. Das Defilee im Süden wäre dann etwa im Bereich von Aetos gewesen oder auch in der Region von Phoitiai, die man passieren muß, wenn man südwärts zieht (vgl. Karte).

Wie dem auch sei: Das fragliche Gebiet ist dieses akarnanische Binnenland. Es handelt sich um Beckenebenen, die man nicht direkt als Hochebenen bezeichnen kann (sie liegen zwischen 200 und 300 m über NN), die aber von steilen Bergen durchsetzt und nach außen durch schroffe Gebirgsriegel ziemlich markant abgegrenzt sind. Das Gebiet ist in der Tat wie eine natürliche Groß-Polis, die von Bergmauern umgeben ist, und wenn, nach Xenophon, die Akarnanen die Meinung hatten, sie würden von denen, die ihr Getreide vernichten, wie Eingeschlossene belagert, weil ihre Städte ἐν μεσογείᾳ lägen (Xen. hell. 4,7,1), reflektiert das sehr genau diesen Sachverhalt.

Die Aussagen Xenophons beziehen sich also auf eine Übergangszone, die weder als Alluvialebene noch als reines Gebirge bezeichnet werden kann. Vielmehr greift hier beides ineinander. Das innere Arkadien kann also als ein Beispiel für die eingangs charakterisierte dritte Zone gelten, eine nach außen abgeschlossene Berg- und Hügelregion, die auch in sich nicht von dem schroffen Gegensatz Berg-Ebene beherrscht wird, sondern eine Einheit darstellt, in der sich die verschiedenen Elemente verbinden. So erlaubt die Xenophon-Passage auch deutliche Aussagen über die wirtschaftliche Nutzung und die Siedlungsstruktur solcher Areale.

Wichtig ist zunächst der Getreideanbau, der einen Ertrag in solchem Umfang ergibt, daß die Bevölkerung ernährt werden kann – allerdings auch auf jährliche Ernten angewiesen ist. Daneben hat man mit Wein-, Oliven- und Obstkulturen zu rechnen, denn was Agesilaos im Spätherbst *schlägt und brennt*, kann ja nicht Getreide sein, sondern es muß sich um solche Gehölze handeln. Noch wichtiger sind aber die Angaben zur Viehzucht: Es existiert nicht nur die Schaf- und Ziegenhaltung, wir finden auch Rinder und Pferde, in nicht unbeträchtlichem Umfang. Dazu kommt eine erhebliche Zahl von Sklaven, die ebenfalls belegen, daß es reiche Grundbesitzer gab, die eine Art *gentry* bildeten. Für die Rinder- und Pferdezucht herrschten nicht nur in der gut bewässerten großen Ebene um den Acheloos genügend gute Voraussetzungen, sondern auch in den zum Teil feuchten Niederungen des zentralen Berg- und Hügellandes.[13] [77]

---

12   Hierzu s. P. SOUSTAL / J. KODER, Tabula Imperii Byzantini 3. Nikopolos und Kephallénia, Wien 1981, S. 102f., s. v. Aetos.

13   Zu einer vornehmlich sozialgeschichtlichen Interpretation dieses Sachverhaltes s. H.-J. GEHRKE, Jenseits von Athen und Sparta. Das Dritte Griechenland und seine Staatenwelt,

Es gibt in der fraglichen Region befestigte Städte (ἄστη bzw. πόλεις), die nicht ohne weiteres eingenommen werden können, sondern den in ihnen befindlichen Personen hinreichenden Schutz gewähren. Die Formulierung οἱ ἐκ τῶν ἀγρῶν Ἀκαρνάνες dürfte darauf hindeuten, daß es neben der stadtsässigen Bevölkerung auch auf dem offenen Lande siedelnde Bauern gab. Es ist also keineswegs so, daß die erwähnten Städte bloße Fluchtburgen waren. Sie waren beständige Siedlungszentren, die allerdings auch Raum für die ländliche Bevölkerung boten, falls es die Not erforderte. Das wird in gewisser Weise dadurch gestützt, daß ein neuerer Survey[14] im Territorium von Stratos deutliche Indizien für die Existenz von Einzelgehöften in klassischer und frühhellenistischer Zeit, also für eine offene Siedlungsweise neben der städtischen erbracht hat. Mithin ist eine differenzierte Wirtschafts- und Siedlungsstruktur für die akarnanische Binnenebene schon für den Beginn des 4. Jahrhunderts nachzuweisen.

Der Eindruck, der wesentlich aus Xenophon zu gewinnen ist, wird aber auch durch die archäologischen Relikte in der fraglichen Region eindeutig gestützt: Wir finden in diesem prima facie abgelegenen und abweisend wirkenden Gebiet die markanten und eindrucksvollen Reste von drei großen Stadtanlagen: Das antike Medion, Phoitiai und das Kastro beim heutigen Komboti (möglicherweise das antike Tyrbeion bzw. Torybeia)[15]. In nicht allzu großer Entfernung davon findet sich Thyrreion, eine der vom Umfang her größten griechischen Stadtanlagen. Diese Städte sind weitgehend unerforscht, mit Ausnahme von Komboti. Hier haben vor allem die Grabungen und Beobachtungen von Wolfram Hoepfner und Ernst-Ludwig Schwandner wichtige Ergebnisse erbracht: Die Stadt hatte ein monumental gestaltetes Zentrum (Agora) mit eindrucksvollen Bauten. Ihr Plan war im Sinn urbanistischer Konzeption als „Streifenstadt" konzipiert und realisiert. Siedlungsraum hat sich sogar außerhalb der Stadtmauern befunden, ebenfalls planerisch gestaltet. Urbanen Charakter hatte die Stadt auch insofern, als hier ein gehobener Lebensstandard (private Bäder) festgestellt werden konnte[16]. Jedenfalls ist deutlich, daß es sich hier nicht um eine Fluchtburg handelt. Bis zum Beweis des Gegenteils müssen wir eine ähnliche Struktur auch für die anderen Zentren annehmen. Eine sehr große Bevölkerung hat also in der zentralen Berg- und Hügelregion existiert, in einer ziemlich differenzierten Wirtschafts- und Siedlungsform, wie sie auch für – nach KIRSTEN – typische Polisgebiete charakteristisch ist. Das Beispiel Akarnaniens zeigt also, daß wir auch unser Bild vom griechischen Bergland zu differenzieren haben.

München 1986, S. 158ff., was nach den hier gegeben Überlegungen etwas zu modifizieren ist, vgl. auch DERS., Die kulturelle und politische Entwicklung Akarnaniens vom 6. bis zum 4. Jahrhundert v. Chr., Geographia Antiqua 3/4, 1994/5 [hier: S. 314–323].

14   s. o. Anm. 11.

15   Zum Namen vgl. E. KIRSTEN, AA 1941, S. 108 mit Anm. 3; W.K. PRITCHETT, Studies in Ancient Greek Topography, Part VIII, Amsterdam 1992, S. 104ff.

16   W. HOEPFNER / E.-L. SCHWANDNER, Haus und Stadt im klassischen Griechenland, München 1986, S. 250, 260 mit Abb. 263 sowie mündliche Hinweise von E.-L. SCHWANDNER; ältere Beschreibungen bei PRITCHETT a. o. (wie Anm. 15).

Erschienen in: T. Schmitt / W. Schmitz / A. Winterling (Hrsg.), Gegenwärtige Antike – antike Gegenwarten. Kolloquium zum 60. Geburtstag von Rolf Rilinger, München: Oldenbourg Wissenschaftsverlag, 2005, 17–47.
https://doi.org/10.1524/9783486834345

ZUR ELISCHEN ETHNIZITÄT

Die Erforschung der Geschichte des frühen Elis hat in den letzten Jahren erhebliche Fortschritte gemacht.[*] In diesem Rahmen wirkten sich besonders die Veröffentlichungen wichtiger neuer Dokumente (vor allem durch Peter Siewert[1]), die Arbeiten an der Kommentierung der Pausanias-Bücher 5 und 6[2] (an der Universität Perugia) und die Untersuchungen im Zusammenhang mit den Aktivitäten des Kopenhagener Polis-Zentrums[3] aus. Mit den beiden letztgenannten Forschergruppen bin ich in freundschaftlich-kollegialer Kooperation verbunden. Deshalb scheint es mir sinnvoll zu sein, zu der intensiven Debatte zur elischen Geschichte besonders der archaischen und klassischen Zeit aus der Arbeit meines eige[18]nen Projektes am Freiburger Sonderforschungsbereich „Identitäten und Alteritäten" beizutragen. Bei uns ging es, in interdisziplinärem Verbund geschichts-, literatur- und sozialwissenschaftlicher Fächer, um die Erforschung kollektiver Identitäten, sowohl in

---

[*] Für wichtige Hinweise danke ich Helmut Kyrieleis, Nino Luraghi, Astrid Möller, Massimo Nafissi und Matthias Steinhart. Sie haben die Dokumentation und Argumentation sehr gefördert.

[1] Peter Siewert, Die neue Bürgerrechtsverleihung der Triphylier aus Mási bei Olympia, Tyche 2, 1987, 275–277; ders., Eine archaische Rechtsaufzeichnung aus der antiken Stadt Elis, in: Gerhard Thür (Hg.), Symposion 1993. Vorträge zur griechischen und hellenistischen Rechtsgeschichte, Graz/Andritz, 12.–16. September 1993, Köln u. a. 1994, 17–32; Joachim Ebert, Peter Siewert, Eine archaische Bronzeurkunde aus Olympia mit Vorschriften für Ringkämpfer und Kampfrichter, in: Joachim Ebert (Hg.), Agonismata. Kleine philologische Schriften zur Literatur, Geschichte und Kultur der Antike, Stuttgart u. a. 1997, 200–236 (auch in: Alfred Mallwitz, Klaus Herrmann [Hg.], 11. Bericht über die Ausgrabungen in Olympia. Frühjahr 1977 bis Herbst 1981, Berlin 1999, 391–412).

[2] Gianfranco Maddoli, L'Elide in età arcaica. Il processo di formazione dell'unità regionale, in: Francesco Prontera (Hg.), Geografia storica della Grecia antica. Tradizioni e problemi, Rom u. a. 1991, 150–173; Gianfranco Maddoli, Vicenzo Saladino (Hg. / Übers. /Kom.), Pausania. Guida della Grecia, 5 u. 6: L'Elide e Olimpia, Rom 1995 u. 1999 (unter Mitwirkung von Massimo Nafissi); Massimo Nafissi, La prospettiva di Pausania sulla storia dell'Elide. La questione pisate, in: Denis Knoepfler, Marcel Piérart (Hg.), Editer, traduire, commenter Pausanias en l'an 2000. Actes du colloque de Neuchâtel et de Fribourg 18–22 septembre 1998, Genf 2001, 301–321.

[3] Thomas H. Nielsen, Triphylia. An Experiment in Ethnic Construction and Political Organisation, in: ders. (Hg.), Yet More Studies in the Ancient Greek Polis, Stuttgart 1997, 129–162; James Roy, The Perioikoi of Elis, in: Mogens H. Hansen (Hg.), The Polis As an Urban Centre and As a Political Community. Symposium August 29–31 1996 (CPCActs 4), Kopenhagen 1997, 282–320.

theoretisch-konzeptioneller wie in historisch-empirischer Hinsicht.[4] Von unseren Überlegungen und Untersuchungen her könnten die oben erwähnten und weitere Forschungen flankiert werden; damit würde vielleicht die elische Geschichte ein schärferes Profil erhalten. Im Sinne der doppelten Orientierung unseres Sonderforschungsbereiches ist mein Beitrag in zwei Teile gegliedert: Auf methodologische Vorklärungen folgt eine Analyse des einschlägigen Quellenmaterials, das für die Bedeutung des elischen Verbandes relevant ist. Es geht insbesondere um die Elemente, die für die soziopolitische Formierung von Elis in der archaischen Zeit wesentlich sind, letztlich also um das, was die elische Identität ausmachte.

I.

Ausgangspunkt für die Frage nach der Identität kollektiver Einheiten, von politisch-sozialen Gruppen, Gemeinschaften und Verbänden, also nach dem, was deren Kohärenz und Zusammengehörigkeitsgefühl ausmacht, ist der intentionale Charakter der Gemeinschaftsbildung. Dies ist in der Sozialanthropologie schon vor längerer Zeit, besonders deutlich von Wilhelm E. Mühlmann, herausgearbeitet worden.[5] Auch in der Geschichtswissenschaft und in der Archäologie haben sich diese Ansätze als fruchtbar erwiesen. Sie spielen auch in der neueren Ethnizitäts- und [19] Nationalismusforschung eine wichtige Rolle.[6] Intentionalität bedeutet, daß die hier

4   Zum Konzept des Freiburger Sonderforschungsbereiches vgl. Monika Fludernik, Hans-Joachim Gehrke (Hg.), Grenzgänger zwischen Kulturen, Würzburg 1999, 11ff.; Wolfgang Eßbach (Hg.), wir/ihr/sie. Identität und Alterität in Theorie und Methode, Würzburg 2000, 9ff.; Hans-Joachim Gehrke (Hg.), Geschichtsbilder und Gründungsmythen, Würzburg 2001, 9ff.

5   Wilhelm E. Mühlmann, Methodik der Völkerkunde, Stuttgart 1938, 108ff.; 124ff.; zur neueren Debatte in der Ethnologie vgl. Klaus E. Müller, Das magische Universum der Identität. Elementarformen sozialen Verhaltens. Ein ethnologischer Grundriß, Frankfurt a. M. u. a. 1987; ders., Ethnicity, Ethnozentrismus und Essentialismus, in: Eßbach, wir/ihr/sie (wie Anm. 5) 317–343; generell s. a. Aleida Assmann, Heidrun Friese (Hg.), Identitäten (Erinnerung, Geschichte, Identität 3), Frankfurt a. M. 1998. Eine gute Übersicht über den Stand der Debatte (am Beispiel des Nahen Ostens) geben Philip S. Khoury, Joseph Kostiner (Hg.), Tribes and State Formation in the Middle East, London u. a. 1990, bes. in der „Introduction" (4ff., mit weiteren Hinweisen).

6   Zur Mediävistik und Archäologie s. bes. Reinhard Wenskus, Stammesbildung und Verfassung. Das Werden der frühmittelalterlichen gentes, Köln u. a. 1961, 1ff. (grundlegend); Reinhard Bernbeck, Susan Pollock, Ayodhya, Archaeology, and Identity, Current Anthropology 37, 1996, 138–142; Catherine Morgan, The Archeology of Ethnicity in the Colonial World of the Eighth to Sixth Centuries B. C. Approaches and Prospects, in: Confini e frontiera nella Grecità d'Occidente. Atti del trentasettimo convegno di studi sulla Magna Grecia, Taranto, 3–6 ottobre 1997, Tarent 1999, 85–145; Ton Derks, Gods, Temples and Ritual Practices. The Transformation of Religious Ideas and Values in Roman Gaul, Amsterdam 1998; Sebastian Brather, Ethnische Identitäten als Konstrukte der frühgeschichtlichen Archäologie, Germania 78, 2000, 139–178; ders., Ethnische Interpretationen in der frühgriechischen Archäologie. Geschichte, Grundlagen und Alternativen, Berlin u. a. 2004; Patrick J. Geary, Europäische Völker im frühen Mittelalter, Frankfurt a. M. 2002. Zur neueren Nationalismusforschung vgl. vor allem Benedict Anderson, Imagined Communities. Reflections on the Origin and Spread of Nationalism,

erwähnten Kollektive nicht als feste Größen verstanden werden, als objektiv gegebene oder geradezu physisch bestimmte Einheiten. Vielmehr handelt es sich um Konstrukte, die Ergebnis zum Teil lang wirkender Prozesse sind. Dabei verbinden sich konkrete politische, ökonomische und soziale Gegebenheiten und Vorgänge mit Ritualen und Diskursen vornehmlich religiöser, symbolischer und intellektueller Natur, welche für den „sens pratique" bzw. den sozialen Sinn einer Gemeinschaft charakteristisch sind.[7]

Ethnische Identitäten sind also Ergebnisse von Prozessen der Ethnogenese und des *nation building*, in denen reale Lebensumstände und Praktiken mit Deutungen und Reflexionen auf vielfältige Weise verschlungen sind. In diesem Rahmen ist besonders der Blick auf die Vergangenheit der jeweiligen Gruppe wichtig, die mit der Gegenwart ebenfalls vielfach verquickt, sozusagen rückgekoppelt ist. Sie hat einen „Sitz im Leben" oder, anders gesagt, eine „soziale Oberfläche". Sofern die Vergangen[20]heitsvorstellungen als Teil des *imaginaire* einer Gesellschaft für deren gemeinschaftsstiftende Intentionalität konstitutiv sind, kann man sie auch als intentionale Geschichte bezeichnen.[8]

Diese hier nur verkürzt und abstrakt präsentierten Zusammenhänge lassen sich – in idealtypischem Sinne – folgendermaßen konkretisieren: Die Bildung von Gemeinschaften beruht auf Wahrnehmungen von Ähnlichkeit bzw. Gleichheit und Differenz und davon ausgehenden Zuschreibungen von Identität und Alterität, die jeweils miteinander korrelieren. In wesentlichen Lebensäußerungen und -bereichen, Aussehen, Gestus und Habitus, Sprache, Sitten und Gebräuchen, Kulten und religiösen Vorstellungen, werden mit teilweise unterschiedlichen Akzentuierungen Gemeinsamkeiten und Unterschiede wahrgenommen. Zuschreibungen und

London 1983; Eric J. Hobsbawm, Terence Ranger (Hg.), The Invention of Tradition, Cambridge u. a. 1983; Eric J. Hobsbawm, Nationen und Nationalismus. Mythos und Realität seit 1780, Frankfurt a. M. u. a. [2]1992; Anthony D. Smith, The Ethnic Origins of Nations, Oxford 1986; Bernhard Giesen (Hg.), Nationale und kulturelle Identität (Studien zur Entwicklung des kollektiven Bewußtseins in der Neuzeit 1), Frankfurt a. M. 1991; Helmut Berding (Hg.), Nationales Bewußtsein und kollektive Identität (Studien zur Entwicklung des kollektiven Bewußtseins in der Neuzeit 2), Frankfurt a. M. 1994; Monika Flacke (Hg.), Mythen der Nationen. Ein europäisches Panorama, München u. a. 1998; Kathrin Mayer, Herfried Münkler, Die Konstruktion sekundärer Fremdheit. Zur Stiftung nationaler Identität in den Schriften italienischer Humanisten von Dante bis Machiavelli, in: Herfried Münkler (Hg.), Die Herausforderung durch das Fremde, Berlin 1998, 27–129; Dittmar Dahlmann, Wilfried Potthoff (Hg.), Mythen, Symbole und Rituale. Die Geschichtsmächtigkeit der „Zeichen" in Südosteuropa im 19. und 20. Jahrhundert, Frankfurt a. M. u. a. 2000; Lutz Niethammer, Kollektive Identität. Heimliche Quellen einer unheimlichen Konjunktur, Reinbek 2000.

7   Pierre Bourdieu, Le sens pratique, Paris 1980.
8   Zu diesem Konzept s. Hans-Joachim Gehrke, Mythos, Geschichte, Politik – antik und modern, Saeculum 45, 1994, 239–264 [in Ausgewählte Schriften Band III]; ders., Mythos, Geschichte und kollektive Identität. Antike exempla und ihr Nachleben, in: Dahlmann, Potthoff, Mythen (wie Anm. 6) 1–24 (engl.: Myth, History, and Collective Identity. Uses of the Past in Ancient Greece and Beyond, in: Nino Luraghi [Hg.], The Historian's Craft in the Age of Herodotus, Oxford 2001, 286–313) [in Ausgewählte Schriften Band III]; vgl. auch Jan Assmann, Das kulturelle Gedächtnis. Schrift, Erinnerung und politische Identität in frühen Hochkulturen, München 1992; Assmann, Friese, Identitäten (wie Anm. 6).

Zuordnungen machen daraus das „Eigene" und das „Fremde" bzw. „Andere". Damit werden die Wahrnehmungen klassifiziert und bewertet, zugleich verstärkt.[9] Die Zugehörigkeit zu einer Gruppe und die Abgrenzung von anderen Einheiten wird gleichsam stilisiert und durch „acts of identity"[10] immer wieder bestätigt und eingeschärft. Durch bestimmte Traditionen, Deutungen und symbolische Repräsentationen wird sie narrativ überhöht. Solche Selbst- und Fremdzuschreibungen können, insbesondere unter bestimmten machtpolitischen Voraussetzungen, eine große Dynamik entfalten.

Entscheidend aber ist, daß sie im Kern als statisch wahrgenommen werden. Identität kann man einer kollektiven Einheit ja nur dann zuerkennen, wenn sie über die Lebenszeiten der ihr angehörenden Individuen hinaus Bestand hat. Sie erscheint dann wie ein Fluß, der auch dann derselbe bleibt, wenn das in ihm fließende Wasser ständig wechselt. Das bedeutet, [21] daß die in Prozessen der Ethnogenese vorherrschende Dynamik und Intentionalität nicht mehr sichtbar wird. Gerade sie wird in den verschiedenen Ritualen der Gemeinschaftsstiftung und -stärkung nicht repetiert und erinnert, im Gegenteil. Die Gemeinschaften erscheinen als feste Größen, nicht mehr als Konstrukte. Es geschieht mit und in ihnen genau das, was die Soziologen Peter L. Berger und Thomas Luckmann „Verdinglichung" (*reification*) nennen. Konstrukte werden essentialisiert.[11] Sie erscheinen nicht mehr als Ergebnis von Prozessen und teilweise durchaus bewußt vollzogenen Entscheidungen, also als intentionale Größen, und sie sind insofern auch unverfügbar.

Ein Individuum wächst im Zuge seiner Sozialisation in eine fixe Gemeinschaft hinein und vollzieht in der Regel fraglos die verschiedenen „acts of identity". Es glaubt an ihre Überlieferung und Tradition und nimmt sich selbst, seine Gruppe und die Anderen entsprechend wahr. Die Zuschreibungen nimmt es als gegeben an, und seine Vorstellungen von Alterität sind vorgeprägt durch die Bilder, die ihm von diesen Zuschreibungen übermittelt werden und die oft – ethnozentrisch – in unmittelbarem Bezug zu den Selbstbildern (als Gegenbilder) stehen.

Ein sehr spezifischer Modus der Verdinglichung ist der biologisch-physische Zusammenhalt des Kollektivs. Die Einheit versteht sich in besonderer Weise als eine Gemeinschaft von Verwandten,[12] und das ist unabhängig davon, ob sie das realiter ist oder nicht. Gerade hierin kommt die Verfestigung des Intentionalen zum

---

9   Hierzu vgl. die Zusammenfassung (auf der Grundlage der Diskussion im o. a. Sonderforschungsbereich) bei Hans-Joachim Gehrke, Zwischen Identität und Abgrenzung, in: Brockhaus-Bibliothek „Mensch-Natur-Technik", Bd. 6: Die Zukunft des Planeten Erde, Leipzig u. a. 2000, 608–639, 611ff.; ein vergleichbarer Ansatz auf kultursemiotischer Ebene findet sich bei Derks, Gods (wie Anm. 7) 19ff.

10 Der Begriff stammt aus der linguistischen Sprechakttheorie (s. v. a. Robert B. Le Page, Andrée Tabouret-Keller, Acts of Identity. Creole-Based Approaches to Language and Ethnicity, Cambridge 1985; Charles Antaki, Sue Widdicombe (Hg.), Identities in Talk, London u. a. 1998), läßt sich aber gut auf andere Bereiche übertragen.

11 Peter L. Berger, Thomas Luckmann, Die gesellschaftliche Konstruktion der Wirklichkeit. Eine Theorie der Wissenssoziologie, Frankfurt a. M. 1980 (engl.: 1966), 94ff.; 185f.; 199.

12 Vgl. Müller, Universum (wie Anm. 6).

Ausdruck. Dies äußert sich u. a. in den vielfältigen Regeln der Endogamie, gilt aber auch dort – als Reflex –, wo diese gelockert oder verschwunden sind.

Gerade für die Bestimmung der Ethnizität ist diese Vorstellung von Verwandtschaft konstitutiv, wie schon der Begriff „Stamm" signalisiert. Ein *ethnos* versteht sich als Abstammungsgemeinschaft, und neben den oben skizzierten allgemeinen Elementen der Identitätskonstruktion ist gerade dies spezifisch. Diese Gemeinschaft beruht in der Regel auf gedachter Blutsverwandtschaft, aber auch auf verschiedenen Formen kognatischer Verbindungen. Es gibt die Überzeugung einer gemeinsamen Deszendenz (die Figur des Stammvaters), verbunden mit Beziehungen, die durch Heirat, Adoption o. ä. gestiftet werden. Damit kommt nun massiv die intentionale Geschichte ins Spiel, die hier im Kern genealogisch ist und mit Stemmata operiert sowie in der Regel – nach unseren Kate[22] gorien – im Mythos repräsentiert ist, der als Geschichte verstanden wird. In Stammbäumen und Genealogien lassen sich Zusammengehörigkeit und Abgrenzung, Identitäten und Alteritäten, aber auch unterschiedliche Grade von Nähe und Ferne markieren. So erscheinen die Makedonen (in Gestalt des ‚Kunst-Heros' Makedon) im pseudohesiodeischen Frauenkatalog als Vettern der Abkömmlinge des Hellen; sie stehen den Griechen nahe, ohne zu ihnen zu gehören. Bei Hellanikos hingegen ist Makedon ein Sohn des Aiolos und damit Nachkomme Hellens, und dadurch erscheinen die Makedonen als Griechen.[13]

Methodologisch bedeutet das, daß wir mit der Analyse der Stemmata einen Zugang zum ethnischen Selbst- und Fremdverständnis gewinnen, wenn wir zeigen können, daß sie nicht bloße gelehrte Spekulation oder ästhetische Figur, sondern im kollektiven Gedächtnis verankert sind. Die wissenschaftliche Analyse von Ethnizität hat also von der Analyse solcher Verwandtschaftsvorstellungen auszugehen und diese immer wieder auf ihren „Sitz im Leben" hin zu überprüfen. Genau dies soll hier geschehen. Dabei bietet die griechische Geschichte, d. h. der spezifisch griechische Modus der Identitäts- und Vergangenheitskonstruktion, günstige Voraussetzungen. Sie erlaubt es sehr oft noch, den konkreten Umständen der Entstehung von intentionaler Geschichte nahezukommen. Das liegt vor allem daran, daß die „Arbeit am Mythos" und die Kreation von Traditionen nicht Sache einer Funktionärsschicht oder Priesterklasse war, sondern Angelegenheit von Dichtern, Künstlern und Intellektuellen, die untereinander in einem – generationenübergreifenden – Konkurrenzkampf um Prestige, Weisheit und Originalität standen und auf diesen hohe Kreativität verwendeten.[14] Natürlich waren sie nicht objektiv, sie hatten Erwartungen zu genügen oder waren von mehr oder weniger starkem Lokalpatriotismus geprägt. Gerade deshalb haben sie auf die verschiedensten Interessen Rücksicht genommen, und diese waren in der pluralistischen griechischen Staatenwelt sehr unterschiedlich.

---

13 Hes. fr. 7 M.-W.; Hellan. FGrHist 4 F4.

14 Hiergegen richtet sich zum Teil auch die Kritik bei Flavius Iosephus, Contra Apionem; vgl. Astrid Möller, Genealogien, Listen, Synchronismen. Studien zur griechischen Chronographie, Habil. Freiburg i. Br. 2002, 89ff. Assmann spricht in diesem Zusammenhang von „Hypolepse" (Assmann, Gedächtnis [wie Anm. 9] 280ff.).

So verfügen wir über zahlreiche, schier unübersehbare Varianten und Versionen von Erzählungen, die immer wieder demonstrieren, wie an der intentionalen Geschichte ,weitergestrickt' wurde. Generell zeichnet sich eine deutliche Typologie ab. Da sich etwa auf Grund von älteren Traditionen, die sich nicht mehr umgehen ließen, nicht immer mit der Figur des [23] Stammvaters operieren ließ, nutzten die Griechen als dessen Äquivalent den *heros eponymos*, dessen Name sich leicht, wie der des Urahnen, aus dem Namen einer Gruppe konstruieren ließ, so Aitolos aus den Aitolern usw. Ferner konnten die Griechen die ihnen bekannten Formen politischer Neugründung, etwa die Einrichtung einer *apoikia* oder den Synoikismos als Modell verwenden und mit hoher Plausibilität in die Vergangenheit projizieren. Sie mußten dann den Urahnen nicht konkret als Vorfahren genealogisch verorten, sondern konnten auch entsprechend mit Gestalten operieren, die eine bereits bewohnte Region als Gründerheroen oder Synoikisten neu strukturierten. Gelegentlich lassen sich sogar noch die politischen Umstände feststellen, unter denen die Neuformierung eines Mythos bzw. einer Abstammungslinie erfolgte, so bei der Integration des eponymen Heros der Triphylier, des Triphylos, in die arkadische Genealogie.[15] Man kann sie unmittelbar mit der ausgreifenden Politik der Arkader nach der Schlacht von Leuktra verbinden.

Diese Charakteristika der griechischen Erinnerungspflege bieten nun einen großen heuristischen Vorteil. Sie erlauben uns, eine Archäologie des Mythos zu betreiben. Wie ein Ausgräber können wir – wenigstens partiell – die unterschiedlichen Schichten der mythistorischen Tradition voneinander trennen und zu einer Art von Stratigraphie gelangen. Im günstigsten Falle können wir die verschiedenen Lagen sogar noch mit bestimmten politischen Vorgängen korrelieren. Wir können sie damit nicht nur datieren, sondern auch den historischen Ort der Konstruktion von intentionaler Geschichte bestimmen. Da gerade diese aus den genannten Gründen für die Ethnizität konstitutiv ist, soll eine solche Stratigraphie auch hier versucht werden.

Vor dem Hintergrund des althistorischen Forschungsstandes bietet ein solches Verfahren noch einen besonderen Vorteil. Gerade wenn es um die frühe Geschichte von Elis geht, stehen immer wieder Fragen nach der Kontinuität mit der bzw. nach dem Bezug zur mykenischen Epoche oder Vorstellungen von Einwanderung im Vordergrund. Das ist durchaus verständlich, handelt es sich doch dabei um wichtige Themen der Frühgeschichte. Nicht selten wird aber dabei etwas vorausgesetzt und dann in die Deutung des Mythos bzw. der späteren Quellen hineingetragen. So erscheinen dann spätere Erzählungen von Wanderungen oder Autochthonie als Indizien für Bevölkerungsverschiebungen oder Kontinuitäten, obgleich sie diese schon auf Grund des großen zeitlichen Abstandes kaum [24] belegen können. Demgegenüber soll hier der Mythos in seinen verschiedenen Schichten freigelegt werden. Erst von da aus, also, um im Bild zu bleiben, wenn man hier auf den gewachsenen Boden stößt, läßt sich fragen, was der ermittelte Befund voraussetzt bzw. was hinter ihm steckt. Dann lassen sich etwa zum Thema der Kontinuität bzw. Diskontinuität bezüglich der mykenischen Zeit oder in der Frage möglicher Immigration die

---

15   CEG II 824,7; vgl. Nielsen, Triphylia (wie Anm.4) 145f.

Spielräume wissenschaftlicher Hypothesenbildung eingrenzen. Es wird sich zeigen – auch wenn dies hier wegen unserer anders gearteten Zielsetzung nicht im Vordergrund steht –, daß man in diesen Problemfeldern mittels der archäologischen Arbeit am Mythos durchaus weiterkommt.

Darüber hinaus ist freilich noch auf die Ergebnisse der ‚richtigen‘ Archäologie und der Sprachgeschichte Rücksicht zu nehmen. Diese sind aber auch für unsere mythistorische Analyse selbst wichtig. Da es in der Ethnizität nicht allein um die Vergangenheitsvorstellungen geht, sondern auch um Wahrnehmungen und Zuschreibungen sowie um diverse „acts of identity“, ist auch das relevant, was sich von diesen in der materiellen Kultur und in der Sprache abgelagert hat. Besonders wichtig sind darüber hinaus auch die religiösen Kulte und politischen Organisationsformen, für die wir neben archäologischen Relikten und sprachhistorischen Formen auch Schriftquellen, darunter zum Teil ältere Dokumente haben. Die Konfrontation der mythischen Vorstellungen mit den anderen Realien und Zeugnissen kann darüber hinaus auch die konkrete Verortung der verschiedenen Traditionen ermöglichen bzw. erleichtern und das Bild einer politisch-sozialen Einheit mit ihrem ethnischen Charakter deutlich machen.

II.

Wendet man sich im Sinne dieser Vorüberlegungen Elis zu, so muß man auch hier mit Homer beginnen. Das Land oder zumindest das Kerngebiet der Eleier erscheint in der Ilias an zwei Stellen, die genau zueinander passen, im Schiffskatalog sowie im Nestorbericht des 11. Gesanges.[16] In der Odyssee begegnet es an mehreren Stellen.[17] Für uns besonders aussa[25]gekräftig sind die Passagen in der Ilias. Die Bevölkerung des genannten Landes waren die Epeier. In der Generation vor den Trojakämpfen (in Nestors Erzählung) hatten sie einen König, Augeias, der in Elis residierte. Am trojanischen Krieg nahmen sie unter vier Anführern mit nur kleinen Kontingenten (jeweils zehn Schiffe) teil. In seiner umsichtigen Analyse des Schiffskatalogs hat Edzard Visser überzeugend dargelegt, daß es sich bei den Epeiern um ein altes Sagenvolk handelt und daß die Präsentation des Landes dort einige Auffälligkeiten zeigt:[18] Homer nennt nur zwei Orte im spezifischen Sinn als Wohnsitze (Buprasion und Elis), von denen einer (Elis selbst) wohl eher als Platz, aber möglicherweise auch als Gebiet gedacht ist – als solches erscheint Elis jedenfalls in der Odyssee und wenig später im Schiffskatalog zur Lokalisierung Dulichions und der Echinaden (2,626: πέρην ἁλὸς Ἤλιδος ἄντα). Von den vier anderen Orten, die genannt werden, lassen sich nur zwei als Siedlungsplätze verstehen (Hyrmine und Myrsinos), während die beiden anderen (der Olenische Fels und der Hügel Alision)

---

16 Hom. Il. 2,615–624; 11,670–762; vgl. ferner 15,518f. (wo Kyllene schon von antiken Kommentatoren auch auf das arkadische Gebirge bezogen wurde, Maddoli, Nafissi, Saladino, Pausania [wie Anm. 3] Bd. 6, 401; vgl. auch u.).
17 Hom. Od. 4,634ff.; 13,275; 15,296ff.; 21,347; 24,431.
18 Edzard Visser, Homers Katalog der Schiffe, Stuttgart u. a. 1997, 555–573.

eindeutig Landmarken sind. Alle vier zusammen sind, wie auch die auffällige grammatische Einordnung zeigt (sie sind eingeschlossen in die Formulierung ὅσσον ... ἐντὸς ἐέργει, 2,616f.), als Begrenzungspunkte verstanden. Myrsinos ist durch das Adjektiv ἐσχατόωσα sogar direkt so qualifiziert; der Olenische Felsen und Alision erscheinen in dieser Gestalt in der Nestorerzählung, in der übrigens auch Buprasion eine vergleichbare Funktion hat.

Es gibt also für Homer, völlig konsistent, ein Volk der Epeier, das Buprasion und Elis bewohnt, ein Gebiet, das auch als ein von vier Plätzen umgrenztes beschrieben werden kann. Beides ist für die Ethnizität bzw. die Ethnogenese der Eleier höchst bedeutsam. Die Eleier haben den Namen der Epeier nicht weitergeführt. Sie können ihn auch nicht erfunden haben (sonst hätten sie natürlich ihren eigenen Namen gewählt), vielmehr müssen sie ihn vorgefunden haben – in einem alten Mythenbestand. Andererseits konnten sie ihn offenbar nicht ohne weiteres selber tragen, weil sie schon einen eigenen Namen hatten. Dieser ist uns ja bekannt, und er leitet sich direkt von den geographischen Gegebenheiten her: Elis = *Fᾶλις* = vallis, d. h., das Talland. Die *Fαλεῖοι* = Ἠλεῖοι sind „die Leute aus dem Tal(land)".[19] Der Name war zur Zeit der Abfassung der Ilias jedenfalls schon so bekannt, daß er dort – neben der Bezeichnung des Landes – ein[26] mal als Synonym für Epeier begegnet.[20] Auch für das Land selbst sind Homers Angaben wichtig: Alle dort genannten Orte, mag sie Homer nun als Polis gedacht haben oder nicht, hatten kein eigenes Profil (man konnte sie entsprechend auch später nicht mehr klar lokalisieren),

---

19 Hierzu s. – statt vieler – Fritz Gschnitzer, Stammes- und Ortsgemeinden im alten Griechenland, in: ders. (Hg.), Zur griechischen Staatskunde, Darmstadt 1969, 271–297, 277.

20 Hom. Il. 11,671. – Auf das komplexe Problem der Datierung der Ilias kann hier nicht näher eingegangen werden. Es sei aber nicht verschwiegen, daß ich die von Walter Burkert, Das hunderttorige Theben und die Datierung der Ilias, WS 89, 1976, 5–21, und neuerdings von Martin L. West, The Date of the Iliad, MH 52, 1995, 203–219, vorgebrachten Beobachtungen und Argumente für eine Datierung in das frühe bzw. in die erste Hälfte des 7. Jahrhunderts für gewichtig halte (weiteres bei Kurt A. Raaflaub, A Historian's Headache. How to Read ‚Homeric Society'?, in: Nicolas Fisher, Hans van Wees [Hg.], Archaic Greece. New Approaches and New Evidence, London 1998, 169–193, 193, Anm. 71). Das bedeutet aber nicht, daß man die in der Ilias dominierenden eher zeitgenössischen Elemente alle herunterzudatieren hat. Gerade die jüngere Forschung hat gezeigt, daß man *grosso modo* an die Zustände des 8. und frühen 7. Jahrhunderts denken kann, also an die Zeit, die man auch als griechische Renaissance (Robin Hägg [Hg.], The Greek Renaissance of the Eighth Century B. C. Tradition and Invention. Proceedings of the Second International Symposium at the Swedish Institute in Athens, 1–5 June 1981, Stockholm 1983) bezeichnet hat (Ian Morris, Use and Abuse of Homer, ClAnt 5, 1986, 81–138; Christoph Ulf, Die homerische Gesellschaft. Materialien zur analytischen Beschreibung und historischen Lokalisierung, München 1990; Barbara Patzek, Homer und Mykene. Mündliche Dichtung und Geschichtsschreibung, München 1992; Hans van Wees, Status Warriors. War, Violence, and Society in Homer and History, Amsterdam 1992; ders., The Homeric Way of War. The Iliad and the Hoplite Phalanx I, G&R 41, 1994, 1–18; ders., The Homeric Way of War. The Iliad and the Hoplite Phalanx II, G&R 41, 1994, 131–155; Jan P. Crielaard [Hg.], Homeric Questions. Essays in Philology, Ancient History, Archaeology. Including the Papers of a Conference Organised by the Netherlands Institute at Athens, 15 May 1993, Amsterdam 1995; Kurt A. Raaflaub, Homer und die Geschichte des 8. Jahrhunderts v. Chr., in: Joachim Latacz [Hg.], Zweihundert Jahre Homer-Forschung. Rückblick und Ausblick, Stuttgart u. a. 1991, 205–256; Raaflaub, Headache [wie oben]).

außer – allenfalls – als im älteren Mythos verankerte Plätze. Bei Elis selbst liegt das anders. Es war nicht nur im Mythos verankert (als Heimat des Augeias), sondern auch später der zentrale Ort. Zugleich kann mit Elis als Gebietsname aber auch das Land selbst bezeichnet werden. Visser hat zu Recht darauf hingewiesen, daß diese Beschreibung einen Zustand sehr loser Besiedlung in Elis widerspiegelt.[21] Man kann aber noch weiter gehen.

Der Orts- oder Gebietsname Elis ist bei Homer in besonderer Weise privilegiert: Es ist neben Buprasion hervorgehoben (übrigens unter Weglassung von Kyllene[22]), mit dem Adjektiv δῖα qualifiziert und Sitz des Königs Augeias.[23] Außerdem kann das gesamte Gebiet genauso genannt werden wie der Ort selbst. Das läßt folgende Schlüsse zu: Die Bewohner dieses Landes, die sich schon in homerischer Zeit nach dem Gebiet [27] nannten, lebten in einer losen Siedlungsstruktur. Sie bildeten aber keine getrennten Einheiten, sondern hatten durchaus schon eine ,Identität‘, da unter ihren Dörfern und Weilern dem markanten Platz im Talland des Peneios, eben Elis, größere Bedeutung zukam. Dies wird durch die archäologische Dokumentation vollauf bestätigt,[24] wobei die Frage der möglichen Ausdehnung (in Richtung auf den Alpheios vor allem) zunächst offenbleiben soll.

Dieser Kernort war jedoch keine Polis, zu der Elis bekanntlich erst mit dem Synoikismos von 471 wurde.[25] Da nun die Griechen ihre politischen Gemeinschaften nach πόλεις und ἔθνη einteilten,[26] waren die Eleier im griechischen Sinne ein *ethnos*. Daß sie es auch im Sinne unserer Vorstellung von Ethnizität waren, wird sich gleich zeigen.

Angesichts der klaren etymologischen Herleitung ihres Namens darf man darüber hinaus vermuten, daß ihre Ethnogenese sich am Orte selbst abspielte, daß die Eleier also, indem sie sich als *ethnos* formierten, den Namen ihres wichtigsten Siedlungsgebietes annahmen, also nicht als mehr oder weniger geschlossener Verband eingewandert waren – wo immer sie im einzelnen auch herkamen, falls sie überhaupt Immigranten waren. Dafür spricht auch, daß sie sich, wie wir gleich noch näher sehen werden, zwar als eingewanderte Aitoler betrachteten, aber doch keinerlei direkte Elemente des aitolischen *ethnos*, etwa einen Bezug zu deren alten

---

21 Visser, Katalog (wie Anm. 18) 563.
22 Das ist Il. 15,518f. in Verbindung mit dem Epeier Otos genannt; vgl. u.
23 Hom. Il. 11,698ff.
24 Siehe jetzt v. a. Catherine Morgan, Athletes and Oracles. The Transformation of Olympia and Delphi in the Eighth Century B. C., Cambridge u. a. 1990, 49ff.; 235ff.; 243; Birgitta Eder, Veronika Mitsopoulos-Leon, Zur Geschichte der Stadt Elis vor dem Synoikismos von 471 v. Chr. Die Zeugnisse der geometrischen und archaischen Zeit, JÖAI 68, 1999, 2–39 (mit der älteren Literatur) sowie die Übersicht bei Julia Taita, Gli Αἰτωλοί di Olimpia. L'identità etnica delle comunità di vicinato del santuario olimpico, Tyche 15, 2000, 147–188, 163f.
25 Hierzu s. v. a. Mauro Moggi, I sinecismi interstatali Greci, Bd. 1: Dalle origini al 338 a. C., Pisa 1976, Nr. 25, 157ff.; vgl. Hans-Joachim Gehrke, Stasis. Untersuchungen zu den inneren Kriegen in den griechischen Staaten des 5. und 4. Jahrhunderts v.Chr., München 1985, 52f. und jetzt Marta Sordi, Strabone, Pausania e le vicende di Oxilo, in: Anna Maria Biraschi (Hg.), Strabone e la Grecia, Neapel 1994, 137–144, 141ff.
26 Hdt. 5,2; 7,8; 8,108; vgl. Peter Funke, Polisgenese und Urbanisierung in Aitolien im 5. und 4. Jh. v. Chr., in: Hansen, Polis (wie Anm. 4) 145–188, 145; 177 Anm. 2.

Teilstämmen, bewahrten: Diese waren bei den Eleiern nicht genealogisch repräsentiert. Jedenfalls waren die Eleier sozusagen neu, denn an die Epeier konnten sie nicht direkt anknüpfen. Zu diesen führte, wer immer sie waren, kein Traditionsstrang zurück. Immerhin konnten sich die Eleier, da ihr Land und Hauptort bei Homer deutlich genannt waren, mit dem alten Sagenvolk der Epeier in Zusammenhang bringen, unter ei[28]nem zweiten Namen. Die ursprüngliche Diskrepanz zu den Epeiern dürfte darauf schließen lassen, daß dieser Vorgang der Ethnogenese nicht lange vor dem zeitlichen Horizont der Ilias, also im oder nicht lange vor dem 8. Jahrhundert, begann. Zu diesen rein aus der Überlieferung zu gewinnenden Daten passen ebenfalls die archäologischen Überreste.[27]

Mit dem Synonym der Epeier konnten die Eleier gewiß recht gut leben: Als junge Einheit konnten sie sich auf das Prestige eines alten und bekannten Sagenvolkes beziehen. Kritische Historiker konnten das aber auch anders sehen. Für uns erstmals greifbar sind bei Hekataios[28] Epeier und Eleier getrennt, ja sie erscheinen sogar als Feinde: Herakles sei mit den Epeiern gegen Augeias und die Eleier gezogen. Auch sonst begegnet eine solche Trennung, obwohl die Gleichsetzung viel verbreiteter war.[29] Allem Anschein nach haben die Eleier auf diese Herausforderung dadurch reagiert, daß sie sich einen eponymen Heros, Eleios, schufen und diesen auf zweifache Weise (Pausanias hat deshalb 2 Eleioi), also wohl in zeitlich geschiedenen Versionen, genealogisch verankerten. So erscheint er bei Pausanias an einer Stelle[30] als König von Elis und Enkel des epeiischen Trojakämpfers Polyxenos, somit als Ururenkel des Augeias. Er war insofern auch enger in der elischen Mythistorie verankert, als unter seiner Herrschaft die Einwanderung der Dorier unter Führung des Oxylos (s. u.) erfolgte.

Ingeniöser ist eine andere Variante, die sich ebenfalls bei Pausanias findet:[31] Eleios ist dort Vater des Augeias (was sich leicht durch die Nähe zu dessen ‚echtem‘, d. h. mythischem Vater Helios [Ἠλεῖος – Ἥλιος] erklären ließ) und damit Herrscher der Epeier bzw. von Elis. Zugleich ist er, über Endymions Tochter Eurykyda, die auch als Geliebte Poseidons galt, ein Enkel des bekannten Endymion. Davon weiß Homer noch nichts, denn für das ihm geläufige Volk der Epeier war ein *heros eponymos* Eleios sinnlos und die Ersetzung des Helios war ein einfacher Schritt der Mythenrationalisierung. Diese Version hatte durchaus einen festen Sitz im elischen Leben. Eurykyda hatte einen Kultplatz, das Εὐρυκύδειον ἄλσος, in der Nähe von Samikon in der triphylischen Küstenzone.[32] Damit läßt [29] sich wahrscheinlich ein *terminus post quem* für diese Version begründen, denn Triphylien kam erst im Zuge des Ausbaus der elischen Symmachie unter die Kontrolle von

---

27 Vgl. u. S. 35 [hier: S. 346] mit Anm. 61–63. – Man muß berücksichtigen, daß es sich um einen eher vagen *terminus ante quem* handelt, vgl. u. Anm. 80.
28 FGrHist 1 F25 (= Strab. 8,3,9).
29 So F. Jacoby im Kommentar zur Stelle.
30 Paus. 5,3,4f.; zu Polyxenos vgl. auch Wolfgang Kullmann, Die Quellen der Ilias, Wiesbaden 1960, 98.
31 Paus. 5,1,8f.
32 Strab. 8,3,19; zu Eurykyda als Tochter Endymions s. Paus. 5,1,4, als Geliebte Poseidons und Mutter des Eleios ebd. 5,1,8.

Elis,[33] und es kann gut sein, daß die Eleier den dortigen Kult danach für sich okku-
pierten und eine neue Stammutter kreierten. Denn sie wird ja auch als Geliebte Poseidons bezeichnet, der gerade im Raum von Samikon besonders verehrt wurde.[34]
Als Tochter des Endymion war sie aber ganz in die Genealogie der Epeier/Eleier
integriert.

Mit Endymion aber befinden wir uns bereits an dem zentralen Punkt der elischen Mythistorie, wie sie bei Pausanias in späterer Ausprägung vorliegt.[35] Endymion war nicht nur Vater der Eurykyda, sondern auch des Paion, Aitolos und
Epeios, und über Aitolos der Ahnherr des Dorier-Führers Oxylos, ein Stammvater
der Eleier/Epeier also in mehrfacher Hinsicht. Wir fassen hier das Herzstück der
elischen Geschichtsvorstellung, nämlich die Verbindung, d. h. mythische Verwandtschaft mit den Aitolern. Gerade hier lohnt sich die Stratigraphie des Mythos.
Wir können gleichsam an zwei Plätzen graben, bei Endymion und Oxylos, beide
alte Sagenfiguren, und dann die Befunde nebeneinanderstellen.

Daß die Eleier aus Aitolien eingewandert waren, war im 5. Jahrhundert völlig
geläufig. Herodot sagt das *expressis verbis* und bei Pindar und Bakchylides scheint
das poetisch reflektiert zu sein.[36] Die Geschichte dieser Immigration ist aufs engste
verquickt mit der Sage von der Rückkehr der Herakliden bzw. der Landnahme der
Dorier auf der Peloponnes. Nach den eingehenden Analysen von Friedrich Prinz[37]
war diese etwa im dritten Viertel des 7. Jahrhunderts geschaffen worden, um die
Diskrepanz zwischen der homerischen Sagenwelt und der Dominanz dorischer Zentren auf der Peloponnes zu erklären. Ein wichtiger Bestandteil dieser Sage war die
Geschichte von dem Aitoler Oxylos, der die Herakliden und die Dorier auf die Peloponnes geleitete und zum Dank dafür für sich und seine Leute, also Aitoler,
Wohnsitze im Nordwesten der Peloponnes, eben in Elis, [30] erhielt.[38] Dieser Bestandteil ist aber für die Herakliden-Dorier-Geschichte überflüssig, und Prinz hat
deshalb zu Recht geschlossen, daß sich diese „in ihrer endgültigen Ausprägung über
ältere Lokalsagen" gelegt hat.[39] Damit gewinnen wir einen *terminus ante quem* für

33   Hierzu jetzt Nielsen, Triphylia (wie Anm. 4) 139ff.; Roy, Perioikoi (wie Anm. 4) 289ff.
34   Roy, Perioikoi (wie Anm. 4) 289; zum Poseidonkult von Samikon s. Strab. 8,3,13; Raoul Ba-
     ladié, Le Péloponnése de Strabon. Étude de géographie historique, Paris 1980, 335; Maddoli,
     L'Elide (wie Anm. 3) 168f.; Maddoli, Saladino, Pausania (wie Anm. 3) Bd. 5, 209; Julia Taita,
     Confini naturali e topografia sacra: i santuari di Kombothékras, Samikon e Olimpia, Orbis Ter-
     rarum 7, 2001, 107–142, 111ff. Damit könnte auch der Transfer der Poseidonstatue nach Elis
     (Paus. 6,25,6 mit Baladié, Péloponnése a. O.; Maddoli, Nafissi, Saladino, Pausania [wie Anm.
     3] Bd. 6, 397) zusammenhängen.
35   Paus. 5, 1,4ff.
36   Hdt. 8,73,2f.; Pind. O. 3,12f.; Bakchyl. epin. 8,28f.
37   Friedrich Prinz, Gründungsmythen und Sagenchronologie, München 1979, 221–313.
38   Die wichtigsten Quellen zu dieser Version sind Apollod. bibl. 2,8,3; Strab. 8,1,2; 3,30;
     33 (= Ephoros FGrHist 70 F115); 10,3,2f. (= Ephoros F122); Konon FGrHist 27 F1, c. 14;
     Paus. 5,1,3; 3,5ff.; Tzetz. chil. 12,364ff. Oxylos dürfte auch mit dem Αἰτωλὸς ἀνήρ bei Pind.
     O. 3,12f. gemeint sein. Zur Oxylos-Sage ist immer noch grundlegend Edwin Müller-Graupa,
     Oxylos, RE 18, 1, 1942, 2034–2040.
39   Prinz, Gründungsmythen (wie Anm. 37) 307; vgl. 309 („sekundäre Einbeziehung älterer loka-
     ler [hier elischer] Sagen in die Heraklidensage"): Ein höheres Alter ergibt sich auch daraus, daß

den Mythos von der Einwanderung von Aitolern unter Oxylos nach Elis – wenn auch noch nicht für die damit verbundenen Details. Wir kommen damit mindestens in die erste Hälfte des 7. Jahrhunderts, also einigermaßen dicht an die Zeit heran, die wir für die Ethnogenese der Eleier postuliert haben. Homer freilich scheint diese Verbindung noch nicht gekannt zu haben – oder er hat sie aus Rücksicht auf älteres Sagengut mit den Epeiern in Elis unterdrückt. Jedenfalls stellt er keine Verbindung zwischen Elis und Aitolien her, weder explizit noch durch genealogische Kombinationen.

Endymion war nicht nur eine alte, sondern auch durchaus prominente Figur der griechischen Sage, berühmt vor allem als Geliebter der Selene. Schon in der archaischen Poesie, besonders bei Sappho, hat er ein markantes Profil.[40] Auch genealogisch war er fest verankert, als Sohn des Aëthlios, der seinerseits ein Kind des Zeus und der Deukalion-Tochter Protogeneia war, also in den Ursprungshorizont gehört. Als Sohn der Kalyke, Tochter des Aiolos, war er auch in das Stemma der Aioliden eingebunden.[41] Sagentopographisch war er in verschiedenen Regionen angesiedelt, was so zu verstehen ist, daß sich bestimmte Gruppen im Zuge ihrer Ethnogenese an diese bedeutende Sagenfigur angeschlossen haben. Am deutlichsten greifbar ist seine Verbindung mit dem kleinasiatischen Latmos-Gebirge, aber auch mit Aitolien. Dies war die Basis für die in [31] hellenistischer Zeit belegte Vorstellung einer Verwandtschaft der Aitoler mit den Bürgern von Herakleia am Latmos, die auch politisch relevant wurde, in der Verleihung der Isopolitie an die Herakleoten durch die Aitoler am Ende des 3. Jahrhunderts, unter Hinweis auf die Verwandtschaft. Louis Robert hat gezeigt, daß diese auf Endymion fußte, der als Gründer von Herakleia und zugleich als Vater des aitolischen Eponymen Aitolos galt.[42]

Diese Verbindung ist bereits relativ früh belegt, denn in einem Papyrus-Fragment des pseudo-hesiodeischen Frauenkatalogs konnte Martin West überzeugend, aus Apollodors ‚Bibliothek‘, Aitolos als Endymion-Sohn ergänzen.[43] Damit sind wir bereits im 6. Jahrhundert, dürfen aber mit Wests Überlegungen zur Genese der

die sicher spätere Version einer Rückwanderung der Aitoler wohl schon in der Mitte des 6. Jahrhunderts vorausgesetzt werden kann, s. das Folgende. Nach Antonetti ist Aitolos („artificiamento creato") jünger als Oxylos (Claudia Antonetti, Strabone e il popolamento originario dell'Etolia, in: Biraschi, Strabone [wie Anm. 26] 119–136, 130).

40   Grundlegend ist Louis Robert, Documents d'Asie Mineure V–XVII, BCH 102, 1978, 395–543, 488ff. Zu den Quellen s. die Zusammenstellungen bei Claudia Antonetti, Les Étoliens. Image et religion, Paris 1990, 58f.; Taita, Olimpia (wie Anm. 24) 159f. mit Anm. 34ff.; 169 mit Anm. 64.

41   Zur Genealogie des Endymion s. Hes. fr. 10a M.-W., 58ff. (suppl. West e Apollod. bibl. 1,7,5); Akusil. FGrHist 2 F36; Pherek. FGrHist 3 F21; Peisandr. FGrHist 16 F7; Daïmachos FGrHist 65 F1; Apollod. bibl. 1,7,5f.; Konon FGrHist 26 F1, c. 14; Paus. 5,1,3; vgl. Antonetti, Strabone (wie Anm. 40) 132f. u. o. Anm. 41.

42   Robert, Documents (wie Anm. 41) 477ff., bes. 489f.; zur Datierung s. jetzt Peter Funke, Zur Datierung der aitolischen Bürgerrechtsverleihung an die Bürger von Herakleia am Latmos (IG IX 1², 1, 173), Chiron 30, 2000, 505–517.

43   Fr. 10a, 63.

Stemmata im Katalog noch weiter zurückgehen.[44] Schon damit aber sind die Eleier als Nachkommen von auf die Peloponnes eingewanderten Aitolern unter dem Aitolos-Nachfahren Oxylos auch Abkömmlinge des Endymion.

Diese Verbindung wurde allerdings noch enger geknüpft. Bereits bei Ibykos, also etwa in der Mitte des 6. Jahrhunderts, erscheint Endymion als König in Elis.[45] Im Stadion von Olympia, wo man sein Grab zeigte, genoß er kultische Verehrung, ohne daß wir deren Ursprung zeitlich fixieren können.[46] Immerhin gab es bereits im Schatzhaus von Metapont eine Statue des Endymion, in der man wohl (mit Maurizio Giangiulio) ein Ehrengeschenk der Metapontiner vermuten darf.[47] Mit dem elischen Endymion gewinnt aber auch ein wichtiges Ereignis der elischen Mythistorie, das erst später belegt ist (erstmals in dem bei Ephoros[48] zitierten Epigramm [32] aus Thermos), ein höheres Alter: die ursprüngliche Heimat des Aitolos in Elis und die erstmals bei Daïmachos im 4. Jahrhundert bezeugte Variante, daß Aitolos wegen eines Totschlag-Deliktes diese Heimat verlassen mußte.[49] Er sei dann – wie wir vor allem von Ephoros erfahren – nach Aitolien gegangen, habe dieses Land erobert und nach sich benannt.[50] Damit ist – der Widerspruch wurde schon in der Antike wahrgenommen[51] – neben die aitolische Herkunft der Eleier die elische Deszendenz der Aitoler getreten.[52]

---

44   Martin L. West, The Hesiodic Catalogue of Women. Its Nature, Structure, and Origins, Oxford 1985, 136ff.; 141ff.; 166.

45   Schol. Apoll. Rhod. 4,57f. (vgl. Taita, Olimpia [wie Anm. 24] 159): Ἴβυκος δὲ ἐν α΄ Ἤλιδος αὐτὸν (sc. Endymion) βασιλεῦσαί φησιν, vgl. ansonsten vor allem Paus. 5,1,3ff.

46   Paus. 5,1,5; 6,20,9 mit Taita, Olimpia (wie Anm. 24) 183f. Ein Bezug zur Umstrukturierung ca. 465–450 (zu dieser Maddoli, Nafissi, Saladino, Pausania [wie Anm. 3] Bd. 6, 343 mit Hinweisen) scheint denkbar.

47   Paus. 6,19,11; vgl. Taita, Olimpia (wie Anm. 24) 185f. mit Anm. 11, dort der Hinweis auf Maurizio Giangiulio, Le città di Magna Grecia e Olimpia in età arcaica. Aspetti della documentazione e della problematica storica, in: Attilio Mastrocinque (Hg.), I grandi santuari della Grecia e l'occidente, Trento 1993, 93–118, 105ff. Auch wenn man mit dem Schatzhaus selbst in das 6. Jahrhundert kommt (vgl. Maddoli, Nafissi, Saladino, Pausania [wie Anm. 3] Bd. 6, 325f.), gibt das keine zeitliche Fixierung, weil die Statue natürlich später dort aufgestellt worden sein kann.

48   FGrHist 70 F122.

49   Daïmachos FGrHist 65 F1; Apollod. bibl. 1,7,6; Paus. 5,1,8.

50   Ephor. 70 F122 (= Strab. 10,3,2), mit Epigrammen aus Thermos und Elis, vgl. [Skymn.] GGM I 215,473f. Epeier in Aitolien sind schon bei Hellanikos (FGrHist 4 F195) und Damastes (FGrHist 5 F3) belegt.

51   Strab. 10,3,3 zu Ephoros F122; dahinter könnte nach Antonetti, Strabone (wie Anm. 39) 130, eine Widerlegung Herodots (8,73,2f.) stecken.

52   Diese hat andere Varianten nicht völlig verdrängt: So ist Aitolos bei Hekataios (FGrHist 1 F14) mit einer „genealogia razzionalizzata" (Antonetti, Strabone [wie Anm. 39] 133) als Sohn des Oineus in Kalydon, also dem aitolischen Kernland der alten Heldensage und der frühen Epik (vgl. Antonetti, Strabone [wie Anm. 39] 130), verankert, also keineswegs ein Epeier bzw. Eleier. Diese Variante weist nach Aitolien und zeigt, daß die Verbindungen zwischen Aitolern und Eleiern auch nicht zu eng gezogen werden können (vgl. u. S. 38 [hier: S. 348]). – Das Nebeneinander beider Versionen hat manche Gelehrte (bes. Sordi, Strabone [wie Anm. 26] 140f.; vgl. aber auch Jacoby zu Daïmachos FGrHist 65 F1) dazu gebracht, die ‚Verdoppelung' der Beziehungen (Aitolos als Einwanderer aus Elis und spätere Rückwanderung von Aitolern

Es ist – aus gleichsam mythistorischer Logik – offensichtlich (und wird auch durch das von West erschlossene hohe Alter der Endymion-Variante des Frauenkatalogs nahegelegt), daß diese komplizierte Version (Auswanderung des Aitolos aus Elis, Rückkehr seiner Nachkommen aus Aitolien nach Elis) jünger ist. Diese Doppelung in der intentionalen Geschichte von Elis, die man gemeinhin erst später datiert und mit der elisch-aitolischen Waffenbrüderschaft im Krieg zwischen Elis und Sparta (402–400) verbunden hat, reicht also wegen Ibykos mindestens ins 6. Jahrhundert zurück, denn ein elischer Endymion, wie er dort bezeugt ist, ergibt nur Sinn, wenn man seinen Sohn Aitolos eben dort verankern wollte. Details der Besiedlung Aitoliens mögen erst später weiter ausgesponnen sein (vgl. u.).

Daß die Doppelung dieser Verbindung im elischen Interesse lag, ist jedenfalls offenkundig. Die Eleier konnten damit einen unangenehmen Punkt in ihrer Frühgeschichte, die problematische Beziehung zu dem alten Sagenvolk der Epeier, elegant beseitigen. Indem sie auf der Gleich[33]setzung beharrten, konnten sie Aitolos mit seinen Landsleuten, eben den Epeiern/Eleiern, nach Aitolien auswandern lassen, waren also in Elis nicht nur zu den alten Epeiern hinzugekommene Immigranten. Darüber hinaus, und das war noch wichtiger, war der Anspruch auf das elische Land dadurch besser begründet: Die Eleier waren nicht eingewanderte Aitoler, sondern letztlich identisch mit den ältesten bekannten Besiedlern des Landes, also autochthon. Die Figur der Rückwanderung hatte hier also dieselbe Funktion wie die Sage von der Rückkehr der Herakliden neben der der dorischen Immigration für die Frühgeschichte der dorischen Staaten auf der Peloponnes[53] (oder später die in der römischen Mythistorie vorgenommene Lokalisierung des an sich troischen Dardanos in Italien[54]). Bei Strabon heißt es dann auch von Oxylos und seinen Leuten, sie seien συγκατελθόντες τοῖς Ἡρακλείδαις.[55] Entsprechend emphatisch wird die Autochthonie der Eleier bzw. der elische Ursprung der Aitoler in den bei Ephoros zitierten Epigrammen auf den Statuenbasen der Gründerheroen Aitolos und Oxylos formuliert (wohl im ausgehenden 5. Jahrhundert): In Thermos evozierten die Aitoler plastisch die Jugend des Aitolos am Alpheios, „nahe den Stadionläufen von Olympia“, während in Elis von ihm *expressis verbis* gesagt wird, er habe das „autochthone Volk“, d. h. die Eleier, verlassen.[56]

Diese Zusammenhänge zeigen – über ihre Bedeutung für das Selbstverständnis und die intentionale Geschichte der Eleier hinaus –, daß die Eleier neben der durch Homer ‚besiegelten‘ Existenz der Epeier noch um ein zweites Element nicht herumkamen, nämlich um die Einwanderung. Es war ihnen unmöglich, diese zu

---

unter Oxylos) erst mit der aitolischen Unterstützung von Elis in dessen Krieg gegen Sparta (402–400, zum Datum s. Gehrke, Stasis [wie Anm. 26] 53 Anm. 7) in Verbindung zu bringen. Doch die Kombination der Endymion-Deszendenz des Aitolos und der Herrschaft Endymions in Elis weisen auf ein höheres Alter.

53   Prinz, Gründungsmythen (wie Anm. 38) 222f.
54   Verg. Aen. 3,94ff.; 7,195ff.; vgl. Timothy P. Wiseman, Legendary Genealogies in Late Republican Rome, G & R 21, 1974, 153–164; Pierre Grimal, Le retour des Dardanides. Une légitimité pour Rome, JS, 1982, 267–282.
55   Strab. 8,3,30.
56   Ephor. FGrHist 70 F122.

umgehen, sie hatten da keinen Spielraum. Hätten sie ihre Frühgeschichte frei konstruieren können, hätten sie schlicht die Autochthonie behaupten können. Ich sehe hierin kein unbedeutendes Argument für die tatsächliche Herkunft mindestens bestimmter Gruppen bzw. sogenannter „Traditionskerne"[57] aus Nordwestgriechenland.

Jedenfalls ist die Nähe zu den Aitolern, die in der alten Oxylos-Geschichte und der wenig späteren Lokalisierung des Endymion in Elis zum Ausdruck gebracht wurde, mit dem Selbstverständnis der Eleier und mit [34] ihrer Ethnogenese aufs engste verquickt. Betrachten wir dies im Lichte der im ersten Teil gegebenen Überlegungen zur Identitätsbildung, so werden weitere Beobachtungen und Schlußfolgerungen wichtig. Wir haben auf Wahrnehmungen und Zuschreibungen zu achten, die Nähe und Differenz in wesentlichen Bereichen des Lebens betreffen, z. B. in Sprache, Habitus und Kultus, und von da her das uns greifbare Material zu mustern.

Dabei wird man von vornherein zu berücksichtigen haben, daß wir auf Grund von dessen Dürftigkeit gerade in der frühen Zeit aller Voraussicht nach kaum werden unterscheiden können, was ursprüngliche Selbst- und Fremdwahrnehmung war und was sich erst als Ergebnis von Zuschreibungen und ‚gepflegten' Formen der Identitätsrepräsentation im Sinne von „acts of identity" herausbildete. Diese können die originären Wahrnehmungen entscheidend überformt und verstärkt haben; sie sind demnach im Zweifelsfalle auch für uns viel deutlicher greifbar – ohne daß wir sie deshalb gleich mit der Ausgangssituation der Stilisierung verbinden können.

Das Ergebnis der sprachhistorischen Analyse gibt ein ziemlich einheitliches Bild, das in einer deutlichen *communis opinio* der Forschung zum Ausdruck kommt.[58] Der elische Dialekt, in sich relativ einheitlich und klar definierbar, steht den in Nordwestgriechenland gesprochenen Dialekten sehr nahe. Dies könnte, wie gerade die neuere linguistische Forschung zeigt, durchaus auf „acts of identity" zurückgehen, zumal die Hauptquelle für die sprachliche Struktur offizielle elische Texte sind. Andererseits kann man sich nicht ohne weiteres die für solche gemeinsamen sprachlichen Vereinheitlichungstendenzen innerhalb wie außerhalb von Elis verantwortlichen Instanzen, Institutionen oder Kommunikationsstrukturen vorstellen, die auf eine bewußte Angleichung gezielt hingewirkt hätten. Es spricht also einiges dafür, hier an eine ursprüngliche Nähe zu denken. Sollte die von Strabon vorgenommene Identifizierung des homerischen Myrsinos mit dem späteren Myrtuntion zutreffen, dann könnte man an ein ursprünglich dorisch-nordwestgriechisches Myrtinos denken, das dann episch ‚ionisiert' wurde,[59] und hätte einen frühen

---

57 Zum Begriff s. bes. Wenskus, Stammesbildung (wie Anm. 7) 75ff.; 140ff.

58 Siehe vor allem Franz Kiechle, Das Verhältnis von Elis, Triphylien und der Pisatis im Spiegel der Dialektunterschiede, RhM 103, 1960, 336–366; Siewert, Bürgerrechtsverleihung (wie Anm. l); Annie Thévenot-Warelle, Le dialecte grec d'Élide. Phonétique et phonologie, Nancy 1988, 19; Rüdiger Schmitt, Einführung in die griechischen Dialekte, Darmstadt ²1991, 62ff., weiteres bei Taita, Olimpia (wie Anm. 24) 164 Anm. 46. – Ob die politische Bezeichnung διαιτατέρ ebenfalls nach Nordwestgriechenland verweist (so Taita, Olimpia [wie Anm. 24] 165f.), muß m. E. unsicher bleiben.

59 Visser, Katalog (wie Anm. 19) 564.

Beleg in der für die Ethnogenese der Eleier vorgeschlagenen Zeit. Aber das bleibt unsicher. [35]

Die materielle Kultur, die jüngst von Catherine Morgan zusammenfassend für die frühe (protogeometrisch-geometrische) Zeit analysiert und in bezug auf die Stadt Elis von Birgitta Eder und Veronika Mitsopoulos-Leon gemustert wurde, hilft nicht viel weiter. Abgesehen davon, daß nicht jede Form und Ware etwa der Keramik Relikt und Ausdruck von identitätsrelevantem Habitus oder ethnischer Zuordnung ist, machen auch die Dürftigkeit der Zeugnisse und das Fehlen systematischer und großflächiger Untersuchungen alle Aussagen mehr oder weniger hypothetisch. Immerhin gibt es Indizien für einen deutlichen Bevölkerungsrückgang in protogeometrischer Zeit und für einen Zuwachs in der zweiten Hälfte des 8. Jahrhunderts, zunächst vor allem in den Tal-Zonen von Peneios und Alpheios. Morgan spricht sogar von einem „resettlement",[60] was für ein Einsickern von neuen Gruppen sprechen würde.

Nach den Beobachtungen von Eder und Mitsopóulos-Leon existierte im Bereich des späteren Elis eine submykenisch-protogeometrische Siedlung (Ende 11. und 10. Jahrhundert), die im 9. Jahrhundert offenbar ‚ausdünnte‘ (jedenfalls sind die Befunde bisher sehr „spärlich"), aber bereits in den beiden folgenden Jahrhunderten Spuren deutlich stärkerer Besiedlungsaktivität zeigt.[61] Auch dies könnte darauf hindeuten, daß mit dem 8. Jahrhundert, durchaus infolge eines Zuzugs neuer Siedler, eine neue Entwicklung einsetzte. Die Herkunft solcher Siedler ist allerdings mit archäologischen Mitteln nicht zu bestimmen, da sich in der Keramik stilistische Nähe zu verschiedenen Regionen (Achaia, Aitolien, Ithaka) nachweisen läßt, die aber nicht „straightforward" ist.[62] Diese Beobachtungen passen jedoch nicht schlecht zu den aus der mythistorischen und sprachlichen Analyse gewonnenen Schlußfolgerungen; auf keinen Fall widersprechen sie ihnen.

Die Interpretation der Kulte, einschließlich der des elischen Kalenders, gibt gewisse Hinweise, doch lassen sich diese leider nicht mit Sicherheit in die frühe Zeit zurückführen – sieht man von Olympia einmal ab, dessen zentraler Kult aber nichts über die religiösen Beziehungen von Elis zu Aitolien aussagt. Diese sind lediglich in der intentionalen Geschichte repräsentiert, worauf wir noch zurückkommen werden. Von dem Grabmal des Endymion in Olympia war bereits die Rede, desgleichen von dem Kultplatz seiner Tochter in Triphylien. Wie weit ein Heroenkult für Endymion zurückreicht, muß offenbleiben. Die Beziehung der Eurykyda [36] auf Endymion scheint, wie wir sahen, eher spät zu sein. Das gilt auch für den Totenkult des Oxylos-Sohnes Aitolos (sozusagen Aitolos' II.), dessen Grab sich in einem Stadttor von Elis befand.[63] Da Elis bei Xenophon, bezogen auf den elisch-spartanischen Krieg, noch als unbefestigt erscheint,[64] dürfte mindestens dieser Platz nicht vor 400 eingerichtet worden sein. Denkbar ist freilich (auch wegen der auffälligen

---

60   Morgan, Athletes (wie Anm. 25) 50.
61   Eder, Mitsopoulos-Leon, Geschichte (wie Anm. 25) 10; 35.
62   Morgan, Athletes (wie Anm. 25) 52.
63   Paus. 5,4,4.
64   Xen. hell. 3,2,27.

Lokalisierung), daß hier ein älteres Kultmal integriert wurde. Für ein Grabmal des Oxylos selbst fand schon Pausanias keinen eindeutigen Hinweis.[65]

Der Bezug der im Alpheios-Gebiet verehrten Artemis Elaphiaia auf die aus Kalydon, Naupaktos und Patrai bekannte Artemis Laphria, den Julia Taita[66] ins Spiel bringt, ist unsicher, ebenfalls die Deutung des Apollon Thermios-Altars beim olympischen Heraion.[67] Ansonsten bleibt meines Wissens nur der allgemeine Hinweis auf Kulte in Olympia, die sowohl den im elischen Gebiet wie bei den Aitolern verehrten Heroen und Heroinen galten.[68] Auch er ist zeitlich nicht zu spezifizieren, unterstreicht aber, was wir auch aus der Mythistorie und der politischen Geschichte wissen, daß die Beziehung zwischen Elis und Aitolien ‚gepflegt‘ wurde, bis in die römische Kaiserzeit hinein. Die Vorstellung der Verwandtschaft hatte also einen festen „Sitz im Leben“.[69]

Darauf könnte auch der Kalender verweisen. Nach Catherine Trümpys Untersuchungen sind zwei der acht epigraphisch belegten elischen Monatsnamen[70] auch im aitolischen Kalender zu finden (Athanaios, Dios) und weist ein anderer (Elaphios) nach Nordwestgriechenland. Ob das allerdings wirklich aussagekräftig ist, kann man auch bezweifeln, führen [37] doch zwei weitere Namen (Thyios, Apollonios) in den thessalisch-boiotischen Bereich.

Halten wir also fest: Wie schon der Name signalisiert, fand die Ethnogenese der Eleier vor Ort statt. Andererseits ist ihre Herkunft aus Aitolien bereits der frühesten uns greifbaren lokalen Mythistorie eingeschrieben. Diese Vorstellung wurde entweder von eingewanderten Gruppen, sogenannten Traditionskernen, die den Vollzug der Ethnogenese prägten, mitgebracht oder sie hat sich am Ort bei der ansässigen Bevölkerung herausgebildet. Erstere Annahme ist nach Lage der Dinge wahrscheinlicher, die zweite aber nicht ausgeschlossen. Sie ist allerdings voraussetzungsreicher, denn wir müßten in diesem Fall unterstellen, daß die Wahrnehmung von Nähe zu den Leuten jenseits des Meeres so groß war, daß man sie zu einer Vorstellung von Verwandtschaft verdichtete und mit dem in mancher Hinsicht unangenehmen Einwanderungsmythos beschrieb. Es müßte also enge und in gewisser Weise etablierte Kontakte zwischen Elis und Aitolien bzw. den dort jeweils ansässigen Bevölkerungen über das Meer hinweg gegeben haben.

---

65 Paus. 6,24,9.

66 Taita, Olimpia (wie Anm. 25) 185f.; vgl. Paus. 6,22,8ff.

67 Paus. 5,15,7, von Taita, Olimpia (wie Anm. 25) 183 mit Anm. 106 auf Thermos bezogen; aber das ist ganz unsicher, man kann mit Pausanias mindestens ebenso gut an einen Apollon Thesmios denken (Maddoli, Saladino, Pausania [wie Anm. 3] Bd. 5, 276f.).

68 Paus. 5,15,12.

69 Demgegenüber weisen die aitiologische Erklärung eines wichtigen Herakultes (Paus. 6,16,1ff.; vgl. dazu Maddoli, Saladino, Pausania [wie Anm. 3] Bd. 5, 286ff.) sowie die Thyiai (für Dionysos) (Paus. 6,26,1; Plut. mul. virt. 251e mit Maddoli, Saladino, Pausania [wie Anm. 3] Bd. 5, 287f.) auf die Beziehungen von Elis und Pisa. Umberto Bultrighini (Pausania e le tradizioni democratiche. Argo ed Elide, Padua 1990, 165ff.; 179ff.) sieht in ihr eine ältere pisatische Tradition, die von einer elischen überlagert wurde. Aber angesichts der Problematik der pisatischen Überlieferung (s. u. S. 41ff. [hier: S. 351ff.]) kommen wir damit nicht in eine frühe Zeit.

70 Catherine Trümpy, Untersuchungen zu altgriechischen Monatsnamen und Monatsfolgen, Heidelberg 1997, 199ff.

Daß wir dafür – abgesehen von der Mythistorie selbst und den wenig spezifischen archäologischen Materialien – keine direkten Belege haben, mag angesichts unserer dürftigen Überlieferungslage wenig ins Gewicht fallen. Immerhin ergeben sich aus Homer transmarine Bezüge, die auch in der frühen Sage verankert waren, nämlich zu Meges, dem Trojakämpfer und Herrscher über die Echinaden und Dulichion:[71] Meges galt als Sohn des Phyleus, der aus Zorn über die Ungerechtigkeit seines Vaters Augeias aus Elis nach Dulichion emigriert war. Zudem ist – außerhalb des Schiffskataloges und der Nestorerzählung – Kyllene, der wichtigste Hafenort von Elis, dem Gebiet der Epeier-Eleier zuzurechnen. Im 15. Gesang der Ilias (518f.) erscheint der Kyllenier Otos, bezeichnenderweise ein Gefährte des Meges, als ἄρχος Ἐπειῶν. Eine maritime Außenbeziehung von Elis ist damit bereits in einem frühen Horizont greifbar, deutlich auch in der Odyssee.[72] Auf diesem Wege können Kontakte existiert haben. Allerdings führen sie noch nicht in den epischen ‚Kernraum‘ der Aitoler um Kalydon und Pleuron, aus dessen Nähe (Naupaktos) in der Mythistorie der Übergang der Herakliden unter Oxylos' Führung erfolgte. Überdies würden solche Bezüge eher auf den Bereich von Achaia (etwa das Gebiet von Patrai) als wesentliche Kontaktzone weisen, was auf Grund der geographischen Gegebenheiten überaus naheliegt. Demgegenüber sind die [38] Eleier – man denke auch hier an ihren Namen – deutlich binnenländisch orientiert und durch agrarische Lebensweise geprägt, zudem, abgesehen von Kyllene, nahezu hafenlos.[73] Die über das Meer weisenden Beziehungen von Elis und die im frühen Epos erkennbare maritime Perspektive lassen sich überdies sehr gut aus der Sicht der Epik erklären, die ja im Schiffskatalog deutliche Elemente eines Periplus-Schemas verrät. Dies gilt auch für die Perspektive der Odyssee, für die das Festland geradezu auch wie eine Peraia erscheint, von Ithaka aus.[74] Dieses wird im homerischen Apollon-Hymnos,[75] wenn auch in eigenwilliger Anordnung, die der Bemühung um episch-gelehrte Reminiszenzen geschuldet ist, überaus deutlich. Es handelt sich aber um eine eindeutige Außenwahrnehmung. Der Bezug der Eleier auf Aitolien drängt sich also keineswegs auf, und man kann sich deshalb nur schwer vorstellen, daß sich die Idee mythistorischer Verwandtschaft gleichsam autochthon herausgebildet hat.

Man wird sich also den Beginn der elischen Ethnogenese hypothetisch etwa so vorzustellen haben: Von dem nordwestgriechischen Festland wanderten womöglich recht kleine Gruppen in das sehr dünn besiedelte Elis ein, möglicherweise im 8. Jahrhundert, zunehmend in dessen zweiter Hälfte. Zusammen mit anderen, teils eingewanderten und teils zuvor schon dort ansässigen Gruppen siedelten sie vor allem in den fruchtbaren Talauen des Peneios und Alpheios. Den Traditionskern bildeten aber jene Leute aus dem aitolischen Raum, die sich um die spätere Akropolis von Elis festsetzten und sich „Talleute" nannten, Sie bewahrten ein Bewußtsein ihrer Herkunft, suchten aber auch Anschluß an die Bevölkerung (Epeier), die

---

71 Hom. Il. 2,625ff.
72 Hom. Od. 4,634ff.; 15,296ff.; 21,347.
73 Julius Beloch, Sulla costituzione dell'Elide, Rivista di filologia 4, 1876, 225–238, 236; Nikolaos Yalouris, The City State of Elis, Ekistics 33, 1972, 95f., 95.
74 Hom. Od. 4,634ff., vgl. Anm. 73.
75 Hom. h. 3, 418ff., bes. 426.

in alten, in der Ilias panhellenisch ‚verbindlich' formulierten Sagen (mit womöglich mykenischen Reminiszenzen) dort lokalisiert war. Die Macht der mitgebrachten Tradition war allerdings nicht so stark, daß sich die Siedler als Bestandteil des aitolischen *ethnos* verstanden. An dessen Ethnogenese, die ihre eigenen Probleme aufwirft,[76] hatten sie keinen Anteil, wie nicht zuletzt das Fehlen einer Verbindung zu den älteren Teilstämmen der Aitoler beweist. Man verstand sich eben als verwandt, aber nicht als identisch. [39]

Die Traditionsbildung hatte eine beträchtliche ethnogenetische Dynamik. Sie verdichtete sich relativ schnell von der Vorstellung der Immigration zu der der Rückwanderung. Darüber hinaus war sie ziemlich kohärent, denn für die frühe Zeit lassen sich so gut wie keine konkurrierenden Überlieferungen mehr nachweisen. Sollte es solche gegeben haben, wurden sie durch die des Traditionskerns schnell überlagert bzw. verdrängt.[77] Außerdem hatte die Ethnogenese trotz der losen

76 Hierzu grundlegend Antonetti, Étoliens (wie Anm. 41); dies., Strabone (wie Anm. 40).

77 Wir finden zwar noch Indizien für Bezüge in andere Landschaften, jedoch läßt sich für diese kein hohes Alter in Anspruch nehmen oder gar plausibel machen. Einige Verbindungen weisen nach Achaia: Die Hinzuziehung von Leuten aus Helike beim mythischen Synoikismos unter Oxylos (Paus. 5,4,3) läßt sich nach Sordi, Strabone (wie Anm. 26) 141f., aus dessen anachronistischer Gestaltung nach dem Vorbild des megalopolitischen heraus verstehen, scheint also im Kern ein jüngeres Produkt zu sein. – Im achaiischen Olenos (dazu Maddoli, Saladino, Pausania [wie Anm. 3] Bd. 5, 194) ist Dexamenos verankert, der als Vater zweier Zwillingstöchter, die als Frauen der Aktorionen Mütter der epeiischen Trojakämpfer Amphimachos und Thalpios waren (Paus. 5,3,3), sowie der Lapithe Phorbas, auf den deren väterliche Linie (über den Phorbas-Sohn Aktor) zurückgeht (Diod. 4,69,2f.; Eustath. in Hom. Il. 303,8ff.). Das Alter dieser Traditionen ist nicht zu klären, sie könnten aber, wegen eines aitolischen Olenos (Strab. 8,3,11; Steph. Byz. s. v. Ὤλενος, beides in Relation zu Hes. fr. 13 M.-W.; zum Bezug des zugehörigen Flußnamens [Peiros] s. Baladié, Péloponnése [wie Anm. 35] 72f.), eine Verstärkung der aitolisch-elischen Verbindung darstellen, mit Ausdehnung auf das westliche Achaia, was von der geographischen Situation her nahelag (vgl. Maddoli, Saladino, Pausania [wie Anm. 3] a. a. O.). Gerade wegen der Bezeichnung Ὠλενίη πέτρη bei Hes. a. a. O. ist es aber am plausibelsten, daß dieser Bezug aus der im Schiffskatalog und in der Nestorerzählung erwähnten Landmarke herausgesponnen ist, also ursprünglich gar nicht nach Achaia weist. Auch dann hätten wir eine frühe Übertragung auf Aitolien, also ein Indiz für die genannte Beziehung. Sie gewinnt ein gewisses Relief, weil sie über Phorbas mit der thessalischen Variante (s. u.) verknüpft ist. – Die Achaier, die gemäß Ephor. FGrHist 70 F115 (= Strab. 8,3,33) vor Oxylos Olympia kontrollierten, wird man am ehesten mit den Achaiern der alten Sage verbinden (Maddoli, Saladino, Pausania [wie Anm. 3] Bd. 5, 198 denken demzufolge auch an Reminiszenzen an ein mykenisches Olympia), so wie die Pylier in der Nestorerzählung ja einmal auch als Achaier bezeichnet werden (Hom. Il. 11,759f.). Es ist gut denkbar, daß die – spätere (s. u.) – pisatische Traditionsbildung hier angeknüpft hat. – Nach der Zerstreuung der Pelopiden sollen die Olympischen Spiele durch Amythaon, den Sohn des Aioliden Kretheus, gemeinsam mit Neleus und Pelias neugeordnet worden sein (Paus. 5,8,2). Dies ist in durchsichtiger Weise an den ethnisch zunächst unspezifischen (s. u.) Oinomaos-Pelops-Sagenkreis angeschlossen und mag auch mit pisatischen Intrusionen verbunden werden. Auf das aiolische Element verweist Kiechle, Verhältnis (wie Anm. 59) 337f., aber der von ihm in diesem Zusammenhang herangezogene Passus Strab. 8,1,2 sagt in dieser Hinsicht gar nichts aus: Die dortigen linguistischen Spekulationen sind in evidenter Weise das Resultat ethnographischer Konstruktion mit den bekannten griechischen ‚Kunststämmen'. Strabon geht von vier Gruppen aus (Athener, Ioner, Aioler, Dorier), die er auch zu zweien (die beiden ersten und die beiden letzten) zusammenfassen kann (vgl.

auch 14,5,26). Dabei ist das aiolische Element auf der Peloponnes das ursprünglich autochthone; die Eleier, die dann die Leute um Oxylos aufnehmen, sind nur in dieser Hinsicht Aioler (und entsprechen dann den Eleiern/Epeiern Homers). Im übrigen müßten nach Strabon auch die Aitoler aiolisch sprechen, da alle Griechen außerhalb des Isthmos – außer Athenern, Megarern und den Doriern der Doris – „auch heute noch Aioler genannt werden". Es ist offensichtlich, daß dies mit modernen dialektologischen Beobachtungen nichts zu tun hat und für die Rekonstruktion spezifisch lokaler bzw. regionaler Identitäten nicht nutzbar ist. – Eine der Gemahlinnen des Endymion war die Arkas-Tochter Hyperippe (Paus. 5,1,4), was den Aitolos zu einem Enkel des Arkas mütterlicherseits machte und auch eine Erklärung für seine Teilnahme an den Leichenspielen des Arkas-Sohnes Azan gibt, bei denen er den Totschlag (an Apis aus Pallantion) beging, der ihn in die Verbannung nach Aitolien zwang (Paus. 5,1,8). Diese konkrete Begründung muß nicht so alt sein, wie die Sache selbst, sondern scheint erst später aus dem konfliktreichen Verhältnis zwischen Elis und Arkadien herausgesponnen zu sein. – Interessanter sind die thessalischen Bezüge, wenn man sie nicht lediglich als Weiterungen der aiolischen verstehen will. Das gilt weniger für Amarynkeus (immerhin „eine alte legendarische Figur", Kullmann, Quellen [wie Anm. 31] 161), dessen Sohn Diores einer der vier epeiischen Trojakämpfer war (nach Kullmann, Quellen [wie Anm. 31] 98 „wahrscheinlich" erst von Homer eingeführt, vgl. auch ebd. 161f.) und der – jedenfalls nach späterer Überlieferung – als Sohn des Thessalers Pyttios nach Elis kam und Anteil an Augeias' Herrschaft erhielt (Paus. 5,1,11; anders s. u.). Möglicherweise führt eine andere Deszendenz, die des Aktor, weiter. Dieser erscheint statt Poseidon (so noch Hom. Il. 11,709f.; 750ff.) als Vater der Aktorionen, des Kteatos und des Eurytos (Paus. 5,1,11). Aktor und seine Söhne hatten als Ortsansässige Anteil am Königtum des Augeias (Paus. a. a. O.; nach Eustath. in Hom. Il. 305,5 war Aktor Bruder des Augeias, der bereits bei Apollod. bibl. 2,5,5 und später bei Eustath. in Hom. Il. 303,8ff. [Diod. 4,69,3 hat Aigeus, doch vgl. Wilhelm H. Roscher (Hg.), Ausführliches Lexikon der griechisch-römischen Mythologie, 6 Bde., Leipzig 1894–1897, Bd. 2,2, 1853] in einer Variante konsequenterweise auch als Sohn des Phorbas erscheint). Aktors Vater Phorbas heiratete die Hyrmina (eine Epeios-Tochter, Paus. 5,1,6, vgl. Eustath. in Hom. Il. 303,8ff.) und nach seiner Mutter nannte Aktor eine von ihm gegründete Stadt (Paus. 5,1,11). Wir kennen sie schon aus dem Schiffskatalog, ohne daß sie richtiges Profil gewinnt. Phorbas allerdings (vgl. auch Johanna Schmidt, Phorbas (Nr. 1), RE 20,1, 1960, 528f.) ist eine interessante Figur. Er wurde als Helfer gegen Pelops von Alektor, dem Sohn des Epeios, aus Olenos nach Elis geholt, erhielt die Hälfte der dortigen Königsherrschaft (Diod. 4,69,2; Eustath. in Hom. Il. 303,8ff.) und verschwägerte sich auf doppelte Weise mit Alektor: Er heiratete dessen Schwester Hyrmine, mit der er, wie wir sahen, Augeias und Aktor zeugte, während sich Alektor mit Phorbas' Tochter Diogeneia vermählte, von der er den Sohn Amarynkeus hatte (Eustath. a. a. O.). Phorbas war also mit der elischen Frühgeschichte aufs engste verzahnt. Hinter seiner Herkunft aus Olenos steckt aber noch mehr, denn er war Sohn des Lapithes (Paus. a. a. O.; Diod. 4,69,2; Eustath. a. a. O.; Diod. 5,58,5 erzählt von Phorbas eine andere Geschichte, die von Thessalien nach Rhodos führt, während er bei Diod. 4,69,2 nach Olenos gelangte); Lapithes seinerseits erscheint auch als Sohn des Apollon und der Stilbe, der Tochter des Flußgottes Peneios (Diod. 4,69,l). So mag hinter dem thessalischen Bezug wohl nur die Namensgleichheit des elischen und thessalischen Hauptflusses stehen (und dann gelehrt ausgesponnen sein) – oder soll man die Geschichte ernster nehmen und einen Reflex von ihr im Westgiebel des Zeustempels (hierzu vgl. die Hinweise bei Maddoli, Saladino, Pausania [wie Anm. 3] Bd. 5, 234) erkennen, eine Anspielung an eine – wenn auch sekundäre – Gründerfigur, den Lapithen Phorbas? Apollon, der im Giebel so markant erscheint, war sein Großvater, und bei Ovid (Met. 12,322) ist er als Teilnehmer der Kentauromachie bezeugt. Wir hätten dann in den beiden Giebeln eine ingeniös gestaltete Erinnerung an bekannte Mythen (die Kentauromachie ist literarisch wie ikonographisch seit dem 7. Jahrhundert belegt, s. LIMC VIII 1 s. v.), die der elischen intentionalen Geschichte ursprünglich nicht angehörten, aber nun monumental in sie integriert wurden. Die

Besiedlung [40] und der großen Ausdehnung des Raumes, eine beachtliche Reichweite; denn sie erstreckte sich bis in das zweite Gebiet verdichteter Besiedlung, [41] in das Alpheios-Tal mit dem wichtigen älteren Kultzentrum Olympia,[78] um das auch – mit der Oinomaos- und Pelops-Geschichte – andere Sagen kreisten. Man darf wohl sagen, daß die Kontrolle über dieses Heiligtum, für die es auch archäologische Indizien gibt,[79] die weiträumige Integration, die bereits für das ausgehende 8. und frühe 7. Jahrhundert erkennbar ist, wesentlich gefördert hat.

An dieser Stelle müssen einige Bemerkungen zu den Traditionen von Pisa bzw. zum pisatischen Olympia eingeschaltet werden. Die Skepsis gegenüber dem Alter dieser Traditionen und damit gegenüber einer frühen Kontrolle Olympias durch die Pisaten, die bereits vor Jahrzehnten Benedikt Niese artikulierte, ist in jüngster Zeit vor allem durch Massimo Nafissi und Astrid Möller erhärtet worden.[80] Deren Beobachtungen gewinnen angesichts der schon früh deutlich ausgeprägten und recht kohärenten elischen Mythistorie noch ein besonderes Relief. Denn dieser läßt sich auch nur halbwegs Adäquates von pisatischer Seite nicht entgegenstellen. Die [42] ältere Sage von Oinomaos, den Freiern der Hippodameia und Pelops war eher griechisches Allgemeingut – wie schon die Herkunft der Freier zeigt –, das wohl mit der ‚Panhellenisierung‘ der Olympischen Spiele zusammenhängt. Sie hat zunächst offensichtlich keine lokale ethnogenetische Dynamisierung erfahren und steht insofern im Gegensatz zu den Oxylos-, Endymion- und Aitolos-Geschichten.

---

elische Mythistorie hätte damit – passend zu dem Auftrumpfen der neuen Polis Elis (s. u.) und dem gewachsenen panhellenischen Zuschnitt der Olympischen Spiele – einen weiteren Horizont erhalten. – Die triphylischen Traditionen können hier außer acht bleiben, sie sind jüngst von Nielsen (Triphylia [wie Anm. 4] 133ff.) überzeugend analysiert worden. – Zu den pisatischen Überlieferungen s. u.

78 Vgl. Siewert, Bürgerrechtsverleihung (wie Anm. 2) 276; zur Dynamik generell vgl. auch Maddoli, L'Elide (wie Anm. 3) 158.

79 Morgan, Athletes (wie Anm. 24) 53. Für diesen Zusammenhang sind nunmehr die von Helmut Kyrieleis im älteren Bereich des Heiligtums von Olympia geleiteten Ausgrabungen höchst bedeutsam. Sie haben wichtige Indizien für einen Beginn des Kultes um 1000 v. Chr., in Anknüpfung an markante Punkte aus älterer Zeit, aber ohne Kontinuität, gebracht (ich danke H. Kyrieleis dafür, daß er mir eine Version seines Grabungsberichtes, die sich jetzt im Druck befindet, vorab zur Verfügung gestellt hat (12. Bericht über die Ausgrabungen in Olympia, Berlin/New York 2003); vgl. im übrigen auch Birgitta Eder, Continuity of Bronze Age Cult at Olympia? The Evidence of the Late Bronze Age and Early Iron Age Pottery, in: Robert Laffneur, Robin Hägg (Hg.), Potnia. Deities and Religion in the Aegean Bronze Age. Proceedings of the 8th International Aegean Conference/8e Rencontre égéenne internationale Göteborg, Göteborg University, 12–15 April 2000, Liège-Austin 2001, 201–209). Ähnlich wie im Verhältnis der sagenhaften Epeier zu den Eleiern hat man auch hier den Eindruck eines späteren Anknüpfens, und man mag auch dies als Indiz für eine Immigration nehmen. Es bleiben allerdings chronologische Differenzen, die jedoch nicht überbewertet werden müssen, weil es bei uns immer nur um einen *terminus ante quem* geht, der zudem vage bleibt. Auf jeden Fall lohnen m. E. die unabhängig gewonnenen Ergebnisse eine weitere Diskussion.

80 Benedikt Niese, Drei Kapitel eleischer Geschichte, in: Genethliakon. Carl Robert zum 8. März 1910, Berlin 1910, 1–47, 26ff.; Nafissi, Prospettiva (wie Anm. 3); Möller, Genealogien (wie Anm. 15) 201ff.; dies., Elis, Olympia und das Jahr 580 v. Chr. Zur Frage der Eroberung der Pisatis, in: Robert Rollinger, Christoph Ulf (Hg.), Griechische Archaik. Interne Entwicklungen – Externe Impulse, Berlin 2004, 249–270.

Außerdem führt auch von ihr aus eine Brücke nach Aitolien: Bereits in den „großen Ehoien" erscheint Alkathoos, der Sohn des Porthaon, Herrscher von Pleuron und Kalydon, als Freier der Hippodameia.[81] Darüber hinaus läßt sich die später greifbare pisatische Eigentradition[82] nicht über das 4. Jahrhundert zurückverfolgen, d. h. die Stratigraphie des Mythos liefert hier einen Negativbefund. Daß der Aiolos-Sohn Salmoneus als König der Epeier und Pisaten den Aitolos von Elis nach Aitolien vertrieben hat, ist erst bei Ephoros[83] bezeugt und setzt die Herkunft des Aitolos aus Elis, also ein älteres Element elischer intentionaler Geschichte, bereits voraus, in der der Weggang des Aitolos anders erklärt wurde.

Die Tradition über den pisatischen Eponymen ist darüber hinaus nicht so fest wie die der elisch-aitolischen Gründerfigur, überdies auch nicht nachweislich alt: Pisos erscheint als Sohn des Aphareus[84] oder ist an das alte, pseudo-hesiodeische Stemma der Aioliden als Sohn des Perieres[85] lediglich angehängt.[86] Ähnliches gilt auch für eine eponyme Heroine, Pise, die als Tochter Endymions erscheint.[87] Es fehlt darüber hinaus auch eine durchgehende Genealogisierung von deren möglichen Nachkommen, wie man sie gerade in der frühen Mythenbildung ansonsten beobachten kann. Gegen ein hohes Alter pisatischer Überlieferungen spricht auch das völlige Fehlen dieses Elements im Schiffskatalog und in der Nestor-Erzählung der Ilias. Dort reicht der ganz einheitlich gefaßte epeiisch-elische Bereich, wie wir gesehen haben, bis an den Alpheios, die Grenze zu Pylos. Man wird also, mit den genannten Forschern, die Ausarbeitung der pisatischen Eigentradition mit der zeitweisen, von Arkadien gestützten[88] Existenz eines pisatischen Staates im 4. Jahrhundert zu verbinden haben. [43]

Damit unterliegen auch die Berichte von frühen Auseinandersetzungen zwischen Elis und Pisa dem Verdikt späterer „Geschichtsklitterung".[89]

Auch die Annahme einer frühen Amphiktyonie um Olympia, die von Ulrich Kahrstedt begründet und neuerdings von Peter Siewert und seiner Schülerin Julia Taita vertreten wurde,[90] hilft in der Frage nach dem Verhältnis von Elis, Pisa und Olympia nicht weiter. Sie bleibt ganz unsicher.[91] Das aitolische Element, das jetzt Taita mit zahlreichen gelehrten Beobachtungen herausgearbeitet hat, läßt sich auch viel weniger voraussetzungsreich mit der elischen Mythistorie erklären und belegt elische Kontrolle über Olympia, aber keineswegs die Existenz einer Amphiktyonie.

81   Hes. fr. 259 M.-W.
82   Bes. Strab. 8,3,31; Paus. 5,1,6f.; 6,21,5f.; 10f.; 22,1ff.
83   FGrHist 70 F115.
84   Schol. Theokr. 4,29–30b.
85   Hes. fr. 10 M.-W.
86   Paus. 6,22,2.
87   Schol. Theokr. a. a. O.; Schol. Pind. O. 1,28b.
88   vgl. Xen. hell. 7,4,28.
89   Möller, Genealogien (wie Anm. 15) 190; dies., Eroberung (wie Anm. 81).
90   Ulrich Kahrstedt, Zur Geschichte von Elis und Olympia, NGG 1927, 157–176, 160ff.; Siewert, Rechtsaufzeichnung (wie Anm. 2) 29f.; Ebert, Siewert, Bronzeurkunde (wie Anm. 2) 221; bes. Taita, Olimpia (wie Anm. 25).
91   Philippe Gauthier, Symbola. Les étrangers et la justice dans les cités grecques, Nancy 1972, 43ff.

Wir dürfen also konstatieren, daß die von dem in und um den Ort Elis siedelnden „Traditionskern" ausgehende Ethnogenese nicht nur intensiv und relativ kohärent war, sondern sich auch ziemlich früh bis an den Alpheios, jedenfalls bis zu dem wichtigen Kultzentrum Olympia, ausdehnte. Schon das zeugt von einer beachtlichen Entwicklung und Integrationskraft des neuen elischen *ethnos*. Das ist um so bemerkenswerter, als die Besiedlung des Landes nach wie vor sehr lose blieb, wir also mit zahlreichen Dörfern und Weilern zu rechnen haben. Dennoch hatten zwei Plätze gewisse Zentralortfunktion: die Siedlung Elis selbst, wo es wohl schon recht früh einen Versammlungsplatz gab, und das Zeusheiligtum von Olympia.

Wie der Prozeß der Ethnogenese von seiner kommunikativen Seite her, im Kontakt zwischen Sängern, Dichtern und Eliten, konkret ablief, entzieht sich unserer Kenntnis. Darbietungen bei Symposien und im Zusammenhang mit Kulthandlungen und Siegerfesten werden dabei eine Rolle gespielt haben. In solchen und ähnlichen Kommunikationszusammenhängen wurde am Mythos ‚weitergestrickt', und das konnte enorme soziale Bedeutung haben. Immer wieder vergewisserte sich eine Gemeinschaft ihrer selbst, ihrer Identität und Bedeutung im Kontext der weiteren Gruppen und Gemeinschaften. Dies geschah immer mit dem Blick auf die eigene Vergangenheit, die nicht nur wieder und wieder memoriert, sondern auch im Sinne der intentionalen Geschichte um- und weitergeschrieben wurde, in Anpassung an neue Situationen und Gegebenheiten – aber letzt[44]endlich „verdinglicht", als wahre und wirkliche Geschichte angenommen wurde.

In Elis zeigt das vor allem die Geschichte des Oxylos, die in einer zum Teil kaum noch durchschaubaren Verquickung von alten und neuen Elementen fortentwickelt wurde. Oxylos gewann damit die Statur eines veritablen Gründervaters. Gerade die Zusammenführung der ältesten Traditionen (der Epeier- und der AitolerLinie) wird zunächst mit ihm verbunden. So setzte sich die Vorstellung einer friedlichen Landnahme gegenüber einer (wohl älteren und gegebenenfalls lediglich die Immigration, nicht die Rückkehr akzentuierenden) Variante der Vertreibung der Epeier[92] durch: Über die Beherrschung des Landes wurde gemäß Absprache durch einen Zweikampf zwischen einem Eleier und einem Aitoler entschieden. Oxylos bewahrte die alten kultischen Traditionen, insbesondere das Totenritual des Augeias,[93] und vor allem bewirkte er eine friedliche Teilung des Landes zwischen Eingesessenen und Zuwanderern, zwischen Epeiern und Aitolern,[94] und gründete mittels Synoikismos ein neues städtisches Zentrum.[95] Hiermit läßt sich relativ zwanglos auch die im 4. Jahrhundert belegte Vorstellung von Oxylos als Gesetzgeber verbinden.[96] Außerdem zog er auf Grund eines Orakels andere Bewohner pelopidischer Herkunft aus dem achaiischen Helike hinzu und richtete Olympische Spiele aus.[97] Nachdem einer seiner Söhne, Aitolos, frühzeitig verstorben und im nach

---

92 Ephor. FGrHist F115.
93 Paus. 5,4,2.
94 Strab. 8,3,30; Paus. 5,4,2.
95 Paus. 5,4,3; vgl. auch das Oxylos-Epigramm auf der Agora von Elis bei Ephor. FGrHist 70 F122 (ἔκτισε τήνδε πόλιν).
96 Aristot. pol. 1319 a 12.
97 Paus. 5,4,3; 8,5.

Olympia führenden Stadttor der neugegründeten Stadt bestattet worden war (s. o.), ging die Herrschaft über Elis auf seinen anderen Sohn Laios über. Dessen Nachkommen, die Pausanias gekannt zu haben scheint, aber nicht erwähnte, weil sie nicht mehr als Herrscher fungierten, reichten bis auf Iphitos,[98] der die seit Oxylos unterbrochenen Olympischen Spiele wieder aufnahm – der Beginn der historischen Olympien nach griechischer Geschichtsvorstellung.

Dies war das Bild der elischen Vergangenheit, das spätestens im Hellenismus ausgeprägt war und weitgehend akzeptiert sowie regelmäßig – auch in Verbindung mit Kultpraktiken – gepflegt wurde, mindestens bis in Pausanias' Zeit hinein. Eine Stratigraphie dieses Mythos ist nur noch [45] bedingt möglich. Doch scheint etwa der Abbruch der Herrscher in der Generation nach Oxylos ein Reflex der aristokratischen Dominanz bzw. der ‚republikanischen' Struktur des archaischen Elis und entsprechend alt zu sein.[99] Anachronistisch ist auf jeden Fall, wie man schon längst gesehen hat, der frühe Synoikismos, der mindestens den ‚echten' des Jahres 471 voraussetzt, womöglich aber sogar den von Megalopolis im Jahre 369, wie unlängst Marta Sordi vorgeschlagen hat.[100] Jedenfalls werden die über lange Zeit hinweg laufenden Linien der intentionalen Geschichte sehr plastisch. Was spätestens im 8. Jahrhundert begonnen hatte, setzte sich über die Jahrhunderte hinweg fort, die elische Identität wurde immer wieder bewahrt und bestätigt, erinnert und verstärkt, fest und flexibel zugleich. Das epeiisch-elisch-aitolische Mischvolk bildete eine perfekte Einheit.

Es ist ein besonders glücklicher Umstand, daß wir ihre Entwicklung durch archäologische und vor allem epigraphische Zeugnisse auch nach der Zeit der forcierten Ethnogenese und vor dem Synoikismos verfolgen können. Daß sich in Elis selbst, ohne daß dieses bereits als Polis angesprochen werden kann, ein Versammlungsplatz, eine Agora mit entsprechenden Elementen (Kultplätzen, Gerichtsstätte) und auch bedeutenderen Bauten befand, läßt sich aus verschiedenen Funden und Beobachtungen erschließen.[101] Bereits im frühen 6. Jahrhundert wurden dort auch schriftlich fixierte Regeln, also Gesetze, aufbewahrt, wie ein vor einiger Zeit von Peter Siewert veröffentlichtes Fragment demonstriert.[102] Das *ethnos* der Eleier hatte mithin einen Organisationsgrad, den wir üblicherweise mit der Entwicklung einer Polis verbinden.[103] Der Schriftgebrauch für die Veröffentlichung von Gesetzen und

<hr>

98 Paus. 5,4,4f.

99 Zur elischen Verfassung vgl. u.

100 Sordi, Strabone (wie Anm. 26) 141f.

101 Siewert, Rechtsaufzeichnung (wie Anm. 2) 26; Eder, Mitsopoulos-Leon, Geschichte (wie Anm. 25) 24ff.

102 Siewert, Rechtsaufzeichnung (wie Anm. 2).

103 Deshalb gibt es auch Schwierigkeiten mit der Nomenklatur; zu „Großpolis" und „Stammstaat" s. Siewert, Rechtsaufzeichnung (wie Anm. 2) 30. Wie im Falle von ‚Polis' sollten wir besser bei dem antiken Begriff bleiben. Ich würde deshalb „ethnos" vorziehen, aber angesichts der Ethnizität und der politischen Organisationsform von Elis trotz der Skepsis von Siewert a. a. O. im Zweifelsfalle eher von einem „Stammstaat" sprechen. – Daß Simonides von πόλις Δίος spricht (fr. 589 Page, mit Siewert a. a. O.), besagt nicht viel: Abgesehen davon, daß die Zeilen nach dem Synoikismos verfaßt worden sein können, handelt es sich um poetische

Beschlüssen des *ethnos* intensivierte sich rasch, allerdings wurde der Publikations-
ort offenbar gegen die Mitte [46] des 6. Jahrhunderts nach Olympia verlegt.[104]
Diese zunehmend auf die Schrift rekurrierende Entwicklung der politischen Organisation,[105] also die rechtlich formalisierte Seite der Ethnizität, läßt sich durchaus,
wenn auch nicht mit letzter Sicherheit, mit späteren Angaben zur Verfassungsge-
schichte von Elis, insbesondere zum Wechsel von einer exklusiven zu einer weiteren Oligarchie bzw. Aristokratie, verbinden,[106] was hier nicht weiter verfolgt werden kann. Sie sei nur als Indiz für den relativ komplexen Organisationsgrad des
ethnos erwähnt, denn sie beweist die hohe Kohärenz und Kompetenz zur Konflikt-
lösung innerhalb dieser Einheit – trotz relativ hoher Eigenständigkeit ihrer Subzen-
tren.[107]

Die materiell auf den Ressourcen des fruchtbaren Landes[108] und organisatorisch
auf dem Geschick der dominierenden Eliten beruhende, von einem klar ausgeprägten Gemeinschaftsgefühl getragene Bedeutung des elischen *ethnos* wird im Verlauf
des 6. Jahrhunderts auch in der weiteren Expansion in Richtung Süden faßbar.[109]
Die Eleier schlossen ihrem Verband auch weitere Gebiete am Alpheios und darüber
hinaus an. Sie begegnen in der literarischen Überlieferung als Perioiken von Elis,
waren aber offiziell, wie eine jüngst von Joachim Ebert und Peter Siewert veröffentlichte Urkunde aus Olympia zeigt, als *symmachia* dem elischen *ethnos* angelagert, schon geraume Zeit vor dem Synoikismos.[110] Mit diesem Rückgriff auf das
Konzept der hegemonialen Symmachie zeigte der Stammesverband nicht nur eine
Tendenz zur regionalen Machtbildung, sondern wiederum auch eine bedeutende
Organisationskompetenz, zu der [47] naturgemäß auch die Erfahrung mit der Verwaltung des panhellenisch gewordenen Heiligtums in Olympia beitrug. Darin, daß
man sich ganz offenkundig an dem nur wenig älteren, wohl erstmals von den Spartanern entwickelten Ordnungskonzept der hegemonialen Symmachie orientierte,
kommt auch ein gesteigertes politisches Selbstbewußtsein zum Ausdruck.

Ausdrucksweise. Der Daimon Sosipolis (Paus. 6,20,2–6; 6,25,4) ist nicht aussagekräftig, da die
Einführung des Kultes zeitlich nicht fixiert werden kann.

104 Siewert, Rechtsaufzeichnung (wie Anm. 2) 27.

105 Hans-Joachim Gehrke, Gesetz und Konflikt. Überlegungen zur frühen Polis, in: Jochen Bleicken (Hg.), Colloquium aus Anlaß des 80. Geburtstages von Alfred Heuß, Kallmünz 1993, 49–
67, bes. 58 [in Ausgewählte Schriften Band I]; Uwe Walter, An der Polis teilhaben. Bürgerstaat
und Zugehörigkeit im archaischen Griechenland, Stuttgart 1993, 116ff.; Karl-Joachim Hölkeskamp, Schiedsrichter, Gesetzgeber und Gesetzgebung im archaischen Griechenland, Stuttgart
1999, 97ff.

106 Siewert, Rechtsaufzeichnung (wie Anm. 2) 28; vgl. generell Gehrke, Stasis (wie Anm. 26) 52;
365ff.

107 Robin Osborne, Classical Landscape with Figures. The Ancient Greek City and its Countryside,
London 1987, 126; Siewert, Rechtsaufzeichnung (wie Anm. 2) 29f.; zum Prozeß der sich ver-
dichtenden Formation vgl. auch Bultrighini, Pausania (wie Anm. 70) 174; 179.

108 Vgl. bes. Hans-Joachim Gehrke, Jenseits von Athen und Sparta. Das Dritte Griechenland und
seine Staatenwelt, München 1986, 103.

109 Schlußfolgerungen auf ein außenpolitisches Handicap einer solchen Ordnung, wie sie Osborne
(Landscape [wie Anm. 108] 127f.) zieht, ist also mit Zurückhaltung zu begegnen.

110 Ebert, Siewert, Bronzeurkunde (wie Anm. 2), zur historischen Analyse und zu den Details s.
Roy, Perioikoi (wie Anm. 4).

So waren die Eleier schon weit gediehen, als sie mit ihrer Teilnahme an den Perserkriegen, dem Bau des Zeus-Tempels, der politischen Neuorganisation, also der Umwandlung in einen Polisstaat und der Demokratisierung ihrer politischen Ordnung, sowie ihrer weiteren Expansion nach Süden, tief nach Triphylien hinein, in der ersten Hälfte des 5. Jahrhunderts zu neuen Ufern strebten. Die Basis dafür war die kohärente und effiziente Ausgestaltung des *ethnos* spätestens seit dem 8. Jahrhundert. So mögen die hier vorgestellten und recht verschlungenen Überlegungen nicht nur für die Thematik der Ethnizität generell, sondern auch für griechische Organisationsformen ‚jenseits' der Polis instruktiv sein.

Erschienen in: Scott T. Farrington (Hrsg.), Enthousiasmos. Essays in Ancient Philosophy, History, and Literature. Festschrift for Eckart Schütrumpf on his 80th Birthday, Baden-Baden: Nomos Verlagsgesellschaft, 2019, 235–257.

VOM TEXT ZUM RAUM

Hellenistische Gelehrsamkeit, frühgriechische Lyrik und ein heiliges Land um Olympia

Der Jubilar hat einen guten Teil seines wissenschaftlichen Lebens der Erforschung der griechischen Philosophie und Gelehrsamkeit gewidmet. Ich möchte deshalb in diesem Sinne einschlägige Texte als Ausgangspunkt nehmen, um von ihnen aus mit interdisziplinären Brückenschlägen einen besonderen Sachverhalt griechischer Kultur und griechischen Weltverständnisses näher zu beleuchten. Auf gleichsam archäologischen Wegen versuche ich, von intellektueller Polemik aus über lebensweltlich verortete Dichtung nach religiös-kulturellen Vorstellungen zu graben, mit denen die Griechen eines ihrer wichtigsten Heiligtümer und dessen Umgebung als besonderen Raum formten und in einen größeren, panhellenischen Zusammenhang brachten.[1]

Dazu möchte ich mit einem konkreten Ort beginnen, der uns heute noch mit der Antike geradezu unmittelbar zu verbinden schient. Die wasserreiche Quelle Arethusa auf Ortygia, dem ältesten Teil der korinthischen Kolonie Syrakus, bietet – trotz verschiedenster Veränderungen, der letzten im Jahre 1847 – noch heute ein Bild ähnlich dem, das schon Cicero in den *Verrinen* schildert: „In hac insula (sc. Ortygia) extrema est fons aquae dulcis, cui nomen Arethusa est, incredibili magnitudine, plenissimus piscium, qui fluctu totus operiretur nisi munitione ac mole lapidum diiunctus esset a mari" (Cic. *Verr.* 2.4.118).[2] Wie zahlreiche Münzbilder [236] und Prägungen zeigen,[3] war die mit dieser Quelle verbundene Nymphe gleichsam ein Symbol der Polis Syrakus. Ihr Bild signalisierte, häufig in

---

1   Der vorliegende Beitrag wäre nicht möglich gewesen ohne die Arbeiten am Olympia-Area-Survey. Ich bin deshalb meinen Kolleginnen und Kollegen Birgitta Eder (Wien), Erofili Kolia (Olympia), Franziska Lang (Darmstadt), Andreas Vött (Mainz) sowie meinem Mitarbeiter Mark Marsh-Hunn (Freiburg) zu großem Dank verpflichtet. Eine ganze Reihe von Berührungen gibt es mit meiner Kieler Felix-Jacoby-Vorlesung im November 2017 (s. Gehrke 2019). Ich danke in diesem Zusammenhang meinen Kollegen Lutz Käppel und Peter Weiß für weiterführende Hinweise.

2   „Am Ende dieser Insel (s. Ortygia) ist eine Süßwasserquelle, die Arethusa heißt, von unglaublicher Größe, ganz voll von Fischen, die von der Meeresflut völlig überschwemmt werden würde, wenn sie nicht durch eine Befestigung und eine Steinmole vom Meer getrennt wäre." (Übersetzung Hans-Joachim Gehrke). Zur Arethusa und ihrer Geschichte vgl. auch Smith 1922, 669–672.

3   Grundlegend ist immer noch Boehringer 1929; zur Thematik vgl. auch Morgan 2015, 61–8.

Verbindung mit anderen sinnfälligen Motiven wie etwa Delphinen, die Identität dieser mächtigen – auch seemächtigen – Stadt.

Mit der Nymphe und auch, ganz konkret, mit ihrem Wasser waren verschiedene Geschichten und Erklärungen verbunden. Vor allem eine von diesen wurde in Gelehrtenkreisen lebhaft diskutiert. Nehmen wir Strabon, unseren wichtigsten Gewährsmann in *geographicis*, als Ausgangspunkt. Er erwähnt (Str. 6.2.4 270–1C.) einen Fluss, der aus der Quelle Arethusa entspringe und direkt ins Meer münde, und man „fabele" (μυθεύουσι),[4] dass dieser Fluss der Alpheios sei, der von der Peloponnes aus unterirdisch unter dem Meer hindurch bis zur Arethusa fließe und von dort ins Meer münde. Dafür führe man als Beweise an (τεκμηριοῦνται): eine Trinkschale (φιάλη), die in Olympia in den Alpheios gefallen und hier wieder aufgetaucht sei, eine Trübung des Wassers bei der Arethusa auf Grund der Rinderopfer in Olympia und eine Stelle bei Pindar (*N.* 1.1–2), an der im Zusammenhang mit Ortygia von einem Rastplatz (ἄμπνευμα) des Alpheios die Rede ist. Dieselbe Auffassung vertrete auch der Historiker Timaios (*FGrHist 566* F41).

Dagegen führt Strabon Argumente an, die sich eindeutig auf die natürlichen Gegebenheiten beziehen. Dabei hat er ein Phänomen im Auge, das in Griechenland und darüber hinaus vor allem wegen der Karstmorphologie verbreitet war, nämlich das Verschwinden von Wasserläufen in Karsthöhlen, so genannten Katavothren.[5] Strabon spricht bezeichnenderweise von „Schlund" (βάραθρον) bzw. vom „verschluckenden Mund" (στόμα τὸ καταπῖνον). So konzediert er durchaus, dass ein unterirdischer Verlauf das Weiterfließen trinkbaren Wassers erlauben würde. Genau eine solche Öffnung gibt es aber an der Mündung des Alpheios nicht. Da das Quellwasser der Arethusa trinkbar ist, der Fluss aber während seines Verlaufes im Meer nicht ungemischt bleiben könne, ist die [237] Identifizierung nicht möglich (ἀμήχανον), und die entsprechende Annahme „fabulös" (μυθῶδες).

Strabons Argumentation ist hier geradezu schulmäßig im Sinne antiker Philosophie und Rhetorik, wie sie auch in Gelehrsamkeit und Historiographie geläufig war, besonders wenn es um Korrektheit und Wahrheit ging. Gerade was „von Natur aus" (κατὰ φύσιν) unmöglich war, gehört ins Reich der Legende, eben des μυθῶδες, und nicht zu den (wahren) Tatsachen der Natur und der Geschichte.[6] Dass solche gleichsam naturwissenschaftliche Argumentation nicht überflüssig war, lehrt ein Blick auf zwei römische Autoritäten auf diesem Felde. Der ältere Plinius (*HN* 2.225) erwähnt die Verbindung von Arethusa und Alpheios, ohne diese anzuzweifeln. Ähnliches finden wir auch in Senecas *Quaestiones naturales* (6.8.2). An anderer Stelle jedoch äußert sich Seneca etwas distanzierter: Er spricht von regelmäßigen ‚Selbst-Reinigungen' von Quellen und erwähnt in diesem Zusammenhang für die Arethusa einen Zyklus von vier Jahren, passend zu den Olympischen Spielen,

---

4   Ich übernehme die gelungene Übersetzung von Radt 2003, 179.

5   Das konnte man bezeichnenderweise gerade mit dem Alpheios in Verbindung bringen: Dessen Hauptquellen lagen bei Asea in Arkadien, nachdem er vorher in der Ebene von Tegea verschwunden war, Pausanias 8.44.3, 54.1 (vgl. auch Smith 1922, 38–9); zur modernen Situation mit den Quellen Frangovrysi und Manaraiiki s. Papachatzis 1980, 379–80).

6   S. etwa Str. 1.2.35, 15.1.28, 17.1.43; des Weiteren s. hierzu vor allem Walbank 2011, 402; Gehrke 2014, 115.

deren Rinderopfer sehr viel Mist produzierten, der dann durch den Alpheios zur Arethusa transportiert werde und dort überfließe. Der unterseeische Verlauf des Alpheios ist aber für ihn nur eine „Meinung" (*opinio*).[7]

In vergleichbarer Weise, nur noch drastischer, polemisiert Polybios (12.4d.1–8) gegen Timaios, und wahrscheinlich hat das auch Strabon beeinflusst.[8] Auch hier geht es um Wahrheit und Genauigkeit bzw. die Verbindung beider, die „genaue Erforschung der Wahrheit" (ἀκριβῶς τὴν ἀλήθειαν ἐξετάζειν, 12.4d.2). Genau diese habe Timaios verfehlt, deshalb sei er der Lüge, der Falschheit, der „Trugrede" (ψευδολογία) überführt; und um das festzustellen, brauche es auch nicht „vieler Worte" (12.4d.4). Polybios bringt zu Timaios' Widerlegung deshalb nur zwei ganz offenkundige Sachverhalte: Zum einen müsste Timaios als jemand, der aus der Gegend, zumal von einem besonders prominenten (ἐπιφανέστατος) Platz, stammte, dort besonders gut Bescheid wissen (12.4d.4), zum anderen ist die [238] Geschichte, die er erzählt, dass nämlich der Alpheios über 4000 Stadien[9] unter dem Sizilischen Meer hinweg fließe und dass einmal infolge eines regenreichen Unwetters zur Zeit der Olympischen Spiele der Alpheios das Heiligtum überschwemmt und deshalb viel Kot von Opfertieren und eine goldene Trinkschale an der Arethusa zum Vorschein gebracht habe (12.4d.7–8), ganz offensichtlich so absurd, dass er keiner Widerlegung für würdig erachtet wird.

Die agonal-polemische Note, die die ästhetische und intellektuelle Kultur der Griechen bekanntlich kennzeichnet, ist hier besonders ausgeprägt. Ohnehin ist Timaios einer der großen, geradezu exemplarischen Kontrahenten des Polybios, zumal wo es ihm darum geht, seine eigene an Tatsachen orientierte und – dem Anspruch nach – der Wahrheit und Logik[10] verpflichtete Geschichtsschreibung von anderen abzugrenzen und damit erst richtig in Szene zu setzen. Hier wird das Unwahre, die Pseudologie, also die Gegenseite, nicht selten mit dem Unglaubwürdigen und dem Mirakulösen in Verbindung gebracht; Polybios spricht hier auch von „Paradoxologie",[11] der Sucht zum Paradoxen, das hier als das Unglaubliche verstanden wird und zur Pseudologie führt.

Das darf aber nicht darüber hinwegtäuschen, dass auch Timaios argumentiert hat. Auch er befleißigte sich der Methoden der Intellektuellen und Gelehrten, wie nicht zuletzt noch aus Polybios' Polemik deutlich wird. Zunächst nimmt er die Geschichte von der Verbindung bzw. Identität von Alpheios und Arethusa nicht

---

7   Auch der eher spielerische Hinweis, dass der Adressat der Schrift, Lucilius, an diese Geschichte „geglaubt" habe (was sich offenbar auf dessen Dichtungen bezieht), und das Zitat aus der 10. Ekloge Vergils (10.4–5; vgl. auch *Aen.* 3.692–7) mit der Anrede an Arethusa und der Anspielung auf ein Vermischen der Wasser, könnte eine gewisse Reserviertheit zum Ausdruck bringen. – Ähnliche Versionen auch bei Servius *in Vergilii eclogas* 10.4 und *in Vergilii Aeneidem* 3.694.

8   Radt 2007, 185.

9   Nach Walbank 1967, 329 ist die Angabe übertrieben; doch s. Arnaud 1993 und 2005 zur Problematik der Zahlenangaben, besonders bei direkten Linien.

10   Hierzu s. jetzt Maier 2012, bes. 17–71.

11   Plb. 3.47.6 zur Schilderung von Hannibals Alpenübergang durch „einige" Historiker; ähnliche Grundgedanken s. bes. auch 2.56.10, 3.58.9, 7.7.1–2, 10.2.6, 15.34.1, 36.1.

einfach hin, sondern sucht sie überhaupt zu erklären bzw. Gründe für die Richtigkeit der Identifizierung zu finden. Wie wir sahen, wurden immer wieder zwei Beobachtungen angeführt, das Vorkommen von Rindermist in Überflutungen der Quelle und der Fund einer Trinkschale (wir würden das heute ein archäologisches Argument nennen!). Beide konnte man mit den Olympischen Spielen, also mit Olympia und damit dem Alpheios verbinden. Das konnte sogar zu der Behauptung (oder – angeblichen – Wahrnehmung) periodischer Überschwemmungen nach dem Rhythmus der Olympischen Spiele führen.[12] [239]

Timaios ist demgegenüber, wenn wir Polybios Glauben schenken (und dazu haben wir gerade auf Grund seiner polemischen Attitude allen Grund), in seiner Argumentation durchaus geschickter – *more sophisticated*, wären hier die passenden Worte: Er spricht nicht von regelmäßigen Vorkommnissen, sondern von einem – einmaligen – Großereignis (κατά τινα χρόνον), einem Starkregenfall während der Olympischen Spiele, der die mistreichen Fluten und die goldene Phiale nach Syrakus brachte. Das ist natürlich kein Beweis, zeigt jedoch seine Argumentationsstrategie sehr klar: Er versucht, eine plausible und insofern schlüssige Erklärung aus der Erfahrungswelt zu finden: Jeder wusste – und kann auch noch heute erfahren – dass im Hochsommer (zum Zeitpunkt der Veranstaltung der Olympischen Spiele) in Griechenland starke Gewitter vorkommen können, die so große Regenfluten mit sich bringen, dass sie zu verheerenden Überschwemmungen führen konnten. Mit dieser rationalen Methode der Plausibilisierung erklärt Timaios also den merkwürdigen Sachverhalt.

Dies sagt nun nicht nur etwas über die Methode und die intellektuelle Zugehörigkeit des Timaios aus, sondern auch über die Situation, die er im Hinblick auf das Thema Arethusa und Alpheios vorfand. Zum einen muss es die Geschichte bereits vor ihm gegeben haben, und sie war – ganz offensichtlich auf Grund kritischer Fragen – bereits erklärungsbedürftig geworden. In der Tat hatte die Geschichte gerade zu Timaios' Zeiten besondere Aufmerksamkeit gefunden, und zwar in einer Literaturgattung, die im frühen Hellenismus aufblühte und sich gerade dem Mirakulösen und Phantastischen zuwandte, das Polybios so unheimlich war.

Dass die Geschichte von dem langen unterirdischen bzw. unterseeischen Verlauf des Alpheios auch in diesem neuen Genre Aufmerksamkeit fand – und daraufhin unter Gelehrten und Historikern Debatten auslöste – zeigt sich in einem dem Antigonos zugeschriebenen Exzerpt, das seinerseits die *Thaumasion synagoge* des großen Dichter-Philologen Kallimachos (fr. 407 Pfeiffer; 481 Asper) zitiert.[13] Dort wird (12.140) ebenfalls auf den Anfang von Pindars Nemeen 1 verwiesen, und dann

---

12 Sen. a. O. 3.26.5; so heißt es auch in den pseudoaristotelischen *Mirabilia* (847 a 3–4), dass die Arethusa jedes fünfte Jahr „bewegt werde" (κινεῖσθαι).

13 Musso 1985. Dieser wurde häufig mit Antigonos von Karystos identifiziert, was aber nicht mehr aufrechterhalten werden kann (Musso a. a. O; Dorandi 2002, xiv.). Ob sich Kallimachos seinerseits hier auf den für westgriechische Sachverhalte bedeutsamen frühhellenistischen Autor Lykos von Rhegion berufen hat (wie in dem Abschnitt zuvor, *FGrHist 570* F9), muss offen bleiben (skeptisch F. Jacoby z. St.; in Brill's New Jacoby (D.G. Smith) nicht in das Lykos-Fragment mit aufgenommen). Für uns tut das aber nichts zur Sache. Weitere Belege zu dieser Variante s. Scholia Pi. N. 1.1–2; Servius *in Vergili eclogas* 10.4; *in Aeneidem* 3.694.

heißt es, nicht ohne einen Sinn für das Konkrete, dass während der Olympischen Spiele, „wenn die [240] Eingeweide der Opfertiere im Fluss ausgewaschen werden, die Quelle (sc. die Arethusa) nicht sauber sei, sondern überfließe vor Mist. Er (Lynkos? Kallimachos?) sagt aber auch, dass einmal eine Phiale, die man in den Alpheios geworfen hatte, in dieser Quelle wieder aufgetaucht sei." (Übersetzung nach M. Asper).

Für diese Aussage ist in dem Antigonos-Exzerpt neben Kallimachos auch Timaios als Gewährsmann genannt, und wer der erste war, lässt sich nicht mehr entscheiden. Aber eines ist dabei deutlich: Beide haben die Geschichte vorgefunden und sie mit unterschiedlichen Intentionen behandelt, als Dichter und Paradoxograph einerseits, als Historiker mit Begründungszwang andererseits.

Neben den konkreten Beobachtungen zum Inhalt der Arethusa selbst ist sowohl bei Timaios als auch bei Kallimachos/Antigonos die Nennung Pindars wichtig. Wie auch andere Beispiele zeigen,[14] war der Hinweis auf literarische Autoritäten innerhalb gelehrter Diskussionen ein wichtiger Bestandteil der Beweisführung.[15] Genau in diesen Zusammenhang gehört aber auch die Erwähnung der Phiale, die ganz offensichtlich auf Ibykos zurückgeht. Dieser habe, so ein Scholiast des Theognis, in seiner beiläufigen Erzählung von „der olympischen Opferschale" (τῆς Ὀλυμπιακῆς (Wendel; codd. ὀλυμπίας) φιάλης) den Weg des Alpheios „durch das Meer" zur Quelle Arethusa erwähnt.[16]

Auf diese Weise sind wir von der hellenistischen Gelehrsamkeit in die Welt der frühgriechischen Lyrik gelangt. Hier war die Geschichte des unterseeischen Alpheios, die Kallimachos, Timaios und andere vorfanden, ganz offensichtlich schon verschiedentlich ausgestaltet, spätestens, wie aus der Erwähnung des Ibykos hervorgeht, im 6. Jahrhundert. Deren Kern war aber offensichtlich noch ein ganz anderer, und auch das geht aus Pindars 1. Nemee (1–3) hervor.[17] Neben dem schon erwähnten „ehrwürdigen Rastplatz" (ἄμπνευμα σεμνόν) des Alpheios wird nämlich dort auch eine „Lagerstätte" (δέμνιον) der Artemis erwähnt; und darüber hinaus ist am [241] Anfang der 2. Pythischen Ode (10–1)[18] im Zusammenhang mit Ortygia von einem „Sitz" (ἕδος) der Artemis Potamia die Rede.[19]

---

14 Zu Aristoteles bzw. zur *Athenaion politeia* s. etwa Gehrke 2006, 282–3.

15 Zu Kallimachos vgl. etwa Asper 2004, 49.

16 Ibykos fr. 323 PMG = Sch. Theoc. 1.117 (p. 67f. Wendel), hierzu s. auch Braswell 1992, 32–34; Morgan 2015, 89f.

17 Die Ode ist Chromios von Syrakus gewidmet, einem engen Gefolgsmann des Hieron von Syrakus, Sieger „mit den Pferden", 476 v.Chr.(?), dazu s. Morgan 2015, 384–5.

18 Die Ode geht auf Hieron selber, den Sieger im Wagenrennen, 470/69 v.Chr.

19 Der Tempel der Artemis war mit dem der Athena (dieser steckt in der heutigen syrakusanischen Kathedrale Santa Maria delle Colonne) das bedeutendste Heiligtum in Ortygia: „duae (sc. aedes sacrae) quae longe ceteris antecellant, Dianae et altera...Minervae" (Cic. *Verr.* 2.4.118: „zwei Tempel, die bei weitem über die anderen herausragen, der der Artemis und der andere...der der Athena," Übersetzung H.-J. Gehrke). Man bringt ihn in der Regel (seit Gentili 1967, vgl. auch Hinz 1998, 110) mit den Resten eines ionischen Tempels etwa aus dem letzten Viertel des 6. Jahrhunderts in Verbindung, der im Zentrum von Syrakus etwa parallel zu dem Athena-Tempel lag (s. den Überblick bei Mertens 2006, 244–7, mit weiterer Literatur in Anm. 61.62; zum urbanistischen Kontext Mertens 2006, 73–5). Weil Spolien von jenem Tempel für den der

Die Verbindung von Artemis und Alpheios gibt den Schlüssel, denn Alpheios, der sich bei der Arethusa „verschnaufen" musste, hatte die Artemis von der Peloponnes bis nach Sizilien verfolgt, und daran spielt offenkundig Pindar schon an.[20] Von einer Flucht der Artemis vor Alpheios hatte im übrigen auch Telesilla von Argos berichtet (fr. 1 Page), die etwa in dieselbe Zeit gehört. Wie der Anfang der Geschichte in etwa ausgesehen hat, wohl schon damals, also spätestens zu Beginn des 5. Jahrhunderts, lehrt uns eine Stelle bei Pausanias, die eine aitiologische Erklärung für eine Kultpraxis im Heiligtum der Artemis Alpheiaia liefert, das in Letrinoi, unweit der Mündung des Alpheios, lag.

Alpheios habe sich in die Artemis verliebt, so berichtet der Perieget (6.22.8–10), habe sie jedoch weder durch die Kraft der Überredung (*peithō*) noch durch Bitten zu einer Heirat bewegen können und deshalb versucht, sie zu vergewaltigen. Deshalb habe er sich nach Letrinoi begeben, wo die Göttin mit den Nymphen ihrer Entourage ein nächtliches Fest (παννυχίς) feierte. Artemis habe aber schon einen Verdacht gehegt und deshalb ihr eigenes Gesicht und die Gesichter ihrer Gefährtinnen mit Lehm verschmiert, so dass Alpheios unverrichteter Dinge wieder abzog. Die Letriner [242] hätten die Göttin deshalb Artemis Alpheiaia genannt.[21] Daneben muss es aber auch die Version von der Verfolgung der Artemis gegeben haben, ob älter oder später, lässt sich nicht sagen.

Man kann sich nun gut vorstellen, dass eine derart erotisch geladene Geschichte im Hinblick auf die jungfräuliche Göttin manchen Gemütern als zu delikat erschien. Deshalb scheint eine andere Person als Verfolgte gleichsam an ihre Stelle getreten zu sein, die Nymphe Arethusa, also die Quellnymphe selber.[22] Sie war eine peloponnesische Jägerin, insofern also eine Gefährtin der Artemis. Als der Jäger Alpheios sie vergewaltigen oder auch heiraten wollte, floh sie nach Ortygia und wurde zu einer Quelle, während Alpheios aus Liebe in einen Fluss verwandelt wurde (Paus. 5.7.2). Ihre Geschichte war in vielen literarischen Variationen präsentiert worden, deren bekannteste Ovids Gestaltung in den „Metamorphosen" darstellt (592–641).[23]

Athena (ab ca. 480 v.Chr.) verwendet wurden (Gullini 1985, 471; Mertens 2006, 247 Anm. 65. 315), war er unvollendet, und deshalb ist seine Zuweisung an den von Cicero erwähnten Artemis-Tempel wohl fraglich. Will man die Identifizierung aber aufrecht erhalten, so könnte das durchaus zu den Pindarstellen passen, weil die Quelle Arethusa nur etwa 200 m von dem ionischen Tempel entfernt ist. Andererseits könnte man auch an eine andere Lokalisierung oder an ein kleineres Heiligtum denken.

20   Vgl. Radt 2007, 185: „In ἄμπνευμα lässt sich das Verschnaufen nach der Verfolgung kaum überhören." Vgl. im übrigen auch die Erklärungen der Scholien.

21   Nach Sch. Pi. N. 1.3 und Sch. Pi. P. 2.12 war der Beiname Alpheioa bzw. allgemein Potamia. Nach Curtius 1852, 73 steckt in der Geschichte mit dem Lehm ein Reflex auf die Überschwemmungen des Alpheios. – Zu der *pannychis* s. Weniger 1907, 105; er erwägt einen Tanz mit dem *re-enactment* der Attacke des Alpheios und seinem Verschwinden im Meer, mit dem Hinweis auf Lukian *de saltatione* 45, nach dem das ein besonders gutes Tanzmotiv sei.

22   Zum höheren Alter der Artemis-Version s. bereits Weniger 1907, 110, vgl. auch Braswell 1992, 34.

23   Vgl. im übrigen auch Verg. *Aen.* 3.692–7; dieser Text ist an der heutigen Fassung der Quelle angebracht; weitere Hinweise s. bei Wentzel 1894, 1643–4.

Am Ende war die Geschichte dann völlig gesäubert, denn schließlich wurden Alpheios und Arethusa ein richtiges Braut- und Ehepaar; und als solches genossen sie sogar eine angemessene und adäquate Verehrung: Alpheios hatte sich Arethusa als Freier mit einem „Kranz von Olympia" genähert und dazu Blätter, Blumen und „heiligen Staub" als Brautgeschenke dargebracht. Und ebenso warfen Besucher anlässlich der Olympischen Spiele Geschenke in den Alpheios, damit dieser sie seiner Braut zusätzlich zukommen lassen konnte.[24]

Die literarische Kreativität und die gelehrte Diskussion führen nun aber auf weitere Sachverhalte, die auch historisch Gewicht haben. Bei genauerem Zusehen zeigt sich nämlich, dass die Geschichten auch einen Sitz im Leben hatten. Bei der Erzählung vom Anschlag des Alpheios han[243]delt es sich, wie schon erwähnt, offensichtlich um ein Aition für den Tempel der Artemis Alpheiaia in Letrinoi und einen dort praktizierten nächtlichen Kult unverheirateter Frauen. Darüber hinaus finden wir hiermit ein sehr starkes Indiz für eine enge Bezugnahme zwischen den beiden genannten Gottheiten, Artemis und Alpheios. Auch diese lässt sich mit historischen Gegebenheiten verbinden. Schauen wir zunächst auf die lokale bzw. regionale Ebene:

Wegen der Bedeutung des Heiligtums von Olympia ragten naturgemäß Zeus, seine Mutter Rhea und seine Frau Hera hier besonders hervor. Daneben aber stehen Alpheios als bedeutender Flussgott (wie wir noch näher sehen werden) und vor allem die Artemis. Diese genoss in der gesamten Region westlich und südlich von Olympia eine besondere Verehrung, in etlichen Heiligtümern.[25] Eines von diesen war ein Hain der Artemis Alpheionia oder Alpheiousa an der Mündung des Alpheios. Dieses Heiligtum kann man möglicherweise mit dem schon erwähnten der Artemis Alpheiaia in Letrinoi identifizieren. Strabon (8.3.12) berichtet, dort hätten sich drei berühmte Bilder der Korinther Kleanthes und Aregon befunden. Sie stellten die Eroberung Troias, die Geburt der Athena und eine Artemis auf einem Greifen dar. Man datiert sie heute in das 7. Jahrhundert v. Chr.[26] [244]

---

24 Alpheios mit dem „Kranz von Olympia" (Stat. *Silv.* 1.2.208; Nonnos *Dion.* 13.334. 37.170; *Anth. Pal.* 9.362,1; Sid. Apoll. 1.101) bzw. einem *kótinos* (Mosch.7.2); Blätter, Blumen und „heiliger Staub" als Brautgeschenke (Mosch. 7.3; Nonnos 37.173); Geschenke in den Alpheios (*Ach. Tat.* 1.18.2); zu den weiteren Versionen s. auch Wentzel 1894, 1635.

25 Str. 8.3.12; Sinn 2004, 87–89; Taita 2013, 383, vgl. auch die Hinweise bei Maddoli, Nafissi, und Saladino 1999, 364; zu der generellen Verbindung der Artemis zu Flussgöttern s. Weiß 1984, 117 mit weiteren Hinweisen 219 Anm. 769.

26 Vgl. auch Ath. *Deip.* 8.446bc (mit dem Zusatz, dass bei der Darstellung von Athenas Geburt Poseidon dem „in den Geburtswehen liegenden" Zeus einen Thunfisch reiche); zur Datierung der Kunstwerke Taita 2013, 378 (mit weiteren Hinweisen besonders im Hinblick auf Poseidon und Artemis ebd. 383–7); zum Heiligtum und zum Kult s. auch Weniger 1907, 103–8 (mit zum Teil spekulativen Überlegungen zu einem Zusammenhang mit dem Dionysoskult). Mit diesem Heiligtum verbindet Walbank 1957, 525 plausibel das bei Plb. 4.73.4 erwähnte Artemision. Letrinoi ist am ehesten im Gebiet des heutigen Pyrgos oder bei Ag. Ioannis zu lokalisieren (zu Pyrgos s. schon Partsch 1897, 6, zum heute nicht mehr existierenden Kloster Ag. Ioannis zwischen Pyrgos und Katakolo s. Leake 1830, 33; Buchon 1843, 503; Meyer 1950, 1736, weitere Hinweise bei Papachatzis 1979, 392 A.1; Maddoli, Nafissi, und Saladino 1999, 374; Roy 2004, 499–500; Ruggeri 2004, 171; Taita 2007, 47 mit Anm. 20). Sein Territorium reichte ganz

Die genannte Artemis Alpheionia/Alpheiousa hatte auch ein jährliches Fest im Heiligtum von Olympia (Str. 8.3.12). Außerdem hatte Alpheios neben seinem dortigen Altar auch noch einen gemeinsamen Altar mit Artemis. Diesen konnte man auf die erwähnte Geschichte in Letrinoi beziehen, und er wurde im Rahmen der monatlichen Opfer der Eleier mit besucht.[27] Naturgemäß musste die Göttin ihren jungfräulichen Status behalten; aber nichtsdestoweniger standen die beiden gerade in der Region so wichtigen Gottheiten in einer besonderen Beziehung. Man fühlt sich an die ähnlich unvollkommene Verbindung zwischen Hephaistos und Athena erinnert, die mit der Athener Akropolis und mit der Identität der Athener verbunden ist. Während dort zwei Gottheiten in inniger Verbindung stehen, die Geschicklichkeit und Handwerk verkörpern, sind es hier solche, die gerade das Natürliche symbolisieren, und zwar im Sinne einer durchaus noch wilden und gefährlichen Natur, von Wasser, Wald und Jagd. Es lag nahe, gerade sie im Kult einzuhegen und rituell zu zähmen.

Für die Präsenz des Religiösen in der Landschaft um Olympia ist aber der Fluss Alpheios besonders charakteristisch. Er verdeutlicht auf seine Weise einen dem Thales zugeschriebenen Spruch, dass alles voll Göttern sei.[28] Zunächst ist er das Wasser, in ganz physisch-elementarem Sinne, als nährende und zerstörerische Kraft. Das wird jedem sichtbar, der sich an seinen Ufern bewegt. Dieses Wasser hat aber auch eine besondere, numinose Qualität. Zugleich ist er, wie wir sahen, als anthropomorpher Gott ein Akteur in Mythos und Geschichte, in der für die griechische Kultur so charakteristischen Verquickung; es gibt keinen griechischen Flussgott mit einem derart reichhaltigen Narrativ. Und schließlich ist er Gegenstand kultischer Verehrung. Und all dies verdichtet sich an seinem Unterlauf und insbesondere am Platz des Heiligtums von Olympia und dessen näherer Umgebung.

Hier war zunächst eine Furt des Flusses, also eine der wenigen Stellen, wo dieser überquert werden konnte. Das hatte per se eine große Bedeutung, vor allem aber im Leben von Hirten, die hier ihr Vieh ziehen ließen, [245] zumal in den Auf- und Abtrieben zu den verschiedenen Jahreszeiten.[29] Dazu kam eine auffällige Erhebung,

offensichtlich bis an das südlich angrenzende Epitalion und bis an die Mündung des Alpheios. Wenn man Paus. 6.22.8 auf das Territorium von Letrinoi bezieht, könnte man den Tempel der Alpheiaia (Paus. 6.22.8–10) mit dem Heiligtum bzw. Hain der Artemis Alpheionia bzw. Alpheiousa identifizieren (vgl. Maddoli, Nafissi, und Saladino 1999, 374; Ruggeri 2004, 175–6; dagegen Partsch 1897, 6; Taita 2013, 379–80).

27   Herodoros *FGrHist* 31 F34 (Sch. Pi. O. 5.10); Paus. 5.14.6 (dazu Maddoli und Saladino 1995, 213 mit Weniger 1907, 98–101; 108–9); Sch. Pi. N. 1.3, vgl. generell Maddoli, Nafissi, und Saladino 1999, 376; Ruggeri 2004, 175–6; Sinn 2004, 175–6. Bei der Mündung des Kladeos wurde 1975 die Maske eines Flussgottes gefunden, die man mit dem Alpheios-Kult verbinden könnte (Moustaka 2009/10).

28   11 A 22 Diels-Kranz, vgl. vor allem Schlesier 2000, 144.

29   Zur Furt (und zu deren Zusammenhang mit dem markanten Kronoshügel sowie dem Pelops-Heiligtum) s. bes. Pi. O. 1.92, 2.14, 10.43–50; angesichts der Tatsache, dass πόρος in der poetischen Sprache auch das Bett eines Flusses bezeichnen kann, hält Taita 2001, 127–8 zurecht an der Bedeutung „Furt" fest; die drei Pindarstellen mit diesem Wort sollen ganz präzise den Punkt beim Heiligtum bezeichnen, nicht dessen „Bett", also den gesamten Verlauf des Flusses. Zur generellen Bedeutung des Platzes und der Furt auch in der Lebenswirklichkeit s. Taita

die man mit Zeus' Vater Kronos in Verbindung brachte sowie eine bei Einrichtung des Kultes im 11. Jahrhundert noch sichtbare und später als Grab des Pelops ausgestaltete Ruine – sie gehört in die Mitte des 3. Jahrtausends –, der man offensichtlich einen numinosen Charakter zuschrieb.[30] Genau dies aber war auch mit dem Alpheios geschehen. Der im wirklichen Leben wichtige Fluss mit der Furt hatte darüber hinaus eine große Bedeutung für den Kult.

Schon wegen der Fülle und der Qualität seines Wassers[31] nahm der Alpheios unter den griechischen Flüssen eine besondere Position ein, als „der lieblichste unter den Flüssen" (Dionys. Per. 410). Aber am Aschealtar, also am zentralen Punkt des Kultgeschehens und damit des Heiligtums von Olympia, kam diesem Wasser eine besondere Bedeutung zu: Im Zusammenhang mit dem Frühjahrs-Äquinoktium, am 19. Elaphion, in dem der Artemis heiligen Monat (März/April)[32] formten die Seher des Heiligtums den Aschealtar empor, indem sie die im Prytaneion aufbewahrte Asche der Opfertiere mit Wasser des Alpheios vermischten. Die Involvierung der Seher hängt mit der wichtigen Rolle des Orakels an diesem Altar zusammen, das als so genanntes Brandorakel funktionierte.[33] Gerade das verbindet Pausanias mit dem Hinweis, dass Alpheios „von allen Flüssen dem Olympischen Zeus am liebsten gewesen" sei (5.13.11). Sein Wasser [246] hatte jedenfalls auch sakrale Qualität – und es steht in Verbindung mit der Seherkraft.

Pindars 6. Olympische Ode zeigt nun, wie diese Verbindung narrativ ausgestaltet worden ist.[34] Diese Ode gilt Hagesias von Syrakus, dem Olympiasieger im Maultiergespann der Spiele von 472 oder 468 v. Chr. Er war ein Iamide, gehörte also zu einem der beiden berühmten olympischen Sehergeschlechter. Pindar erzählt auch von dessen Stammvater Iamos, der ein Enkel des Poseidon und Sohn des Apollon gewesen war. Als Ephebe, also im Übergang in die Welt der Erwachsenen, sei dieser „mitten in den Alpheios gestiegen" und habe seinen Großvater Poseidon und seinen Vater Apollon angerufen (96–101). Daraufhin habe ihn Apollon zum „schroffen Fels des hohen Kronion" (109–10), also zum Platz des Heiligtums, gebracht und ihm „den doppelten Schatz der Sehergabe (μαντοσύνη)" verliehen: Er konnte deshalb zum einen die untrügliche Stimme Apollons verstehen und zum anderen zu dem Zeitpunkt, als Herakles die Spiele etablierte, „am höchsten Altar des

<hr>

2001, 126–7; zur Beziehung zwischen Olympia und dem Alpheios in der archaischen Literatur (und ggf. auch in der Rechtssprache) s. Alonso Troncoso 2013, 219.

30 Zum Pelopion und zu den dortigen früheren Resten, insbesondere dem Tumulus aus der Mitte des 3. Jahrtausends v. Chr. (FH II) s. bes. Kyrieleis 2006, 55–61; 79–83.

31 Nach Pausanias (5.7.1) war sein Wasser „an Menge viel (πλήθει πολύ)... und sehr angenehm anzuschauen (ἰδόντι ἥδιστον);" Bakchylides nennt ihn (passend zu Ausdehnung und Strömung bzw. zum Wasserreichtum auch im Sommer) „breit wirbelnd" (εὐρυδίναν) und „unermüdlich fließend" (ἀκαμαντορόαν) (3.6–7; 5.38; 180); vgl. auch die bei Taita 2013, 368 Anm. 110; 371 Anm. 128 angegebenen Quellen.

32 Paus. 6.20.1, mit Maddoli und Saladino 1995, 258; Trümpy 1997, 199–201; plastisch dazu Weniger 1907, 96–7.

33 Vgl. Pi. O. 8.2–5.

34 Zur Ode s. jetzt Adorjáni 2014, bes. 34–7 (zu Hagesias, vgl. auch Luraghi 1997); 53–5 (zum Datum); 78–9; 125; 233–4; 241 (zur Mantik und zum Brandorakel); 101.222 (zum Wasser und zum Alpheios).

Zeus ein Orakel einrichten" (111–9). Seitdem sei das Geschlecht der Iamiden hoch-
berühmt (πολύκλειτον γένος) unter den Griechen.

Hier stehen die beiden wesentlichen Elemente des heiligen Platzes, gerade in
Bezug auf den konkreten Ort selber, in engster Verbindung: der große Agon und
zugleich die Orakelfunktion des Heiligtums. Und beides hängt lokal, rituell und
mythisch-historisch mit dem Alpheios genuin und unauflöslich zusammen. Bezeichnenderweise hat der Fluss aber auch eine Verbindung mit dem anderen bedeutenden Sehergeschlecht von Elis bzw. Olympia, den Klytiaden. Diese war eher in-
direkter Natur, aber wer mit den Mythen vertraut war, konnte sie jederzeit erkennen.
Die Klytiaden führten ihr Geschlecht nämlich über ihren eponymen Stammvater
Klytios, dessen Vater Alkmaion und Großvater Amphiaraos letztlich auf Melampus
zurück, den Sohn des Amythaon, des Enkels des Aiolos (Paus. 5.17.6). Dieser war
ein geradezu paradigmatischer Seher und Heiler (beides geht ja nicht selten zusammen) der ältesten griechischen Sagenschichten und entsprechend prominent.[35] Auf
Grund der hier vorgestellten Beziehungen hat man bestimmte Figuren im Ostgiebel
des Zeustempels plausibel mit [247] den erwähnten Stammvätern Iamos (links),
Klytios (rechts) und Melampus (rechts) identifiziert.[36]

Im Mythos (und damit für die Griechen immer auch: in der frühen Geschichte)
ist Melampus nicht auf einen Ort fixiert. Man findet ihn zuletzt in Argos. Vorher
war er aber, gemeinsam mit seinem Bruder Bias, in der Gegend von Triphylien und
Pisa verankert (Str. 8.6.10), und Pisa kann auch geradezu synonym bzw. komple-
mentär zu Olympia gebraucht werden:[37] Melampus soll beispielsweise in der Nähe
des Heiligtums der Anigriadischen Nymphen bei Samikon die Töchter des Proitos
gereinigt haben – und damit erklärte man den Gestank bei den schwefelhaltigen
Heilquellen an der Lagune von Kaïapha (den man noch heute wahrnimmt).[38] Die
dortigen Quellen haben angeblich gegen weißen Ausschlag (*alphos*) geholfen, wie
im übrigen auch das Alpheios-Wasser selber – was die Grundlage für eine Erklärung von dessen Namen bildete.[39] Am Alpheios soll Melampus auch dem Apollon

---

35   Er hatte bereits in der homerischen Epik ein klares Profil, s. Hom. *Od.* 11.285–97 (ohne Na-
mensnennung als μάντις ἀμύμων schlechthin, 291), 15.225–55; Weiteres dazu, auch zu seinem
Stammbaum, bei Maddoli, Nafissi, und Saladino 1999, 304; Käppel 1999; Kõiv 2013, 340 mit
Anm. 170.

36   Grundlegend hierzu Simon 1968, 157–165, s. jetzt auch Kyrieleis 2012/13, 77, der für den
bärtigen Seher rechts, von Simon mit Melampus' Vater Amythaon identifiziert, den Stammvater Klytios vorschlägt, was wegen der Parallele zu Iamos näher liegt. Der so genannte Jugendliche Seher (Figur E) wurde von Simon 1968, 161–2 (zustimmend jetzt auch Kyrieleis 2012/13,
79) mit Melampus identifiziert, weil er mit seinem Finger offensichtlich auf seinen namenge-
benden Fuß verweist.

37   IvO 11 = Minon 2007, nr. 12. 5; Pi. *O.* 1.18, 2.3, 3.9, 6.5, 8.9, 10.43, 13.29, 14.23; N.10.33;
Parthenia 2.49 Sn.-M., B. 5. 180–2, Hdt. 2.7.1–2.; Niese 1910, 28–9; Meyer 1950,1737–43,
1755; Minon 2007, 90; Giangiulio 2009, 70, 80, bes. 76: „two sides of one and the same coin".

38   Str. 8.3.19; Paus. 5.5.10.

39   Str. 8.3.19. Das Wasser des Alpheios soll auch gegen Epilepsie gewirkt haben (Sch. Hom. *Od.*
3.489). Günther Neumann hat eine andere Erklärung des Namens gegeben: Er dachte an einen
es-Stamm und an ein von *alphesios* abgeleitetes Adjektiv *alpheios*. Das würde die Bedeutung
„Gewinn" nahelegen (*alphano* bedeutet „Ertrag bringen"), Alpheios wäre dann der „Gewinn-

begegnet sein, und dadurch sei er zum besten Seher geworden (Apollod. *Bibl.* 1.9.11).

Alpheios stand ferner auch in einer mythischen Verbindung mit den Ionidischen Nymphen. Diese verkörperten die Heilkraft einer Quelle, die der von Samikon vergleichbar war und die sich in der Nähe des Ortes Herakleia befand, der zu Pisa gehörte. Sie waren nach Ion genannt und sollen diesem Veilchenkränze dargebracht haben, als er von einem Bade im Alpheios auftauchte. Möglicherweise hat das dem Fluss in Kallimachos' [248] Zeushymnos (22) den Namen Iaon eingebracht.[40] Und die Geschenke, die man zu Zeiten der Olympischen Spiele in den Fluss warf, sind bereits erwähnt worden.[41] Sie belegen eine hohe Popularität des Kultes und der damit verbundenen Geschichten und Gedichte.

Der Alpheios war also ein natürlicher Fluss, der zugleich mit besonderem, geheiligtem Wasser ausgestattet war und dadurch mit Heil- und Seherkraft in Verbindung stand bzw. solche verleihen konnte. Zugleich war er, wie wir schon sahen, ein bedeutender Gott, ein Sohn des Okeanos und der Thetys, dem schon Nestor einen Stier geopfert hatte.[42] Diesem Gott galten verschiedene Kulthandlungen, und über diesen Gott wurden viele Geschichten erzählt: Er war präsent in Ritus und Mythos. Mit anderen Worten, ein Natur- bzw. Landschaftsphänomen war direkt mit dem Numinos-Göttlichen amalgamiert. In diesem Sinne war Alpheios für den an seinem Ufer aufgewachsenen Iamos offenkundig zugleich ein Kourotrophos, also eine fürsorgende Gottheit, die dem Gedeihen der Kinder hilfreich war.[43] [249]

reiche" (Neumann bei Weiß 1984, 227 Anm. 901). Auch der Stamm *alphi-* im Sinne von Gerstenmehl wurde ins Spiel gebracht und danach der elische Monat Alphiōos (dazu s. Weniger 1907, 108; Trümpy 1997, 199–201; Ruggeri 2004, 174–5 mit Anm. 556) zeitlich fixiert; aber all das bleibt unsicher (Minon 2007, 179).

40 Zu Ion s. Nikandros fr. 74 Schneider (bei Athen. 15. 683ab). Zur Verbindung mit Iaon, der als arkadischer Fluss auch bei D.P. 416 belegt ist, s. die Vermutung von K. Müller (GGM II S. 128). Die Verbindung zu den Ionidischen Nymphen wird gestützt durch eine bei Pindar literarisch angedeutete Etymologie des Iamos: Nach Pi. *O.* 6.55ff. sei dieser nach seiner Geburt u. a. unter Veilchen ausgesetzt worden. – Zur Lage dieses Heiligtums und dieser Quelle, die in den Fluss Kytherios/Kytheros in der Nähe von Herakleia mündete, s. Str. 8.3.32 (40 Stadien – 7,4 km – von Olympia entfernt), Paus. 6.22,7 (50 Stadien – 9,3 km). Das Wasser dieser Quelle soll gegen verschiedene Schmerzen und Erschöpfungszustände geholfen haben (Str. a. a. O.; Paus. a. a. O.). Das Heiligtum wurde aus guten Gründen – man vergleiche auch die Situation in der Lagune von Kaïapha, an dem Heiligtum bzw. der Quelle der Anigriadischen Nymphen – mit der schwefelhaltigen Quelle Loutra bei dem kleinen Dorf Pournari in Verbindung gebracht, und in der nahegelegenen Flur „Marmara" (zwischen den heutigen Orten Pournari und Pelopion) hat man den Platz von Herakleia angenommen (vor allem Panayotopoulos 1991, 275–277, dort auch, 276f., instruktiv zum modernen Badebetrieb zwischen 1909 und 1972, von dem der heutige Zustand kaum noch etwas erahnen lässt); zur Lage vgl. auch Ruggeri 2004, 195.

41 S. o. 242 [hier: S. 362] mit Anm. 24; vgl. auch Nilsson 1906, 425.

42 Hes. *Th.* 338, Hom. *Il.* 11.728. In Euripides' „Iphigenie in Aulis" haben Nestors Schiffe am Heck als Zeichen (σῆμα) ein Bild des „benachbarten" Alpheios, mit Stierfüßen (273–276).

43 Weiß 1984, 134; Griffith 2008, 5; dafür spricht auch das Haaropfer des Oinomaos-Sohnes Leukippos, s. u. 251 [hier: S. 369]. Dass dort eine andere aitiologische Erklärung gegeben wird, fällt wenig ins Gewicht, da solche explanatorischen Geschichten in der Regel *ex post* aus dem Ritual entwickelt wurden.

Göttliche Wesen von dieser Art blieben also Natur, sie konnten aber auch als Gottheit und somit, nach griechischer Vorstellung, anthropomorph imaginiert werden, also auch als Akteure auftreten, ganz konkret, z. B. als Mütter und Väter,[44] oder, wie wir schon sahen, als brutale oder zärtliche Liebhaber. Ihre Geschichten hingen mit bestimmten Lokalitäten zusammen, und in diesen zeigte sich auch ihre physische Seite. Damit aber fassen wir auch ein wesentliches Element griechischer Raumvorstellungen, nämlich eine spezifische mythisch-religiöse Interpretation der Landschaft. Im Sinne von Maurice Merleau-Ponty (2004, 339) könnte man hier von einem *espace existentiel* sprechen. Dieser ist immer auch ein mythischer Raum, und in diesem geht es nicht um eine „représentation, mais une véritable présence...; toute ‚apparition' (*Erscheinung*) est ici une incarnation."[45]

In solch einem Raum ist ein Fluss ein Fluss, der Wasser schenkt, mit seinen Alluvionen Land und Fruchtbarkeit bringt, aber mit seinen Überschwemmungen auch verheerend wirken kann. Zugleich verkörperte er viel mehr, als numinose Kraft und als göttliche Gestalt. Und damit konnte das Heilige nicht nur als Kraft in der Natur erfasst werden, sondern auch eine Person in einer Erzählung und ein Beteiligter an einem Geschehen sein. Und wenn es als Akteur imaginiert wurde, konnte es auch ganz konkret in der Landschaft unterwegs sein. Es war ein physischer Teil von ihr, aber eben auch ein Bestandteil ihres Mythos und damit ihrer Geschichte. Und als solche konnte es auch kultisch verehrt werden, in allen verschiedenen Formen und auch im Zusammenhang mit den Erzählungen:

In Elis beispielsweise gab es für Alpheios ein Trauerritual aus Anlass seiner Abreise. Ganz offensichtlich ist die Geschichte von seiner Verfolgung der Artemis/Arethusa nicht nur mythistorisch memoriert und [250] erzählt, sondern auch kultisch-rituell nachvollzogen worden.[46] Obwohl in der Stadt und der Ebene von Elis ebenfalls ein mächtiger Fluss präsent war, hatte der Alpheios – gewiss dank einer Ausstrahlung von Olympia her – eine solche Bedeutung in dem politischen Verband von Elis, dass sogar ein Monatsname im dortigen Kalender nach Alpheios

---

44   Alpheios als Stammvater bei Weiß 1984, 139f.

45   Merleau-Ponty 2004 (1945), 342f., vgl. ebd. 345: „Comprendre le mythe n'est pas croire au mythe, et si tous les mythes sont vrais, c'est en tant qu'ils peuvent être replacés dans une phénoménologie de l'esprit qui indique leur fonction dans la prise de conscience et fonde finalement leur sens propre sur leur sens pour la philosophie." Das heißt im übrigen nicht, dass der Raum in dieser Vorstellung vollkommen imaginiert ist; er ist immer auch in seiner konkret erfahrbaren, physischen und insofern objektiven Gegebenheit wirksam. Das Charakteristikum dieses Raumverständnisses liegt gerade in der Interdependenz von realer Umwelt und relationaler Deutung (s. Merleau-Ponty a. O. 340–1 und vgl. auch markant Michaels 2006, 276–278).

46   Zu diesem polyvalenten Charakter s. Weiß 1984, 14–5, mit Verweis auf Nilsson 1955, 237, der von einer „Verbindung der Gottheit mit ihrem Natursubstrat" spricht (vgl. hierzu jetzt auch Saloway 2017). In Elis gab es für Alpheios „eine Art Trauerfest" (Wentzel 1894, 1632), während dessen die Eleier unter Tränen den Alpheios symbolisch bei seiner Reise geleiteten (Himerios 12.7 Colonna). Alpheios wurde aber, neben Olympia und Elis, auch an verschiedenen anderen Orten göttlich verehrt: Einen Kult hatte er in Heraia (Plb. 4.77.5, 78.2; Steph. Byz. *s. v. Heraia*); das dortige Götterbild stellte den Alpheios in Menschengestalt dar (Ael *VH* 2,33). In Asea hat es offenbar Kranzopfer für ihn gegeben (Str. 6.2.9).

benannt war.[47] Diese Tatsache weist auf eine kultische Verehrung des Alpheios hin, möglicherweise auf das erwähnte Trauerritual, dem dann, ausweislich des Monatsnamens, im religiösen Leben der Eleer besondere Bedeutung zukam.

Besonders aber finden wir Alpheios in seiner Heimat, gerade auch, wie wir sahen, als handelnde Person und Gegenstand religiöser Verehrung. Geradezu emblematisch ist er im Ostgiebel des Zeustempels von Olympia personifiziert. Dort ist er, schon durch seine Situierung in dessen Südecke klar lokalisiert, im linken Zwickel dargestellt.[48] Schon die künstlerische Ausführung unterstreicht seine Bedeutung. „Der breite, durch die Ebene strömende Alpheios ist durch eine Gestalt charakterisiert, die ruhig daliegt, ihre ganze Körperbreite dem Betrachter darbietet und ihren rechten Arm entspannt auf der Hüfte ruhen lässt. Der Kopf ist bequem auf die Hand gestützt, die ganze Gestalt strahlt Gelassenheit und ruhige Fülle aus.“[49]

Das bringt uns zu dem Wagenrennen zwischen Oinomaos und Pelops selbst, an das – in der Phase vor der großen Auseinandersetzung, die aber das Ende schon vorwegnimmt – der Ostgiebel erinnert. Es wird ja damit zu einem großen Gründungsmythos, als Teil elisch geprägter Mythistorie, die als solche auch vielfältig im Heiligtum und in seiner Umgebung [251] repräsentiert ist.[50] Und die Präsenz des Alpheios im Ostgiebel verweist nicht nur, wie schon angedeutet, auf den schlichten räumlichen Bezug, sondern auch darauf, dass das Rennen und seine Akteure bezeichnenderweise auch mit dem Alpheios verbunden waren:

In seiner 1. Olympischen Ode, die dem Sieg Hierons von Syrakus im Pferderennen (476 v. Chr.) gilt und vor allem Pelops und seinen Sieg über Oinomaos als aitiologischen Mythos für die Spiele herausstellt,[51] schildert Pindar plastisch (mit Anspielung auf das Pelopion), wie Pelops als Heros „bei der Furt des Alpheios ruht“ (*O.* 1.92). Leukippos, der Sohn des Oinomaos, soll sich zu Ehren des Gottes das Haar nicht geschoren haben (Paus. 8.20.2–3). Der Sophist Philostrat beschreibt in seinen *Imagines* (1.17.4) ein Bild. In diesem sieht man Alpheios, wie er aus seinem Wasser springt und Pelops den olympischen Siegeskranz überreicht. Entsprechend begegnet Alpheios auf römischen Sarkophagen im Zusammenhang mit Pelops.[52] Daneben gab es im Hippodrom, an dem Ende der Meta, die dem Ziel nahe war, eine

47 Weniger 1907, 108; Trümpy 1997, 199–201; Ruggeri 2004, 174–5 mit Anm. 556.

48 Paus. 5.1.7 mit Weiß 1984, 126–141; Kyrieleis 2012/13, 57, 63 (mit weiteren Hinweisen). Paus. 5.24.7 erwähnt eine Siegesweihung der Chersonesier von Knidos: In ihr war, flankiert von Pelops und Alpheios, Zeus dargestellt, vgl. Kahn 1970, 202; Kyrieleis 2012/13, 66. Auf diese Darstellung des Alpheios bezieht sich offensichtlich Ael. *VH* 2.33.

49 Kyrieleis 2012/13, 63. – Zu Alpheios und Kladeos auf elischen Münzen hadrianischer Zeit s. Weiß 1984, 131–2.

50 Zu Pelops in diesem Zusammenhang s. Kyrieleis 2006, 55–61; 79–83; vgl. auch 2012/13, 53; 82–84; zu der kultischen und narrativen Memorierung in Olympia und seiner Umgebung s. Gehrke 2019.

51 Nagy 1986; 1990, 116–135; Griffith 2008, 3.

52 O. Palagia LIMC nr. 10–12, s. auch Weiß 1984, 135 und zum Zusammenhang mit Pelops (bei Pindar) s. Griffith 2008, 1–2.

Bronzestatue der Hippodameia, die dem siegreichen Pelops eine Binde umlegte.[53] Im Hippodrom wiederholte sich also das legendäre Wagenrennen um die Hand der Hippodameia und die Herrschaft über Olympia symbolisch alle vier Jahre während der Spiele. Und Teil dieses Geschehens, als Handlungsort wie als Beteiligter, war der Alpheios, eingebettet in große religiöse *re-enactments*.

So viel ergibt sich zur Rolle des Flusses, seiner Gestalt und seiner Geschichten, wenn man sich auf deren ‚Tatort' und dessen nähere Umgebung konzentriert. Doch kehren wir zum Ausgangspunkt zurück, der merkwürdigen Verfolgung einer Göttin oder einer Nymphe unter dem Meer, von der Peloponnes bis nach Sizilien, von Letrinoi bis nach Syrakus. Gerade dadurch erhielten Alpheios und sein Mythos ja schon relativ früh eine besondere Note. Können wir auch für diese Passage einen Sitz im Leben finden? [252]

Man hat darin beispielsweise einen Reflex von nautischen Praktiken und Kenntnissen gesehen.[54] Unabhängig davon liegt es meiner Auffassung nach am nächsten, hier (auch angesichts mancher Skepsis) an eine konkrete und traditionelle Beziehung zwischen Olympia, Elis und Syrakus zu denken, die mit der Gründung der Kolonie Syrakus (ca. 733 v. Chr.)[55] zusammenhängt.[56] Im Hinblick darauf zitiert Pausanias (5.7.3) das delphische Orakel für den Gründer Archias. In diesem wird Ortygia genannt, „wo die Mündung des Alpheios herausquillt und sich mit den Quellen der schön fließenden Arethusa vermischt" (Übersetzung H.-J. Gehrke). Die Authentizität dieser Verse unterliegt allerdings erheblichen Zweifeln.[57] Man sollte also nicht zu viel auf sie bauen. Wichtiger – und tragfähiger – ist aber die Figur des Iamiden Hagesandros aus Syrakus in Pindars 6. Olympischer Ode. Dieser wird dort geradezu als „Mitgründer (συνοικιστήρ) des berühmten Syrakus" vorgestellt (*O.* 6.6).[58] Die Beziehung zu Elis–Olympia durch sein Sehergeschlecht einerseits, seine bürgerliche Zugehörigkeit zu Syrakus andererseits könnten ihre Erklärung darin finden, dass das Geschlecht in die Gründung von Syrakus involviert war und dort auch naturalisiert war. Zu berücksichtigen ist ferner das Zeugnis des Ibykos, das die Verbindung von Alpheios und Ortygia immerhin für das 6. Jahrhundert belegt.

Deshalb spricht einiges dafür, dass es zwischen Elis, Olympia und Syrakus besondere Beziehungen gab,[59] womöglich im Zusammenhang mit der Gründung der

---

53   Paus. 6.20.19; sie ist auch erwähnt in dem byzantinischen metrologischen Text mit den Maßen des Hippodroms, dazu Maddoli, Nafissi, und Saladino 1999, 345–6 (mit weiterer Literatur); eine Übersetzung bei Sinn 2004, 136.

54   Bes. Bilić 2009.

55   Nach Thukydides 6.3.2, 5.3, „à peu près exacte," (Vallet und Villard 1952, 298), vgl. auch Timaios *FGrHist* 566 F80 (Sch. Apollonios Rhodios 4.1216); Sch.A.R. 4.1212.

56   Vgl. die Hinweise und Überlegungen bei Maddoli und Saladino 1995, 213 sowie neuerdings Griffith 2008, 3–6; Morgan 2015, 62–3; 89–90; 84–5; skeptisch Luraghi 1997.

57   Strabon etwa hat auch noch andere Versionen (6.2.4).

58   Vgl. hierzu auch Sch. Pi. *O.* 6.8a.

59   Vgl. Weniger 1915, 68–9; Hönle 1968, 68–76; Griffith 2008, 4; Kyrieleis 2012/13, 80f.; Gehrke 2013, 48 mit Anm. 51.; Morgan 2015, 89–90. Zwei Fragmente von *kerykeia*, aus Olympia und im Museum für Kunst und Gewerbe in Hamburg, aus dem 2. Viertel des 5. Jahrhunderts, sind inschriftlich als öffentliches Eigentum der Syrakusaner identifizierbar (Hornbostel und Hornbostel 1988). Sie könnten diese besondere Beziehung reflektieren, freilich auch

Kolonie. Diese konnten in ritueller Form und in [253] mythischem Narrativ bewahrt werden.[60] Das wird auch dadurch gestützt, dass sich die Deinomeniden in ihrer betont panhellenischen Orientierung und Selbstdarstellung besonders auf diese Verbindungen bezogen: Offenbar spielen Gelons Tetradrachmen-Prägungen auf die Beziehungen zwischen Alpheios, Olympia und der Arethusa an.[61] Und die bereits erwähnte Hervorhebung von Pelops, Iamos und Alpheios in Pindars und Bakchylides' Epinikien gehören zu Hieron und in sein Umfeld. Man kann sie mit einer bewussten Politik des syrakusanischen Tyrannen verbinden.[62]

Damit hat sich der Kreis geschlossen. Wir haben gesehen, in welch massiver Weise der Raum um Olympia numinos und sakral geformt war und welche Rolle der Alpheios dabei spielte. Zugleich waren aber auch die weitreichenden Beziehungen des heiligen Ortes, die aus seiner enormen panhellenischen Bedeutung resultierten, Teil dieser sakralen Welt geworden. Alte Verbindungen, wie hier gerade die zwischen Olympia und Syrakus, erhielten auf diese Weise eine besondere Gestalt, in der auch auf lokaler Ebene greifbaren Vermischung physischer Phänomene und Beobachtungen mit religiös-mythischen Ritualen und Erzählungen. Nicht zuletzt diese haben die spezifischen Vorstellungen von Räumen und ihrer Verbindung lebendig gemacht und lebendig erhalten. Dazu trugen schließlich auch die Philosophen, Historiker und Gelehrten bei, die diese alten Geschichten diskutierten. Sie belegen, selbst wenn sie der Tradition gegenüber kritisch eingestellt waren, deren Virulenz und Prägekraft – über Jahrhunderte hinweg. Und so öffnen sie uns noch heute, Jahrtausende später, einen Zugang zu einer ganz eigenen Welt.

BIBLIOGRAPHIE

Adorjáni, Z. 2014. *Pindars sechste olympische Ode. Text, Einleitung und Kommentar*, Leiden, Brill.
Alonso Troncoso, V. 2013. Olympie et la publication des traités internationaux. In: N. Birgalias, K. Buraselis, P. Cartledge, A. Gartziou-Tatti, und M. Dimopoulou, eds., *War–Peace and the Panhellenic Games*, Athen, Institut du Livre; A. Kardamitsa: 209–231. [254]
Arnaud, P. 1993. De la durée à la distance: l'évaluation des distances maritimes dans le monde gréco-romain. *Histoire et mesure* 8 (3–4): 225–247.
——. 2005. *Les Routes de la navigation antique: Itinéraires en Méditerranée*. Paris: Errance.
Asper, M. 2004. *Kallimachos: Werke*. Darmstadt, Wissenschaftliche Buchgesellschaft.
Bilić, T. 2009. The Myth of Alpheus and Arethusa and Open-Sea Voyages in the Mediterranean – Stellar Navigation in Antiquity. *The International Journal of Nautical Archaeology* 38.1: 116–132.
Boehringer, E. 1929. *Die Münzen von Syrakus*. Berlin, de Gruyter.

anders erklärt werden. Luraghi 1997 verortet Hagesias in Stymphalos (als Sohn des Iamiden Sostratos, der dort das Bürgerrecht erhalten habe) und denkt an einen aktuellen Wechsel nach Syrakus. Das ist ingeniös und durchaus vorstellbar, aber insgesamt auch sehr voraussetzungsreich.

60   Eine weitere Spur weist nach Kroton: Der Iamide Kallias hatte hier zunächst den Sybariten, dann den Krotoniaten gedient, und seine Nachkommen hatten noch Besitztümer in Kroton zur Zeit Herodots (Hdt. 5.44–5, vgl. Kyrieleis 2012/13, 81 Anm. 81 mit weiteren Hinweisen).

61   Morgan 2015, 61–68.

62   Griffith 2008, 2–6 und vor allem Morgan 2015, bes. 23–86; 209–59.

Braswell, B. 1992. *A Commentary on Pindar Nemean One*. Fribourg, University.

Buchon, J. 1843. *La Grèce continentale et la Morée. Voyage, séjour et etudes historiques en 1840 et 1841*. Paris, Gosselin.

Curtius, E. 1852. *Peloponnesos. Eine historisch-geographische Beschreibung der Halbinsel*. Bd. 2. Gotha, Justus Perthes.

Dorandi, T. 2004. *Antigone de Caryste, Fragments*. Paris, Les Belles Lettres.

Gehrke, H.-J. 2006. The Figure of Solon in the *Athênaiôn Politeia*. In: J. Blok und A. Lardinois, eds., *Solon of Athens. New Historical and Philological Approaches*. Mnemosyne Suppl. 262. Leiden, Brill: 276–289 [in Ausgewählte Schriften Band I].

——. 2013. Theoroi in und aus Olympia. Beobachtungen zur religiösen Kommunikation in der archaischen Zeit. *Klio* 95: 40–60 [in Ausgewählte Schriften Band I].

——. 2014. *Geschichte als Element antiker Kultur. Die Griechen und ihre Geschichte(n)*. Berlin, de Gruyter.

——. 2019. Alpheios jagt Artemis. Beobachtungen zur sakralen Landschaft um Olympia. In: J. von Wiesehöfer, ed. in Verbindung mit Lutz Käppel u. a., *Kieler Felix-Jacoby-Vorlesungen*. Göttingen, Vandenhoeck&Ruprecht.

Gentili, G. 1967. Il grande tempio ionico di Siracusa. I dati topografici e gli elementi architettonici raccolti fino al 1960. *Palladio* 17: 61–84.

Giangiulio, M. 2009. The Emergence of Pisatis. In: P. Funke und N. Luraghi, eds., *The Politics of Ethnicity and the Crisis of the Peloponnesian League*. Hellenic Studies 32. Cambridge, Harvard: 65–85.

Griffith, R. 2008. Alph, the Sacred River, Ran: Geographical Subterfuge in Pindar *Olympian* 1.20. *Mouseion* 1: 1–8.

Gullini, G. 1985. L'architettura. In: G. Pugliese Carratelli, ed., *Sikanie: Storia e civiltà della Sicilia greca*. Milano, UTET: 414–491.

Hinz, V. 1998. *Der Kult von Demeter und Kore auf Sizilien und in der Magna Graecia*. Palilia 4. Wiesbaden, Reichard.

Hönle, A. 1968. *Olympia in der Politik der griechischen Staatenwelt*. Tübingen, Diss.

Hornbostel, G., und W. Hornbostel. 1988. Syrakusanische Herolde. In: H. Büsing und F. Hiller, eds., *Bathron: Beiträge zur Architektur und verwandten Künsten, für Heinrich Drerup zu seinem 80. Geburtstag von seinen Schülern und Freunden*. Saarbrücken, Saarbrücker: 233–245.

Käppel. L. 1999. Melampus (1). *Der Neue Pauly*. Bd. 7. Stuttgart, Metzler: 1166. [255]

Kahn, H. 1970. *Knidos. Die Münzen des sechsten und fünften Jahrhunderts v. Chr*. AMugS 4. Berlin, de Gruyter.

Kõiv, M. 2013. Early History of Elis and Pisa: Invented or Evolving Traditions? *Klio* 95: 315–368.

Kyrieleis, H., B. Eder, und N. Benecke. 2006. *Anfänge und Frühzeit des Heiligtums von Olympia*. Berlin, de Gruyter.

Kyrieleis, H. 2012/2013. Pelops, Herakles, Theseus. Zur Interpretation der Skulpturen des Zeustempels von Olympia. *Jahrbuch des Deutschen Archäologischen Instituts* 127/128: 51–124.

Leake, W. 1830. *Travels in the Morea*. Bd. 1. London, Murray.

Luraghi, N. 1997. Un mantis eleo nella Siracusa di Ierone: Agesia di Siracusa, Iamide di Stimfalo. *Klio* 79: 69–86.

Maddoli, G., und V. Saladino, eds. 1995. *Pausania. Guida della Grecia, Bd. 5. L'Elide e Olimpia*. Milano: Mondadori.

Maddoli, G., M. Nafissi, und V. Saladino, eds.1999. *Pausania. Guida della Grecia. Bd. 6. L'Elide e Olimpia*. Milano, Mondadori.

Maier, F. 2012. „*Überall mit dem Unerwarteten rechnen:*" *Die Kontingenz historischer Prozesse bei Polybios*. Vestigia 65. München, Beck.

Merleau-Ponty, M. 2004 (1945). *Phénoménologie de la perception*, Paris: Gallimard.

Mertens, D. 2006. *Städte und Bauten der Westgriechen*. München, Hirmer.

Meyer, E. 1950. Pisa (Pisatis). *Pauly-Wissowas Realencyclopädie der Classischen Altertumswissenschaft* Band 20.2. Stuttgart, Druckenmüller: 1732–1755.

Michaels, A. 2006. Sakrale Landschaften und religiöse Raumgefühle. *Archäologischer Anzeiger* 2006 (2): 275–284

Minon, S. 2007. *Les inscriptions éléennes dialectales (VIe–IIe siècle avant J.-C.)*. 2 Bde. Genf, Droz.

Morgan, K. 2015. *Pindar and the Construction of Syracusan Monarchy in the Fifth Century B. C.* Oxford, Oxford.

Moustaka, A. 2009/10. Μάσκα Ποταμού θεού από την κοίτη του Αλφειού. *ASAtene* 87: 367–380.

Musso, O. 1985, *[Antigonus Carystius], Rerum mirabilium collectio*. Napoli, Bibliopolis.

Nagy, G. 1986. Pindar's Olympian 1 and the Aetiology of the Olympic Games. *TAPA* 116: 71–88.

——. 1990. *Pindar's Homer: The Lyric Possession of an Epic Past*. Baltimore, Johns Hopkins.

Niese, B. 1910. Drei Kapitel eleischer Geschichte. In: *Genethliakon. Carl Robert zum 8. März 1910*. Überreicht von der Graeca Halensis. Berlin, Weidmann: 1–49.

Nilsson, M. 1906. *Griechische Feste von religiöser Bedeutung mit Ausschluss der attischen*. Leipzig, Teubner.

——. 1955. *Geschichte der griechischen Religion*. Bd. 1 Aufl. 2. München, Beck. [256]

Panayotopoulos, G. 1991. Questions sur la topographie éléenne: Les sites d'Héracleia et de Salmoné. In: A. D. Rizakis, ed., *Achaia und Elis in der Antike. Akten des 1. Internationalen Symposiums. Athen, 19.–21. Mai 1989*. Athen, Diffusion de Boccard: 275–281.

Papachatzis, N. 1979. *Παυσανίου Ελλάδος Περιήγησις. Bd. 3. Μεσσηνιακά και Ηλιακά*. Athen, Ekdotiki Athinon.

——. 1980. *Παυσανίου Ελλάδος Περιήγησις, Bd. 4, Αχαϊκά και Αρκαδικά*. Athen, Ekdotiki Athinon.

Partsch, J. 1897. Erläuterungen zu der Übersichtskarte der Pisatis. In: F. Adler, E. Curtius, W. Dörpfeld, J. Partsch, und R. Weil, eds., *Topographie und Geschichte von Olympia*, Berlin, Asher: 1–15.

Radt, S. 2003. *Strabons Geographika. Bd. 2: Buch V–VIII: Text und Übersetzung*. Göttingen, Vandenhoeck.

——. 2007. *Strabons Geographika. Bd. 6. Buch V–VIII: Kommentar*. Göttingen, Vandenhoeck.

Roy, J. 2004. Elis. In: M. Hansen und T. Nielsen, eds., *An Inventory of Archaic and Classical Poleis*, Oxford, Oxford UP: 489–504.

Ruggeri, C. 2004. *Gli stati intorno a Olimpia. Storia e costituzione dell'Elide e degli stati formati da perieci elei (400–362 a. C.)*. Historia Einzelschriften 170. Stuttgart, Steiner.

Saloway, C. 2017. Rivers Run Through It: Environmental History in Two Heroic Riverine Battles. In: G. Hawes, ed., *Myths on the Map: The Storied Landscapes of Ancient Greece*. Oxford, Oxford: 159–177.

Schlesier, R. 2000. Menschen und Götter unterwegs: Ritual und Reise in der griechischen Antike. In: T. Hölscher, ed., *Gegenwelten zu den Kulturen Griechenlands und Roms in der Antike*. München, Saur: 129–157.

Simon, E. 1968. Zu den Giebeln des Zeustempels von Olympia. *Athenische Mitteilungen* 83: 147–166.

Sinn, U. 2004. *Das antike Olympia. Götter, Spiel und Kunst*. München, Beck.

Smith. J. 1922. *Springs and Wells in Greek and Roman Literature: Their Legends and Locations*. New York, Putnam.

Taita, J. 2001. Confini naturali e topografia sacra: I santuari di Kombothrékas, Samikon e Olimpia. *Orbis Terrarum* 7: 107–142.

——. 2007. *Olimpia e il suo vicinato in epoca arcaica*. Milano, Edizioni Universitarie di Lettere Economia Diritto.

——. 2013. Olympias Verkehrsverbindungen zum Meer: Landungsplätze bei Pheia und am Alpheios. In: H. Kyrieleis, ed., *Olympiabericht* 13. Berlin, De Gruyter: 342–396.

Trümpy, C. 1997. *Untersuchungen zu den altgriechischen Monatsnamen und Monatsfolgen*. Heidelberg: Winter.

Vallet, G., und F. Villard. 1952. Les dates de la fondation de Megara Hyblaea et de Syracuse. *BCH* 76: 289–346. [257]

Walbank, F. 1957. *A Historical Commentary on Polybius* Bd. 1. Oxford, Oxford.

——. 1967. *A Historical Commentary on Polybius* Bd. 2. Oxford, Oxford.

——. 2011. History and Tragedy. In: J. Marincola, ed., *Greek and Roman Historiography*. Oxford, Oxford: 389–412. [= *Historia* 9, 1960, 216–234.]

Weiß, C. 1984. *Griechische Flussgottheiten in vorhellenistischer Zeit: Ikonographie und Bedeutung*. Würzburg, Triltsch.

Weniger, L. 1907. Der Artemisdienst in Olympia und Umgebung. *Neue Jahrbücher für Klassische Altertumskunde: Geschichte und deutsche Literatur und für Pädagogik* 19: 96–114.

Weniger, L. 1915. Die Seher von Olympia. *Archiv für Religionswissenschaft* 18: 53–115.

Wentzel, G. 1894. Alpheios (2). *Pauly-Wissowas Real-Encyclopädie der Classischen Altertumswissenschaft* Band 1. Stuttgart, Metzler: 1631–1636.

NACHWORT

NACHWORT

Wie man weiß, unterliegen autobiographische Narrative gewöhnlich der Tendenz, nachträglich Sinn zu stiften und einem Leben Kohärenz zu verleihen. Bei den Nachworten zu meinen „Ausgewählten Schriften", die ja ansatzweise auch einen entsprechenden Rückblick beinhalten – und sich nicht primär auf rein persönliche Eindrücke erstrecken, sondern einen wissenschaftlichen Werdegang – war ich mit Versuchungen zur Sinnstiftung durchaus konfrontiert. Ich mag ihnen auch da und dort unterlegen gewesen sein, obgleich ich mir der Problematik bewusst war und bin.

In dem vorliegenden Band, in dem es um „Historische Landeskunde und Geographie" geht, liegt es nun besonders nahe, an ganz bestimmte, sehr lange Linien und in sich folgerichtige Entwicklungen zu denken. Das wird schon dadurch gefördert, dass am Anfang ein programmatischer Beitrag stand, der hier konsequenterweise an erster Stelle aufgenommen ist. Man könnte (bzw. ich selber könnte *ex post*) den Schluss ziehen, als habe sich hier ein ganz bestimmtes Konzept über Jahrzehnte hinweg entfaltet; und man könnte zwischen der ursprünglichen Planung und den erzielten Ergebnissen sogar einen Abgleich vornehmen – der im Übrigen für den Autor bei (selbst)kritischer Prüfung keine unbedingt befriedigende Bilanz ergäbe.

Aber – auch wenn das apologetisch klingen mag – schon ein solcher Abgleich würde bei genauerem Zusehen zeigen, dass eben nicht einfach ein Programm mehr oder weniger folgerichtig abgespult wurde, auch wenn einige Leitgedanken und langfristige Perspektiven durchaus im Spiel waren. Vielmehr haben sich, wie auch sonst, durchaus verschiedene und ganz ungeplante Faktoren geltend gemacht, und viele Unterbrechungen und Wendungen sind eingetreten. Das hat, wie so oft auch durch äußere Anstöße, zu Entwicklungen geführt, die nicht abzusehen waren und die sich vielleicht gerade deshalb auf das Arbeiten gegenüber den ursprünglichen Absichten entschieden positiv ausgewirkt haben.

Es sind im Wesentlichen zwei Komplexe zusammengekommen, in denen sich eher Geplantes und ganz Ungeplantes auf lange Sicht verbanden. Durch sie sind meine Arbeiten auf den beiden im Titel angesprochenen Feldern geprägt worden, und so sind dort entsprechend erkennbar. Das erste von diesen Bereichen kam in der Tat nicht zufällig in meinen Blick, sondern ist aus älteren Arbeiten und dadurch aufgeworfenen Fragen bzw. nicht gelösten Problemen hervorgegangen. In der intensiven Arbeit an meiner Habilitationsschrift bin ich sozusagen „über die Dörfer gegangen", indem ich mich mit inneren Kriegen in Griechenland außerhalb von Athen und Sparta beschäftigt habe.[1] Die enorme Vielfalt der griechischen Staatenwelt und der Variantenreichtum ihrer politisch-sozialen Ordnung sind mir

---

1   Hans-Joachim Gehrke, Stasis. Untersuchungen zu den inneren Kriegen in den griechischen Staaten des 5. und 4. Jahrhunderts v. Chr. (Vestigia 35), München 1985.

eigentlich erst damals klar geworden, als ich versuchte, jede dieser Einheiten als Größe *sui generis* zu verstehen, ihre Geschichte gleichsam auch aus der Sicht der Akteure zu sehen. Der erste Beitrag in diesem Band hat gerade hier seinen Ausgangspunkt.

Bei der darauf folgenden und daran in gewisser Weise anschließenden Monographie waren dann Anregungen von außen maßgebend, die freilich auf eine große innere Neigung und vor allem ziemlich brennende Neugier stießen. Im Herbst 1981 fragte mich Ernst-Peter Wieckenberg, Cheflektor des Verlages C. H. Beck, übrigens auf Anregung von Gustav Adolf Lehmann, ob ich im Rahmen einer kleinen Reihe einen Band über das „Dritte Griechenland" schreiben wolle. Ich akzeptierte rasch.[2] Trotz einiger innerer Bedenken, sogleich nach der Habilitationsschrift wieder an ein größeres Werk heranzugehen, war ich von der Aufgabe eingenommen.

Ich hatte mich in den Jahren zuvor unter der Fragestellung der inneren Kriege gerade mit den griechischen Staaten „jenseits von Athen und Sparta" intensiv befasst. Dabei hatte ich es mit den dortigen sozialen Konflikten und somit auch den wirtschaftlichen Zuständen zu tun. Die allgemeiner ausgerichtete Arbeit an dem neuen Buch sollte unter anderem das weiterführen. Dabei wurde mir noch mehr als vorher deutlich, wie lückenhaft unsere diesbezüglichen Kenntnisse waren. Es zeigte sich aber mehr und mehr, auch angesichts seinerzeit aktueller Tendenzen der Forschung gerade in der Archäologie und in den Geowissenschaften, dass es große Chancen gab, in dieser Hinsicht weiterzukommen. Gerade die Erforschung der Siedlungs- und Agrarstruktur, die in diesem Rahmen eine besondere Bedeutung hatte, konnte für die Rekonstruktion antiker Ökonomien, in denen die Landwirtschaft deutlich dominierte, hilfreich sein.

Noch während der Arbeit an dem Buch ergaben sich aus solchen Eindrücken und damit verbundenen Ideen erste konkretere Überlegungen. Ich habe sie zunächst mit meinem Freund Peter Funke entwickelt, der sich im Rahmen seiner Habilitationsschrift über den Aitolischen Bund für die Landesnatur Westgriechenlands interessierte. In der kreativen Mußezeit eines gemeinsamen Familienurlaubs im Wallis (Sommer 1983) entstanden aus einem langen Brainstorming erste Notizen, die „Erner Blätter", in denen auf sechs doppelt handschriftlich beschriebenen Zetteln, etwa im Format Din A 7, ein ganzes Forschungstableau skizziert ist. Wenig später, im Herbst, sammelten wir auf einer gemeinsamen Forschungsreise nach Euboia und Aitolien auch erste Eindrücke für mögliche Arbeiten vor Ort. Uns war nämlich von Anfang an klar, dass ein echter Fortschritt auf den uns interessierenden Feldern allein am Schreibtisch nicht zu erzielen war und dass wir die entsprechenden Feldforschungen, die damals wesentlich intensiviert wurden, nicht nur rezipieren, sondern auch durch eigene Arbeiten mitgestalten mussten.

Meine eigenen konzeptionellen Überlegungen präsentierte ich erstmalig – das war damals noch ein Versuchsballon – am 30. Juni 1984 in kleinem und vertrautem Kreise, auf einem Kolloquium aus Anlass des 75. Geburtstages meines Lehrers Alfred Heuß (der erste Beitrag). Den Begriff „Historische Landeskunde" habe ich sehr

---

2   Hans-Joachim Gehrke, Jenseits von Athen und Sparta. Das Dritte Griechenland und seine Staatenwelt, München 1986.

bewusst gewählt, weil ich mich damit auf eine Tradition berufen konnte, die im Sinne einer Kooperation von Archäologie, Geographie und Geschichte gerade in Deutschland, und besonders im Bereich der Prähistorischen Archäologie und der Mittelalterlich-Frühneuzeitlichen Geschichte, verankert war.[3] Nichts anderes als Frühgeschichte war es ja, was wir nun in die Klassische Archäologie hineinzubringen versuchten und im Rahmen der Alten Geschichte betrieben.

Konkretere Projektplanungen, gemeinsam mit Kollegen aus den benachbarten Fächern, schlossen sich an, desgleichen entsprechende Lehrveranstaltungen und (gemeinsame) Exkursionen sowie weitere Forschungsreisen. Mit Unterstützung der DFG konnten Peter Funke und ich dann ein erstes Projekt beginnen, in dem es um die Zusammenstellung und Auswertung von neuzeitlichen Reiseberichten ging, die für die Rekonstruktion der antiken Landschaft, ihres Potentials und ihrer Nutzung relevant waren. Denn es war ja auch klar, dass alle geeigneten Informationsmöglichkeiten zu nutzen waren und dass der Arbeit vor Ort hinreichende Arbeiten am vorhandenen bzw. anderweitig zu erschließenden Bestand vorauszugehen hatten.

Genau in der Zeit, als dieses Projekt Formen annahm, ergab sich, unerwartet und ungeplant, die andere Forschungsrichtung, die im Titel mit „Geographie" bezeichnet und auf die das „Historische" der „Landeskunde" mit zu beziehen ist. Anfang Januar 1987 machte ich die Bekanntschaft von Francesco Prontera (Perugia), der mich wegen meiner aktuellen Orientierung (insofern war das nicht ganz zufällig) als Gastgeber für sein Alexander-von-Humboldt-Stipendium ausgesucht hatte. So kam ich mit ihm in einen engen fachlichen und persönlichen Austausch, der in eine langanhaltende Freundschaft mündete. Er ist ein großer Experte der Historischen Geographie der Antike und hatte sich, geprägt von den großen Traditionen seines Landes, eine tiefe Vertrautheit mit den einschlägigen Autoren erarbeitet. Natürlich hatte ich diese im Zusammenhang mit meiner landeskundlichen Ausrichtung auch intensiv studiert, besonders Strabon; aber wie man diesen recht zu lesen hat, habe ich erst durch Francesco gelernt. Es war mir deshalb eine große Freude, dass ich ihm mit einem Beitrag über „Strabon und Germanien" (s.u.) zu seiner Festschrift meinen Dank erstatten konnte.[4]

Aus dem ersten Kontakt ergaben sich vielfältige Perspektiven, auch weit über die Forschung hinaus.[5] Es hat sich ein in sich enges Netzwerk von Forscherinnen

---

3   Vgl. auch Hans-Joachim Gehrke, Historische Landeskunde, in: Adolf H. Borbein / Tonio Hölscher / Paul Zanker (Hrsg.), Klassische Archäologie. Eine Einführung, Berlin 2000, 39–51.

4   Hans-Joachim Gehrke, Strabon und Germanien, in: Encarnación Castro-Páez / Gonzalo Cruz Andreotti (Hrsg.), Geografía y cartografía de la Antigüedad al Rinacimiento. Estudios en honor de Francesco Prontera, Alcalá de Henares 2020, 217–247; ferner auch ders., Strabo and the Taman-Peninsula: Some observations on the historical geography of the Cimmerian Bosporus, in: Thibaut Castelli / Christel Müller (Hrsg.), De Mithridate VI à Arrien de Nicomédie: changements et continuités dans le bassin de la mer Noire entre le Ier siècle a.C. et le Ier siècle p.C.). Actes du colloque de Paris Nanterre, 2 et 3 Mars 2018, Bordeaux 2022, 219–230.

5   Da ich immer noch dem Ideal der Einheit von Forschung und Lehre anhänge, sei doch erwähnt, dass aus den erwähnten Kontakten sich nicht nur ein „programma trilaterale" in der Forschung zwischen Peter Funke, Francesco Prontera und mir ergab, sondern dass auch in der Kooperation unserer Institute an den Universitäten Münster, Perugia und Freiburg, schließlich noch weit darüber hinaus, ein enger Austausch von Dozenten und vor allem von Studierenden im Rahmen

und Forschern auf dem Gebiet der Historischen Geographie der Antike entwickelt, zu dem auch die von Eckart Olshausen initiierte Gründung der Ernst-Kirsten-Gesellschaft beigetragen hat (s.u.) und für die zwei Zeitschriften stehen, neben deren Organ „Orbis Antiquus" die von Francesco Prontera ins Leben gerufene „Geographia Antiqua". Vieles von dem, was ich unternehmen durfte, insbesondere die Edition der 5. Abteilung der Fragmente der Griechischen Historiker (nach Felix Jacoby, FGrHist V)[6] wäre ohne diese freundschaftlichen Verbindungen nicht möglich gewesen.

Deshalb gestaltet sich auf dem Gebiet, das in diesem Band erfasst ist, der Rückblick besonders erfreulich. Eine über Jahrzehnte hinweg gewachsene Gemeinsamkeit im wissenschaftlichen Austausch und Diskurs führt nach wie vor zu faszinierenden Forschungen und Kooperationen. Vor allem auf den Gebieten, die ich mit dem traditionellen Stichwort der „Historischen Landeskunde" bezeichne, haben sich, dank der massiven Intensivierung einschlägiger Feldforschungen und der stürmischen Fortschritte in den Geowissenschaften – heute spricht man geläufig von Landscape Archaeology und Geoarchäologie – Fortschritt ergeben, von denen man vor vierzig Jahren, als ich mich in diese Richtung begab, gerade eine Vorahnung hatte. Ich schätze mich sehr glücklich, dass ich an diesen Entwicklungen Anteil nehmen und sie vielleicht auch ein wenig mitgestalten konnte.

Etwas davon mag auch in dem vorliegenden Band sichtbar werden. Unter dem Stichwort „Grundsätzliches" werden in seinem ersten Teil neben dem ersten programmatischen Stück („Die griechische Staatenwelt") solche Artikel präsentiert, die aus dem Zusammenspiel der beiden erwähnten Stränge hervorgehen und dieses auch im Blick auf Raumkonzepte (im Spannungsfeld zwischen dem geographisch Gegebenen und dem verschiedenartigen Umgehen mit diesem) beleuchten. Hierbei sind auch Anregungen aus anderen koordinierten Projekten, etwa dem Sonderforschungsbereich „Identitäten und Alteritäten" mit eingegangen. Sehr vieles wurde auch im Berliner Exzellenzcluster „Topoi. Space and Knowledge in Ancient Civilizations and Beyond" weitergeführt, in dessen Vorstand ich eine Zeitlang mitwirkte und in dem ich die Cross Sectional Group „Space and Collective Identities" koordiniert habe, mit tatkräftiger Unterstützung durch Kerstin P. Hofmann.[7]

des Erasmus-Programms der EU entstand, bereits seit 1991. Viele unserer Nachwuchswissenschaftlerinnen und Nachwuchswissenschaftler haben daran teilgenommen und davon profitiert, sogar Eheschließungen sind zu verzeichnen. Und schließlich lagen hierin die Wurzeln für das aktuelle Studienprogramm „European Master in Classical Cultures" (https://emccs.uni-muenster.de/index.php/de/, abgerufen am 28.2.2023), das vor rund 20 Jahren unter der Federführung von Peter Funke Gestalt angenommen hat.

6   https://scholarlyeditions.brill.com/bnjo/preface-v/ (abgerufen am 28.2.2023).

7   S. den Überblick https://www.topoi.org/group/e-csg-v-topoi-1/ sowie (für die zweite Phase) https://www.topoi.org/group/identities/ (abgerufen am 4.3.2023), dazu die Publikationen Hans-Joachim Gehrke, Griechische Wanderungsnarrative und ihre Wirkung, in: ders. / Felix Wiedemann / Kerstin P. Hofmann, Vom Wandern der Völker. Zur Verknüpfung von Raum und Identität in Migrationserzählungen (Berlin Studies of the Ancient World 41), Berlin 2017, 41–65; ders. (gemeinsam mit Kerstin P. Hofmann), Identitäten und Identifikationen einst und heute. Zur Bedeutung von Raum, Wissen und Repräsentation im Rahmen von Identitätspraktiken, erscheint in: K. P. Hofmann (Hrsg.), Ancient Identities and Modern Identification. Space,

Dabei steht zunächst die grundsätzliche Frage nach dem Verhältnis von Mensch und Raum in der griechischen Antike im Vordergrund („Quadri ambientali"). Es gibt hier deutliche Beziehungen zu aktuellen Fragen der historischen Umweltforschung. Der Verflechtung des Menschen mit dem Raum wird dann gerade im Blick auf die Grenzen und ihre Konnotation nachgegangen („Artifizielle und natürliche Grenzen"). Im Vordergrund steht die Problematisierung des Konzepts der natürlichen Grenzen, das auch in weiteren Fallstudien erörtert wird (s.u.). Überhaupt führte die Hinwendung zur antiken Geographie über einen längeren Zeitraum hinweg zu einer Reihe von Artikeln, die die Raumvorstellungen in der antiken Theorie und ihr Verhältnis zur politisch-militärischen Praxis beleuchteten („Geburt der Erdkunde", „Raumwahrnehmung", „Thukydides und die Geographie", „Antike Raumvorstellungen", „Meilensteine").[8] Der neueste, hier im dritten Abschnitt präsentierte Beitrag („Vom Text zum Raum") bezeichnet nicht nur die Erweiterung auf andere literarische Genera, sondern steht auch im Kontext des Brückenschlages zwischen der Landeskunde mit ihrer Feldforschung und der Untersuchung sozial konnotierter und literarisch überlieferter Raumvorstellungen, zwischen „der Erde und dem Papier".[9]

Details:

„Die griechische Staatenwelt"

— Angesichts der bereits angesprochenen Dynamik auf dem hier angesprochenen Forschungsfeld ließe sich nicht nur das Programmatische mit dem Späteren abgleichen, sondern auch ein Überblick über den Stand der einschlägigen Untersuchungen geben. Das würde freilich den Rahmen bei weitem sprengen. Manches habe ich zwischenzeitlich schon nachgetragen,[10] und hier kann nur auf besonders repräsentative Werke verwiesen werden: Susan Alcock, Graecia Capta. The Landscapes of Roman Greece, Cambridge 1993; Susan Alcock / John F. Cherry (Hrsg.), Side-by-Side Survey. Comparative Regional Studies in the Mediterranean World, Oxford 2004; John Bintliff, The Complete Archaeology of Greece. From Hunter-Gatherers to the 20th Century A.D., Chichester 2012; Alexander Mazarakis Ainian / Alexandra Alexandridou / Xenia Charalambidou (Hrsg.), Regional Stories Towards a New Perception of the Early Greek World,

---

Knowledge and Representation / Antike Identitäten und moderne Identifikationen. Raum, Wissen und Repräsentationen (Akten der Tagung des Excellenzclusters TOPOI, Key Topic Identities, 18.–19. Juni 2015), voraussichtlich 2023.

8   Ähnlich gelagert, aber bereits in Band II der Ausgewählten Schriften (253–267) aufgenommen: Alexander der Große – Welterkundung als Welteroberung, in: Klio 93, 2011, 52–65.

9   Louis Robert, in: Actes du VIIIe Congrès de l'Association G. Budé, Avril 1968, Paris 1970, 67–86 = Opera Minora Selecta IV 383–403. Näheres s.u.

10 Hans-Joachim Gehrke, Zwischen Altertumswissenschaft und Geschichte. Zur Standortbestimmung der Alten Geschichte am Ende des 20. Jahrhunderts, in: E.-R. Schwinge (Hrsg.), Die Wissenschaften vom Altertum am Ende des 2. Jahrtausends n.Chr., Stuttgart-Leipzig 1995, 160–196, bes. 173f. [in Ausgewählte Schriften III 367f., Nachträge 419], vgl. ferner ders., Historische Landeskunde, in: Adolf H. Borbein / Tonio Hölscher / Paul Zanker (Hrsg.), Klassische Archäologie. Eine Einführung, Berlin 2000, 39–51 und Stellungnahme, in: Frank Kolb (Hrsg.), Chora und Polis (Schriften des Historischen Kollegs. Kolloquien 54), München 2004, 361–367.

Volos 2017: Adolfo J. Domínguez (Hrsg), Politics, Territory and Identity in Ancient Epirus. Pisa 2018; Sophie Monteil / Airton Pollini (Hrsg.), La question de l'espace au IVe siècle avant J.-C. dans les mondes grec et étrusco-italique: continuités, ruptures, reprises, Besançon 2018; Hans Beck / Kostas Buraselis, /Alex McAuley (Hrsg.), Ethnos and Koinon. Studies in Ancient Greek Ethnicity and Federalism, Stuttgart 2019; Hans Beck: Localism and the Ancient Greek City-State, Chicago 2020. – Bezeichnenderweise arbeitet die auf 6 Bände angelegte, von Paul Cartledge und Paul Christesen herausgegebene „Oxford History of the Archaic Greek World", deren Erscheinen unmittelbar bevorsteht, mit dem Begriff der „archaeohistory" (s. Introduction, im Druck). Hilfreich ist auch die elektronische Zeitschrift der International Association of Landscape Archaeology, die LAC Proceedings (https://iala-lac.org/, abgerufen am 10.3.2023).

— Grundlegend zur griechischen Poliswelt ist jetzt Mogens Herman Hansen / Thomas Heine Nielsen (Hrsg.), An inventory of Archaic and Classical Poleis. An Investigation Conducted by the Copenhagen Polis Centre for the Danish National Research Foundation, Oxford 2004.

— Zu Philippson s. jetzt Alfred Philippson, Wie ich zum Geographen wurde. Aufgezeichnet im Konzentrationslager Theresienstadt zwischen 1942 und 1945, hrsg. v. Hans Böhm u. Astrid Mehmel, Bonn 1996; [2]2000.

— Von Pritchett's „Studies in Ancient Greek Topography" sind später noch vier weitere Bände erschienen, Berkeley-Los Angeles 1995. 1989. 1991. 1992.

— Zu den erwähnten Fallbeispielen Korinth und Halieis – wie übrigens auch für weitere hier und in den folgenden Beiträgen erwähnte Fundplätze – kann an dieser Stelle auf den aktuellen Forschungsstand nicht *in extenso* verwiesen werden; einen guten Überblick bieten generell "Archaeology in Greece online" (chronique.efa.gr) sowie die Portale „Pleiades" und „ToposText". Auf sie sei auch für das Folgende pauschal verwiesen.

— Zu Mykene und zum frühen Griechenland s. jetzt den ausführlichen Überblick Irene S. Lemos / Antonis Kotsonas (Hrsg.) A Companion to the Archaeology of Early Greece and the Mediterranean, Oxford 2020.

— Hans Lohmanns in Anm. 15 erwähnte Forschungen sind jetzt insgesamt publiziert: Atene. Forschungen zu Siedlungs- und Wirtschaftsstruktur des klassischen Attika, 2 Bände, Köln-Weimar-Wien 1993; Weiteres s. u. zu „Rekonstruktion antiker Seerouten".

— Zu Kassope s. vor allem Wolfram Hoepfner / Ernst Ludwig Schwandner, Haus und Stadt im klassischen Griechenland, München 1986. [2]1994, 114–179.

— Zu Fragen der Kontinuität nach dem Ende der Mykenischen Paläste ist jetzt der Ausgangspunkt Birgitta Eder/ Irene S. Lemos, From the Collapse of the Mycenaean Palaces to the Emergence of Early Iron Age Communities, in: Lemos / Kotsonas a.O. (s.o.), 33–160.

— Zum Aspekt des Föderalismus seien neben der o.a. Literatur und dem neuen Handbuch Hans Beck / Peter Funke, Federalism in Greek Antiquity, Cambridge 2015 noch genann*t*: Peter *Funke / Matthias Haake* (Hrsg.), **Greek Federal States and Their Sanctuaries: Identity and Integration**. Stuttgart 2013; Klaus Freitag / Matthias Haake (Hrsg.), Griechische Heiligtümer als Handlungsorte. Zur Multifunktionalität supralokaler Heiligtümer von der frühen Archaik bis in die römische Kaiserzeit, Stuttgart 2019. Zu erwähnen ist hier auch das neue ERC-Projekt von Elena Franchi (Trento) „Federalism and Border Management in Greek Antiquity" (ERC 2021 Cog PR. Nr. 101043954). Zur Landwirtschaft sind besonders wichtig Arbeiten von Lin Foxhall, s. vor allem Olive Cultivation in Ancient Greece: Seeking the Ancient Economy, Oxford-New York 2007; s. jetzt aber auch generell David Hollander / Timothy Howe (Hrsg.), A Companion to Ancient Agriculture, Oxford 2020.

„Quadri ambientali"

— Zu neueren Ansätzen in der Erforschung der Mensch-Raum-Interaktion nach dem spatial turn s. den Überblick von Kerstin P. Hofmann, (Post)Moderne Raumkonzepte und die Erforschung des Altertums, in: Geographia Antiqua 23/24, 2014/2015, 25–42; vgl. auch u. den Beitrag „Rolle der Geographie".

— Zu den Methoden der Geoarchäologie generell s. George Robert Rapp / Christopher L. Hill, Geoarchaeology: The Earth-science Approach to Archaeological Interpretation, New Haven-London ²2006.

— Zum Klima s. jetzt Sturt W. Manning, Climate, Environment, and Resources, in: Sitta von Reden (Hrsg.), The Cambridge Companion to the Ancient Greek Economy, Cambridge 2022, 373–391.

— Zu den angesprochenen Funden des Survey in der Stratike (Akarnanien) s. Peter Funke, New Historical-Archaeological Research on the Ancient Polis Stratos, in: Jacob Isager (Hrsg.), Foundation and Destruction. Nikopolis and Northwestern Greece. The Archaeological Evidence of the City Destructions, the Foundation of Nikopolis and the Synoecism, Athen 2001, 189–203; Weiteres s. u. in den Nachträgen zu den Akarnanien-Artikeln.

— Zum Zusammenhang zwischen Numinosem und Natur s. jetzt vor allem Jeremy McInerney / Ineke Sluiter (Hrsg.), Valuing Landscape in Classical Antiquity: Natural Environment and Cultural Imagination, Leiden; Boston 2016; Tanja Scheer (Hrsg.), Natur – Mythos – Raum / Nature – Myth – Religion, Stuttgart 2019; und vgl. die Hinweise in Anm. 12 zu dem Olympia-Projekt (vgl. auch u. „Vom Text zum Raum").

— Zur Bedeutung des Meeres s. den Überblick von Raimund Schulz, Die Antike und das Meer, Darmstadt 2005 und jetzt, in weiterem Rahmen, Philip de Souza / Pascal Arnaud / Christian Buchet (Hrsg.), The Sea in History – The Ancient World, Rochester 2017.

— Zu den Kolonien Korinths vgl. jetzt Hans-Joachim Gehrke / Philip Sapirstein, Corcyra, in: Paul Cartledge / Paul Christesen (Hrsg.), The Oxford History of the Archaic Greek World, vol. 1, Oxford 2023 (im Druck).

— Zu Poseidon-Heiligtümern s. jetzt die Neuentdeckung von Samikon, dazu Birgitta Eder / Jasmin Huber / Erofili-Iris Kolia / Panaghiotis Moutzouridis / Kostas Nikolentzos *et al.* [..], New research at Kleidi-Samikon. In: Maria Xanthopoulou / Aimilia Banou / Eleni Zimi, / Evgenia Giannouli / Anna-Vasiliki Karapanagiotou, *et al.* (Hrsg.), Το Αρχαιολογικό Έργο στην Πελοπόννησο (ΑΕΠΕΛ2), Πρακτικά της Β´ Επιστημονικής Συνάντησης, Καλαμάτα, 1–4 Νοεμβρίου 2017, Kalamata 2020 233–245; https://www.oeaw.ac.at/oeai/forschung/historische-archaeologie/fruehes-griechenland/kleidi-samikon (abgerufen 4.3.2023) und (zur ersten Grabungskampagne) https://www.culture.gov.gr/el/Information/SitePages/view.aspx?n ID=4379 (abgerufen 4.3.2023).

„Artifizielle und natürliche Grenzen"

— Der Beitrag macht Überlegungen zu Grenzen, die im Rahmen der historischen Geographie eine besondere Bedeutung haben, für die Arbeit im seinerzeitigen Sonderforschungsbereich „Identitäten und Alteritäten" (dazu s. Ausgewählte Schriften III) nutzbar. Es handelt sich deshalb nur um einen knappen Überblick. Im Exzellenzcluster „Topoi" spielten Grenzen naturgemäß eine wichtige Rolle, besonders im Rahmen der Research Group „Fuzzy Borders" (https://www.topoi.org/group/b-i-2-topoi-1/, abgerufen am 4.3.2023); s. auch den Überblick Christian Langer

/ Manuel Fernández-Götz, Boundaries, Borders and Frontiers: Contemporary and Past Perspectives, in: eTopoi. Journal for Ancient Studies. Special Volume 7, 2020: Political and Economic Interaction on the Edge of Early Empires, ed. by David A. Warburton, 33–47.
- Den Grenzen Roms war speziell das Topoi-Projekt „Borders of Rom" gewidmet, s. https://www.topoi.org/project/b-2-6/ (abgerufen am 4.3.2023). Wichtig in diesem Rahmen ist die Fallstudie Michael Sommer, Roms orientalische Steppengrenze. Palmyra – Edessa – Dura-Europos – Hatra. Eine Kulturgeschichte von Pompeius bis Diocletian, Stuttgart ²2018.

„Geburt der Erdkunde"
- Zum aktuellen Stand der Forschungen und zu Konzeptualisierungen auf diesem wichtigen Gebiet der Sichtweisen s. Klaus Geus / Artin Thiering (Hrsg.), Features of Common Sense Geography. Implicit knowledge structures in ancient geographical texts, Münster 2014 (ebenfalls ein ‚Produkt' von „Topoi"). – Im Übrigen sind die hier gegebenen Hinweise auch für die folgenden Beiträge relevant.
- Für die antike Geographie generell (und damit auch für ihre frühen Entwicklung) ist jetzt repräsentativ Serena Bianchetti / Michele R. Cataudella / Hans-Joachim Gehrke (Hrsg.), Brill's Companion to Ancient Geography. The Inhabited World in Greek and Roman Tradition, Leiden 2016; nahezu alle Aspekte werden sichtbar in den Sammelbänden Manuel Albaladejo Vivero / David Hernández de la Fuente / Stéphane Lebreton / Pierre Schneider (Hrsg.), Non sufficit orbis. Geografía histórica y mítica en la antigüedad, Madrid 2020 und Roberto Nicolai / Antonio L. Chávez Reino (Hrsg.), Tra geografia e storiografia, Sevilla 2020; einen wichtigen Überblick bietet Serena Bianchetti, Geografia storica del mondo antico, Bologna 2008 und viele bedeutsame Aspekte sind zusammengestellt bei Francesco Prontera, Geografia a storia nella Grecia antica, Firenze 2011. – Zu den *periploi* ist jetzt wichtig Pascal Arnaud, Les sources du Stadiasme et la typologie des périples anciens, in: Encarnación Castro-Páez / Gonzalo Cruz Andreotti (Hrsg.), Geografía y cartografía de la Antigüedad al Rinacimiento. Estudios en honor de Francesco Prontera, Alcalá de Henares 2020,73–102.
- Die Beschäftigung mit dem Schiffskatalog hat jetzt auszugehen von Edzard Visser, Homers Katalog der Schiffe, Stuttgart-Leipzig 1997.
- Zu Messungen und Maßstäben ist grundlegend Pascal Arnaud, De la durée à la distance: l'évaluation des distances maritimes dans le monde gréco-romaine, in: „Histoire & Mesure" 8, 1993, 225–247; ders., Les routes de la navigation antique. Itinéraires en Méditerranée, Paris 2005. ²2021.
- Über die Historizität von Thales' Voraussage der Sonnenfinsternis ist in letzter Zeit viel diskutiert worden. Ich neige jetzt eher zu der vertieften Skepsis von Otta Wenskus (Die angebliche Vorhersage einer Sonnenfinsternis durch Thales von Milet. Warum sich diese Legende so hartnäckig hält und warum es wichtig ist, ihr nicht zu glauben, in: Hermes 144, 2016, 2–17).
- Zu Herodots Weltbild s. jetzt eingehend: Wido Sieberer, Herodots Beschreibung der Welt. Eine kartographische Rekonstruktion der Erde nach den geographischen Angaben der *Historien* (mit zwei Karten), in: Robert Rollinger (Hrsg.), Die Sicht auf die Welt zwischen Ost und West (750 v. Chr. – 550 n. Chr.), Wiesbaden 2017, Teil B.
- Zur *Tabula Peutingeriana* sind die aktuellen Arbeiten des Eichstätter Teams um Michael Rathmann zu beachten: Kommentar zur Tabula Peutingeriana, https://www.ku.de/ ggf/geschichte-/alte-geschichte/forschung/dfg-projekt-tabula-peutingeriana (abgerufen am 7.3.2023).

– Zu den geographischen Perspektiven bei den strategischen Planungen s.u. die Beiträge „Thukydides und die Geographie" und „Antike Raumvorstellungen".

„Raumwahrnehmung"
– Wegen starker Überschneidungen mit dem vorangehenden Artikel sei auf die vorangehenden
   Hinweise zu diesem verwiesen.
– Zu Homers *Odyssee* und ihrem komplexen Verhältnis zur Realität s. jetzt den wichtigen Beitrag
   von Marek Węcowski, An *Intentionale Gegenwart*? Odysseus ‚False Tales' and the Intellectual
   Context of the *Odyssey*, in: Astrid Möller (Hrsg.), Historiographie und Vergangenheitsvorstel-
   lungen in der Antike. Beiträge zur Tagung aus Anlass des 70. Geburtstages von Hans-Joachim
   Gehrke, Stuttgart 2019, 17–34.

„Thukydides und die Geographie"
– Die Analogie zwischen politisch-militärischem Handeln und Geschichtsschreibung ist einer der
   Grundgedanken von Felix K. Maiers Dissertation, „Überall mit dem Unerwarteten rechnen".
   Die Kontingenz historischer Prozesse bei Polybios (Vestigia 65), München 2012, bes. S. 273–
   340.
– Der Verweis auf das „Stichwort ‚Politik und Geographie'" im vorletzten Absatz bezieht sich
   auf das Thema der Tagung, in dem der vorliegende Artikel als Vortrag erstmalig präsentiert
   wurde und der der Band der „Geographia Antiqua" (18, 2009), in dem der Artikel dann erschien, gewidmet ist. Es handelte sich um die erste in einer Serie von drei Tagungen unter dem
   Thema „Geografia e politica in Grecia e Roma", die im Rahmen des Programma Trilaterale der
   Deutschen Forschungsgemeinschaft, der Maison de la Science de l'Homme und der Villa Vigoni ebendort stattgefunden haben (6.–7.10.2008, 5.–8.10.2009, 4.–6.10.2010, s. hierzu zusätzlich Geographia Antiqua 19, 2010 und 20/21, 2011/12). Auch dieses gemeinsame Projekt ist
   Ausdruck meiner Verbundenheit zu den Freunden Pascal Arnaud und Francesco Prontera.

„Antike Raumvorstellungen"
– Es handelt sich hier um die ursprüngliche deutsche Version eines Beitrages, der auf einer Tagung in Perugia (28.–30.9.2006) auf Italienisch gehalten und in Geographia Antiqua 16/17,
   2007/2008 veröffentlicht wurde. Schon zwischen seiner Abfassung und dem Vortrag war die
   Authentizität des erwähnten Artemidor-Papyrus durch Luciano Canfora in Zweifel gezogen
   worden. Darauf war schon im Vortrag und erst recht in den Anmerkungen der Druckfassung
   einzugehen. Infolgedessen ist hier die deutsche Fassung entsprechend der italienischen Version
   ergänzt und geändert worden. Die seinerzeit lebhafte Debatte hat zu zahlreichen Publikationen
   geführt. Eine besonders ausgewogene Übersicht gibt Didier Marcotte, Le papyrus
   d'Artémidore: le livre, le texte, le débat, in: Revue d'histoire des Textes, N.S. 5, 2010, 333–371
   (mit pl. h.-t.); vgl. auch Michael Rathmann, Der Artemidorpapyrus (P. Artemid.) im Spiegel
   der Forschung, in: Klio 93, 2011, 350–368. Nach wie vor gibt es Anhänger für beide Auffassungen, repräsentativ jetzt vor allem Luciano Canfora, Simonidis als Verfasser des falschen
   Artemidor, in: Andreas E. Müller / Lilia Diamantopoulou / Christian Gastgeber / Athanasia
   Katsiakiori-Rankl (Hrsg.) Die getäuschte Wissenschaft. Ein Genie betrügt Europa –

Konstantinos Simonides, Göttingen 2017, 249–256 und Jürgen Hammerstaedt, ebd. 257–280. Neuerdings haben Analysen der Tinten zum Nachweis von „two pigments manufactured with modern industrial methods: Carbon black (after 1870) and lampblack (after 1740, modified in 19th c.)" geführt, s. Barbara Capone / Paola Biocca / Pietro Corsi / Carlo Meneghini / Marina Bicchieri, Does the Artemidorus papyrus have multiple lives? Seeking for the answer in the inks through a Raman and PCA analysis, in: Journal of Cultural Heritage 48, March–April 2021, 1–10; zitiert von Marie Deviterne Lapeyre / Samiah Ibrahim, Interpol questioned documents review 2019–2022, in: Forensic Science International: Synergy 6, 2023, 100300, Anm. 416.

— Zur Eroberung der Alpen und des Voralpengebietes, zur Germanienpolitik des Augustus und zu den Grabungen in Waldgirmes, die die ursprünglichen Eindrücke eindeutig bestätigten, s. jetzt die Hinweise bei Gehrke, Strabon und Germanien (o. Anm. 4); zum Balkanraum s. Marjeta Šašel Kos, The Roman conquest of Dalmatia and Pannonia under Augustus – some of the latest research results, in: Günther Moosbauer / Rainer Wiegels (Hrsg.), Fines imperii – imperium sine fine? Römische Okkupations- und Grenzpolitik im frühen Principat (Beiträge zum Kongress ,Fines imperii – imperium sine fine?' in Osnabrück vom 14. bis 18. September 2009), Rahden 2011, 107–118; dies., The Roman Conquest of Illyricum (Dalmatia and Pannonia) and the Problem of the Northeastern Border of Italy, in: Studia Europaea Gnesnensia 7, 2013, 169–200.

— Zur Diskussion um Agrippa und seine Karte s. Pascal Arnaud, Texte et carte de Marcus Agrippa: historiographie et données textuelles, in demselben Band (Geographia Antiqua 16-17, 2007–2008) 73–126.

„Meilensteine"

— Zur Thematik generell s. jetzt auch Filippo Carlà-Uhink, The Impact of Roman Roads on Landscape and Space: The Case of Republican Italy, in: Marietta Horster / Nikolas Hächler (Hrsg.),The Impact of the Roman Empire on Landscapes. Proceedings of the Fourteenth Workshop of the International Network Impact of Empire (Mainz, June 12–15, 2019) (Impact of Empire Band 41), Leiden 2022, 69–91.

— Mittlerweile ist ein weiteres Faszikel der Meilensteine erschienen; CIL XVII / I *Provinciae Hispaniae et Britanni /*Fasc. I: *Miliaria provinciae Hispaniae citerioris*, edd. M. G. Schmidt, C. Campedelli schedis usi quas condiderat L. Villars. 2015.

— Zur Via Claudia Augusta s. auch Elisabeth Walde / Gerald Fuchs (Hrsg.), Via Claudia Augusta und Römerstraßenforschung im östlichen Alpenraum, Innsbruck 2006. Über neuere Forschungen informiert die Website des Interreg-Projektes „Hereditas": https://www.viaclaudia. org/geschichten/forschungs-projekte (abgerufen am 8.3.2023).

— Zur Aisthetik vgl. jetzt Jörg Sternagel, Ethik der Alterität. Aisthetik der Existenz, Wien 2020.

Zu den grundsätzlichen und methodologischen Überlegungen, welche die konkrete Projektarbeit immer vorbereiten und begleiten müssen, gehört auch, dass man sich einen Überblick über die bisherigen Leistungen der Forschung und ihren historischen Ablauf verschafft. Im zweiten Teil sind entsprechende Arbeiten aufgenommen. Am Anfang stehen wissenschaftsgeschichtliche Studien, in denen ich den

Ursprüngen der Beschäftigung mit den antiken Raumverhältnissen, vornehmlich in Griechenland, nachging. Sie hatten auf Grund der gegebenen Sachlage ihren Schwerpunkt vor allem in der ersten Hälfte des 19. Jahrhunderts („Wissenschaftliche Entdeckung", „Karl Otfried Müller").

In jener Zeit hatten sich bereits, im Zusammenspiel der sich fundierenden Geo- und Altertumswissenschaften, ganz bestimmte Perspektiven in der Erforschung von räumlichen Gegebenheiten und kulturellen Prägungen, auch in ihren Wechselwirkungen, ergeben. Bei genauem Zusehen zeigen sie eine große Nähe zu ganz aktuellen fachlichen Tendenzen, gerade in ihrem Bemühen um Synopsen und ganzheitliche Sichtweisen. In einem neueren Beitrag („Rolle der Geographie") habe ich dann, von dort ausgehend, einen weiteren Bogen bis in unsere Zeit und zu unseren Arbeiten geschlagen. Hier ist gleichsam auch mein eigener Weg kontextualisiert; es wird deutlich, welche Begleiter diesen ermöglicht und mitgestaltet haben.

Details:

„Wissenschaftliche Entdeckung"
— Die eher ganzheitliche Sicht auf die komplexen Beziehungen zwischen Mensch und Raum, die in dem seinerzeitigen Artikel bereits nicht nur wissenschaftsgeschichtlich im Vordergrund standen, hat sich mehr und mehr durchgesetzt. Dazu bedarf es keiner weiteren Hinweise. Das angesprochene Grunddilemma bleibt aber nach wie vor bzw. verstärkt sich weiter: Die Logik der Forschung, die nach immer größerer Spezialisierung und Detailarbeit verlangt, führt eher von der Synopse weg. Sie zwingt infolgedessen zu immer komplizierteren Forschungsdesigns, die aber in der universitären Ausbildung, die doch sinnvollerweise auf disziplinäre Kompetenz ausgerichtet ist, kaum noch abzubilden sind.
— Die Literatur zu Alexander von Humboldt ist uferlos, um so wichtiger sind Hilfsmittel wie die Übersicht Markus Breuning, Generalbibliographie zu Alexander von Humboldt, Bern [4]2020. (PDF-Ausgabe online) und die Website des Projekts der Berlin-Brandenburgischen Akademie der Wissenschaften https://www.bbaw.de/forschung/alexander-von-humboldt-forschung/projektdarstellung (abgerufen am 8.3.2023).
— Zum Verhältnis von Humboldt und Carl Ritter s. jetzt Ulrich Päßler unter Mitarbeit v. Eberhard Knobloch (Hrsg.): Alexander von Humboldt – Carl Ritter. Briefwechsel (= Beiträge zur Alexander-von-Humboldt-Forschung. Band 32), Berlin 2010; Hans-Dietrich Schultz: „Heldengeschichten" oder: Wer hat die Geographie (neu) begründet, Alexander von Humboldt oder Carl Ritter? in: Bernhard Nitz / Hans-Dietrich Schultz / Marlies Schulz (Hrsg.), 1810–2010: 200 Jahre Geographie in Berlin (= Berliner Geographische Arbeiten, Band 115), Berlin 2010, 1–45 [2. verb. u. erw. Aufl. 2011, S. 1–49] sowie Felix Schmutterer, Carl Ritter und seine „Erdkunde von Asien". Die Anfänge der wissenschaftlichen Geographie im frühen 19. Jahrhundert, Berlin 2018.
— Zu den Reisenden s. Annamarie Felsch-Klotz, **Frühe Reisende in Phokis und Lokris Berichte aus Zentralgriechenland vom 12. bis 19. Jahrhundert**, Göttingen 2009; Elisabeth A. Fraser, Mediterranean Encounters. Artists Between Europe and the Ottoman Empire, 1774–1839, Penn State UP 2017; Daniela Mondini, Die Antikenpublikation. James Stuart und Nicholas Revett: The Antiquities of Athens, 1762–1816; in: Dietrich Erben (Hrsg.), Das Buch als Entwurf. Textgattungen in der Geschichte der Archtitekturtheorie. Ein Handbuch, Paderborn

2019, 210–237; Celeste Farge, in: https://www.bsa.ac.uk/2020/11/04/the-william-gell-notebooks-at-the-bsa/ (aufgerufen 21.2.23); Jason Thompson, Queen Caroline and Sir William Gell. A study in royal patronage and classical scholarship, Cham 2018.

– Zur Expédition de Morée s. jetzt vor allem: Alain Schnapp, L'oubli et la redécouverte d'Olympie des origines à l'expédition de Morée. La philosophie antique des ruines, in : Annick Fenet / Natacha Lubtchansky (Hrsg.), Pour une histoire de L'Archéologie XVIIIe siècle – 1945. Hommage de ses collègues et amis à Ève Gran-Aymerich, Bordeaux 2015, 43–60; Nikos Tzanakos, Η γαλλική εκστρατεία στον Μοριά και ο στρατάρχης Μαιζών (L'expédition française en Morée et le maréchal Maison), Patras 2017; Yiannis Saïtas (Hrsg.), L'œuvre de l'expédition scientifique de Morée 1829–1838, Éditions Melissa 2011 (1ʳᵉ Partie) – 2017 (2ᵈᵉ Partie); Eleni Gkadolou, Spatial Organization and Semantic Modelling of Historical Data: The Case of the French Scientific Mission, 1828–29, in: International Journal of Computational Methods in Heritage Science 3, 2019, 43–57; vgl. auch die Websites https://fr.wikipedia.org/wiki/Exp%C3%A9dition_de_Mor%C3%A9e und https://fr.wikipedia. org/wiki/Liste_des_membres_de_l%27 exp%C3%A9dition_de_Mor%C3%A9e (beide abgerufen am 22.2.23).

„Karl Otfried Müller"

– Viele Hinweis auf spätere Arbeiten stecken schon in dem vorangehenden Beitrag, vor allem in dessen drittem Teil, sowie in dem folgenden, der vieles aus späterer Sicht zusammenfasst.

– Die immense fachliche Bedeutung Müllers wird auf geradezu skurrile Weise auch durch Martin Bernals großen Angriff auf den von ihm behaupteten Rassismus in den klassischen Altertumswissenschaften unterstrichen (Black Athena. The Afroasiatic Roots of Classical Civilization, Rutgers University Press 1987). Dieser macht nämlich Müller geradezu zum Hauptverantwortlichen für diese problematische Orientierung und schreibt ihm damit eine außerordentliche Wirkung zu. Wie grund- und haltlos das ist, hat Josine Blok schon vor einiger Zeit in aller Deutlichkeit gezeigt (Proof and Persuasion in *Black Athena I*. The case of K. O. Müller, in: Talanta 28/29, 1996/97, 173–208).

– Immerhin hat der Vorwurf offensichtlich eine erneute Beschäftigung mit Müller ausgelöst, vgl. William Calder III / Renate Schlesier (Hrsg.), Zwischen Rationalismus und Romantik. Karl Otfried Müller und die antike Kultur, Hildesheim 1998. S. darüber hinaus: Wolfhart Unte / Helmut Rohlfing, Quellen für eine Biographie Karl Otfried Müllers (1797–1840). Bibliographie und Nachlaß, Hildesheim u. a. 1997; Klaus Fitschen, Müller, Otfried, in Neue Deutsche Biographie 18, 1997, 323–326 (mit weiteren Hinweisen); Ève Gran-Aymerich / Jürgen von Ungern-Sternberg (Hrsg.), L'Antiquité partagée. Correspondances franco-allemandes 1823–1861 (Mémoires de l'Académie des Inscriptions et Belles Lettres 47), Paris 2012.

– Zur Griechenlandreise s. jetzt Klaus Fittschen, Karl Otfried Müller in Marathon, Rhamnus und Oropos. Aus seinen Reiseaufzeichnungen von 1840, in: Konstantinos Kalogeropoulos / Dora Vassilikou / Michalis Tiverios (Hrsg.), Sidelights on Greek antiquity: Archaeological and epigraphical essays in honour of Vasileios Petrakos, Berlin 2021, 423–440.

– Ein Zugang zur griechischen Kultur über den Mythos hat in unseren Tagen eine neue Relevanz erhalten, und man kann in dieser Hinsicht von einer konstruktiven Auseinandersetzung mit Müller ausgehen, s. besonders Josine Blok, „Romantische Poesie, Naturphilosophie, Construktion der Geschichte": K. O. Müller's Understanding of History and Myth, in: Calder III / Schlesier a. O. 55–97; Arnaldo Momigliano, Karl Otfried Müllers *Prolegomena zu einer wissenschaftlichen Mythologie* und die Bedeutung von „Mythos", in: A.M, Ausgewählte Schriften zur Geschichte und Geschichtsschreibung. Band 3: Die moderne Geschichtsschreibung der Alten Welt, hrsg. von Glenn W. Most, Stuttgart 2000, 95–112 (original in dem erwähnten Seminario su K. O. Müller 1984).

„Rolle der Geographie"
- Zum Stand der Forschung vgl. die allgemeinen Hinweise o. zu „Geburt der Erdkunde". Wichtig sind in diesem Zusammenhang die erwähnten Aktivitäten der Ernst Kirsten Gesellschaft (https://www.ku.de/ggf/geschichte/alte-geschichte/ernst-kirsten-gesellschaft, abgerufen 8.3.2023) und die regelmäßigen „Seminari di geografia storica del mondo antico", die Veronica Bucciantini (Florenz) organisiert.
- Zu Olympia s. demnächst Hans-Joachim Gehrke, Olympia – eine Grabung als Forschungslabor, erscheint in: Katja Sporn (Hrsg.), DAI Athen. 150 Jahre Institutsgeschichten (AT), voraussichtlich 2024.
- Zu Noack s. https://storymaps.arcgis.com/stories/19ab14daa0204ec89f3ad09a12c665f5 (abgerufen 8.3.2023).
- Zu FGrHist V s.o. Anm. 6.
- Zur Anthropologie s. jetzt auch Cahiers Mondes anciens 13, 2020: Qu'est-ce que faire école? Regards sur „l'école de Paris".

Die Fallstudien zur lokalen und regionalen Topographie, die im dritten Teil zusammengefasst sind, geben zugleich Auskunft über die Entwicklung der räumlichen Schwerpunkte meiner Arbeit. Wie schon erwähnt, hatten Peter Funke und ich bei unserer programmatischen Konzeptualisierung von vornherein auch – nach und neben den nötigen vorbereitenden und begleitenden Studien – die Absicht, die Forschung auch durch eigene, im kollegialen Verbund und interdisziplinär orientierte Arbeiten vor Ort voranzutreiben. Das konnte nur exemplarisch geschehen und setzte naturgemäß einen gewissen Pragmatismus voraus.

Das erste ‚Objekt unserer Begierde' war die Insel Euboia. Das hatte auch, so viel sei hier verraten, persönliche Gründe, die mit unserem guten, leider früh verstorbenen Freund Aristotelis Karapiperis zusammenhingen, der aus Vasiliko stammte, das zwischen Chalkis und Eretria gelegen ist. In diesen Kontext gehört die erste Gruppe der hier aufgenommenen Studien („Lage von Salganeus", „Rekonstruktion antiker Seerouten", „Grenzen von Chalkis"). Sie zeigen, über die grundsätzliche Problematisierung der Suche nach Kommunikationswegen und Grenzen hinaus, wie unerlässlich bereits in der topographischen Detailforschung – in der der Grund für alle weiteren Überlegungen und Rekonstruktionen gelegt wird –, also in dem Positionieren von Plätzen im Gelände und in den lokalen Identifizierungen von überlieferten Ortsnamen, die adäquate Kombination archäologischer und historisch-philologischer Methoden ist.

Aus Gründen, auf die hier nicht weiter eingegangen werden kann, haben sich unsere euboiischen Pläne nicht realisieren lassen. Um so wichtiger ist, darauf hinzuweisen, wie weit die Erforschung der Insel durch die lokale Archäologie und vor allem durch die Arbeiten der Schweizer Schule, unter der Ägide von Denis Knoepfler, Karl Reber und Sylviand Fachard, mittlerweile vorangekommen ist (s.u.). Für uns eröffneten sich aber schnell, bereits im Jahre 1990, dank freundschaftlicher Kontakte zu Ernst-Ludwig Schwandner und Lazaros Kolonas, ganz neue Perspektiven, noch dazu in einer Region, die bis dahin von der Forschung stark vernachlässigt war, in Akarnanien. Drei der folgenden Artikel („Strabon und Akarnanien", „Entwicklung Akarnaniens" und „Bergland als Wirtschaftsraum") demonstrieren meinen Weg in diese Landschaft.

Schon lange hatte mich, unter verschiedenen Gesichtspunkten, das Heiligtum von Olympia interessiert. Angesichts der mehr und mehr intensivierten landeskundlichen Forschungen in Griechenland wurde mir zunehmend deutlich, dass der Konzentration auf diesen wichtigen Platz keine adäquate Erforschung des Umlandes nach den neuen, sich immer weiter verfeinernden Methoden der Survey- und Geoarchäologie entsprach. Mein erster wissenschaftlicher Schritt in diese Region hatte freilich noch einen anderen Hintergrund. Er stand nämlich mit meinen seinerzeit dominierenden Interessen an der intentionalen Geschichte in Verbindung. Insofern hätte die entsprechende Publikation auch in Band III gepasst („Zur elischen Ethnizität"). Das demonstriert aber schon, wie die Regionalforschung neben archäologischen und geowissenschaftlichen Methoden auch auf die historischen angewiesen ist – und *vice versa* natürlich.

Konkrete Schritte zur Bearbeitung des Umlandes von Olympia in dem notwendigen interdisziplinären Sinne unternahm ich in meiner Amtszeit als Präsident des Deutschen Archäologischen Instituts. Das war nun jenseits alle meiner Planungen; und ich schätze es noch heute schon deshalb als ein besonderes Glück ein, dass ich diese Aufgabe wahrnehmen durfte. Mit dem Institut ist die Grabung in Olympia in ganz besonderer Weise verbunden, und wer für dieses Verantwortung trägt, muss zwangsläufig ein Auge auf Olympia haben. Für mich war das aber alles andere als Zwang, und so entwickelte ich, in Konsultation mit anderen Kolleginnen und Kollegen, ein nicht nur archäologisches, sondern integratives Forschungsprogramm, in dem die systematische Erforschung des Umlandes im Zentrum stand.

Nach eingehenden Vorbereitungen[11] haben im Jahre 2015 die Arbeiten vor Ort begonnen. Diese bestanden im Wesentlichen in geomorphologisch-geoarchäologischen Untersuchungen zur Landschaftsgenese und einem historisch-archäologischen Target-Area-Survey sowie einer begleitenden Neu-Lektüre einschlägiger schriftlicher Quellen. Dabei steht der Raum nach seinen unterschiedlichen Aspekten im Vordergrund; wir sprechen deshalb vom mehr- oder multidimensionalen Raum Olympia. Es handelt sich noch um *work in progress*, so dass in diesen Band

---

11   Im Vordergrund standen zwei explorative Workshops in Olympia und Berlin (Oktober 2009 bzw. 2010) sowie die Organisation einer internationalen Ausstellung in Berlin (August 2012– Januar 2013), vgl. Wolf-Dieter Heilmeyer / Hans-Joachim Gehrke / Nikolaos Kaltsas / Georgia E. Hatzi – Susanne Bocher (Hrsg.), Mythos Olympia – Kult und Spiele, Ausstellung, 31. August 2012 bis 7. Januar 2013, Martin-Gropius-Bau Berlin, München 2012, darin F. Lang, Zur Erforschung des Umlandes von Olympia: Target-Area-Survey, 229–232 und Andreas Hoppe / Rouwen Lehné / Stefan Hecht / Andreas Vött, Olympia im Kontext der jüngsten Erd- und Landschaftsgeschichte, 232–235.

erst einer der bereits erschienen Beiträge präsentiert wird („Vom Text zum Raum");
einiges andere ist bereits hinzugekommen oder im Druck.[12]
Details:

„Lage von Salganeus"
— Der Beitrag ist besonders durch die bereits angesprochene Verbindung von Forschen und Leh-
    ren charakterisiert. Es ist ja das besondere Privileg eines Hochschullehrers, dass er Ideen, die
    seine Forschung vorantreiben, mit seinen Studentinnen und Studenten gleichsam durchspielen
    kann. So habe ich das auch gemacht, als ich mich in das große Gebiet der Historischen Lan-
    deskunde eingearbeitet habe. In diesem Falle stand am Anfang ein Hauptseminar an der FU
    Berlin, im Wintersemester 1984/85, in dem im Wesentlichen die einschlägigen literarischen
    (Strabon, Pausanias vor allem) und epigraphischen Zeugnisse studiert wurden. Daran schloss
    sich eine Exkursion in die fragliche Region an, die wegen der angesprochenen Verbindung von
    „Erde und Papier" zwingend geboten war. Die stark methodologische Akzentuierung des Bei-
    trages demonstriert diesen Hintergrund seiner Entstehung noch heute. Es erfüllt mich im Übri-
    gen mit großer Freude, dass die meisten der Teilnehmerinnen und Teilnehmer später promo-
    vierten, mindestens vier von ihnen bekleiden m. W. eine Professur.
— Eine weitere Reminiszenz sei noch angefügt. Nachdem ich auf dem 5. Internationalen Böotien-
    Kolloquium zu Ehren von Siegfried Lauffer (München 13.–17. Juni 1986) unsere Beobachtun-
    gen und Überlegungen vorgestellt hatte, erhob sich Kees Bakhuizen, der wenig später viel zu
    früh verstorbene verdiente Gelehrte, mit dem wir uns doch sehr kritisch auseinandergesetzt
    hatten, und übergab mir in nobler Geste und mit einem sehr freundlichen Lächeln ein Exemplar
    seines Salganeus-Buches – unvergesslich!
— Erfreulich ist auch, dass die Lokalisierung bzw. Identifizierung jetzt allgemein anerkannt ist, s.
    bereits John M. Fossey, Topography and Population of Boiotia, Chicago 1988, 78–80 sowie
    die o.a. Hilfsmittel „Pleiades" und „ToposText" sowie jetzt Alexander Meeus, The History of

12 Hans-Joachim Gehrke, Neue Forschungen im Umland von Olympia und das Pisa-Problem, in:
    G. Maddoli / M. Nafissi / F. Prontera (Hrsg.), Σπουδῆς οὐδὲν ἐλλιποῦσα: Anna Maria Biraschi.
    Scritti in memoria, Perugia 2020, 251–276; ders. (gemeinsam mit Anca Dan) Olympie –
    l'espace multidimensionel d'une terre sainte grecque, in DHA 46/1, 2020, 304-320; ders., Sak-
    rale Topographie und soziale Organisation im Umfeld des Heiligtums von Olympia. Neue For-
    schungen, in: Aliki Mustaka / Wolf Dietrich Niemeier (Hrsg.), Neue Forschungen in frühen
    griechischen Heiligtümern. Symposion zu Ehren von Helmut Kyrieleis (im Druck); ders., Elis
    and Pisatis: A Case Study in Political Participation, erscheint in: Vinciane Pirenne-Delforge /
    Marek Weçowski (Hrsg.), Politeia and Koinōnia. Studies in Ancient Greek History in Honor
    of Josine Blok, voraussichtlich 2023, 188–208; Von Wasser und Wald in Raum und Zeit: Mit
    Pindar in Olympia, erscheint in: Matthias Haacke (Hrsg.), Ancient Greece. Regional Encoun-
    ters with History and Archaeology, im Druck, und vor allem der erste längere Vorbericht Bir-
    gitta Eder / Hans-Joachim Gehrke / Erofili-Iris Kolia / Franziska Lang / Lea Obrocki / Andreas
    Vött, A Multi-dimensional Space: Olympia and its Environs. Results of the Campaigns 2015
    to 2017 and First Historical Conclusions, in: Athenische Mitteilungen 134, 2019 (sic!
    voraussichtlich 2023). Zum Projekt generell vgl. auch https://gepris.dfg.de/gepris/projekt/
    270113181?context=projekt&task=showDetail&id=270113181& (abgerufen am 10.3.2023)

the Diadochoi in Book XIX of Diodoros' ‚Bibliotheke'. A Historial and Historiographical Commentary, Berlin-Boston 2022, 458f.

— Zu Nikokrates s. Albert Schachter „Nikokrates (376)" in: Jacoby Online. Brill's New Jacoby – Second Edition, Part III, edited by Ian Worthington (2022).

— Zum Datum von Polemaios' Expedition (312) s. jetzt Meeus a.O. 455f., dem ich mich anschließe. Zum Namen s. jetzt auch IvIasos I Nr. 2 und Hans Hauben, Epigraphica Anatolica 9, 1987, 32.

— Zu Lolling s. jetzt vor allem Klaus Fittschen (Hrsg.), Historische Landeskunde und Epigraphik in Griechenland. Akten des Symposiums veranstaltet aus Anlaß des 100. Todestages von H. G. Lolling in Athen vom 28. bis 30.9.1994, Münster 2007.

— Zur Peraia im Allgemeinen und zu der von Chalkis s. auch Peter Funke, PERAIA: Einige Überlegungen zum Festlandbesitz griechischer Inselstaaten, in: Vincent Gabrielsen / Per Bilde / Troels Engberg-Pedersen / Lise Hannestad /Jan Zahle (Hrsg.), Hellenistic Rhodes: Politics, Culture, and Society, Aarhus 1999, S. 55–75, bes. S. 67.

„Rekonstruktion antiker Seerouten"

— Allgemeines zur Geoarchäologie und zu den historischen Verbindungen im Kanal von Euboia: Matthieu Ghilardi / Matteo Vacchi / Andrès Currás / Sylvie Müller Celka / Thierry Theurillat / Irini Lemos / Kosmas Pavlopoulos, Géoarchéologie des paysages littoraux le long du Golfe sud-eubéen (île d'Eubée, Grèce) au cours de l'holocène in: Quaternaire 29.2, 2018, 95–120; Kosmas Pavlopulos / Dimitrios Vandarakis / Sylvian Fachard / Alex R. Knodell / Vasilios Kapsimalis, Long-term sea level changes in the Saronic and Southern Euboean Gulfs, in: Nikolas Papadimitriou / James C. Wright / Sylvian Fachard / Naya Polychronakou-Sgouritsa / Eleni Andrikou (Hrsg.), Athens and Attica in Prehistory. Proceedings of the International Conference Athens, 27-31 May 2015, Oxford 2020, 39-48; Alex R. Knodell, Small-World Networks and Mediterranean Dynamics in the Euboean Gulf: An Archaeology of Complexity in Late Bronze Age and Early Iron Age Greece, Dissertation Brown University 2013; Žarko Tankosić / Fanis Mavridis / Maria Kosma (Hrsg.), An Island Between Two Worlds. The Archaeology of Euboea from Prehistoric to Byzantine Times, Athen 2017.

— Für die erwähnten Plätze im einzelnen sei generell noch einmal auf die o. erwähnten elektronischen Hilfsmittel „Pleiades", „ToposText" und „chronique.efa.gr" verwiesen.

— Zu den verschiedenen Plätzen im südlichen Attika finden sich jeweils weiterführende Hinweise in den großen Gesamtdarstellungen von Hans Rupprecht Götte, Ὁ ἀξιόλογος δῆμος Σούνιον. Landeskundliche Studien in Südost-Attika, Rahden 2000; Hans Lohmann, Teichos: Vom endneolithischen Wehrdorf zum spätosmanischen Tambouri. 5000 Jahre Festungswesen in Attika, Wiesbaden 2021; Maximilian Rönnberg, Athen und Attika vom 11. bis zum frühen 6. Jh. v. Chr. Siedlungsgeschichte, politische Institutionalisierungs- und gesellschaftliche Formierungsprozesse, Rahden 2021.

— Zu Rhamnus speziell s. Vasilios Petrakos, Ο Δήμος του Ραμνούντος: σύνοψη των ανασκαφών και των ερευνών (1813–1998). 6 Bände, Athen 1999–2020.

— Zu Südeuboia, besonders Karystos, ist jetzt informativ Maria Chiridoglou, Η αρχαία Καρυστία: σύμβολη στην ιστορία και αρχαιολογία της περιοχής από τη γεωμετρική έως και την αυτικρατορική εποχή, Diss. Athen 2012 (https://www.didaktorika.gr/eadd/handle /10442/29516, abgerufen am 9.3.2023).

— Für alle Eretria betreffenden Fragen haben vor allem die erwähnten Arbeiten der Schweizer Schule den Grund gelegt, besonders verwiesen sei auf Denis Knoepfler, Le territoire d'Érétrie e l'organisation politique de la cité (*chôroi, dèmoi, phylai*), in: Mogens Herman Hansen (Hrsg.), The „Polis" as an Urban Centre and as a Political Community. Symposium August, 29-31 1996, Kopenhagen 1997, 352–449 und auf Sylvian Fachard, La défense du territoire. Étude de la *chôra* érétrienne et ses fortifications (Eretria XXI), Renens 2012. Speziell zu Styra s. auch Karl Reber, Die Südgrenze des Territoriums von Eretria (Euböa), in: Antike Kunst 45, 2002, 40–54, bes. 43–53; Maria Chidiroglou, The Archaeological Research in the Regionof the Modern Municipality of Styra: Old and New Finds, in: Mediterranean Archaeology and Archaeometry 10.3, 2010, 19–28; zu Amarynthos jetzt Pierre Ducrey / Tobias Krapf / Karl Reber / Denis Knoepfler, Amarynthos. Séance du 1er Juin celebrant la découverte et la fouille du sanctuaire d'Artémis *Amarysia* à 60 stades de la ville d'Érétrie (Eubée, Grèce), in: CRAI 2018, 845–953.

— Zu neueren Arbeiten in Oropos s. vor allem Michael B. Cosmopoulos, The Rural History of Ancient Greek City-States: the Oropos Survey Project, Oxford 2001; Alexandros Mazarakis Ainian, Recent Excavations at Oropos (Northern Attica), in: Maria Stamatopoulou – Marina Yeroulanou (Hrsg.), Excavating Classical Culture. Recent Archaeological Discoveries in Greece (Oxford 2002) 149–178; Alexandros Mazarakis Ainian (Hrsg.), Oropos and Euboea in the Early Iron Age: Acts of an International Round Table, University of Thessaly, June 18–20, 2004, Volos 2007.

— Zum Stand der Arbeiten in Lefkandi vgl. den Überblick Irene S. Lemos, Recent Work at Xeropolis, Lefkandi: a Preliminary Report, in: Mazarakis Ainian a.O. (2007) 123–134.

— Zu Anthedon vgl. jetzt Alexander Arenz, Herakleides Kritikos „Über die Städte in Hellas". Eine Periegese Griechenlands am Vorabend des Chremonideischen Krieges, München 2006, 151f. 208f.

— Zum Raum um Atalanti s. generell John M. Fossey, The ancient topography of Opountian Lokris, Amsterdam 1990; zur Landschaftsformation s. Mark D. Green, A geographical analysis of the Atalanti alluvial plain and coastline as the location of a potential tourist site, Bronze through Early Iron Age Mitrou, East-Central Greece, in: Applied Geography 32.2, 2012, 335–349.

— Zum Fluss Lelas und seinem Delta s. jetzt Matthieu Ghilardi / Tim Kinnaird / Katerina Kouli / Andrew Bicket / Yannick Crest / François Demory / Doriane Delanghe / Sylvian Fachard / David Sanderson, Reconstructing the Fluvial History of the Lilas River (Euboea Island, Central West Aegean Sea) from the Mycenaean Times to the Ottoman Period, in: Geosciences 12. 5, 204. https://doi.org/10.3390/geosciences1205020 (https://www.mdpi.com/2076-3263/12/5/204, abgerufen am 9.3.2023).

— Zu Chalkis vgl. o. zu „Salganeus" sowie Arenz a.O. 152–154. 211–215.

— Zum Euripos und zu den Gezeiten s. jetzt Harilaos Kontoyiannis / Michalis Panagiotopoulos / Takvor Soukissian, **The Euripus tidal stream at Halkida/Greece: a practical, inexpensive approach in assessing the hydrokinetic renewable energy from field measurements in a tidal channel**, in: **Journal of Ocean Engineering and Marine Energy** 1.3, 2015, 325–335.

— Zu Aulis s. Matthieu Ghilardi / Maxime Colleu / Sylvian Fachard /David Psomiadis *et. al.*, Geoarchaeology of Ancient Aulis (Boeotia, Central Greece): Human Occupation and Holocene Landscape Change, in: Journal of Archaeological Science 40, 2013, 2071-2083

„Grenzen von Chalkis"

– Vgl. hierzu generell die o.a. Hinweise zu „Artifizielle und natürliche Grenzen"; ferner im Blick auf Eretria Reber a.O. (2002) 40–42 und Fachard a.O. (2012) 80–85. 89. Für die neueren Methoden der Modellierung (am Beispiel von Attika) ist jetzt wichtig Sylvian Fachard, Modelling the Territories of Attic Demes: A Computational Approach, in: John Bintliff / Keith Rutter (Hrsg.), The Archaeology of Greece and Rome. Studies in Honour of Anthony Snodgrass, Edinburgh 2016, 192–222.

– Zu Kerinthos s. Knoepfler a.O. (1997) 353; Hampik Marakounian / Nikolaos Palyvos / Kosmas Pavlopoulos / Evangelos Nicopoulos, Palaegeographic evolution of the Kerinthos coastal area (NE Evia island) during the late Holocene, in: Bulletin of the Geological Society of Greece, 34.1, 2001, 459–465 (die Funde reichen bis in römische Zeit).

– Im Hinblick auf die Identifizierung und Lokalisierung von Kyme bin ich jetzt entschieden skeptischer. Maßgeblich dafür sind die gründlichen Untersuchungen und Beobachtungen von Denis Knoepfler (Bulletin Épigraphique in: Revue des Études Grecques 122, 2009 470) und Sylvian Fachard (a.O. 2012, 194–197. 324f.).

– Die Grenzen zu Eretria sind jetzt auf Grund eingehender Untersuchungen klarer und zum Teil anders (meist überzeugend) rekonstruiert bei Fachard a.O. (2012) 80–85. Das Problem von klaren Festlegungen bleibt aber an einigen Punkten bestehen.

– Zum Kastell von Phylla und den dortigen Ausgrabungen s. Efi Sapouna-Sakellarakē / John J. Coulton, / Ingrid R. Metzger, The fort at Phylla, Vrachos: excavations and researches at a late archaic fort in central Euboea (British School at Athens Supplementary volume 33), London 2002.

„Strabon und Akarnanien", „Entwicklung Akarnaniens", „Bergland als Wirtschaftsraum"

– Die eng zusammenhängenden Beiträge können hier gemeinsam behandelt werden. Sie mögen zugleich daran erinnern, dass gerade angesichts der erwähnten dynamischen Entwicklung in der Regionalforschung und Landscape Archaeology (o. „Griechische Staatenwelt") die Arbeit an den schriftlichen Quellen nicht vernachlässigt werden darf und dass sich aus dem wechselseitigen Austausch neue Perspektiven und Ergebnisse ergeben.

– Zum Arbeiten mit Strabon vgl. auch die o. Anm. 4 zitierten Beiträge.

– Etwa gleichzeitig entstandene Überblicke bieten Percy Berktold u. a. (Hrsg.), Akarnanien – Eine Landschaft im antiken Griechenland, Würzburg 1996; Marcel Schoch, Beiträge zur Topographie Akarnaniens in klassischer und hellenistischer Zeit, ebd. 1997. Nicht zuletzt der erwähnte Survey selbst sowie dessen Anschlussprojekt in Palairos haben unsere Kenntnis der Region auf eine neue Grundlage gestellt. Repräsentativ sind dafür die von Franziska Lang herausgegebenen „Akarnanien-Foschungen", bisher erschienen: Franziska Lang / Peter Funke / Lazaros Kolonas / Ernst-Ludwig Schwandner / Dominik Maschek (Hrsg.), Interdisziplinäre Forschungen in Akarnanien, Bonn 2013; Claudia Antonetti / Peter Funke (Hrsg.), La collezione epigrafica del Museo archeologico di Agrinio, Bonn 2018; Sieverling, Anne, Ernährung in Stratos und der Stratiké. Funktionsanalyse der früheisenzeitlichen und archaischen Keramik, Bonn 2018; Franziska Lang / Lazaros Kolonas / Gregor Döhner / Kathrin Fuchs (Hrsg.). Stratos und Stratike, Aspekte der Keramikforschung: Material – Methoden – Konzepte, Bonn 2020. Darüber hinaus s. jetzt auch die Aufsatzsammlung Peter Funke, Die Heimat des Acheloos. Nordwestgriechische Studien. Ausgewählte Schriften zu Geschichte, Landeskunde und

Epigraphik, herausgegeben von Klaus Freitag und Matthias Haake, Göttingen 2019. – Zu Palairos s. Peter Funke / Franziska Lang / Ernst-Ludwig Schwandner / Lazaros Kolonas / Klaus Freitag, Das Surveyprojekt auf der Plaghià-Halbinsel 2000-2002, in: Archäologischer Anzeiger 2007, 97–178.
— Zum Acheloos und seinem Mündungsgebiet s. vor allem Armin Schriever, Die Entwicklung des Acheloos-Deltas. Eine paläogeographisch-geoarchäologische Untersuchung zum holozänen Küstenwandel in Nordwest-Griechenland, Diss. Marburg 2007; Andreas Vött / Armin Schriever / Mathias Handl /Helmut Brückner, Holocene palaeogeographies of the eastern Acheloos River delta and the Lagoon of Etoliko (NW Greece).in: Journal of Coastal Research 23/4, 2007, 1042–1066.
— Geoarchäologische Forschungen zum Sund von Leukas und zum Voulkariá-See (Myrtuntion) sind repräsentiert durch Svenja Brockmüller *et al.*, The Holocene evolution of the Sound of Lefkada (NW Greece) – sedimentological, archaeological and historical issues, in: Eckhart Olshausen / Vera Sauer (Hrsg.), Die Schätze der Erde – Natürliche Ressourcen in der antiken Welt. Stuttgarter Kolloquium zur Historischen Geographie des Altertums 10, 2008, Stuttgart 2012, 49–66; Andreas Vött *et al.*, The Lake Voulkaria (Akarnania, NW Greece) palaeoenvironmental archive – a sediment trap for multiple tsunami impact since the mid-Holocene, in: Zeitschrift für Geomorphologie N.F., Suppl. Issue 53.1, 2009, 1–37.
— Zur Geschichte und zum politischen System s. Oliver Dany, Akarnanien im Hellenismus. Geschichte und Völkerrecht in Nordwestgriechenland. München 1999; Klaus Freitag, Akarnania and the Akarnanian League, in: Hans Beck / Peter Funke (Hrsg.), Federalism in Greek Antiquity, Cambridge 2015; José Pascual, Confederación y poleis en Acarnania en el siglo V A. C., in: Revue des Études Anciennes 118, 2016, 53–77.
— Zum Problem der Transhumanz vgl. etwa Angelos Chaniotis, Problems of „Pastoralism“ and „Transhumance“ in Classical and Hellenistic Crete, in: Orbis Terrarum 1, 1995, 39–89; Hamish Forbes, The Identification of pastoralist sites within the context of estate-based agriculture in ancient Greece: Beyond the ‚Transhumance versus agro-pastoralism‘ debate, in: Annual of the British Scholl at Athens 90, 1995, 325–338; María Cruz Cardete, Long and Short-distance Transhumance in Ancient Greece: The Case of Arkadia, in: Oxford Journal of Archaeology 38, 2019, 105–121.
— Die historischen Terrassierungen finden mittlerweile mehr Aufmerksamkeit, s. etwa Simon P. Price and Lucia F. Nixon, Ancient Greek Agricultural Terraces: Evidence from Texts and Archaeological Survey, in: American Journal of Archaeology 109, 2005,665–694; Stavros Dimakopoulos, Agricultural Terraces in Classical and Hellenistic Greece, LAC 2014 Proceedings (https://osf.io/tmxcs, abgerufen am 9.3.2013); Antony Brown / Kevin Walsh / Daniel Fallu / Sara Cucchiaro / Paolo Tarolli, European agricultural terraces and lynchets: from archaeological theory to heritage management, in: World Archaeology, 52.4, 2020, 566–588.

„Zur elischen Ethnizität“
— Der Beitrag hätte ebenso gut in den 3. Band der Ausgewählten Schriften gepasst. Das er hier aufgenommen wurde, hat zum einen den pragmatischen Grund, dass der Umfang der Bände in etwa vergleichbar sein sollte. Zum anderen und vor allem aber ist die Wahl dadurch bedingt, dass ich innerhalb der hier anfangs angesprochenen Forschungsperspektiven gerade im Blick auf die räumlichen Strukturen weitergegangen bin. Dabei ist die in dem Beitrag vorherrschende

Perspektive des elischen Selbstverständnisses und damit der elischen Geschichte, für die gerade Olympia bedeutsam war, nie ausgeblendet worden. Das hat schließlich zu dem erwähnten Projekt „Der multidimensionale Raum Olympia" geführt, für das gerade die Synopse von historischen, archäologischen und geoarchäologischen Methoden charakteristisch ist Zu diesem Projekt und den entsprechenden Sichtweisen s. den folgenden Beitrag und die Hinweise o. Anm. 12. Dort ist auch der aktuelle Forschungsstand dokumentiert.

— Zu den Kulten s. jetzt grundlegend Oliver Pilz, Kulte und Heiligtümer in Elis und Triphylien. Untersuchungen zur Sakraltopographie der westlichen Peloponnes, Berlin-Boston 2020.

— Für die Rolle Poseidons (hier im Kontext mit Eurykyda) für Elis und dessen Beziehungen zu Triphylien dürften sich durch die Entdeckungen in dessen Heiligtum von Samikon (Hinweise dazu s.o. „Quadri ambientali") neue Erkenntnisse ergeben.

— Der in Anm. 43 zitierte Aufsatz von P. Funke findet sich jetzt auch in Funke a. O. (2019, s.o. zu Akarnanien) 171–183.

— Zum elischen Dialekt s. jetzt die grundlegende Studie Sophie Minon, Les inscriptions éléennes dialectales (VIᵉ–IIᵉ siècle avant J.-C.), 2 Bde. Genf 2007; vgl. jetzt auch dies., La langue de la sentence des trois juges de Pellana: une koina diplomatique achéenne faiblement éléisée, Chiron 51, 2021, 123–166. Nach neuerem Stand scheint sich außer einer Nähe zwischen dem Dorischen und dem Nordwestgriechischen (Minon a.O. II 628–630) wenig Spezifisches zu ergeben, das in den angesprochenen Fragen weiterhelfen könnte.

— Die Beziehungen zu Nordwest-Griechenland werden durch archäologische Funde in diesem Raum immer besser greifbar, vgl. jetzt die Übersicht in den Artikeln von Olympia Vikatou und Ioannis Moschos in dem Ausstellungskatalog: Badisches Landesmuseum (Hrsg.), Mykene. Die sagenhafte Welt des Agamemnon, Darmstadt 2018, 240–242. Schon deshalb sind auch ältere Beziehungen zwischen der Eleia und Aitolien durchaus stärker zu gewichten. Wir haben generell mit einem markanten Austausch zu rechnen, der auch mit Schüben von Immigration verbunden gewesen sein kann, auch weit früher als der im Text suggerierte *terminus ante quem* (8. Jahrhundert). Bei den für die Ethnogenese in der neuen Heimat relevanten Gruppen, den Trägern der „Traditionskerne", dürfte die Herkunft noch bekannt gewesen sein. Das hat zur Ausformung der verschiedenen Varianten des Mythos geführt, die uns aus späterer Zeit bekannt sind oder die wie von da her erschließen können.

— Die Verbindungen nach Thessalien geben nach wie vor Stoff zum Nachdenken. Neuere Überlegungen finden sich in Eder *et al.* a.O. (im Druck, s.o. Anm. 12).

— Die in Anm. 80 erwähnten Grabungen sind jetzt publiziert: Helmut Kyrieleis, Anfänge und Frühzeit des Heiligtums von Olympia, mit Beiträgen von Birgitta Eder und Norbert Benecke, Berlin 2006.

— Zu Pisa s. jetzt meine einschlägigen Publikationen o. Anm. 12, mit weiteren Hinweisen.

„Vom Text zum Raum"

— Der Beitrag ist relativ neu, so dass so gut wie keine Aktualisierungen nötig sind. Weil hier – wie auch sonst geschieht – die Reihenfolge der Drucklegung nicht der der Einreichung bzw. Erstellung der Manuskripte entspricht, setzt dieser Beitrag einige der o. Anm. 12 aufgeführten Beiträge voraus. – Auch hier ist der Beitrag von Pilz. a.O. (2020, s.o. „Zur elischen Ethnizität") heranzuziehen.

Am Anfang dieses Nachwortes hatte ich vor der Versuchung nachträglicher Sinnstiftung gewarnt. Das möchte ich am Schluss gerade deshalb erneuern, weil ich nicht ohne Pathos enden kann: Ich empfinde es durchaus als eine Gnade, dass ich am Ende meines Forscherlebens gemeinsam mit höchst kompetenten Partnerinnen und Partnern noch so viel über das antike Griechenland, seinen Raum, seine Menschen und seine Kultur lernen kann, die mich seit meiner frühen Jugend faszinieren.

SCHRIFTENVERZEICHNIS

SCHRIFTENVERZEICHNIS (STAND 31.12.2023)

1. Monographien und Einzelpublikationen:

1. Phokion. Studien zur Erfassung seiner historischen Gestalt (Zetemata 64), München 1976, C.H. Beck'sche Verlagsbuchhandlung (VIII. 252 S.)
2. Römische Münzen. 25 Diapositive mit Erläuterungen (Dia-Reihen für den altsprachlichen Unterricht und den Geschichtsunterricht 2, hrsg. vom Bildarchiv Foto Marburg der Philipps-Universität Marburg), Marburg 1979 (23 S.), 2. Auflage Frankfurt/Main 1990, Diesterweg (25 S.)
3. Stasis. Untersuchungen zu den inneren Kriegen in den griechischen Staaten des 5. und 4. Jahrhunderts v. Chr. (Vestigia 35), München 1985, C. H. Beck'sche Verlagsbuchhandlung (VIII. 449 S.)
4. Olympia und die Olympischen Spiele (gemeinsam mit Oberstudienrat Heinrich Werner, Celle). 50 Diapositive mit Erläuterungen (Dia-Reihen für den altsprachlichen Unterricht und den Geschichtsunterricht 4, hrsg. vom Bildarchiv Foto Marburg, der Philipps-Universität Marburg), Marburg 1986, 2. Auflage Frankfurt/Main 1992, Diesterweg (IV. 68 S.)
5. Jenseits von Athen und Sparta. Das Dritte Griechenland und seine Staatenwelt, München 1986, C.H. Beck'sche Verlagsbuchhandlung (216 S.)
6. Griechenland im Altertum. Einleitung zu: Griechenland. Lexikon der historischen Stätten. Von den Anfängen bis zur Gegenwart, hrsg. von S. Lauffer, München 1989, C.H. Beck'sche Verlagsbuchhandlung, S. 13–39
7. Geschichte des Hellenismus (Oldenbourg Grundriß der Geschichte 1A), München 1990, Oldenbourg Verlag (XIII. 285 S.); 2. Auflage 1995 (griech. Übers. Athen 2000, Morphotiko Idryma Ethnikis Trapezas); 3., überarbeitete und erweiterte Auflage 2003; 4., durchgesehene Auflage 2008 (XV. 328 S.)
8. Mitwirkung an: Aristoteles, Politik, Buch IV–VI, übersetzt und eingeleitet von E. Schütrumpf. Erläutert von E. Schütrumpf und H.-J. Gehrke (Aristoteles, Werke in deutscher Übersetzung. Begründet von E. Grumach, hrsg. von H. Flashar, Bd. 9, Politik III), Berlin 1996, Akademie-Verlag (ca. 1/3 des Kommentars von S. 207–665).
9. Alexander der Große, München 1996, C.H. Beck'sche Verlagsbuchhandlung (111 S.); 7., aktualisierte Auflage 2023 (spanische Übersetzung. Madrid 2001, Acento Editorial; italienische Übersetzung Bologna 2002, il Mulino; tschechische Übersetzung Prag 2002, Svoboda; chinesische Übersetzung Taiwan 2005, Morning Star Publishing).

10. Kleine Geschichte der Antike, München 1999, C.H. Beck'sche Verlagsbuchhandlung (243 S.); Taschenbuchausgabe München 2003 (5. Aufl. 2011), dtv (italienische Übersetzung Turin 2002, Einaudi)
11. Hellenismus (336–30 v.Chr.), in: IV 6, S. 211–275
12. (gemeinsam mit E. Steinecke) Demokratie in Athen. Die Attische Demokratie – Vorbild der modernen Demokratie? Berlin 2002, Cornelsen (168 S.)
13. Auf der Suche nach dem Land der Griechen: Wissenschaftliche Reisen und Ihre Bedeutung für die Erforschung der griechischen Geschichte im 19. Jahrhundert (Schriften der Philosophisch-Historischen Klasse der Heidelberger Akademie der Wissenschaften 29), Heidelberg 2003 (29 S.) (= erweiterte Fassung von II 41)
14. Geschichte als Element antiker Kultur. Die Griechen und ihre Geschichte(n), Berlin 2014, de Gruyter (VIII. 150 S.) (engl. Übersetzung: The Greeks and their Histories: Myth, History, and Society, Cambridge UP 2022, VXIII. 166 S.)
15. Einleitung – Die Welt der Klassischen Antike, in: IV 19, 11–40. 911–913. 981f. – 418–596. 942–958. 1006–1014
16. Politik und politisches Denken (Ausgewählte Schriften I), herausgegeben von K. Trampedach und Ch. Mann), Stuttgart 2019, Steiner (426 S.)
17. Hellenismus (Ausgewählte Schriften II), herausgegeben von Ch. Mann und K. Trampedach), Stuttgart 2021, Steiner (365 S.)
18. Historiographie, intentionale Geschichte und kollektive Identitäten (Ausgewählte Schriften III), herausgegeben von K. Trampedach und Ch. Mann), Stuttgart 2022, Steiner (421 S.)
19. Historische Landeskunde und Geographie (Ausgewählte Schriften IV), herausgegeben von Ch. Mann und K. Trampedach), Stuttgart 2023, Steiner (425 S.)
20. Bürgerkriege und Epheben. Prinzipien und Praktiken bürgerlicher Sozialisation im antiken Griechenland, erscheint in: Heidelberger Akademische Bibliothek, Kröner, voraussichtlich 2024 (MS 61 S.)

2. Aufsätze und Beiträge

1. Das Verhältnis von Philosophie und Politik im Wirken des Demetrios von Phaleron, in: Chiron 8, 1978, 149–193
2. Münzen im Rahmen kaiserlicher Selbstdarstellung – Die Konstituierung des Prinzipats durch Augustus, in: Der Altsprachliche Unterricht 22, 1979, H. 4, 67–86
3. Zur Geschichte Milets in der Mitte des 5. Jahrhunderts v.Chr., in: Historia 29, 1980, 17–31
4. Le angolazioni più recenti (Neuere Revolutionsforschung und Römische Revolution), in: Labeo 26, 1980, 191–198

5. Der siegreiche König. Überlegungen zur hellenistischen Monarchie, in: Archiv für Kulturgeschichte 64, 1982, 247–277 (engl. Version – aktualisiert: The Victorious King: Reflections on the Hellenistic Monarchy, in: Nino Luraghi (Hg.), The Splendours and Miseries of Ruling Alone. Encounters with Monarchy from Archaic Greece to the Hellenistic Mediterranean, Stuttgart 2013, 73–98)

6. Bilder aus dem Alltag der Griechen, in: Journal für Geschichte 6/1983, 37–41

7. Zur Gemeindeverfassung von Pompeji, in: Hermes 111, 1983, 471–490

8. Abfall und Stasis. Zur Interdependenz von äußerer und innerer Politik in einigen Seebundstaaten, in: J. M. Balcer / H.-J. Gehrke / K. Raaflaub / W. Schuller, Studien zum Attischen Seebund (Xenia. Konstanzer Althistorische Vorträge und Forschungen, hrsg. von W. Schuller, H. 8), Konstanz 1984, 31–44

9. Zwischen Freundschaft und Programm. Politische Parteiung im Athen des 5. Jahrhunderts v.Chr., in: Historische Zeitschrift 239, 1984, 519–564

10. Die Olympischen Spiele im Rahmen des antiken Sports, in: Der Altsprachliche Unterricht 28, 1985, H. 5, 14–31

11. Die klassische Polisgesellschaft in der Perspektive griechischer Philosophen, in: Saeculum 36, 1985, 133–150

12. Die griechische Staatenwelt im Blickwinkel einer historischen Landeskunde, in: Frankfurter Althistorische Studien 12. Symposion für Alfred Heuß, hrsg. von J. Bleicken, Kallmünz 1986, 41–50

13. Zur Lage von Salganeus (gemeinsam mit Exkursionsteilnehmern), in: Boreas 9, 1986, 83–104

14. Die Griechen und die Rache. Ein Versuch in historischer Psychologie, in: Saeculum 38, 1987, 121–149

15. Eretria und sein Territorium, in: Boreas 11, 1988, 15–42

16. Von der Republik zum Prinzipat – Römische Politik im Lichte der Münzprägung, in: Mitteilungen des Deutschen Altphilologen-Verbandes. Landesverband Niedersachsen, 38, 1988, H. 2, 2–10.

17. Bemerkungen zu Hippodamos von Milet, in: Demokratie und Architektur (Wohnen in der Klassischen Polis II), München 1989, 58–68

18. Johann Gustav Droysen, in: Berlinische Lebensbilder. Geisteswissenschaftler, hrsg. von M. Erbe, Berlin 1989, 127–142

19. Herodot und die Tyrannenchronologie, in: Memoria rerum veterum. Neue Beiträge zur antiken Historiographie und Alten Geschichte – Festschrift für C. J. Classen zum 60. Geburtstag, hrsg. von W. Ax (Palingenesia 32) Stuttgart 1990, 33–49

20. Le strutture regionali della Grecia antica nei resoconti di viaggio del XVIII e XIX secolo, in: F. Prontera (Hrsg.), Geografia storica della Grecia antica. Tradizioni e problemi (Biblioteca di cultura moderna 1011), Roma-Bari 1991, 3–23

404 Gehrke, Ausgewählte Schriften IV: Historische Geographie und Landeskunde

21. Karl Otfried Müller und das Land der Griechen, in: Mitteilungen des Deutschen Archäologischen Instituts, Athenische Abteilung, 106, 1991, 9–35

22. Zur Rekonstruktion antiker Seerouten: Das Beispiel des Golfs von Euboia, in: Klio 74, 1992, 98–117

23. Die wissenschaftliche Entdeckung des Landes Hellas, in: Geographia Antiqua 1, 1992, 15–36. 2, 1993, 3–11

24. Gesetz und Konflikt. Überlegungen zur frühen Polis, in: Frankfurter Althistorische Studien 13. Colloquium aus Anlaß des 80. Geburtstages von Alfred Heuß, hrsg. von J. Bleicken, Kallmünz 1993, 49–67

25. Thisbe in Boiotien. Eine Fallstudie zum Thema „Griechische Polis und Römisches Imperium", in: Klio 75, 1993, 145–154

26. (gemeinsam mit P. Funke und L. Kolonas) Ein neues Proxeniedekret des Akarnanischen Bundes, in: Klio 75, 1993, 131–144

27. Aktuelle Tendenzen im Fach Alte Geschichte, in: Geschichte, Politik und ihre Didaktik 21, 1993, 3/4, 216–222

28. Thukydides und die Rekonstruktion des Historischen, in: Antike und Abendland 39, 1993, 1–19

29. Strabon und Akarnanien, in: Strabone e la Grecia, a cura di A. M. Biraschi, Perugia 1994, 93–118

30. Römischer *mos* und griechische Ethik. Überlegungen zum Zusammenhang von Akkulturation und politischer Ordnung im Hellenismus, in: Historische Zeitschrift 258, 1994, 593–622

31. Mutmaßungen über die Grenzen von Chalkis, in: Stuttgarter Kolloquium zur Historischen Geographie des Altertums 4, 1990 (Geographica Historica 7), Amsterdam 1994, 335–345. Tafel CIX–CXI

32. Die römische Gesellschaft, in: Das Alte Rom, hrsg. von J. Martin, München u.a. 1994, 167–193

33. Mythos, Geschichte, Politik - antik und modern, in: Saeculum 45, 1994, 239–264 (engl. Übersetzung: Myth, History, Politics – Ancient and Modern, in: John Marincola (Hrsg.), Greek and Roman Historiography, Oxford 2011, 40–71)

34. La storia polica ateniese arcaica e l'Athenaion Politeia, in: L'Athenaion Politeia di Aristotele 1891–1991. Per un bilancio di cento anni di Studi. VI Incontro perugino di Storia della storiografia antica e sul mondo antico, a cura di G. Maddoli, Perugia 1994, 191–215

35. Die kulturelle und politische Entwicklung Akarnaniens vom 6. bis zum 4. Jahrhundert v. Chr., in: Geographia Antiqua 3/4, 1994/95, 41–48

36. Der Nomosbegriff der Polis, in: O. Behrends / W. Sellert (Hrsg.), Nomos und Gesetz. Ursprünge und Wirkungen des griechischen Gesetzesdenkens. 6. Symposion der Kommission „Die Funktion des Gesetzes in Geschichte und Gegenwart" (Abh. d. Akademie der Wissenschaften zu Göttingen, Phil.-Hist. Kl. Dritte Folge, Bd. 209), Göttingen 1995, 13–35

37. Zwischen Altertumswissenschaft und Geschichte. Zur Standortbestimmung der Alten Geschichte am Ende des 20. Jahrhunderts, in: E.-R.

Schwinge (Hrsg.), Die Wissenschaften vom Altertum am Ende des 2. Jahrtausends n.Chr., Stuttgart – Leipzig 1995 (Teubner), 160–196

38.   Bergland als Wirtschaftsraum. Das Beispiel Akarnaniens, in: Stuttgarter Kolloquium zur Historischen Geographie des Altertums 5, 1993; – „Gebirgsland als Lebensraum", hrsg. von E. Olshausen und H. Sonnabend (Geographica Historica 8), Amsterdam 1996, S. 71–77; Tafel XX

39.   Gepflegte Erinnerung und ihr sozialer Kontext. Eine Bilanz, in: IV 2 (s.u.) 383–387

40.   La Grecia settentrionale, in: I Greci. Storia Cultura Arte Società, a cura di S. Settis II 1 Una storia greca. Formazione, Torino 1996, 975–994

41.   Αναζητώντας τη χώρα των Ελλήνων: Επιστιμονικά ταξίδια και η σημασία τους για την έρευνα και την αντιμετώπιση της αρχαιοελληνικής ιστορίας στον 19° αιώνα, in: E. Chrysos (Hrsg.), Ένας νέος κόσμος γεννιέται. Η εικόνα του Ελληνικού πολιτισμού στη Γερμανική επιστήμη κατά τον 19ο αιώνα, Athen 1996, 59–82 (deutsche Kurzfassung: Auf der Suche nach dem Land der Griechen: Wissenschaftliche Reisen und ihre Bedeutung für Erforschung und Rezeption der altgriechischen Geschichte im 19. Jahrhundert, in: Athene. Blätter der Deutsch-Griechischen Gesellschaft Berlin e.V. 1, 1996, 38–40)

42.   (gemeinsam mit B. Funck) Akkulturation und politische Ordnung im Hellenismus. Eine erste Bilanz, in: B. Funck (Hrsg.), Hellenismus. Beiträge zur Erforschung von Akkulturation und politischer Ordnung in den Staaten des hellenistischen Zeitalters. Akten des Internationalen Hellenismus-Kolloquiums 9.–14. März 1994 in Berlin, Tübingen 1996, 1–10

43.   Gewalt und Gesetz. Die soziale und politische Ordnung Kretas in der Archaischen und Klassischen Zeit, in: Klio 79, 1997, 23–68

44.   Gordian III., in: M. Clauss (Hrsg.), Die römischen Kaiser, München 1997, 202–209

45.   La stasis, in: I Greci. Storia Cultura Arte Società, a cura di S. Settis II 2. Una storia greca. Definizione, Torino 1997, 453–480

46.   Der historische Hintergrund der pseudo-xenophontischen Athenaion politeia. Ein Versuch über griechische Politik, in: L'Athenaion politeia dello Pseudo-Senofonte (VIII Incontro perugino di Storia della storiografia antica e del mondo antico), a cura di M. Gigante e G. Maddoli, Napoli 1997, 25–45

47.   Die Geburt der Erdkunde aus dem Geiste der Geometrie. Überlegungen zur Entstehung und zur Frühgeschichte der wissenschaftlichen Geographie bei den Griechen, in: W. Kullmann / J. Althoff / M. Asper (Hrsg.), Gattungen wissenschaftlicher Literatur in der Antike (ScriptOralia 95), Tübingen 1998, 163–192; kürzere, tlw. überarbeitete Version: Raumbilder in der griechischen Geographie, in: Th. Hantos / G. A. Lehmann (Hrsg.), Althistorisches Kolloquium aus Anlaß des 70. Geburtstages von Jochen Bleicken, Stuttgart 1998, 29–41

48.   Alfred Heuß – ein Wissenschaftshistoriker, in: IV 4 (s.u.) 141–152

49. Verschriftung und Verschriftlichung im sozialen und politischen Kontext: das archaische und klassische Griechenland, in: Ch. Ehler / U. Schaefer (Hrsg.): Verschriftung und Verschriftlichung. Aspekte des Medienwechsels in verschiedenen Kulturen und Epochen (ScriptOralia 94), Tübingen 1998, 40–56. Aktualisierte Version: Verschriftung und Verschriftlichung sozialer Normen im archaischen und klassischen Griechenland, in: E. Lévy (Hrsg.), La codification des lois dans l'antiquité. Actes du Colloque de Strasbourg 27–29 novembre 1997 (Université Marc Bloch de Strasbourg. Travaux du Centre de Recherches sur le Proche-Orient et la Grèce antiques 16), Paris 2000, 141–159

50. Theorie und politische Praxis der Philosophen im Hellenismus, in: W. Schuller (Hrsg.), Politische Theorie und Praxis im Altertum, Darmstadt 1998, 100–121

51. Timoleon, in: K. Brodersen (Hrsg.), Große Gestalten der griechischen Antike, München 1999, 354–360

52. Wer sind wir? Identitäten für das neue Jahrtausend, in: M. Blum / Th. Nesseler (Hrsg.), Epochenende – Zeitenwende, Freiburg 1999, 79–92

53. Einleitung, in IV 5, 15–24

54. Artifizielle und natürliche Grenzen in der Perspektive der Geschichtswissenschaft, ebd. 27–33

55. Zwischen Identität und Abgrenzung, in: Brockhaus. Die Bibliothek. Mensch–Natur–Technik, Band 6: Die Zukunft unseres Planeten, Leipzig – Mannheim 2000, 608–639

56. Historische Landeskunde, in: A. H. Borbein/T. Hölscher/P. Zanker (Hrsg.), Klassische Archäologie. Eine Einführung, (Reimer), Berlin 2000, 39–51

57. Ethnos, Phyle, Polis. Gemäßigt unorthodoxe Vermutungen, in: P. Flenstedt-Jensen / Th. H. Nielsen / L. Rubinstein (Hrsg.), Polis and Politics. Studies in Ancient Greek History. Presented to M. H. Hansen on his Sixtieth Birthday, August 20, 2000, Kopenhagen 2000, 159–176

58. Marcus Porcius Cato Censorius – ein Bild von einem Römer, in: K.-J. Hölkeskamp / E. Stein-Hölkeskamp (Hrsg.), Von Romulus zu Augustus – Große Gestalten der römischen Republik, München 2000, 147–158

59. Gegenbild und Selbstbild: Das europäische Iran-Bild zwischen Griechen und Mullahs, in: T. Hölscher (Hrsg.), Gegenwelten zu den Kulturen Griechenlands und Roms in der Antike, München-Leipzig 2000, 85–109

60. Mythos, Geschichte und kollektive Identität. Antike exempla und ihr Nachleben, in: D. Dahlmann/W. Potthoff (Hrsg.), Mythen, Symbole und Rituale. Die Geschichtsmächtigkeit der Zeichen in Südosteuropa im 19. und 20. Jahrhundert, Frankfurt/Main u.a. 2000, 1–24; engl. Fassung: Myth, History, and Collective Identity: Uses of the Past in Ancient Greece and Beyond, in: N. Luraghi (Hrsg.), The Historian's Craft in the Age of Herodotus, Oxford 2001, 286–313

61. Griechenland. 1. Das Entstehen der griechischen Welt. 2. Das Klassische Griechenland, in: E. Erdmann / U. Uffelmann (Hrsg.), Das Altertum. Vom Alten Orient zur Spätantike, Idstein 2001, 45–102

62. Verfassungswandel (V 1–12), in: O. Höffe (Hrsg.), Klassiker Auslegen: Aristoteles, Politik, Berlin 2001, 137–150

63. Die Schlacht von Gaugamela, in: S. Förster u.a. (Hrsg.). Schlachten der Weltgeschichte. Von Salamis bis Sinai, München 2001, 32–47

64. Die Römer im Ersten Punischen Krieg, in: J. Spielvogel (Hrsg.), Res publica reperta. Zur Verfassung und Gesellschaft der römischen Republik und des frühen Prinzipats. Festschrift für Jochen Bleicken zum 75. Geburtstag, Stuttgart 2002, 153–171

65. Warum um Troja immer wieder streiten? (gemeinsam mit J. Cobet), in: Geschichte in Wissenschaft und Unterricht, 2002, 290–325

66. Anthropologie menschlicher Gemeinschaften – zwischen Kultur und Natur, in: DFG – Perspektiven der Forschung und ihrer Förderung, Weinheim 2002, 175–186

67. Geschichtswissenschaft in kulturwissenschaftlicher Perspektive, in: K. E. Müller (Hrsg.), Phänomen Kultur. Perspektiven und Aufgaben der Kulturwissenschaften, Bielefeld 2003, 49–69

68. Bürgerliches Selbstverständnis und Polisidentität im Hellenismus, in: K.-J. Hölkeskamp u.a. (Hrsg.), Sinn (in) der Antike. Orientierungssysteme, Leitbilder und Wertkonzepte im Altertum, Mainz 2003, 225–254

69. Was ist Vergangenheit? Die ‚Entstehung' von Vergangenheit, in: Ch. Ulf (Hrsg.), Der neue Streit um Troia. Eine Bilanz, München 2003, 62–81

70. Marathon. Von Helden und Barbaren, in: G. Krumeich / S. Brandt (Hrsg.), Schlachtenmythen. Ereignis–Erzählung–Erinnerung, Köln u. a. 2003, 19–32 (extended English version: Marathon: A European Charter Myth, in: Palamedes 2, 2007, 93–108; vergleichbar: From Athenian identity to European ethnicity. The cultural biography of the myth of Marathon, in: T. Derks / N. Roymans [Hrsg.], Ethnic Constructs in Antiquity. The Role of Power and Tradition, Amsterdam 2009, 85–99)

71. Quadri ambientali e paesaggi umani nella Grecia antica, in: Ambiente e paesaggio nella Magna Grecia. Atti del XLII Convegno di Studi sulla Magna Grecia, Taranto 2003, 9–32. 100f.

72. Was heißt und zu welchem Ende studiert man intentionale Geschichte? Marathon und Troja als fundierende Mythen, in: G. Melville / K.-S. Rehberg (Hrsg.), Gründungsmythen, Genealogien, Memorialzeichen. Beiträge zur institutionellen Konstruktion von Kontinuität, Köln u.a. 2004, 21–36

73. Die „Klassische" Antike als Kulturepoche: Soziokulturelle Milieus und Deutungsmuster in der griechisch-römischen Welt, in: F. Jaeger / B. Liebsch (Hrsg.), Handbuch der Kulturwissenschaften, Band 1. Grundlagen und Schlüsselbegriffe, Stuttgart-Weimar 2004, 471–489

74. Alexander der Große. Mythos macht Geschichte. In: A. Hartmann / M. Neumann (Hrsg.), Mythen Europas. Schlüsselfiguren der Imagination. Antike, Regensburg 2004, 66–81

75. Einladung in die Antike, in: E. Wirbelauer (Hrsg.), Antike. Oldenbourg Geschichte Lehrbuch, München 2004, 9–12

76. Leitbegriffe: Identität versus Alterität, in: ebd., 362–375

77. Das sozial- und religionsgeschichtliche Umfeld der Septuaginta, in: S. Kreuzer / J. P. Lesch (Hrsg.), Im Brennpunkt: Die Septuaginta. Studien zur Entstehung und Bedeutung der Griechischen Bibel II, Stuttgart 2004, 44–60

78. (gemeinsam mit E. Wirbelauer) Acarnania and Adjacent Areas, in: M. H. Hansen / Th. H. Nielsen (Hrsg.), An inventory of Archaic and Classical Poleis. An Investigation Conducted by the Copenhagen Polis Centre for the Danish National Research Foundation, Oxford 2004, 351–378

79. Identität in der Alterität: Heroen als Grenzgänger zwischen Hellenen und Barbaren, in: IV 8, 117–133 (ähnlich in: E. S. Gruen [Hrsg.], Cultural Borrowings and Ethnic Appropriations in Antiquity [Oriens et Occidens 8], Stuttgart 2005, 50–67)

80. Dokument und Gattung oder: Die Wirklichkeit im Lichte historischer Quellen, in: W. B. Berg u.a. (Hrsg.), Fliegende Bilder, fliehende Texte. Identität und Alterität im Kontext von Gattung und Medium / Imágenes en vuelo, textos en fuga. Identidad y alteridad en el contexto de los géneros y los medios de comunicaion, Frankfurt/Main – Madrid 2004, 41–52

81. Stellungnahme, in: F. Kolb (Hrsg.), Chora und Polis (Schriften des Historischen Kollegs. Kolloquien 54), München 2004, 361–367

82. Eine Bilanz: Die Entwicklung des Gymnasions zur Institution der Sozialisierung in der Polis, in: D. Kah / P. Scholz (Hrsg.), Das hellenistische Gymnasion, Berlin 2004, 413–419

83. Zur elischen Ethnizität, in: T. Schmitt / W. Schmitz / A. Winterling (Hrsg.), Gegenwärtige Antike – antike Gegenwarten. Kolloquium zum 60. Geburtstag von Rolf Rilinger, München 2005, 17–47 (italienische Version: Sull'etnicità elea, in: Geographia Antiqua 12, 2003, 5–22)

84. Die Antike in der europäischen Tradition und in der modernen Geschichtswissenschaft, in: S. Donig / T. Meyer / Ch. Winkler (Hrsg.), Europäische Identitäten – Eine europäische Identität?, Baden-Baden 2005, 33–51

85. Die Bedeutung der (antiken) Historiographie für die Entwicklung des Geschichtsbewußtseins, in: E.-M. Becker (Hrsg.), Die antike Historiographie und die Anfänge der christlichen Geschichtsschreibung, Berlin – New York 2005, S. 29–51

86. Griechen, Römer und die Erneuerung von Zivilisationen, in: H. Schwengel (Hrsg.), Wer bestimmt die Zukunft?, Frankfurt/Main u a. 2005, 39–52

87. Prinzen und Prinzessinnen bei den späten Ptolemäern, in: V. Alonso Troncoso (Hrsg.), ΔΙΑΔΟΧΟΣ ΤΗΣ ΒΑΣΙΛΕΙΑΣ. La figura del sucesor

en la realeza helenística (Gerión Anejos. Serie de Monografías. Anejo IX. 2005), Madrid 2005, 103–117

88. Troia im kulturellen Gedächtnis, in: M. Zimmermann (Hrsg.), Der Traum von Troia, München 2006, 211–225. 238f.

89. The Figure of Solon in the *Athênaiôn Politeia*, in: J. Blok / A. P. M. H. Lardinois (Hrsg.), Solon of Athens. New Historical and Philological Approaches (Mnemosyne. Suppl. 262), Leiden – Boston 2006, 276–289

90. Thukydides – Politik zwischen Realismus und Ethik, in: O. Höffe (Hrsg.), Vernunft oder Macht? Zum Verhältnis von Philosophie und Politik, Tübingen 2006, 29–40

91. Zur Lage der Geisteswissenschaften, in: Zeitschrift für Wissenschaftsrecht 39, 2006, 2–24

92. Die Thermopylenrede Hermann Görings zur Kapitulation Stalingrads. Antike Geschichtsbilder im Wandel vom Heroenkult zum Europadiskurs, in: B. Martin (Hrsg.), Der Zweite Weltkrieg und seine Folgen. Ereignisse – Auswirkungen – Reflexionen, Freiburg 2006, 13–29

93. Einführung: Aristoteles und seine politische Theorie. Anhang zu Aristoteles, Politik. Staat der Athener, übersetzt von O. Gigon, Bibliothek der Alten Welt, Düsseldorf, 2006, 350–376

94. Jacob Burckhardt und die moderne Kulturwissenschaft, in IV 9, 2006, 337–362

95. Geistesleben und Praxisbezug im antiken Wertekanon, in: S. Krimm / M. Sachse (Hrsg.), Die Praxis und die höheren Sphären – „Zwei Kulturen" oder nur ein Mißverständnis? (Acta Hohenschwangau 2005), München 2006, 13–34

96. Der Kriegsherr als Phantast und Realist. Alexander der Große (356–323 v. Chr.), in: S. Förster / M. Pöhlmann / D. Walter (Hrsg.), Kriegsherren der Weltgeschichte. 22 historische Portraits, München 2006, 34–48

97. Tacitus – Historiker in bleierner Zeit, in: E. Stein-Hölkeskamp / K.-J. Hölkeskamp (Hrsg.), Erinnerungsorte der Antike. Die römische Welt, München 2006, 385–400

98. Die Gründung Alexanders. Alexandria: Metropole im östlichen Mittelmeer, in: Antike Metropolen, Darmstadt 2006, 69–82

99. Animal sociale. Menschwerdung und Gemeinschaftsbildung – Die Sicht eines Historikers, in: Nova Acta Leopoldina (Abhandlungen der Deutschen Akademie der Naturforscher Leopoldina), Neue Folge 93. Nr. 345: Evolution und Menschwerdung, Halle 2006, 9–32

100. Die Raumwahrnehmung im archaischen Griechenland, in: M. Rathmann (Hrsg.), Wahrnehmung und Erfassung geographischer Räume in der Antike, Mainz 2007, 17–30

101. Der Hellenismus als Kulturepoche, in: G. Weber (Hrsg.), Kulturgeschichte des Hellenismus. Von Alexander dem Großen bis Kleopatra, Stuttgart 2007, 335–379. 487–489

102. Das Alte im Neuen, in: Deutscher Ausschuss für Stahlbeton im DIN Deutsches Institut für Normung e. V., Gebaute Visionen. 100 Jahre Deutscher Ausschuss für Stahlbeton, Berlin u.a. 2007, 12–19

103. Kulturelle Identität Europas und universitäre Allgemeinbildung. Überlegungen zu einem alten und aktuellen Projekt der Romano Guardini Stiftung, in: Guardini Stiftung (Hrsg.), Auf der Suche nach dem Ganzen. 20 Jahre Guardini Stiftung, Band 1, Berlin 2007, 125–138

104. Christian Meier und das 4. Jahrhundert, in: M. Bernett / W. Nippel / A. Winterling (Hrsg.), Christian Meier zur Diskussion. Autorenkolloquium am Zentrum für Interdisziplinäre Forschung der Universität Bielefeld, Stuttgart 2008, 109–119

105. Identità, mitologia, politica: Grecia e Oriente da Troia ad Alessandro, in: A. Barbero (Hrsg.), Storia d'Europa e del Mediterraneo, Salerno Editrice, I. Il mondo antico. Sezione II: La Grecia, a cura di M. Giangiulio, Bd. IV: Grecia e Mediterraneo dall'età delle guerre persiane all'Ellenismo, Roma 2008, 543–562

106. Incontri di culture: l'ellenismo, in: A. Barbero (Hrsg.), Storia d'Europa e del Mediterraneo, Salerno Editrice, I. Il mondo antico. Sezione II: La Grecia, a cura di M. Giangiulio, Bd. IV: Grecia e Mediterraneo dall'età delle guerre persiane all'Ellenismo, Roma 2008, 651–702

107. Vergangenheitsrepräsentation bei den Griechen, in: Internationales Jahrbuch für Hermeneutik 7, 2008, 1–22 (englische Version: Representations of the past in Greek culture, in: IV 14, 15–33)

108. Improvisation, Adaptation und soziale Kohärenz: Symposion und Harmodioslied, in: M. Gröne u.a. (Hrsg.), Improvisation. Kultur- und lebenswissenschaftliche Perspektiven (Rombach Scenae), Freiburg 2009, 225–240

109. Odysseus als griechischer Politiker, in: H.-J. Gehrke / M. Kirschkowski (Hrsg.), Odysseus. Irrfahrten durch die Jahrhunderte, Freiburg 2009,19–38

110. States, in: K. A. Raaflaub / H. van Wees (Hrsg.), A Companion to Archaic Greece, Oxford 2009, 395–410

111. Antiche rappresentazioni dello spazio e imperialismo romano, in: Geographia Antiqua XVI–XVII, 2007–2008 [2009], 61–72

112. Kulte und Akkulturation. Zur Rolle von religiösen Vorstellungen und Ritualen in kulturellen Austauschprozessen, in: H.-J. Gehrke / A. Mastrocinque (Hrsg.), Rom und der Osten im 1. Jahrhundert v. Chr. (Akkulturation oder Kampf der Kulturen) – Roma e l'oriente nel 1o secolo a. C., (Acculturazione o scontro culturale) Cosenza 2009, 65–122

113. Die Rolle der deutschen Archäologie in Griechenland, in: W. Schultheiss / E. Chrysos (Hrsg.), Meilensteine deutsch-griechischer Beziehungen, Athen 2010, 119–126

114. Griechische Mythen und europäische Identität(en), in: Forum Classicum 53, 2010, 94–102

115. Thukydides und die Geographie, in: Geographia Antiqua 18, 2009 (erschienen 2010), 133–143

116. Die Griechen und die ‚Klassik‘, in: K.-J. Hölkeskamp / E. Stein-Hölkeskamp (Hrsg.), Die Griechische Welt. Erinnerungsorte der Antike, München 2010, 584–600. 668f.

117. Der zwiespältige Held. Zur Ambivalenz des Heroismus im antiken Griechenland, in: M. Meyer / R. von den Hoff (Hrsg.), Helden wie sie. Übermensch – Vorbild – Kultfigur in der griechischen Antike. Beiträge zu einem altertumswissenschaftlichen Kolloquium in Wien, 2.–4. Februar 2007 (Paradeigmata 13), Freiburg 2010, 39–54

118. Alexander der Große – Welterkundung als Welteroberung, in: Klio 93, 2011, 52–65 (Kurzfassung in: Katalog der Ausstellung: Alexander der Große und die Öffnung der Welt – Asiens Kulturen im Wandel, Mannheim 2009, 24–31)

119. (gemeinsam mit Kerstin P. Hofmann, mit Beitrag von R. Bernbeck und C. Näser), Plenartagungsbericht der Cross Sectional Group V „Space and Collective Identities“, in: F. Fless / G. Graßhoff / M. Meyer (Hrsg.), Berichte der Forschergruppen auf der Topoi-Plenartagung 2010. eTopoi. Journal for Ancient Studies, Special Volume 1 (2011). http://journal.topoi.org/index.php/etopoi/article/view/52

120. Geschichte Pergamons – ein Abriss, in: R. Grüßinger / V. Kästner / A. Scholl (Hrsg.), Pergamon – Panorama der antiken Metropole. Begleitbuch zur Ausstellung, Berlin 2011, 13–20

121. Plädoyer für Pentheus, oder: Vom Nutzen und Nachteil der Religion für die griechische Polis, in: R. Schlesier (Hrsg.), A Different God? Dionysos and Ancient Polytheism, Berlin / Boston 2011, 357–369 (kürzere italienische Version: *Plaidoyer* per Penteo, ovvero sull'utilità e sull danno della religione per la *polis* greca, in: Cecconi, G. A. / Gabrielli, Ch. (Hrsg.), Politiche religiose nel mondo antico e tardoantico. Poteri e indirizzi, forme del controllo, idee e prassi di tolleranza. Atti del Convegno internazionale di studi (Firenze, 24-26 settembre 2009), Bari 2011, 35–42)

122. Klassische Studien. Paradoxien zwischen Antike und Aufklärung, in: B. Sösemann / G. Vogt-Spira, Friedrich II. und Europa. Geschichte einer wechselvollen Beziehung, Band I, Stuttgart 2012, 112–127

123. Alfred Heuß und das 21. Jahrhundert. Analysen und – auch (auto)biographische – Betrachtungen, in: Saeculum 61, 2011, 337–354

124. Gemeinschaft und Vernetzung – Olympias Rolle innerhalb der politischen Organisation von Elis und der griechischen Welt, in: Antike Welt 4/2012, 24–28

125. Olympia in der Geschichte, in: Gehrke / Heilmeyer u.a. 2012 (IV 16), 29–35

126. Konzepte der Kulturgeschichtsschreibung, in: R. Rollinger u.a. (Hrsg.), Altertum und Gegenwart. 125 Jahre Alte Geschichte in Innsbruck. Vorträge der Ringvorlesung Innsbruck 2010, Innsbruck 2012, 73–93

127. Die Pentekontaëtie – ein Historiker macht Epoche, in: V. Brinkmann (Hrsg.), Zurück zur Klassik. Ein neuer Blick auf das Alte Griechenland. Eine Ausstellung der Liebieghaus Skulpturensammlung, Frankfurt am Main 8. Februar bis 26. Mai 2013, München 2013, 84–97

128. Aigineten und Athener. Eine exemplarische Geschichte, in: V. Brinkmann (Hrsg.) Zurück zur Klassik. Ein neuer Blick auf das Alte Griechenland. Eine Ausstellung der Liebieghaus Skulpturensammlung, Frankfurt am Main 8. Februar bis 26. Mai 2013, München 2013, 144–151

129. *Theoroi* in und aus Olympia. Beobachtungen zur religiösen Kommunikation in der archaischen Zeit, in: Klio 95, 2013, 40–60 (französische Übersetzung von F. Queyrel: *Théoroi* se rendant à Olympie et en venant. Observations sur la communication religieuse à l'époque archaïque, DHA 44/1, 2018. Les concepts en sciences de l'Antiquité: mode d'emploi. Chronique 2018 – Réseaux, connectivité, graphes. 2. Les personnes, les nœuds et les vecteurs, 252–273)

130. Heilige Texte in Hellas? Fundierende Texte der griechischen Kultur in ihrem soziopolitischen Milieu, in: A. Kablitz / Ch. Markschies (Hrsg.), Heilige Texte. Religion und Rationalität. 1. Geisteswissenschaftliches Kolloquium 10.–13. Dezember 2009 auf Schloss Genshagen, Berlin – Boston 2013, 71–86

131. Körper und Geist in der Erziehung des freien griechischen Mannes, in: B. Zimmermann (Hrsg.), Von artes liberales zu liberal arts (Septem Bd. 1) Freiburg 2013, 9–23

132. Historiographie: Die Gegenwart in der Geschichte, in: O. Dally / T. Hölscher / S. Muth / R.M. Schneider (Hrsg.), Medien der Geschichte – Antikes Griechenland und Rom, Berlin – Boston 2014, 37–53

133. Alexander, der Hellenismus und die Moderne, in: K. Ehling / G. Weber (Hrsg.), Hellenistische Königreiche, Darmstadt 2014, 166–170

134. Alessandro Magno fra Oriente e Occidente, in: Sileno 40, 2014, 91–107

135. Methodologische Überlegungen zu aktuellen Tendenzen in der Alten Geschichte: Kulturelle Austauschprozesse und historische Narratologie, in: Gymnasium 122, 2015, 1–22

136. Vom Wissen der Geschichte, in: F. C. Eickhoff (Hrsg.), Wissen. Epistemologische Überlegungen aus verschiedenen Disziplinen (Septem 2), Freiburg 2015, 27–50

137. The Revolution of Alexander the Great: Old and New in the World's View, in: IV 17, 2016, 78–97

138. Die Rolle der Geographie in den Klassischen Altertumswissenschaften, in: Geographia Antiqua 23/24, 2014/15, 5–15

139. (a) Polis und Paideia. Zur Funktion des Gymnastischen in der Sozialisation griechischer Polisbürger, in: O. Höffe / Oliver Primavesi (Hrsg.), Bürger bilden (Geisteswissenschaftliches Colloquium 2), Berlin / Boston 2019, 11–38 (b) (ähnliche Version) Stasis und Sozialisation. Überlegungen zur Funktion des Gymnastischen in der Polis, in: H. Börm / M. Mattheis / J. Wienand (Hrsg.), Civil War in Ancient Greece and Rome.

Contexts of Disintegration and Reintegration (HABES 58), Stuttgart 2016, 31–52

140. Die Funktion des Rechts in den antiken Stadtstaaten, in: Th. Moos / M. Schlette / H. Diefenbacher (Hrsg.), Das Recht im Blick der Anderen. Zu Ehren von Prof. Dr. Dres. h.c. Eberhard Schmidt-Aßmann, Tübingen 2016, 11–26

141. Zwischen Politik und Ästhetik: Das Klassische in der Zeit der griechischen Klassik, in: T. Leuker / Ch. Pietsch (Hrsg.), Klassik als Norm – Norm als Klassik. Kultureller Wandel als Suche nach funktionaler Vollendung (Orbis Antiquus 48), Münster 2016, 52–65

142. Von der Materialität zur Identität. Methodologische Überlegungen zu einem zentralen Problem der archäologisch-historischen Wissenschaften, in: H. Baitinger (Hrsg.), Materielle Kultur und Identität im Spannungsfeld zwischen mediterraner Welt und Mitteleuropa (RGZM-Tagungen 27), Mainz 2016, 1–13

143. Vom Kampf um die Freiheit. Demosthenes' und Ciceros „Philippische Reden", in: Mitteilungen des Deutschen Altphilologenverbandes – Landesverband Niedersachsen 71,1, 2016, 8–25

144. Meilensteine: Ausdruck römischer Herrschaft und römischer Raumauffassung, in: F. J. González Ponce / F. J. Gómez Espelosín / A. L. Chávez Reino (Hrsg.), La letra y la carta: descripción verbal y representación gráfica en los diseños terrestres grecolatinos. Estudios en honor de Pietro Janni, Sevilla 2016, 285–311

145. (gemeinsam mit A. Dan, D. Kelterbaum, U. Schlotzhauer, D. Zhuravlev) Foundation Patterns on the Two Bosporus: Some Preliminary Thoughts on How and Why the Greeks Settled on the Asiatic Shores of the Black Sea Straits, in: D. Zhuravlev / U. Schlotzhauer (Hrsg.), Asian Bosporus and Kuban Region in Pre-Roman Time. Materials of the International Roundtable June 7–8 2016, Moskau 2016, 109–120

146. Historical Truth and Historiography: The Case of Flavius Josephus, in: Przegląd Historyczny 107, 2016, 421–437

147. (gemeinsam mit N. Eschenbruch und P. Sterzel) University College Freiburg: Toward a New Unity of Research and Teaching in Academia, in: W. C. Kirby / M. C. van der Wende (Hrsg.), Experiences in Liberal Arts and Science Education from America, Europe, and Asia. A Dialogue across Continents, New York 2016, 91–108

148. Alfred Heuß: der Geschichtsschreiber als Konstrukteur, in: Alfred Heuß, Römische Geschichte. Neu herausgegeben von H.-J. Gehrke, Paderborn (Schöningh) 2016, 683–693

149. Griechische Wanderungsnarrative und ihre Wirkung, in: IV 18, 41–65

150. Fragmentary Evidence and the Whole of History, in: Th. Derda / J. Hilder / J. Kwapisc (Hrsg.), *Fragments, Holes, and Wholes. Reconstructing the Ancient World in Theory and Practice* (The Journal of Juristic Papyrology, Supplement 30), Warschau 2017, 41–51

151. (gemeinsam mit A. Dan, D. Kelterbaum, H. Mommsen, U. Schlotzhauer, D. Zhuravlev) Interdisziplinäre Methoden in der Landschaftsarchäologie und andere archäometrische Untersuchungen am Beispiel der griechischen Kolonisation im Nordpontus, in: V. I. Molodin / S. Hansen (Hrsg.), Multidisciplinary Approach to Archaeology: Recent Achievements and Prospects. Proceedings of the International Symposium „Multidisciplinary Approach to Archaeology: Recent Achievements and Prospects" (June 22–26, 2015, Novosibirsk), Novosibirsk 2017, 392–404

152. Versuch eines Kommentars, in: Th. Blank / F. K. Maier (Hrsg.), Die symphonischen Schwestern. Narrative Konstruktion von ‚Wahrheiten' in der nachklassischen Geschichtsschreibung, Stuttgart 2018, 347–350

153. „Selbstzeugnis verschiedenen Menschentums". Alfred Heuß über: Die Gestaltung des römischen und des karthagischen Staates bis zum Pyrrhos-Krieg, in: M. Sommer / Th. Schmitt (Hrsg.), Von Hannibal zu Hitler. „Rom und Karthago" 1943 und die deutsche Altertumswissenschaft im Nationalsozialismus, Darmstadt 2019, 71–83

154. Vom Text zum Raum: Hellenistische Gelehrsamkeit, frühgriechische Lyrik und ein heiliges Land um Olympia, in: S. T. Farrington (Hrsg.), Enthousiasmos. Essays in Ancient Philosophy, History, and Literature. Festschrift for Eckart Schütrumpf on his 80th Birthday, Baden-Baden 2019, 235–257

155. Intentional History and the Social Context of Remembrance in Ancient Greece, in: W. Pohl / V. Wieser (Hrsg.), Historiography and Identity I. Ancient and Early Christian Narratives of Community (Cultural Encounters in Late Antiquity and the Middle Ages, Bd. 24), Turnhout 2019, 95–106

156. (gemeinam gemeinsam mit A. Dan, H. Brückner, D. Kelterbaum, U. Schlotzhauer, D. Zhuravlev) Coracanda, Korokondamè, Korokondamitis: Notes on the most ancient names of the Cimmerian Bosporus, the Kuban Bosporus and the southern part of the Taman Island, in: A. Belousov / C. Ilyushechkina (Hrsg.), Homo Omnium Horarum. Symbolae ad anniversarium septuagesimum professoris Alexandri Podosinov, Moskau 2020, 682–723

157. 1874: Von der Gelehrten-Vereinigung zum Reichsinstitut – Archäologie als globales Phänomen, erscheint in: A. Fahrmeir (Hrsg.), Deutschlang – Globalgeschichte einer Nation, München 2020, 400–404

158. Neue Forschungen im Umland von Olympia und das Pisa-Problem, in: G. Maddoli / M. Nafissi / F. Prontera (Hrsg.), Σπουδῆς οὐδὲν ἐλλιποῦσα: Anna Maria Biraschi. Scritti in memoria, Perugia 2020, 251–276

159. The „School of Paris" – A Personal view from outside, in: Cahiers „Mondes anciens" 13, 2020; 7 Seiten

160. (gemeinsam mit A. Dan) Olympie – l'espace multidimensionel d'une terre sainte grecque, in DHA 46/1, 2020, 304–320

161. Strabon und Germanien, in: E. Castro-Páez / G. Cruz Andreotti (Hrsg.), Geografía y cartografía de la Antigüedad al Rinacimiento. Estudios en honor de Francesco Prontera, Alcalá de Henares 2020, 217–247

162. Concluding Remarks, in: K. Trampedach / A. Meeus (Hrsg.), The Legitimation of Conquest. Monarchical Representation and the Art of Government in the Empire of Alexander the Great (Studies in Ancient Monarchies 7), Stuttgart 2020, 319–323

163. Zusammenfassung und Perspektiven, in: S. Pfeiffer / G. Weber (Hrsg.), Gesellschaftliche Spaltungen im Zeitalter des Hellenismus (4.–1. Jahrhundert v. Chr.), Stuttgart 2021, 197–205

164. Europa – das ist seine Geschichte, in: D. Biehl / Ch. Liermann (Hrsg.), Nachdenken über Europa. Politik in Zeiten der Pandemie (Beiträge aus dem Vigoni Forum 2020), Loveno di Menaggio 2021, 56–71 (englische Variante: The Ancient World – Past, Present, and Future of Europe, erscheint in: A. Rengakos (Hrsg.), The future of the past: Why classical studies still matter (Trends in Classics – Supplementary Volumes), voraussichtlich 2024, MS 12 S.)

165. Genese und Legitimation. Antwort und Dank, in: W. Klein (Hrsg.), Genese und Legitimation. Studientag anlässlich der Verabschiedung von Prof. Dr. Dr. h.c. mult. Hans-Joachim Gehrke als Vorsitzender des wissenschaftlichen Kuratoriums der Forschungsstätte der Evangelischen Studiengemeinschaft (FEST) am 6. März 2020 (Texte und Materialien Band 1), Heidelberg 2022, 73–81

166. Strabo and the Taman-Peninsula: Some observations on the historical geography of the Cimmerian Bosporus, in: Th. Castelli / Ch. Müller (Hrsg.), De Mithridate VI à Arrien de Nicomédie: changements et continuités dans le bassin de la mer Noire entre le Ier siècle a. C. et le Ier siècle p. C.). Actes du colloque de Paris Nanterre, 2 et 3 Mars 2018, Bordeaux 2022, 219–230

167. Elis and Pisatis: A Case Study in Political Participation, in: V. Pirenne-Delforge / M. Węcowski, (Hrsg.), Politeia and Koinōnia. Studies in Ancient Greek History in Honour of Josine Blok, Leiden-Boston 2023, 188–208

168. Das Denken von Kulturen. Probleme der Kategorisierung, in: A. Wagner / J. van Oorschot / L. Allolio-Näcke (Hrsg.), Archaeology of Mind in the Hebrew Bible / Archäologie alttestamentlichen Denkens, Berlin-Boston 2023, 7–24

169. Beobachtungen und Überlegungen zu den sogenannten Hekatompedon-Inschriften (IG I^3 4), in: Klio 105(1), 2023, 85–117

170. (gemeinsam mit Kerstin P. Hofmann), Identitäten und Identifikationen einst und heute. Zur Bedeutung von Raum, Wissen und Repräsentation im Rahmen von Identitätspraktiken, in: K. P. Hofmann (Hrsg.), Antike Identitäten und Moderne Identifikationen: Raum, Wissen und Repräsentation: Mit Beiträgen einer Tagung des Berliner Exzellenzclusters

Topoi,18.–19. Juni 2015 (Kolloquien zur Vor- und Frühgeschichte 27), Wiesbaden 2023, 1–31

171. (gemeinsam mit Birgitta Eder, Erofili-Iris Kolia, Franziska Lang, Lea Obrocki, Andreas Vött) A Multi-dimensional Space: Olympia and its Environs. Results of the Campaigns 2015 to 2017 and First Historical Conclusions, in Athenische Mitteilungen 134, 2019 [2023], 97–195

172. Der siegreiche König – Revisited, in: Ch. Chrysafis / A. Hartmann / Ch. Schliephake / G. Weber (Hrsg.), Basileus eirenophylax. Friedenskultur(en) und monarchische Repräsentation in der Antike (Studies in Ancient Monarchies 9), Stuttgart 2023, 129–142

173. Archäologie und Geschichte im Dialog: Golgota und die – wissenschaftlichen – Folgen, erscheint in: K. Soennecken / P. Leiverkus / J. Zimni / K. Schmidt (Hrsg.), Durch die Zeiten – Through the Ages. Festschrift für Dieter Vieweger – Essays in Honour of Dieter Vieweger. Gütersloh 2023, 709–723

174. Sakrale Topographie und soziale Organisation im Umfeld des Heiligtums von Olympia. Neue Forschungen, in: A. Mustaka / W.D. Niemeier (Hrsg.), Neue Forschungen in frühen griechischen Heiligtümern. Symposion zu Ehren von Helmut Kyrieleis, voraussichtlich 2024 (MS 16 S.)

175. La Grecia arcaica fra Mazzarino e noi, erscheint in: F. Gazzano u.a. (Hrsg.), Amethodos hyle. Il pensiero storico di Santo Mazzarino cinquant' anni dopo, voraussichtlich 2024 (MS 9 S.)

176. (gemeinsam mit Philip Sapirstein) Corcyra, erscheint in: P. Cartledge / P. Christesen (Hrsg.), The Oxford History of the Archaic Greek World, OUP, voraussichtlich 2024 (MS 32 S.)

177. Von Wasser und Wald in Raum und Zeit: Mit Pindar in Olympia, erscheint in: M. Haacke (Hrsg.), Ancient Greece. Regional Encounters with History and Archaeology, voraussichtlich 2024 (MS 31 S.)

178. Vom Umgang mit Herodot: Zwischen Herodot und der Geschichte, erscheint in. E. Franchi (Hrsg.), Netzwerk *historiai*. 5. Treffen. Collana quaderni del Dipartimento di Lettere e Filosofia, voraussichtlich 2024 (MS 3 S.)

179. Olympia – eine Grabung als Forschungslabor, erscheint in: K. Sporn (Hrsg.), DAI Athen. Institutsgeschichte (AT), voraussichtlich 2024 (MS 24 S.)

180. Fighting Disorder with Dancing: Civil Wars and the Male Body in Ancient Greece, erscheint in: K. Buraselis / Chr. Müller (Hrsg.), Proceedings of the Symposium „Unity and diversity in Ancient Greece: papers on the occasion of the 2500th anniversary of the Battle of Plataia“, Delphi, 27–29 May 2022, voraussichtlich 2024 (MS 11 S.)

181. Die Insel des Pelops, erscheint in: Orbis Terrarum 22, 2024 (MS 20 S.)

182. Die Vorteile des Friedens: Elis und Olympia in der hellenistischen Zeit, erscheint in: S. Aneziri / Ch. Kokkinia / P. Paschidis / S. Psoma / N. Giannakopoulos (Hrsg.) Εἰρηνάρχης. Essays on politics, diplomacy, and

institutions in the Greek and Roman world in honour of Kostas Buraselis (Meletemata), voraussichtlich 2024 (MS 31 S.)

3. Rezensionen

1. E. M. Wood / N. Wood, Class Ideology and Ancient Political Theory. Socrates, Plato and Aristotle in Social Context, Oxford 1978, in: Gnomon 52, 1980, 179f.

2. J. B. Wilson, Pylos 425 B.C. A Historical and Topographical Study of Thucydides' Account of the Campaign, London 1979, in: Gnomon 53, 1981, 201f.

3. J. Seibert, Die politischen Flüchtlinge und Verbannten in der griechischen Geschichte, 2 Bde., Darmstadt 1979, in: Historische Zeitschrift 232, 1981, 651f.

4. F. J. Frost, Plutarch's Themistocles. A Historical Commentary, Princeton 1980, in: Gnomon 54, 1982, 494–496

5. J. Buckler, The Theban Hegemony, 371–362 B.C., Cambridge/Mass. und London 1980, in: Historische Zeitschrift 235, 1982, 128

6. T. J. Quinn, Athens and Samos, Lesbos und Chios: 478–404 B.C., Manchester 1981, in: Historische Zeitschrift 237, 1983, 128

7. J. L. Franklin, Jr., Pompeii: The Electoral Programmata, Campaigns and Politics, A.D. 71–79, Rom 1980, in: Historische Zeitschrift 237, 1983, 128–130

8. G. E. M. de Ste. Croix, The Class Struggle in the Ancient Greek World, London 1981, in: Göttingische Gelehrten Anzeigen 235, 1983, 33–53

9. A. Lintott, Violence, Civil Strife and Revolution in the Classical City 750–330 B.C., London und Canberra 1982, in: Gnomon 55, 1983, 324–329

10. J. Griffin, Sikyon, Oxford 1982 und R. P. Legon, Megara. The Political History of a Greek City-State, Ithaca und London 1981, in: Historische Zeitschrift 237, 1983, 416–418

11. W. Röd, Die Philosophie der Antike 1. Von Thales bis Demokrit, München 1976, in: Archiv für Kulturgeschichte 65, 1983, 233f.

12. K.-W. Welwei, Die griechische Polis. Verfassung und Gesellschaft in archaischer und klassischer Zeit, in: Historische Zeitschrift 238, 1984, 665–667

13. F. Kolb, Die Stadt im Altertum, München 1984, in: Historische Zeitschrift 243, 1986, 654–656

14. P. Krentz, The Thirty at Athens, Ithaca und London 1982, in: Historische Zeitschrift 243, 1986, 659–661

15. S. Hornblower, The Greek World 479–323 B.C., London und New York 1983, in: Gnomon 59, 1987, 64–66

16. H. Ehrhardt, Samothrake: Heiligtümer in ihrer Landschaft und Geschichte als Zeugen antiken Geisteslebens, Stuttgart 1985, in: Historische Zeitschrift 245, 1987, 132f.

17. M. Dreher, Sophistik und Polisentwicklung, Frankfurt/Main und Bern 1983, in: Archiv für Kulturgeschichte 69, 1987, 230

18. A. Gräser, Die Philosophie der Antike 2. Sophistik und Sokratik, Plato und Aristoteles, München 1983, in: Archiv für Kulturgeschichte 69, 1987, 476–478

19. P. Ducrey, Guerre et guerriers dans la Grèce antique, Fribourg 1985, in: Gnomon 69, 1988, 219–222

20. Zur historischen Landeskunde des antiken Griechenland (Leitrezension), in: HZ 251, 1990, 89–101

21. D. Müller, Topographischer Bildkommentar zu den Historien Herodots. Griechenland im Umfang des heutigen griechischen Staatsgebiets, Tübingen 1967, in: Gnomon 62, 1990, 385–393

22. H. Montgomery, The Way to Chaeronea. Foreign policy, decision making and political influence in Demosthenes' Speeches, Bergen u.a. 1983, in: AAW 43, 1990, 59–61

23. Crux. Essays in Greek History presented to G. E. M. de Ste. Croix on his 75th birthday, ed. by P. A. Cartlegde and F. D. Harvey, London 1985, in: HZ 252, 1991, 664f.

24. R. M. Errington, Geschichte Makedoniens. Von den Anfängen bis zum Untergang des Königreiches, München 1986 und N. G. L. Hammond / F. W. Walbank, A History of Macedonia. Vol. III, 336–167 B.C., Oxford 1988, in: HZ 252, 1991, 668–670

25. H. Erbse, Thukydides-Interpretationen (Untersuchungen zur antiken Literatur und Geschichte, hrsg. von W. Bühler, P. Herrmann, O. Zwierlein, Bd. 33), Berlin – New York 1989, in: DLZ 113, 1992, 611–613

26. R. Leimbach, Militärische Musterrhetorik. Eine Untersuchung zu den Feldherrnreden des Thukydides, Stuttgart 1985, in: ῾Ελληνικα 42, 1991/92, 377

27. Symposion 1988, hrsg. von G. Nenci / G. Thür, Köln – Wien 1990 und Symposion 1990, hrsg. von M. Gagarin, Köln – Weimar – Wien 1991, in: Klio 75, 1993, 487f.

28. G. Barker / J. Lloyd (Hrsg.), Roman Landscapes. Archaeological Survey in the Mediterranean Region, London 1991, in: Klio 75, 1993, 508f.

29. A. Sacconi, L'avventura archeologica di Francesco Morosini ad Atene (1687–1688), Rom 1991, in: Klio 75, 1993, 524

30. S. Murray / S. Price (Hrsg.), The Greek City from Homer to Alexander, Oxford 1990, in: HZ 257, 1993, 449–451

31. M. B. Hatzopoulos, Actes de vente de la Chalcidique centrale (ΜΕΛΕΤΗΜΑΤΑ. Centre de Recherches de l'Antiquité Grecque et Romaine. Fondation Nationale de la Recherche Scientifique 6), Athen 1988, in: HZ 257, 1993, 453f.

32. P. Zanker, Pompeji. Stadtbilder als Spiegel von Gesellschaft und Herrschaftsform, Mainz 1987, in: HZ 257, 1993, 459

33. W. K. Pritchett, Studies in Ancient Greek Topography, Part V–VIII, Berkeley u.a. 1985. 1989; Amsterdam 1991, in: Gnomon 66, 1994, 227–231

34. E. N. Borza, In the Shadow of the Olympus. The Emergence of Macedon, Princeton, N.J. 1990; in: HZ 259, 1994, 756f.

35. J.-P. Vernant (Hrsg.), Der Mensch in der griechischen Antike, Frankfurt u.a. 1993, in: Klio 79, 1997, 209f.

36. A. Pariente / G. Touchais (Hrsg.), Ἄργος καὶ Ἀργολίδα. Τοπογραφία καὶ Πολεοδομία – Argos et l'Argolide. Topographie et Urbanisme. Πρακτικά διεθνούς Συνεδρίου – Actes de la Table Ronde internationale. Ἀθήνα – Ἄργος – Athènes – Argos 28/4–1/5/1990, Paris 1998, erscheint in: Museum Helveticum (MS 2 S.)

37. K. Fittschen / Ursula Zehm, Mit Karl Otfried Müller 1840 in Griechenland: Der Göttinger Zeichner Georg Friedrich Neise. Das Reisetagebuch, der Bericht über Müllers Arbeiten in Delphi und die Zeichnungen (Göttinger Studien zur Mediterranen Archäologie 13), Rahden 2023, erscheint in Bonner Jahrbücher 222 (MS 5 S.)

4. Herausgabe

1. Rechtskodifizierung und soziale Normen im interkulturellen Vergleich, unter Mitwirkung von E. Wirbelauer, hrsg. von H.-J. Gehrke (ScriptOralia 66), Tübingen 1994, Gunter Narr Verlag (183 S.)

2. (gemeinsam mit A. Möller) Vergangenheit und Lebenswelt. Soziale Kommunikation, Traditionsbildung und historisches Bewußtsein (ScriptOralia 90), Tübingen 1996, Gunter Narr Verlag (390 S.)

3. (gemeinsam mit M. Flashar und E. Heinrich) Retrospektive. Konzepte von Vergangenheit in der griechisch-römischen Antike, München 1996, Biering & Bringmann (264 S.)

4. Alfred Heuß. Ansichten seines Lebenswerkes, Stuttgart 1998, Steiner (169 S.)

5. (gemeinsam mit M. Fludernik) Grenzgänger zwischen Kulturen (Identitäten und Alteritäten 1), Würzburg 1999, Ergon-Verlag (482 S.)

6. (gemeinsam mit Helmuth Schneider) Geschichte der Antike. Ein Studienbuch, Stuttgart – Weimar 2000, Metzler (VII. 550 S.); 2. Auflage 2006 (IX. 590 S.); 3., erweiterte Auflage (X. 619 S.) 2010; 4., erweiterte Auflage (X. 657 S.) 2013; 5., erweiterte Auflage (X. 672 S.) 2019

7. Geschichtsbilder und Gründungsmythen (Identitäten und Alteritäten 6), Würzburg 2001, Ergon-Verlag (462 S.)

8. (gemeinsam mit M. Fludernik) Normen, Ausgrenzungen, Hybridisierungen und ‚Acts of Identity' (Identitäten und Alteritäten 18), Würzburg 2004, Ergon-Verlag (200 S.)

9. (gemeinsam mit L. Burckhardt) Jacob Burckhardt und die Griechen. Vorträge einer Internationalen Fachkonferenz in Freiburg i. Br., 1.–5. September 2004, Basel und München 2006, Schwabe und C. H. Beck (396 S.)

10. (gemeinsam mit H. Schneider) Geschichte der Antike. Quellenband, Stuttgart – Weimar 2007, Metzler (XVIII. 456 S.); 4., erweiterte Auflage (XXXVII. 456 S.) 2013

11. (gemeinsam mit M. Gröne, F.-R. Hausmann, St. Pfänder und B. Zimmermann), Improvisation. Kultur- und lebenswissenschaftliche Perspektiven (Rombach Scenae), Freiburg 2009, Rombach (252 S.)

12. (gemeinsam mit M. Kirschkowski) Odysseus. Irrfahrten durch die Jahrhunderte, Freiburg 2009, Rombach (128 S.)

13. (gemeinsam mit A. Mastrocinque) Rom und der Osten im 1. Jahrhundert v. Chr. (Akkulturation oder Kampf der Kulturen) – Roma e l'oriente nel 1o secolo a. C., (Acculturazione o scontro culturale) Cosenza 2009, Edizioni Lionello Giordano (438 S.)

14. (gemeinsam mit L. Foxhall und N. Luraghi) Intentional History. Spinning Time in Ancient Greece, Stuttgart 2010, Steiner (360 S.)

15. (gemeinsam mit M. Sénécheau), Geschichte, Archäologie und Öffentlichkeit: Für einen neuen Dialog zwischen Wissenschaft und Medien. Standpunkte aus Forschung und Praxis, Bielefeld 2010, transcript-verlag (303 S.)

16. (gemeinsam mit W. D. Heilmeyer, N. Kaltsas, G.E. Hatzi, S. Bocher) „Mythos Olympia – Kult und Spiele", Berlin 2012, Prestel (594 S.)

17. (gemeinsam mit S. Bianchetti und M. Cataudella), Brill's Companion to Ancient Geography. The Inhabited World in Greek and Roman Tradition, Leiden 2016, Brill (490 S.)

18. (gemeinsam mit F. Wiedemann und K. P. Hofmann) „Vom Wandern der Völker". Zur Verknüpfung von Raum und Identität in Migrationserzählungen (Berlin Studies of the Ancient World 41), Berlin 2017, Topoi Excellence Cluster (370 S.)

19. Geschichte der Welt. Die Welt vor 600: Frühe Zivilisationen, München 2017, C.H. Beck (1082 S.) (italienische Übersetzung Turin 2018, Einaudi; englische Ausgabe Cambridge, MA – London 2020, Harvard UP)

a. Herausgabe Zeitschriften und Serien

1. Gnomon, C. H. Beck Verlag München
2. Klio, de Gruyter Berlin
3. Hypomnemata, Vandenhoeck & Ruprecht, Göttingen
4. Identitäten und Alteritäten, Ergon Verlag Würzburg

5.   Quellen und Forschungen zur Antiken Welt, Utz Verlag München
6.   Olympische Forschungen, DAI Berlin

b. Weiteres

1.   Mitarbeit an: Die Große Bertelsmann Lexikothek. Bertelsmann Lexikon
     in 15 Bänden, wissenschaftliche Betreuung der Artikel zur etruskischen
     und römischen Geschichte, Gütersloh 1984
2.   Mitarbeit an: Geschichtsbuch 1. Die Menschen und ihre Geschichte in
     Darstellung und Dokumenten (Schulbuch im Verlag Cornelsen-Velha-
     gen-Clasing), hrsg. von J. Martin und N. Zwölfer, München 1986; Bear-
     beitung der Kapitel Hellenismus. Das römische Weltreich – Eroberung
     und Friede. Der Princeps wird Kaiser – Regierung und Verwaltung. Die
     Wirtschaft des römischen Reiches
3.   Mitarbeit an dem dazugehörigen Lehrerband, in den entsprechenden Ka-
     piteln, Berlin 1989
4.   (gemeinsam mit I. Stark) Nekrolog auf Peter Musiolek, in: Gnomon 64,
     1992, 572f.
5.   Besprechungen und Artikel in Zeitungen und Zeitschriften sowie im
     Rundfunk:
     – P. Vidal-Naquet, Die griechische Demokratie I (FAZ 30. 3. 1993)
     – Mythos und Politik (DAMALS 1993)
     – G. Haefs, Alexander Bd. I (DAMALS 1993)
     – E. Gugenberger / R. Schweidle, Die Fäden der Nornen. Zur Macht
        der Mythen in politischen Bewegungen (RIAS Berlin)
6.   Europa und die Antike. Festansprache aus Anlaß der Abitur-Entlassungs-
     feier des Ratsgymnasiums Goslar, Kaiserpfalz Goslar, am 2. Juli 1994,
     in: Mitteilungsblatt Ehemaliger Goslarer Ratsgymnasiasten e.V., Heft
     2/3, 1994, 64–68
7.   In memoriam Bernd Funck, in: Nr. 42, Vf.
8.   Nekrolog auf Alfred Heuß, in: Gnomon 69, 1997, 276–287
9.   (zusammen mit E. Zwölfer) Leitfaden der Geschichte Roms, in: H. Kre-
     feld (Hrsg.), Res Romanae. Neue Ausgabe, Berlin 1997, 7–11; Ausgabe
     2008, 7–11; dsgl. Res Romanae Compact, 2010
10. Mitarbeit an Kröners Lexikon der historischen Werke, hrsg. von V. Rein-
     hardt; Artikel Thukydides, Dionysios von Halikarnassos, Sueton, Stutt-
     gart 1997, 132–135, 604–608, 640–643.
11. Mitarbeit an: Der Neue Pauly, Stuttgart/Weimar, Artikel Ephebeia; Eu-
     ergetismus; Eupatridai; Familie 1. Griechenland; Freundschaft 1. Grie-
     chenland; Geomoroi; Ges anadasmos; Hippeis; Hoplitai; Muße; Parthe-
     niai; Pelatai; Pentakosiomedimnoi; Rache; Sklaverei; Soziale Konflikte;
     Sozialstruktur 1. Griechenland; Theten; Historische Methoden
12. Nachträge zum Forschungsüberblick. Die Republik, in: A. Heuß, Römi-
     sche Geschichte, 8. Auflage. Hrsg., eingeleitet und mit einem neuen

Forschungsteil versehen von J. Bleicken, W. Dahlheim und H.-J. Gehrke, Paderborn u.a. 2001, Schöningh, 615–636

13. Vorwort zur Neuauflage von J. G. Droysen, Geschichte des Hellenismus, WBG, Darmstadt 1998, S. V–XV

14. Leitfaden der griechischen Geschichte, in: H. Krefeld (Hrsg.), Hellenika. Neue Ausgabe, Berlin 2002 (Cornelsen), 7–14

15. (gemeinsam mit U. Gotter), Revolution des Politischen: Glanz und Elend der athenischen Demokratie / Volksversammlung / Geschworenengerichte / Die Stadt als Tyrann – oder: Die Mechanik des Imperialismus, in: Antikensammlung Berlin. Staatliche Museen Preußischer Kulturbesitz. Die Griechische Klassik. Idee oder Wirklichkeit (Ausstellungskatalog), Mainz (Zabern) 2002, 166–172. 195f. 204f. 260f.

16. (gemeinsam mit E. Wirbelauer) Database Concerning Acarnania and adjacent regions (The Copenhagen Polis Centre), MS 108

17. Das Gymnasium in der Wissensgesellschaft. Festvortrag zur 100-Jahrfeier des Friedrich-Gymnasiums in Freiburg am 16. Juli 2004, in: Mitteilungen des deutschen Altphilologenverbandes. Landesverband Baden-Württemberg, 32. Jg., Heft 2 / 2004, 2–7 (zugleich in: Friedrich Gymnasium. Jahresbericht 2004/5, 35–39)

18. Von der Planung zur lebendigen Gemeinde. Kirche im Rieselfeld, in: In Gottes Wort gehalten. Die Evangelische Kirchengemeinde Freiburg 1807–2007, hrsg. von R. Overmans, Freiburg 2006, 107–114

19. Museum und Universität. Perspektiven der Zusammenarbeit und das ‚Zauberwort‘ von den Drittmitteln, in: A. Bärnreuther / P.-K. Schuster (Hrsg.), Freistätte für Kunst und Wissenschaft. Die Staatlichen Museen zu Berlin als Forschungseinrichtung, Berlin 2007, 44–49

20. Nachruf auf Heinrich Werner, in: Ernestiner-Bericht 2006/2007, Teil A, 90

21. Besitz für immer, in: D. Felken (Hrsg.), Ein Buch, das mein Leben verändert hat, München 2007, 135–138

22. Nachruf auf Fritz Gschnitzer, in: Jahrbuch der Heidelberger Akademie der Wissenschaften 2008, 169–172

23. (gemeinsam mit R. Eppelmann) Predigt über Jesaja 61,1, in: Freiheit im Dialog. Eine Predigtreihe im 20. Jahr der deutschen Einheit, Berlin 2010, Edition St. Matthäus, 112–123

24. La guerre civile et le corps de l'éphèbe en Grèce ancienne (Résumé der Vorlesung am Collège de France, Februar/März 2015), in: Collège de France, La Lettre 40, 2015, 46–47

25. Der Professor als Lehrer (Erzählte Erfahrung X), in: Freiburger Universitätsblätter 214, Dezember 2016, 125–136

26. Jochen Martin octogenario, in: Saeculum 67, 2017, 3–9

27. Bildung – was ist das (eigentlich)?, in: Schule im Blickpunkt 51.5, 2018, 3–11; auch in: SEMINAR – Lehrerbildung und Schule 3/2020, 7–23

28. Nachruf auf Christian Habicht, in: Jahrbuch der Heidelberger Akademie der Wissenschaften 2018, 193–198

29. Was ich den Alten Sprachen verdanke, in: Festschrift zum 100-jährigen Bestehen des Vereins „Ehemalige Ratsgymnasiasten e.V.", Goslar 2019, 93–100

30. Souleymane Bachir Diagne, *De langue à langue. L'hospitalité de la traduction*, Paris, Albin Michel, 2022, in: J. Beck (Hrsg.), Eine andere Welt. Bücher, die in die Zukunft weisen. Liber amicarum et amicorum für Detlef Felken, München 2023, 474–477

Hans-Joachim Gehrke

Historiographie, intentionale Geschichte und kollektive Identitäten

Ausgewählte Schriften III

Herausgegeben von Kai Trampedach und Christian Mann

2022. 421 Seiten mit 1 s/w-Abbildung

978-3-515-13290-9 GEBUNDEN

Hans-Joachim Gehrke (Jahrgang 1945) ist einer der bedeutendsten Althistoriker seiner Generation auf dem Gebiet der griechischen Geschichte. Seine Forschungen zu Staatsentstehung und Bürgerkrieg im archaischen und klassischen Griechenland, zum „dritten Griechenland" jenseits von Athen und Sparta oder zur „intentionalen Geschichte" wurden in der internationalen Fachwelt intensiv rezipiert, mit seiner Biographie über Alexander den Großen und seiner „Kleinen Geschichte der Antike" erreichte er auch eine breitere Öffentlichkeit.

In vier Bänden legen Kai Trampedach und Christian Mann ausgewählte Schriften Gehrkes zu seinen wichtigsten Forschungsfeldern vor. Jeder Band enthält ein Nachwort, in dem der Autor seine Artikel in einen gedanklichen und organisatorischen Kontext einordnet, von seinem heutigen Standpunkt aus bewertet und wichtige seither erschienene Forschungsliteratur nachträgt. Dieser Band beinhaltet Aufsätze über mehrheitlich antike Vergangenheitsvorstellungen, die Hans-Joachim Gehrke im Hinblick auf das kulturelle Selbstverständnis und die soziale Kohärenz von Gemeinschaften untersucht.

DIE HERAUSGEBER

Kai Trampedach ist Professor für Alte Geschichte an der Ruprecht-Karls-Universität Heidelberg.

Christian Mann ist Professor für Alte Geschichte an der Universität Mannheim.

AUS DEM INHALT

Vorwort | Grundsätzliches | Fallstudien | Wissenschaftsgeschichte | Nachwort

Hier bestellen:
service@steiner-verlag.de